高等职业教育新形态一体化教材

WEIJIFEN

微积分

主　编　王巧云　陈少云
参　编　黄非难　林　伟
　　　　陈　婷　何　胜
　　　　刘秀敏　朱　婵

中国教育出版传媒集团
高等教育出版社·北京

内容简介

本书是高等职业教育“双高”建设成果教材和新形态一体化教材。本书根据国家对当前职业教育改革的精神和数学课程改革的需要，遵循“拓宽基础，强化能力，立足应用”的原则编写，注重数学概念的建立、数学方法的掌握和数学应用能力的培养。

本书主要内容包括：基础知识、极限与连续、导数与微分、导数的应用、不定积分、定积分及其应用、常微分方程、级数和多元函数微积分。 每章配有数学实验，用 GeoGebra 软件解决计算问题。

本书注重与初等数学的衔接，注重数学思想方法和应用能力的培养，兼顾不同层次、不同专业的学习需求。书中的部分例题和知识点配有讲解视频，读者可通过扫描二维码观看。

本书既可供高等职业教育工科类、经管类各专业使用，也可作为“专升本”及成人院校的教材或者参考书。

图书在版编目(CIP)数据

微积分 / 王巧云,陈少云主编. -- 北京 ：高等教育出版社,2022.9

ISBN 978-7-04-058886-6

Ⅰ.①微… Ⅱ.①王… ②陈… Ⅲ.①微积分-高等职业教育-教材 Ⅳ.①O172

中国版本图书馆 CIP 数据核字(2022)第 116368 号

WEIJIFEN

策划编辑 崔梅萍 责任编辑 崔梅萍 封面设计 姜 磊 版式设计 马 云
责任绘图 黄云燕 责任校对 吕红颖 责任印制 田 甜

出版发行 高等教育出版社
社 址 北京市西城区德外大街 4 号
邮政编码 100120
印 刷 北京市鑫霸印务有限公司
开 本 787mm × 1092mm 1/16
印 张 23.25
字 数 550 千字
购书热线 010-58581118
咨询电话 400-810-0598
网 址 http://www.hep.edu.cn
http://www.hep.com.cn
网上订购 http://www.hepmall.com.cn
http://www.hepmall.com
http://www.hepmall.cn
版 次 2022 年 9 月第 1 版
印 次 2022 年 9 月第 1 次印刷
定 价 49.80 元

物 料 号 58886-00

前言

本书根据《国家职业教育改革实施方案》和《关于推动现代职业教育高质量发展的意见》对高等职业教育的新要求，为适应我国高等职业教育培养高素质技术技能型人才的需要，结合当前高等职业教育数学教学特点和数学课程改革的实际，遵循“拓宽基础，强化能力，立足应用”的原则编写而成。

本书具有以下特色：

1. 高等数学与初等数学紧密衔接

为适应高职生源的多样性和学生的基础的差异，第一章首先介绍高等数学所需要的初等数学知识，对中职生、9+3、四类人员生源可详细讲解这部分内容，对基础较差的普招生可以作为自学内容补充中学数学知识，为后续学习夯实基础。

2. 注重数学思想方法的渗透

在内容编排上突出微积分中函数、极限、微分、积分、微元法等数学思想方法，配有相当数量的课堂练习和课后习题让学习者加深对数学概念的理解和对数学思想方法的领悟。

3. 强调数学应用能力的培养

注重数学思想，弱化烦琐抽象的理论推导，突出数学建模应用，将数学和生活、专业紧密联系起来，每一节均以“案例探究”引入新知识的学习，再应用新知识解答案例，在习题中也引入了大量的实际案例，让学生充分感受微积分应用的广泛性。

4. 内容分层，兼顾不同层次、不同专业的学习需求

兼顾学生基础和专升本统招需求，每章内容分基础内容和拓展内容，对中职生、9+3、社会四类人员等数学基础稍弱的班级可以只介绍基础内容，对基础较好的普招班级或者有专升本需求的学生可介绍拓展内容。另外，本书有工程类专业需要的常微分方程内容，经管类专业需要的边际分析等经济应用内容，机电类专业需要的级数内容，能满足不同专业的学习需求。

5. 注重与数学软件的有效结合

以 GeoGebra 软件作为支撑课程学习的软件，该软件操作简便，且有 PC 版和手机版，学生可以在课堂上跟随老师的演示随堂实践操作，有效实现让数学软件实时为学习服务的功能。

本书由四川建筑职业技术学院的教学团队编写，由王巧云、陈少云担任主编，其中第一章由林伟编写，第二章由刘秀敏编写，第三章由何胜编写，第四章由黄非难编写，第五、六章由王巧云编写，第七、八章由陈婷编写，第九章由陈少云编写，各章的 GeoGebra 软件部分由

朱婵编写。

由于编者水平有限，书中不足之处在所难免，欢迎专家和广大师生批评指正。

编　者

2022年5月

目录

第七章 常微分方程 …………………… 247

第八章 级数 ………………………… 273

第一章
基础知识 ▶▶▶

本章对中学数学的基础知识做比较系统的介绍和总结,为微积分的学习奠定良好的基础.

1.1 集合、区间与不等式

微积分的研究对象是函数,而函数的定义域和值域是用区间或集合表示的,集合、区间与不等式紧密联系.

案例探究 两个等高的蓄水池,底面分别为圆形和正方形,已知底面周长相等,那么哪一个蓄水池的容积更大?

1.1.1 集合及其运算

集合论是现代数学的基石,它的基本思想、方法和符号已被运用到数学的各个领域.

1. 集合的概念

我们把具有某种特定属性的对象的全体叫做**集合**,简称**集**,例如,不超过 10 的所有正整数,某个班级的所有学生,方程 $x^2-3x-4=0$ 的全部实数根,所有的等边三角形等,都分别组成一个集合.集合中的每一个对象称为该集合的**元素**.

集合一般用大写的字母 $A,B,C,\cdots$ 表示,元素用小写字母 $a,b,c,\cdots$ 表示,用"$a\in A$"(读作 a 属于 A)表示 a 是集合 A 的元素,用"$a\notin A$"(读作 a 不属于 A)表示 a 不是集合 A 的元素.

如果一个集合只含有有限多个元素,则称为**有限集**;反之为**无限集**,如所有的等边三角形组成的集合就是一个无限集. 没有元素的集合称为**空集**,记为$\varnothing$,如方程 $x^2+2=0$ 的实数解集为空集$\varnothing$.

如果一个集合是由数组成的,则称为**数集**,常用的数集有:自然数集 $\mathbf{N}$,整数集 $\mathbf{Z}$,有理数集 $\mathbf{Q}$,实数集 $\mathbf{R}$.

把一个具体的集合表示出来,常用的有两种方法:列举法和描述法.

列举法:将集合中的元素一一列举出来(每个元素只写一次),写在大括号内.

例如,方程 $x^2-3x-4=0$ 的全部实数根组成的集合可表示为 $\{-1,4\}$.

描述法:将集合中的元素所具有的特定性质描述出来,写在大括号内.其格式为 $A=\{x\mid x$ 所具有的性质$\}$ 或{元素所具有的性质}.

例如,方程 $x^2+2x+1=0$ 的解集可表示为 $A=\{x\mid x^2+2x+1=0\}$.

例 1　用适当的方法表示下列集合.

(1) 所有 3 的整数倍;

(2) 大于 0 且不超过 8 的偶数;

(3) 直角坐标系第二象限内的所有点.

解　(1) $A=\{x\mid x=3k,k\in\mathbf{Z}\}$;

(2) $B=\{2,4,6,8\}$;

(3) $C=\{(x,y)\mid x<0$ 且 $y>0,x,y\in\mathbf{R}\}$.

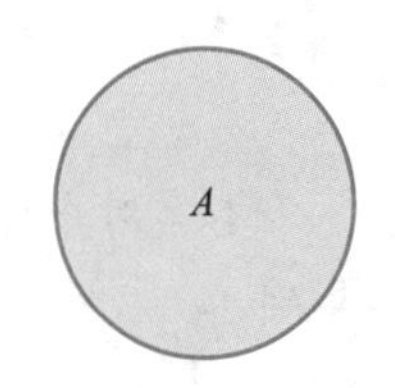

图 1-1

另外集合也可以用文氏图直观表示,如图 1-1 所示:圆内的点表示集合 A 的元素.

2. 集合之间的关系

对于两个集合 A 和 B,如果集合 A 的任一元素都是集合 B 的元素,则称集合 A 是集合 B 的**子集**,记为 $A\subseteq B$(读作 A 包含于 B)或 $B\supseteq A$(读作 B 包含 A).规定空集 $\varnothing$ 是任何集合 A 的子集,即 $\varnothing\subseteq A$.

如果集合 A 是集合 B 的子集,集合 B 中至少有一个元素不属于集合 A,则称集合 A 是集合 B 的**真子集**,记为 $A\subset B$ 或 $B\supset A$.

几个常用的数集的关系为 $\mathbf{N}\subset\mathbf{Z}\subset\mathbf{Q}\subset\mathbf{R}$.

两个集合 A 和 B,如果 $B\supseteq A$ 且 $A\supseteq B$,则称集合 A 和 B **相等**,记为 $A=B$.

想一想　举一个两集合相等的例子.

3. 集合的运算

考察集合:$A=\{1,2,3,6\}$,$B=\{1,2,5,10\}$,$C=\{1,2\}$.

显然,集合 C 是由集合 A 与 B 的公共元素组成的,这样的集合我们称之为集合 A 与 B 的交集.一般地,有

定义 1.1　设 A 与 B 是两个集合,把属于 A 且属于 B 的所有元素组成的集合,叫做集合 A 与 B 的交集,记为 $A\cap B$,即

$$A\cap B=\{x\mid x\in A \text{ 且 } x\in B\}.$$

例 2　设 $A=\{x\mid 0<x<3\}$,$B=\{-1,0,1,2\}$,求 $A\cap B$.

解　$A\cap B=\{x\mid 0<x<3\}\cap\{-1,0,1,2\}=\{1,2\}$.

求两个集合的交集的运算,称为集合的交运算,也叫集合的积运算,其运算律为:

$$A\cap B=B\cap A,(A\cap B)\cap C=A\cap(B\cap C)=A\cap B\cap C,A\cap B\subseteq A,A\cap B\subseteq B.$$

想一想　如果 A 是 B 的子集,则 $A\cap B=$?

定义 1.2　设 A 与 B 是两个集合,把属于 A 或属于 B 的所有元素组成的集合,叫做集合 A 与 B 的并集,记为 $A\cup B$,即

$$A\cup B=\{x\mid x\in A \text{ 或 } x\in B\}.$$

例 3　设 $A=\{x\mid -4<x<1\}$，$B=\{x\mid x<-3\}$，求 $A\cup B$.

解　$A\cup B=\{x\mid -4<x<1\}\cup\{x\mid x<-3\}=\{x\mid x<1\}$.

求两个集合的并集的运算，称为集合的并运算，也叫集合的和运算，其运算律为

$$A\cup B=B\cup A,(A\cup B)\cup C=A\cup(B\cup C)=A\cup B\cup C,\quad A\subseteq A\cup B,B\subseteq A\cup B.$$

在研究集合时，这些集合往往是某个给定集合的子集，即所研究的问题是在一个给定范围内进行的. 例如，讨论方程 $ax^2+bx+c=0$ 的实数解时，就是在实数集中讨论. 我们把给定的集合称为**全集**，即所有集合的并集，用“Ω”表示.

不同的问题中，全集是不同的，在有理数范围研究方程的解集时，$\mathbf{Q}$ 就是全集，即 $\Omega=\mathbf{Q}$；在实数范围研究方程的解集时，$\mathbf{R}$ 就是全集，即 $\Omega=\mathbf{R}$. 由此可知，全集是相对的，与我们所研究的问题有关.

设 A 是全集 Ω 的子集，则

$$A\cup\Omega=\Omega,\quad A\cap\Omega=A.$$

全集在文氏图中用矩形表示，如图 1-2 所示.

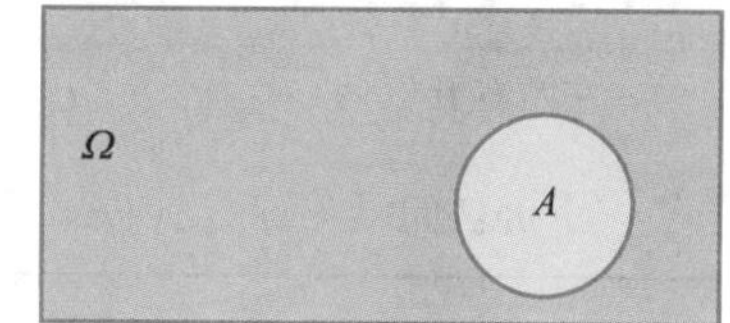

图 1-2

全集中除去子集 A 的元素后剩下的所有元素也组成一个集合，这个集合，我们称为子集 A 的补集，其定义如下.

定义 1.3　设 Ω 为全集，A 为 Ω 的子集，则由 Ω 中所有不属于 A 的元素组成的集合称为 A 的补集，记为 $\bar{A}$ 或 $\complement_{\Omega}A$，即

$$\bar{A}=\{x\mid x\in\Omega \text{ 且 } x\notin A\}.$$

如，若 $\Omega=\mathbf{R}$，$A=\{x\mid x>4\}$，则 $\bar{A}=\{x\mid x\leqslant 4\}$.

求一个集合的补集的运算，称为补运算，补运算有以下运算律：

$$A\cap\bar{A}=\varnothing,\quad A\cup\bar{A}=\Omega,\quad \overline{A\cap B}=\bar{A}\cup\bar{B},\quad \overline{A\cup B}=\bar{A}\cap\bar{B}.$$

1.1.2　区间

我们经常需要表示数轴某一“段”上所有点（可以不包括端点）组成的集合，为了更简便地表示这样的数集，我们引入了区间的概念.

设 a,b 都是实数，且 $a<b$，则称介于 a,b 之间的所有实数（可以包括 a,b）组成的数集为**区间**，区间有 4 种形式，如表 1-1 所示.

表 1-1　有限区间

区间	符号	数集	数轴图
开区间	(a,b)	$\{x\mid a<x<b\}$	（a、b 均为空心点）
闭区间	$[a,b]$	$\{x\mid a\leqslant x\leqslant b\}$	（a、b 均为实心点）
左开右闭区间	$(a,b]$	$\{x\mid a<x\leqslant b\}$	（a 空心点，b 实心点）
左闭右开区间	$[a,b)$	$\{x\mid a\leqslant x<b\}$	（a 实心点，b 空心点）

其中 a,b 称为区间的端点，$b-a$ 称为区间的长度. 以上 4 个区间统称有限区间，除了有限

区间，还有 5 个无限区间，如表 1-2 所示.

表 1-2　无限区间

区间	符号	数集	数轴图
开区间	$(-\infty, b)$	$\{x \mid x<b\}$	$-\infty$　b
左开右闭区间	$(-\infty, b]$	$\{x \mid x \leqslant b\}$	$-\infty$　b
开区间	$(a, +\infty)$	$\{x \mid x>a\}$	a　$+\infty$
左闭右开区间	$[a, +\infty)$	$\{x \mid x \geqslant a\}$	a　$+\infty$
开区间	$(-\infty, +\infty)$	$\{x \mid -\infty<x<+\infty\}$	

1.1.3　邻域

在数轴上到点 a 的距离小于正数 δ 的所有点组成的集合，用邻域或去心邻域表示.如：

实数集合 $\{x \mid |x-a|<\delta, \delta>0\}$，即 $(a-\delta, a+\delta)$ 称为点 a 的 **δ 邻域**，记为 $U(a, \delta)$，如图 1-3 所示.

实数集合 $\{x \mid 0<|x-a|<\delta, \delta>0\}$ 称为点 a 的 **δ 去心邻域**，记为 $\mathring{U}(a, \delta)$，如图 1-4 所示.

图 1-3　　图 1-4

$(a-\delta, a)$ 称为点 a 的**左邻域**；$(a, a+\delta)$ 称为点 a 的**右邻域**.

想一想　点 a 的 δ 邻域和去心邻域用区间该怎样表示？

1.1.4　不等式及其计算

1. 一元一次不等式与一元一次不等式组

用符号"$<, >, \leqslant$ 或 $\geqslant$"连接的式子称为**不等式**.

例 4　两个等高的蓄水池，底面分别为圆形和正方形，已知底面周长相等，请问哪个蓄水池的容积更大（见"案例探究"）？

解　由于两个蓄水池等高，所以底面积越大容积就越大.设底面周长为 l，则正方形的边长为 $\frac{l}{4}$，面积为 $S_{\square}=\frac{l^2}{16}$；圆的半径为 $\frac{l}{2\pi}$，面积为 $S_{\bigcirc}=\frac{l^2}{4\pi}$，故 $S_{\square}<S_{\bigcirc}$.所以圆形蓄水池的容积更大.

只含有一个未知数，并且未知数的最高次数是 1 的不等式称为**一元一次不等式**.如 $3x+5<3$，

$2x-1>0$ 都是一元一次不等式.

使不等式成立的未知数的值称为**不等式的解**,含有未知数的不等式的所有解,称为这个不等式的**解集**,如 $x-2>1$ 的解集为 $\{x \mid x>3\}$,不等式的解集可用数轴图直观表示.

求不等式解集的过程叫做**解不等式**.一元一次不等式的解法与一元一次方程解法类似:去分母,去括号,移项,合并同类项,两边同除以未知数系数(注意:系数为负数时,不等号反向).

例 5 解不等式 $\dfrac{x-2}{2} \geqslant \dfrac{7-x}{3}$,并把它的解集表示在数轴上.

解 两边同乘以 6 去分母,得

$$3(x-2) \geqslant 2(7-x),$$

去括号,得

$$3x-6 \geqslant 14-2x,$$

移项

$$3x+2x \geqslant 14+6,$$

合并同类项,得

$$5x \geqslant 20,$$

两边同除以 5,得

$$x \geqslant 4.$$

所以,原不等式的解集为 $\{x \mid x \geqslant 4\}$,用区间表示为 $[4,+\infty)$,反映在数轴上如图 1-5 所示.

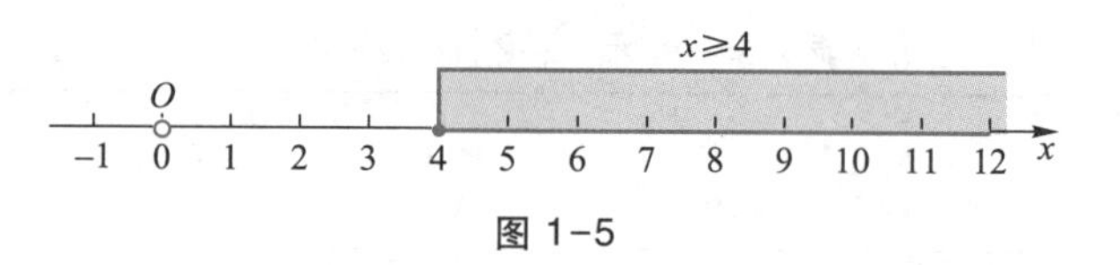

图 1-5

由同一未知数的几个一元一次不等式组合在一起,叫做**一元一次不等式组**.一元一次不等式组中各个不等式的解集的公共部分即交集,叫做这个一元一次不等式组的**解集**.

求不等式组的解集的过程,叫做**解不等式组**.

一元一次不等式组的解法步骤:先把每个不等式的解集都求出来;利用数轴找几个解集的公共部分,写出不等式组的解集.

例 6 解不等式组 $\begin{cases} 2x>4, \\ x-3<0. \end{cases}$

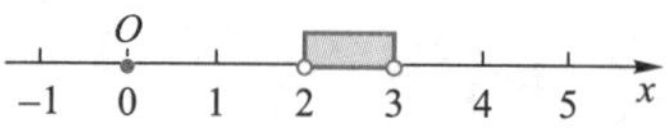

图 1-6

解 由 $2x>4$ 得 $x>2$,由 $x-3<0$ 得 $x<3$. 取交集得

$$2<x<3.$$

所以,所求解集为 $\{x \mid 2<x<3\}$,用区间表示为 $(2,3)$,反映在数轴上如图 1-6 所示.

2. 绝对值不等式

数轴上,一个实数 x 到原点的距离称为数 x 的**绝对值**,记作 $|x|$,显然有

$$|x| = \begin{cases} x, & x \geqslant 0, \\ -x, & x<0. \end{cases}$$

即非负数的绝对值是它本身,负数的绝对值等于其相反数.如,$|3|=3$,$|0|=0$,$|-2|=-(-2)=2$.

我们称含绝对值的不等式为**绝对值不等式**.根据绝对值的意义可得,当 $a>0$ 时,有

$$|x|<a \Leftrightarrow -a<x<a;$$

$$|x|>a \Leftrightarrow x<-a \text{ 或 } x>a.$$

根据以上结论就可以求解绝对值不等式.

例 7　解不等式 $|2x+4|<8$.

解　原不等式等价于

$$-8<2x+4<8,$$

各端同时加上-4,得

$$-12<2x<4,$$

同时除以 2,得

$$-6<x<2.$$

所以,所求解集为(-6,2).

3. 一元二次不等式

含有一个未知数,并且未知数的最高次数是 2 的不等式称为**一元二次不等式**.它的一般形式为

$$ax^2+bx+c>0 \text{ 或 } ax^2+bx+c<0(a\neq 0).$$

由二次函数的图像得一元二次不等式 $ax^2+bx+c>0$ 和 $ax^2+bx+c<0$ 的解集如表 1-3.

表 1-3　一元二次不等式的解集

不等式	解集		
	$\Delta=b^2-4ac<0$	$\Delta=b^2-4ac=0$	$\Delta=b^2-4ac>0$
$ax^2+bx+c>0$	全体实数	$x\neq -\dfrac{b}{2a}$	$x<x_1$ 或 $x>x_2$
$ax^2+bx+c<0$	无解	无解	$x_1<x<x_2$
$y=ax^2+bx+c$ 的图形	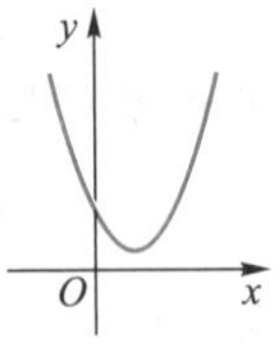	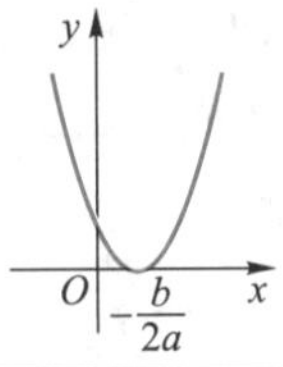	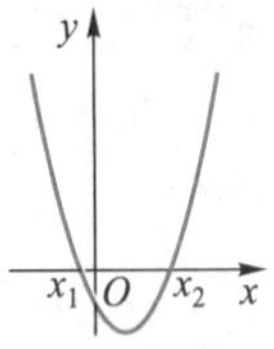

其中 $a>0$,$x_{1,2}=\dfrac{-b\pm\sqrt{b^2-4ac}}{2a}$.

例 8　解不等式 $x^2-3x-4<0$.

解　因为 $\Delta=\sqrt{b^2-4ac}=(-3)^2-4\times1\times(-4)=25$,且

$$x_1=\frac{3-\sqrt{25}}{2}=\frac{3-5}{2}=-1;\quad x_2=\frac{3+\sqrt{25}}{2}=\frac{3+5}{2}=4.$$

所以,不等式的解集为$\{x \mid -1<x<4\}$.

例 9 解不等式 $x^2-4x+5<0$.

解 因为 $$\Delta=\sqrt{b^2-4ac}=(-4)^2-4\times1\times5=-4<0,$$
所以,不等式无解.

一元二次不等式也可以按下例的方式求解集.

例 10 解不等式 $x^2-2x-3>0$.

解 将不等式左边分解因式,得
$$(x+1)(x-3)>0.$$
于是,可转化为不等式组
$$\begin{cases}x+1>0,\\x-3>0\end{cases} \text{或} \begin{cases}x+1<0,\\x-3<0.\end{cases}$$
解两个不等式组,得
$$x>3 \text{ 或 } x<-1.$$
所以,原不等式的解集为$\{x \mid x<-1 \text{ 或 } x>3\}$.

课堂练习

1. 用$\in$,$\notin$填空:

(1) 0 __ $\mathbf{N}$;　(2) a __ $\{a\}$;　(3) 1 __ {偶数};　(4) $\sqrt{2}$ __ $\mathbf{Q}$.

2. 若 $A=\{1,2\}$,$B=\{1,2,3\}$,则 A ____ B.

3. 若 $A=\{a,0\}$,$B=\{1,3\}$,且 $A\cap B=\{1\}$,则 $A\cup B=$__________.

4. 方程组$\begin{cases}x+2y=3,\\3x-y=2\end{cases}$的解集为______,它是方程 $x+2y=3$ 和 $3x-y=2$ 的解集的______.

5. 若 $\Omega=\mathbf{R}$,$A=\mathbf{Q}$,则 $\bar{A}=$______________.

6. 用区间表示下列数集:

(1) $\{x \mid -5<x<4\}=$__________;$\{x \mid -5\leqslant x<4\}=$__________;

(2) $\{x \mid x>1\}=$__________;$\{x \mid x\leqslant 1\}=$__________.

7. 不等式组$\begin{cases}2x<4,\\x-1>0\end{cases}$的解集为__________.

8. 不等式 $|2x-4|<8$ 的解集为______________.

9. 含有____个未知数,并且未知数的最高次数是____的不等式,叫做一元一次不等式.

10. 若$(m-2)x^{m^2-3}-8>5$ 是关于 x 的一元一次不等式,则 m 的值是__________.

11. 不等式 $x^2-x-30\leqslant 0$ 的解集为__________.

12. 不等式 $4x^2-12x+9>0$ 的解集为______________.

习题 1-1

1. 解下列不等式,并把解集在数轴上表示出来.

(1) $2(x-1)+2<5-3(x+1)$；　　(2) $2m-3<\frac{7m+3}{2}$.

2. 解不等式组$\begin{cases}2(x+2)\leqslant 3x+3,\\ \frac{x}{3}<\frac{x+1}{4}.\end{cases}$并在数轴上表示出它的解集.

3. 解下列绝对值不等式.

(1) $2|x|<5$；　　(2) $2+|x-1|>5$；　　(3) $|2x-6|<12$.

4. 解下列不等式.

(1) $(x+5)(3-x)>0$；　　(2) $2(x^2-6)>5x$；

(3) $x^2-x-12\geqslant 0$；　　(4) $x^2-7x+12<0$.

5. 某市平均每天产生垃圾 700 t,由甲、乙两个垃圾处理厂处理. 已知甲厂每小时可处理垃圾 55 t,需费用 550 元;乙厂每小时可处理垃圾 45 t,需费用 495 元.问:(1) 甲、乙两厂同时处理该市的垃圾,每天需几小时完成?(2) 如果规定该市每天用于处理垃圾的费用不得超过 7 370 元,甲厂每天处理垃圾至少需要多少小时?

1.2　常用平面曲线及其方程

在平面解析几何中,我们可以用一个方程表示一条曲线.

一般地,如果某曲线上的点与某个二元方程 $f(x,y)=0$ 有如下的对应关系:

(1) 曲线上的点的坐标都是方程的解;

(2) 以这个方程的解为坐标的点都在曲线上.

那么,这个方程叫做**曲线的方程**,这条曲线叫做**方程的曲线**.

下面我们介绍几种常见的平面曲线及其方程.

案例探究　已知$\triangle ABC$ 的底边 BC 长为 6,周长为 16,求顶点 A 的轨迹.

1.2.1　直线方程

1. 直线方程

直线是最常用和最简单的曲线,其方程为含 x,y 的二元一次方程,常见的形式有:

直线的一般式方程:$Ax+By+C=0\quad(A^2+B^2\neq 0)$.

直线的斜截式方程:$y=kx+b$;

直线的点斜式方程:$y-y_0=k(x-x_0)$.

其中 k 为直线的斜率,b 为纵截距,是直线与 y 轴交点的纵坐标.

已知直线上的两个点 $P_1(x_1,y_1)$ 和 $P_2(x_2,y_2)$,可得直线斜率

$$k=\frac{y_2-y_1}{x_2-x_1}.$$

已知直线的倾斜角 α(直线与 x 轴正向的夹角)且 $\alpha\neq\frac{\pi}{2}$时,也可得到直线斜率

$$k=\tan\alpha.$$

想一想　若直线上两点的横坐标 $x_1=x_2$ 或倾斜角 $\alpha=\frac{\pi}{2}$时,直线与横轴是怎样的位置关系?其方程该怎样表示?

例 1　求经过点 $P(3,2)$,且斜率为$\frac{4}{3}$的直线方程.

解　由直线的点斜式方程得

$$y-2=\frac{4}{3}(x-3),$$

其一般式方程为

$$4x-3y-6=0.$$

例 2　画出方程 $y=\frac{3}{2}x-1$ 所表示的图像.

解　因为方程是一次方程,所以其图像是一条直线,由于两点确定一条直线,所以在直线上任取两点 $A(0,-1)$,$B(2,2)$,直线 AB 就是方程 $y=\frac{3}{2}x-1$ 的图像,如图 1-7 所示.

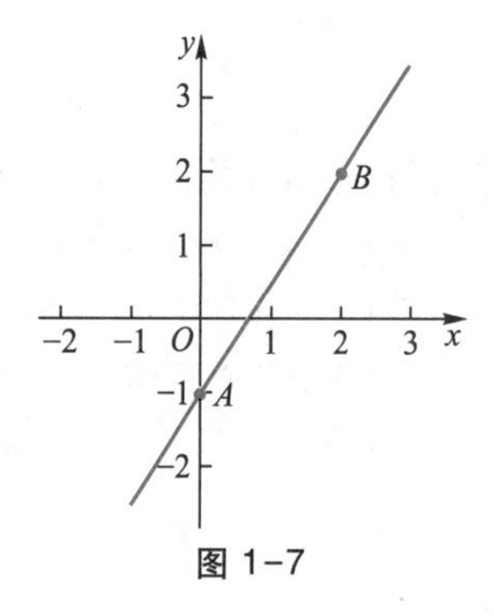

图 1-7

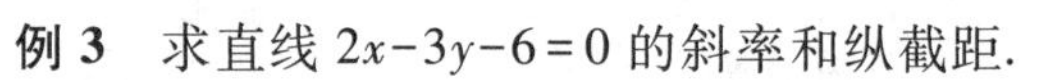

例 3　求直线 $2x-3y-6=0$ 的斜率和纵截距.

解　由 $2x-3y-6=0$　变形得:　　$y=\frac{2}{3}x-2.$

所以直线的斜率 $k=\frac{2}{3}$,纵截距 $b=-2$.

2. 平面上两直线的位置关系

有了直线方程以后,我们就可以根据直线方程来确定两直线的位置关系.

我们把两直线相交形成的四个角中不大于直角的角叫做两直线的夹角,用 θ 表示,则有

$$\tan\theta=\left|\frac{k_2-k_1}{1+k_1k_2}\right|\quad\left(0\leqslant\theta\leqslant\frac{\pi}{2}\right).$$

设直线 l_1 和 l_2 都不平行于 y 轴,则有:

(1) 直线 $l_1/\!/l_2\Leftrightarrow k_1=k_2$;

(2) 直线 $l_1\perp l_2\Leftrightarrow k_1k_2=-1$.

例 4　已知直线 l_1:$2x-y-3=0$ 和 l_2:$3x+y-2=0$,求两直线的夹角.

解　由题知 $k_1=2$,$k_2=-3$.从而得

$$\tan\theta=\left|\frac{-3-2}{1+2\times(-3)}\right|=1.$$

所以,两直线的夹角为

$$\theta=\frac{\pi}{4}.$$

例 5　求与点 $A(-2,4)$ 和点 $B(3,2)$ 的连线垂直，且经过点 B 的直线 l 的方程.

解　直线 AB 的斜率为

$$k_{AB}=\frac{2-4}{3+2}=-\frac{2}{5},$$

从而，直线 l 的斜率为

$$k_l=-\frac{1}{k_{AB}}=\frac{5}{2}.$$

所以，直线 l 的方程为

$$y-2=\frac{5}{2}(x-3).$$

即

$$5x-2y-11=0.$$

设两直线方程为 $A_1x+B_1y+C_1=0$ 和 $A_2x+B_2y+C_2=0$，则两直线的交点坐标为方程组

$$\begin{cases}A_1x+B_1y+C_1=0,\\A_2x+B_2y+C_2=0\end{cases}$$

的解.根据方程组解的情况，有：

(1) 当方程组有唯一解时，两直线相交；

(2) 当方程组无解时，两直线平行；

(3) 当方程组有无穷解时，两直线重合.

可以推导，点 $P(x_0,y_0)$ 到直线 $Ax+By+C=0$ 的距离为

$$d=\frac{|Ax_0+By_0+C|}{\sqrt{A^2+B^2}}.$$

例 6　求两平行直线 l_1：$3x-4y-3=0$ 与 l_2：$3x-4y-8=0$ 的距离.

解　在直线 l_1 上取点 $(1,0)$，代入公式得两平行直线的距离为

$$d=\frac{|3-8|}{\sqrt{3^2+(-4)^2}}=1.$$

1.2.2　常见的二次曲线及其方程

1. 圆

以点 $C(x_0,y_0)$ 为圆心，r 为半径的圆的标准方程为

$$(x-x_0)^2+(y-y_0)^2=r^2.$$

圆的一般式方程为

$$x^2+y^2+Dx+Ey+F=0.$$

2. 抛物线

平面上与一定点 F 和定直线 l 的距离相等的点的轨迹叫做**抛物线**，F 称为抛物线的**焦点**，直线 l 称为抛物线的**准线**，其标准方程如表 1-4 所示.

表 1-4 抛物线的图像与标准方程

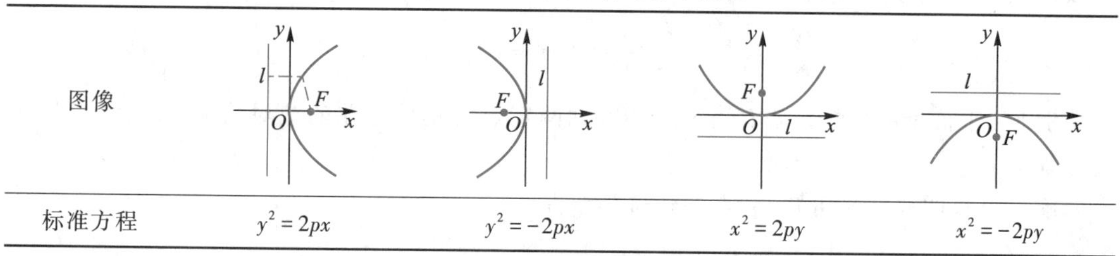

图像				
标准方程	$y^2=2px$	$y^2=-2px$	$x^2=2py$	$x^2=-2py$

3. 椭圆

平面上与两定点 F_1,F_2 的距离之和恒为常数(大于 $|F_1F_2|$)的动点的轨迹叫做**椭圆**.两定点叫做椭圆的**焦点**,焦点间的距离称为**焦距**.其标准方程为:

$$\frac{x^2}{a^2}+\frac{y^2}{b^2}=1\text{ 或 }\frac{y^2}{a^2}+\frac{x^2}{b^2}=1\ (a>b>0),$$

其中 a 叫做**长半轴**,b 叫做**短半轴**,$c=\sqrt{a^2-b^2}$ 叫做**半焦距**.

4. 双曲线

平面上与两定点 F_1,F_2 的距离之差的绝对值恒为常数的动点的轨迹叫做**双曲线**.两定点叫做双曲线的**焦点**,焦点间的距离称为**焦距**.其标准方程为:

$$\frac{x^2}{a^2}-\frac{y^2}{b^2}=1\text{ 或 }\frac{y^2}{a^2}-\frac{x^2}{b^2}=1\ (a,b>0).$$

椭圆与双曲线的图像如表 1-5 所示.

表 1-5 椭圆及双曲线的图像与标准方程

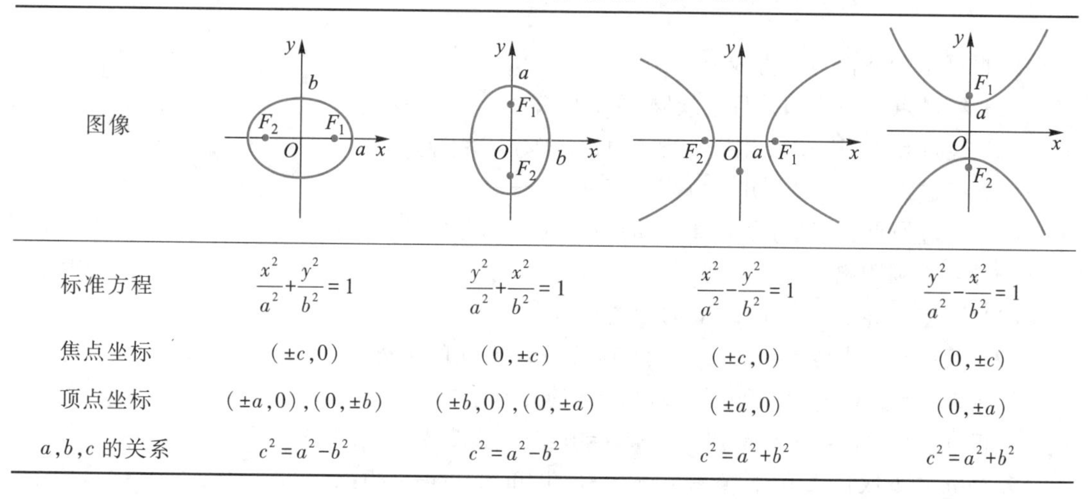

图像				
标准方程	$\frac{x^2}{a^2}+\frac{y^2}{b^2}=1$	$\frac{y^2}{a^2}+\frac{x^2}{b^2}=1$	$\frac{x^2}{a^2}-\frac{y^2}{b^2}=1$	$\frac{y^2}{a^2}-\frac{x^2}{b^2}=1$
焦点坐标	$(\pm c,0)$	$(0,\pm c)$	$(\pm c,0)$	$(0,\pm c)$
顶点坐标	$(\pm a,0),(0,\pm b)$	$(\pm b,0),(0,\pm a)$	$(\pm a,0)$	$(0,\pm a)$
a,b,c 的关系	$c^2=a^2-b^2$	$c^2=a^2-b^2$	$c^2=a^2+b^2$	$c^2=a^2+b^2$

例 7 已知△ABC 的底边 BC 长为 6,周长为 16,求顶点 A 的轨迹方程.(见"案例探究")

解 由题意可得点 A 与点 B 和点 C 的距离之和等于 10,故顶点 A 的轨迹是以 B,C 两点为焦点的椭圆,且有 $2c=6,2a=10$,故

$$c=3,a=5,b=\sqrt{a^2-c^2}=\sqrt{5^2-3^2}=4.$$

所以，顶点 A 的轨迹的标准方程为

$$\frac{x^2}{25}+\frac{y^2}{16}=1(x\neq\pm5).$$

例 8　平面上有两个定点$(\pm5,0)$，动点到两定点的距离之差的绝对值为 8，求动点的轨迹方程.

解　由双曲线定义可知，动点的轨迹为双曲线，且有

$$c=5,a=4,b=\sqrt{c^2-a^2}=\sqrt{5^2-4^2}=3.$$

所以，动点的轨迹方程为

$$\frac{x^2}{16}-\frac{y^2}{9}=1.$$

课堂练习 ›››

1. 直线 $y=2x-4$ 的斜率为__________，纵截距为__________.
2. 已知直线过点 $A(1,-1)$ 和 $B(3,2)$，则直线的点斜式方程为__________.
3. 已知直线过点$(1,2)$，且与直线 $y-2=2(x-3)$ 平行，则直线方程为__________.
4. 直线 $x+y-2=0$ 与直线 $x-y+3=0$ 的位置关系是__________（填“平行”或“垂直”）.
5. 已知圆心坐标为$(1,2)$，半径为 5，则圆的方程为__________.
6. 已知曲线的方程为$\frac{x^2}{25}+\frac{y^2}{16}=1$，则曲线是__________.

习题 1-2

1. 根据下列条件写出直线方程：

(1) 经过点 $P(3,2)$，并且直线倾角为 $45°$；

(2) 经过点 $P(3,-2)$，并且平行于直线 $x-2y+2=0$；

(3) 经过点 $P(1,-2)$，并且垂直于直线 $x-y+2=0$；

(4) 经过原点，并且与点 $P(1,2)$的距离为 2.

2. 计算下列距离.

(1) 原点到直线 $3x-4y+5=0$ 的距离；

(2) 两条平行直线 $5x-2y+5=0$ 和 $5x-2y+7=0$ 间的距离.

3. 求两直线 $3x-4y+5=0$ 和 $x+2y+7=0$ 的交点坐标.

4. 已知直线 $3x+4y-10+\lambda(4x-6y+7)=0$ 经过点 $A(4,-7)$，求 λ.

5. 当 a 和 b 取什么值时，直线 $ax-2y-1=0$ 和 $3x-2y-b=0$：

(1) 有一个公共点；　　(2) 平行；　　(3) 垂直.

6. 求经过点$(-3,4)$且与圆 $x^2+y^2-4x-2y+1=0$ 同心的圆的方程.

7. 求经过点 $A(1,-2)$ 和 $B(\sqrt{5},\sqrt{2})$，且焦点在 x 轴的椭圆的标准方程.

1.3　函数的概念

函数是数学中一个最基本的概念，是微积分的研究对象，在微积分中是一个不可替代的角色.本节将系统地介绍函数的相关概念、性质和函数表示法.

案例探究　假设某城市出租车收费规定如下：3km 及其以内 10 元，超过部分每 km 2 元，试列出出租车收费 y(元)与路程 x(km)之间的函数关系，并写出定义域.

1.3.1　函数的定义

定义 1.4　设 D 是一个非空数集，如果对于 D 中的任一元素 x，按照某一对应法则 f，变量 y 都有唯一确定的值与之对应，则变量 y 称为定义在数集 D 上 x 的**函数**，记作 $y=f(x)$，$x\in D$.其中 x 称为**自变量**，y 称为**因变量**，D 称为**定义域**，集合 $M=\{y\mid y=f(x),x\in D\}$ 称为函数的**值域**.

函数也常用 $g(x)$，$\varphi(x)$，$u(x)$，$F(x)$，$G(x)$，$y(x)$ 等记号表示.当自变量在定义域内取定某个值 x_0，经对应法则 f 所确定的因变量的值称为函数 $y=f(x)$ 在点 x_0 的**函数值**，记作 $f(x_0)$ 或 $y\big|_{x=x_0}$.

注　(1) 函数的定义域 D 与对应法则是函数的两个基本要素.两个函数相同的充分必要条件是定义域相同且对应法则相同；

(2) 对应法则是一个抽象记号，它表示如何由 x 的值确定对应的 y 值，代表一种算法或对应规则，如 $f(x)=\sqrt[3]{x}$，表示开 3 次方运算；

(3) 如果函数用一个算式表示，则其定义域默认为使算式成立的全体实数所组成的集合.

例 1　已知函数 $f(x)=3x^2-5$，求 $f(0)$，$f(-2)$，$f(a)$.

解　$f(0)=3\times0^2-5=-5$，$f(-2)=3\times(-2)^2-5=7$，$f(a)=3a^2-5$.

例 2　求下列函数的定义域.

(1) $y=\dfrac{x}{x^2+2x-3}$；　　(2) $y=\sqrt{4-x^2}$.

解　(1) 由 $x^2+2x-3\neq0$ 得 $x\neq1$ 且 $x\neq-3$.所以，函数的定义域为

$$D=(-\infty,-3)\cup(-3,1)\cup(1,+\infty).$$

(2) 由 $4-x^2\geqslant0$ 得 $-2\leqslant x\leqslant2$.所以，函数的定义域为 $D=[-2,2]$.

1.3.2　函数的表示法

表示函数的方法常有以下 3 种：

1. 解析法(或称为公式法)

用数学式子表示函数的方法叫做解析法.如 $y=2x+1$, $y=2x^2+3x+1$, …,这种方法便于理论上的分析和讨论,所以在数学上常用这种方法.

2. 表格法

用一张表格的形式表示一个函数的方法叫做表格法,如表 1-6 所示.

表 1-6 2010—2015 年我国国民生产总值

t/年份	2010	2011	2012	2013	2014	2015
GDP/亿元	413 030.3	489 300.6	540 367.4	595 244.4	643 974.0	689 052.1

列表法的优点是使用简单,方便,不足之处是有些函数不能完整地表示出来.

3. 图像法

图像法就是用函数的图像上的点的坐标关系来表示两个变量之间的函数关系,如图 1-8 所示.

图像法的优点是直观,缺点是不够精确和完整.

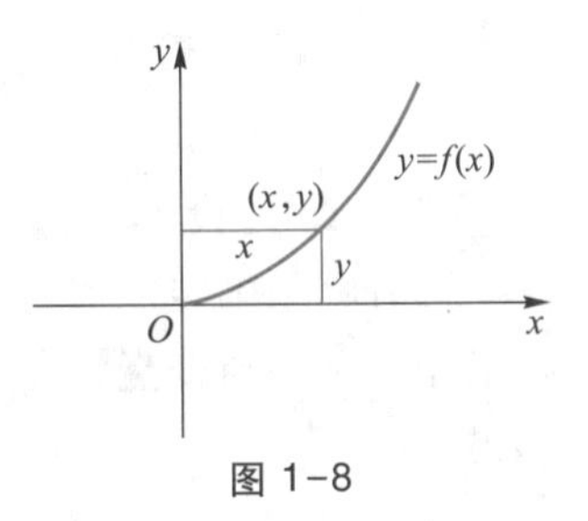

图 1-8

1.3.3 分段函数

对于自变量不同取值范围,有着不同的解析式的函数称为**分段函数**.它是一个函数,而不是几个函数;分段函数的定义域是各段函数定义域的并集,值域也是各段函数值域的并集.

例 3 已知 $f(x)=\begin{cases}\sqrt{x^2+2}, & x<0,\\ x+4, & x\geqslant 0,\end{cases}$ 求其定义域,并计算 $f(-5)$, $f(0)$, $f(2)$.

解 定义域为 $D=(-\infty,0)\cup[0,+\infty)=(-\infty,+\infty)$.

$$f(-5)=\sqrt{(-5)^2+2}=\sqrt{27}=3\sqrt{3},\quad f(0)=0+4=4,\quad f(2)=2+4=6.$$

求函数值时应根据自变量的值选择函数的表达式,然后根据函数式求值.

在分段函数中将不同范围的公共端点称为分段函数的**分界点**,简称分界点.

例 4 某城市出租车的收费计算(见"案例探究").

解 依题意,x 表示路程,只能取正值,所以定义域为 $(0,+\infty)$,且当 $0<x\leqslant 3$ 时,有 $y=10$,当 $x>3$ 时,$y=10+2(x-3)=2x+4$,即

$$y=\begin{cases}10, & 0<x\leqslant 3,\\ 2x+4, & x>3.\end{cases}$$

下面我们介绍两个特殊的分段函数.

(1) 绝对值函数

$$|x|=\begin{cases}x, & x\geqslant 0,\\ -x, & x<0.\end{cases}$$

(2) 取整函数

$$[x]=\{\text{不超过 } x \text{ 的最大整数}\}.$$

如 $[2.3]=2$, $[-2.3]=-3$.

1.3.4 函数的性质

函数有 4 种基本性质:有界性、单调性、奇偶性和周期性.

定义 1.5 设函数 $f(x)$ 的定义域为 D,若对于任意的 $x\in D$,总存在常数 $M>0$ 使 $|f(x)|\leqslant M$ 恒成立,则称函数 $f(x)$ 在 D 上**有界**.否则,称函数 $f(x)$ 在 D 上**无界**.

比如函数 $y=\dfrac{1}{1+x^2}$ 就是有界函数,因为任意给定 $x\in\mathbf{R}$,都有 $\left|\dfrac{1}{1+x^2}\right|\leqslant 1$ 成立.

定义 1.6 设函数 $f(x)$ 在给定区间 I 上有定义.如果对于任意给定 $x_1,x_2\in I$,当 $x_1<x_2$ 时,都有 $f(x_1)<f(x_2)$,那么称函数 $f(x)$ 在区间 I 上是**单调增加**的;当 $x_1<x_2$ 时,都有 $f(x_1)>f(x_2)$,那么称函数 $f(x)$ 在区间 I 上是**单调减少**的.

增函数,减函数统称**单调函数**,区间 I 称为 $f(x)$ 的**单调区间**.

例 5 证明函数 $f(x)=2x+1$ 在 $(-\infty,+\infty)$ 内单调增加.

证 设任意给定 $x_1,x_2\in(-\infty,+\infty)$ 且 $x_1<x_2$,则有

$$f(x_1)-f(x_2)=(2x_1+1)-(2x_2+1)=2(x_1-x_2)<0,$$

即

$$f(x_1)<f(x_2).$$

所以 $f(x)=2x+1$ 在 $(-\infty,+\infty)$ 内是单调增加的.

定义 1.7 设函数 $f(x)$ 的定义域 D 是对称于原点的数集.任意给定 $x\in D$, $f(-x)=-f(x)$ 恒成立,那么称 $f(x)$ 为**奇函数**;如果 $f(-x)=f(x)$ 恒成立,那么称 $f(x)$ 为**偶函数**.

例 6 判定下列函数的奇偶性.

(1) $f(x)=x^3$; (2) $f(x)=x^4$; (3) $f(x)=3x+1$.

解 (1) 因为 $f(-x)=(-x)^3=-x^3=-f(x)$,所以 $f(x)$ 是奇函数.

(2) 因为 $f(-x)=(-x)^4=x^4=f(x)$,所以 $f(x)$ 是偶函数.

(3) 因为 $f(-x)=3(-x)+1=-3x+1\neq\pm f(x)$,所以 $f(x)$ 是非奇非偶函数.

定义 1.8 如果函数 $f(x)$ 在定义域 D 上恒有 $f(x+T)=f(x)$ (T 为非零常数),则称函数 $f(x)$ 为**周期函数**,常数 T 称为函数 $f(x)$ 的**周期**.

当一个周期函数的周期有无数个时,一般用最小正周期表示它的周期.

1.3.5 反函数

定义 1.9 设函数 $y=f(x)$ 的定义域为 D,值域为 M.如果对于 M 中的每一个 y 的值,由 $y=f(x)$ 都能确定唯一的 x 的值与之对应,由此得到的以 y 为自变量的函数称为 $y=f(x)$ 的**反函数**,记作 $x=f^{-1}(y)$, $y\in M$.

习惯上,总是用 x 表示自变量,用 y 表示因变量,所以通常把 $x=f^{-1}(y)$ 改写为 $y=f^{-1}(x)$.

反函数有如下性质:

性质 1　函数 $y=f(x)$ 的定义域和值域,是其反函数的值域和定义域.

性质 2　函数 $y=f^{-1}(x)$ 与 $y=f(x)$ 的图像关于直线 $y=x$ 对称.

例 7　求下列函数的反函数.

(1) $y=0.5x-3$;　　(2) $y=x^3$;

(3) $y=\sqrt{x}-1(x\geqslant 0)$;　　(4) $y=\dfrac{2x-1}{x+1}(x\in\mathbf{R}$ 且 $x\neq -1)$.

解　(1) 由 $y=0.5x-3$ 得 $x=2y+6$,互换 x,y 得反函数 $y=2x+6$.

(2) 由 $y=x^3$ 得 $x=\sqrt[3]{y}$,互换 x,y 得反函数 $y=\sqrt[3]{x}$.

(3) 由 $y=\sqrt{x}-1$ 得 $x=(y+1)^2$,互换 x,y 得反函数 $y=(x+1)^2(x\geqslant -1)$.

(4) 由 $y=\dfrac{2x-1}{x+1}$ 得 $x=\dfrac{1+y}{2-y}$,互换 x,y 得反函数 $y=\dfrac{1+x}{2-x}(x\neq 2)$.

课堂练习

1. 设函数 $f(x)=\dfrac{x^2+1}{x-1}$,则 $f(0)=$ ________,$f(2)=$ ________.

2. 设函数 $f(x)=\dfrac{1}{\sqrt{1-x^2}}$,则其定义域为________.

3. 设函数 $f(x)=2x-1$,则 $f(x)$ 在定义域上是单调______函数(填:增加、减少).

4. 设函数 $f(x)=\dfrac{1}{\sqrt{1-x^2}}$,则函数为________(填:奇函数、偶函数).

5. 设函数 $f(x)=2x-1$,则 $f(x)$ 在定义域上的反函数为________.

6. 设函数 $f(x)$ 的定义域为[2,3],则它的反函数的值域为________.

习题 1-3

1. 填空题

(1) 函数 $f(x)=\begin{cases}x+1, & 0\leqslant x<2,\\ x-1, & 2\leqslant x<3\end{cases}$ 的定义域为________;$f\left(\dfrac{1}{2}\right)=$________.

(2) 设 $f(x)=2x^2-1$,则 $f(\sqrt{3})=$________.

2. 设 $f(x)=x^2-3x+1$,试求 x 的值使 $2f(x)=f(2x)$ 成立.

3. 设函数 $f(x)=\begin{cases}x^2-1, & x\leqslant -1,\\ x, & -1<x\leqslant 1,\\ 1, & x>1.\end{cases}$ 求函数的定义域并作图.

4. 求下列函数的反函数.

（1）$y=(x-1)^2\quad(x\in[1,+\infty))$；　　（2）$y=\frac{x}{2x+5}\quad\left(x\neq-\frac{5}{2}\right)$.

5. 判断下列函数的奇偶性.

（1）$y=|x|$；　　（2）$y=\frac{1}{x^5}$.

6. 某公司出售某种产品，若购买量不超过 100 kg 时，每千克售价为 5 元，若超过 100 kg，超过部分九折优惠，求这种产品销售收入 y 与销售量 x 的函数关系.

1.4　分数指数幂与幂函数

本节我们复习有关幂的知识，在此基础上建立幂函数的概念.

案例探究　摆往复一次所需要的时间与摆长的算术平方根成正比. 设摆长为 1 m 的摆往复一次需 2 s，现做一个往复一次需 3 s 的摆，摆线的长应该是多少米？

1.4.1　根式

我们知道如果 $x^2=a(a\geqslant0)$，则 x 叫做 a 的二次方根；如果 $x^3=a$，则 x 叫做 a 的三次方根.例如，3 和−3 都是 9 的二次方根，2 是 8 的三次方根.

一般地，设 n 为大于 1 的正整数，如果 $x^n=a$，则 x 叫做 a 的 n **次方根**.

当 n 为偶数时，因为任何一个数的偶次方都是非负数，所以负数 a 没有 n 次方根；正数 a 有两个 n 次方根，一正一负且互为相反数，我们把 a 的正的 n 次方根记为$\sqrt[n]{a}$，负的 n 次方根记为$-\sqrt[n]{a}$，两个方根可以合记为$\pm\sqrt[n]{a}$.如$\pm\sqrt[4]{81}=\pm3$；$\sqrt[4]{81}=3$.

当 n 为奇数时，实数 a 有一个 n 次方根，记为$\sqrt[n]{a}$.正数的 n 次方根为正数，负数的 n 次方根为负数.如 $\sqrt[5]{32}=2$；$\sqrt[5]{-32}=-2$.

0 的任何次方根仍是 0，记为$\sqrt[n]{0}$.即$\sqrt[n]{0}=0$.

正数 a 的正的 n 次方根叫做 a 的 n **次算术根**.求一个数的方根的运算叫做**开方运算**.式子$\sqrt[n]{a}$叫做**根式**，n 叫做**根指数**，a 叫做**被开方数**.

根式的运算律有：

（1）$(\sqrt[n]{a})^n=a$；

（2）当 n 为奇数时，$\sqrt[n]{a^n}=a$；当 n 为偶数时，$\sqrt[n]{a^n}=|a|$.

1.4.2　分数指数幂

引入根式后，可以将根式表示为分数指数幂，如

$$(\sqrt{a^6})=\sqrt{(a^3)^2}=a^3=a^{\frac{6}{2}}(a>0).$$

一般地,我们规定:

(1) $a^{\frac{m}{n}}=\sqrt[n]{a^m}(a>0,m,n\in\mathbf{N}^+,n>1)$;

(2) $a^{-\frac{m}{n}}=\dfrac{1}{\sqrt[n]{a^m}}(a>0,m,n\in\mathbf{N}^+,n>1)$;

(3) 0 的正分数指数幂为 0,0 的负分数指数幂无意义.

规定了分数指数幂的意义以后,就把整数指数幂推广到有理数指数幂.当 $a>0$ 时,整数指数幂的运算性质,对于有理指数幂也同样适用.即对于任意有理数 m,n 和正数 a,b,均有下面的运算性质:

(1) $a^m\cdot a^n=a^{m+n},\dfrac{a^m}{a^n}=a^{m-n}$;

(2) $(a^m)^n=a^{mn}$;

(3) $(ab)^n=a^n\cdot b^n,\left(\dfrac{a}{b}\right)^n=\dfrac{a^n}{b^n}$.

例 1　求下列分数指数幂.

(1) $9^{\frac{1}{2}}$;　　(2) $\left(\dfrac{1}{16}\right)^{-\frac{3}{4}}$;　　(3) $\left(\dfrac{8}{27}\right)^{-\frac{4}{3}}$.

解　(1) $9^{\frac{1}{2}}=(3^2)^{\frac{1}{2}}=3^{2\times\frac{1}{2}}=3$;

(2) $\left(\dfrac{1}{16}\right)^{-\frac{3}{4}}=(2^{-4})^{-\frac{3}{4}}=2^{-4\times\left(-\frac{3}{4}\right)}=2^3=8$;

(3) $\left(\dfrac{8}{27}\right)^{-\frac{4}{3}}=\left[\left(\dfrac{2}{3}\right)^3\right]^{-\frac{4}{3}}=\left(\dfrac{2}{3}\right)^{3\times\left(-\frac{4}{3}\right)}=\left(\dfrac{2}{3}\right)^{-4}=\dfrac{81}{16}$.

例 2　用分数指数幂表示下列根式.

(1) $a^2\cdot\sqrt{a}$;　　(2) $a^3\cdot\sqrt[3]{a^2}$;　　(3) $\sqrt{a\sqrt{a}}$.

解　(1) $a^2\cdot\sqrt{a}=a^2\cdot a^{\frac{1}{2}}=a^{2+\frac{1}{2}}=a^{\frac{5}{2}}$;

(2) $a^3\cdot\sqrt[3]{a^2}=a^3\cdot a^{\frac{2}{3}}=a^{3+\frac{2}{3}}=a^{\frac{11}{3}}$;

(3) $\sqrt{a\sqrt{a}}=(a\cdot a^{\frac{1}{2}})^{\frac{1}{2}}=(a^{\frac{3}{2}})^{\frac{1}{2}}=a^{\frac{3}{4}}$.

1.4.3　幂函数

考察函数 $x,x^2,x^{-1},x^3,x^{\frac{1}{2}},\cdots$它们有什么共同点?

这些函数的表达式都是方幂,且指数为常数,底为自变量,这样的函数叫做幂函数. 一般地,有如下定义:

定义 1.10　函数 $y=x^a$ 叫做**幂函数**,其中 x 是自变量,a 是常数,$a\in\mathbf{R}$.

如 $y=x^{\frac{1}{4}},y=x^{\frac{2}{5}}$都是幂函数,其定义域分别为 $D=[0,+\infty)$和 $D=(-\infty,+\infty)$.

常用幂函数的性质与图像如表 1-7 所示,应熟记.

表 1-7 幂函数的图像与性质

幂函数	定义域	值域	有界性	单调性	奇偶性	图像
$y=x$	$(-\infty,+\infty)$	$(-\infty,+\infty)$	无界	单调增加	奇	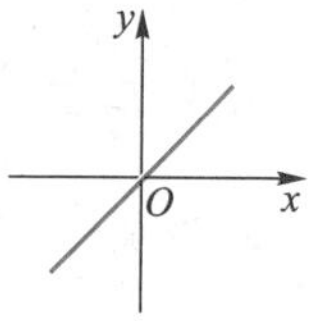
$y=x^2$	$(-\infty,+\infty)$	$[0,+\infty)$	有下界		偶	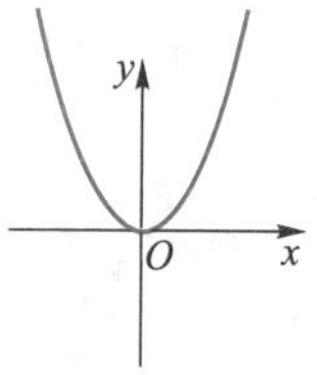
$y=x^3$	$(-\infty,+\infty)$	$(-\infty,+\infty)$	无界	单调增加	奇	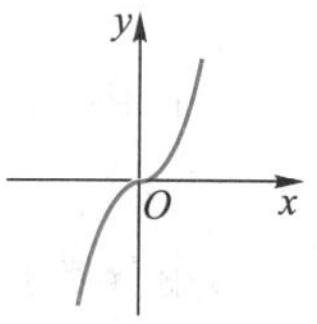
$y=x^{-1}$	$(-\infty,0)\cup(0+\infty)$	$(-\infty,0)\cup(0+\infty)$	无界	在$(-\infty,0)$，$(0,+\infty)$上单调减少	奇	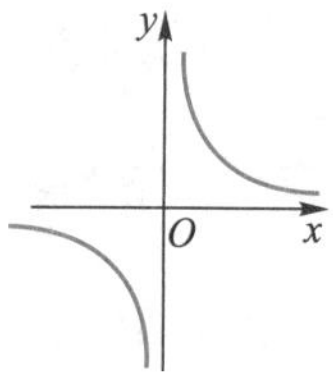
$y=x^{\frac{1}{2}}$	$[0,+\infty)$	$[0,+\infty)$	有下界	单调增加	非	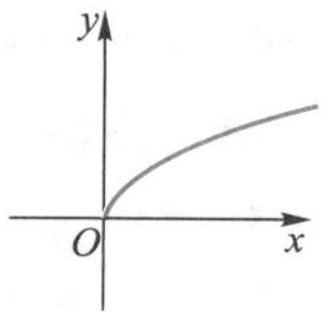

例 3 计算摆线的长度.(见“案例探究”)

解 设往复一次需 T 秒的摆,其摆长为 l 米,k 为比例系数,则

$$T=k\sqrt{l}.$$

将 $T=2$,$l=1$ 代入,得 $k=2$,所以

$$T=2\sqrt{l}.$$

从而 $l=\frac{1}{4}T^2$,将 $T=3$ 代入,得

$$l=\frac{1}{4}\times3^2=2.25.$$

即做一个往复一次需 3 s 的摆,摆线的长度应该是 3 m.

课堂练习 ≫

1. $(\sqrt[4]{(-3)^4})=$ __________,$(\sqrt[3]{(-3)^3})=$ __________.

2. $(\sqrt[4]{(\pi-3)^4})=$________，$(\sqrt[6]{(x-y)^6})=$________.

3. $x^{\frac{2}{3}}\cdot\sqrt{\sqrt{x}}=$________，$\sqrt[3]{x^5}\div\sqrt[4]{x^3}\cdot\sqrt[5]{x^4}=$________（用分数指数幂表示）.

4. 计算 $27^{\frac{2}{3}}=$________，$\left(\frac{32}{243}\right)^{-\frac{2}{5}}=$

5. 函数 $y=\frac{1}{x}$，$y=\sqrt{x}$，$y=2x$，$y=x+1$ 中是幂函数的有________.

6. 幂函数 $y=\frac{1}{x^2}$的定义域为________.

习题 1-4

1. 用根式的形式表示下列各式（$a>0$）.

（1）$a^{\frac{2}{3}}$；　（2）$a^{\frac{4}{3}}$；　（3）$a^{-\frac{2}{5}}$；　（4）$a^{-\frac{7}{10}}$.

2. 用分数指数幂表示下列各式.

（1）$\sqrt[4]{a^3}$；　（2）$\frac{\sqrt{a}}{\sqrt{a^5}}$；　（3）$\sqrt{a\sqrt[3]{a}}$；　（4）$\sqrt{a\sqrt[3]{\sqrt[4]{a}}}$.

3. 求下列各式的值.

（1）$0.001\,6^{\frac{1}{4}}$；　（2）$\left(\frac{8}{27}\right)^{-\frac{2}{3}}$；　（3）$\left(\frac{64}{49}\right)^{\frac{3}{2}}$；　（4）$1\,000^{-\frac{1}{3}}$.

4. 求下列函数的定义域.

（1）$y=x^{\frac{3}{4}}+(2x-1)^{-1}$；　（2）$y=(3+2x)^{-\frac{2}{3}}$.

5. 判断下列函数的奇偶性.

（1）$y=x^6$；　（2）$y=x^{-\frac{1}{4}}$；　（3）$y=x^{\frac{3}{2}}$；　（4）$y=(x^2-2x-8)^{-\frac{1}{3}}$.

1.5　指数函数

本节我们学习用幂表示的另一种类型的函数，它的指数为自变量，底为常数，这样的函数我们称为指数函数.

案例探究　某人在一网贷平台借了 1 万元，年利率为 30%，那么在 x 年后，他需要还多少钱？若按月计息，在 x 年后，他需要还多少钱？若按天计息呢？

1.5.1　指数函数

例 1　某种细胞分裂时，由 1 个分裂成 2 个，2 个分裂成 4 个……. 1 个这样的细胞分裂 x

次后,得到的细胞个数 y 与 x 的函数关系是什么?

分裂次数:1,2,3,4,…,x

细胞个数:2,4,8,16,…,y

由上面的对应关系可知,函数关系是 $y=2^x$.

例 2 某人在一网贷平台借了 1 万元,年利率为 30%,那么在 x 年后,他需要还多少钱?(见“案例探究”)

解 设 x 年后的本利和为 y,则 $y=1.3^x$,即在 x 年后,他需要还 1.3^x 万元.若按月计息,则月利率为 2.5%,在 x 年后,他需要还 $1.025^{12x}\approx 1.345^x$ 万元.若按天计息,则日利率为 0.082%,在 x 年后,他需要还 $1.00082^{365x}\approx 1.349^x$ 万元.可见计息周期越短,所给利息越多.

以贷款 5 年为例,若按年计息,5 年后需要还 3.713 万元;若按月计息,5 年后需要还 4.402 万元;若按天计息,5 年后需要还 4.467 万元,此时利息已经超过本金的 3 倍.

在函数 $y=2^x$,$y=1.3^x$ 中指数 x 是自变量,底数是一个大于 0 且不等于 1 的常量.

我们把这种自变量在指数位置上而底数是一个大于 0 且不等于 1 的常量的函数叫做指数函数.一般地,有

定义 1.11 函数 $y=a^x(a>0$ 且 $a\neq 1)$ 叫做**指数函数**,其中 x 是自变量,函数定义域是 $\mathbf{R}$.

因为 $a>0$,所以对于任何 $x\in\mathbf{R}$,有 $a^x>0$. 因此指数函数的值域是 $(0,+\infty)$.

思考 为什么要规定 $a>0$ 且 $a\neq 1$ 呢?

1.5.2 指数函数的性质与图像

指数函数 $y=2^x$,$y=\left(\frac{1}{2}\right)^x$,$y=10^x$,$y=\left(\frac{1}{10}\right)^x$ 在同一坐标系中的图像如图 1-9 所示.

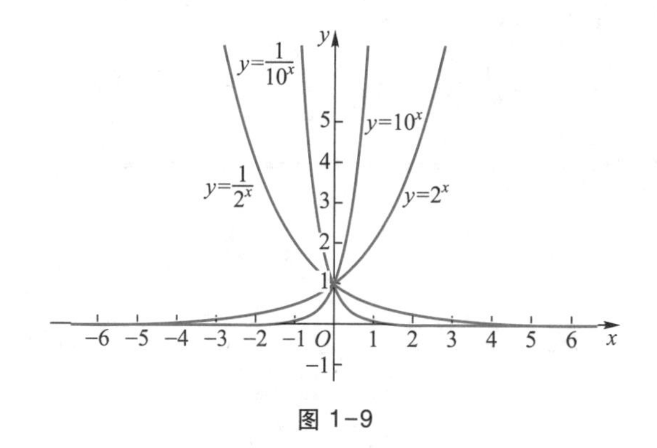

图 1-9

观察 $y=2^x$,$y=\left(\frac{1}{2}\right)^x$,$y=10^x$,$y=\left(\frac{1}{10}\right)^x$ 的图像特征,可以得到 $y=a^x(a>0$ 且 $a\neq 1)$ 的图像和性质,如表 1-8 所示.

表 1-8 指数函数的图像和性质

函数	图像	性质			
$y=a^x(a>1)$		$D=(-\infty,+\infty)$	$M=(0,+\infty)$	过点$(0,1)$	单调增加
$y=a^x(0<a<1)$		$D=(-\infty,+\infty)$	$M=(0,+\infty)$	过点$(0,1)$	单调减少

例 3 比较下列各题中两个值的大小：

（1）$1.7^{2.5}, 1.7^{3}$； （2）$0.8^{-0.1}, 0.8^{-0.2}$； （3）$1.7^{0.3}, 0.9^{3.1}$.

解 利用指数函数的单调性.

（1）因为 $y=1.7^x$ 是单调增加函数，而 $2.5<3$，所以 $1.7^{2.5}<1.7^{3}$；

（2）因为 $y=0.8^x$ 是单调减少函数，而 $-0.1>-0.2$，所以 $0.8^{-0.1}<0.8^{-0.2}$；

（3）因为 $1.7^{0.3}>1.7^{0}=1, 0.9^{3.1}<0.9^{0}=1$，所以 $1.7^{0.3}>0.9^{3.1}$.

注 对同底数幂大小的比较用的是指数函数的单调性，必须要明确所给的两个值是哪个指数函数的两个函数值；对不同底数的幂的大小的比较可以与中间值进行比较.

课堂练习

不求值，比较下列各组值的大小.

1. $1.04^{0.3}$____ $1.04^{1.33}$； 2. $\left(\frac{3}{5}\right)^{-0.8}$____$\left(\frac{3}{5}\right)^{0.8}$； 3. $0.98^{-2.2}$____ 1.

习题 1-5

1. 不求值，比较下列各题中的两个数的大小.

（1）$6^{0.3}$ 与 $6^{0.2}$； （2）$0.6^{-0.3}$ 与 $0.6^{-0.2}$；

（3）$\left(\frac{7}{4}\right)^{\frac{4}{7}}$ 与 $\left(\frac{7}{4}\right)^{\frac{7}{4}}$； （4）$\left(\frac{1}{4}\right)^{1.2}$ 与 $\left(\frac{1}{4}\right)^{1.3}$.

2. 比较下列各式中的 m, n 的大小.

（1）$1.8^m<1.8^n$； （2）$\left(\frac{7}{8}\right)^m<\left(\frac{7}{8}\right)^n$； （3）$a^m<a^n(0<a<1)$.

3. 某企业向银行贷款 50 万元，每月应支付利息 0.5%，若每月暂不结算，把应付利息也纳入贷款本金，试建立 t 个月后，应归还银行的本利和 Q 与 t 的关系，并求 12 个月后本利和是多少？（精确到千元）.

1.6 对数与对数函数

在上一节我们学习了指数函数，那么指数函数有没有反函数，如果有，是一个什么样的函数？有什么用？先来看一个例子.

案例探究 某人在民间借贷公司借了 1 万元，一期的利率为 30%，那么在多少期后，他需要还 10 万元？

为了解决上述问题，我们引入对数的概念.

1.6.1 对数

1. 对数定义

定义 1.12 如果 $a(a>0,a\neq1)$ 的 b 次幂等于 N，即 $a^b=N$，那么数 b 叫做 a 为底 N 的对数，记作 $\log_a N$，a 叫做对数的底数，N 叫做真数.

指数式与对数式的关系如图 1-10 所示：

$$a^b=N \Leftrightarrow \log_a N=b$$

底数 指数 幂 底数 真数 对数

图 1-10

例如，

$4^2=16 \Leftrightarrow \log_4 16=2$； $10^2=100\Leftrightarrow\log_{10}100=2$；

$4^{\frac{1}{2}}=2 \Leftrightarrow\log_4 2=\dfrac{1}{2}$； $10^{-2}=0.01\Leftrightarrow\log_{10}0.01=-2$.

注 （1）负数与零没有对数（因为在指数式中 $N>0$）.

（2）$\log_a 1=0$，$\log_a a=1$.

因为对任意 $a>0$ 且 $a\neq1$，都有 $a^0=1$. 所以 $\log_a 1=0$；由 $a^1=a$ 得 $\log_a a=1$.

（3）对数恒等式：如果把 $a^b=N$ 中的 b 写成 $\log_a N$，则有

$$a^{\log_a N}=N.$$

（4）常用对数：我们通常将以 10 为底的对数叫做**常用对数**. 为了简便，N 的常用对数 $\log_{10}N$ 简记作 $\lg N$. 例如，$\log_{10}5$ 简记作 $\lg 5$；$\log_{10}3.5$ 简记作 $\lg 3.5$.

（5）自然对数：在科学计数中常常使用以无理数 $e=2.718\ 28\cdots$ 为底的对数，以 e 为底的对数叫**自然对数**，为了简便，N 的自然对数 $\log_e N$ 简记作 $\ln N$. 例如，$\log_e 3$ 简记作 $\ln 3$；$\log_e 10$ 简记作 $\ln 10$.

(6) 底数的取值范围为$(0,1)\cup(1,+\infty)$,真数的取值范围为$(0,+\infty)$.

例 1　将下列指数式写成对数式.

(1) $5^4=625$；　(2) $2^{-6}=\frac{1}{64}$；　(3) $3^a=27$；　(4) $\left(\frac{1}{3}\right)^m=5.73$.

解　(1) $\log_5 625=4$；　(2) $\log_2\frac{1}{64}=-6$；

(3) $\log_3 27=a$；　(4) $\log_{\frac{1}{3}}5.73=m$.

2. 对数的运算性质

如果 $a>0,a\neq1,M,N>0$,则

性质 1　$\log_a(MN)=\log_a M+\log_a N$.

性质 2　$\log_a\frac{M}{N}=\log_a M-\log_a N$.

性质 3　$\log_a M^n=n\log_a M\quad(n\in\mathbf{R})$.

根据指数的运算性质和对数的定义不难证明以上性质,这里只证明性质 1,其余性质请读者自行证明.

证　设 $\log_a M=p$, $\log_a N=q$,由对数的定义可得 $M=a^p$,$N=a^q$.从而

$$MN=a^p\cdot a^q=a^{p+q},$$

根据对数定义,得

$$\log_a(MN)=p+q.$$

即证得 $\log_a(MN)=\log_a M+\log_a N$.

注　真数的取值范围必须是$(0,+\infty)$. 如,$\log_2(-3)(-5)=\log_2(-3)+\log_2(-5)$ 是不成立的,$\log_{10}(-10)^2=2\log_{10}(-10)$是不成立的.

3. 对数换底公式

$$\log_a N=\frac{\log_m N}{\log_m a}\quad(a>0,m>0,N>0,a\neq1,m\neq1).$$

证　设 $\log_a N=x$,则 $a^x=N$,两边取以 m 为底的对数可得

$$\log_m a^x=\log_m N\Rightarrow x\log_m a=\log_m N.$$

从而 $x=\frac{\log_m N}{\log_m a}$,即 $\log_a N=\frac{\log_m N}{\log_m a}$.

根据对数的运算性质和对数换底公式不难得出以下结论:

(1) $\log_a b\cdot\log_b a=1,\log_a b\cdot\log_b c\cdot\log_c a=1$.

(2) $\log_{a^m}b^n=\frac{n}{m}\log_a b$ ($a,b>0$ 且均不为 1).

例 2　计算下列各式.

(1) $\log_3 81$；　(2) $\log_9 27$；　(3) $\log_{(2+\sqrt{3})}(2-\sqrt{3})$.

解　(1) $\log_3 81=\log_3 3^4=4$；

(2) $\log_9 27=\log_{3^2}3^3=\frac{3}{2}$；

(3) $\log_{(2+\sqrt{3})}(2-\sqrt{3})=\log_{(2+\sqrt{3})}(2+\sqrt{3})^{-1}=-1$.

例 3　计算下列各式.

(1) $\lg 14-2\lg\frac{7}{3}+\lg 7-\lg 18$;　　(2) $\frac{\lg 243}{\lg 9}$;　　(3) $\log_3 8\cdot\log_{16}81$.

解　(1) $\lg 14-2\lg\frac{7}{3}+\lg 7-\lg 18=\lg 2+\lg 7-2\lg 7+2\lg 3+\lg 7-\lg 2-2\lg 3=0$.

(2) $\frac{\lg 243}{\lg 9}=\frac{\lg 3^5}{\lg 3^2}=\frac{5\lg 3}{2\lg 3}=\frac{5}{2}$.

(3) $\log_3 8\cdot\log_{16}81=\frac{\ln 8}{\ln 3}\cdot\frac{\ln 81}{\ln 16}=\frac{\ln 2^3}{\ln 3}\cdot\frac{\ln 3^4}{\ln 2^4}=\frac{3\ln 2\cdot 4\ln 3}{\ln 3\cdot 4\ln 2}=3$.

1.6.2　对数函数

我们研究指数函数时,曾经讨论过细胞分裂问题,某种细胞分裂时,得到的细胞的个数 y 是分裂次数 x 的函数,这个函数可以用指数函数 $y=2^x$ 表示.

现在,我们来研究相反的问题,这种细胞经过多少次分裂,大约可以得到 1 万个,10 万个……细胞,那么,分裂次数 x 就是要得到的细胞个数 y 的函数.根据对数的定义,这个函数可以写成对数的形式:$x=\log_2 y$.

如果用 x 表示自变量,y 表示函数,这个函数就是 $y=\log_2 x$.

由反函数概念可知,$y=\log_2 x$ 与指数函数 $y=2^x$ 互为反函数.

1. 对数函数的定义

定义 1.13　函数 $y=\log_a x(a>0$ 且 $a\neq 1)$ 叫做**对数函数**;它是指数函数 $y=a^x(a>0$ 且 $a\neq 1)$ 的反函数.

对数函数 $y=\log_a x(a>0$ 且 $a\neq 1)$ 的定义域为 $(0,+\infty)$,值域为 $(-\infty,+\infty)$.

2. 对数函数的图像与性质

由于对数函数 $y=\log_a x$ 与指数函数 $y=a^x$ 互为反函数,所以 $y=\log_a x$ 的图像与 $y=a^x$ 的图像关于直线 $y=x$ 对称.因此,我们只要画出与 $y=a^x$ 的图像关于 $y=x$ 对称的曲线,就可以得到 $y=\log_a x$ 的图像,如图 1-11,图 1-12 所示.

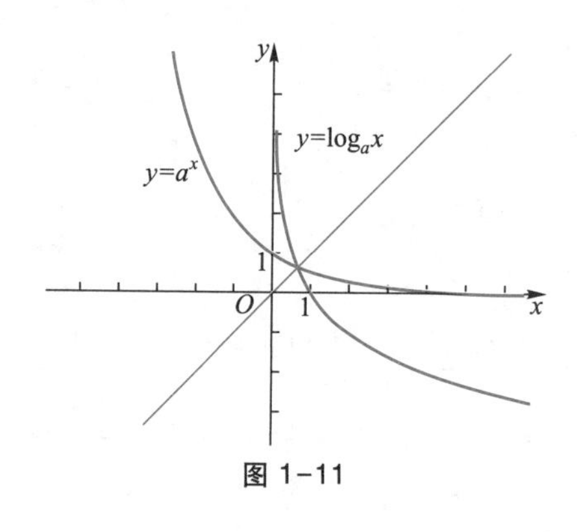

图 1-11

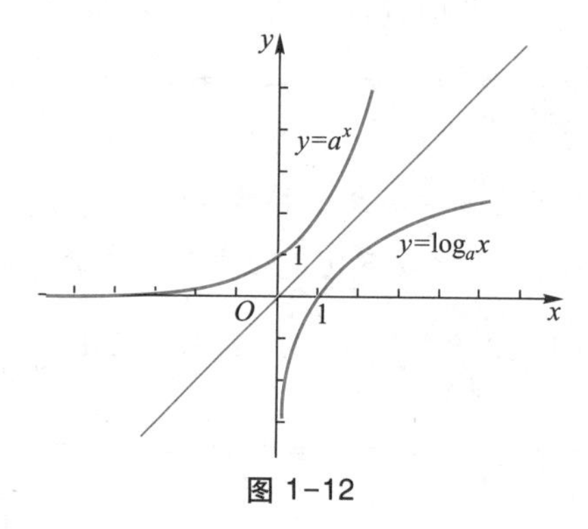

图 1-12

由对数函数的图像，观察得出对数函数的性质.如表 1-9 所示。

表 1-9　对数函数的图像及其性质

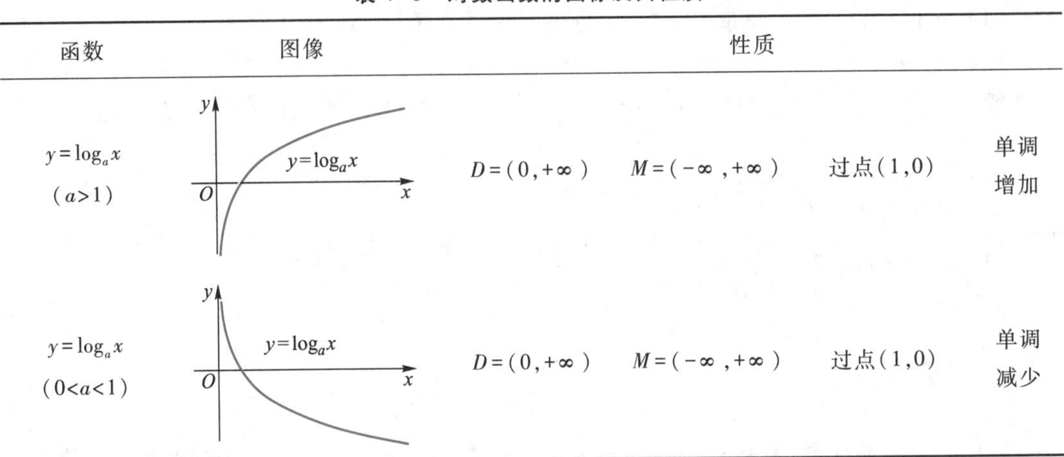

函数	图像	性质			
$y=\log_a x$ $(a>1)$		$D=(0,+\infty)$	$M=(-\infty,+\infty)$	过点$(1,0)$	单调增加
$y=\log_a x$ $(0<a<1)$		$D=(0,+\infty)$	$M=(-\infty,+\infty)$	过点$(1,0)$	单调减少

例 4　比较下列各组数中两个值的大小.

(1) $\log_2 3.4$ 与 $\log_2 8.5$；　(2) $\log_a 5.1$ 与 $\log_a 5.9(a>0,a\neq1)$；　(3) $\log_6 7$ 与 $\log_7 6$.

解　(1) 因为对数函数 $y=\log_2 x$ 在$(0,+\infty)$上是增函数，于是 $\log_2 3.4<\log_2 8.5$.

(2) 当 $a>1$ 时，$y=\log_a x$ 在$(0,+\infty)$上是增函数，于是 $\log_a 5.1<\log_a 5.9$.

当 $0<a<1$ 时，$y=\log_a x$ 在$(0,+\infty)$上是减函数，于是 $\log_a 5.1>\log_a 5.9$.

(3) 因为 $\log_6 7>\log_6 6=1$，$\log_7 6<\log_7 7=1$，所以 $\log_6 7>\log_7 6$.

例 5　求下列函数的定义域.

(1) $y=\log_a x^2$；　(2) $y=\log_a(4-x)$；　(3) $y=\log_a(9-x^2)$.

解　(1) 由 $x^2>0$ 得 $x^2\neq0$，所以函数 $y=\log_a x^2$ 的定义域是$\{x\mid x\neq0\}$；

(2) 由 $4-x>0$ 得 $x<4$，所以函数 $y=\log_a(4-x)$的定义域是$\{x\mid x<4\}$；

(3) 由 $9-x^2>0$ 得$-3<x<3$，所以函数 $y=\log_a(9-x^2)$的定义域是$\{x\mid -3<x<3\}$.

例 6　某人在民间借贷公司借了 1 万元，一期的利率为 30%，那么在多少期后，他需要还 10 万元？(见“案例探究”)

解　设 x 期后需要还 10 万元，则 $1.3^x=10$，$x=\log_{1.3}10\approx8.78$.

故大约在 9 期后，他需要还 10 万元.

课堂练习

1. 指数式和对数式互换 $3^2=9\Leftrightarrow$__________；$\log_2 8=3\Leftrightarrow$__________.

2. 不求值，比较下列各组中两个值的大小.

(1) $\log_5 0.9$ ____ $\log_5 1.2$；　(2) $\log_{\frac{2}{3}}\frac{1}{3}$ ____ $\log_{\frac{2}{3}}\frac{3}{4}$；　(3) $\log_2 1.8$ ____ 1.

习题 1-6

1. 把下列指数式写成对数式,对数式写为指数式.

(1) $5^2=25$; (2) $2^{-2}=\frac{1}{4}$; (3) $y=3^x$; (4) $y=\left(\frac{3}{4}\right)^x$;

(5) $\log_7 49=2$; (6) $\log_3 27=3$; (7) $y=\log_{\frac{1}{2}} x$; (8) $y=\ln x$.

2. 求下列各式的值.

(1) $\log_a 1$; (2) $\ln e^3$; (3) $2^{\log_2 7}$; (4) $\log_{0.5} 0.125$.

3. 求下列各式的值.

(1) $\log_a \frac{1}{5}+\log_a 5$; (2) $\log_3 18-\log_3 2$; (3) $2\log_7 49-8\log_7 1-\log_7 7$.

4. 求下列函数的反函数.

(1) $y=2^x$; (2) $y=\left(\frac{1}{2}\right)^x$; (3) $y=\log_5 \frac{x}{2}$; (4) $y=\log_{\frac{1}{2}}(x+1)$.

5. 求下列函数的定义域.

(1) $y=\log_3(3-x)$; (2) $y=\lg x^2$;

(3) $y=\frac{1}{\log_{0.5} x}$; (4) $y=\sqrt{\log_4(x+1)}$.

6. 不求值比较下列各组中两个值的大小.

(1) $\log_3 5$ 与 $\log_3 6$; (2) $\log_4 5$ 与 $\log_5 4$;

(3) $\log_{0.6} 0.7$ 与 $\log_{0.9} 1.2$; (4) $\log_3 \frac{3}{5}$ 与 $\log_2 \frac{5}{3}$.

7. 某产品原来的产量是 2 万吨,如果从今年开始年产量每年增长 12%,经过多少年产量可以翻一番?

8. 某种放射性物质的半衰期为 10 天,10.38 g 的这种物质经过多少天将减少到 1 g?

1.7 三角函数

在现实世界中有很多现象都具有周期性,例如交流电、某些振动过程,一些天体的运行,潮涨潮落等,这些现象的规律都可以用三角函数来描述,三角函数既是进一步学习的基础,又是解决科学技术和生产实际中某些问题的工具.

本节在角的推广的基础上,建立任意三角函数的概念,学习一些三角关系,研究三角函数的图像和性质.

案例探究　已知扇形的半径是 5 cm，圆心角是 0.6 rad，则其面积是多少呢？

1.7.1　任意角与弧度制

我们已学习了 0°到 360°角的概念，如图 1-13 所示，一条射线由起始位置 OA，绕着它的端点 O 按逆时针方向旋转到终止位置 OB，就形成角 α.旋转开始时的射线 OA 叫做**角的始边**，终止时的射线 OB 叫**角的终边**，射线的端点 O 叫做角 α 的**顶点**.

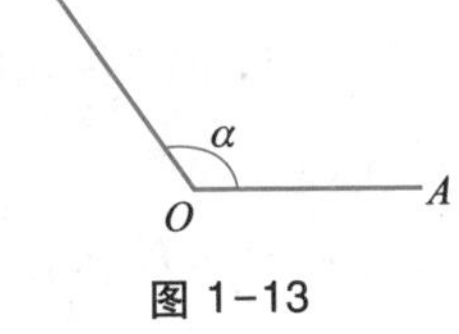

图 1-13

1. 角的概念的推广

在日常生活中，经常会遇到大于 360°的角以及按不同方向旋转而成的角，如自行车车轮、螺丝扳手等按不同方向旋转时所成的角.

为了区别起见，我们把按逆时针方向旋转所形成的角叫做**正角**；按顺时针方向旋转所形成的角叫做**负角**；如果一条射线没有作任何旋转，我们也认为这是形成了一个角，并把这个角称为**零角**.

在今后的学习中，我们常在直角坐标系内讨论角，使角的顶点与坐标原点重合，角的始边与 x 轴的非负半轴重合，如果角的终边（除端点外）落在第几象限，我们就说这个角是第几象限角.如图 1-14 所示，α_1 是第一象限角，α_2 是第二象限角，α_3 是第四象限角.

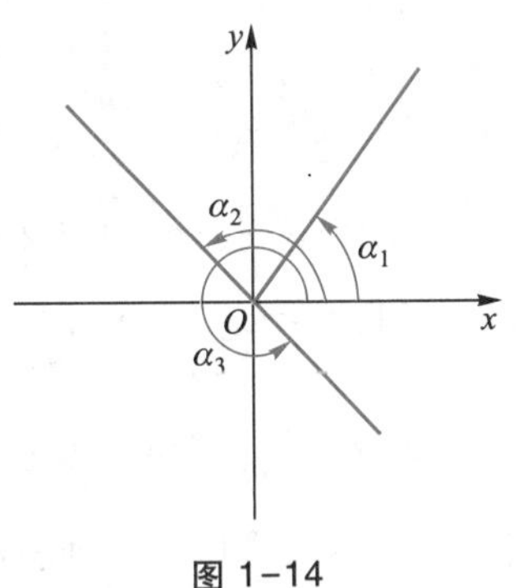

图 1-14

如果角的终边（除端点外）落在坐标轴上，则称之为坐标轴上的角.如 90°，180°，-90°都是坐标轴上的角.

一般地，与角 α 终边相同的角有无数个，彼此相差 360°的整数倍，其一般式为：

$$\alpha+k\cdot 360°(k\in\mathbf{Z}).$$

它们组成一个集合

$$\{\beta\mid\beta=\alpha+k\cdot 360°,k\in\mathbf{Z}\}.$$

例 1　若 α 是第二象限角，则 2α，$\dfrac{\alpha}{2}$分别是第几象限的角？

解　因为 α 是第二象限角，所以

$$90°+k\cdot 360°<\alpha<180°+k\cdot 360°\quad(k\in\mathbf{Z}),$$

从而

$$180°+k\cdot 720°<2\alpha<360°+k\cdot 720°\quad(k\in\mathbf{Z})$$

因此，2α 是第三或第四象限的角，或角的终边在 y 轴的负半轴上.

又

$$k\cdot 180°+45°<\frac{\alpha}{2}<k\cdot 180°+90°\quad(k\in\mathbf{Z}),$$

所以，$\frac{\alpha}{2}$是第一或第三象限的角.

2. 弧度制

用度作为单位来度量角的单位制度叫做**角度制**，在数学和其他学科中还常用另一种度量角的单位制——**弧度制**.

规定长度等于半径的圆弧所对的圆心角叫做1**弧度**的角，记作1rad，或1弧度，或1.并且规定：正角的弧度数是一个正数，负角的弧度数是一个负数，零角的弧度数是0.因此，如果圆的半径为r，圆弧长为l，如果所对的圆心角α为正角，则$\alpha=\frac{l}{r}$ rad；如果圆心角α为负角，则$\alpha=-\frac{l}{r}$ rad.

以弧度为单位度量角的制度称为弧度制.因为一个周角的弧度为2π，即$360°=2\pi$ rad，所以角度制与弧度制有以下换算公式：

$$1°=\frac{\pi}{180}\text{rad}\approx 0.017\ 45\text{ rad},$$

$$1\text{rad}=\frac{180°}{\pi}\approx 57.30°=57°18'.$$

如

$$67°30'=67.5°=67.5\times\frac{\pi}{180}=\frac{3\pi}{8}\text{ rad},$$

$$\frac{3}{5}\pi\text{rad}=\frac{3}{5}\times 180°=108°.$$

例2 已知扇形的半径是5 cm，圆心角是0.6 rad，则其面积是多少呢？（见“案例探究”）

解 不难推导，半径为r，圆心角为θ(rad)的扇形面积为

$$S=\frac{\theta}{2\pi}\cdot\pi r^2=\frac{1}{2}\theta r^2.$$

所以，所求面积为

$$S=\frac{1}{2}\times 0.6\times 5^2=7.5\text{ cm}^2.$$

类似地，半径为r，圆心角为θ rad的圆弧长度为

$$l=\frac{\theta}{2\pi}\cdot 2\pi r=r\theta.$$

1.7.2 任意角的三角函数

1. 任意角的三角函数的定义

如图1-15所示，α是直角三角形的一个锐角，则有

$$\sin\alpha=\frac{a}{c};\quad \cos\alpha=\frac{b}{c};$$

$$\tan\alpha=\frac{a}{b};\quad \cot\alpha=\frac{b}{a};$$

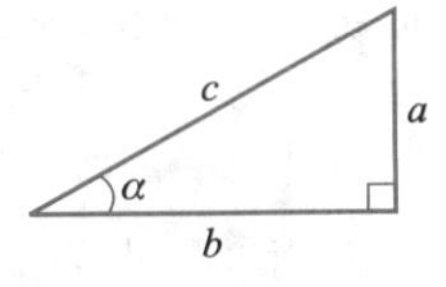

图 1-15

它们都是以锐角为自变量,以比值为函数值的函数,称为**锐角三角函数**.

当角的概念推广到任意角后,我们有任意角三角函数定义.

定义 1.14 设 α 是从 Ox 到 OP 的任意角(如图 1-16 所示),$P(x,y)$是 α 终边上不与原点重合的任意一点,$r=|OP|=\sqrt{x^2+y^2}$,那么

比值$\frac{y}{r}$叫做 α 的正弦,记作 $\sin\alpha$,即 $\sin\alpha=\frac{y}{r}$;

比值$\frac{x}{r}$叫做 α 的余弦,记作 $\cos\alpha$,即 $\cos\alpha=\frac{x}{r}$;

比值$\frac{y}{x}$叫做 α 的正切,记作 $\tan\alpha$,即 $\tan\alpha=\frac{y}{x}$;

比值$\frac{x}{y}$叫做 α 的余切,记作 $\cot\alpha$, 即 $\cot\alpha=\frac{x}{y}$;

比值$\frac{r}{x}$叫做 α 的正割,记作 $\sec\alpha$,即 $\sec\alpha=\frac{r}{x}$;

比值$\frac{r}{y}$叫做 α 的余割,记作 $\csc\alpha$,即 $\csc\alpha=\frac{r}{y}$.

以上六种函数分别称为正弦函数、余弦函数、正切函数、余切函数、正割函数和余割函数,统称为**三角函数**. 三角函数的值仅与角的大小有关,是角的函数. 又因为角与实数一一对应,故三角函数也是定义在实数集上的函数.

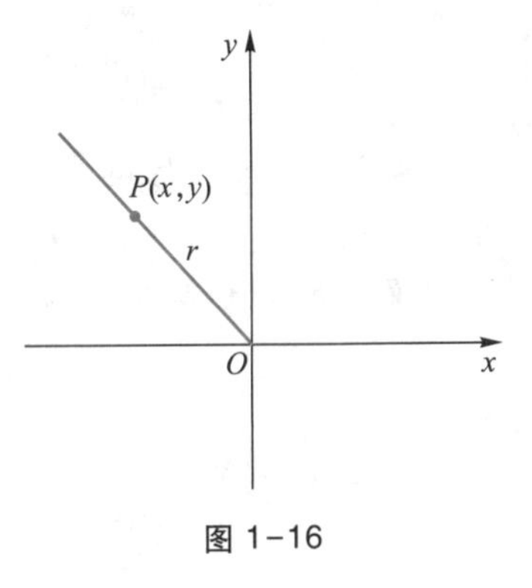

图 1-16

例 3 已知 α 的终边经过点 $P(2,-3)$,求 α 的六个三角函数值.

解 由题知 $x=2,y=-3,r=\sqrt{2^2+(-3)^2}=\sqrt{13}$,所以

$$\sin\alpha=-\frac{3\sqrt{13}}{13},\cos\alpha=\frac{2\sqrt{13}}{13},\tan\alpha=-\frac{3}{2},$$

$$\cot\alpha=-\frac{2}{3},\sec\alpha=\frac{\sqrt{13}}{2},\csc\alpha=-\frac{\sqrt{13}}{3}.$$

由定义 1.14 可以看出三角函数的定义域,列表 1-10 如下:

表 1-10 三角函数的定义域

函数	定义域	函数	定义域
$\sin\alpha$	$\mathbf{R}$	$\csc\alpha$	$\{\alpha\mid\alpha\neq k\pi,k\in\mathbf{Z}\}$
$\cos\alpha$	$\mathbf{R}$	$\sec\alpha$	$\{\alpha\mid\alpha\neq k\pi+\frac{\pi}{2},k\in\mathbf{Z}\}$
$\tan\alpha$	$\left\{\alpha\mid\alpha\neq k\pi+\frac{\pi}{2},k\in\mathbf{Z}\right\}$	$\cot\alpha$	$\{\alpha\mid\alpha\neq k\pi,k\in\mathbf{Z}\}$

由三角函数的定义，以及各象限内点的坐标的符号，我们可以得知各三角函数值的符号，如图 1-17 所示.

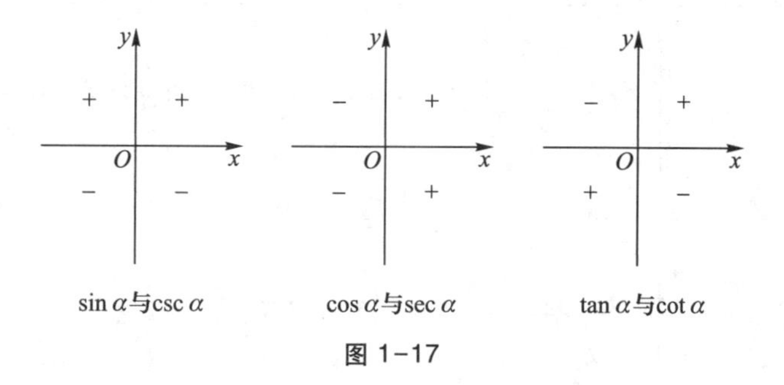

图 1-17

常用的特殊角的三角函数值如表 1-11 所示.

表 1-11 特殊角三角函数值

函数	0	$\frac{\pi}{6}$	$\frac{\pi}{4}$	$\frac{\pi}{3}$	$\frac{\pi}{2}$	π	$\frac{3\pi}{2}$	2π
$\sin\alpha$	0	$\frac{1}{2}$	$\frac{\sqrt{2}}{2}$	$\frac{\sqrt{3}}{2}$	1	0	-1	0
$\cos\alpha$	1	$\frac{\sqrt{3}}{2}$	$\frac{\sqrt{2}}{2}$	$\frac{1}{2}$	0	-1	0	1
$\tan\alpha$	0	$\frac{\sqrt{3}}{3}$	1	$\sqrt{3}$	不存在	0	不存在	0
$\cot\alpha$	不存在	$\sqrt{3}$	1	$\frac{\sqrt{3}}{3}$	0	不存在	0	不存在

由三角函数定义可知，终边相同的角的同一三角函数值是相等的，即

$$\sin(\alpha+2k\pi)=\sin\alpha,\cos(\alpha+2k\pi)=\cos\alpha,\tan(\alpha+2k\pi)=\tan\alpha,$$
$$\cot(\alpha+2k\pi)=\cot\alpha,\sec(\alpha+2k\pi)=\sec\alpha,\csc(\alpha+2k\pi)=\csc\alpha\ (k\in\mathbf{Z}).$$

2. 三角函数的图像与性质

6 个三角函数 $\sin x,\cos x,\tan x,\cot x,\sec x,\csc x$ 中前 4 个是经常使用的，应熟记其图像和性质，为了便于记忆，我们将其图像和性质列表 1-12 如下：

表 1-12 基本三角函数的图像与性质

函数	图像	定义域	值域	有界性	奇偶性	周期性
$y=\sin x$	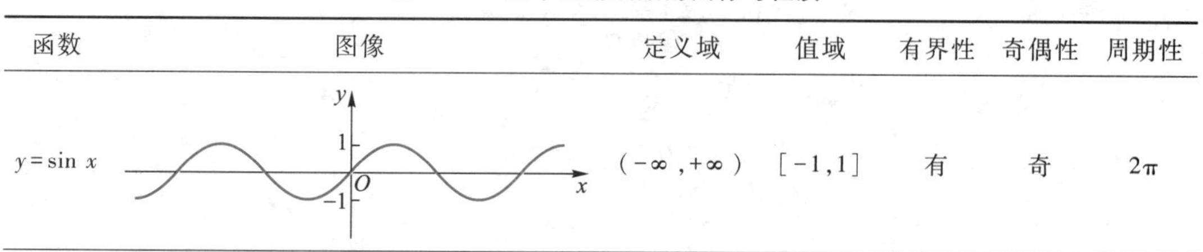	$(-\infty,+\infty)$	$[-1,1]$	有	奇	2π

续表

函数	图像	定义域	值域	有界性	奇偶性	周期性
$y=\cos x$	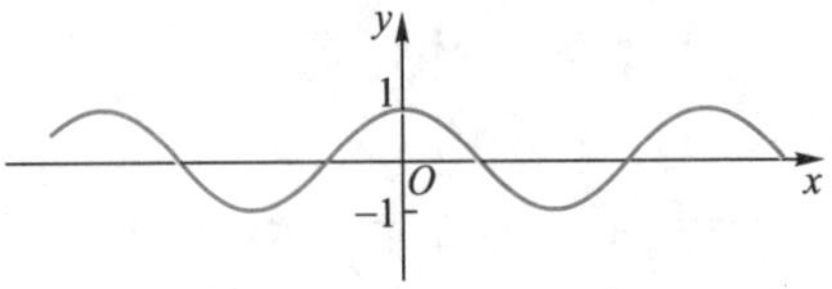	$(-\infty,+\infty)$	$[-1,1]$	有	偶	2π
$y=\tan x$	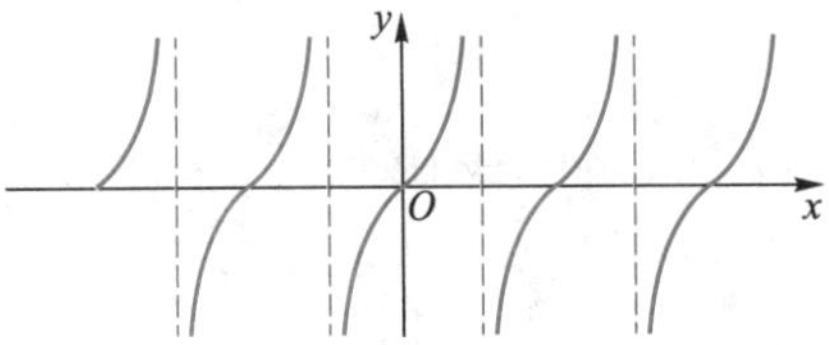	$\left\{x\neq k\pi+\dfrac{\pi}{2}\right\}$	$(-\infty,+\infty)$	无	奇	π
$y=\cot x$	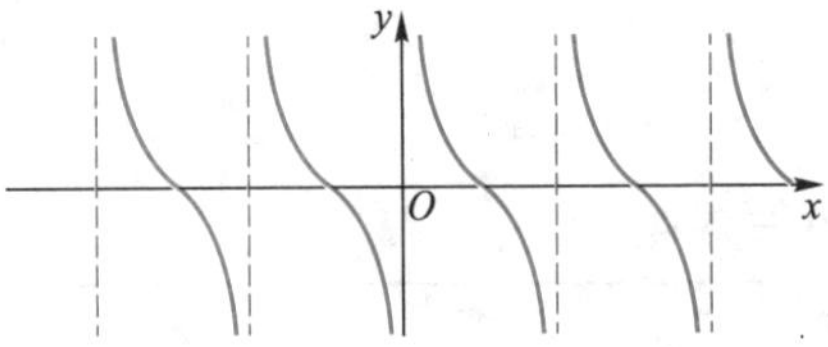	$\{x\neq k\pi+\pi\}$	$(-\infty,+\infty)$	无	奇	π

1.7.3　同角三角函数的基本关系式

由三角函数定义得到同角三角函数的三个基本关系式.

(1) 倒数关系:$\sec\alpha=\dfrac{1}{\cos\alpha},\csc\alpha=\dfrac{1}{\sin\alpha},\cot\alpha=\dfrac{1}{\tan\alpha}$.

(2) 商数关系:$\tan\alpha=\dfrac{\sin\alpha}{\cos\alpha},\cot\alpha=\dfrac{\cos\alpha}{\sin\alpha}$.

(3) 平方关系:$\sin^2\alpha+\cos^2\alpha=1,\tan^2\alpha+1=\sec^2\alpha,\cot^2\alpha+1=\csc^2\alpha$.

有了这些关系式,已知一个角的任何一种三角函数值,就可以求出这个角的其余五种三角函数值.

例 4　已知 $\sin\alpha=\dfrac{4}{5}$,并且 α 是第二象限角,求 $\cos\alpha,\tan\alpha$ 和 $\cot\alpha$.

解　由 $\sin^2\alpha+\cos^2\alpha=1$,$\alpha$ 是第二象限角,得

$$\cos\alpha=-\sqrt{1-\sin^2\alpha}=-\sqrt{1-\left(\frac{4}{5}\right)^2}=-\frac{3}{5},$$

$$\tan\alpha=\frac{\sin\alpha}{\cos\alpha}=\frac{\frac{4}{5}}{-\frac{3}{5}}=-\frac{4}{3},$$

$$\cot\alpha=\frac{1}{\tan\alpha}=-\frac{3}{4}.$$

1.7.4 诱导公式

在三角函数求值或变形时，需要将一个任意角的三角函数转化为锐角三角函数或我们需要的三角函数形式，为此，由三角函数定义得到下列诱导公式如表 1-13 所示

表 1-13 三角函数诱导公式

$-\alpha$	$\pi\pm\alpha$	$\frac{\pi}{2}\pm\alpha$
$\sin(-\alpha)=-\sin\alpha$	$\sin(\pi\pm\alpha)=\mp\sin\alpha$	$\sin\left(\frac{\pi}{2}\pm\alpha\right)=\cos\alpha$
$\cos(-\alpha)=\cos\alpha$	$\cos(\pi\pm\alpha)=-\cos\alpha$	$\cos\left(\frac{\pi}{2}\pm\alpha\right)=\mp\sin\alpha$
$\tan(-\alpha)=-\tan\alpha$	$\tan(\pi\pm\alpha)=\pm\tan\alpha$	$\tan\left(\frac{\pi}{2}\pm\alpha\right)=\mp\cot\alpha$
$\cot(-\alpha)=-\cot\alpha$	$\cot(\pi\pm\alpha)=\pm\cot\alpha$	$\cot\left(\frac{\pi}{2}\pm\alpha\right)=\mp\tan\alpha$

例 5 求下列三角函数值.

(1) $\cos\left(-\frac{7\pi}{6}\right)$； (2) $\tan\left(-\frac{26\pi}{3}\right)$； (3) $\cot(-930°)$.

解 (1) $\cos\left(-\frac{7\pi}{6}\right)=\cos\left(-\pi-\frac{\pi}{6}\right)=-\cos\frac{\pi}{6}=-\frac{\sqrt{3}}{2}$；

(2) $\tan\left(-\frac{26\pi}{3}\right)=\tan\left(-9\pi+\frac{\pi}{3}\right)=\tan\frac{\pi}{3}=\sqrt{3}$；

(3) $\cot(-930°)=\cot(-5\times180°-30°)=-\cot30°=-\sqrt{3}$.

例 6 化简 $\dfrac{\sin(2\pi-\alpha)\cos^2(\pi+\alpha)\tan\left(\frac{\pi}{2}+\alpha\right)}{\cos(\pi-\alpha)\sin(3\pi-\alpha)\sin\left(\frac{\pi}{2}-\alpha\right)}$.

解 原式 $=\dfrac{-\sin\alpha\cos^2\alpha(-\cot\alpha)}{-\cos\alpha\sin\alpha\cos\alpha}=-\cot\alpha$.

1.7.5 两角和与差的正弦、余弦公式及倍角公式

不加证明地给出如下公式.

(1) 两角和与差的正弦、余弦公式.

$$\sin(\alpha\pm\beta)=\sin\alpha\cos\beta\pm\cos\alpha\sin\beta,$$

$$\cos(\alpha\pm\beta)=\cos\alpha\cos\beta\mp\sin\alpha\sin\beta.$$

（2）二倍角公式.

$$\sin 2\theta=2\sin\theta\cos\theta,$$

$$\cos 2\theta=\cos^2\theta-\sin^2\theta=2\cos^2\theta-1=1-2\sin^2\theta.$$

根据二倍角的余弦公式可得：

$$\cos^2\theta=\frac{1+\cos 2\theta}{2},\sin^2\theta=\frac{1-\cos 2\theta}{2}.$$

例 7　化简 $\sin 3x\cdot\csc x-\cos 3x\cdot\sec x$.

解　原式 $=\dfrac{\sin 3x}{\sin x}-\dfrac{\cos 3x}{\cos x}=\dfrac{\sin 3x\cos x-\cos 3x\sin x}{\sin x\cos x}=\dfrac{\sin(3x-x)}{\dfrac{1}{2}\sin 2x}=2.$

例 8　化简 $\dfrac{\sin\dfrac{\alpha}{2}\cos\dfrac{\alpha}{2}}{1-2\sin^2\dfrac{\alpha}{2}}$.

解　原式 $=\dfrac{\dfrac{1}{2}\sin\alpha}{\cos\alpha}=\dfrac{1}{2}\tan\alpha.$

课堂练习

1. 若 $\cos\alpha=\dfrac{3}{5}\left(\dfrac{3}{2}\pi<\alpha<2\pi\right)$，则 $\sin\alpha=$________，$\cot\alpha=$________.

2. $\sin\left(-\dfrac{35}{4}\pi\right)=$____；$\cos(-225°)=$____；$\tan\dfrac{25\pi}{3}=$____；$\cot\left(-\dfrac{7\pi}{3}\right)=$________.

3. 已知 α 为第二象限角，且 $\sin\alpha=\dfrac{3}{5}$，则 $\sin 2\alpha=$________，$\cos 2\alpha=$________.

习题 1-7

1. 下列说法是否正确.

（1）锐角是第一象限角；　　（2）第一象限角是锐角.

2. 在 0°到 360°的范围内找出与下列各角终边相同的角，并指出它们是第几象限角.

（1）$-18°$；　（2）$824°$；　（3）$1\ 824°$；　（4）$-1\ 324°$.

3. 把下列各角由度化为弧度.

（1）$-225°$；　（2）$-36°$；　（3）$525°$；　（4）$-300°$.

4. 把下列各角由弧度化为度.

（1）$-\dfrac{5}{12}\pi$；　（2）$\dfrac{3}{10}\pi$；　（3）$\dfrac{5\pi}{8}$.

5. 已知角 α 的终边上的下列各点，求 α 的 6 个三角函数值.

(1) $P(-3,0)$; (2) $P(3,4)$; (3) $P(1,-\sqrt{3})$.

6. 化简下列各式.

(1) $a^2\sin\frac{\pi}{2}-b^2\cos\pi+ab\sin\frac{3\pi}{2}-ab\cos 0$;

(2) $a\sin 0°+b\cos 90°-m\tan 180°+n\cot 270°$;

(3) $a^2\cos 2\pi-b^2\sin\frac{3\pi}{2}+ab\cos\pi-ab\sin\frac{\pi}{2}$;

(4) $2\sin^2\frac{17\pi}{4}+\tan^2\frac{33\pi}{4}\cdot\cot\frac{3\pi}{4}$.

7. 已知 θ 为第四象限的角,且 $\cos\theta=0.6$,求 $\sin\theta$ 和 $\tan\theta$ 的值.

8. 化简下列各式.

(1) $1-\sin^2\alpha-\cos^2\alpha$; (2) $\cot\alpha\sec\alpha$;

(3) $\frac{2\cos^2\alpha-1}{1-2\sin^2\alpha}$; (4) $(1+\cot^2\alpha)\sin^2\alpha$.

1.8 反三角函数

本节介绍反三角函数的概念、图像和性质.

案例探究 已知一个三角形的面积为12,两条边长为6和8,求这两条边的夹角.

1.8.1 反正弦函数

正弦函数 $y=\sin x$ 的定义域是 $(-\infty,+\infty)$,值域是 $[-1,1]$,对于 y 在 $[-1,1]$ 上的任何一个值,x 在 $(-\infty,+\infty)$ 内都有无穷多个值和它对应,根据反函数的定义,可知正弦函数 $y=\sin x$ 在 $(-\infty,+\infty)$ 内没有反函数. 同理可知,余弦函数 $y=\cos x$,正切函数 $y=\tan x$,余切函数 $y=\cot x$ 在它们各自定义域内都没有反函数.但在各自的单调子区间都有反函数.

为了得到单值对应的反三角函数,我们把定义在包含锐角的单调区间上的基本三角函数的反函数,称为**反三角函数**,具体定义如下:

定义 1.15 函数 $y=\sin x, x\in\left[-\frac{\pi}{2},\frac{\pi}{2}\right]$ 的反函数叫做**反正弦函数**,记作 $x=\arcsin y$.

习惯上,自变量用 x 表示,因变量用 y 表示,所以反正弦函数一般记作 $y=\arcsin x$.其定义域为 $[-1,1]$,值域为 $\left[-\frac{\pi}{2},\frac{\pi}{2}\right]$.

当 $x\in[-1,1]$ 时,记号 $\arcsin x$ 表示 $\left[-\frac{\pi}{2},\frac{\pi}{2}\right]$ 上的一个确定的角,且这个角的正弦值等于 x,即

$$\sin(\arcsin x)=x.$$

反正弦函数 $y=\arcsin x$ 的图像见表 1-14,它是定义域$[-1,1]$上的单调增加函数,且为奇函数,即

$$\arcsin(-x)=-\arcsin x,x\in[-1,1].$$

例 1　求下列各式的值.

(1) $\arcsin\frac{\sqrt{3}}{2}$;　　(2) $\arcsin(-1)$;　　(3) $\arcsin\left(\sin\frac{\pi}{3}\right)$.

解　(1) 因为 $\sin\frac{\pi}{3}=\frac{\sqrt{3}}{2},\frac{\pi}{3}\in\left[-\frac{\pi}{2},\frac{\pi}{2}\right]$,所以 $\arcsin\frac{\sqrt{3}}{2}=\frac{\pi}{3}$;

(2) 因为 $\sin\left(-\frac{\pi}{2}\right)=-1,-\frac{\pi}{2}\in\left[-\frac{\pi}{2},\frac{\pi}{2}\right]$,所以 $\arcsin(-1)=-\frac{\pi}{2}$;

(3) 因为$\frac{\pi}{3}\in\left[-\frac{\pi}{2},\frac{\pi}{2}\right]$,所以 $\arcsin\left(\sin\frac{\pi}{3}\right)=\frac{\pi}{3}$.

类似地,我们有 $\arcsin\left(-\frac{1}{2}\right)=-\frac{\pi}{6},\arcsin 0=0,\arcsin\frac{\sqrt{2}}{2}=\frac{\pi}{4},\arcsin 1=\frac{\pi}{2}$.

例 2　已知一个三角形的面积为 12,两条边长为 6 和 8,求这两边的夹角.(见"案例探究")

解　设三角形两边的夹角为 α,则由三角形面积公式 $S_{\triangle}=\frac{1}{2}ab\sin\alpha$ 得

$$\frac{1}{2}\times6\times8\sin\alpha=12,\sin\alpha=\frac{1}{2}.$$

所以,当 α 为锐角时,有 $\alpha=\mathrm{arc}\sin\frac{1}{2}=\frac{\pi}{6}$;

当 α 为钝角时,有 $\alpha=\pi-\mathrm{arc}\sin\frac{1}{2}=\pi-\frac{\pi}{6}=\frac{5\pi}{6}$.

1.8.2　反余弦函数

与正弦函数一样,余弦函数 $y=\cos x$ 在定义域$(-\infty,+\infty)$内没有反函数,在区间$[0,\pi]$上有反函数.

定义 1.16　函数 $y=\cos x$, $x\in[0,\pi]$的反函数叫做**反余弦函数**,记作 $y=\arccos x$,其定义域是$[-1,1]$,值域是$[0,\pi]$.

当 $x\in[-1,1]$时,记号 $\mathrm{arc}\cos x$ 表示$[0,\pi]$上一个确定的角,且这个角的余弦值等于 x,即

$$\cos(\arccos x)=x.$$

反余弦函数 $y=\arccos x$ 的图像见表 1-14,它是定义域$[-1,1]$上的单调减少函数,既不是奇函数也不是偶函数,但下面的等式成立:

$$\arccos(-x)=\pi-\arccos x,x\in[-1,1].$$

例 3 求下列各式的值.

(1) $\arccos\frac{1}{2}$;　　(2) $\arccos\left(-\frac{\sqrt{3}}{2}\right)$.

解 (1) 因为 $\cos\frac{\pi}{3}=\frac{1}{2}$且$\frac{\pi}{3}\in[0,\pi]$,所以 $\arccos\frac{1}{2}=\frac{\pi}{3}$;

(2) 因为 $\cos\left(\frac{2\pi}{3}\right)=-\frac{\sqrt{3}}{2}$且$\frac{2\pi}{3}\in[0,\pi]$,所以 $\arccos\left(-\frac{\sqrt{3}}{2}\right)=\frac{2\pi}{3}$.

1.8.3 反正切函数和反余切函数

类似地,我们给出反正切函数和反余切函数的定义.

定义 1.17 函数 $y=\tan x, x\in\left(-\frac{\pi}{2},\frac{\pi}{2}\right)$ 的反函数叫做**反正切函数**,记作 $y=\arctan x$,其定义域为$(-\infty,+\infty)$,值域为$\left(-\frac{\pi}{2},\frac{\pi}{2}\right)$.

函数 $y=\cot x, x\in(0,\pi)$的反函数叫做**反余切函数**,记作 $y=\operatorname{arccot} x$,其定义域为$(-\infty,+\infty)$,值域为$(0,\pi)$.

记号 $\arctan x$ 表示区间$\left(-\frac{\pi}{2},\frac{\pi}{2}\right)$内的一个角,且 $\tan(\arctan x)=x$.我们有 $\arctan(-1)=-\frac{\pi}{4}$, $\arctan 0=0$, $\arctan\sqrt{3}=\frac{\pi}{3}$.

反正切函数 $y=\arctan x$ 的图像见表 1-14,它是定义域$(-\infty,+\infty)$内的单调增加函数,且为奇函数,即

$$\arctan(-x)=-\arctan x, x\in(-\infty,+\infty).$$

记号 $\operatorname{arc\,cot} x$ 表示区间$(0,\pi)$内的一个角,且 $\cot(\operatorname{arccot} x)=x$.我们有 $\operatorname{arccot} 1=\frac{\pi}{4}$, $\operatorname{arccot} 0=\frac{\pi}{2}$, $\operatorname{arccot}\left(-\frac{\sqrt{3}}{3}\right)=\frac{2\pi}{3}$.

反余切函数 $y=\arccos x$ 的图像见表 1-14,它是定义域$(-\infty,+\infty)$内的单调减少函数,既不是奇函数也不是偶函数,但下面的等式成立:

$$\operatorname{arccot}(-x)=\pi-\operatorname{arccot} x, x\in(-\infty,+\infty).$$

1.8.4 反三角函数的图像与性质

反正弦函数、反余弦函数、反正切函数和反余切函数统称为**反三角函数**,其图像和性质如表 1-14 所示:

表 1-14　反三角函数的图像与性质

函数	图像	定义域	值域	有界性	奇偶性	单调性
$y=\arcsin x$	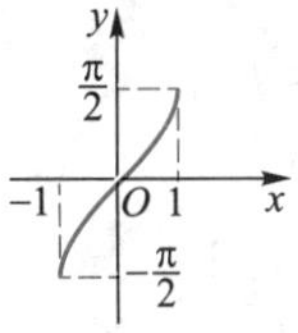	$[-1,1]$	$\left[-\frac{\pi}{2},\frac{\pi}{2}\right]$	有	奇	单增
$y=\arccos x$	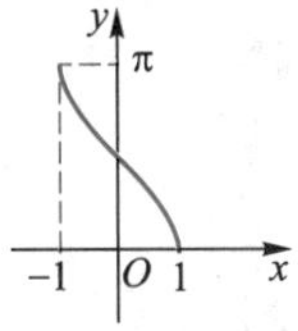	$[-1,1]$	$[0,\pi]$	有	非	单减
$y=\arctan x$	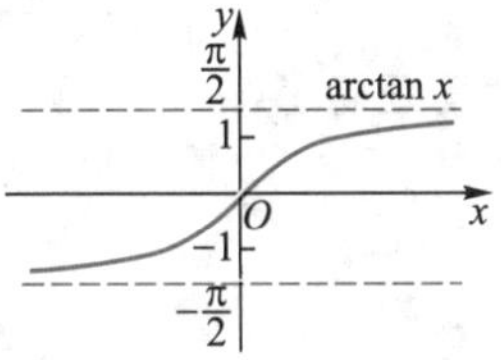	$(-\infty,+\infty)$	$\left(-\frac{\pi}{2},\frac{\pi}{2}\right)$	有	奇	单增
$y=\operatorname{arccot} x$	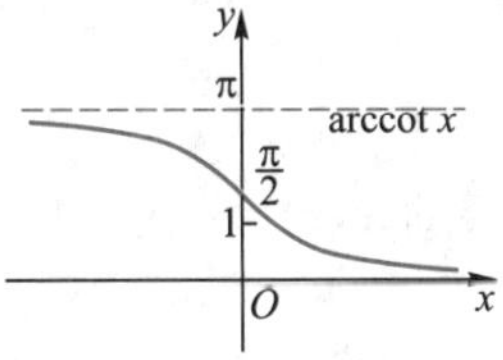	$(-\infty,+\infty)$	$(0,\pi)$	有	非	单减

课堂练习

1. $\arcsin 1=$________;$\arccos 1=$________;$\arctan 1=$________.

2. $\sin(\arcsin 0.2)=$________;$\arcsin\left(\sin\frac{2\pi}{3}\right)=$________.

习题 1-8

1. 求下列各式的值.

(1) $\arcsin\frac{1}{2}$;　(2) $\arccos\left(-\frac{1}{2}\right)$;　(3) $\arctan(-\sqrt{3})$;　(4) $\operatorname{arccot}(-1)$.

2. 求下列各式的值.

(1) $\sin\left(\arcsin\left(-\frac{\sqrt{2}}{2}\right)\right)$;　(2) $\cos\left[\arccos\left(-\frac{1}{2}\right)\right]$;

(3) $\tan\left(\arctan\frac{1}{3}\right)$;　(4) $\operatorname{arccot}\left(\cot\frac{5\pi}{4}\right)$.

3. 用反三角函数符号表示下列各式中的 x.

(1) $\cos x=\frac{1}{4}, x\in[0,\pi]$;　　(2) $\sin x=-\frac{3}{4}, x\in\left[-\frac{\pi}{2},\frac{\pi}{2}\right]$;

(3) $\tan x=\sqrt{5}, x\in\left(-\frac{\pi}{2},\frac{\pi}{2}\right)$;　　(4) $\cot x=-\sqrt{5}, x\in\left(-\frac{\pi}{2},\frac{\pi}{2}\right)$.

4. 已知矩形面积为 48,它的一条边长为 8,求两条对角线所形成的锐角.

1.9 初等函数

本节介绍微积分中最常见的函数——初等函数.

案例探究　一个球形的气球充气膨胀,如果充气过程中半径 r 关于时间 t 的函数是 $r=10+\sqrt{t}\,(0\leqslant t\leqslant 9)$,试求该气球的体积 V 关于时间 t 的函数.

1.9.1 基本初等函数

把以下五类函数统称为基本初等函数.

(1) 幂函数:$y=x^{\mu}$(μ 为任意实常数).

(2) 指数函数:$y=a^{x}$($a>0$ 且 $a\neq 1$).

(3) 对数函数:$y=\log_a x$($a>0$ 且 $a\neq 1$).

(4) 三角函数:$y=\sin x, y=\cos x, y=\tan x, y=\cot x, y=\sec x, y=\csc x$.

(5) 反三角函数:$y=\arcsin x, y=\arccos x, y=\arctan x, y=\operatorname{arccot} x$.

基本初等函数是构成其他函数的基本元素,应熟练掌握它们的图像和性质.

1.9.2 复合函数

在进行函数研究的时候,我们发现有些函数可以看作是由几个函数复合而成的函数,下面通过一个具体的例子说明什么是复合函数.

例如,函数 $y=\sin 2x$ 表示 y 是 x 的函数,定义域为$(-\infty,+\infty)$,值域为$[-1,1]$.如果我们引入辅助变量 $u=2x$,则 $y=\sin 2x$ 的对应法则可以看成是对于 $\forall x\in(-\infty,+\infty)$ 通过 $u=2x$ 得到相应的 u,然后再通过 $y=\sin u$ 得到对应的 y,这时,我们便说函数 $y=\sin 2x$ 是由函数 $y=\sin u$ 和 $u=2x$ 复合而成的复合函数,一般地,有:

定义 1.18　若 y 是 u 的函数 $y=f(u)$,u 是 x 的函数 $u=\varphi(x)$,如果 $u=\varphi(x)$ 的值域全部或部分包含在 $y=f(u)$ 的定义域内,则 y 通过中间变量 u 构成 x 的函数,称为 x 的**复合函数**,记作 $y=f[\varphi(x)]$,而 u 称为**中间变量**.

如 $y=\arcsin u, u=\sqrt{1-x^2}$ 可以构成复合函数 $y=\arcsin\sqrt{1-x^2}$.

注　(1) 不是任何两个函数都能构成一个复合函数的，如函数 $y=\arcsin u$ 和 $u=2+x^2$ 就不能构成复合函数.想一想，为什么？

(2) 复合函数也可以由两个以上的函数复合而成.

例 1　求由下列函数复合而成的复合函数.

(1) $y=u^2, u=\cos x$；　　(2) $y=e^u, u=\tan v, v=2x+3$.

解　(1) $y=u^2=\cos^2 x$；

(2) $y=e^u=e^{\tan v}=e^{\tan(2x+3)}$.

例 2　一个球形的气球充气膨胀，如果半径 r 关于时间 t 的函数是 $r=10+\sqrt{t}\,(0\leqslant t\leqslant 9)$，试求体积 V 关于时间 t 的函数.（见“案例探究”）

解　因为 $V=\dfrac{4}{3}\pi r^3$，而 $r=10+\sqrt{t}$，所以 V 是 t 的复合函数，

$$V=\frac{4}{3}\pi r^3=\frac{4}{3}\pi(10+\sqrt{t})^3\,(0\leqslant t\leqslant 9).$$

例 3　指出下列函数的复合过程.

(1) $y=\sin^3 x$；　　(2) $y=\sin x^3$；　　(3) $y=\arctan\dfrac{1}{x}$；　　(4) $y=\sqrt{\cos(3x-1)}$.

解　(1) $y=\sin^3 x$ 由 $y=u^3, u=\sin x$ 复合而成；

(2) $y=\sin x^3$ 由 $y=\sin u, u=x^3$ 复合而成；

(3) $y=\arctan\dfrac{1}{x}$ 由 $y=\arctan u, u=\dfrac{1}{x}$ 复合而成；

(4) $y=\sqrt{\cos(3x-1)}$ 由 $y=\sqrt{u}, u=\cos v, v=3x-1$ 复合而成.

1.9.3　初等函数

函数 $y=2x^2+3x-1, y=\sin\sqrt{x}, y=x\tan(x^2+3)-1$ 都是由常数和基本初等函数经过加减乘除或函数的复合构成的，并且是用一个式子表示的，这样的函数我们称之为初等函数.

定义 1.19　由常数和基本初等函数经过有限次的四则运算和有限次的复合所得到的且可以用一个式子表示的函数称为**初等函数**.

例 4　求下列函数的定义域.

(1) $y=\sqrt{4-x^2}+\dfrac{1}{\sqrt{x+1}}$；　　(2) $y=\arcsin\dfrac{x-1}{2}$；　　(3) $y=1-e^{1-x^2}$.

解　(1) 由函数式得 $\begin{cases}4-x^2\geqslant 0,\\ x+1>0\end{cases}$（偶次方根的被开方数大于等于零，分母不等于零），解得 $\begin{cases}-2\leqslant x\leqslant 2\\ x>-1\end{cases}$，即 $x\in(-1,2]$，所以，定义域为 $(-1,2]$.

(2) 由函数式得 $\left|\dfrac{x-1}{2}\right|\leqslant 1$（反正弦函数的定义域为 $[-1,1]$），解得 $-1\leqslant x\leqslant 3$，即 $x\in[-1,3]$，所以，定义域为 $[-1,3]$.

（3）由函数式 $y=1-e^{1-x^2}$ 得 $x\in(-\infty,+\infty)$，所以定义域为 $(-\infty,+\infty)$.

课堂练习 ▸▸▸

1. 由函数 $y=\sqrt{u}$ 与 $u=\ln x$ 复合而成的复合函数为__________.

2. 函数 $y=\arctan\sqrt{1+x^2}$ 是由函数____________复合而成的.

习题 1-9

1. 求下列函数的定义域.

（1）$f(x)=\dfrac{1}{\ln(3-x)}+\sqrt{64-x^2}$；　　（2）$f(x)=\dfrac{x}{x^2+3x+2}$.

2. 设 $f(x+2)=2+\sin 3x$，求 $f(x)$.

3. 设 $f\left(x+\dfrac{1}{x}\right)=\dfrac{1}{x^2}+x^2$，求 $f(x)$.

4. 下列复合函数是由哪些基本初等函数复合而成的.

（1）$y=\sqrt{x^2+1}$；　　（2）$y=\arcsin x^2$；　　（3）$y=e^{-2x}$；

（4）$y=\sin(5x^2-3)$；　　（5）$y=\ln\ln x$；　　（6）$y=\cos^3\dfrac{x}{2}$.

1.10 GeoGebra 入门

GeoGebra＝Geometry＋Algebra，即几何＋代数，这是一套集几何、代数、微积分、概率统计于一体的动态几何免费软件. 该软件由奥地利数学家 Markus Hohenwarter 于 2001 年设计提出并公开了源代码，随后，众多国际团队对软件进行了改进和优化，使得 GeoGebra 的功能日趋完善. 目前，在 GeoGebra 的官方网站提供的最新版本为第 6 版，该版本基本涵盖了从小学到大学的所有数学基础知识点，并被翻译为 73 种语言供全球不同阶段数学教育工作者、研究者和学习者免费使用. 在后续内容中，本书将以 GeoGebra 6 为平台，结合高等数学知识点，介绍其相关指令与使用技巧.

1.10.1 GeoGebra 6 界面简介

在 GeoGebra 的官方网站 https://www.GeoGebra.org/上提供了在线网页版的计算套件，以及适用于 IOS、Android、Windows、Mac、Chromebook 和 Linux 的免费离线 GeoGebra 应用套件. 此外，在苹果和国产品牌手机的应用商店中，输入关键字"GeoGebra"同样可以搜索到适用于移动设备的安装套件. 目前，GeoGebra 6 桌面版套件为免安装版本，下载完成后双击图标打开即可使用.

启动 GeoGebra 6 后,屏幕出现如图 1-18 所示初始界面.

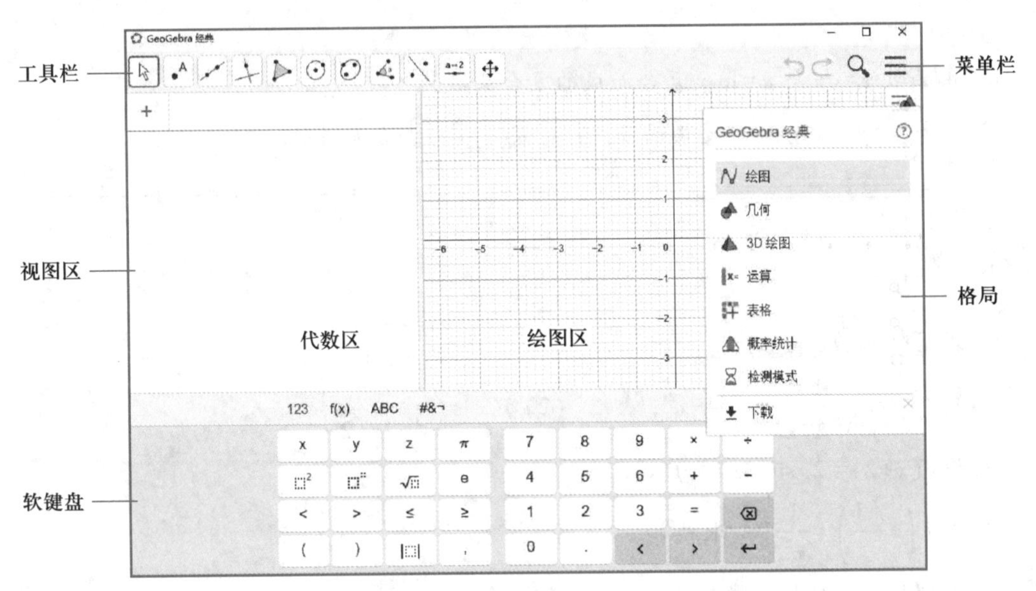

图 1-18

工具栏:当鼠标选定当前视图区域时,工具栏会展示对应的工具列表,其中的每一个图标代表一个工具集;当鼠标单击具体图标时会出现下拉列表,展示其相关工具. 图 1-19 为运算区工具栏,图 1-20 为绘图区工具栏,图 1-21 为 3D 绘图区工具栏.

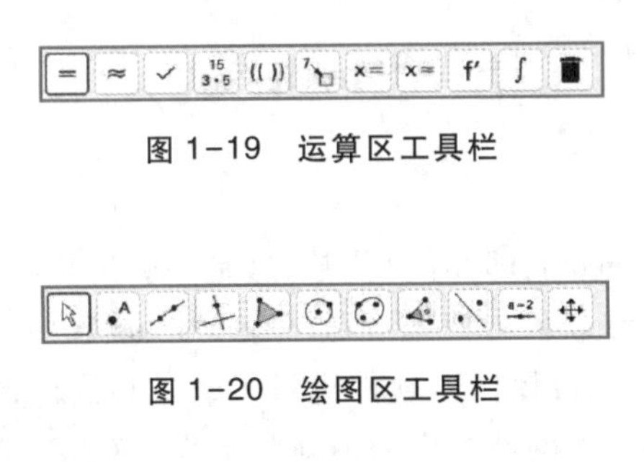

图 1-19 运算区工具栏

图 1-20 绘图区工具栏

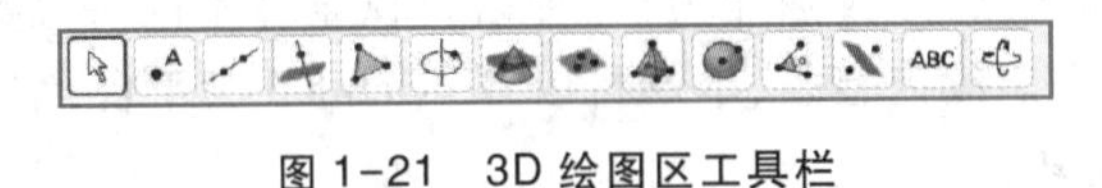

图 1-21 3D 绘图区工具栏

视图区:用于展示不同视图的区域,初始界面中分别展示了代数区和绘图区.

软键盘:辅助用户输入系统提供的各类数学运算符和函数,当软键盘隐藏时,可通过点击软件界面左下角的⌨图标再次展开.

菜单栏:单击☰按钮可打开菜单栏中的基本功能选项,包括“文件”“编辑”“格局”“视图”“设置”“工具”等选项. 每一项还可再次展开获得其二级选项.

格局:针对不同的应用场景,GeoGebra 6 提供了绘图、几何、3D 绘图、运算、表格和概率统计六类“视图区”的布局方式,此外还提供了检测模式,便于教师考察学生对软件的掌握情况.

除了使用“格局”进行预置,在 GeoGbra 6 中视图区的具体内容还可通过菜单栏中的“视图”选项进行个性化配置,常见的视图类别有:

代数区:用于添加、编辑、计算和显示用户添加的每一个数学对象,显示的内容包括:对象类别、标签和一些基本属性,如图 1-22 所示. 需要注意的是:**代数区只能完成数值计算,当表达式中包含符号常量时,该计算只能在运算区完成**.

运算区:用于完成各类数学运算的区域,如符号运算、数值运算、数值估算、因式分解、多项式展开、求导、积分、概率统计、方程求解等. 此外,运算区的工具栏中提供了常用计算的快捷按钮,方便用户使用,如图 1-23 所示.

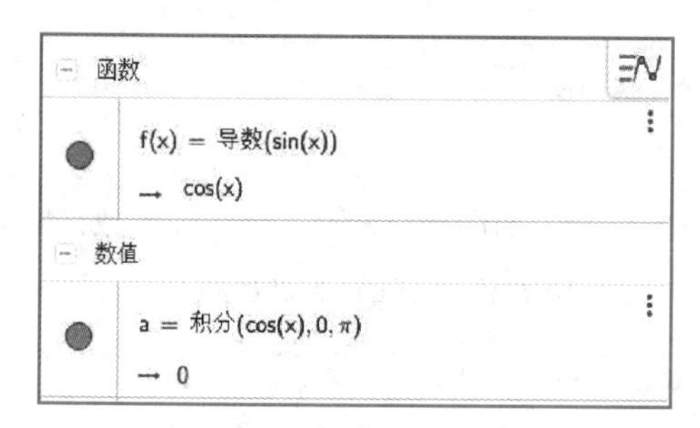

图 1-22 代数区

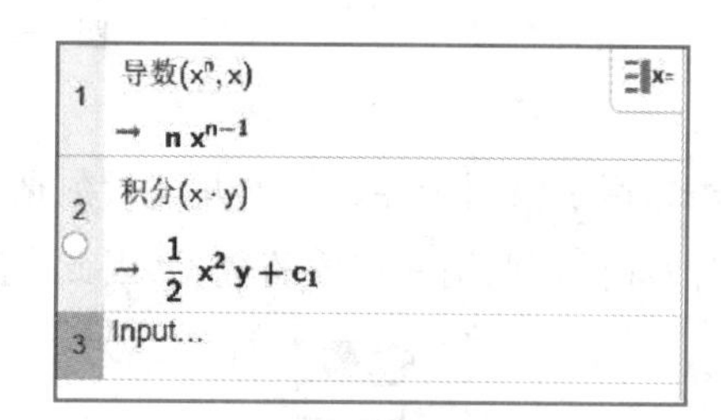

图 1-23 运算区

绘图区:用于构造和展示平面几何图形的区域,如图 1-24 所示.

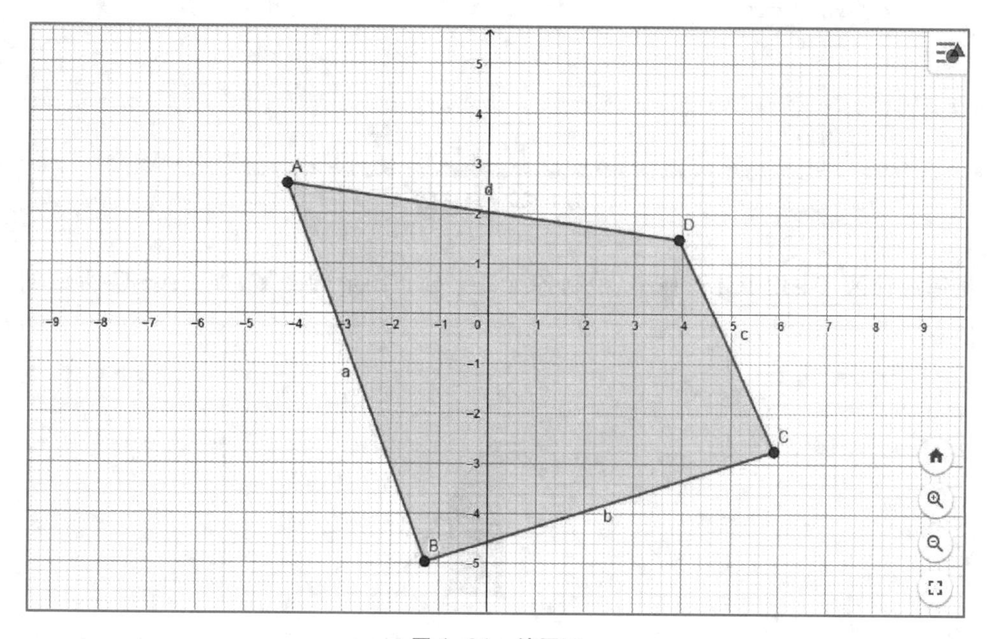

图 1-24 绘图区

3D 绘图区:用于构造和展示三维立体几何图形的区域,如图 1-25 所示.

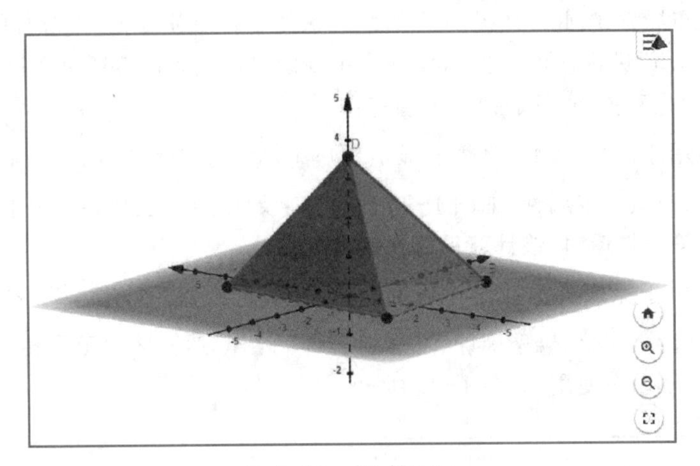

图 1-25　3D 绘图区

表格区：用于存放数据并进行数据分析的区域，如图 1-26 所示.此外，代数区和运算区在计算时，可调用其存放的数据，因此，还可将该区域看作是运算辅助对象.

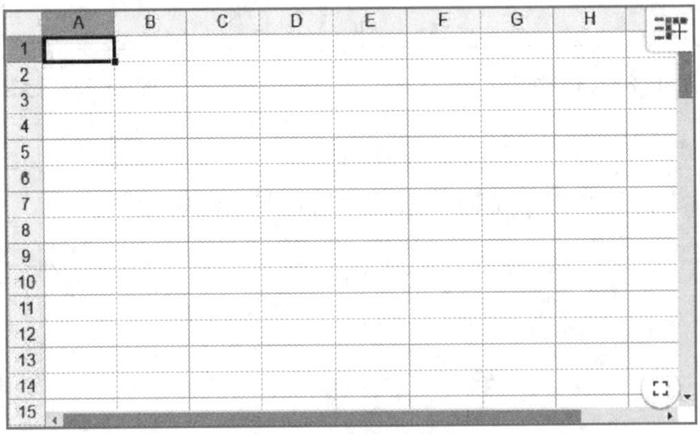

	A	B	C	D	E	F	G	H
1								
2								
3								
4								
5								
6								
7								
8								
9								
10								
11								
12								
13								
14								
15								

图 1-26　表格区

概率统计区：用于计算概率、绘制各类概率分布图形的区域，如图 1-27 所示.此外，

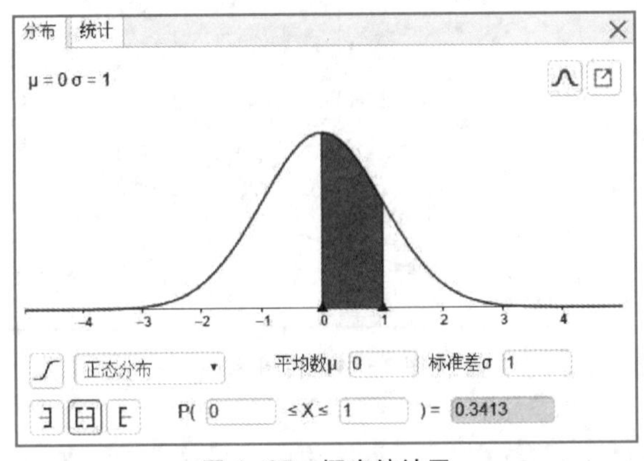

图 1-27　概率统计区

这里还可完成区间估计、假设检验等统计运算.

指令栏:用于辅助代数区输入各类命令的区域,如图 1-28 所示.该区域位于视图区正下方,隐藏时可通过“菜单—视图”选项进行调用.点击输入框后的 ⓘ 按钮,可查看系统提供的全部命令.

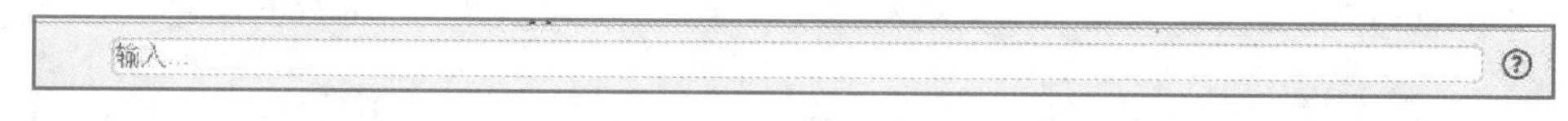

图 1-28 指令栏

1.10.2 GeoGebra 6 基本操作

1. 常用运算符号和函数

在 GeoGebra 6 中提供了各类运算符号和函数,用户可通过两种方式进行输入,一种是键盘输入;一种是利用系统提供的软键盘输入,软键盘提供的内容包括:数字、英文字母、希腊字母、运算符号、常见函数、数学常数(如 e、π)、特殊符号(如角度符号“°”)等. 需注意:**在 GeoGebra 系统中不区分英文大小写**. GeoGebra 6 提供的常见基本运算符号及内置基本函数如表 1-15 和表 1-16 所示.

表 1-15 基本运算符号

运算符	说明	运算符	说明
+	加法	^	次方
-	减法	⊗	外积(叉积)
* 或空格	乘法(内积)	!	阶乘
/	除法	√	算术平方根

表 1-16 基 本 函 数

函数	说明	范例
x^n	幂函数 x^n	x^2 = x^2
exp(x)或 e^x	以 e 为底数的指数函数	exp(x) = e^x
a^x	以 a 为底数的指数函数	3^x = 3^x
log(b,x)	以 b 为底数的对数函数	log(b,x) = $\log_b(x)$
ln(x)	以 e 为底数的自然对数	ln(e) = 1
lg(x)	以 10 为底的对数	lg(100) = 2

续表

函数	说明	范例
sin(x)	正弦函数	$\sin(30°)=\frac{1}{2}$
cos(x)	余弦函数	$\cos(60°)=\frac{1}{2}$
tan(x)	正切函数	$\tan\left(\frac{\pi}{4}\right)=1$
cot(x)	余切函数	$\cot\left(\frac{\pi}{4}\right)=1$
sec(x)	正割函数	$\sec(60°)=2$
csc(x)	余割函数	$\csc(30°)=2$
asin(x)或 arcsin(x)	反正弦函数	$\arcsin(-1)=-\frac{\pi}{2}$
acos(x)或 arccos(x)	反余弦函数	$\arccos\left(-\frac{1}{2}\right)=\frac{2\pi}{3}$
atan(x)或 arctan(x)	反正切函数	$\arctan(-1)=-\frac{\pi}{4}$
abs(x)	绝对值函数	$\mathrm{abs}(-3)=\|-3\|=3$
sqrt(x)	算术平方根函数	$\mathrm{sqrt}(9)=\sqrt{9}=3$
cbrt(x)	立方根函数	$\mathrm{cbrt}(-8)=\sqrt[3]{-8}=-2$
sgn(x)或 sign(x)	符号函数	sgn(0)=0,sgn(−3)=−1,sgn(2)=1
floor(x)	取不大于自变量的最大整数	floor(−1.9)=−2;floor(1.9)=1
cell(x)	取不小于自变量的最小整数	cell(−1.1)=−1;cell(1.1)=2
round(x)	四舍五入取整	round(1.9)=2,round(2)=2

2. GeoGebra 6 的基本运算

代数区和运算区都具备数据的输入、处理和输出功能. 代数区可识别**大部分运算命令**，还可通过命令栏进行辅助输入，点击代数区输入内容前的○图标，绘图区将展示结果函数的图像. 运算区可识别全部运算命令，但无命令栏进行辅助输入，也无法直接绘图.

例 1 计算 $2^5+\frac{\ln(e^2)\sin\left(\frac{\pi}{2}\right)}{\sqrt{121}}$.

解 输入：2^5+(ln(e^2) * sin(pi/2))/sqrt(121)

显示：$\to\frac{354}{11}$

故：$2^5+\frac{\ln(e^2)\sin\left(\frac{\pi}{2}\right)}{\sqrt{121}}=\frac{354}{11}$.

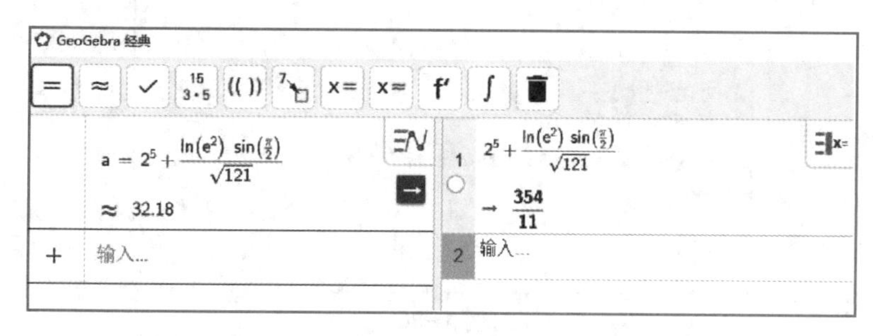

图 1-29

注 （1）编写运算式时，函数之间的**乘号不能省略**，所有的括号一律为**小括号**，且需成对出现.

（2）圆周率常数 π，可用“pi”表示，系统会自动将其修改为 π.

（3）GeoGebra 会自动将用户输入的 GeoGebra **表达式**转化为常见数学运算式的样式；运算式输入完毕后，点击回车，结果将显示在下一行的“→”符号之后，若输出的是估算结果则放在“≈”符号之后. 图 1-29 中分别显示了在代数区和运算区的运算过程.

根据图 1-29 所示，GeoGebra 可将计算结果表达为两种形式，且可以自由切换. 在代数区中点击图标→，将得到分式结果，同时后面的图标将变为≈；点击图标≈，则得到数值结果，其结果默认保留两位小数. 在运算区中，则通过其工具栏进行结果切换，其中：=为符号运算，≈为数值计算（也称估算）.

例 2 计算多项式 x^2-3x+2 和 x^2-1 的和、差、积、商.

解 输入：(x^2-3x+2)+(x^2-1)

显示：→$2x^2-3x+1$

输入：(x^2-3x+2)-(x^2-1)

显示：→$-3x+3$

输入：(x^2-3x+2)*(x^2-1)

显示：→$x^4-3x^3+x^2+3x-2$

输入：(x^2-3x+2)/(x^2-1)

显示：→$\frac{x-2}{x+1}$

故：$(x^2-3x+2)+(x^2-1)=2x^2-3x+1$，

$(x^2-3x+2)-(x^2-1)=-3x+3$，

$(x^2-3x+2)\times(x^2-1)=x^4-3x^3+x^2+3x-2$，

$(x^2-3x+2)\div(x^2-1)=\frac{x-2}{x+1}$.

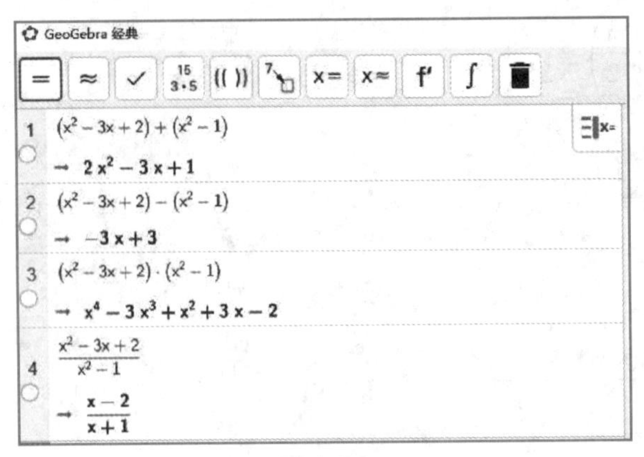

图 1-30

例 3　对多项式 $x^2+(3a+1)x+3a$ 因式分解.

解 1　输入:因式分解(x^2+(3a+1)x+3a)

显示:→(x+1)(x+3a)

故:$x^2+(3a+1)x+3a=(x+1)(x+3a)$.

解 2　输入:x^2+(3a+1)x+3a

(点击工具栏 15/3·5 按钮)

显示:因式分解:(x+1)(x+3a)

故:$x^2+(3a+1)x+3a=(x+1)(x+3a)$.

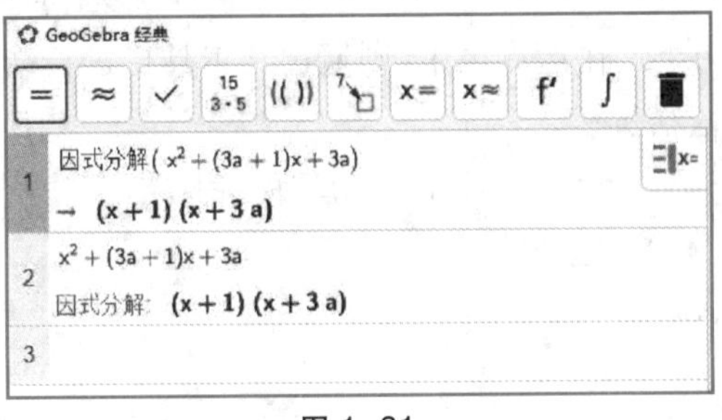

图 1-31

注　(1) 解 1 使用了“因式分解”命令,其中、英文命令语法格式分别如下:

因式分解(<多项式>)　　　　Factor(<多项式>)

其中,“因式分解”和“Factor”为命令名称,“多项式”为具体待分解的多项式内容;**命令中的符号“( )”不可省略,“<>”可省略**,例如解 1 的第一行输入内容就省略了符号“<>”.

(2) 在 GeoGebra 中,绝大多数命令都有中英文两种形式,**英文命令不区分大小写**,用户可根据需要进行输入. 此外,系统还会在用户输入函数名时显示相关的命令提示,以帮助用户正确输入命令. **在代数区输入命令时,推荐使用命令栏**进行辅助输入,详情如图 1-32 所示.

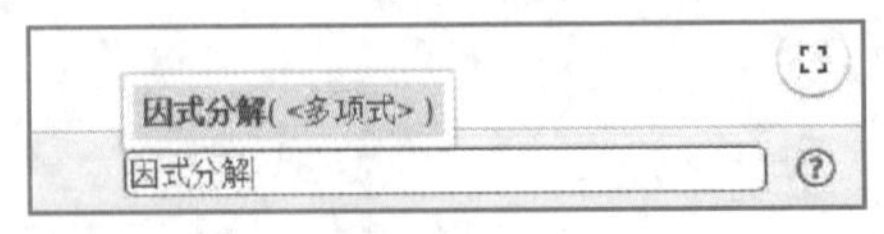

图 1-32

（3）编辑 GeoGebra 命令时，**中文部分需使用微软拼音输入**，除中文之外的所有符号（包括标点符号和括号）均需**在英文状态下输入**，否则系统无法识别.

例 4　解一元方程式 $x^2+3x-1=0$.

解 1　输入：精确解(x^2+3x-1=0)

显示：$\rightarrow\left\{x=\frac{-\sqrt{13}-3}{2},x=\frac{\sqrt{13}-3}{2}\right\}$

输入：近似解(x^2+3x-1=0)

显示：→{x=-3.3,x=0.3}

解 2　输入：x^2+3x-1=0（点击工具栏 x= 按钮）

显示：精确解：$\left\{x=\frac{-\sqrt{13}-3}{2},x=\frac{\sqrt{13}-3}{2}\right\}$

输入：x^2+3x-1=0（点击工具栏 x≈ 按钮）

显示：近似解：{x=-3.3,x=0.3}

如图 1-33.

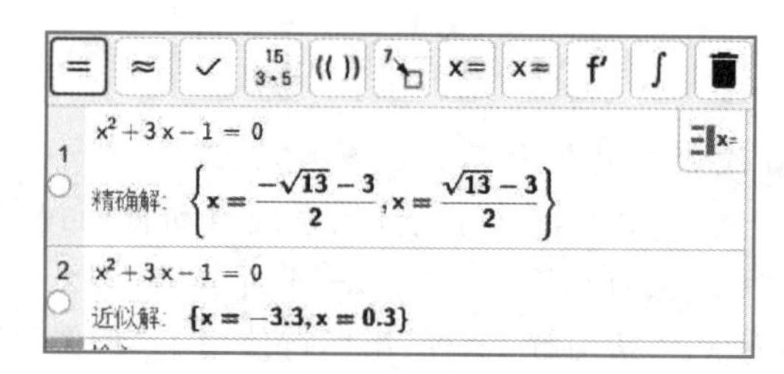

图 1-33

例 5　求解方程组 $\begin{cases}3x+y=5,\\x-2y=3.\end{cases}$

解 1　输入：eq1:3x+y=5

输入：eq2:x-2y=3

输入：精确解({eq1,eq2})

显示：$\rightarrow\left\{\left\{x=\frac{13}{7},y=-\frac{4}{7}\right\}\right\}$

输入：近似解({eq1,eq2})

显示：≈{x=1.86,y=-0.57}

如图 1-34.

解 2　输入：3x+y=5

显示：→3x+y=5

输入：x-2y=3

显示：→x-2y=3

操作：利用 Ctrl+鼠标左键选中所有方程，再点击工具栏 x= 按钮

显示：{ $ 1, $ 2}

精确解：$\left\{\left\{x=\frac{13}{7},y=-\frac{4}{7}\right\}\right\}$

操作：或利用 Ctrl+鼠标左键选中所有方程，再点击工具栏 x≈ 按钮

显示：{ $ 1, $ 2}

近似解：{x=1.86,y=-0.57}

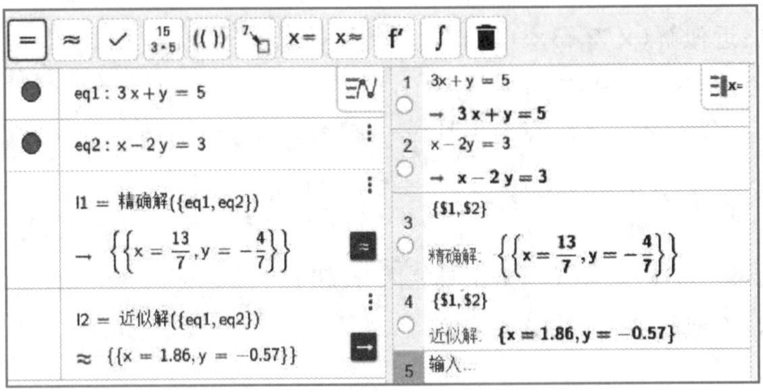

图 1-34

注　(1) 本例解 1 在代数区完成，解 2 在运算区完成.

(2) 在解 1 中，当用户输入第一、二行内容时，系统自动将等式存为 eq1 和 eq2，用户可不输入"eq1:"和"eq2:"，系统会自动填充，如图 1-34 所示.

(3) 解 1 的第三行使用了"精确解"命令、第四行使用了"近似解"命令，其中、英文命令语法格式分别如下：

精确解/近似解(<方程>)　　　Solve/ NSolve(<方程>)

使用该命令求解方程时，可直接将方程填入括号中，如例 4 的解 1；求解方程组时，则需罗列所有方程，并使用"{ }"将方程括起来，形成一个**列表**，再在"方程"参数中填入该列表完成求解，如例 5 解 1 中第三行输入内容.

例 6　定义函数 $f(x)=x^2+5^x$，并求解函数值 $f(0)$，$f(2)$.

解 1　输入：f(x)=x^2+5^x

输入：f(0)

显示：→1

输入：f(2)

显示：→29

解 2　输入：f(x):=x^2+5^x

显示：→f(x):=x^2+5^x

输入：f(0)

显示：→1

输入：f(2)

显示：→29

如图 1-35 和图 1-36.

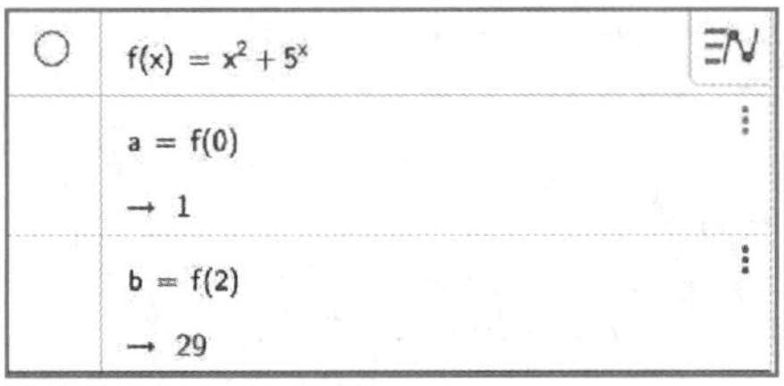

$f(x)=x^2+5^x$

a = f(0)

→ 1

b = f(2)

→ 29

图 1-35

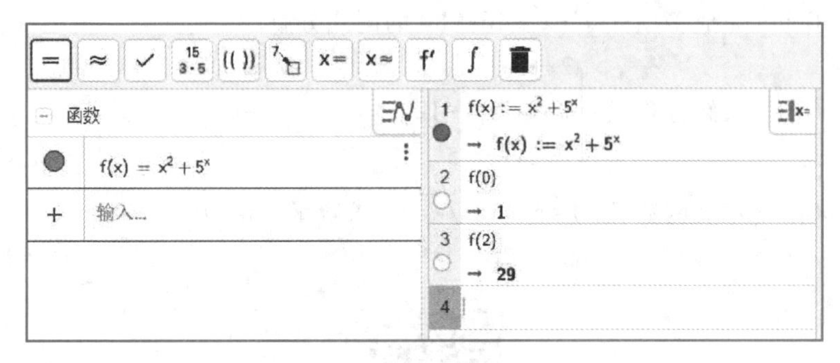

图 1-36

注 在定义函数时，运算区和代数区的操作是不同的：

(1) 本例解 1 在代数区中完成，代数区的特点是会自动保存用户数据，如用户输入的是表达式，则保存为函数；如输入的是值，则保存为变量. 例如，用户输入表达式“x^2+5^x”后，系统会自动显示为“$f(x)=x^2+5^x$”，说明系统已将表达式自动保存到函数 f(x) 中. 此外，如需自定义函数名，则需输入完整的函数命令及其表达式，如解 1 中的第一行输入内容所示. 再如图 1-35 第二行内容所示，系统已将函数值 f(0) 自动保存到变量 a 中.

(2) 本例解 2 在运算区中完成，运算区则不会自动保存用户数据. 如需定义和存储函数，应按照解 2 中第一行内容使用赋值符号“:=”将运算式保存到函数 f(x) 中，赋值完毕后，代数区将同步显示保存后的函数，如图 1-36 中的代数区所示. 因此，运算区输入的数据，需在手动保存完毕后，方可进行调用.

课堂练习 ›››

1. 用于完成各类数学运算的区域是__________和__________.
2. 请将算式 $\sin[x^2+\ln(3+e^2)]$ 改写为 GeoGebra 表达式__________.
3. 在 GeoGebra 的代数区编写命令时，推荐在________中完成输入.
4. 在 GeoGebra 的命令中符号“( )”________，符号“〈 〉”________；所有符号需在________状态下编辑输入.

习题 1-10

1. 用 GeoGebra 完成下列计算.

(1) $\sin^5\dfrac{\pi}{5}+\ln(3+\mathrm{e}^2)$；　　(2) $\sqrt[3]{2+\tan\left(\dfrac{\pi}{3}\right)}$；　　(3) $\left|\dfrac{\arcsin(-0.4)}{5^2(\lg 3+2)}\right|$.

2. 用 GeoGebra 计算多项式 $2x^2-4x-6$ 和 x^2-1 的和、差、积、商.

3. 用 GeoGebra 绘制函数 $f(x)=\sin^2x+\sin(x^2)$ 的图像.

4. 用 GeoGebra 完成多项式 $x^3-x^2-46x-80$ 的因式分解.

5. 用 GeoGebra 求解方程组：$\begin{cases}2x+3y+z=6,\\x-y+2z=-1,\\x+2y-z=5\end{cases}$

6. 用 GeoGebra 定义函数 $f(x)=\sin x+\sqrt{\mathrm{e}^x}$，并求解函数值 $f(0)$，$f(4)$.

第一章习题参考答案

第二章
极限与连续

极限概念是研究变量在某一过程中的变化趋势时引出的，它是微积分重要的基本概念之一，是研究微积分学的理论基础和基本方法，微积分的其他几个重要概念，如连续、导数、定积分等，都是用极限表述的，并且微积分中的很多定理也是用极限方法推导的. 函数连续性是一种特殊的极限问题，连续函数是微积分的主要研究对象. 本章介绍数列极限与函数极限的概念，以及求极限的方法和函数的连续性.

2.1 极限的概念

极限是研究自变量在某一变化过程中函数的变化趋势问题，是在探求某些实际问题的精确解答过程中产生的. 比如，刘徽在注释《九章算术》时创立了有名的“割圆术”，他提出用增加圆内接正多边形的边数来逼近圆，并阐述到：“割之弥细，所失弥少，割之又割，以至于不可割，则与圆周合体而无所失矣.” 这就是极限思想在几何上的应用.

本节介绍数列极限、函数极限和单侧极限的概念.

案例探究 如果一个人沿着直线朝路灯正下方行走，其影子长度如何变化？

2.1.1 数列的极限

在介绍数列的极限前，先给出数列的概念.

1. 数列

定义 2.1 按正整数顺序排列的无穷多个数

$$x_1, x_2, x_3, \cdots, x_n, \cdots$$

称为**无穷数列**，简称**数列**，记作 $\{x_n\}$. 数列中的每一个数称为数列的项，依次称为第一**项**，第二项，…，第 n 项 x_n 称为数列的**通项**或**一般项**.

例如：

(1) $\dfrac{1}{2}, \dfrac{1}{4}, \dfrac{1}{8}, \dfrac{1}{16}, \cdots, \dfrac{1}{2^n}, \cdots$;

(2) $\frac{1}{2},\frac{2}{3},\frac{3}{4},\frac{4}{5},\cdots,\frac{n}{n+1},\cdots$;

(3) $3,3\frac{1}{2},3\frac{2}{3},3\frac{3}{4},\cdots,4-\frac{1}{n},\cdots$;

(4) $-1,1,-1,1,\cdots,(-1)^n,\cdots$;

(5) $1,4,9,16,\cdots,n^2,\cdots$

都是数列.

从函数角度,数列可以看作是定义在正整数集上的函数 $x_n=f(n)$,$n\in \mathbf{Z}^+$,当自变量 n 从 1 开始依次取正整数时,对应的函数值就排列成数列 $\{x_n\}$.

对于数列,我们关心的是:当 n 无限增大(即 $n\to\infty$)时,通项 x_n 有着怎样的变化趋势,特别地,是否有无限趋近于某个确定常数的变化趋势.

2. 数列的极限

观察上面 5 个数列可以发现,当 n 无限增大(即 $n\to\infty$)时它们的变化趋势是不相同的.

当 n 无限增大时,数列(1)中 x_n 无限接近于 0,数列(2)无限接近于 1,数列(3)无限接近于 4,它们都在无限接近于某个常数;而数列(4)的取值在 -1 和 1 之间跳动,没有固定的变化趋势,数列(5)随着 n 的增大而增大,这两个数列没有无限接近于某个常数.

定义 2.2　对数列 $\{x_n\}$,如果当 n 无限增大时,其通项 x_n 无限趋近于某个常数 A,则称数列 $\{x_n\}$ **以 A 为极限**,记作

$$\lim_{n\to\infty} x_n = A \quad \text{或} \quad x_n\to A\ (n\to\infty).$$

当数列 $\{x_n\}$ 的极限存在且为 A 时,称**数列 $\{x_n\}$ 收敛于 A**,否则称数列 $\{x_n\}$ 是**发散**的.

由数列极限的定义可知,前面所举例子中的数列(1)、(2)和(3)是收敛数列,且 $\lim\limits_{n\to\infty}\frac{1}{2^n}=0$,$\lim\limits_{n\to\infty}\frac{n}{n+1}=1$,$\lim\limits_{n\to\infty}\left(4-\frac{1}{n}\right)=4$.而数列(4)和(5)是发散的,记作 $\lim\limits_{n\to\infty}(-1)^n$ 不存在,$\lim\limits_{n\to\infty} n^2$ 不存在.

2.1.2　函数的极限

1. 自变量趋于无穷大时函数的极限

考察函数 $f(x)=\frac{1}{x}$,从图 2-1 可以看出,当自变量 x 取正值或负值,并且其绝对值无限增大时(记作 $x\to\infty$),函数 $f(x)=\frac{1}{x}$ 的值无限趋近于常数 0,此时我们称常数 0 为函数 $f(x)=\frac{1}{x}$ 当 $x\to\infty$ 时的极限.

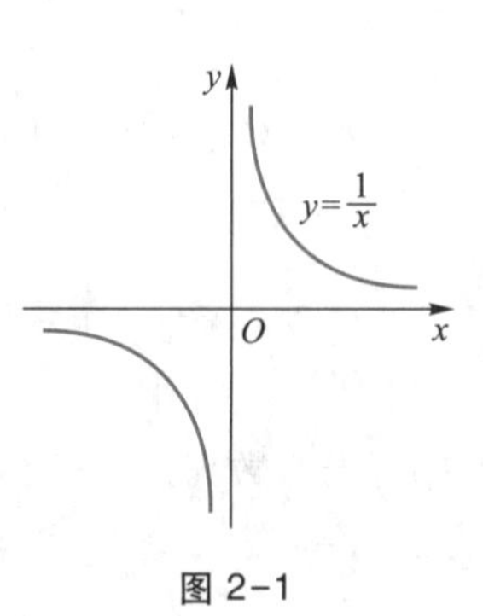

图 2-1

定义 2.3 设函数 $y=f(x)$ 在 $|x|>a$（a 为正常数）时有定义，如果当自变量 x 的绝对值 $|x|$ 无限增大时，函数 $f(x)$ 无限趋近于一个常数 A，则称**当 $x\to\infty$ 时，函数 $f(x)$ 以 A 为极限**，记作

$$\lim_{x\to\infty}f(x)=A \quad 或 \quad f(x)\to A(x\to\infty).$$

由定义 2.3 知，$\lim\limits_{x\to\infty}\frac{1}{x}=0$.

同样，当自变量 x 取正值无限增大时（记作 $x\to+\infty$），函数 $f(x)=\frac{1}{x}$ 的值也无限趋近于常数 0，此时我们称常数 0 为函数 $f(x)=\frac{1}{x}$ 当 $x\to+\infty$ 时的极限；当自变量 x 取负值且绝对值无限增大时（记作 $x\to-\infty$），函数 $f(x)=\frac{1}{x}$ 的值无限趋近于常数 0，此时我们称常数 0 为函数 $f(x)=\frac{1}{x}$ 当 $x\to-\infty$ 时的极限.

定义 2.4 设函数 $y=f(x)$ 在 $x>a$（a 为常数）时有定义，如果当 $x>0$ 且无限增大时，函数 $f(x)$ 无限趋近于一个常数 A，则称**当 $x\to+\infty$ 时函数 $f(x)$ 以 A 为极限**，记作

$$\lim_{x\to+\infty}f(x)=A \quad 或 \quad f(x)\to A(x\to+\infty).$$

定义 2.5 设函数 $y=f(x)$ 在 $x<a$（a 为常数）时有定义，如果当 $x<0$ 且 $|x|$ 无限增大时，函数 $f(x)$ 无限趋近于一个常数 A，则称**当 $x\to-\infty$ 时函数 $f(x)$ 以 A 为极限**，记作

$$\lim_{x\to-\infty}f(x)=A \quad 或 \quad f(x)\to A(x\to-\infty).$$

由定义 2.4 和 2.5 知，$\lim\limits_{x\to+\infty}\frac{1}{x}=0$，$\lim\limits_{x\to-\infty}\frac{1}{x}=0$.

由上述 $x\to\infty$，$x\to+\infty$ 和 $x\to-\infty$ 时函数极限的定义，不难得到如下定理.

定理 2.1 当 $x\to\infty$ 时 $f(x)$ 以 A 为极限的充分必要条件是当 $x\to+\infty$ 和当 $x\to-\infty$ 时 $f(x)$ 的极限都存在，且均为 A. 即

$$\lim_{x\to\infty}f(x)=A\Leftrightarrow\lim_{x\to+\infty}f(x)=\lim_{x\to-\infty}f(x)=A.$$

这就是说，极限 $\lim\limits_{x\to-\infty}f(x)$ 与 $\lim\limits_{x\to+\infty}f(x)$ 中只要有一个不存在，或虽然都存在但不相等，则极限 $\lim\limits_{x\to\infty}f(x)$ 不存在.

例 1 观察下列函数的图像，分析当 $x\to+\infty$，$x\to-\infty$，$x\to\infty$ 时的极限.

(1) $y=\arctan x$；　　(2) $y=\mathrm{e}^x$；　　(3) $y=\frac{1}{x^2}$.

解 (1) 由图 2-2 可看出，当 $x\to+\infty$ 时函数 $y=\arctan x$ 无限趋近于常数 $\frac{\pi}{2}$，所以 $\lim\limits_{x\to+\infty}\arctan x=\frac{\pi}{2}$；当 $x\to-\infty$ 时函数 $y=\arctan x$ 无限趋近于常数 $-\frac{\pi}{2}$，所以 $\lim\limits_{x\to-\infty}\arctan x=-\frac{\pi}{2}$. 由于 $\lim\limits_{x\to+\infty}\arctan x\neq\lim\limits_{x\to-\infty}\arctan x$，所以 $\lim\limits_{x\to\infty}\arctan x$ 不存在.

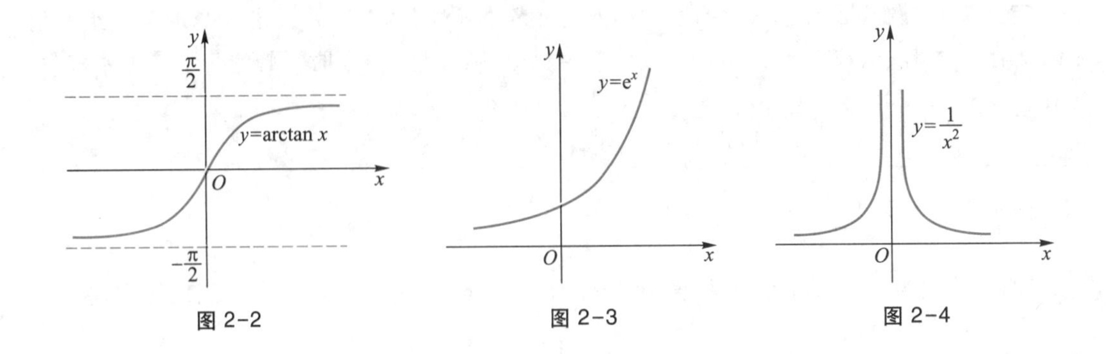

图 2-2　　图 2-3　　图 2-4

（2）由图 2-3 可看出，当 $x\to+\infty$ 时函数 $y=e^x$ 无限增大，没有无限趋近于某个常数，所以 $\lim\limits_{x\to+\infty} e^x$ 不存在；当 $x\to-\infty$ 时函数 $y=e^x$ 无限趋近于常数 0，所以 $\lim\limits_{x\to-\infty} e^x=0$. 由于 $\lim\limits_{x\to+\infty} e^x$ 不存在，所以 $\lim\limits_{x\to\infty} e^x$ 不存在.

（3）由图 2-4 可看出，当 $x\to+\infty$ 时函数 $y=\frac{1}{x^2}$ 无限趋近于常数 0，所以 $\lim\limits_{x\to+\infty}\frac{1}{x^2}=0$；当 $x\to-\infty$ 时函数 $y=\frac{1}{x^2}$ 无限趋近于常数 0，所以 $\lim\limits_{x\to-\infty}\frac{1}{x^2}=0$. 由于 $\lim\limits_{x\to+\infty}\frac{1}{x^2}=\lim\limits_{x\to-\infty}\frac{1}{x^2}=0$，所以 $\lim\limits_{x\to\infty}\frac{1}{x^2}=0$.

注　由 $n\to\infty$ 和 $x\to\infty$ 的含义，在相同的对应法则 f 下，若 $\lim\limits_{x\to\infty} f(x)=A$，则一定有 $\lim\limits_{n\to\infty} f(n)=A$. 即数列极限是函数极限的特例.

2. 自变量趋于有限值时函数的极限

下面讨论当自变量 x 趋近于某个有限值 x_0（记作 $x\to x_0$）时函数的变化趋势.

考察函数 $f(x)=\frac{x^2-1}{x-1}$，从图 2-5 可以看出，函数在 $x=1$ 没有定义，但是当 x 无限趋近于 1 时（可以从 $x=1$ 处的左右两侧无限趋近于 1，记作 $x\to1$），函数 $f(x)=\frac{x^2-1}{x-1}$ 的值无限趋近于常数 2，此时我们称常数 2 为函数 $f(x)=\frac{x^2-1}{x-1}$ 当 $x\to1$ 时的极限.

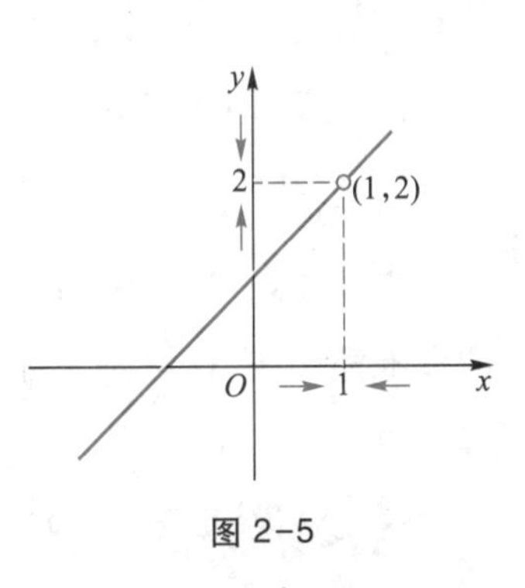

图 2-5

定义 2.6　设函数 $y=f(x)$ 在 x_0 的某邻域内（点 x_0 可除外）有定义，如果当自变量 x 趋近于 x_0（但 $x\neq x_0$）时 $f(x)$ 无限趋近于一个常数 A，则称**当 $x\to x_0$ 时 $f(x)$ 以 A 为极限**，记作

$$\lim_{x\to x_0} f(x)=A \quad 或 \quad f(x)\to A\ (x\to x_0).$$

由定义 2.6 知，$\lim\limits_{x\to1}\frac{x^2-1}{x-1}=2$.

注　在定义 2.6 中"自变量 x 趋近于 x_0（但 $x\neq x_0$）"的意义在于我们研究的是当 $x\to x_0$ 时函数 $f(x)$ 的变化趋势，即 $f(x)$ 在点 x_0 的左右邻域的变化趋势，而不是在 x_0 这点的情况. 因此，当 $x\to x_0$ 时函数 $f(x)$ 的极限是否存在，与函数 $f(x)$ 在点 x_0 处有无定义以及函数值的大小无关.

例 2 如果一个人沿着直线朝路灯正下方行走时,其影子长度如何变化(见“案例探究”)

解 如图 2-6 所示,设人到灯正下方那一点的距离为 x,人的影子长为 y,灯离地面高度为 h_1,人的身高为 h_2,则由三角形相似可得$\frac{h_2}{h_1}=\frac{y}{x+y}$,于是

$$y=\frac{h_2}{h_1-h_2}x.$$

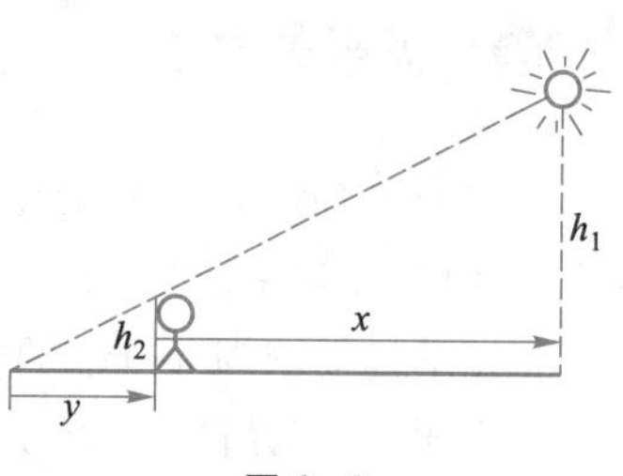

图 2-6

显然,当人向目标行进时,x 越来越趋近于 0,人的影子长度越来越短,即 y 逐渐趋近于 0,也就可以说 0 是 $x\to 0$ 时影子长度的极限.

例 3 根据极限定义说明:

(1) $\lim\limits_{x\to x_0} x=x_0$; (2) $\lim\limits_{x\to x_0} C=C$($C$ 为常数).

解 (1) 当自变量 $x\to x_0$,作为函数的 x 也趋近于 x_0,于是有$\lim\limits_{x\to x_0} x=x_0$.

(2) 无论自变量取何值,函数都取相同的值 C,它当然趋近于 C,所以$\lim\limits_{x\to x_0} C=C$.

事实上,根据幂函数、指数函数、对数函数、三角函数和反三角函数等基本初等函数的图像,不难发现这些函数在其定义域内的每一点 x_0 处,都有$\lim\limits_{x\to x_0} f(x)=f(x_0)$.其更一般性结论将在第六节中讨论.

有了这一结论,就能方便地求得如下这些极限:

$$\lim_{x\to 3}\sqrt{x}=\sqrt{3},\lim_{x\to 0}\cos x=\cos 0=1,\lim_{x\to 1}\ln x=\ln 1=0.$$

对于极限表达式$\lim\limits_{x\to x_0} f(x)=A$ 中的 $x\to x_0$,应理解为 x 既从 x_0 的左侧又从 x_0 的右侧无限趋近于 x_0,但有时往往只需要考虑自变量 x 从点 x_0 的一侧无限趋近于 x_0 时函数 $f(x)$ 的变化情况,这样就有了左、右极限的概念.

定义 2.7 设函数 $y=f(x)$ 在点 x_0 左侧的某个邻域内(点 x_0 可除外)有定义.如果当 x 从 x_0 的左侧无限趋于 x_0 时,$f(x)$ 无限趋近于一个常数 A,则称 A **为当 $x\to x_0$ 时 $f(x)$ 的左极限**,记作

$$\lim_{x\to x_0^-} f(x)=A \quad 或 \quad f(x_0-0)=A.$$

设函数 $y=f(x)$ 在点 x_0 右侧的某个邻域内(点 x_0 可除外)有定义.如果当 x 从 x_0 的右侧无限趋于 x_0 时,$f(x)$ 无限趋近于一个常数 A,则称 A **为当 $x\to x_0$ 时 $f(x)$ 的右极限**,记作

$$\lim_{x\to x_0^+} f(x)=A \quad 或 \quad f(x_0+0)=A.$$

左极限、右极限统称为**单侧极限**.

由定义 2.6 和 2.7,容易推导出如下结论.

定理 2.2 当 $x\to x_0$ 时,函数 $f(x)$ 以 A 为极限的充分必要条件是函数 $f(x)$ 在点 x_0 处的左、右极限都存在且都等于 A,即

$$\lim_{x\to x_0} f(x)=A \Leftrightarrow \lim_{x\to x_0^-} f(x)=\lim_{x\to x_0^+} f(x)=A.$$

也就是说,如果 $f(x)$ 在点 x_0 处的左、右极限只要有一个不存在,或虽然都存在但不相

等，则$\lim\limits_{x\to x_0}f(x)$一定不存在.

2.1.3 极限的性质

下面不加证明地给出极限性质.

性质1（唯一性） 如果函数$f(x)$的极限存在，则极限值唯一.

以下性质只对$x\to x_0$的情形叙述，自变量其他变化条件下的极限也有类似结论.

性质2（有界性） 若极限$\lim\limits_{x\to x_0}f(x)$存在，则函数$f(x)$在$x_0$的某个去心邻域内有界.

性质3（保号性） 若$\lim\limits_{x\to x_0}f(x)=A$，且$A>0$（或$A<0$），则在$x_0$的某个去心邻域内恒有$f(x)>0$（或$f(x)<0$）.

若$\lim\limits_{x\to x_0}f(x)=A$，且在$x_0$的某个去心邻域内恒有$f(x)\geqslant 0$（或$f(x)\leqslant 0$），则$A\geqslant 0$（或$A\leqslant 0$）.

课堂练习 ›››

1. 观察以下数列的变化趋势并填空.

（1）$1,\frac{1}{\sqrt{2}},\frac{1}{\sqrt{3}},\frac{1}{2},\frac{1}{\sqrt{5}},\cdots\to$__________；

（2）$-\frac{1}{2},\frac{1}{4},-\frac{1}{8},\frac{1}{16},-\frac{1}{32},\cdots\to$__________；

（3）$\sqrt[3]{2},\sqrt[3]{3},\sqrt[3]{4},\sqrt[3]{5},\sqrt[3]{6},\cdots\to$__________；

（4）$2+\frac{1}{10},2+\frac{1}{10^2},2+\frac{1}{10^3},2+\frac{1}{10^4},2+\frac{1}{10^5},\cdots\to$__________；

（5）$0,\frac{1}{2},0,\frac{1}{4},0,\frac{1}{6},\cdots\to$__________.

2. $y=\frac{1}{x}$在$x\to 0$时的极限是否存在？$y=\sin x$在$x\to\infty$时的极限是否存在？

3. $y=\mathrm{e}^{-x}$在$x\to 0$时的极限是否存在？$y=\mathrm{e}^{-x}$在$x\to\infty$时的极限是否存在？

4. 设$f(x)=\begin{cases}x^2, & x\geqslant 0,\\ x+1, & x<0.\end{cases}$考察当$x\to 0$时$f(x)$的极限.

5. 函数值$f(x_0)$与极限$\lim\limits_{x\to x_0}f(x)$的区别？

拓展提升 ›››

定理2.2常用来讨论分段函数在分界点处的极限是否存在.

例4 设函数

$$f(x)=\begin{cases}x, & x\geqslant 0,\\ -x, & x<0.\end{cases}$$

试判断极限$\lim\limits_{x\to 0}f(x)$是否存在.

解 由图 2-7 可以看出,当 $x\to0$ 时 $f(x)$ 的左极限

$$\lim_{x\to0^-}f(x)=\lim_{x\to0^-}(-x)=0,$$

右极限

$$\lim_{x\to0^+}f(x)=\lim_{x\to0^+}x=0.$$

因为 $\lim\limits_{x\to0^-}f(x)=\lim\limits_{x\to0^+}f(x)=0$,所以 $\lim\limits_{x\to0}f(x)=0$.

例 5 设函数

$$f(x)=\begin{cases}x+1, & x>0,\\ x^2, & x\leqslant0.\end{cases}$$

试判断极限 $\lim\limits_{x\to0}f(x)$ 是否存在.

解 由图 2-8 可以看出,当 $x\to0$ 时 $f(x)$ 的左极限

$$\lim_{x\to0^-}f(x)=\lim_{x\to0^-}x^2=0,$$

右极限

$$\lim_{x\to0^+}f(x)=\lim_{x\to0^+}(x+1)=1.$$

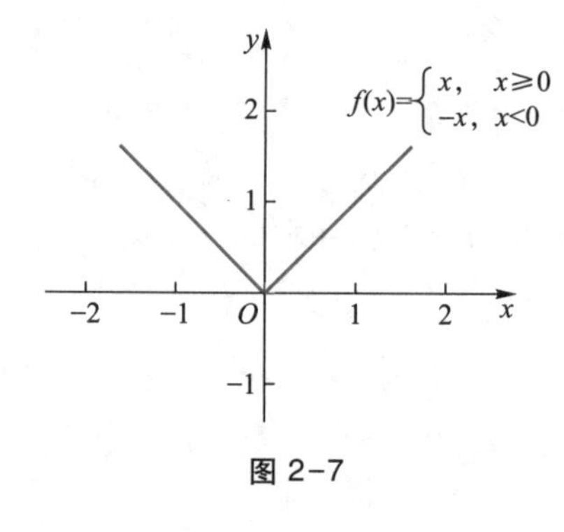

图 2-7

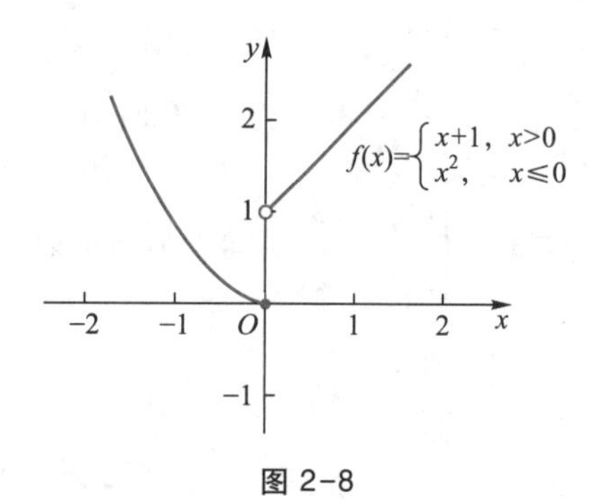

图 2-8

因为 $\lim\limits_{x\to0^-}f(x)\neq\lim\limits_{x\to0^+}f(x)$,所以 $\lim\limits_{x\to0}f(x)$ 不存在.

至此,我们介绍了自变量 7 种变化过程的极限,即:

$$\lim_{n\to\infty}x_n,\lim_{x\to+\infty}f(x),\lim_{x\to-\infty}f(x),\lim_{x\to\infty}f(x),\lim_{x\to x_0^-}f(x),\lim_{x\to x_0^+}f(x),\lim_{x\to x_0}f(x).$$

为了统一论述它们共有的性质或运算法则,本书若不特别指出是其中的哪一种时,将用 $\lim f(x)$ 即“lim”下方省略变化过程来泛指其中的任何一种.

前面给出的极限定义是用直观语言描述的,极限的存在性依赖于人的主观判断,并没有用数量关系即量化地刻画“无限接近”,难以作为逻辑推理的依据. 为此,数学上给出了严谨的极限精确定义,具体介绍可参考《数学分析》教材.

习题 2-1

【基础训练】

1. 观察并写出下列数列的极限值.

(1) $x_n=\frac{n+1}{n+2}$;　　(2) $x_n=3+\frac{1}{n^2}$;

(3) $x_n=(-1)^n\frac{1}{n}$;　　(4) $x_n=\frac{1}{3^n}$.

2. 借助函数图像观察下列极限.

(1) $\lim\limits_{x\to\infty}\frac{2}{x^3}$;　　(2) $\lim\limits_{x\to-1}(x^2+1)$;　　(3) $\lim\limits_{x\to+\infty}\left(\frac{1}{3}\right)^x$;

(4) $\lim\limits_{x\to1}(3x-2)$;　　(5) $\lim\limits_{x\to1}\ln x$;　　(6) $\lim\limits_{x\to+\infty}\ln x$.

3. 函数 $y=\operatorname{arccot} x$ 的图像,如图 2-9 所示,考察极限 $\lim\limits_{x\to\infty}\operatorname{arccot} x$ 是否存在.

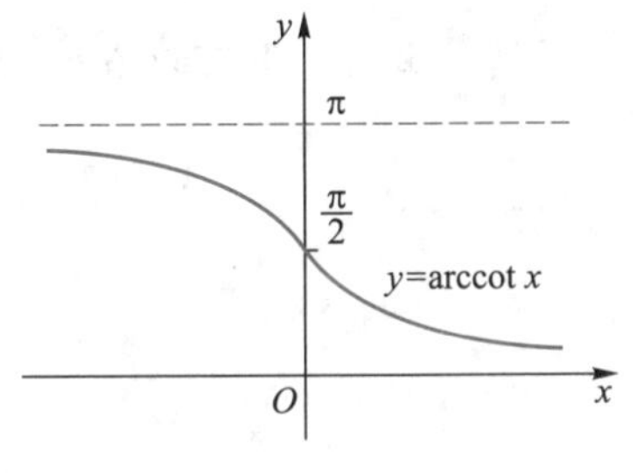

图 2-9

【拓展训练】

1. 设 $f(x)=\begin{cases}x+1, & x>0,\\1, & x\leqslant0,\end{cases}$ 考察当 $x\to0$ 时 $f(x)$ 的极限.

2. 设 $f(x)=\frac{|x|}{x}$,考察当 $x\to0$ 时 $f(x)$ 的极限.

3. 设 $f(x)=\begin{cases}e^x, & x>0,\\k, & x<0,\end{cases}$ 问 k 为何值时,极限 $\lim\limits_{x\to0}f(x)$ 存在? 并求 $\lim\limits_{x\to0}f(x)$.

2.2　无穷小量与无穷大量

无穷小量与无穷大量是两类特殊的有着重要作用的变量.

案例探究　爱因斯坦的狭义相对论说,一个物体的质量 $m(v)$ 与其速度 v 有以下的关系

$$m(v)=\frac{m_0}{\sqrt{1-v^2/c^2}}.$$

其中,m_0 是静止质量,c 是光速.当速度 v 趋近于光速 c 时,质量 $m(v)$ 如何变化?

2.2.1　无穷小量

1. 无穷小量的定义

定义 2.8　若函数 $y=f(x)$ 在自变量 x 的某一变化过程中极限为零,则称在这一变化过程中,函数 $f(x)$ 为**无穷小量**,简称**无穷小**.

例如，因为$\lim\limits_{x\to\infty}\frac{1}{x}=0$，所以称函数$f(x)=\frac{1}{x}$为$x\to\infty$时的无穷小；

因为$\lim\limits_{x\to1}(x-1)=0$，所以称函数$f(x)=x-1$为$x\to1$时的无穷小；

因为$\lim\limits_{x\to-\infty}e^x=0$，所以函数$y=e^x$为$x\to-\infty$时的无穷小；

因为$\lim\limits_{n\to\infty}\frac{1}{2^n}=0$，所以数列$x_n=\frac{1}{2^n}$为$n\to\infty$时的无穷小.

注 （1）不能笼统地说某个函数是无穷小，必须指明自变量的变化过程，因为无穷小与其自变量的变化过程是紧密联系的.同一函数在某一变化过程中是无穷小，在其他变化过程中则不一定是无穷小.例如，当$x\to\infty$时$\frac{1}{x}$为无穷小；而当$x\to1$时$\frac{1}{x}$就不是无穷小.

（2）无穷小是以零为极限的变量，不要把一个很小的数说成无穷小.例如，10^{-20}这个数虽然非常小，但它不以0为极限，所以不是无穷小.常数中只有"0"可以看作是无穷小.

2. 无穷小的性质

在自变量的同一变化过程中，无穷小量具有以下性质：

性质1　有限多个无穷小的代数和仍是无穷小.

性质2　有限多个无穷小的积仍是无穷小.

性质3　有界函数与无穷小的积是无穷小.特别地，常数与无穷小的积为无穷小.

例1　求极限$\lim\limits_{x\to0}(x^2+\sin x)$.

解　因为$x\to0$时，x^2和$\sin x$都是无穷小.所以$\lim\limits_{x\to0}(x^2+\sin x)=0$.

例2　求极限$\lim\limits_{x\to\infty}\frac{\sin x}{x}$.

解　因为$x\to\infty$时，$\frac{1}{x}$是无穷小，且$|\sin x|\leqslant1$，即$\sin x$有界.所以

$$\lim_{x\to\infty}\frac{\sin x}{x}=\lim_{x\to0}\frac{1}{x}\sin x=0.$$

2.2.2 无穷大量

定义2.9　如果在自变量x的某一变化过程中，函数$y=f(x)$的绝对值$|f(x)|$无限增大，则称在这一变化过程中，函数$f(x)$为**无穷大量**，简称**无穷大**，记作

$$\lim f(x)=\infty.$$

例如，当$x\to0$时，函数$y=\frac{1}{x}$的绝对值$\frac{1}{|x|}$无限增大，即当$x\to0$时，$y=\frac{1}{x}$是无穷大，可记作$\lim\limits_{x\to0}\frac{1}{x}=\infty$；

当$x\to\infty$时，函数$y=x^3$是无穷大，可记作$\lim\limits_{x\to\infty}x^3=\infty$；

当 $n\to\infty$ 时，数列 $x_n=(-3)^n$ 是无穷大，可记作 $\lim\limits_{n\to\infty}(-3)^n=\infty$；

当 $x\to0^+$ 时，函数 $y=\dfrac{1}{\sqrt{x}}$ 是无穷大，可记作 $\lim\limits_{x\to0^+}\dfrac{1}{\sqrt{x}}=\infty$.

注　(1) 无穷大是极限不存在的一种情形，这里只是借用了极限的记号以便于描述函数的绝对值无限增大的变化趋势，并不意味着极限存在. 因为根据极限定义，极限值必须是常数，而 ∞ 并不是常数.

(2) 当我们说某个函数是无穷大时，也必须指明自变量的变化过程. 例如，$y=x^3$ 是 $x\to0$ 时的无穷小，却是 $x\to\infty$ 时的无穷大，而 $x\to1$ 时既不是无穷小也不是无穷大.

(3) 无穷大是一个变化的量，不能与很大的数混为一谈，如 10^{100} 就不是无穷大.

例 3　根据 $y=e^x$ 的图像，考察 $y=e^x$ 何时为无穷小？何时为无穷大？

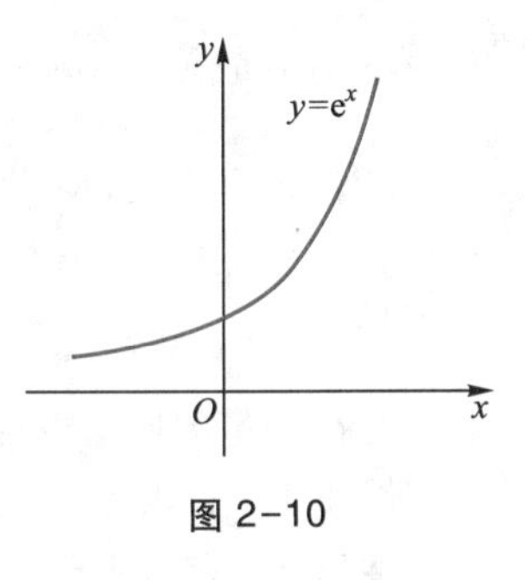

图 2-10

解　由图 2-10 可看出，当 $x\to-\infty$ 时，$y\to0$；当 $x\to+\infty$ 时，$y=e^x$ 无限增大.

即当 $x\to-\infty$ 时 $y=e^x$ 为无穷小，当 $x\to+\infty$ 时 $y=e^x$ 为无穷大.

特别地，如果在自变量的某一变化过程中，函数值 $f(x)$ 为正数且 $f(x)$ 无限增大，则称在该变化过程中函数 $f(x)$ 为**正无穷大**，记作 $\lim f(x)=+\infty$；如果在自变量的某一变化过程中，函数值 $f(x)$ 为负数且 $|f(x)|$ 无限增大，则称在该变化过程中函数 $f(x)$ 为**负无穷大**，记作 $\lim f(x)=-\infty$.

例如，$\lim\limits_{x\to0^+}\dfrac{1}{x}=+\infty$，$\lim\limits_{x\to0^-}\dfrac{1}{x}=-\infty$，$\lim\limits_{x\to+\infty}e^x=+\infty$.

2.2.3　无穷大与无穷小的关系

定理 2.3　在自变量的同一变化过程中，如果 $f(x)$ 为无穷大，则 $\dfrac{1}{f(x)}$ 是无穷小；反之，如果 $f(x)$ 为无穷小且不是常数 0，则 $\dfrac{1}{f(x)}$ 是无穷大.

例 4　讨论极限 $\lim\limits_{x\to-1}\dfrac{1}{x+1}$.

解　因为当 $x\to-1$ 时 $x+1$ 是无穷小，所以当 $x\to-1$ 时 $\dfrac{1}{x+1}$ 为无穷大，即 $\lim\limits_{x\to-1}\dfrac{1}{x+1}=\infty$.

例 5　爱因斯坦的狭义相对论说，一个物体的质量 $m(v)$ 与其速度 v 有以下的关系

$$m(v)=\frac{m_0}{\sqrt{1-v^2/c^2}},$$

其中，m_0 是静止质量，c 是光速. 当速度 v 趋近于光速 c 时，质量 $m(v)$ 如何变化？（见“案例探究”）

解 即求极限$\lim\limits_{v\to c^-}\frac{m_0}{\sqrt{1-v^2/c^2}}$.

因为$\lim\limits_{v\to c^-}\sqrt{1-v^2/c^2}=0$(这里用到复合函数极限法则,在下一节会讨论),即 $v\to c^-$ 时 $\sqrt{1-v^2/c^2}$为无穷小量,所以

$$\lim_{v\to c^-}\frac{m_0}{\sqrt{1-v^2/c^2}}=+\infty .$$

即,当物体速度趋近于光速时,其质量为无穷大量.

一个静止的物体,其全部的能量都包含在静止的质量中,一旦运动就要产生动能,运动中所具有的能量应加到质量上,即运动的物体质量会增加.当运动的速度远低于光速时,增加的质量微乎其微,但随着速度接近光速,其增加的质量就显著了,如速度达到光速的 0.9 时其质量增加了一倍多,这时物体继续加速就需要更多的能量.当速度无限接近光速时质量无限增大,需要无限多的能量.因此,任何物体的运动速度不可能达到光速,只有质量为零的粒子才可以以光速运动,如光子.

课堂练习 »»

1. 根据 $y=\sin x$ 图像判定,当 $x\to$________时,$\sin x$ 是无穷小.

2. 根据 $y=\ln x$ 图像判定,当 $x\to$________时,$\ln x$ 是无穷小;当 $x\to$________时,$\ln x$ 是无穷大.

3. 根据 $y=\left(\frac{1}{2}\right)^x$ 的图像判定,当 $x\to$________时,$\left(\frac{1}{2}\right)^x$ 是无穷小;当 $x\to$________时,$\left(\frac{1}{2}\right)^x$ 是无穷大.

4. 计算$\lim\limits_{x\to\infty}\frac{\arctan x}{x}$.

拓展提升 »»

设$\lim\limits_{x\to x_0}f(x)=A$,即 $x\to x_0$ 时 $f(x)\to A$,那么 $f(x)-A\to 0$.记 $\alpha=f(x)-A$,则 α 为 $x\to x_0$ 时的无穷小,这时 $f(x)=A+\alpha$,于是函数极限与无穷小有如下关系:

定理 2.4 在自变量 x 的某一变化过程中,函数 $f(x)$ 以 A 为极限的充分必要条件是 $f(x)$ 可以表示成常数 A 与某一个无穷小 α 之和,即

$$\lim f(x)=A\Leftrightarrow f(x)=A+\alpha,$$

其中 α 是无穷小,即$\lim\alpha=0$.

注 这里 $\lim f(x)$ 和 $\lim\alpha$ 是自变量同一变化过程的极限.

例 6 若有$\lim\limits_{x\to\infty}\frac{1}{x+3}=0$,求极限$\lim\limits_{x\to\infty}\left(\frac{2x+1}{x+3}\right)$.

解　因为 $\frac{2x+7}{x+3}=\frac{(2x+6)+1}{x+3}=2+\frac{1}{x+3}$，而 $\alpha=\frac{1}{x+3}$ 是 $x\to\infty$ 时的无穷小.所以

$$\lim_{x\to\infty}\left(\frac{2x+1}{x+3}\right)=2.$$

习题 2-2

【基础训练】

1. 当 $x\to0$ 时，下列函数哪些是无穷小，哪些是无穷大？当 $x\to\infty$ 时呢？

(1) $1000x^5$；　(2) $\frac{2}{x}$；　(3) $\frac{x}{x^2}$；　(4) $\frac{x^2}{x}$；

(5) $\frac{x-1}{x}$；　(6) e^x；　(7) $e^{\frac{1}{x}}(x>0)$；　(8) $e^{\frac{1}{x}}(x<0)$.

2. 利用无穷小性质求极限.

(1) $\lim\limits_{x\to0}x\sin\frac{1}{x}$；　(2) $\lim\limits_{x\to-\infty}e^x(3\sin x+5)$；　(3) $\lim\limits_{x\to\infty}(\cos x+1)\sin\frac{1}{x}$.

2.3　极限的运算法则

利用极限的定义只能计算一些很简单的函数的极限，而实际问题中的函数却要复杂得多.本节介绍极限的四则运算法则和复合函数的极限法则，并运用这些法则去求一些比较复杂函数的极限.

案例探究　设某产品的价格满足 $P(t)=20-e^{-0.5t}$（单位：元），随着时间的推移，产品的价格也随之变化，请对该产品的长期价格做出预测.

2.3.1　函数极限的四则运算法则

在自变量的同一变化过程中，若两个函数极限都存在，则它们的和、差、积、商（分母的极限不为零）的极限也都存在，且有如下的极限四则运算法则.

定理 2.5　若 $\lim f(x)=A$，$\lim g(x)=B$，则

(1) 代数和的极限等于极限的代数和，即

$$\lim[f(x)\pm g(x)]=\lim f(x)\pm\lim g(x)=A\pm B.$$

(2) 乘积的极限等于极限的乘积，即

$$\lim[f(x)g(x)]=\lim f(x)\cdot\lim g(x)=A\cdot B.$$

特别地，有

① 常数因子 c 可以提到极限符号前面，即

$$\lim cf(x)=c\lim f(x)=cA\ (c\text{ 是常数}).$$

② 若 n 为正整数，则

$$\lim[f(x)]^n=[\lim f(x)]^n=A^n.$$

以后可以证明，若 n 为正整数，则

$$\lim[f(x)]^{\frac{1}{n}}=[\lim f(x)]^{\frac{1}{n}}=A^{\frac{1}{n}}.$$

（3）商的极限等于极限的商，即

$$\lim\frac{f(x)}{g(x)}=\frac{\lim f(x)}{\lim g(x)}=\frac{A}{B}\ (B\neq 0).$$

注 （1）上述运算法则，不难推广到有限多个函数的代数和及乘积的情况；

（2）在使用这些法则时，要求每个参与运算的函数的极限都必须存在，对商的极限法则不但要求分子分母的极限存在还要求分母的极限不为零.当适用条件不具备时，不能使用相应的法则，有些时候需要对函数式作恒等变形后再处理.

（3）几个常用的结论：$\lim\limits_{x\to x_0}x=x_0$，$\lim\limits_{x\to\infty}\frac{1}{x}=0$，$\lim\limits_{x\to-\infty}\mathrm{e}^x=0$，$\lim C=C$（$C$ 为常数）.

例 1 求极限 $\lim\limits_{x\to 1}(2x^3-4x^2+5)$.

解

$$\begin{aligned}\lim_{x\to 1}(2x^3-4x^2+5)&=2\lim_{x\to 1}x^3-4\lim_{x\to 1}x^2+\lim_{x\to 1}5\\&=2(\lim_{x\to 1}x)^3-4(\lim_{x\to 1}x)^2+5\\&=2\times 1^3-4\times 1^2+5=3.\end{aligned}$$

熟练后，中间步骤可省略.

例 2 求极限 $\lim\limits_{x\to 2}\frac{3x^2+2x-1}{3x+4}$.

解 分子分母的极限都存在，且分母的极限不为零，由极限运算法则得

$$\lim_{x\to 2}\frac{3x^2+2x-1}{3x+4}=\frac{\lim\limits_{x\to 2}(3x^2+2x-1)}{\lim\limits_{x\to 2}(3x+4)}=\frac{3\times 2^2+2\times 2-1}{3\times 2+4}=\frac{15}{10}=\frac{3}{2}.$$

例 3 求极限 $\lim\limits_{x\to -1}\frac{x^2+x-2}{x^2-1}$.

解 当 $x\to -1$ 时，分母 $x^2-1\to 0$，即分母的极限为零，不能直接用商的极限法则.由于 $x\to -1$ 时，分子 $x^2+x-2\to -2\neq 0$，可先考虑倒数的极限.

$$\lim_{x\to -1}\frac{x^2-1}{x^2+x-2}=\frac{\lim\limits_{x\to -1}(x^2-1)}{\lim\limits_{x\to -1}(x^2+x-2)}=\frac{0}{-2}=0,$$

即 $\frac{x^2-1}{x^2+x-2}$ 是 $x\to -1$ 时的无穷小.由无穷小与无穷大的关系，得

$$\lim_{x\to -1}\frac{x^2+x-2}{x^2-1}=\infty.$$

注 当遇到分母的极限为零，分子的极限不为零的分式函数极限时，可利用倒数的极限及无穷小与无穷大的关系来确定原式的极限.

例 4　求极限$\lim\limits_{x\to1}\dfrac{x^2+x-2}{x^2-1}$.

解　当 $x\to1$ 时,分子分母的极限都为零,不能直接用极限的四则运算法则,也不能用例 3 的方法.但我们发现,分解因式后分子分母都有趋近于零的公因式 $x-1$,由极限定义知,x 趋近于 1 但不等于 1,即 $x-1\neq0$,故可约去公因子后再求极限.

$$\lim_{x\to1}\frac{x^2+x-2}{x^2-1}=\lim_{x\to1}\frac{(x-1)(x+2)}{(x-1)(x+1)}=\lim_{x\to1}\frac{x+2}{x+1}=\frac{3}{2}.$$

注　当遇到分子分母都为零的有理分式极限时,先对分子分母分解因式,约去公因子,然后再求极限.

例 5　求极限$\lim\limits_{x\to0}\dfrac{\sqrt{1+x}-1}{x}$.

解　当 $x\to0$ 时分子分母的极限都为零,不能直接使用极限的四则运算法则.又由于含有根式,可以先有理化再求极限.

$$\lim_{x\to0}\frac{\sqrt{1+x}-1}{x}=\lim_{x\to0}\frac{(\sqrt{1+x}-1)(\sqrt{1+x}+1)}{x(\sqrt{1+x}+1)}=\lim_{x\to0}\frac{1}{\sqrt{1+x}+1}=\frac{1}{2}.$$

注　当遇到分子分母都为零的无理分式的极限时,可先有理化,约去公因子后再求极限.

例 6　求极限$\lim\limits_{x\to\infty}\dfrac{2x^2+x+3}{3x^2-2x+5}$.

解　当 $x\to\infty$ 时,分子分母都是无穷大,即分子分母的极限都不存在,不能直接使用极限的运算法则.分子、分母同时除以它们的最高次 x^2,再利用极限运算法则,得

$$\lim_{x\to\infty}\frac{2x^2+x+3}{3x^2-2x+5}=\lim_{x\to\infty}\frac{2+\dfrac{1}{x}+\dfrac{3}{x^2}}{3-\dfrac{2}{x}+\dfrac{5}{x^2}}=\frac{2+0+3\times0^2}{3-2\times0+5\times0^2}=\frac{2}{3}.$$

例 7　求极限$\lim\limits_{x\to\infty}\dfrac{x^3+x-2}{3x^2+5}$.

解　如果仿照上例的方法,分子、分母同除以它们的最高次 x^3 的话,分母的极限为零,仍不能直接使用极限的运算法则.可先考虑其倒数的极限.

因为

$$\lim_{x\to\infty}\frac{3x^2+5}{x^3+x-2}=\lim_{x\to\infty}\frac{\dfrac{3}{x}+\dfrac{5}{x^3}}{1+\dfrac{1}{x^2}-\dfrac{2}{x^3}}=0,$$

所以

$$\lim_{x\to\infty}\frac{x^3+x-2}{3x^2+5}=\infty.$$

思考　本例中,为什么不能分子、分母同除以 x^2 来求极限?

一般地,当 $x\to\infty$ 时,有下面的结论:

$$\lim_{x\to\infty}\frac{a_mx^m+a_{m-1}x^{m-1}+\cdots+a_1x+a_0}{b_nx^n+b_{n-1}x^{n-1}+\cdots+b_1x+b_0}=\begin{cases}0, & n>m,\\ \dfrac{a_m}{b_n}, & n=m,\text{ 其中 } a_m\neq 0, b_n\neq 0.\\ \infty, & n<m,\end{cases}$$

利用这个结果求分式当 $x\to\infty$ 时的极限非常方便.

例 8 求下列极限.

（1）$\lim\limits_{x\to\infty}\dfrac{3x^2+4x+5}{x^3-10x-100}$；（2）$\lim\limits_{x\to\infty}\dfrac{4x^3+x+1}{x^2+3}$；

（3）$\lim\limits_{x\to\infty}\dfrac{(2x-1)(3x^2+1)}{4x^3-5}$；（4）$\lim\limits_{n\to\infty}\dfrac{(n+1)(n+2)(2n+3)}{6n^3}$.

解 （1）因为分子的最高次的指数小于分母的最高次的指数，所以

$$\lim_{x\to\infty}\frac{3x^2+4x+5}{x^3-10x-100}=0.$$

（2）因为分子的最高次的指数大于分母的最高次的指数，所以

$$\lim_{x\to\infty}\frac{4x^3+x+1}{x^2+3}=\infty.$$

（3）根据多项式的乘积，容易看出分子应为三次多项式，分子的最高次的指数等于分母最高次的指数，所以极限值为分子、分母最高次项系数之比，即

$$\lim_{x\to\infty}\frac{(2x-1)(3x^2+1)}{4x^3-5}=\frac{2\times 3}{4}=\frac{3}{2}.$$

（4）上述结论对数列的极限同样适用. 由于分子最高次的指数等于分母最高次的指数，所以极限值为分子分母最高次项的系数之比，即

$$\lim_{n\to\infty}\frac{(n+1)(n+2)(2n+3)}{6n^3}=\frac{2}{6}=\frac{1}{3}.$$

例 9 求极限 $\lim\limits_{n\to\infty}\left(\dfrac{1}{n^2}+\dfrac{2}{n^2}+\dfrac{3}{n^2}+\cdots+\dfrac{n}{n^2}\right)$.

解 因为 $n\to\infty$ 也意味着项数无限增大，所以这里是无穷多项和的极限，不能直接使用极限的四则运算法则，可以先求和再求极限.

$$\begin{aligned}\lim_{n\to\infty}\left(\frac{1}{n^2}+\frac{2}{n^2}+\frac{3}{n^2}+\cdots+\frac{n}{n^2}\right)&=\lim_{n\to\infty}\frac{1}{n^2}(1+2+3+\cdots+n)\\&=\lim_{n\to\infty}\frac{1}{n^2}\cdot\frac{n(1+n)}{2}=\lim_{n\to\infty}\frac{n^2+n}{2n^2}=\frac{1}{2}.\end{aligned}$$

注 当遇到无穷项之和的极限时，可以先求和再求极限.

例 10 求极限 $\lim\limits_{x\to 1}\left(\dfrac{1}{x-1}-\dfrac{2}{x^2-1}\right)$.

解 因为 $\lim\limits_{x\to 1}\dfrac{1}{x-1}=\infty$ 与 $\lim\limits_{x\to 1}\dfrac{2}{x^2-1}=\infty$，即相减的两项极限不存在，不能直接使用差的极限法则，但可以先通分化简后再求极限. 于是

$$\lim_{x\to1}\left(\frac{1}{x-1}-\frac{2}{x^2-1}\right)=\lim_{x\to1}\frac{x+1-2}{x^2-1}=\lim_{x\to1}\frac{1}{x+1}=\frac{1}{2}.$$

注 当遇到两个有理分式差的极限时,若这两个有理分式都是无穷大,可先通分并化简后,再求极限.

例 11 求极限 $\lim\limits_{x\to+\infty}(\sqrt{x^2+x+1}-x)$.

解 因为 $\lim\limits_{x\to+\infty}\sqrt{x^2+x+1}=+\infty$, $\lim\limits_{x\to+\infty}x=+\infty$,不能直接使用差的极限法则,可以先有理化,然后再求极限.

$$\lim_{x\to+\infty}(\sqrt{x^2+x+1}-x)=\lim_{x\to+\infty}\frac{x^2+x+1-x^2}{\sqrt{x^2+x+1}+x}=\lim_{x\to+\infty}\frac{x+1}{\sqrt{x^2+x+1}+x}$$

$$=\lim_{x\to+\infty}\frac{1+\frac{1}{x}}{\sqrt{1+\frac{1}{x}+\frac{1}{x^2}}+1}=\frac{1}{2}.$$

对极限 $\lim\limits_{x\to+\infty}\frac{x+1}{\sqrt{x^2+x+1}+x}$,由于分子的最高次的指数等于分母的最高次的指数,仍可运用前面归纳的结论,其结果为分子与分母最高次项的系数之比,即

$$\lim_{x\to+\infty}\frac{x+1}{\sqrt{x^2+x+1}+x}=\frac{1}{1+1}=\frac{1}{2}.$$

注 当遇到两个无穷大量之差时,若这两个变量含有根式,可先有理化,再求极限.

2.3.2 复合函数的极限

定理 2.6 设函数 $f[\varphi(x)]$ 是由 $y=f(u)$ 与 $u=\varphi(x)$ 复合而成,若 $\lim\varphi(x)=u_0$, $\lim\limits_{u\to u_0}f(u)=A$,则

$$\lim f[\varphi(x)]=\lim_{u\to u_0}f(u)=A.$$

类似地,若 $\lim\varphi(x)=\infty$, $\lim\limits_{u\to\infty}f(u)=A$,则

$$\lim f[\varphi(x)]=\lim_{u\to\infty}f(u)=A.$$

例 12 求极限 $\lim\limits_{x\to0^-}\mathrm{e}^{\frac{1}{x}}$.

解 因为 $\lim\limits_{x\to0^-}\frac{1}{x}=-\infty$,所以 $\lim\limits_{x\to0^-}\mathrm{e}^{\frac{1}{x}}=\lim\limits_{u\to-\infty}\mathrm{e}^u=0$.

例 13 设某产品的价格满足 $P(t)=20-\mathrm{e}^{-0.5t}$(单位:元),随着时间的推移,产品的价格也随之变化,请对该产品的长期价格做出预测.(见"案例探究")

解 $\lim\limits_{t\to+\infty}P(t)=\lim\limits_{t\to+\infty}(20-\mathrm{e}^{-0.5t})=20-\lim\limits_{t\to+\infty}\mathrm{e}^{-0.5t}=20$.

即,随着时间的推移,产品的价格也随之变化,产品的长期价格最后会稳定在 20 元.

课堂练习 »»

1. 填空

（1）当________时，$\frac{x-3}{x+2}$为无穷小，当________时，$\frac{x-3}{x+2}$为无穷大.

（2）极限的四则运算法则适用条件是________________.适用条件不具备时极限仍可能存在，应先__________，再考虑使用法则.

2. 计算下列极限.

（1）$\lim\limits_{x\to1}\frac{2x^2+3x+1}{6x^2-2x+5}=$__________；　　（2）$\lim\limits_{x\to\infty}\frac{x^2+x+6}{x^4-3x^2+3}=$__________；

（3）$\lim\limits_{x\to\infty}(2x^3-x+1)=$__________；　　（4）$\lim\limits_{x\to1}\frac{\sqrt{x+3}-2}{x-1}=$__________；

（5）$\lim\limits_{x\to0^+}\mathrm{e}^{\frac{1}{x}}=$__________；　　（6）$\lim\limits_{x\to+\infty}\mathrm{e}^{-x}=$__________.

拓展提升 ›››

介绍了极限的运算法则之后，我们对分段函数的极限做进一步的讨论.

例 14　设

$$f(x)=\begin{cases}3x+2, & x\leqslant0,\\ x^2+1, & 0<x\leqslant1,\\ \frac{2}{x}, & x>1.\end{cases}$$

分别讨论极限$\lim\limits_{x\to0}f(x)$，$\lim\limits_{x\to1}f(x)$，$\lim\limits_{x\to-1}f(x)$，$\lim\limits_{x\to2}f(x)$，$\lim\limits_{x\to-\infty}f(x)$和$\lim\limits_{x\to+\infty}f(x)$.

解　当$x\to0$时的左、右极限

$$\lim_{x\to0^-}f(x)=\lim_{x\to0^-}(3x+2)=2,\lim_{x\to0^+}f(x)=\lim_{x\to0^+}(x^2+1)=1.$$

因为$\lim\limits_{x\to0^-}f(x)\neq\lim\limits_{x\to0^+}f(x)$，所以$\lim\limits_{x\to0}f(x)$不存在.

当$x\to1$时的左、右极限

$$\lim_{x\to1^-}f(x)=\lim_{x\to1^-}(x^2+1)=2,\lim_{x\to1^+}f(x)=\lim_{x\to1^+}\frac{2}{x}=2.$$

因为$\lim\limits_{x\to1^-}f(x)=\lim\limits_{x\to1^+}f(x)=2$，所以$\lim\limits_{x\to1}f(x)=2$.

$$\lim_{x\to-1}f(x)=\lim_{x\to-1}(3x+2)=-1.$$

$$\lim_{x\to2}f(x)=\lim_{x\to2}\frac{2}{x}=1.$$

$$\lim_{x\to-\infty}f(x)=\lim_{x\to-\infty}(3x+2)=\infty.$$

$$\lim_{x\to+\infty}f(x)=\lim_{x\to+\infty}\frac{2}{x}=0.$$

求分段函数的极限时需要首先根据自变量变化过程的含义，确定函数的具体表达式. 当遇到分段函数在分界点的极限时，由于函数在分界点两边的解析式不同，一般需考虑左右极限，仅当左右极限都存在且相等时，分界点的极限才存在；而在非分界点的极限，则不必考虑左右极限.

习题 2-3

【基础训练】

1. 已知 $f(x)=\dfrac{x^2-4}{x^3-8}$，求：$\lim\limits_{x\to-2}f(x)$，$\lim\limits_{x\to2}f(x)$，$\lim\limits_{x\to\infty}f(x)$.

2. 计算下列极限.

(1) $\lim\limits_{x\to0}(x^2-4x+5)$；

(2) $\lim\limits_{t\to\infty}\left(3+\dfrac{2}{t}-\dfrac{1}{t^2}\right)$；

(3) $\lim\limits_{x\to-2}\dfrac{x^2-4}{x+2}$；

(4) $\lim\limits_{x\to5}\dfrac{x^2-6x+5}{x-5}$；

(5) $\lim\limits_{x\to0}\dfrac{4x^3-2x^2+x}{3x^2+2x}$；

(6) $\lim\limits_{x\to\infty}\dfrac{4x^2-2x+1}{2x^2+3x}$；

(7) $\lim\limits_{n\to\infty}\dfrac{1+3+5+\cdots+(2n+1)}{n^2}$；

(8) $\lim\limits_{n\to\infty}\left[1-\dfrac{1}{2}+\dfrac{1}{4}-\cdots+\left(-\dfrac{1}{2}\right)^{n-1}\right]$.

【拓展训练】

1. 计算下列极限.

(1) $\lim\limits_{x\to4}\dfrac{x-4}{\sqrt{x-2}-\sqrt{2}}$；

(2) $\lim\limits_{x\to0}\dfrac{x}{\sqrt{1+x}-\sqrt{1-x}}$；

(3) $\lim\limits_{x\to+\infty}(\sqrt{x^2+x+1}-\sqrt{x^2-x+1})$；

(4) $\lim\limits_{x\to1}\left(\dfrac{3}{1-x^3}-\dfrac{1}{1-x}\right)$；

(5) $\lim\limits_{x\to+\infty}\dfrac{e^x-2e^{-x}}{2e^x+e^{-x}}$；

(6) $\lim\limits_{x\to-\infty}\dfrac{e^x-2e^{-x}}{2e^x+e^{-x}}$.

2. 已知

$$f(x)=\begin{cases}\dfrac{1}{x^2}, & x<0,\\ x^2-2x, & 0\leqslant x\leqslant2,\\ 3x-6, & x>2.\end{cases}$$

讨论极限 $\lim\limits_{x\to0}f(x)$，$\lim\limits_{x\to1}f(x)$，$\lim\limits_{x\to2}f(x)$，$\lim\limits_{x\to-\infty}f(x)$ 和 $\lim\limits_{x\to+\infty}f(x)$.

3. 已知 $f(x)=\dfrac{e^x+1}{e^x-1}$，由 $\lim\limits_{x\to+\infty}e^x=\infty$，$\lim\limits_{x\to-\infty}e^x=0$，讨论 $\lim\limits_{x\to\infty}f(x)$ 是否存在.

4. 若 $\lim\limits_{x\to1}\dfrac{x^2+x+a}{x-1}=3$，求 a 的值.

5. 若 $\lim\limits_{x\to\infty}\left(\dfrac{x^2+1}{x+1}-ax-b\right)=0$，求 a,b 的值.

2.4 两个重要极限

两个重要极限是极限计算和基本求导公式推导的重要基础,在微积分的发展过程中起着桥梁作用,本节将介绍两个重要极限的结论及其应用.

案例探究 某人以本金 P 进行一项投资,投资的年利率是 r,若每年结算 k 次,结算周期 $T=\frac{365}{k}$,一个结算周期的利率为$\frac{r}{k}$,n 年结算 nk 次.问:(1) n 年后的本利和为多少?(2) 若每时每刻计算复利(称为**连续复利**),n 年后的本利和为多少?

1. 第一个重要极限:$\lim\limits_{x\to 0}\frac{\sin x}{x}=1$

函数 $y=\frac{\sin x}{x}$的定义域为$\{x \mid x\in \mathbf{R},x\neq 0\}$,利用 GeoGebra 软件可以计算出函数 $y=\frac{\sin x}{x}$的一系列取值如表 2-1 所示.

表 2-1

x	± 1	± 0.1	± 0.01	± 0.001	…
$\frac{\sin x}{x}$	0.841 47	0.998 33	0.999 98	0.999 99	…

由表 2-1 和图 2-11 可以直观地看出,当 $x\to 0$ 时,$\frac{\sin x}{x}\to 1$,即

$$\lim_{x\to 0}\frac{\sin x}{x}=1.$$

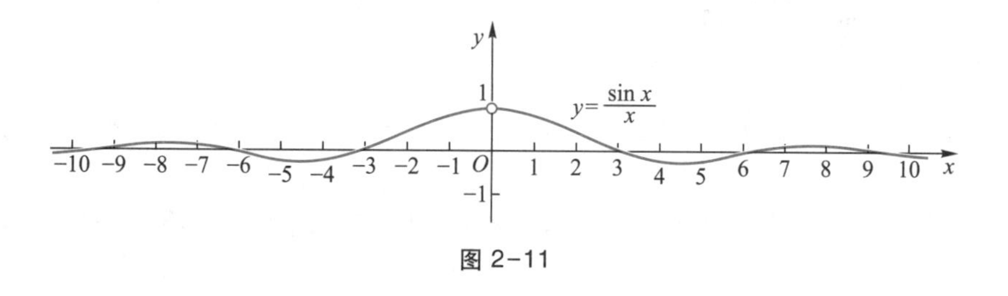

图 2-11

注 (1) 对含有三角函数的$\frac{0}{0}$型的极限,通常可以运用第一个重要极限来计算.

(2) 结合复合函数的极限运算法则,可以推广为 $\lim\limits_{\varphi(x)\to 0}\dfrac{\sin\varphi(x)}{\varphi(x)}=1$.

例 1　求下列极限.

(1) $\lim\limits_{x\to 0}\dfrac{\sin 3x}{2x}$;　　(2) $\lim\limits_{x\to 0}\dfrac{\tan x}{x}$;

(3) $\lim\limits_{x\to 0}\dfrac{1-\cos x}{x^2}$;　　(4) $\lim\limits_{x\to 2}\dfrac{\sin(x^2-4)}{x-2}$.

解　(1) $\lim\limits_{x\to 0}\dfrac{\sin 3x}{2x}=\lim\limits_{x\to 0}\left(\dfrac{3}{2}\cdot\dfrac{\sin 3x}{3x}\right)=\dfrac{3}{2}\cdot\lim\limits_{3x\to 0}\dfrac{\sin 3x}{3x}=\dfrac{3}{2}\times 1=\dfrac{3}{2}$.

(2) $\lim\limits_{x\to 0}\dfrac{\tan x}{x}=\lim\limits_{x\to 0}\left(\dfrac{\sin x}{x}\cdot\dfrac{1}{\cos x}\right)=\lim\limits_{x\to 0}\dfrac{\sin x}{x}\cdot\lim\limits_{x\to 0}\dfrac{1}{\cos x}=1\times\dfrac{1}{1}=1$.

(3) $\lim\limits_{x\to 0}\dfrac{1-\cos x}{x^2}=\lim\limits_{x\to 0}\dfrac{2\sin^2\dfrac{x}{2}}{x^2}=\lim\limits_{x\to 0}\dfrac{1}{2}\left(\dfrac{\sin\dfrac{x}{2}}{\dfrac{x}{2}}\right)^2=\dfrac{1}{2}\times 1^2=\dfrac{1}{2}$.

(4) 当 $x\to 2$ 时 $x^2-4\to 0$,所以

$$\lim_{x\to 2}\frac{\sin(x^2-4)}{x-2}=\lim_{x\to 2}\frac{\sin(x^2-4)}{x^2-4}(x+2)=\lim_{x\to 2}\frac{\sin(x^2-4)}{x^2-4}\cdot\lim_{x\to 2}(x+2)=1\times 4=4.$$

例 2　求下列极限

(1) $\lim\limits_{x\to\pi}\dfrac{\sin x}{\pi-x}$;　　(2) $\lim\limits_{x\to 0}\dfrac{\arcsin x}{x}$.

解　(1) 由于 $\sin x=\sin(\pi-x)$,令 $t=\pi-x$,则当 $x\to\pi$ 时 $t\to 0$,因此

$$\lim_{x\to\pi}\frac{\sin x}{\pi-x}=\lim_{x\to\pi}\frac{\sin(\pi-x)}{\pi-x}=\lim_{t\to 0}\frac{\sin t}{t}=1.$$

(2) 令 $t=\arcsin x$,则 $x=\sin t$,且当 $x\to 0$ 时 $t\to 0$,因此

$$\lim_{x\to 0}\frac{\arcsin x}{x}=\lim_{t\to 0}\frac{t}{\sin t}=\lim_{t\to 0}\frac{1}{\dfrac{\sin t}{t}}=1.$$

类似地,可得 $\lim\limits_{x\to 0}\dfrac{\arctan x}{x}=1$.

2. 第二个重要极限:$\lim\limits_{x\to\infty}\left(1+\dfrac{1}{x}\right)^x=\mathrm{e}$

函数 $y=\left(1+\dfrac{1}{x}\right)^x$ 的定义域为 $\{x\mid x\in\mathbf{R},x\neq 0\}$,其底数和指数都含有自变量 x,称这样的函数为幂指函数.利用 GeoGebra 软件可以计算出函数 $y=\left(1+\dfrac{1}{x}\right)^x$ 的一系列取值如表 2-2 所示.

表 2-2

x	10	100	1 000	10 000	1 000 000	…
$\left(1+\frac{1}{x}\right)^{x}$	2.594	2.705	2.717	2.718 15	2.718 28	…
x	-10	-100	-1 000	-10 000	-1 000 000	…
$\left(1+\frac{1}{x}\right)^{x}$	2.868	2.732	2.720	2.718 42	2.718 28	…

由表 2-2 和图 2-12 可以直观地看出，当 $x\to+\infty$ 或 $x\to-\infty$ 时，$\left(1+\frac{1}{x}\right)^{x}$ 的值无限地趋近于一个确定的常数 2.718 281 828…，这是一个常见的无理数，我们记为 e.即

$$\lim_{x\to\infty}\left(1+\frac{1}{x}\right)^{x}=\mathrm{e}.$$

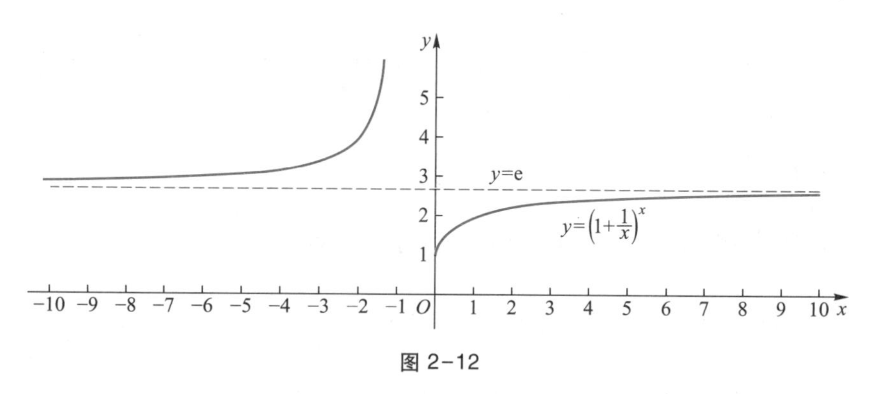

图 2-12

若令 $t=\frac{1}{x}$，则 $x\to\infty$ 时 $t\to0$，上述极限又可以写为

$$\lim_{t\to0}(1+t)^{\frac{1}{t}}=\mathrm{e}.$$

注 （1）第二个重要极限是底数趋于 1，指数趋于 ∞ 的幂指函数的极限表达式，底数为 $1+\alpha$ 形式，其中 α 为无穷小量，指数恰好为底数中的无穷小量 α 的倒数.常常简记为 1^{∞} 型.

（2）由复合函数极限法则，可以推广为 $\lim\limits_{\varphi(x)\to0}[1+\varphi(x)]^{\frac{1}{\varphi(x)}}=\mathrm{e}$.

例 3 求下列极限.

（1）$\lim\limits_{x\to\infty}\left(1+\frac{1}{2x}\right)^{x}$；　　（2）$\lim\limits_{x\to0}(1-x)^{\frac{3}{x}}$；

（3）$\lim\limits_{x\to\infty}\left(1+\frac{1}{x}\right)^{2x+1}$；　　（4）$\lim\limits_{x\to\infty}\left(\frac{x}{x+2}\right)^{x}$.

解 本例中的函数都属于幂指函数，会用到性质 $a^{m+n}=a^{m}\cdot a^{n}$ 和 $(a^{m})^{n}=a^{mn}$.可转化为 $\lim\limits_{\varphi(x)\to0}[1+\varphi(x)]^{\frac{1}{\varphi(x)}}=\mathrm{e}$ 形式解决.

（1）$\lim\limits_{x\to\infty}\left(1+\dfrac{1}{2x}\right)^{x}=\lim\limits_{x\to\infty}\left[\left(1+\dfrac{1}{2x}\right)^{2x}\right]^{\frac{1}{2}}=e^{\frac{1}{2}}$.

（2）$\lim\limits_{x\to0}(1-x)^{\frac{3}{x}}=\lim\limits_{x\to0}[(1-x)^{-\frac{1}{x}}]^{-3}=e^{-3}$.

（3）$\lim\limits_{x\to\infty}\left(1+\dfrac{1}{x}\right)^{2x+1}=\lim\limits_{x\to\infty}\left[\left(1+\dfrac{1}{x}\right)^{x}\right]^{2}\cdot\left(1+\dfrac{1}{x}\right)=e^{2}\times1=e^{2}$.

（4）$\lim\limits_{x\to\infty}\left(\dfrac{x}{x+2}\right)^{x}=\lim\limits_{x\to\infty}\left(1+\dfrac{-2}{x+2}\right)^{x}=\lim\limits_{x\to\infty}\left[\left(1+\dfrac{-2}{x+2}\right)^{\frac{x+2}{-2}}\right]^{-2}\cdot\left(1+\dfrac{-2}{x+2}\right)^{-2}=e^{-2}\times1^{-2}=e^{-2}$.

例 4　某人以本金 P 进行一项投资，投资的年利率是 r，若每年结算 k 次，结算周期 $T=\dfrac{365}{k}$，一个结算周期的利率为$\dfrac{r}{k}$，n 年结算 nk 次.（1）则 n 年后的本利和为多少？（2）若每时每刻计算复利（称为**连续复利**），n 年后的本利和为多少？（见“案例探究”）

解　（1）第一次结算：$Q_1=P\left(1+\dfrac{r}{k}\right)$，第二次结算：$Q_2=P\left(1+\dfrac{r}{k}\right)^{2}$，…，第 k 次结算：$Q_k=P\left(1+\dfrac{r}{k}\right)^{k}$，…，$n$ 年后第 nk 次结算：$Q_{nk}=P\left(1+\dfrac{r}{k}\right)^{nk}$.

（2）每时每刻计算复利即 $k\to\infty$，故 n 年后的本利和为

$$Q=\lim_{k\to\infty}P\left(1+\frac{r}{k}\right)^{kn}=P\lim_{k\to\infty}\left[\left(1+\frac{r}{k}\right)^{\frac{k}{r}}\right]^{nr}=Pe^{nr}.$$

注　$k\to\infty$ 时，结算周期 $T\to0$，达到利息随时产生，随时加入本金的效果，因此该计算公式又称为**连续复利公式**.

课堂练习 >>>

计算下列极限：

1. $\lim\limits_{x\to\infty}x\sin\dfrac{1}{x}=$__________，$\lim\limits_{x\to0}x\sin\dfrac{1}{x}=$__________；

2. $\lim\limits_{x\to0}\dfrac{\sin 3x}{2x}=$__________，$\lim\limits_{x\to0}\dfrac{\tan 5x}{3x}=$__________；

3. $\lim\limits_{x\to1}\dfrac{\sin(x-1)}{x^2-1}=$__________，$\lim\limits_{x\to3}\dfrac{\tan(x-3)}{x^2-9}=$__________；

4. $\lim\limits_{x\to\infty}\left(1-\dfrac{1}{x}\right)^{100}=$__________，$\lim\limits_{x\to\infty}\left(1-\dfrac{1}{x}\right)^{x}=$__________；

5. $\lim\limits_{x\to0}(1+x)^{\frac{3}{x}}=$__________，$\lim\limits_{x\to0}(1-2x)^{\frac{1}{x}}=$__________.

拓展提升 »»

极限存在准则

前面根据数据表和图像得到了两个重要极限的结论,其严格证明需要用到极限存在准则.

1. 夹逼准则

定理 2.7 如果数列$\{x_n\}$,$\{y_n\}$及$\{z_n\}$满足下列条件:

(1) 从某项起,即存在$n_0\in \mathbf{N}$,当$n>n_0$时有$y_n\leqslant x_n\leqslant z_n$,

(2) $\lim\limits_{n\to\infty} y_n=a$,$\lim\limits_{n\to\infty} z_n=a$,

那么数列$\{x_n\}$的极限存在,且$\lim\limits_{n\to\infty} x_n=a$.

此定理中数列换成更一般的函数仍然成立,如图 2-13 所示,如果$g(x)\leqslant f(x)\leqslant h(x)$满足:

(1) 当$x\in \mathring{U}(x_0,r)$时,$g(x)\leqslant f(x)\leqslant h(x)$,

(2) $\lim\limits_{x\to x_0} g(x)=A$,$\lim\limits_{x\to x_0} h(x)=A$,

那么$\lim\limits_{x\to x_0} f(x)$存在,且等于$A$.

夹逼准则又称为**"三明治"准则**.

例 5 利用夹逼准则,证明第一个重要极限:$\lim\limits_{x\to 0}\dfrac{\sin x}{x}=1$.

证 当$0<x<\dfrac{\pi}{2}$时,如图 2-14,在单位圆中有$x=\overset{\frown}{AD}$,$\sin x=|AB|$,$\tan x=|CD|$.

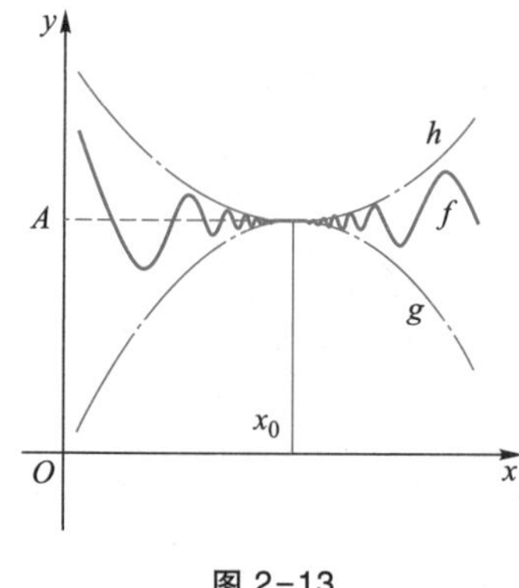

图 2-13

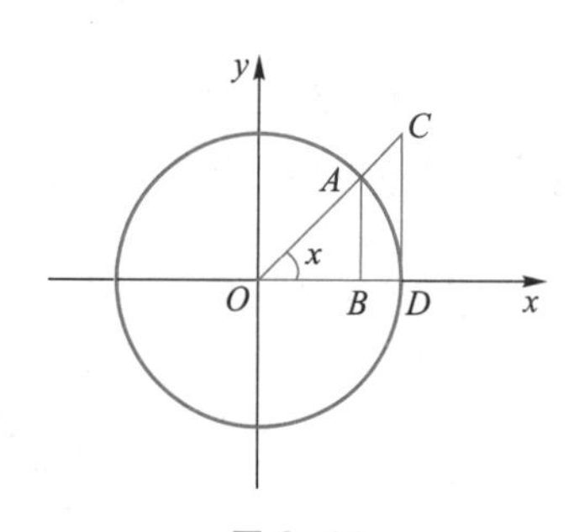

图 2-14

由面积关系$S_{\triangle OAD}<S_{扇形OAD}<S_{\triangle OCD}$可得

$$\frac{1}{2}\sin x<\frac{1}{2}x<\frac{1}{2}\tan x,$$

即$\sin x<x<\tan x$,所以

$$1<\frac{x}{\sin x}<\frac{1}{\cos x},即\cos x<\frac{\sin x}{x}<1.$$

因为 $0<\sin x<x$，由夹逼准则可得 $\lim\limits_{x\to 0^+}\sin x=0$. 又 $\lim\limits_{x\to 0^+}1=1$，且

$$\lim_{x\to 0^+}\cos x=\lim_{x\to 0^+}\left(1-2\sin^2\frac{x}{2}\right)=1,$$

根据夹逼准则可得

$$\lim_{x\to 0^+}\frac{\sin x}{x}=1.$$

当 $x<0$ 时，$\lim\limits_{x\to 0^-}\frac{\sin x}{x}=\lim\limits_{-x\to 0^+}\frac{\sin(-x)}{-x}=1$. 所以

$$\lim_{x\to 0}\frac{\sin x}{x}=1.$$

2. 单调有界数列收敛准则

有界数列未必收敛，比如数列 $x_n=(-1)^n$ 是有界数列，但其极限不存在. 但如果一个数列既单调又有界，则该数列的极限一定存在.

定理 2.8　如果数列 $\{x_n\}$ 单调递增且有上界（或单调递减且有下界），则 $\lim\limits_{n\to\infty}x_n$ 必存在，即单调有界数列必收敛.

例 6　设 $a>0, x_0>0$，$x_n=\frac{1}{2}\left(x_{n-1}+\frac{a}{x_{n-1}}\right)$，证明 $\lim\limits_{n\to\infty}x_n$ 存在并求此极限.

证　由均值不等式 $\frac{a+b}{2}\geqslant\sqrt{ab}\,(a\geqslant 0, b\geqslant 0)$ 可得

$$x_n=\frac{1}{2}\left(x_{n-1}+\frac{a}{x_{n-1}}\right)\geqslant\sqrt{x_{n-1}\cdot\frac{a}{x_{n-1}}}\geqslant\sqrt{a},$$

即 $\{x_n\}$ 有下界. 而

$$\frac{x_n}{x_{n-1}}=\frac{1}{2}\left(1+\frac{a}{x_{n-1}^2}\right)\leqslant\frac{1}{2}\left(1+\frac{a}{a}\right)=1,$$

则 $x_n\leqslant x_{n-1}$，即 $\{x_n\}$ 单调减少.

根据单调有界准则，$\lim\limits_{n\to\infty}x_n$ 存在.

记 $\lim\limits_{n\to\infty}x_n=b$，则 $\lim\limits_{n\to\infty}x_{n-1}=b$，对等式 $x_n=\frac{1}{2}\left(x_{n-1}+\frac{a}{x_{n-1}}\right)$ 两边取极限得

$$b=\frac{1}{2}\left(b+\frac{a}{b}\right),$$

解方程得 $b=\sqrt{a}$.

利用单调有界准则可以证明 $\lim\limits_{n\to\infty}\left(1+\frac{1}{n}\right)^n$ 存在，这个极限是一个无理数，记为 e，即 $\lim\limits_{n\to\infty}\left(1+\frac{1}{n}\right)^n=\mathrm{e}$. 利用该结论和夹逼准则可以证明第二个重要极限 $\lim\limits_{x\to\infty}\left(1+\frac{1}{x}\right)^x=\mathrm{e}$.

习题 2-4

【基础训练】

1. 计算下列极限.

(1) $\lim\limits_{x\to 0}\frac{\tan 3x}{5x}$;　(2) $\lim\limits_{x\to 0}\frac{\sin 3x}{\sin 5x}$;　(3) $\lim\limits_{x\to \infty} x\sin\frac{2}{x}$;

(4) $\lim\limits_{x\to 1}\frac{\sin(x^2-1)}{\tan(x-1)}$;　(5) $\lim\limits_{x\to \frac{\pi}{2}}\frac{\cos x}{2x-\pi}$;　(6) $\lim\limits_{x\to 0}\frac{x^2+2\sin x}{2x^2-\sin x}$.

2. 计算下列极限.

(1) $\lim\limits_{x\to\infty}\left(1+\frac{2}{x}\right)^{x}$;　(2) $\lim\limits_{x\to\infty}\left(1-\frac{3}{x}\right)^{x+2}$;　(3) $\lim\limits_{x\to 0}\sqrt[x]{1+\frac{x}{2}}$;

(4) $\lim\limits_{x\to 1} x^{\frac{2}{x-1}}$;　(5) $\lim\limits_{n\to\infty}\left(\frac{n+2}{n-1}\right)^{n+1}$;　(6) $\lim\limits_{x\to\infty}\left(\frac{2x+3}{2x+6}\right)^{2x}$.

【拓展训练】

1. 利用夹逼准则证明:

$$\lim_{n\to\infty} n\left(\frac{1}{n^2+\pi}+\frac{1}{n^2+2\pi}+\cdots+\frac{1}{n^2+n\pi}\right)=1.$$

2. 已知数列 $x_1=\sqrt{2}, x_{n+1}=\sqrt{2+x_n}$,利用单调有界准则证明该数列的极限存在,并求此极限.

2.5 无穷小的比较

在自变量的同一变化过程中,两个无穷小的和、差、积仍然是这个变化过程中的无穷小,但是两个无穷小的商却不一定是无穷小.例如,当 $x\to 0$ 时,$x,\sin x,x^2$ 都是无穷小,但$\lim\limits_{x\to 0}\frac{\sin x}{x}=1,\lim\limits_{x\to 0}\frac{x}{x^2}=\infty$.说明不同的无穷小趋于零的速度是不一样的,我们用无穷小的阶来刻画无穷小趋于零的相对快慢程度.

案例探究　设圆的半径为 R,圆内接正多边形的边数为 $n(n\geqslant 3)$,则当正多边形的边数无限增多时($n\to\infty$),正多边形的面积为多少?

2.5.1 无穷小的比较

当 $x\to 0$ 时,$x,2x,x^2$ 都是无穷小,列表比较这三个无穷小趋于 0 的速度.

表 2-3

x	0.1	0.01	0.001	0.000 1	0.000 01	…	→	0
$2x$	0.2	0.02	0.002	0.000 2	0.000 02	…	→	0
x^2	0.01	0.000 1	0.000 001	0.000 000 01	0.000 000 000 1	…	→	0

从上表的数据变化可以看出，x 与 $2x$ 趋于零的速度相当，x^2 比 x 和 $2x$ 趋于零的速度快得多.为此,引入无穷小的阶的概念.

定义 2.10　设 $\alpha(x),\beta(x)$ 是自变量同一变化过程中的两个无穷小.

(1) 若 $\lim \dfrac{\alpha(x)}{\beta(x)}=0$，则称 $\alpha(x)$ 是比 $\beta(x)$ **高阶的无穷小**，记作 $\alpha(x)=o(\beta(x))$.此时也称 $\beta(x)$ 是比 $\alpha(x)$ **低阶的无穷小**.

(2) 若 $\lim \dfrac{\alpha(x)}{\beta(x)}=c$（$c$ 为非零常数），则称 $\alpha(x)$ 与 $\beta(x)$ 为**同阶无穷小**.

特别地，当 $c=1$ 时，则称 $\alpha(x)$ 与 $\beta(x)$ 是**等价无穷小**，记作 $\alpha(x)\sim\beta(x)$.

(3) 若 $\lim \dfrac{\alpha(x)}{[\beta(x)]^k}=c$（$c$ 为非零常数），则称 $\alpha(x)$ 是 $\beta(x)$ 的 k **阶无穷小**.

注　(1) 若 $\lim \dfrac{\alpha(x)}{\beta(x)}=\infty$，则 $\lim \dfrac{\beta(x)}{\alpha(x)}=0$，从而 $\beta(x)=o(\alpha(x))$.

(2) $\alpha(x)=o(\beta(x))$，反映 $\alpha(x)$ 趋于零的速度比 $\beta(x)$ 快得多.

如 $\lim\limits_{x\to0}\dfrac{x^2}{x}=\lim\limits_{x\to0}x=0$，所以当 $x\to0$ 时 x^2 是比 x 高阶的无穷小，即 $x\to0$ 时 $x^2=o(x)$. 又 $\lim\limits_{x\to0}\dfrac{x^2}{(x)^2}=\lim\limits_{x\to0}1=1$，所以当 $x\to0$ 时 x^2 是 x 的二阶无穷小.

例 1　当 $x\to1$ 时，讨论下列无穷小是否同阶？是否等价？

(1) $1-x$ 与 $1-x^3$；　(2) $1-x$ 与 $\dfrac{1}{2}(1-x^2)$.

解　(1) 因为 $\lim\limits_{x\to1}\dfrac{1-x^3}{1-x}=\lim\limits_{x\to1}\dfrac{(1-x)(1+x+x^2)}{1-x}=\lim\limits_{x\to1}(1+x+x^2)=3$，

所以当 $x\to1$ 时，$1-x$ 与 $1-x^3$ 是同阶无穷小，但不是等价无穷小.

(2) 因为 $\lim\limits_{x\to1}\dfrac{\frac{1}{2}(1-x^2)}{1-x}=\dfrac{1}{2}\lim\limits_{x\to1}(1+x)=1$.

所以当 $x\to1$ 时，$1-x$ 与 $\dfrac{1}{2}(1-x^2)$ 是等价无穷小.即当 $x\to1$ 时，$1-x\sim\dfrac{1}{2}(1-x^2)$.

2.5.2　等价无穷小代换求极限

定理 2.9　如果在自变量 x 的同一变化过程中，$\alpha(x),\beta(x),\alpha_1(x),\beta_1(x)$ 都是无穷小，

且 $\alpha(x)\sim\alpha_1(x)$，$\beta(x)\sim\beta_1(x)$，如果 $\lim\dfrac{\alpha_1(x)}{\beta_1(x)}$存在，那么

（1）$\lim\alpha(x)f(x)=\lim\alpha_1(x)f(x)$；

（2）$\lim\dfrac{\alpha(x)}{\beta(x)}=\lim\dfrac{\alpha_1(x)}{\beta_1(x)}$.

证 （1）
$$\lim\alpha(x)f(x)=\lim\frac{\alpha(x)}{\alpha_1(x)}\alpha_1(x)f(x)=\lim\frac{\alpha(x)}{\alpha_1(x)}\cdot\lim\alpha_1(x)f(x)$$
$$=1\cdot\lim\alpha_1(x)f(x)=\lim\alpha_1(x)f(x).$$

（2）
$$\lim\frac{\alpha(x)}{\beta(x)}=\lim\frac{\alpha(x)}{\alpha_1(x)}\cdot\frac{\alpha_1(x)}{\beta_1(x)}\cdot\frac{\beta_1(x)}{\beta(x)}=\lim\frac{\alpha(x)}{\alpha_1(x)}\cdot\lim\frac{\alpha_1(x)}{\beta_1(x)}\cdot\lim\frac{\beta_1(x)}{\beta(x)}$$
$$=1\cdot\lim\frac{\alpha_1(x)}{\beta_1(x)}\cdot 1=\lim\frac{\alpha_1(x)}{\beta_1(x)}.$$

注 这个定理说明在求含无穷小的因式乘积或分式的函数的极限时，可用其等价无穷小代换，从而简化运算.

经过上一节的学习，可得到如下几组当 $x\to0$ 时的等价无穷小：

$\sin x\sim x$，　　$\tan x\sim x$，　　$1-\cos x\sim\dfrac{1}{2}x^2$，

$\arcsin x\sim x$，　　$\arctan x\sim x$.

这些结果在求极限时常用来进行等价无穷小代换.并且，这些结论都可以推广，比如当 $\varphi(x)\to0$ 时有

$\sin\varphi(x)\sim\varphi(x)$，　$\tan\varphi(x)\sim\varphi(x)$，　$1-\cos\varphi(x)\sim\dfrac{1}{2}[\varphi(x)]^2$，

$\arcsin\varphi(x)\sim\varphi(x)$，$\arctan\varphi(x)\sim\varphi(x)$.

例 2 求下列极限.

（1）$\lim\limits_{x\to0}\dfrac{\sin 3x}{2x}$；　　（2）$\lim\limits_{x\to0}\dfrac{1-\cos x}{x^2}$；

（3）$\lim\limits_{x\to0}\dfrac{1-\cos 2x}{\arctan x^2}$；　　（4）$\lim\limits_{x\to\infty}x\sin\dfrac{3}{x}$.

解 （1）因为当 $x\to0$ 时，$\sin 3x\sim3x$，所以
$$\lim_{x\to0}\frac{\sin 3x}{2x}=\lim_{x\to0}\frac{3x}{2x}=\frac{3}{2};$$

（2）因为当 $x\to0$ 时，$1-\cos x\sim\dfrac{1}{2}x^2$，所以
$$\lim_{x\to0}\frac{1-\cos x}{x^2}=\lim_{x\to0}\frac{\frac{1}{2}x^2}{x^2}=\frac{1}{2};$$

（3）因为当 $x\to0$ 时，$1-\cos 2x\sim\dfrac{1}{2}(2x)^2\sim2x^2$，$\arctan x^2\sim x^2$，所以
$$\lim_{x\to0}\frac{1-\cos 2x}{\arctan x^2}=\lim_{x\to0}\frac{2x^2}{x^2}=2;$$

(4) 因为当 $x\to\infty$ 时 $\dfrac{3}{x}\to 0$，$\sin\dfrac{3}{x}\sim\dfrac{3}{x}$，所以

$$\lim_{x\to\infty} x\sin\frac{3}{x}=\lim_{x\to\infty} x\,\frac{3}{x}=3.$$

例 3　求极限 $\lim\limits_{x\to 0}\dfrac{\tan 3x(1-\cos 3x)}{\sin^3(2x+x^2)}$.

解　因为 $x\to 0$ 时，$\tan 3x\sim 3x$，$\sin(2x+x^2)\sim 2x+x^2$，$1-\cos 3x\sim\dfrac{1}{2}(3x)^2$，所以

$$\lim_{x\to 0}\frac{\tan 3x(1-\cos 3x)}{\sin^3(2x+x^2)}=\lim_{x\to 0}\frac{3x\cdot\frac{1}{2}\cdot 9x^2}{(2x+x^2)^3}=\lim_{x\to 0}\frac{27}{2(2+x)^3}=\frac{27}{16}.$$

例 4　设圆的半径为 R，圆内接正多边形的边数为 $n(n\geqslant 3)$，则当正多边形的边数无限增多时（$n\to\infty$），正多边形的面积为多少？（见“案例探究”）

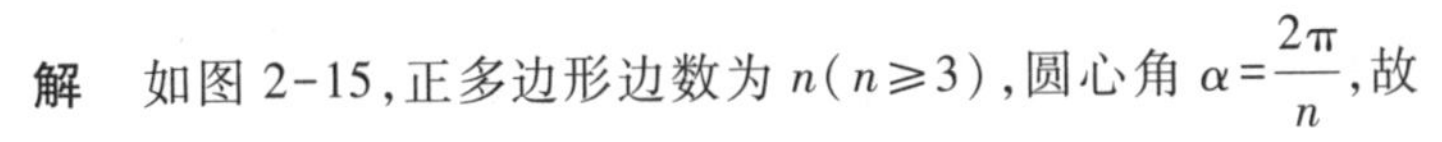

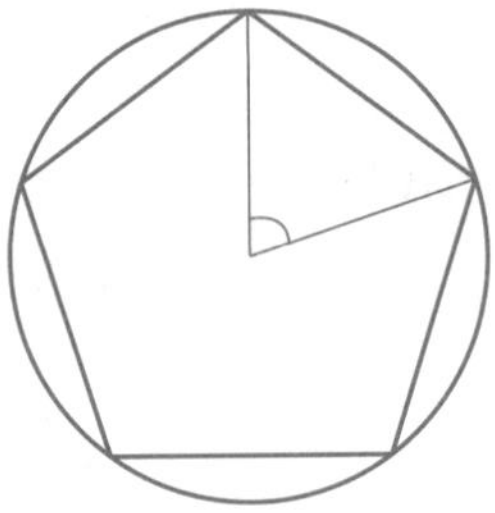

解　如图 2-15，正多边形边数为 $n(n\geqslant 3)$，圆心角 $\alpha=\dfrac{2\pi}{n}$，故

$$S_{多边形}=n\cdot\frac{1}{2}R^2\sin\alpha=n\cdot\frac{1}{2}R^2\sin\frac{2\pi}{n},$$

图 2-15

当 $n\to\infty$ 时，$\dfrac{2\pi}{n}\to 0$，$\sin\dfrac{2\pi}{n}\sim\dfrac{2\pi}{n}$，可得

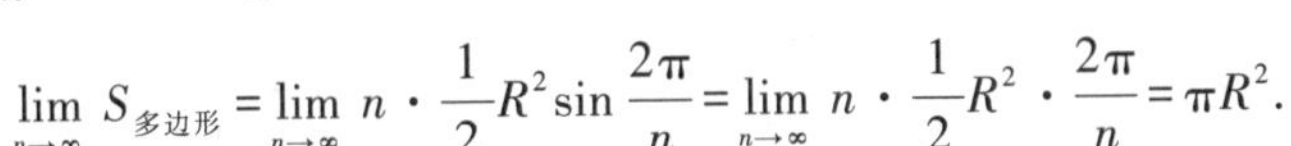

$$\lim_{n\to\infty} S_{多边形}=\lim_{n\to\infty} n\cdot\frac{1}{2}R^2\sin\frac{2\pi}{n}=\lim_{n\to\infty} n\cdot\frac{1}{2}R^2\cdot\frac{2\pi}{n}=\pi R^2.$$

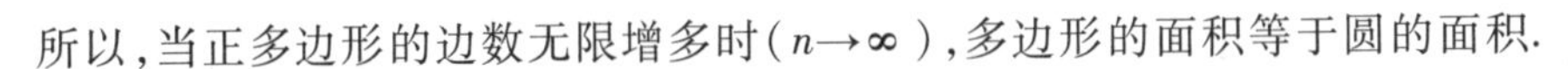

所以，当正多边形的边数无限增多时（$n\to\infty$），多边形的面积等于圆的面积.

课堂练习 >>>

1. 当 $x\to 0$ 时，无穷小 $x+x^3$ 是______的等价无穷小.
2. 当 $x\to 1$ 时，比较无穷小 x^2-1 与 $(x-1)^2$ 阶的高低.
3. 用无穷小的等价替换计算下列极限.

(1) $\lim\limits_{x\to 0}\dfrac{\tan 3x}{2x}$；　(2) $\lim\limits_{x\to 0}\dfrac{\sin 3x}{\tan 5x}$；

(3) $\lim\limits_{x\to 0}\dfrac{\arcsin x^2}{1-\cos 2x}$；　(4) $\lim\limits_{x\to 1}\dfrac{\tan(1-x)}{\sin(1-x^2)}$.

拓展提升 >>>

在运用无穷小的等价替换计算极限时，有时需要利用三角变换对函数进行恒等变形后再做整体替换.

例 5　求 $\lim\limits_{x\to 0}\dfrac{\tan x-\sin x}{x^3}$.

解 $\tan x-\sin x=\tan x(1-\cos x)$，$x\to 0$ 时，$\tan x\sim x$，$1-\cos x\sim\frac{1}{2}x^2$，所以

$$\lim_{x\to 0}\frac{\tan x-\sin x}{x^3}=\lim_{x\to 0}\frac{\tan x(1-\cos x)}{x^3}=\lim_{x\to 0}\frac{x\cdot\frac{1}{2}x^2}{x^3}=\frac{1}{2}.$$

注 无穷小的等价替换只能对分子或分母中的乘积因子进行替换，不能对加减的无穷小量进行替换，如例 6 中若将 $\sin x\sim x$，$\tan x\sim x$ 进行替换，将会得出错误结果：

$$\lim_{x\to 0}\frac{\tan x-\sin x}{x^3}=\lim_{x\to 0}\frac{x-x}{x^3}=0.$$

习题 2-5

【基础训练】

1. 当 $x\to 0$ 时，比较无穷小 x^3+x，$1-\cos x$，$\tan x$ 和 $\sqrt{x}$，指出最高阶的无穷小和最低阶的无穷小.

2. 用无穷小的等价替换求下列极限.

(1) $\lim\limits_{x\to 0}\dfrac{\sin^3 x}{\sin x^2}$； (2) $\lim\limits_{x\to 0}\dfrac{\sin^2 3x}{1-\cos 2x}$；

(3) $\lim\limits_{x\to 1}\dfrac{\sin(x^2-1)}{\tan(x-1)}$； (4) $\lim\limits_{x\to 0}\dfrac{\arctan x^3}{x-x\cos x}$.

【拓展训练】

计算下列极限.

(1) $\lim\limits_{x\to 0}\dfrac{\tan x-\sin x}{\sin x^3}$； (2) $\lim\limits_{x\to 0}\dfrac{\sin x-\frac{1}{2}\sin 2x}{x^3}$.

2.6 函数的连续性

自然界的很多现象都是连续变化的，如动物植物的生长、气温的变化、河水的流动等都是连续变化的.这种现象反映在数学上，就是函数的连续性.

案例探究 李医生于早上八点从家里出发去上班，九点到达医院.第二天早上下班后又于早上八点从医院沿同一条路出发回家，九点到家.试问李医生是否会在两天内的同一时刻经过同一个地点？

2.6.1　函数的连续性

1. 函数在一点的连续性

当函数 $y=f(x)$ 在自变量 x 由 x_0 变化到 $x_0+\Delta x$ 时（Δx 为自变量增量），函数的增量（或改变量）为 Δy，即

$$\Delta y=f(x_0+\Delta x)-f(x_0).$$

定义 2.11　函数 $y=f(x)$ 在 x_0 的某邻域内有定义，如果 $\lim\limits_{\Delta x\to 0}\Delta y=0$，则称函数 $y=f(x)$ 在点 x_0 处**连续**.

由 $\lim\limits_{\Delta x\to 0}\Delta y=\lim\limits_{\Delta x\to 0}[f(x_0+\Delta x)-f(x_0)]=\lim\limits_{\Delta x\to 0}f(x_0+\Delta x)-f(x_0)=0$ 得

$$\lim_{\Delta x\to 0}f(x_0+\Delta x)=f(x_0),$$

令 $x_0+\Delta x=x$，而当 $\Delta x\to 0$ 时，$x\to x_0$，因此 $\lim\limits_{\Delta x\to 0}\Delta y=0$ 可写为

$$\lim_{x\to x_0}f(x)=f(x_0).$$

所以函数 $y=f(x)$ 在点 x_0 处连续的定义也可以叙述为：

定义 2.12　函数 $y=f(x)$ 在 x_0 的某邻域内有定义，如果 $\lim\limits_{x\to x_0}f(x)=f(x_0)$，则称函数 $y=f(x)$ 在 x_0 处**连续**.

注　（1）定义 2.11 反映函数值变化的一种特征，若函数 $y=f(x)$ 在 x_0 处连续，则在 x_0 处自变量的增量微小时，函数值的增量也很微小.

（2）定义 2.12 反映函数 $y=f(x)$ 在连续点 x_0 处的极限值与该点的函数值相等的关系，如图 2-16 所示，其图像在点 $(x_0,f(x_0))$ 是连续而非断开的.

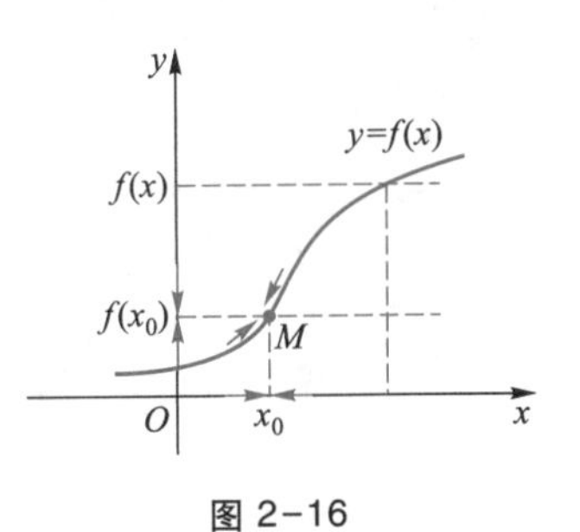

图 2-16

例 1　证明函数 $f(x)=2x$ 在任意实数 x_0 处连续.

证　$y=2x$ 的定义域为 $(-\infty,+\infty)$，在任意点 x_0 的邻域内有定义，且

$$\Delta y=2(x_0+\Delta x)-2x_0=2\Delta x.$$

又

$$\lim_{\Delta x\to 0}\Delta y=\lim_{\Delta x\to 0}2\Delta x=0.$$

所以函数 $f(x)=2x$ 在 x_0 处连续.

连续是用极限定义的，根据左极限和右极限的定义，可以得到左连续和右连续的概念.

定义 2.13　若函数 $y=f(x)$ 在 x_0 的左邻域内有定义，且 $\lim\limits_{x\to x_0^-}f(x)=f(x_0)$，则称函数 $y=f(x)$ 在 x_0 处**左连续**；若函数 $y=f(x)$ 在 x_0 的右邻域内有定义，且 $\lim\limits_{x\to x_0^+}f(x)=f(x_0)$，则称函数 $y=f(x)$ 在 x_0 处**右连续**；

由定理 2.2 和定义 2.12，定义 2.13 不难得出：

定理 2.10　函数 $y=f(x)$ 在 x_0 处连续的充分必要条件是函数 $y=f(x)$ 在 x_0 处既左连续又右连续.

例 2 讨论函数 $f(x)=\begin{cases}\dfrac{1}{x}\sin 2x, & x<0,\\ a, & x=0,\\ x\sin\dfrac{1}{x}+b, & x>0\end{cases}$ 在点 $x=0$ 处的连续性.

解 因为

$$\lim_{x\to 0^-}f(x)=\lim_{x\to 0^-}\frac{1}{x}\sin 2x=\lim_{x\to 0^-}\frac{2x}{x}=2,$$

$$\lim_{x\to 0^+}f(x)=\lim_{x\to 0^+}\left(x\sin\frac{1}{x}+b\right)=b,$$

$$f(0)=a.$$

所以,当 $a=2$ 时,函数 $f(x)$ 在 $x=0$ 处左连续;当 $a=b$ 时,函数 $f(x)$ 在 $x=0$ 处右连续;当 $a=b=2$ 时,函数 $f(x)$ 在 $x=0$ 处连续.

2. 函数在区间的连续性

定义 2.14 若函数 $y=f(x)$ 在开区间 (a,b) 内每一点都连续,则称 $y=f(x)$ 在开区间 (a,b) 内**连续**,也称函数 $y=f(x)$ 是开区间 (a,b) 内的**连续函数**;若函数 $y=f(x)$ 在开区间 (a,b) 内连续,且在左端点处右连续,在右端点处左连续,则称函数 $y=f(x)$ 在闭区间 $[a,b]$ 上**连续**,也称函数 $y=f(x)$ 是闭区间 $[a,b]$ 上的**连续函数**.

图 2-17 中函数 $y=f(x)$ 在闭区间 $[a,b]$ 上连续,其图像是一条连接两个端点的连续不断的曲线.

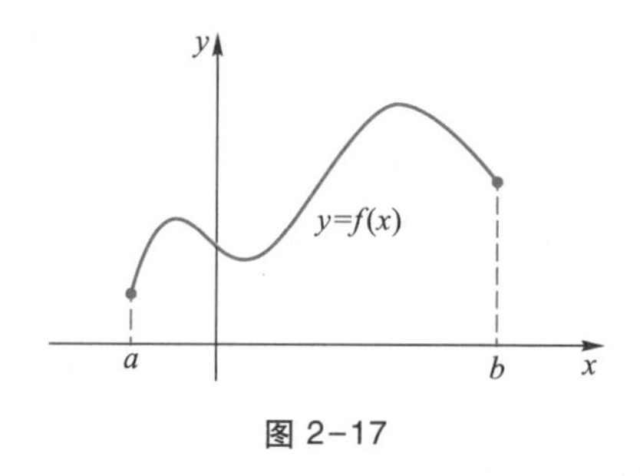

图 2-17

2.6.2 初等函数的连续性

由基本初等函数的定义及其图像可得:

定理 2.11 所有基本初等函数在其定义区间内连续.

根据函数在一点连续的定义以及函数极限的运算法则,可以证明连续函数经过有限次四则运算或有限次复合运算后仍然是连续函数.

定理 2.12 若 $f(x)$, $g(x)$ 在点 $x=x_0$ 连续,则函数 $f(x)\pm g(x)$, $f(x)\cdot g(x)$, $\dfrac{f(x)}{g(x)}$ $(g(x_0)\neq 0)$ 也在点 $x=x_0$ 连续.

定理 2.13 若 $\varphi(x)$ 在点 $x=x_0$ 处连续，且 $\varphi(x_0)=u_0$，而 $f(u)$ 在点 $u=u_0$ 处连续，则复合函数 $f[\varphi(x)]$ 在点 $x=x_0$ 处连续.

更一般地，若 $\lim\limits_{x\to x_0}\varphi(x)=u_0$，且函数 $f(u)$ 在点 $u=u_0$ 处连续，则复合函数的极限运算和复合运算可交换顺序，即

$$\lim_{x\to x_0}f[\varphi(x)]=f[\lim_{x\to x_0}\varphi(x)].$$

综合定理 2.11、定理 2.12 和定理 2.13 可得初等函数的连续性结论：

定理 2.14 一切初等函数在其定义区间内连续.

例 3 求函数 $y=\sqrt{4-x^2}+\dfrac{1}{x+1}$ 的连续区间.

解 由 $\begin{cases}4-x^2\geqslant 0,\\ x+1\neq 0,\end{cases}$ 解得 $\begin{cases}-2\leqslant x\leqslant 2,\\ x\neq -1,\end{cases}$ 所以函数的连续区间为 $[-2,-1),(-1,2]$.

例 4 求下列函数极限.

(1) $\lim\limits_{x\to 0}\dfrac{\sqrt{x+1}-\sqrt{2}}{x^2-1}$； (2) $\lim\limits_{x\to 0}\ln\left(1+\dfrac{\sin x}{x}\right)$.

解 (1) 因为 $y=\dfrac{\sqrt{x+1}-\sqrt{2}}{x^2-1}$ 在 $x=0$ 处连续，所以

$$\lim_{x\to 0}\frac{\sqrt{x+1}-\sqrt{2}}{x^2-1}=\frac{\sqrt{0+1}-\sqrt{2}}{0^2-1}=\sqrt{2}-1.$$

(2) $\lim\limits_{x\to 0}\ln\left(1+\dfrac{\sin x}{x}\right)=\ln\left(1+\lim\limits_{x\to 0}\dfrac{\sin x}{x}\right)=\ln 2$（因为 $\ln u$ 在 $u=2$ 处连续）.

2.6 例 5(1)

例 5 求下列极限.

(1) $\lim\limits_{x\to 0}\dfrac{\ln(1+x)}{x}$； (2) $\lim\limits_{x\to 0}\dfrac{e^x-1}{x}$.

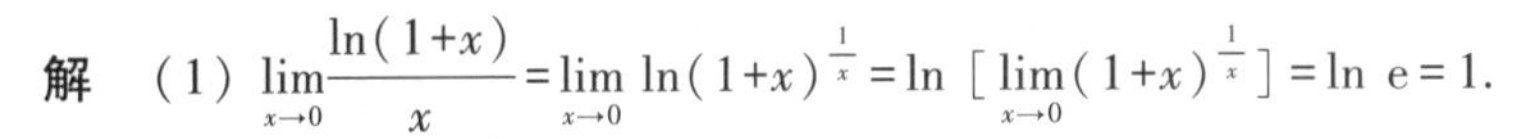

解 (1) $\lim\limits_{x\to 0}\dfrac{\ln(1+x)}{x}=\lim\limits_{x\to 0}\ln(1+x)^{\frac{1}{x}}=\ln[\lim\limits_{x\to 0}(1+x)^{\frac{1}{x}}]=\ln e=1.$

(2) 令 $t=e^x-1$，则 $x=\ln(1+t)$，且当 $x\to 0$ 时 $t\to 0$，因此

$$\lim_{x\to 0}\frac{e^x-1}{x}=\lim_{t\to 0}\frac{t}{\ln(1+t)}=1.\text{（利用(1)的结论）}$$

2.6 例 5(2)

通过例 5 可得，$x\to 0$ 时，$\ln(1+x)\sim x$，$e^x-1\sim x$. 更一般地，有 $a^x-1\sim x\ln a$，请同学们自行证明.

2.6.3 函数的间断点

定义 2.15 设函数 $y=f(x)$ 在 x_0 的某去心邻域内有定义，若函数 $y=f(x)$ 在 x_0 处不连续，称 x_0 为函数 $y=f(x)$ 的**不连续点**或**间断点**.其中左、右极限都存在的间断点称为**第一类间断点**，否则称为**第二类间断点**.

第一类间断点中，左、右极限相等的间断点称为**可去间断点**，左、右极限不相等的间断点称为**跳跃间断点**. 如图 2-18 中，$x=-6$ 与 $x=2$ 都是可去间断点（可添加或修改该点函数值变

成连续点），$x=-4$ 为跳跃间断点.

第二类间断点中，$\lim\limits_{x\to x_0^-}f(x)=\infty$ 或 $\lim\limits_{x\to x_0^+}f(x)=\infty$ 的间断点称为**无穷间断点**，如图 2-18 中，$x=-2$ 为无穷间断点（图中直线 $x=-2$ 为函数的铅垂渐近线）.

图 2-19 中，当 $x\to 0$ 时，函数 $y=\sin\dfrac{1}{x}$ 在 -1 和 1 之间上下振荡，不趋于确定的常数，故 $x=0$ 是函数 $y=\sin\dfrac{1}{x}$ 的第二类间断点.这样的间断点也称为**振荡间断点**.

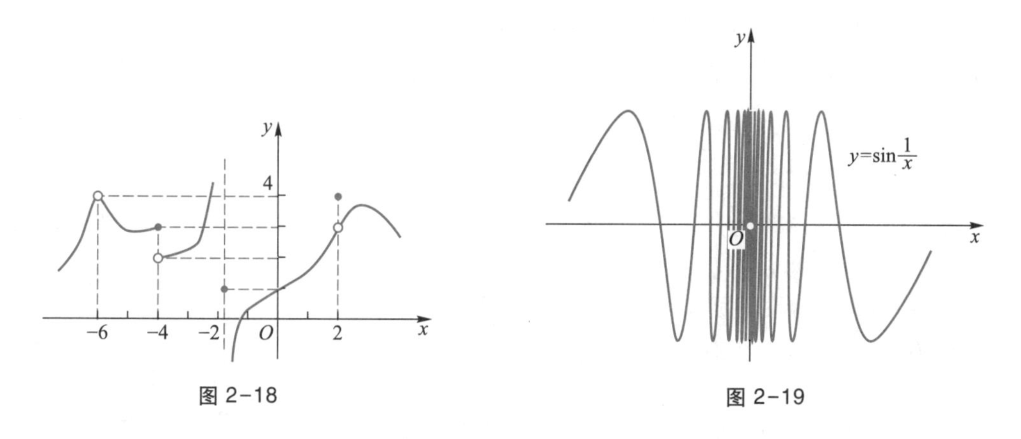

图 2-18　　　　图 2-19

例 6　求函数 $f(x)=\dfrac{x^3-8}{x^2-4}$ 的间断点，并指出其类型.

解　函数 $f(x)$ 的定义域为 $(-\infty,-2)\cup(-2,2)\cup(2,+\infty)$，函数间断点为 $x=\pm 2$.

在 $x=-2$ 处，因为 $\lim\limits_{x\to-2}\dfrac{1}{f(x)}=\lim\limits_{x\to-2}\dfrac{x^2-4}{x^3-8}=\dfrac{(-2)^2-4}{(-2)^3-8}=0$，所以 $\lim\limits_{x\to-2}f(x)=\infty$，故 $x=-2$ 为 $f(x)$ 的无穷间断点.

又因为

$$\lim_{x\to 2}f(x)=\lim_{x\to 2}\frac{(x-2)(x^2+2x+4)}{(x-2)(x+2)}=\lim_{x\to 2}\frac{x^2+2x+4}{x+2}=\frac{2^2+2\times 2+4}{2+2}=3,$$

所以 $x=2$ 为 $f(x)$ 的可去间断点.

例 7　求函数 $f(x)=e^{\frac{1}{x-1}}$ 的间断点，并指出其类型.

解　函数 $f(x)$ 的定义域为 $(-\infty,1)\cup(1,+\infty)$，函数间断点为 $x=1$.

在 $x=1$ 处，

$$\lim_{x\to 1^-}f(x)=\lim_{x\to 1^-}e^{\frac{1}{x-1}}=e^{-\infty}=0,$$

$$\lim_{x\to 1^+}f(x)=\lim_{x\to 1^+}e^{\frac{1}{x-1}}=+\infty,$$

所以 $x=1$ 为 $f(x)$ 的无穷间断点.

2.6.4　闭区间上连续函数的性质

定理 2.15　若函数 $y=f(x)$ 在闭区间 $[a,b]$ 上连续，则在该区间上函数 $y=f(x)$ 必能取到

最大值和**最小值**.

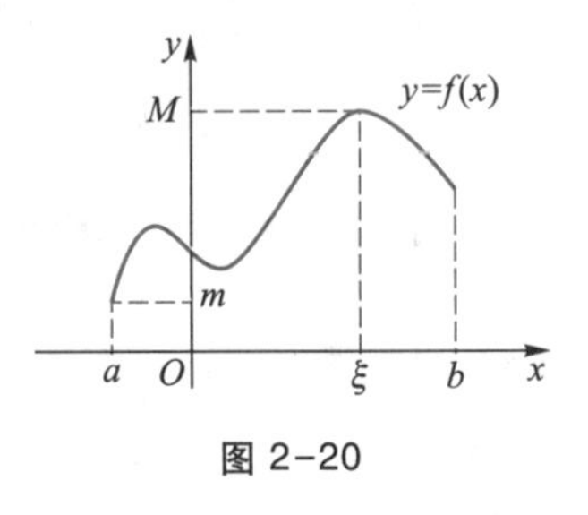

图 2-20

注　(1) 几何解释:函数图像是区间$[a,b]$上连续不断的曲线,则曲线上一定存在最高点与最低点.

图 2-20 中,函数 $y=f(x)$ 在闭区间$[a,b]$上连续,在 $x=a$ 处,函数 $y=f(x)$取到最小值 $m=f(a)$,在 $x=\xi$ 处,函数 $y=f(x)$取到最大值 $M=f(\xi)$.

(2) 条件不可少,若把闭区间$[a,b]$改成其他区间,或函数 $y=f(x)$在闭区间$[a,b]$上有间断点,则上述结论不一定成立.

如,$y=\dfrac{1}{x}$在闭区间$[1,2]$上连续,函数在$[1,2]$上有最大值 $y_{\max}=1$,最小值 $y_{\min}=\dfrac{1}{2}$.但在区间$(0,2]$上有最小值 $y_{\min}=\dfrac{1}{2}$,无最大值.

定理 2.16　若函数 $y=f(x)$在闭区间$[a,b]$上连续,C 为 $f(a)$,$f(b)$之间任一实数,则至少存在一点 $\xi\in(a,b)$,使 $f(\xi)=C$.

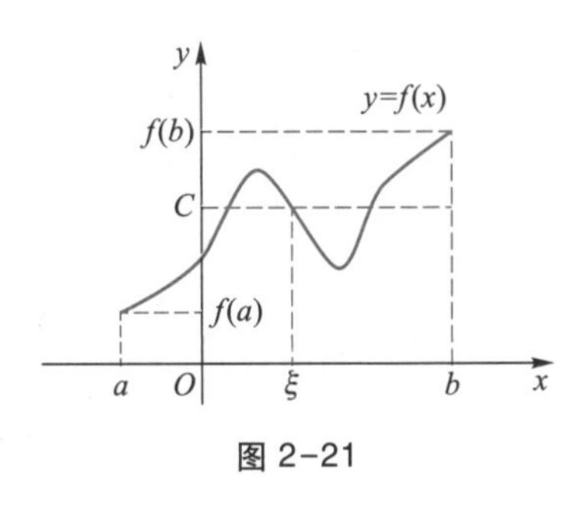

图 2-21

注　(1) 几何解释:C 为 $f(a)$,$f(b)$之间的任一实数,连续曲线 $y=f(x)$与 $y=C$ 至少存在一个交点(ξ,C).如图 2-21 所示.

(2) 结合定理 2.15 还可得:若函数 $y=f(x)$在闭区间$[a,b]$上连续,则函数的值域为$[m,M]$.其中 M,m 分别为函数的最大值和最小值.

在定理 2.16 中,若 $f(a)$,$f(b)$异号,则数 0 介于 $f(a)$,$f(b)$之间,可得:

推论　若函数 $y=f(x)$在闭区间$[a,b]$上连续,且 $f(a)\cdot f(b)<0$,则至少存在一点 $\xi\in(a,b)$使 $f(\xi)=0$.

如果 $f(\xi)=0$,也称 ξ 是函数 $y=f(x)$的零点,若 $f(\xi)=0$,则 ξ 为方程 $f(x)=0$ 的根,因此该推论也称为**零点定理**或**根的存在性定理**.

图 2-22 中,函数 $y=f(x)$的零点为函数图像与 x 轴的交点.

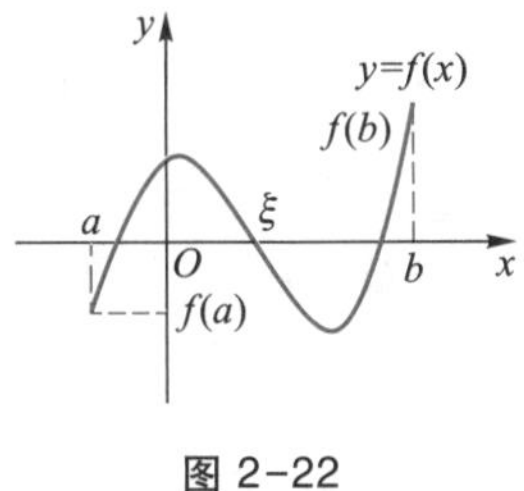

图 2-22

例 8　证明方程 $x=a\sin x+b$(其中 $a>0,b>0$)至少有一个正根,并且它不超过 $a+b$.

证　设 $f(x)=a\sin x+b-x$,则 $f(x)$在$[0,a+b]$上连续.

$$f(0)=a\sin 0+b-0=b,$$

$$f(a+b)=a\sin(a+b)+b-(a+b)=a[\sin(a+b)-1]\leqslant 0.$$

若 $f(a+b)=0$,则说明 $x=a+b$ 就是方程 $x=a\sin x+b$ 的一个不超过 $a+b$ 的根.

若 $f(a+b)<0$,则 $f(0)\cdot f(a+b)<0$,由零点定理,至少存在一点 $\xi\in(0,a+b)$,使 $f(\xi)=0$,这说明 $x=\xi$ 是方程 $x=a\sin x+b$ 的一个不超过 $a+b$ 的根.

总之,方程 $x=a\sin x+b$ 至少有一个正根,并且它不超过 $a+b$.

例 9　李医生于早上八点从家里出发去上班,九点到达医院.第二天早上下班后又于早上八点从医院沿同一条路出发回家,九点到家.试问李医生是否会在两天内的同一时刻经过同一个地点?(见“案例探究”)

解 设李医生家到医院的距离为 L,李医生从家里去医院在 t(单位:h)时刻离家的距离为 $f(t)$,从医院回家在 t 时刻离家的距离为 $g(t)$,则

$$f(0)=0, f(1)=L, g(0)=L, g(1)=0.$$

令 $h(t)=f(t)-g(t)$,则 $h(0)=-L, h(1)=L$,由零点定理可得,至少存在一点 $\xi\in(0,1)$,使 $h(\xi)=0$,即 $f(\xi)=g(\xi)$,所以李医生一定会在两天内的同一时刻经过同一地点.

课堂练习

1. 填空题

(1) $\lim\limits_{x\to x_0}f(x)$ 存在是函数 $f(x)$ 在点 x_0 处连续的________条件.

(2) 函数 $f(x)$ 在 $x=2$ 处连续,则 $\lim\limits_{x\to 2}f(x)=$________.

(3) 每一个初等函数在其__________内是连续的.

(4) 函数 $y=\dfrac{1}{x}+\ln(1+x)$ 的连续区间是______________.

(5) $\lim\limits_{x\to 2}\dfrac{\sin x}{x}=$________;$\lim\limits_{x\to \pi}\dfrac{\sin x}{x}=$________.

(6) 已知 $f(x)=\begin{cases}2x & x<1,\\ \dfrac{1}{x^2}+1 & x\geqslant 1,\end{cases}$ 则 $f(1)=$____,$f(1-0)=$____,$f(1+0)=$________,$f(x)$ 的连续区间是________.

2. 计算下列极限.

(1) $\lim\limits_{x\to\pi}e^{\cos x}$; (2) $\lim\limits_{x\to\frac{\pi}{2}}(\sin x)^3$; (3) $\lim\limits_{x\to 0}\ln\left(\dfrac{\sin x}{x}\right)$.

3. 根的存在性定理结论是说明方程至少有一个根,而根的个数与函数哪方面性质有关?

拓展提升

在极限计算中,常常利用三角代换、幂的性质等将函数作恒等变形,再灵活运用无穷小的等价替换、函数的连续性等进行计算.

例 10 求 $\lim\limits_{x\to 0}\dfrac{(1+x)^{\alpha}-1}{x}$($\alpha$ 是常数且 $\alpha\neq 0$).

解 $(1+x)^{\alpha}-1=e^{\alpha\ln(1+x)}-1$,当 $x\to 0$ 时,$\alpha\ln(1+x)\to 0$,因此

$$e^{\alpha\ln(1+x)}-1\sim\alpha\ln(1+x),$$

又 $x\to 0$ 时,$\ln(1+x)\sim x$,所以

$$\lim_{x\to 0}\frac{(1+x)^{\alpha}-1}{x}=\lim_{x\to 0}\frac{e^{\alpha\ln(1+x)}-1}{x}=\lim_{x\to 0}\frac{\alpha\ln(1+x)}{x}=\lim_{x\to 0}\frac{\alpha x}{x}=\alpha.$$

故 $x\to 0$ 时,$(1+x)^{\alpha}-1\sim\alpha x(\alpha\neq 0)$,特别地,当 $\alpha=\dfrac{1}{n}$ 时,有

$$(1+x)^{\frac{1}{n}}-1=\sqrt[n]{1+x}-1\sim\frac{1}{n}x.$$

例 11　已知 $\lim\limits_{x\to c}P(x)=0$，$\lim\limits_{x\to c}Q(x)=\infty$，$\lim\limits_{x\to c}P(x)Q(x)=k$. 证明

$$\lim_{x\to c}[1+P(x)]^{Q(x)}=\mathrm{e}^{k}.$$

证　$\lim\limits_{x\to c}[1+P(x)]^{Q(x)}=\lim\limits_{x\to c}\mathrm{e}^{\ln[1+P(x)]^{Q(x)}}$　　（由对数恒等式 $N=\mathrm{e}^{\ln N}$）

$=\lim\limits_{x\to c}\mathrm{e}^{Q(x)\ln[1+P(x)]}$　　（由对数恒等式 $\ln a^{b}=b\ln a$）

$=\mathrm{e}^{\lim\limits_{x\to c}Q(x)\ln[1+P(x)]}$　　（由 $y=\mathrm{e}^{u}$ 连续性）

而由 $x\to c$ 时，$P(x)\to 0$ 有 $\ln[1+P(x)]\sim P(x)$，则

$$\lim_{x\to c}Q(x)\ln[1+P(x)]=\lim_{x\to c}Q(x)P(x)=k,$$

故

$$\lim_{x\to c}[1+P(x)]^{Q(x)}=\mathrm{e}^{k}.$$

例 12　计算极限 $\lim\limits_{x\to\infty}\left(1+\dfrac{1}{2x+3}\right)^{x+1}$.

解　其中 $P(x)=\dfrac{1}{2x+3}$，$Q(x)=x+1$，满足 $\lim\limits_{x\to\infty}P(x)=0$，$\lim\limits_{x\to\infty}Q(x)=\infty$，并且

$$\lim_{x\to\infty}P(x)Q(x)=\lim_{x\to\infty}\frac{1}{2x+3}(x+1)=\frac{1}{2}.$$

所以由例 11 得

$$\lim_{x\to\infty}\left(1+\frac{1}{2x+3}\right)^{x+1}=\lim_{x\to\infty}\mathrm{e}^{P(x)Q(x)}=\mathrm{e}^{\frac{1}{2}}.$$

习题 2-6

【基础训练】

1. 求函数的连续区间.

(1) $f(x)=\sqrt{x-3}+\sqrt{4-x}$；　　(2) $f(x)=\ln(4-x^{2})+\dfrac{1}{x-1}$；

(3) $f(x)=\begin{cases}x+1, & x\leqslant 0,\\ 2x^{2}, & x>0;\end{cases}$　　(4) $f(x)=\begin{cases}x^{2}-1, & x\geqslant 2,\\ 1+x, & x<2.\end{cases}$

2. 若函数 $f(x)=\begin{cases}x\sin\dfrac{1}{x}, & x>0,\\ a+x^{2}, & x\leqslant 0\end{cases}$ 在 $(-\infty,+\infty)$ 内连续，求 a 的值.

3. 设 $f(x)=\begin{cases}\mathrm{e}^{\frac{1}{x-1}}, & x>0,\\ \ln(1+x), & -1<x\leqslant 0,\end{cases}$ 求 $f(x)$ 的间断点，并说明间断点所属类型.

4. 计算下列极限.

(1) $\lim\limits_{x\to 0}\dfrac{e^{2x}-1}{\ln(1+3x)}$;　　(2) $\lim\limits_{x\to 0}\dfrac{\ln(1-2x^2)}{\cos x-1}$;

(3) $\lim\limits_{x\to 0}\dfrac{\tan x\cdot\ln(1+2x)}{\arcsin x^2}$;　　(4) $\lim\limits_{x\to 0}\dfrac{\tan x-\sin x}{\ln(1+x^3)}$.

5. 证明方程 $\sin x+x+1=0$ 在开区间$\left(-\dfrac{\pi}{2},\dfrac{\pi}{2}\right)$内至少有一个根.

6. 证明方程 $x2^x=1$ 至少有一个小于 1 的正根.

【拓展训练】

计算下列极限.

(1) $\lim\limits_{x\to 0}\dfrac{\sqrt{1+x^2}-1}{x\tan x}$;　　(2) $\lim\limits_{x\to 0}\dfrac{2^x+3^x+5^x-3}{\sin x}(a>0,a\neq 1)$;

(3) $\lim\limits_{x\to 0}(1+2\tan x)^{\cot x}$;　　(4) $\lim\limits_{x\to\frac{\pi}{2}}(\sin x)^{\tan x}$.

2.7 用 GeoGebra 求极限

前面介绍了极限的运算法则和计算技巧. 本节将介绍如何利用 GeoGebra 求解各类极限问题.

GeoGebra 求解极限的中、英文命令及语法格式分别如下:

极限(<函数>,<自变量>,<数值>)　　Limit(<函数>,<自变量>,<数值>)

左极限(<函数>,<自变量>,<数值>)　　LimitBelow(<函数>,<自变量>,<数值>)

右极限(<函数>,<自变量>,<数值>)　　LimitAbove(<函数>,<自变量>,<数值>)

注 (1)"函数"参数为必选参数,其值是待求极限的目标函数.

(2)"数值"参数为必选参数,其值是自变量变化的状态. 如当 $x\to\infty$ 时,该参数处应填入 ∞.

(3)"自变量"参数为可选参数,其值是指定的自变量符号. 省略该参数时,系统默认将 x 识别为自变量. 此外,**"自变量"参数仅能够在运算区中被识别**,代数区无法使用该选项.

(4)当所求函数在指定变化状态下极限不存在时,代数区中显示为"未定义";运算区中显示为"?",如图 2-23 所示.

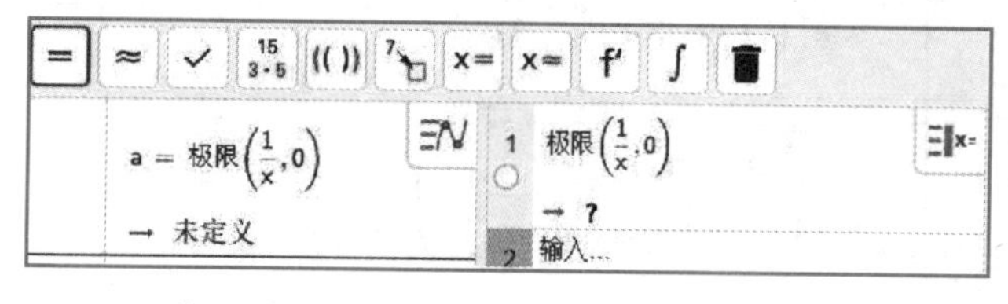

图 2-23

例 1 求解下列极限.

(1) $\lim\limits_{n\to\infty}(\sqrt{2n}-\sqrt{2n-1})$；

(2) $\lim\limits_{x\to 0}\dfrac{\sqrt{x+b}-\sqrt{b}}{x}(b>0)$；

(3) $\lim\limits_{x\to 0}(1+3\tan^2 x)^{\cot 2x}$；

(4) $\lim\limits_{x\to 0}\dfrac{\sqrt{1+\tan x}-\sqrt{1+\sin x}}{x\sqrt{1+\sin^2 x}-x}$.

解 (1) 输入:极限(sqrt(2n)-sqrt(2n-1),n,∞)

显示:→0

故 $\lim\limits_{n\to\infty}(\sqrt{2n}-\sqrt{2n-1})=0$.

(2) 输入:极限((sqrt(x+b)-sqrt(b))/x,x,0)

显示:→$\dfrac{\sqrt{b}}{2b}$

故:$\lim\limits_{x\to 0}\dfrac{\sqrt{x+b}-\sqrt{b}}{x}=\dfrac{\sqrt{b}}{2b}$.

(3) 输入:极限((1+3(tan(x))^2)^cot(2x),0)

显示:→1

故:$\lim\limits_{x\to 0}(1+3\tan^2 x)^{\cot 2x}=1$.

(4) 输入:极限((sqrt(1+tan(x))-sqrt(1+sin(x)))/(x * sqrt(1+(sin(x))^2)-x),0)

显示:→$\dfrac{1}{2}$

故:$\lim\limits_{x\to 0}\dfrac{\sqrt{1+\tan x}-\sqrt{1+\sin x}}{x\sqrt{1+\sin^2 x}-x}=\dfrac{1}{2}$.

注 (1) 命令中的所有符号均在英文状态下输入,括号需成对出现.

(2) 在 GeoGebra 中,无穷大被分为"∞"和"-∞",其中"∞"表示正无穷.

(3) 本例在 GeoGebra 中的运算过程如图 2-24 所示.

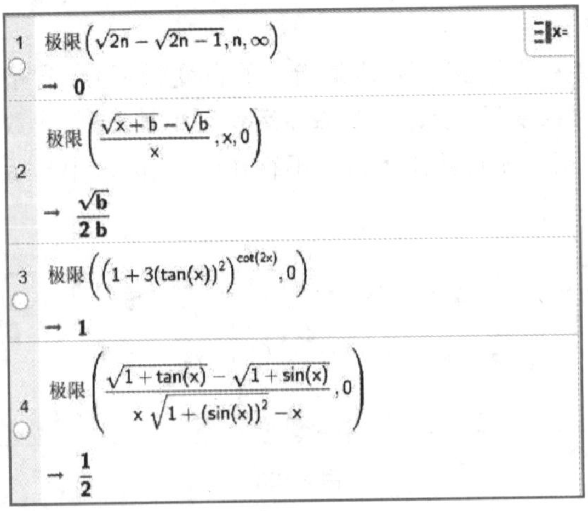

图 2-24

例 2 设$f(x)=\begin{cases} e^{\frac{1}{x-1}}, & x>0, \\ \ln(1+x), & -1<x\leqslant 0, \end{cases}$ 求$f(x)$的间断点,并说明间断点的类型.

解 显然 $x=1$ 为一个间断点.

输入:左极限(e^(1/(x-1)),1)

显示:→0

输入:右极限(e^(1/(x-1)),1)

显示:→∞

故:$\lim\limits_{x\to1^-}e^{\frac{1}{x-1}}=0,\lim\limits_{x\to1^+}e^{\frac{1}{x-1}}=\infty$.

从而 $x=1$ 为第二类间断点中的无穷间断点.

输入:左极限(ln(1+x),0)

显示:→0

输入:右极限(e^(1/(x-1)),0)

显示:→0.37

故:$\lim\limits_{x\to0^-}\ln(1+x)=0,\lim\limits_{x\to0^+}e^{\frac{1}{x-1}}=0.37$.

从而 $x=0$ 为第一类间断点中的跳跃间断点.运算过程如图 2-25 所示.

b = 左极限$\left(e^{\frac{1}{x-1}},1\right)$

→ 0

a = 右极限$\left(e^{\frac{1}{x-1}},1\right)$

→ ∞

c = 左极限(ln(1 + x), 0)

→ 0

d = 右极限$\left(e^{\frac{1}{x-1}},0\right)$

→ 0.37

图 2-25

注 第四条命令“右极限(e^(1/(x-1)),0)”如果放在运算区中执行,就只能得到结果$\frac{1}{e}$.由于运算区无法对自然常数 e 进行数值计算,因此,在涉及自然常数 e 的数值运算时,建议在代数区或者在 GeoGebra 官方网站下载专门的 CAS 计算器完成.

课堂练习 ⋙

1. GeoGebra 中关于极限的中英文命令分别是:________________________________.

2. 在“极限”命令中,可省略的参数是________________.

3. 计算$\lim\limits_{x\to2}\frac{x^2-x-2}{x^2-4}$的命令是:________________.

4. 计算$\lim\limits_{n\to\infty}\ln\left(1+\frac{1}{n}\right)^n$ 的命令是:________________.

习题 2-7

1. 利用 GeoGebra 计算下列极限.

(1) $\lim\limits_{x\to2}\frac{x^2+5}{x-3}$;　　(2) $\lim\limits_{x\to\infty}\left(1+\frac{1}{x}\right)\left(2-\frac{1}{x^2}\right)$;

(3) $\lim\limits_{n\to\infty}\frac{(n+1)(n+2)(n+3)}{5n^3}$;　　(4) $\lim\limits_{x\to\infty}(2x^3-x+1)$;

（5）$\lim\limits_{x\to 0}\ln\dfrac{\sin x}{x}$；　　　　（6）$\lim\limits_{n\to\infty}\left(1+\dfrac{1}{n}\right)^{2n}$.

2. 利用 GeoGebra 讨论函数 $f(x)=\begin{cases}\dfrac{1-\cos x}{e^x-1}+a, & x\neq 0,\\ 5, & x=0\end{cases}$ 在 $x=0$ 处的连续性.

第二章习题参考答案

第三章
导数与微分

导数与微分是微分学中的两个基本概念,导数是刻画函数相对于自变量的变化快慢程度,即变化率问题;而微分则解决当自变量有微小增量时,函数相应增量的近似值问题.导数和微分在工程技术和经济领域都有着广泛的应用.本章主要介绍导数与微分的基本概念及其计算方法.

3.1 导数的概念

本节将从两个经典案例引出导数的概念,并介绍导数的几何意义,左、右导数以及可导与连续的关系.

案例探究 在数轴上运动的质点,在 t 时刻的位置坐标 s,函数 $s=s(t)$ 称为质点的运动方程.若已知物体的运动方程为 $s(t)=3t^2+2$(单位:m),如何知道物体在 $t=1$(单位:s)时的瞬时速度?

3.1.1 两个引例

1. 切线的斜率

圆的切线与该圆只有一个交点(图 3-1),但与曲线只有一个交点的直线,未必是该曲线的切线(图 3-2).下面用极限的思想来处理一般曲线上定点处的切线问题.

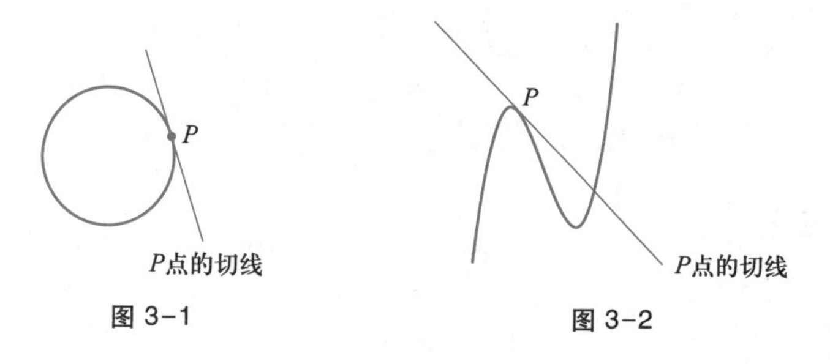

图 3-1　　图 3-2

如图 3-3 所示，求已知曲线 $y=f(x)$ 在点 $P_0(x_0,f(x_0))$ 处的切线斜率.

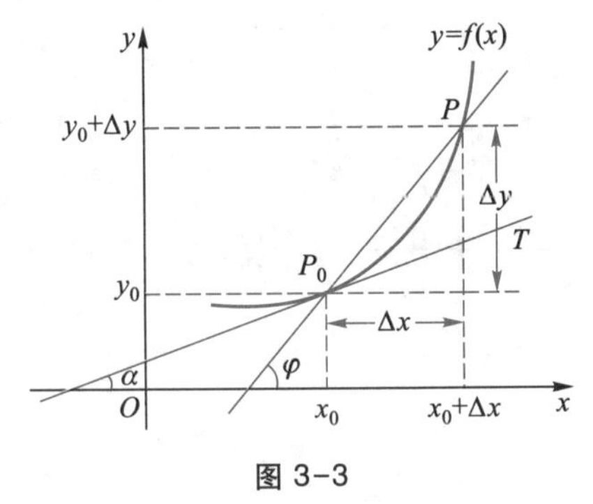

图 3-3

当自变量由 x_0 变化到 $x_0+\Delta x$ 时，曲线上的点相应地由 $P_0(x_0,f(x_0))$ 变化到 $P(x_0+\Delta x,f(x_0+\Delta x))$. 称直线 P_0P 为曲线的一条割线，它的斜率为

$$k_{P_0P}=\tan\varphi=\frac{f(x_0+\Delta x)-f(x_0)}{\Delta x}.$$

当 $\Delta x\to 0$ 时，点 P 就沿曲线无限趋近于点 P_0，若割线 P_0P 的极限位置 P_0T 存在，则称直线 P_0T 为曲线在点 P_0 处的**切线**. 于是，切线的倾斜角 α 是割线倾斜角 φ 的极限，因此切线的斜率为

$$k=\tan\alpha=\lim_{\Delta x\to 0}\tan\varphi=\lim_{\Delta x\to 0}\frac{f(x_0+\Delta x)-f(x_0)}{\Delta x}=\lim_{\Delta x\to 0}\frac{\Delta y}{\Delta x}.$$

如抛物线 $y=f(x)=x^2$ 在点 $(1,1)$ 处切线的斜率为

$$k=\lim_{\Delta x\to 0}\frac{(1+\Delta x)^2-1^2}{\Delta x}=\lim_{\Delta x\to 0}(2+\Delta x)=2.$$

2. 变速直线运动的瞬时速度

做匀速直线运动的物体，其在任意时刻的速度可由公式 $v=\dfrac{s}{t}$ 求得，但物体所做的运动往往是变速的，如汽车的行驶、飞机的飞行等都是变速运动，此时用上述公式只能得出物体在一段时间内的平均速度，如何求出物体在某一时刻的瞬时速度呢？

设物体作变速直线运动，其运动方程为 $s=s(t)$，现在来考察物体在 t_0 时刻的瞬时速度.

当时间由 t_0 变到 $t_0+\Delta t$ 时，物体运动的路程为

$$\Delta s=s(t_0+\Delta t)-s(t_0),$$

两端同除以 Δt，得物体在 $[t_0,t_0+\Delta t]$ 这段时间内的平均速度为

$$\bar{v}=\frac{\Delta s}{\Delta t}=\frac{s(t_0+\Delta t)-s(t_0)}{\Delta t},$$

当 $\Delta t\to 0$ 时，$\bar{v}$ 的极限值就是物体在 t_0 时刻的瞬时速度，即

$$v(t_0)=\lim_{\Delta t\to 0}\bar{v}=\lim_{\Delta t\to 0}\frac{\Delta s}{\Delta t}=\lim_{\Delta t\to 0}\frac{s(t_0+\Delta t)-s(t_0)}{\Delta t}.$$

如自由落体运动，其运动方程为 $s=s(t)=\dfrac{1}{2}gt^2$，物体在 t_0 时刻的瞬时速度

$$v(t_0)=\lim_{\Delta t\to 0}\frac{\frac{1}{2}g(t_0+\Delta t)^2-\frac{1}{2}gt_0^2}{\Delta t}=\frac{1}{2}g\lim_{\Delta t\to 0}(2t_0+\Delta t)=gt_0.$$

3.1.2　导数的定义

1. 函数在某点处的导数

上面讨论的切线斜率和物体的瞬时速度是背景完全不同的两个问题，但它们都可以归

结为增量比的极限,对增量比的极限我们给出如下定义.

定义 3.1 设函数 $y=f(x)$ 在点 x_0 的某邻域内有定义,当自变量 x 在点 x_0 处有增量 Δx 时,相应的函数 y 取得增量 $\Delta y=f(x_0+\Delta x)-f(x_0)$.如果当 $\Delta x\to 0$ 时,增量比 $\frac{\Delta y}{\Delta x}$ 的极限存在,则称函数 $y=f(x)$ 在点 x_0 处**可导**,并把这个极限值称为函数 $y=f(x)$ 在点 x_0 处的**导数**,记作 $y'|_{x=x_0}$, $f'(x_0)$, $\left.\frac{\mathrm{d}y}{\mathrm{d}x}\right|_{x=x_0}$ 或 $\left.\frac{\mathrm{d}}{\mathrm{d}x}f(x)\right|_{x=x_0}$.即

$$y'|_{x=x_0}=\lim_{\Delta x\to 0}\frac{\Delta y}{\Delta x}=\lim_{\Delta x\to 0}\frac{f(x_0+\Delta x)-f(x_0)}{\Delta x}. \tag{3-1}$$

注 (1) 函数 $f(x)$ 在点 x_0 处可导,也可说成 $f(x)$ 在点 x_0 有导数或导数存在.若(3-1)式中极限不存在,就称函数 $f(x)$ 在点 x_0 处**不可导**.如果不可导的原因是由于 $\Delta x\to 0$ 时,增量比 $\frac{\Delta y}{\Delta x}\to\infty$,为了方便起见,也往往说 $f(x)$ 在点 x_0 处的导数为无穷大,记作 $f'(x_0)=\infty$;

(2) 导数定义的等价形式,常见的有

$$f'(x_0)=\lim_{h\to 0}\frac{f(x_0+h)-f(x_0)}{h}\ (h=\Delta x), \tag{3-2}$$

$$f'(x_0)=\lim_{x\to x_0}\frac{f(x)-f(x_0)}{x-x_0}\ (x=x_0+\Delta x), \tag{3-3}$$

用(3-3)式求函数在某点的导数或判定可导性更简便;

(3) $f'(x_0)$ 是函数 $f(x)$ 在点 x_0 处的变化率,它反映函数在点 x_0 处随自变量 x 变化的快慢程度.

根据导数定义,引例 1 中曲线 $y=f(x)$ 在点 x_0 处的切线斜率可表示为 $k=f'(x_0)$,引例 2 中物体的瞬时速度可表示为 $v(t_0)=s'(t_0)$.

运用导数定义计算函数 $y=f(x)$ 在点 x_0 处的导数的一般步骤如下:

(1) 求函数增量 $\Delta y=f(x_0+\Delta x)-f(x_0)$;

(2) 计算增量比 $\frac{\Delta y}{\Delta x}$,并化简;

(3) 取极限 $\lim\limits_{\Delta x\to 0}\frac{\Delta y}{\Delta x}$.

例 1 已知物体的运动方程为 $s(t)=3t^2+2$(单位:m),如何知道物体在 $t=1$(单位:s)时的瞬时速度?(见“案例探究”)

解 $s(t)$ 在 $t=1$ 处的函数增量为

$$\Delta s=s(1+\Delta t)-s(1)=3(1+\Delta t)^2+2-3\times 1^2-2=6\Delta t+3(\Delta t)^2,$$

增量比为

$$\frac{\Delta s}{\Delta t}=\frac{6\Delta t+3(\Delta t)^2}{\Delta t}=6+3\Delta t,$$

取极限,得物体在 $t=1$ 时的瞬时速度为

$$v=\lim_{\Delta t\to 0}\frac{\Delta s}{\Delta t}=\lim_{\Delta t\to 0}(6+3\Delta t)=6(\mathrm{m/s}).$$

例 2　设 $f(x)=x^2-x$，求 $f'(1)$.

解　函数增量为

$$\Delta y=f(1+\Delta x)-f(1)=[(1+\Delta x)^2-(1+\Delta x)]-(1^2-1)=(\Delta x)^2+\Delta x,$$

增量比为

$$\frac{\Delta y}{\Delta x}=\frac{(\Delta x)^2+\Delta x}{\Delta x}=\Delta x+1,$$

取极限，得

$$f'(1)=\lim_{\Delta x\to 0}\frac{\Delta y}{\Delta x}=\lim_{\Delta x\to 0}(\Delta x+1)=1.$$

例 3　判定函数 $y=\sqrt[3]{x}$ 在 $x=0$ 处的可导性.

解　函数增量为

$$\Delta y=f(0+\Delta x)-f(0)=\sqrt[3]{0+\Delta x}-0=\sqrt[3]{\Delta x}=(\Delta x)^{\frac{1}{3}},$$

增量比为

$$\frac{\Delta y}{\Delta x}=\frac{(\Delta x)^{\frac{1}{3}}}{\Delta x}=(\Delta x)^{-\frac{2}{3}},$$

取极限，得

$$\lim_{\Delta x\to 0}\frac{\Delta y}{\Delta x}=\lim_{\Delta x\to 0}(\Delta x)^{-\frac{2}{3}}=\lim_{\Delta x\to 0}\frac{1}{\sqrt[3]{(\Delta x)^2}}=\infty,$$

即 $y=\sqrt[3]{x}$ 在 $x=0$ 不可导.但仍可记作 $y'\big|_{x=0}=\infty$.

2. 导函数

定义 3.2　如果函数 $y=f(x)$ 在区间 (a,b) 内每一点均可导，就称函数 $f(x)$ 在区间 (a,b) 内可导.这时，对应于 (a,b) 内的每一点 x，都有一个确定的导数值 $f'(x)$，这样就确定了一个关于 x 的新函数，我们将这个新函数称为函数 $y=f(x)$ 的**导函数**，记作 y'，$f'(x)$，$\frac{dy}{dx}$ 或 $\frac{d}{dx}f(x)$.

即

$$y'=\lim_{\Delta x\to 0}\frac{\Delta y}{\Delta x}=\lim_{\Delta x\to 0}\frac{f(x+\Delta x)-f(x)}{\Delta x}$$

注　(1) 函数的导数与函数在某点处的导数不是同一个概念，$f'(x_0)$ 是一个常值，而导函数 $f'(x)$ 是一个函数. 显然，函数 $f(x)$ 在点 x_0 处的导数就是导函数 $f'(x)$ 在点 x_0 处的函数值，即

$$f'(x_0)=f'(x)\big|_{x=x_0}.$$

(2) 在不产生混淆的情况下，导函数也简称为导数；

(3) 有时也将导数写成 y'_x 来明确 y 是对变量 x 求的导数.

例 4　求函数 $f(x)=C$（C 为常数）的导数.

解　函数增量为 $\Delta y=f(x+\Delta x)-f(x)=C-C=0$，

增量比为

$$\frac{\Delta y}{\Delta x}=\frac{0}{\Delta x}=0,$$

所以

$$f'(x)=\lim_{\Delta x\to 0}\frac{\Delta y}{\Delta x}=\lim_{\Delta x\to 0}0=0,$$

即

$$(C)'=0.$$

这就是说,常值函数的导数等于零.

当熟练使用导数的定义求导数后,可不用再把 Δy 单独列出,直接计算极限 $\lim\limits_{\Delta x\to 0}\frac{\Delta y}{\Delta x}$.

例 5 求函数 $f(x)=x^3$ 的导数 $f'(x)$.

解 由导数的定义可知

$$\begin{aligned}f'(x)&=\lim_{\Delta x\to 0}\frac{\Delta y}{\Delta x}=\lim_{\Delta x\to 0}\frac{f(x+\Delta x)-f(x)}{\Delta x}\\&=\lim_{\Delta x\to 0}\frac{(x+\Delta x)^3-x^3}{\Delta x}\\&=\lim_{\Delta x\to 0}\frac{3x^2\Delta x+3x(\Delta x)^2+(\Delta x)^3}{\Delta x}\\&=\lim_{\Delta x\to 0}(3x^2+3x\Delta x+(\Delta x)^2)=3x^2.\end{aligned}$$

即

$$(x^3)'=3x^2.$$

利用二项式定理,可类似推导得出 $y=x^n(n\in\mathbf{Z}^+)$ 的导数

$$(x^n)'=nx^{n-1}.$$

一般地,对任意实数 α,有 $(x^\alpha)'=\alpha x^{\alpha-1}$.

利用导数定义还可以求得 $(\sin x)'=\cos x$, $(\cos x)'=-\sin x$, $(a^x)'=a^x\ln a$, $(\log_a x)'=\frac{1}{x\ln a}$. 特别地,当 $a=\mathrm{e}$ 时,有 $(\mathrm{e}^x)'=\mathrm{e}^x$, $(\ln x)'=\frac{1}{x}$. 同学们可以自行证明.

3.1.3 导数的几何意义

由本节第一个引例可知,函数 $y=f(x)$ 在点 x_0 处的导数 $f'(x_0)$,就是曲线 $y=f(x)$ 在点 $M(x_0,f(x_0))$ 处的切线斜率,即

$$f'(x_0)=k_{切}=\tan\alpha,$$

其中 α 是切线的倾斜角.

根据导数的几何意义并利用直线的点斜式方程,可知曲线 $y=f(x)$ 在切点 $M(x_0,f(x_0))$ 处的切线方程为

$$y-f(x_0)=f'(x_0)(x-x_0).$$

过切点 $M(x_0,f(x_0))$ 且与切线垂直的直线称为曲线 $y=f(x)$ 在切点 $M(x_0,f(x_0))$ 处的**法线**,当 $f'(x_0)\neq 0$ 时,法线的斜率

$$k_{法}=-\frac{1}{k_{切}}=-\frac{1}{f'(x_0)},$$

从而法线方程为

$$y-f(x_0)=-\frac{1}{f'(x_0)}(x-x_0).$$

当$f'(x_0)=0$时,切线方程为$y=f(x_0)$,法线方程为$x=x_0$;当$f'(x_0)=\infty$时,切线方程为$x=x_0$,法线方程为$y=f(x_0)$.

例 6　求曲线$y=x^2$在$x=3$处的切线与法线方程.

解　$y'=(x^2)'=2x$.

根据导数的几何意义,得$x=3$处的切线斜率为

$$k_{切}=y'\big|_{x=3}=6,$$

切点坐标为(3,9),所以由点斜式公式可得切线方程为

$$y-9=6(x-3),$$

化简得

$$6x-y-9=0.$$

法线斜率为

$$k_{法}=-\frac{1}{k_{切}}=-\frac{1}{6},$$

所求法线方程为

$$y-9=-\frac{1}{6}(x-3),$$

化简得

$$x+6y-57=0.$$

3.1.4　可导与连续的关系

定理 3.1　函数$f(x)$在x_0处可导,则函数$f(x)$在x_0处一定连续.

证　函数$f(x)$在x_0处可导,则$\lim\limits_{\Delta x\to 0}\frac{\Delta y}{\Delta x}=f'(x_0)$存在.所以

$$\lim_{\Delta x\to 0}\Delta y=\lim_{\Delta x\to 0}\left(\frac{\Delta y}{\Delta x}\cdot\Delta x\right)=\lim_{\Delta x\to 0}\frac{\Delta y}{\Delta x}\cdot\lim_{\Delta x\to 0}\Delta x=f'(x_0)\cdot 0=0,$$

即函数$f(x)$在x_0处连续.

此定理的逆命题不成立,即函数$f(x)$在x_0处连续,但$f(x)$在x_0处不一定可导.

例如,函数$y=\sqrt[3]{x}$显然在点$x=0$处连续,但由例3可知该函数在$x=0$处不可导.

3.1.5　常数和基本初等函数的导数公式

基本初等函数的导数公式是进行导数运算的基础,请同学们熟记这些公式.

(1) $C'=0$(C为常数);　　(2) $(x^\mu)'=\mu x^{\mu-1}$;

(3) $(a^x)'=a^x\ln a$;　　(4) $(e^x)'=e^x$;

(5) $(\log_a x)'=\frac{1}{x\ln a}$;　　(6) $(\ln x)'=\frac{1}{x}$;

(7) $(\sin x)'=\cos x$;

(8) $(\cos x)'=-\sin x$;

(9) $(\tan x)'=\sec^2 x$;

(10) $(\cot x)'=-\csc^2 x$;

(11) $(\sec x)'=\sec x\tan x$;

(12) $(\csc x)'=-\csc x\cot x$;

(13) $(\arcsin x)'=\dfrac{1}{\sqrt{1-x^2}}$;

(14) $(\arccos x)'=-\dfrac{1}{\sqrt{1-x^2}}$;

(15) $(\arctan x)'=\dfrac{1}{1+x^2}$;

(16) $(\text{arccot}\ x)'=-\dfrac{1}{1+x^2}$.

课堂练习 »»

1. 设函数 $y=f(x)$ 在点 x_0 的某邻域内有定义，当自变量 x 在点 x_0 处有增量 Δx 时，函数 y 有相应的增量 $\Delta y=$________.如果当 $\Delta x\to 0$ 时，$\dfrac{\Delta y}{\Delta x}$的极限存在，则称函数 $y=f(x)$ 在点 x_0 可导，并称这个极限值为函数 $y=f(x)$ 在点 x_0 处的导数，记为____，____，____，____.即 $y'|_{x=x_0}=$________.

更进一步，如果函数 $y=f(x)$ 在区间 (a,b) 内每一点可导，那么对应于 (a,b) 中的每一个 x，都有一个确定的导数值，这样就确定了关于 x 的一个新的函数，这个新的函数叫做函数 $y=f(x)$ 的________，记作____，____，____，____.

2. 求函数 $y=\tan x$ 在 $x=0$ 点的导数步骤：

(1) 计算函数 $y=\tan x$ 在 $x=0$ 处的增量 $\Delta y=f(0+\Delta x)-f(0)=$________;

(2) 写出 Δy 与 Δx 的比值$\dfrac{\Delta y}{\Delta x}=$________;

(3) 令 $\Delta x\to 0$，计算$\lim\limits_{\Delta x\to 0}\dfrac{\Delta y}{\Delta x}=$________.

3. 设 $f(x)=\cos x$，则 $f'\left(\dfrac{\pi}{4}\right)=$________，$f'\left(\dfrac{\pi}{3}\right)=$________，$\left[f\left(\dfrac{\pi}{3}\right)\right]'=$________.

4. 利用导数几何意义求曲线 $y=x^3$ 在 $x=1$ 处的切线方程和法线方程.

5. 根据基本初等函数的导数公式写出下列函数的导数.

(1) $(x^{\frac{1}{2}})'=$________;

(2) $(\tan x)'=$________;

(3) $(2^x)'=$________;

(4) $(\log_2 x)'=$________;

(5) $(\arcsin x)'=$________;

(6) $(\ln x)'=$________.

拓展提升 »»

我们常用导数定义的等价形式来判断分段函数在分界点处的可导性.

例 7 判断函数 $f(x)=\begin{cases} x\sin\dfrac{1}{x}, & x\neq 0, \\ 0, & x=0 \end{cases}$ 在 $x=0$ 的可导性.

解 $f(x)-f(0)=x\sin\dfrac{1}{x}-0=x\sin\dfrac{1}{x}$,

由导数的等价形式(3-3)可知

$$\lim_{x\to0}\frac{f(x)-f(0)}{x-0}=\lim_{x\to0}\frac{x\sin\frac{1}{x}}{x}=\lim_{x\to0}\sin\frac{1}{x},$$

由于$\lim\limits_{x\to0}\sin\frac{1}{x}$不存在，所以函数$f(x)$在$x=0$处不可导.

由函数$f(x)$在点x_0处可导的定义知，$f'(x_0)$存在的前提是极限$\lim\limits_{x\to x_0}\frac{f(x)-f(x_0)}{x-x_0}$存在，而此极限存在的充要条件是左极限$\lim\limits_{x\to x_0^-}\frac{f(x)-f(x_0)}{x-x_0}$和右极限$\lim\limits_{x\to x_0^+}\frac{f(x)-f(x_0)}{x-x_0}$均存在且相等.我们将这两个极限分别称为函数$f(x)$在点$x_0$处的**左导数**和**右导数**，分别记作$f'_-(x_0)$及$f'_+(x_0)$，即

$$f'_-(x_0)=\lim_{x\to x_0^-}\frac{f(x)-f(x_0)}{x-x_0},$$

$$f'_+(x_0)=\lim_{x\to x_0^+}\frac{f(x)-f(x_0)}{x-x_0}.$$

所以函数$f(x)$在点x_0处可导的充分必要条件是左导数$f'_-(x_0)$和右导数$f'_+(x_0)$都存在且相等.

例 8　判定函数$f(x)=|x|$在$x=0$处的可导性.

解　$x=0$处的左导数

$$f'_-(0)=\lim_{x\to0^-}\frac{f(x)-f(0)}{x-0}=\lim_{x\to0^-}\frac{-x}{x}=-1,$$

右导数

$$f'_+(0)=\lim_{x\to0^+}\frac{f(x)-f(0)}{x-0}=\lim_{x\to0^+}\frac{x}{x}=1.$$

由于$f'_-(0)\neq f'_+(0)$，所以$y=|x|$在$x=0$处不可导，如图 3-4 所示.

图 3-4

例 9　判定函数$f(x)=\begin{cases}2x+1, & x\leqslant1,\\ x^2+2, & x>1\end{cases}$在$x=1$处的连续性和可导性.

解　由$f(1)=2+1=3$及

$$\lim_{x\to1^-}f(x)=\lim_{x\to1^-}(2x+1)=3,$$

$$\lim_{x\to1^+}f(x)=\lim_{x\to1^+}(x^2+2)=3,$$

得$\lim\limits_{x\to1^-}f(x)=\lim\limits_{x\to1^+}f(x)=f(1)$，所以$f(x)$在$x=1$处连续.

在$x=1$处的左导数

$$f'_-(1)=\lim_{x\to1^-}\frac{f(x)-f(1)}{x-1}=\lim_{x\to1^-}\frac{2x+1-3}{x-1}=2,$$

右导数

$$f'_+(1)=\lim_{x\to1^+}\frac{f(x)-f(1)}{x-1}=\lim_{x\to1^+}\frac{x^2+2-3}{x-1}=\lim_{x\to1^+}(x+1)=2,$$

因为$f'_-(1)=f'_+(1)=2$，所以$f(x)$在$x=1$处可导，且$f'(1)=2$.

习题 3-1

【基础训练】

1. 一个物体沿着直线运动,使得它在 t(单位:s)后的位置为 $s=t^2+1$(单位:m).

(1) 物体在时间区间[2,3]上的平均速度是多少?

(2) 物体在时间区间[2,2.01]上的平均速度是多少?

(3) 物体在时间区间[2,2+h]($h>0$)上的平均速度是多少?

(4) 计算物体在 $t=2$s 时的瞬时速度.

2. 使用定义 $f'(x_0)=\lim\limits_{\Delta x\to 0}\dfrac{f(x_0+\Delta x)-f(x_0)}{\Delta x}$,求下列各导数.

(1) 设 $f(x)=2x^2+3x+1$,求 $f'(1)$;

(2) 设 $f(x)=\dfrac{1}{x}$,求 $f'(1)$.

3. 利用幂函数的导数公式 $(x^\mu)'=\mu x^{\mu-1}$,求下列函数的导数.

(1) $y=x^5$; (2) $y=\sqrt[3]{x^2}$; (3) $y=\dfrac{1}{x^2}$

(4) $y=\dfrac{1}{\sqrt{x}}$; (5) $y=\sqrt{x\sqrt{x}}$; (6) $y=\dfrac{x\sqrt{x}}{\sqrt[3]{x^2}}$.

4. 求曲线 $y=\ln x$ 在点(1,0)处的切线和法线方程.

【拓展训练】

1. 讨论下列函数在给定点处的连续性和可导性.

(1) $f(x)=\begin{cases}\dfrac{\sin x^2}{x}, & x\neq 0,\\ 0, & x=0\end{cases}$ 在点 $x=0$ 处;

(2) $f(x)=\begin{cases}x^2\sin\dfrac{1}{x}, & x\neq 0,\\ 0, & x=0\end{cases}$ 在 $x=0$ 处;

(3) $f(x)=\begin{cases}x^2, & x<1,\\ 3x-2, & x\geqslant 1\end{cases}$ 在点 $x=1$ 处.

2. 设 $f(x)=\begin{cases}x^2, & x\leqslant 1,\\ ax+b, & x>1,\end{cases}$ 试确定 a,b 的值,使 $f(x)$ 在 $x=1$ 处可导.

3.2 导数的运算法则

根据导数定义求函数的导数通常是极为繁杂和困难的,本节将介绍导数的运算法则,借助它们可以简化求导运算.

案例探究　若以 2 m^3/min 的速度向高为 10 m,底面半径为 5 m 的圆锥型水槽中注水,则当水深 6 m 时,水位的上升速度为多少?

3.2.1　函数和、差、积、商的求导法则

定理 3.2　设 $u=u(x)$,$v=v(x)$都是 x 的可导函数,那么它们的和、差、积、商(分母为零的点除外)也是 x 的可导函数,且

(1) $(u\pm v)'=u'\pm v'$;

(2) $(u\cdot v)'=u'v+uv'$;

(3) $(C\cdot u)'=C\cdot u'$;(C 为常数)

(4) $\left(\dfrac{u}{v}\right)'=\dfrac{u'v-uv'}{v^2}$,其中 $v\neq 0$.

上述法则都可以利用定义证明,我们下面证明(1),其余可类似证明.

证　设 $y=u(x)\pm v(x)$,则

$$\begin{aligned}\Delta y&=[u(x+\Delta x)\pm v(x+\Delta x)]-[u(x)\pm v(x)]\\&=[u(x+\Delta x)-u(x)]\pm[v(x+\Delta x)-v(x)],\end{aligned}$$

于是

$$\frac{\Delta y}{\Delta x}=\frac{u(x+\Delta x)-u(x)}{\Delta x}\pm\frac{v(x+\Delta x)-v(x)}{\Delta x},$$

因为 $u(x)$,$v(x)$都是 x 的可导函数,所以

$$u'(x)=\lim_{\Delta x\to 0}\frac{u(x+\Delta x)-u(x)}{\Delta x},$$

$$v'(x)=\lim_{\Delta x\to 0}\frac{v(x+\Delta x)-v(x)}{\Delta x},$$

从而

$$\begin{aligned}y'&=\lim_{\Delta x\to 0}\frac{\Delta y}{\Delta x}=\lim_{\Delta x\to 0}\left[\frac{u(x+\Delta x)-u(x)}{\Delta x}\pm\frac{v(x+\Delta x)-v(x)}{\Delta x}\right]\\&=\lim_{\Delta x\to 0}\frac{u(x+\Delta x)-u(x)}{\Delta x}\pm\lim_{\Delta x\to 0}\frac{v(x+\Delta x)-v(x)}{\Delta x}\\&=u'(x)\pm v'(x).\end{aligned}$$

即

$$(u\pm v)'=u'\pm v'.$$

定理 3.2 中的(1)、(2)可推广到有限个可导函数的情形. 如 $u(x)$,$v(x)$,$w(x)$在 x 点均可导,则有

$$(u\pm v\pm w)'=u'\pm v'\pm w';$$

$$(u\cdot v\cdot w)'=u'vw+uv'w+uvw'.$$

例 1　$y=3x^2+2\sin x-\sin 1$,求 y'和 $y'\big|_{x=\frac{\pi}{4}}$.

解 因为

$$\begin{aligned}y'&=(3x^2)'+(2\sin x)'-(\sin 1)'\\&=3(x^2)'+2(\sin x)'\\&=6x+2\cos x,\end{aligned}$$

所以

$$y'\Big|_{x=\frac{\pi}{4}}=(6x+2\cos x)\Big|_{x=\frac{\pi}{4}}=\frac{3\pi}{2}+\sqrt{2}.$$

例 2 设 $y=x\ln x$,求 y'.

解 $y'=x'\ln x+x(\ln x)'$

$$=\ln x+x\frac{1}{x}=\ln x+1.$$

例 3 求函数 $y=\tan x$ 的导数.

解 $y'=(\tan x)'=\left(\dfrac{\sin x}{\cos x}\right)'$

$$\begin{aligned}&=\frac{(\sin x)'\cos x-\sin x(\cos x)'}{\cos^2 x}\\&=\frac{\cos^2 x+\sin^2 x}{\cos^2 x}=\frac{1}{\cos^2 x}=\sec^2 x.\end{aligned}$$

即 $(\tan x)'=\sec^2 x$,类似有

$$(\cot x)'=-\csc^2 x,(\sec x)'=\sec x\tan x,(\csc x)'=-\csc x\cot x.$$

例 4 设 $f(x)=\dfrac{x\sin x}{1+x}$,求 $f'(x)$.

解 $f'(x)=\dfrac{(x\sin x)'(1+x)-x\sin x(1+x)'}{(1+x)^2}$

$$\begin{aligned}&=\frac{(\sin x+x\cos x)(1+x)-x\sin x}{(1+x)^2}\\&=\frac{\sin x+x\cos x+x^2\cos x}{(1+x)^2}.\end{aligned}$$

课堂练习 ⋙

1. 判断下列等式是否成立.

(1) $(x^3\pm\tan x)'=(x^3)'\pm(\tan x)'$; ( )

(2) $(x\sin x)'=x'(\sin x)'$; ( )

(3) $(5\cos x)'=5(\cos x)'$; ( )

(4) $\left(\dfrac{\sin x}{x^2}\right)'=\dfrac{(\sin x)'}{(x^2)'}$; ( )

(5) $f'(x_0)=[f(x_0)]'$. ( )

2. 设 $f(x)=\sqrt[3]{x^2}-x\sqrt{x}$,则 $f'(1)=$______.

3. 某物体做直线运动,其运动方程为 $s=t+\frac{1}{t}$,则 $v(3)=$____________.

4. 曲线 $y=2x^2+\sin x-1$ 在点 $M(0,-1)$ 处的切线方程为____________.

5. 求下列函数的导数.

(1) $y=3x^4-2x^3-5x^2+\pi x+\pi^2$; (2) $y=x(x^2+1)$;

(3) $y=\frac{x-1}{x+1}$; (4) $y=e^x(\cos x+\sin x)$.

3.2.2 复合函数的求导法则

定理 3.3 若 $u=\varphi(x)$ 在点 x 处可导,$y=f(u)$ 在对应点 $u=\varphi(x)$ 处可导,则复合函数 $y=f[\varphi(x)]$ 在点 x 处也可导,且

$$\frac{dy}{dx}=\frac{dy}{du}\cdot\frac{du}{dx}\text{或 } y'_x=y'_u\cdot u'_x \text{或 } y'=\{f[\varphi(x)]\}'=f'[\varphi(x)]\cdot\varphi'(x).$$

其中 y'_x 表示 y 对 x 的导数,y'_u 表示 y 对中间变量 u 的导数,而 u'_x 表示中间变量 u 对自变量 x 的导数,$\{f[\varphi(x)]\}'$ 表示复合函数 $y=f[\varphi(x)]$ 关于自变量 x 的导数,$f'[\varphi(x)]$ 表示复合函数 $y=f[\varphi(x)]$ 关于中间变量 $u=\varphi(x)$ 的导数.

注 复合函数的求导法则又称为链式法则,该法则也可以推广到多个函数复合的情形.例如,由 $y=f(u),u=\varphi(v),v=\psi(x)$ 复合而成的函数 $y=f\{\varphi[\psi(x)]\}$ 对 x 的导数是

$$\frac{dy}{dx}=\frac{dy}{du}\cdot\frac{du}{dv}\cdot\frac{dv}{dx}\text{或 } y'_x=y'_u\cdot u'_v\cdot v'_x.$$

例 5 求函数 $y=(2x+1)^5$ 的导数.

解 函数 $y=(2x+1)^5$ 可分解成 $y=u^5,u=2x+1$,由复合函数的求导法则得

$$y'_x=y'_u\cdot u'_x=5u^4\cdot 2\xlongequal{u=2x+1}10(2x+1)^4.$$

例 6 求函数 $y=\sqrt{1+x^2}$ 的导数.

解 函数 $y=\sqrt{1+x^2}$ 可分解成 $y=\sqrt{u},u=1+x^2$,由复合函数的求导法则得

$$y'_x=y'_u\cdot u'_x=\frac{1}{2\sqrt{u}}\cdot 2x\xlongequal{u=1+x^2}\frac{x}{\sqrt{1+x^2}}.$$

例 7 求下列函数的导数.

(1) $y=\sin^2x$; (2) $y=\sin x^2$.

解 (1) 函数 $y=\sin^2x$ 可分解成 $y=u^2,u=\sin x$,所以

$$y'_x=y'_u\cdot u'_x=2u\cdot\cos x\xlongequal{u=\sin x}2\sin x\cdot\cos x=\sin 2x.$$

(2) 函数 $y=\sin x^2$ 可分解成 $y=\sin u,u=x^2$,所以

$$y'_x=y'_u\cdot u'_x=\cos u\cdot 2x\xlongequal{u=x^2}2x\cdot\cos x^2.$$

例 8 求函数 $y=\ln(1+x^2)$ 的导数.

解 函数 $y=\ln(1+x^2)$ 可分解成 $y=\ln u,u=1+x^2$,所以

$$y'_x=y'_u\cdot u'_x=\frac{1}{u}\cdot 2x\xlongequal{u=1+x^2}\frac{2x}{1+x^2}.$$

例 9 若以 $2\text{m}^3/\text{min}$ 的速度向高为 10 m，底面半径为 5 m 的圆锥形水槽中注水(如图 3-5)，则当水深 6 m 时，水位的上升速度为多少？(见"案例探究")

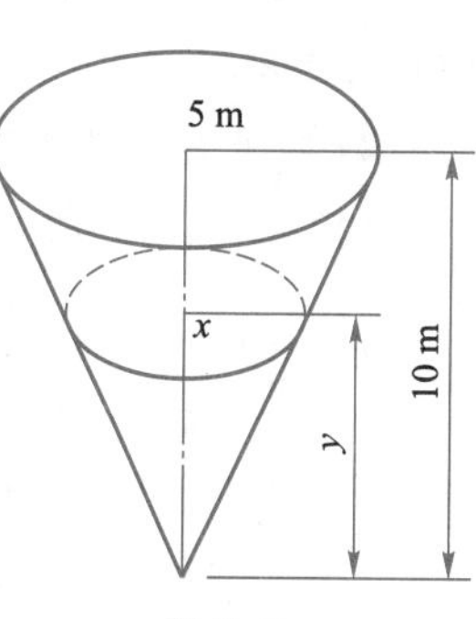

图 3-5

解 如图 3-5 所示，设在 t 时水槽中水的体积为 $V=V(t)$，水面半径为 x，水槽中水的深度为 y，则水的体积 $V=\frac{\pi}{3}x^2y$.

由 $\frac{y}{x}=\frac{10}{5}$，得 $x=\frac{1}{2}y$，从而 $V=\frac{1}{12}\pi y^3$. 注意 y 是关于 t 的函数，等式两边对时间 t 求导得

$$\frac{\mathrm{d}V}{\mathrm{d}t}=\frac{1}{4}\pi y^2\frac{\mathrm{d}y}{\mathrm{d}t},$$

即

$$\frac{\mathrm{d}y}{\mathrm{d}t}=\frac{4}{\pi y^2}\frac{\mathrm{d}V}{\mathrm{d}t}.$$

由题意，有 $\frac{\mathrm{d}V}{\mathrm{d}t}=2$，$y=6$. 代入上式，得

$$\frac{\mathrm{d}y}{\mathrm{d}t}=\frac{4\times 2}{\pi\times 6^2}=\frac{2}{9\pi}\approx 0.071(\text{m/min}),$$

即当水深 6 m 时，水位的上升速度为 0.071 m/min.

课堂练习 ›››

1. 单项选择题.

(1) 设 $y=2^{\sin x}$，则 $y'=($ $)$.

A. $2^{\sin x}\ln 2$; B. $2^{\sin x-1}\sin x$;

C. $2^{\sin x}\cos x$; D. $2^{\sin x}\ln 2\cos x$.

(2) 设 $y=\ln\cos x$，则 $y'=($ $)$.

A. $\frac{1}{\cos x}$; B. $\tan x$;

C. $-\tan x$; D. $\cot x$.

(3) 设 $y=f(-3x)$，则 $y'=($ $)$.

A. $-f'(3x)$; B. $f'(-3x)$;

C. $-f'(-3x)$; D. $-3f'(-3x)$.

2. 求下列函数的导数.

(1) $y=(3-2x)^5$; (2) $y=\mathrm{e}^{-x^2}$;

(3) $y=\sin^3 x$; (4) $y=\sin x^3$.

拓展提升 >>>

在熟练掌握了复合函数的求导法则后，可省掉中间变量的引入，直接根据链式法则由外向内逐层求导.

例 10　求下列函数的导数.

(1) $y=\ln(x+\sqrt{1+x^2})$；　　(2) $y=\ln\cos e^x$.

解　(1) $y'=\dfrac{1}{x+\sqrt{1+x^2}}\cdot(x+\sqrt{1+x^2})'=\dfrac{1}{x+\sqrt{1+x^2}}\cdot\left(1+\dfrac{x}{\sqrt{1+x^2}}\right)$

$$=\frac{1}{x+\sqrt{1+x^2}}\cdot\frac{x+\sqrt{1+x^2}}{\sqrt{1+x^2}}=\frac{1}{\sqrt{1+x^2}}.$$

(2) $y'=\dfrac{1}{\cos e^x}\cdot(\cos e^x)'=\dfrac{1}{\cos e^x}\cdot(-\sin e^x)\cdot(e^x)'=-e^x\tan e^x$.

例 11　求函数 $y=\sin^3x\cos 3x$ 的导数.

解

$$\begin{aligned}y'&=(\sin^3x)'\cdot\cos 3x+\sin^3x\cdot(\cos 3x)',\\&=3\sin^2x\cos x\cos 3x+\sin^3x(-3\sin 3x)\\&=3\sin^2x(\cos x\cos 3x-\sin x\sin 3x)\\&=3\sin^2x\cos 4x.\end{aligned}$$

例 12　求幂函数 $y=x^\mu$（μ 为任意实数，$x>0$）的导数.

解　因为 $y=x^\mu=e^{\mu\ln x}$，所以

$$y'=e^{\mu\ln x}(\mu\ln x)'=x^\mu\cdot\mu\cdot\frac{1}{x}=\mu x^{\mu-1},$$

即

$$(x^\mu)'=\mu x^{\mu-1}.$$

习题 3-2

【基础训练】

1. 求下列函数的导数.

(1) $y=4x^3+2x^2+\dfrac{1}{\sqrt{x}}$；　　(2) $y=4\sin x-e^x+\log_3x+1$；

(3) $y=\sin x\cdot\cos x$；　　(4) $y=x\ln x$；

(5) $y=x\cos x-\sin x$；　　(6) $y=\dfrac{e^x}{x}$.

2. 求下列复合函数的导数.

(1) $y=(7+x)^5$；　　(2) $y=\sqrt{x^2-9}$；　　(3) $y=\sin\dfrac{1}{x}$；

(4) $y=\ln\tan\dfrac{x}{2}$；　　(5) $y=\arctan\dfrac{1}{x}$；　　(6) $y=\left(\dfrac{x}{1+x}\right)^2$.

3. 求下列函数在给定点处的导数.

(1) $y=(1+x^2)\arctan x$,求 $y'(0)$.

(2) $s=\dfrac{1-\cos t}{1+\cos t}$,求 $s'\left(\dfrac{\pi}{2}\right)$.

4. 求曲线 $y=\dfrac{x+9}{x+5}$ 在点 $(-1,2)$ 处的切线方程和法线方程.

【拓展训练】

1. 求下列函数的导数.

(1) $y=\sqrt{\ln(2x+1)}$;　(2) $y=\sin^2x+\sin x^2$;　(3) $y=\ln(x-\sqrt{x^2-a^2})$;

(4) $y=\dfrac{1}{x-\sqrt{4+x^2}}$;　(5) $y=\dfrac{\sin 2x}{1-\cos 2x}$;　(6) $y=\ln\sqrt{\dfrac{1+x}{1-x}}$.

2. 求 $y=1+x\sin 3x$ 在点 $\left(\dfrac{\pi}{3},1\right)$ 处的切线方程,并求出该切线与 x 轴的交点坐标.

3. 在一个电阻为 3 Ω,可变电阻为 R 的电路中的电压为 $V=\dfrac{6R+25}{R+3}$.求在 $R=7$ Ω 时电压关于可变电阻 R 的变化率.

4. 已知球的半径以 2 cm/s 的速度增加,当球半径为 10 cm 时,其体积增加的速度为多少?

5. 有一圆锥形容器,高度为 10 m,底半径为 4 m,今以每分钟 5 m^3 的速度把水注入该容器,求当水深 5 m 时,水面上升的速度.其中,(1) 圆锥的顶点朝上;(2) 圆锥的顶点朝下.

6. 早上 8 点,甲船以 30 km/h 的速度向正北方向行驶,乙船在甲船正南方 16 km 处以40 km/h 的速度向正东方向行驶,求上午 10 点时两船间距离增加的速度.

7. 一架飞机沿抛物线 $y=0.1x^2+50$ 的轨道向地面俯冲,如图 3-6 所示,x 轴取在地面上.飞机到地面的距离以 100 m/s 的固定速度减少.当飞机离地面 300 m 时,飞机影子在地面上运动的速度是多少?(假设太阳光是铅直的)

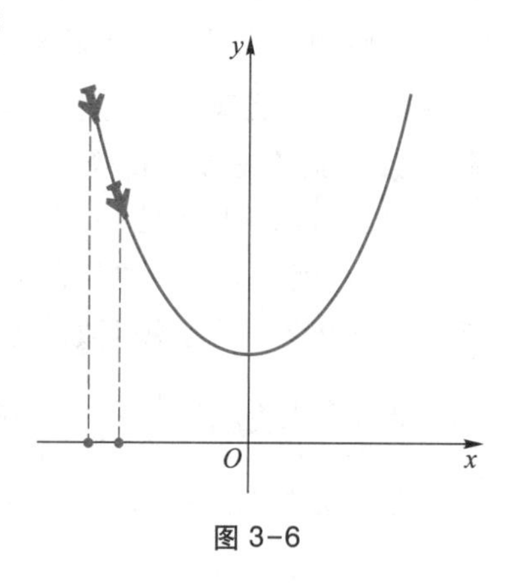

图 3-6

3.3 隐函数的导数

本节将介绍隐函数 $F(x,y)=0$ 和幂指函数 $y=u(x)^{v(x)}(u(x)>0)$ 的导数.

案例探究　如图 3-7 所示,如果点(1.25,0)在照明区域的边缘,则图中 h 应为多高?

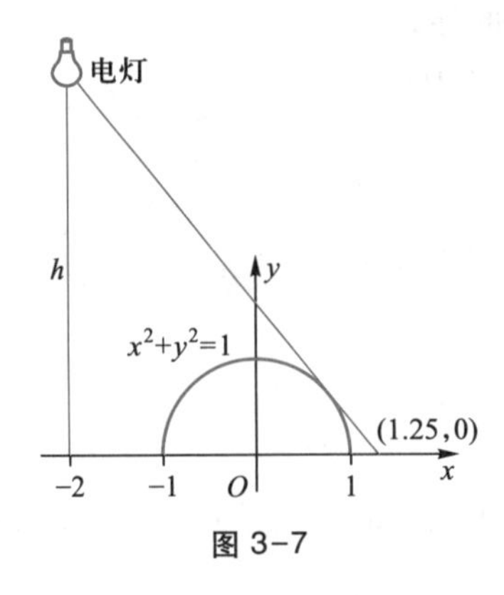

图 3-7

3.3.1 隐函数的导数

我们前面所讨论的函数,y 都可以用自变量 x 的表达式 $y=f(x)$ 来表示,这样的函数称为**显函数**.例如 $y=\sin x$, $y=\ln(1+x^2)$ 等.但是有些函数是由一个含 x 和 y 的方程 $F(x,y)=0$ 所确定的,例如 $x+y^3-1=0$,这种函数称为**隐函数**.

有些隐函数可以化成显函数,例如由 $x-y+3=0$ 可解出 $y=x+3$;由 $x+y^3=1$ 可以解出 $y=\sqrt[3]{1-x}$.而有些隐函数是无法化成显函数的,例如由方程 $\sin(x+y)=xy$, $y=\ln(x+y)$ 所确定的隐函数.因此有必要讨论隐函数的求导法则.

隐函数的求导方法是:方程的两端同时对 x 求导,遇到 y 时,将其视为 x 的函数;遇到 y 的函数时,就看成是 x 的复合函数,y 为中间变量,利用复合函数的求导法则;然后从所得的等式中解出 y'_x,即得隐函数的导数,导数表达式中允许含有 y.

例 1 求由椭圆 $\frac{x^2}{2}+\frac{y^2}{6}=1$ 确定的隐函数的导数 $\frac{\mathrm{d}y}{\mathrm{d}x}$.

解 方程两边同时对 x 求导,得

$$\left(\frac{x^2}{2}\right)'_x+\left(\frac{y^2}{6}\right)'_x=1'_x,$$

其中 $\left(\frac{x^2}{2}\right)'_x=x$, $1'_x=0$.

对于 $\left(\frac{y^2}{6}\right)'_x$,因为 $\frac{y^2}{6}$ 是关于 y 的函数,而 y 是关于 x 的函数 $y=y(x)$.所以

$$\left(\frac{y^2}{6}\right)'_x=\left(\frac{y^2}{6}\right)'_y\cdot y'_x=\frac{y}{3}\cdot y'_x,$$

代入 $\left(\frac{x^2}{2}\right)'_x+\left(\frac{y^2}{6}\right)'_x=1'_x$,得

$$x+\frac{y}{3}\cdot y'_x=0,$$

所以

$$y'_x=-\frac{3x}{y}.$$

例 2 求由方程 $ye^x+\ln y-1=0$ 所确定的隐函数在点(0,1)处的导数$\left.\frac{\mathrm{d}y}{\mathrm{d}x}\right|_{\substack{x=0\\y=1}}$.

解 方程两边同时对 x 求导，得

$$y'_x\cdot e^x+ye^x+\frac{1}{y}y'_x=0,$$

解得

$$y'_x=-\frac{ye^x}{e^x+\frac{1}{y}}=-\frac{y^2e^x}{ye^x+1},$$

因此

$$\left.\frac{\mathrm{d}y}{\mathrm{d}x}\right|_{\substack{x=0\\y=1}}=-\frac{1\cdot e^0}{1\cdot e^0+1}=-\frac{1}{2}.$$

我们还可以利用求隐函数导数的方法求反三角函数的导数.

例 3 求 $y=\arcsin x(-1<x<1)$ 的导数.

解 根据反正弦函数的定义,由 $y=\arcsin x(-1<x<1)$ 得 $x=\sin y$,且$-\frac{\pi}{2}<y<\frac{\pi}{2}$.等式两边对 x 求导,得

$$1=\cos y\cdot y'_x,$$

所以

$$y'_x=\frac{1}{\cos y}=\frac{1}{\sqrt{1-\sin^2 y}}=\frac{1}{\sqrt{1-x^2}},$$

即

$$(\arcsin x)'=\frac{1}{\sqrt{1-x^2}}.$$

类似地,可求得

$$(\arccos x)'=-\frac{1}{\sqrt{1-x^2}},(\arctan x)'=\frac{1}{1+x^2},(\operatorname{arccot} x)'=-\frac{1}{1+x^2}.$$

例 4 如图 3-8 所示,如果点(1.25,0)在照明区域的边缘,则图中 h 应为多高?(见“案例探究”)

解 设光线与单位圆的切点为 $P(x_0,y_0)$,如图 3-8 所示,方程 $x^2+y^2=1$ 两边同时对 x 求导,得

$$2x+2y\cdot y'=0,$$

所以

$$y'=-\frac{x}{y}.$$

从而,切线斜率为 $k=y'|_P=-\frac{x_0}{y_0}$,切线方程为

$$y-y_0=-\frac{x_0}{y_0}(x-x_0),$$

从题意可知切线与 x 轴交于点 $B(1.25,0)$，将 $x=1.25$，$y=0$ 代入切线方程，得

$$-y_0=-\frac{x_0}{y_0}(1.25-x_0).$$

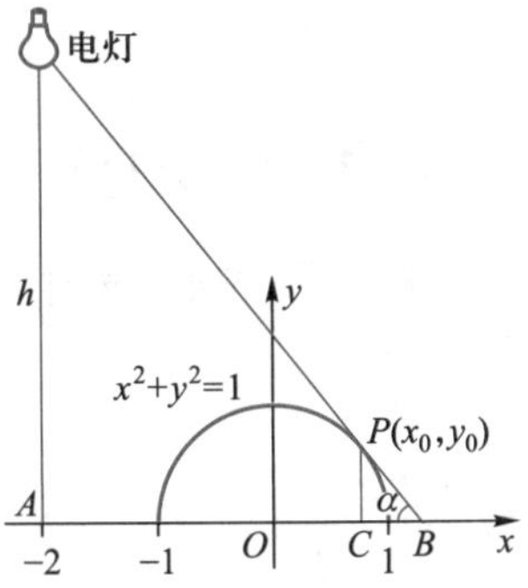

整理，并结合切点满足圆的方程，得

$$\begin{cases}1.25x_0=x_0^2+y_0^2,\\ x_0^2+y_0^2=1.\end{cases}$$

图 3-8

解得

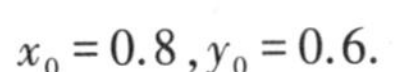

$$x_0=0.8,y_0=0.6.$$

所以

$$h=AB\cdot\tan\alpha=AB\cdot\frac{y_0}{1.25-x_0}=(2+1.25)\times\frac{0.6}{0.45}\approx4.33.$$

3.3.2　对数求导法

对幂指函数 $y=u(x)^{v(x)}(u(x)>0)$，通常先对等式两边取自然对数，并利用对数性质化简，然后按照隐函数的求导法求出 y'_x. 这样的求导方法称为**对数求导法**.

例 5　求函数 $y=x^x(x>0)$ 的导数.

解　两边取自然对数，得

$$\ln y=\ln x^x=x\ln x,$$

两边同时对 x 求导，得

$$\frac{1}{y}y'=\ln x+x\frac{1}{x}=\ln x+1.$$

所以

$$y'=(\ln x+1)y=(\ln x+1)x^x.$$

注　幂指函数本身是显函数，所以要将 y 的表达式代入求导结果中.

课堂练习 ›››

1. 求隐函数 $x^2-y^2=1$ 所确定的方程对 x 的导数的步骤：

(1) 隐函数 $x^2-y^2=1$ 两边同时对 x 求导，得____________；

(2) 解出 $y'_x=$____________(结果中可含有变量 y).

2. 求下列方程所确定的隐函数 y 对 x 的导数.

(1) $y=1+xe^y$；　　(2) $x+y=\sin(xy)$.

3. 求下列函数的导数.

(1) $y=x^{\ln x}(x>0)$；　　(2) $y=x^{\sin x}(x>0)$.

拓展提升 ›››

计算由多个式子通过乘、除、乘方或开方等运算构成的函数的导数时，用对数求导法也是比较简便的.

例 6 求函数 $y=\sqrt{\dfrac{(x-1)(x-2)}{(x-3)(x-4)}}\ (x>4)$ 的导数.

解 等式两边取自然对数，得

$$\ln y=\frac{1}{2}[\ln(x-1)+\ln(x-2)-\ln(x-3)-\ln(x-4)],$$

两边同时对 x 求导，得

$$\frac{1}{y}y'=\frac{1}{2}\left(\frac{1}{x-1}+\frac{1}{x-2}-\frac{1}{x-3}-\frac{1}{x-4}\right),$$

所以

$$\begin{aligned}y'&=\frac{y}{2}\left(\frac{1}{x-1}+\frac{1}{x-2}-\frac{1}{x-3}-\frac{1}{x-4}\right)\\&=\frac{1}{2}\sqrt{\frac{(x-1)(x-2)}{(x-3)(x-4)}}\left(\frac{1}{x-1}+\frac{1}{x-2}-\frac{1}{x-3}-\frac{1}{x-4}\right).\end{aligned}$$

注 在本例中，由于 y 是一个显函数，要将 y 的表达式代入结果中.

习题 3-3

【基础训练】

1. 求下列方程所确定的隐函数 y 对 x 的导数.

(1) $x^3-3xy+y^3=0$；　(2) $xy=e^{x+y}$；　(3) $\cos(x^2+y)=x$.

2. 求由方程 $y^2+y^3=2x$ 确定的隐函数 $y=f(x)$ 在点 $(1,1)$ 的导数.

3. 求椭圆 $\dfrac{x^2}{16}+\dfrac{y^2}{4}=1$ 在点 $(2,\sqrt{3})$ 处的切线方程.

【拓展训练】

利用对数求导法求下列函数的导数.

(1) $y=(\ln x)^x\ (x>e)$；　(2) $y=\left(\dfrac{x}{1+x}\right)^x\ (x>0)$；

(3) $y=x\sqrt{\dfrac{1-x}{1+x}}$；　(4) $y=\sqrt{\dfrac{x(1-2x)}{(x+1)(2x+3)}}$.

3.4 高阶导数

由物理学知识知道，变速直线运动的速度 $v(t)$ 是位置函数 $s(t)$ 对 t 的导数，即 $s'(t)=$

$v(t)$，而加速度 $a(t)$ 又是速度 $v(t)$ 对时间 t 的变化率，即 $a(t)=v'(t)=(s'(t))'$. 也就是说，加速度是位置函数导数的导数，这就是本节将介绍的高阶导数.

案例探究　一辆汽车在刹车后行驶的距离 s(单位：m)与时间 t(单位：s)满足关系式 $s(t)=19.2t-0.4t^3$，则该汽车多久后能刹住车，此时的加速度为多少？

一般来说，函数 $y=f(x)$ 的导数 $y'=f'(x)$ 仍是 x 的函数，如果 $f'(x)$ 仍可求导，则称 $f'(x)$ 的导数为 $y=f(x)$ 的二阶导数，记作

$$y'', f''(x) \text{或} \frac{\mathrm{d}^2y}{\mathrm{d}x^2}.$$

即

$$y''=(y')', f''(x)=[f'(x)]', \frac{\mathrm{d}^2y}{\mathrm{d}x^2}=\frac{\mathrm{d}}{\mathrm{d}x}\left(\frac{\mathrm{d}y}{\mathrm{d}x}\right).$$

类似地，函数 $f(x)$ 的二阶导数的导数叫做 $f(x)$ 的三阶导数，三阶导数的导数叫做四阶导数，…，函数 $f(x)$ 的 $(n-1)$ 阶导数的导数称为函数 $f(x)$ 的 n 阶导数. 三阶及以上的导数记作

$$y''', y^{(4)}, \cdots, y^{(n)}, \text{或} f'''(x), f^{(4)}(x), \cdots, f^{(n)}(x), \text{或} \frac{\mathrm{d}^3y}{\mathrm{d}x^3}, \frac{\mathrm{d}^4y}{\mathrm{d}x^4}, \cdots, \frac{\mathrm{d}^ny}{\mathrm{d}x^n}.$$

二阶及二阶以上的导数统称为函数的**高阶导数**.

$y=f(x)$ 的导数 $f'(x)$ 称为函数 $y=f(x)$ 的一阶导数，通常对一阶导数不指明它的阶数.

由高阶导数的定义知道，求函数的高阶导数只需对函数逐次求导即可.

例 1　一辆汽车在刹车后行驶的距离 s(单位：m)与时间 t(单位：s)满足关系式 $s(t)=19.2t-0.4t^3$，则该汽车多久后能刹住车，此时的加速度为多少？(见“案例探究”)

解　汽车刹车后的速度为

$$v(t)=s'(t)=19.2-1.2t^2,$$

令 $v(t)=0$，得 $t=4$，所以 4 s 后汽车能刹住车，又

$$a(t)=v'(t)=s''(t)=-2.4t,$$

所以此时汽车的加速度为

$$a(4)=-2.4t\big|_{t=4}=-9.6(\mathrm{m/s^2}).$$

例 2　设 $y=2x^2+3x-1$，求 $\frac{\mathrm{d}^2y}{\mathrm{d}x^2}$.

解　$y'=4x+3$，所以 $y''=4$.

例 3　求函数 $y=(1+x^2)\mathrm{e}^x$ 的二阶导数.

解　$y'=2x\mathrm{e}^x+(1+x^2)\mathrm{e}^x=(1+2x+x^2)\mathrm{e}^x$，所以

$$y''=(2+2x)\mathrm{e}^x+(1+2x+x^2)\mathrm{e}^x=(3+4x+x^2)\mathrm{e}^x.$$

例 4　设 $f(x)=\ln(1+x^2)$，求 $f''(1)$.

解　因为

$$f'(x)=\frac{2x}{1+x^2},$$

$$f''(x)=\frac{2(1+x^2)-2x\cdot 2x}{(1+x^2)^2}=\frac{2(1-x^2)}{(1+x^2)^2},$$

所以

$$f''(1)=0.$$

例 5 求下列函数的 n 阶导数.

(1) $y=x^n$；　　　　(2) $y=\sin x$.

解 (1) 因为

$$y'=nx^{n-1}, y''=n(n-1)x^{n-2}, y'''=n(n-1)(n-2)x^{n-3}, \cdots,$$

所以

$$y^{(n)}=n(n-1)(n-2)\cdots 3\cdot 2\cdot 1=n!.$$

(2) 因为

$$y'=\cos x=\sin\left(x+\frac{\pi}{2}\right), y''=-\sin x=\sin\left(x+2\cdot\frac{\pi}{2}\right),$$

$$y'''=-\cos x=\sin\left(x+3\cdot\frac{\pi}{2}\right), y^{(4)}=\sin x=\sin\left(x+4\cdot\frac{\pi}{2}\right), \cdots,$$

所以

$$y^{(n)}=\sin\left(x+n\cdot\frac{\pi}{2}\right), n\in\mathbf{Z}^+$$

课堂练习 >>>

1. 求下列函数的二阶导数.

(1) $y=x\sin 3x$；　　　　(2) $y=\mathrm{e}^{x^2}$.

2. 求 $y=\mathrm{e}^x$ 的 n 阶导数 $y^{(n)}$.

拓展提升 >>>

例 6 求由方程 $x^2-y^2=1$ 所确定的隐函数 y 的二阶导数 y''.

解 方程两边对 x 求导

$$2x-2y\cdot y'=0,$$

可得 $y'=\dfrac{x}{y}$，所以

$$y''=\left(\frac{x}{y}\right)'=\frac{y-xy'}{y^2},$$

代入 $y'=\dfrac{x}{y}$，得

$$y''=\frac{y-x\dfrac{x}{y}}{y^2}=\frac{y^2-x^2}{y^3}=-\frac{1}{y^3}.$$

习题 3-4

【基础训练】

1. 求下列函数的二阶导数.

(1) $y=(2x+3)^3$;　　(2) $y=e^x\cos x$;　　(3) $y=x^2\ln x$;

(4) $y=\sin^2 x$;　　(5) $y=\sqrt{a^2+x^2}$;　　(6) $y=\ln\sqrt{1+x^2}$.

2. 求下列函数在指定点的高阶导数值.

(1) $y=x^3-5x^2+1$, 求 $y'''(0)$;

(2) $y=(2x+3)^3$,求 $y'''(0)$;

(3) $y=(1+x^2)\arctan x$,求 $y''(1)$.

3. 求下列函数的 n 阶导数 $y^{(n)}$.

(1) $y=e^{3x}$;　　(2) $y=xe^x$;　　(3) $y=\cos x$.

【拓展训练】

求由下列方程所确定的隐函数的二阶导数 y''.

(1) $y=\sin(x+y)$;　　(2) $y=1+xe^y$.

3.5　函数的微分及其应用

在许多实际问题中,常常需要计算当自变量有微小改变时,函数对应的增量 Δy 是多少?要计算它的精确值往往比较困难,因此在精度允许的情况下想找到它的近似值,为此,引入微分学的另一个重要概念——函数的微分.

案例探究　有一机械挂钟,钟摆的周期为 1(单位:s).在冬季,摆长缩短了 0.01(单位:cm),这只挂钟每天大约快多少?

3.5.1　微分的概念

引例　有一正方形的金属薄片受热后,其边长由 x_0 变到 $x_0+\Delta x$(如图 3-9),求薄片的面积改变了多少?

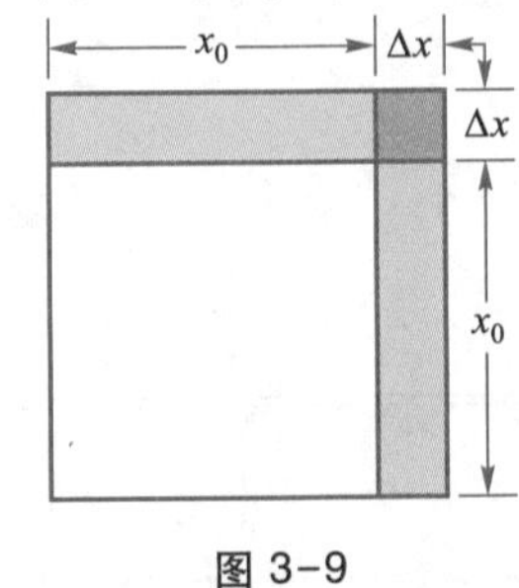

图 3-9

设正方形的边长为 x,面积为 y,则 $y=x^2$.此时,薄片受热影响所改变的面积就是自变量 x 在 x_0 处取得增量 Δx 时,函数 y 的相应增量

$$\Delta y=(x_0+\Delta x)^2-x_0^2=2x_0\Delta x+(\Delta x)^2.$$

上式表明,Δy 由两部分组成.第一部分为 $2x_0\Delta x$,即图 3-9 中两个浅色阴影部分的面积之和,它是 Δx 的线性函数,第二部分为 $(\Delta x)^2$,即图 3-9 中深色阴影部分的面积.当 $\Delta x\to 0$ 时,第一部分是

Δy 的主要部分,称为 Δy 的线性主部,第二部分是 Δx 的高阶无穷小,是 Δy 的次要部分. 因此,当 $|\Delta x|$ 很小时,可以用 $2x_0\Delta x$ 近似地表示 Δy,而将 $(\Delta x)^2$ 忽略掉,即 $\Delta y\approx 2x_0\Delta x$.而 $f'(x_0)=2x_0$,我们把 $f'(x_0)\Delta x=2x_0\Delta x$ 称为面积函数在 x_0 处的微分.

对一般可导函数的增量作类似处理,得到的线性主部就称为函数的微分.

定义 3.3 设函数 $y=f(x)$ 在点 x_0 处有导数 $f'(x_0)$,则称 $f'(x_0)\Delta x$ 为 $y=f(x)$ 在点 x_0 处的**微分**,记作 $\mathrm{d}y$,即

$$\mathrm{d}y=f'(x_0)\Delta x.$$

并称 $y=f(x)$ 在点 x_0 处**可微**.

定义表明,一元函数可导与可微是等价的.

例 1 求函数 $y=x^2$ 当 x 由 1 改变到 1.1 和 1.01 时的函数的增量 Δy 和微分 $\mathrm{d}y$.

解 在 $x=1$ 处,有

$$\Delta y=(1+\Delta x)^2-1^2=2\Delta x+(\Delta x)^2;$$
$$f'(x)=2x,\quad f'(1)=2.$$

(1) 当 x 由 1 改变到 1.1 时,$\Delta x=0.1$,

$$\Delta y=2\times0.1+0.1^2=0.21,$$
$$\mathrm{d}y=f'(1)\Delta x=2\times0.1=0.2.$$

(2) 当 x 由 1 改变到 1.01 时,$\Delta x=0.01$,

$$\Delta y=2\times0,01+0.01^2=0.020\ 1,$$
$$\mathrm{d}y=f'(1)\Delta x=2\times0.01=0.02.$$

思考 从例 1 中观察 Δx 变小时,$\Delta y-\mathrm{d}y$ 是怎样变化的?

函数 $y=f(x)$ 在任意点 x 的微分,称为函数的微分,记作

$$\mathrm{d}y=f'(x)\Delta x.$$

如果将自变量 x 当作自己的函数 $y=x$,则有

$$\mathrm{d}x=\mathrm{d}y=(x)'\Delta x=\Delta x,$$

说明自变量 x 的微分 $\mathrm{d}x$ 就等于它的增量 Δx,即 $\mathrm{d}x=\Delta x$.于是函数的微分可以写成

$$\mathrm{d}y=f'(x)\mathrm{d}x.$$

即函数的微分等于函数的导数乘以自变量的微分.

由 $\mathrm{d}y=f'(x)\mathrm{d}x$ 可得 $f'(x)=\dfrac{\mathrm{d}y}{\mathrm{d}x}$,即函数 $y=f(x)$ 的导数 $f'(x)$ 等于函数的微分 $\mathrm{d}y$ 与自变量的微分 $\mathrm{d}x$ 之商.因此,一元函数的导数也叫做微商.以前只能把 $\dfrac{\mathrm{d}y}{\mathrm{d}x}$ 看作导数的整体记号,现在可以看作分式了.

例 2 求函数 $y=x^3-3x+1$ 的微分 $\mathrm{d}y$.

解 $\mathrm{d}y=\mathrm{d}(x^3-3x+1)=(x^3-3x+1)'\mathrm{d}x=(3x^2-3)\mathrm{d}x=3(x^2-1)\mathrm{d}x.$

例 3 求函数 $y=\sqrt{1+x^2}$ 的微分 $\mathrm{d}y$.

解 因为

$$y'=\frac{1}{2\sqrt{1+x^2}}\cdot 2x=\frac{x}{\sqrt{1+x^2}},$$

所以

$$dy=\frac{x}{\sqrt{1+x^2}}dx.$$

3.5.2　微分的几何意义

函数 $y=f(x)$ 的图像如图 3-10 所示.在图像上取一点 $A(x,f(x))$,过点 A 作曲线的割线 AB 与曲线相交于一点 B,点 B 的坐标为 $B(x+\Delta x,f(x+\Delta x))$,从图中可以得到

$$dx=\Delta x=AC,\Delta y=CB.$$

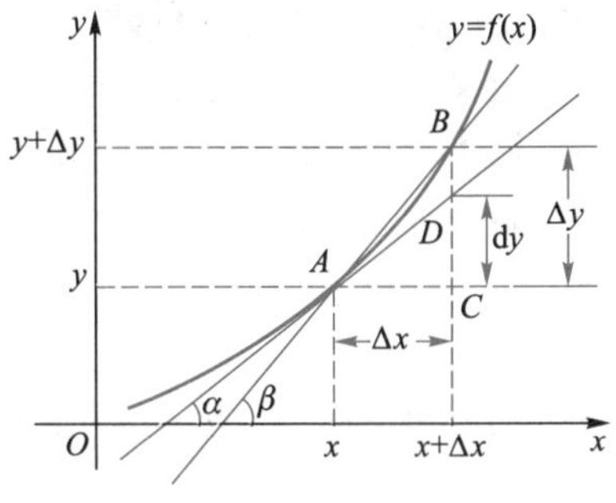

图 3-10

设过 A 点的切线 AD 与 CB 相交于 D.在 A 点处的导数 $f'(x)$ 是过 A 的切线的斜率,即

$$f'(x)=\tan\alpha=\frac{CD}{AC},$$

所以点 A 处的微分

$$dy=f'(x)dx=\frac{CD}{AC}\cdot AC=CD.$$

可见,函数 $y=f(x)$ 在点 x 处的微分的几何意义是曲线 $y=f(x)$ 在点 $A(x,y)$ 处切线纵坐标的增量.

由上图还可以看出:

(1) 当 $|\Delta x|$ 微小时,用 dy 来近似代替 Δy 所产生的误差为 $|\Delta y-dy|$,在图形上就是线段 DB 的长,它是 $|\Delta x|$ 的高阶无穷小.

(2) 曲线在一点的附近可以“直”代“曲”,即当 $|\Delta x|$ 微小时,曲线弧 $\overset{\frown}{AB}$ 可用切线段 AD 来近似代替.

3.5.3　常数和基本初等函数的微分公式

由微分定义 $dy=f'(x)dx$,结合基本初等函数的导数公式,可以直接推出微分基本公式.

(1) $dC=0$(C 为常数);　　(2) $d(x^{\mu})=\mu x^{\mu-1}dx$;

(3) $d(a^x)=a^x\ln a dx$;　　(4) $d(e^x)=e^x dx$;

(5) $d(\log_a x)=\frac{1}{x\ln a}dx$;　　(6) $d(\ln x)=\frac{1}{x}dx$;

(7) $d(\sin x)=\cos x dx$;　　(8) $d(\cos x)=-\sin x dx$;

(9) $d(\tan x)=\sec^2 x dx$;　　(10) $d(\cot x)=-\csc^2 x dx$;

(11) $d(\sec x)=\sec x\tan x dx$;　　(12) $d(\csc x)=-\csc x\cot x dx$;

(13) $d(\arcsin x)=\frac{1}{\sqrt{1-x^2}}dx$;　　(14) $d(\arccos x)=-\frac{1}{\sqrt{1-x^2}}dx$;

(15) $d(\arctan x)=\frac{1}{1+x^2}dx$;　　(16) $d(\text{arccot}\, x)=-\frac{1}{1+x^2}dx$.

3.5.4 函数和、差、积、商的微分法则

根据 $\mathrm{d}y=f'(x)\mathrm{d}x$ 及函数和、差、积、商的求导法则,不难得到相应的微分法则.

定理 3.4 设 $u=u(x)$ 和 $v=v(x)$ 都是 x 的可微函数,则

(1) $\mathrm{d}(u\pm v)=\mathrm{d}u\pm\mathrm{d}v$;

(2) $\mathrm{d}(u\cdot v)=v\mathrm{d}u+u\mathrm{d}v$,特别地 $\mathrm{d}(ku)=k\mathrm{d}u$,$k$ 为常数;

(3) $\mathrm{d}\left(\dfrac{u}{v}\right)=\dfrac{v\mathrm{d}u-u\mathrm{d}v}{v^2}$,其中 $v(x)\neq 0$.

例 4 求下列函数的微分 $\mathrm{d}y$.

(1) $y=x^2-2x+\dfrac{1}{x}$;　　(2) $y=\mathrm{e}^x\sin x$;　　(3) $y=\dfrac{2x-1}{x-1}$.

解 (1) 由定理 3.4(1)知

$$\mathrm{d}y=\mathrm{d}(x^2)-\mathrm{d}(2x)+\mathrm{d}\left(\frac{1}{x}\right)=2x\mathrm{d}x-2\mathrm{d}x-\frac{1}{x^2}\mathrm{d}x=\left(2x-2-\frac{1}{x^2}\right)\mathrm{d}x.$$

(2) 由定理 3.4(2)知

$$\mathrm{d}y=\sin x\mathrm{d}(\mathrm{e}^x)+\mathrm{e}^x\mathrm{d}(\sin x)=\mathrm{e}^x\sin x\mathrm{d}x+\mathrm{e}^x\cos x\mathrm{d}x=\mathrm{e}^x(\sin x+\cos x)\mathrm{d}x.$$

(3) 由定理 3.4(3)知

$$\mathrm{d}y=\frac{(x-1)\mathrm{d}(2x-1)-(2x-1)\mathrm{d}(x-1)}{(x-1)^2}=\frac{(x-1)2\mathrm{d}x-(2x-1)\mathrm{d}x}{(x-1)^2}=-\frac{1}{(x-1)^2}\mathrm{d}x.$$

3.5.5 复合函数的微分法则

设 $y=f(u)$,$u=\varphi(x)$ 都可导,则复合函数 $y=f[\varphi(x)]$ 的导数

$$y'_x=f'_u(u)\cdot\varphi'_x(x),$$

所以复合函数 $y=f[\varphi(x)]$ 的微分

$$\mathrm{d}y=y'_x\mathrm{d}x=f'_u(u)\cdot\varphi'_x(x)\mathrm{d}x,\tag{3-4}$$

又因为 $\mathrm{d}u=\varphi'_x(x)\mathrm{d}x$,所以(3-4)式可写成

$$\mathrm{d}y=f'_u(u)\cdot\varphi'_x(x)\mathrm{d}x=f'_u(u)\mathrm{d}u,$$

即

$$\mathrm{d}y=f'_u(u)\mathrm{d}u.$$

注 (1) 由此可见,无论 u 是自变量还是中间变量,函数 $y=f(u)$ 的微分形式 $\mathrm{d}y=f'_u(u)\mathrm{d}u$ 保持不变.这一性质称为**微分形式不变性**.

(2) 根据微分形式的不变性,微分公式中的 x 可以换为任意可微函数 u.比如,由微分公式 $\mathrm{d}\sin x=\cos x\mathrm{d}x$,可得

$$\mathrm{d}\sin x^2=\cos x^2\mathrm{d}x^2,\mathrm{d}\sin \mathrm{e}^x=\cos \mathrm{e}^x\mathrm{d}\mathrm{e}^x.$$

我们可以运用微分法则和微分公式来求函数的微分.

例 5 求下列函数的微分.

(1) $y=\mathrm{e}^{x^2}$;　　(2) $y=\ln\cos x$;　　(3) $y=\mathrm{e}^{3x}\sin 2x$.

解 (1) $dy=e^{x^2}d(x^2)=2xe^{x^2}dx$.

(2) $dy=\frac{1}{\cos x}d(\cos x)=\frac{1}{\cos x}(-\sin x)dx=-\tan x dx$.

(3) $$\begin{aligned} dy &=\sin 2x d(e^{3x})+e^{3x}d(\sin 2x) \\ &= e^{3x}\sin 2x d(3x)+e^{3x}\cos 2x d(2x) \\ &= e^{3x}(3\sin 2x+2\cos 2x)dx. \end{aligned}$$

3.5.6 微分在近似计算中的应用

由前面的讨论知道，当 $|\Delta x|$ 微小时，函数 $y=f(x)$ 在点 $x=x_0$ 处的增量 Δy 可用微分 dy 来近似代替，即 $\Delta y\approx f'(x_0)\Delta x$，而 $\Delta y=f(x_0+\Delta x)-f(x_0)$，因此有

$$f(x_0+\Delta x)\approx f(x_0)+f'(x_0)\Delta x. \tag{3-5}$$

例 6 估算 $\sqrt{1.01}$ 的值.

解 设 $f(x)=\sqrt{x}$，则 $f'(x)=\frac{1}{2\sqrt{x}}$.

令 $x_0=1$，$\Delta x=0.01$，得 $f(1)=1$，$f'(1)=\frac{1}{2}$，故

$$\sqrt{1.01}\approx f(1)+f'(1)\Delta x=1+\frac{1}{2}\times 0.01=1.005.$$

思考 为何这里取 $x_0=1$，能否取其他值？

例 7 有一机械挂钟，钟摆的周期为 1 s.在冬季，摆长缩短了 0.01 cm，这只挂钟每天大约快多少？（见“案例探究”）

解 由单摆周期公式 $T=2\pi\sqrt{\frac{l}{g}}$（l 为摆长，单位：cm），g 为重力加速度（980 cm/s^2），得

$$dT=\frac{\pi}{\sqrt{gl}}\Delta l.$$

据题设，摆的周期为 1s，即 $1=2\pi\sqrt{\frac{l}{g}}$，得 $l_0=\frac{g}{4\pi^2}$，又 $\Delta l=-0.01$，代入得到摆的周期的相应增量是

$$\Delta T\approx dT=\frac{\pi}{\sqrt{g\frac{g}{4\pi^2}}}\times(-0.01)\approx -0.000\ 2(s).$$

这就是说，由于摆长缩短了 0.01 cm，钟摆的周期便相应缩短了 0.000 2s，即每秒快 0.000 2s，从而每天约快 0.000 2×24×60×60＝17.28 s.

课堂练习 ⋙

1. 已知 $y=3x^2+1$，计算在 $x=2$ 处当 Δx 分别等于 1，0.1 和 0.01 时的 Δy 及 dy.
2. 求下列函数的微分.

(1) $y=\ln(1+x^2)$；　　　　(2) $y=x\sin x^2$.

3. 将适当的函数填入下列括号,使等式成立.

(1) $d(\quad)=2dx$；　　　　(2) $3xdx=d(\quad)$；

(3) $\cos xdx=d(\quad)$；　　　　(4) $\frac{1}{1+x^2}dx=d(\quad)$；

(5) $e^x dx=d(\quad)$；　　　　(6) $d(\quad)=\frac{1}{1+x}dx$；

(7) $d(\sin^2 x)=(\quad)d(\sin x)=(\quad)dx$；

(8) $d(\sin x^2)=\cos x^2 d(\quad)=(\quad)dx$.

4. 计算 $\sin 29°$的近似值.

5. 边长为 100 cm 的金属立方体受热膨胀,当边长增加 1 mm 时,求立方体所增加的体积的近似值.

知识拓展 >>>

由参数方程所确定的函数的导数

有些问题中,因变量 y 与自变量 x 的函数关系不是直接用 y 与 x 的解析式来表示,而是通过一个参变量来表示.

一般地, 若参数方程

$$\begin{cases} x=\varphi(t), \\ y=\psi(t) \end{cases} \quad (\alpha\leqslant t\leqslant\beta) \tag{3-6}$$

可确定 y 是 x 的函数,则称此函数关系是由参数方程(3-6)所确定的函数.

下面我们用导数就是微商的结论来求由参数方程所确定的函数的导数.

例 8 求椭圆$\begin{cases} x=2\cos t, \\ y=3\sin t \end{cases}$在 $t=\frac{\pi}{4}$处的切线方程.

解 由 $dy=3\cos tdt, dx=-2\sin tdt$,得

$$\frac{dy}{dx}=\frac{3\cos tdt}{-2\sin tdt}=-\frac{3}{2}\cot t,$$

因此,在 $t=\frac{\pi}{4}$处的切线斜率

$$k=\left.\frac{dy}{dx}\right|_{t=\frac{\pi}{4}}=-\frac{3}{2}\cot\frac{\pi}{4}=-\frac{3}{2}.$$

当 $t=\frac{\pi}{4}$时, $x=2\cos\frac{\pi}{4}=\sqrt{2}$, $y=3\sin\frac{\pi}{4}=\frac{3\sqrt{2}}{2}$,即切点为$\left(\sqrt{2},\frac{3\sqrt{2}}{2}\right)$,所以,所求切线方程为

$$y-\frac{3\sqrt{2}}{2}=-\frac{3}{2}(x-\sqrt{2}),\text{即 } y=-\frac{3}{2}x+3\sqrt{2}.$$

例 9　求由参数方程$\begin{cases}x=a(\theta-\sin\theta),\\ y=a(1-\cos\theta)\end{cases}$所确定的函数 y 对 x 的二阶导数$\dfrac{d^2y}{dx^2}$.

解　因为 $dy=a\sin\theta d\theta, dx=a(1-\cos\theta)d\theta$，所以

$$\frac{dy}{dx}=\frac{a\sin\theta d\theta}{a(1-\cos\theta)d\theta}=\frac{\sin\theta}{1-\cos\theta}.$$

又

$$d\left(\frac{dy}{dx}\right)=d\left(\frac{\sin\theta}{1-\cos\theta}\right)=\frac{(1-\cos\theta)d\sin\theta-\sin\theta d(1-\cos\theta)}{(1-\cos\theta)^2}$$
$$=\frac{(1-\cos\theta)\cos\theta d\theta-\sin^2\theta d\theta}{(1-\cos\theta)^2}=\frac{(\cos\theta-\cos^2\theta-\sin^2\theta)d\theta}{(1-\cos\theta)^2}$$
$$=\frac{(\cos\theta-1)d\theta}{(1-\cos\theta)^2}=\frac{d\theta}{\cos\theta-1}.$$

因此

$$\frac{d^2y}{dx^2}=\frac{d\left(\frac{dy}{dx}\right)}{dx}=\frac{\frac{d\theta}{\cos\theta-1}}{a(1-\cos\theta)d\theta}=\frac{-1}{a(1-\cos\theta)^2}.$$

习题 3-5

【基础训练】

1. 设函数 $y=x^2+x$，计算在 $x=1$ 处，当 $\Delta x=1$，　0.1，　0.01 时，相应的函数增量 Δy 与微分 dy，并观察两者之差 $\Delta y-dy$ 随 Δx 减少的变化情况.

2. 求下列函数的微分.

(1) $y=x+\dfrac{1}{x}$；　(2) $y=e^x\cos x$；　(3) $y=\dfrac{x}{1+x^2}$；

(4) $y=\ln^2(x+1)$；　(5) $y=e^{\sin x}$；　(6) $y=(x^2-2x+5)^3$；

(7) $y=e^{2x}\sin x^2$；　(8) $y=\sin^2x-\sin x^2$；　(9) $y=\sin(x\ln x)$.

3. 求下列数的近似值.

(1) $\sqrt[3]{1.03}$；　(2) $\ln 1.01$.

4. 一个球体半径为 5 m，当半径增加 2 cm 时，求体积增量的近似值.

【拓展训练】

1. 计算下列参数方程所确定的函数的导数$\dfrac{dy}{dx}$.

(1) $\begin{cases}x=\sin t,\\ y=\cos^2 t;\end{cases}$　(2) $\begin{cases}x=\ln(1+t^2),\\ y=t-\arctan t;\end{cases}$　(3) $\begin{cases}x=e^t\sin t,\\ y=e^t\cos t.\end{cases}$

2. 求曲线$\begin{cases}x=2e^t,\\ y=e^{-t}\end{cases}$在 $t=0$ 时的切线斜率.

3. 求由参数方程$\begin{cases} x=t^2+2t, \\ y=t^3-3t \end{cases}$所确定的函数的一阶导数$\dfrac{\mathrm{d}y}{\mathrm{d}x}$和二阶导数$\dfrac{\mathrm{d}^2y}{\mathrm{d}x^2}$.

3.6 用 GeoGebra 求导数

前面介绍了导数的运算法则和计算技巧,包括:显函数求导、求高阶导数、隐函数求导、对数求导法、求由参数方程确定的函数的导数等. GeoGebra 提供的求导函数可以解决大部分导数计算问题,本节将详细介绍这些函数命令及其语法格式.

用 GeoGebra 求导数的相关中、英文命令及语法格式分别如下:

导数(<函数\曲线>,<变量>,<阶数>)　Derivative(<函数\曲线>,<变量>,<阶数>)

参数导数(<曲线>)　ParametricDerivative(<曲线>)

曲线(<x(t)>,<y(t)>,<参数值 t>,<t-起始值>,<t-终止值>)

Curve(<x(t)>,<y(t)>,<参数值 t>,<t-起始值>,<t-终止值>)

注 (1)"导数"命令用于求解函数或曲线的导数. 其中,"函数\曲线"参数为必选参数,其值是待求导数的函数表达式或曲线;"变量"参数为可选参数,其值是自变量,省略时默认对x求导;"阶数"参数为可选参数,其值是求导的阶数,省略时默认求一阶导数. 当填入"3"时,则求该函数的三阶导数.

(2)"参数导数"命令用于求参数方程的一阶导数. 其中,"曲线"参数用于描述参数方程的相关信息,详情如"曲线"命令格式所示.

(3)"曲线"命令用于以参数方程的形式表达曲线. 其中的五个参数均不可省略,**该命令只能被代数区识别,所以参数导数命令也只能在代数区运行**.

例 1 求下列函数的导数.

(1) $y=x^3(x^2-1)^2$;　　(2) $y=\arcsin\sqrt{x}$;

(3) $y=x^{a^x}$;　　(4) $y=\sin^n x\cos nx$.

解 (1) 输入:`导数(x^3 * (x^2-1)^2)`

显示:$\rightarrow 4x^4(x^2-1)+3x^2(x^2-1)^2$

故:$y'=4x^4(x^2-1)+3x^2(x^2-1)^2$.

(2) 输入:`导数(arcsin(sqrt(x)))`

显示:$\rightarrow \dfrac{\frac{1}{2}}{\sqrt{x}\sqrt{-x+1}}$

故:$y'=\dfrac{1}{2\sqrt{x}\sqrt{-x+1}}$.

(3) 输入:`导数(x^(a^x),x)`

显示:$\rightarrow a^x x^{a^x-1}+a^x x^{a^x}\ln(a)\ln(x)$

故:$y'=a^x x^{a^x-1}+a^x x^{a^x}\ln(a)\ln(x)$.

(4) 输入:导数((sin(x))^n * cos(n * x))

显示:→-nsin(x)ⁿsin(nx)+ncos(x)cos(nx)sin(x)^(n-1)

故:$y'=-n\sin(x)^n\sin(nx)+n\cos(x)\cos(nx)\sin(x)^{n-1}$.

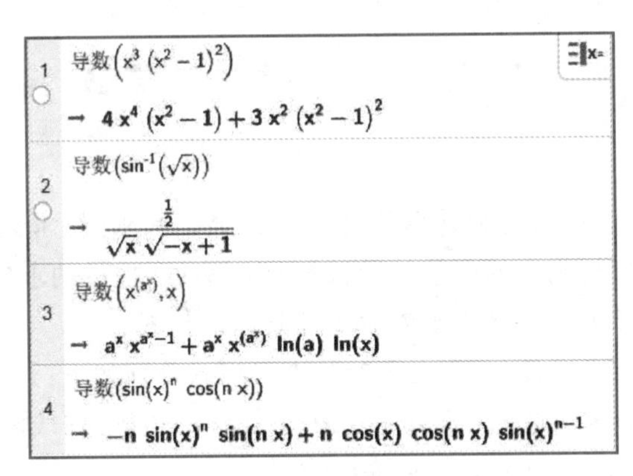

图 3-11

注　(1) GeoGebra 不会对求导结果进行化简和整理.本题运算过程如图 3-11 所示.

(2) 当函数中包含多个字母符号时,需在命令中指定自变量,如(3)小题;若自变量为 x,也可以不指定,系统默认将 x 作为自变量,如(4)小题.

(3) 一个表达式的不同函数间需添加乘号,以便系统正确识别,如(4)小题的输入内容.

例 2　求函数 $y=x^5+4x^2$ 的二阶导数.

解　输入:导数(x^5+4x^2,2)

显示:→20x³+8

故:$y''=20x^3+8$.

注　本题自变量为 x,因此命令中省略了"自变量"参数.

例 3　求由方程 $y=xe^y$ 所确定的隐函数的一阶导数和二阶导数.

解　令 y=f(x)

输入:导数(f(x)=x * e^f(x))

显示:f′(x)=e^(f(x))xf′(x)ln(e)+e^(f(x))

输入:导数(f(x)=x * e^f(x),2)

显示:→f″(x)=2f′(x)e^(f(x))+xf″(x)e^(f(x))+xf′(x)²e^(f(x))

故:$\dfrac{d^2y}{dx^2}=\dfrac{2y'e^y+x(y')^2e^y}{1-xe^y}$.

注　(1) 需用 $f(x)$ 替换函数中的 y,以说明 y 是关于自变量 x 的函数.

(2) **在 GeoGebra 表达式中,不同函数或不同变量相乘时,不建议省略乘号.省略乘号容易导致系统无法正确识别表达式**,如本例中的"*"就不能省略.

(3) 部分 GeoGebra 版本的系统中无法计算 ln(e),因此显示结果中包含了 ln(e),用户可自行化简.

(4) GeoGebra 求隐函数的导数时不会直接得出导数的表达式,需要自行化简计算.

(5) 本题在独立的 CAS 计算器中的运算过程,如图 3-12 所示.

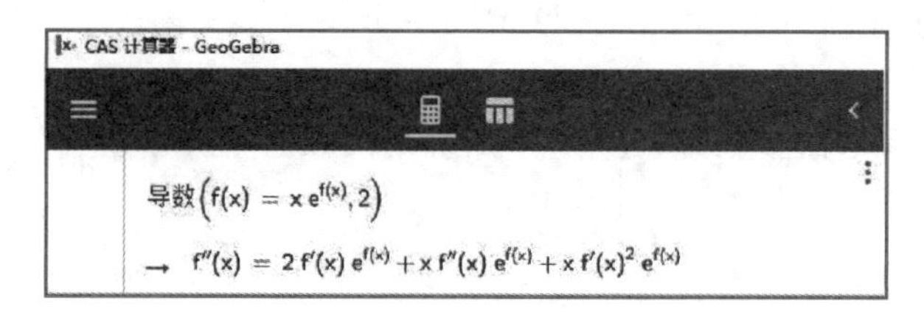

图 3-12

例 4 求由参数方程$\begin{cases}x=\sin t,\\y=\cos t\end{cases}$所确定函数的一阶导数$\dfrac{\mathrm{d}y}{\mathrm{d}x}$.

解 输入:参数导数(曲线(sin(t),cos(t),t,0,2π))

显示:$\rightarrow \left.\begin{matrix}\mathrm{x}=\sin(\mathrm{t})\\ \mathrm{y}'=\dfrac{\sin(\mathrm{t})(-1)}{\cos(\mathrm{t})}\end{matrix}\right\}0\leqslant \mathrm{t}\leqslant 6.28$

故:$\dfrac{\mathrm{d}y}{\mathrm{d}x}=\dfrac{\sin(t)(-1)}{\cos(t)}=-\tan(t)$.

注 (1) 由于"曲线"命令带有绘图功能,因此必须给出自变量的取值范围. 当题目没有给出相关信息时,也需要用户自行填入.

(2) "参数导数"命令的返回值为:$\left(x(t),\dfrac{y'(t)}{x'(t)}\right)$.

课堂练习 ⋙

1. "参数导数"命令中的唯一参数是________,由于"曲线"命令只能在________中被执行,因此"参数导数"命令也仅能在________中被执行.

2. 在 GeoGebra 表达式中,不同函数或不同变量相乘时,函数和变量间最好保留________号.

3. 求函数 $y=\cos^2x+\cos x^2$ 的三阶导数的命令是:____________________.

4. 求隐函数 $x^2+y^2=1$ 的导数$\dfrac{\mathrm{d}y}{\mathrm{d}x}$命令是:____________________.

习题 3-6

1. 利用 GeoGebra 求下列函数的导数.

(1) $y=\arcsin(1-2x)$; (2) $y=\dfrac{a}{\sqrt{1-x^2}}$.

2. 利用 GeoGebra 求下列函数的二阶导数.

(1) $y=\mathrm{e}^{-\frac{x}{2}}\cos 3x$; (2) $y=\arccos x^2$.

3. 利用 GeoGebra 求由下列方程确定的隐函数的一阶导数.

（1）$y=\tan(x+y)$；　　　　（2）$x^2-y^2=1$.

4. 利用 GeoGebra 求由参数方程$\begin{cases} x=\dfrac{t^2}{2}, \\ y=1-t \end{cases}$所确定函数的一阶导数$\dfrac{\mathrm{d}y}{\mathrm{d}x}$.

第三章习题参考答案

第四章 导数的应用

本章将利用导数来研究函数的某些性质,如讨论函数单调性、极值,判定曲线的凹凸性与拐点,并利用这些知识来求解一些优化模型,如最大利润、最低成本等实际问题.为此,首先介绍在微分学理论中占有重要地位的几个微分中值定理,它们是导数应用的理论基础.

4.1 微分中值定理

本节将介绍微分中值定理,它们是运用导数讨论函数性态的理论依据,在微分学理论和应用中有非常重要的作用.

案例探究 某物体作变速直线运动,其运动方程为 $s=6t-t^2$(单位:m),试问在时段[1,3](单位:s)内是否存在某个时刻,使物体在该时刻的瞬时速度与这一时段的平均速度相等?

4.1.1 罗尔中值定理

定理 4.1 如果函数 $f(x)$ 在闭区间 $[a,b]$ 上连续,在开区间 (a,b) 内可导,且 $f(a)=f(b)$,那么在 (a,b) 内至少存在一点 $\xi(a<\xi<b)$,使得 $f'(\xi)=0$.

罗尔中值定理的几何解释:如图 4-1,连续曲线 $y=f(x)$ 的两个端点 A,B 等高,即线段 AB 是水平的,且除端点外处处具有不垂直于 x 轴的切线,则在弧 $\overset{\frown}{AB}$ 上至少有一点 $C(\xi,f(\xi))(a<\xi<b)$,使曲线在 C 点处的切线是水平的(即平行于端点连线 AB).

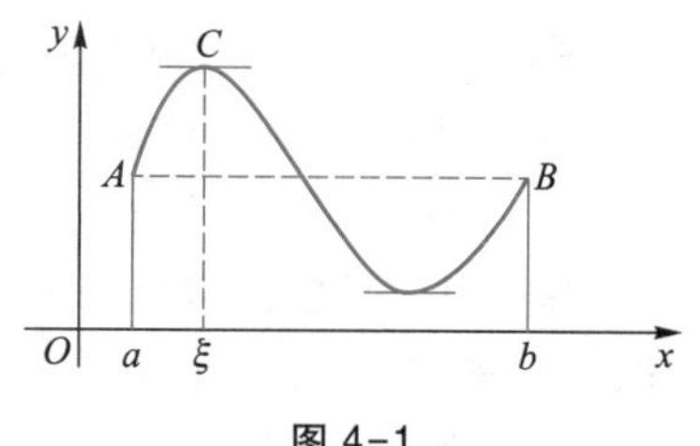

图 4-1

例 1 验证函数 $f(x)=x^2-2x-2$ 在区间 $[-1,3]$ 上满足罗尔定理的条件,并求出 ξ.

解 显然,函数 $f(x)=x^2-2x-2$ 在闭区间 $[-1,3]$ 上连续,开区间 $(-1,3)$ 内可导,且 $f(-1)=f(3)=1$.故函数 $f(x)$ 在区间 $[-1,3]$ 上满足罗尔定理的条件.

由 $f'(\xi)=2\xi-2=0$ 得 $\xi=1$,即存在 $\xi=1\in(-1,3)$,使得 $f'(\xi)=0$.

罗尔定理的结论也可叙述为:方程 $f'(x)=0$ 在区间 (a,b) 内至少有一个实根.

例 2　已知曲线 $f(x)=(x-1)(x-2)(x-3)$，不求导数，判断曲线有几条水平切线.

解　存在水平切线的点也就是导数为零的点，故本题就是在不求导数的情况下，讨论方程 $f'(x)=0$ 的实根个数.

显然，函数 $f(x)$ 在 $[1,2]$ 上连续，在 $(1,2)$ 内可导，且 $f(1)=f(2)=0$，所以方程 $f'(x)=0$ 在 $(1,2)$ 内至少有一个实根. 同理，方程 $f'(x)=0$ 在 $(2,3)$ 内至少有一个实根.

而一元二次方程 $f'(x)=0$ 至多有两个实根，故方程 $f'(x)=0$ 有且只有两个实根，分别在区间 $(1,2)$ 和 $(2,3)$ 内.

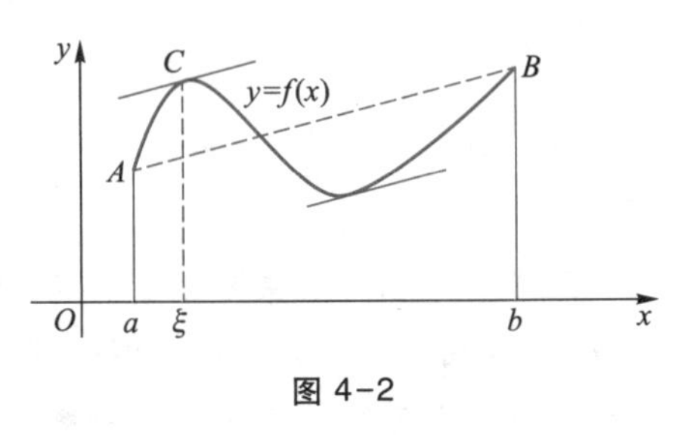

图 4-2

如果去掉罗尔中值定理的第三个条件 $f(a)=f(b)$，如图 4-2 所示，此时仍存在与端点连线 AB 平行的切线，对应的点 $x=\xi$ 处有 $f'(\xi)=k_{AB}$，即

$$\frac{f(b)-f(a)}{b-a}=f'(\xi),$$

这就是拉格朗日中值定理.

4.1.2　拉格朗日中值定理

定理 4.2　若函数 $f(x)$ 在闭区间 $[a,b]$ 上连续，在开区间 (a,b) 内可导，则在 (a,b) 内至少存在一点 ξ，使得

$$f'(\xi)=\frac{f(b)-f(a)}{b-a}.$$

上式常称为拉格朗日公式，也可改写为：

$$f(b)-f(a)=f'(\xi)(b-a).$$

拉格朗日中值定理的几何解释：如图 4-2 所示，闭区间 $[a,b]$ 上的连续曲线 $y=f(x)$ 的弧段除端点外的每一点都存在不垂直于 x 轴的切线，则曲线上至少存在一点 $C(\xi,f(\xi))(a<\xi<b)$，使得曲线在点 C 处的切线与弦 AB 平行.

由定理得，函数在区间上的函数值增量等于该区间的长度乘以区间内某一点的导数值. 在区间 $[x_0,x_0+\Delta x]$ 上应用拉格朗日中值定理可得 $\Delta y=f'(\xi)\Delta x(x<\xi<x+\Delta x)$.

思考　此结论与微分近似公式 $\Delta y\approx f'(x_0)\Delta x$ 的区别是什么？

例 3　验证下列函数在指定区间上满足拉格朗日中值定理，并求出 ξ.

(1) $f(x)=x^2-x,[0,2]$；　　　　(2) $f(x)=\arctan x,[0,1]$

解　(1) 函数 $f(x)=x^2-x$ 的定义域为 $(-\infty,+\infty)$，且 $f'(x)=2x-1$. 因此 $f(x)$ 在闭区间 $[0,2]$ 上连续，在开区间 $(0,2)$ 内可导，故函数 $f(x)=x^2-x$ 在区间 $[0,2]$ 上满足拉格朗日中值定理的条件.

由 $f'(\xi)=\dfrac{f(2)-f(0)}{2-0}$，即 $2\xi-1=1$，所以 $\xi=1$.

(2) 函数 $f(x)=\arctan x$ 的定义域为 $(-\infty,+\infty)$，且 $f'(x)=\dfrac{1}{1+x^2}$. 因此 $f(x)$ 在闭区间 $[0,1]$ 上连续，在开区间 $(0,1)$ 内可导，所以 $f(x)=\arctan x$ 在区间 $[0,1]$ 上满足拉格朗日中值定理.

由 $f'(\xi)=\dfrac{f(1)-f(0)}{1-0}$，即 $\dfrac{1}{1+\xi^2}=\dfrac{\pi}{4}$，又 $\xi\in(0,1)$，所以 $\xi=\sqrt{\dfrac{4}{\pi}-1}$.

例 4 某物体作变速直线运动，其运动方程为 $s=6t-t^2$（单位：m），试问在时段 $[1,3]$（单位：s）内是否存在某个时刻，使物体在该时刻的瞬时速度与这一时段的平均速度相等？（见"案例探究"）

解 因为位移函数 $s=6t-t^2$ 在 $[1,3]$ 上连续，在 $(1,3)$ 内可导，由拉格朗日中值定理可得，存在 $\tau\in(1,3)$，使得

$$s'(\tau)=\frac{s(3)-s(1)}{3-1},$$

即存在 $\tau\in(1,3)$，使得 $v(\tau)=\bar{v}$.

物体在时段 $[1,3]$ 的平均速度

$$\bar{v}=\frac{s(3)-s(1)}{3-1}=\frac{9-5}{2}=2(\mathrm{m/s}).$$

由 $v(\tau)=s'(\tau)=6-2\tau=2$ 可得 $\tau=2$，即在时刻 $\tau=2$ s 时，物体的瞬时速度与这一时段的平均速度相等.

对任意常数 C，有 $(C)'=0$. 导数恒为零的函数又是否一定是常值函数呢？利用拉格朗日中值定理可以证明这个结论是成立的.

推论 1 若 $f(x)$ 在 (a,b) 内导数恒为零（$f'(x)\equiv 0$），那么 $f(x)\equiv C$，其中 C 为常数. 即导数恒为零的函数是常值函数.

证 在 (a,b) 内任取两点 x_1,x_2，不妨设 $x_1<x_2$，显然，在闭区间 $[x_1,x_2]$ 上拉格朗日中值定理条件成立，所以

$$f(x_2)-f(x_1)=f'(\xi)(x_2-x_1),\xi\in(x_1,x_2).$$

由于 $f'(x)\equiv 0$，即有 $f'(\xi)=0$，因此 $f(x_2)-f(x_1)=0$. 于是

$$f(x_2)=f(x_1).$$

由 x_1,x_2 的任意性可知 $f(x)$ 为常值函数，即 $f(x)\equiv C$.

推论 2 若函数 $f(x)$ 和 $g(x)$ 在 (a,b) 内可导，且 $f'(x)=g'(x)$，则 $f(x)$ 和 $g(x)$ 相差一个常数，即 $f(x)-g(x)=C$（C 为常数）.

证 因为 $[f(x)-g(x)]'=f'(x)-g'(x)=0$，由推论 1 有，$f(x)-g(x)=C$，即 $f(x)$ 和 $g(x)$ 相差一个常数.

例 5 求证：$\arctan x+\operatorname{arccot} x\equiv\dfrac{\pi}{2}$.

证 设 $f(x)=\arctan x+\operatorname{arccot} x$，则

$$f'(x)=\frac{1}{1+x^2}-\frac{1}{1+x^2}=0,$$

由推论 1 可知 $f(x)\equiv C$，C 为常数. 又 $f(1)=\arctan 1+\operatorname{arccot} 1=\dfrac{\pi}{4}+\dfrac{\pi}{4}=\dfrac{\pi}{2}$，故

$$f(x)=\arctan x+\operatorname{arccot} x\equiv\frac{\pi}{2}.$$

如果函数由参数方程$\begin{cases} y=f(t), \\ x=g(t) \end{cases}$给出，其中$t$为参数，则拉格朗日公式可表示为

$$\frac{f(b)-f(a)}{g(b)-g(a)}=\frac{f'(\xi)}{g'(\xi)}.$$

4.1.3　柯西中值定理

定理 4.3　如果函数$f(x)$与$g(x)$在闭区间$[a,b]$上连续，在开区间(a,b)内可导，且对$\forall x\in(a,b)$，$g'(x)\neq 0$，那么在(a,b)内至少存在一点ξ，使得

$$\frac{f(b)-f(a)}{g(b)-g(a)}=\frac{f'(\xi)}{g'(\xi)}.$$

在上式中，若取$g(x)=x$，则得到拉格朗日中值定理．易见，拉格朗日中值定理是罗尔中值定理的推广，柯西中值定理是拉格朗日中值定理的推广．这三个定理统称为微分中值定理，它们给出了函数与其导数之间的关系，从而为我们利用导数研究函数的某些性质提供了理论依据和方法．

课堂练习 »»

1. 下列函数在给定区间内是否满足罗尔中值定理的条件？若满足，求出使定理结论成立的ξ．

(1) $y=\cos x, x\in\left[-\frac{\pi}{2},\frac{\pi}{2}\right]$；　　(2) $y=|x|, x\in[-1,1]$．

2. 下列函数在给定区间内是否满足拉格朗日中值定理的条件？若满足，求出使定理结论成立的ξ．

(1) $y=\sin x, x\in\left[0,\frac{\pi}{2}\right]$；　　(2) $y=x^3-3x, x\in[0,1]$．

3. 试证：$\arcsin x+\arccos x\equiv\frac{\pi}{2}(|x|\leqslant 1)$．

拓展提升 »»

利用拉格朗日中值定理可以证明一些不等式或者不等式组．

例 6　证明不等式：$|\arctan b-\arctan a|\leqslant|b-a|$．

证　设$f(x)=\arctan x$，则$f'(x)=\frac{1}{1+x^2}$．显然$f(x)$在以a和b为端点的区间上满足拉格朗日定理的条件，所以在a与b之间存在一点ξ，使得

$$f(b)-f(a)=f'(\xi)(b-a),$$

即

$$\arctan b-\arctan a=\frac{1}{1+\xi^2}(b-a),$$

从而

$$|\arctan b-\arctan a|=\frac{1}{1+\xi^2}|b-a|.$$

由于$\frac{1}{1+\xi^2}\leqslant 1$，所以$\frac{1}{1+\xi^2}|b-a|\leqslant|b-a|$，故

$$|\arctan b-\arctan a|\leqslant|b-a|.$$

例 7 当 $0<a<b,n>1$ 时，证明不等式 $na^{n-1}(b-a)<b^n-a^n<nb^{n-1}(b-a)$.

证 设$f(x)=x^n$，则$f'(x)=nx^{n-1}$.显然，函数$f(x)$在区间$[a,b]$上满足拉格朗日中值定理的条件，故存在$\xi\in(a,b)$，使得

$$b^n-a^n=n\xi^{n-1}(b-a).$$

由于$0<a<\xi<b,n>1$，所以 $na^{n-1}<n\xi^{n-1}<nb^{n-1}$，故

$$na^{n-1}(b-a)<b^n-a^n<nb^{n-1}(b-a).$$

例 8 当 $x>0$ 时，证明不等式$\frac{x}{1+x}<\ln(1+x)<x$.

证 设$f(t)=\ln(1+t)$，则$f'(t)=\frac{1}{1+t}$.显然，函数$f(t)$在区间$[0,x]$上满足拉格朗日中值定理的条件，故存在$\xi\in(0,x)$，使得

$$f(x)-f(0)=\frac{1}{1+\xi}(x-0),$$

即

$$\ln(1+x)=\frac{x}{1+\xi}.$$

由于$0<\xi<x$，所以$\frac{1}{1+x}<\frac{1}{1+\xi}<1$，从而$\frac{x}{1+x}<\frac{x}{1+\xi}<x$，故

$$\frac{x}{1+x}<\ln(1+x)<x.$$

习题 4-1

【基础训练】

1. 验证下列函数在给定区间上满足罗尔中值定理的条件，并求出 ξ.

(1) $f(x)=x^2-4x,[1,3]$； (2) $f(x)=\frac{1}{1+x^2},[-1,1]$.

2. 验证下列函数在给定区间上满足拉格朗日中值定理的条件，并求出 ξ.

(1) $f(x)=x^3-x^2+12x,[0,1]$； (2) $f(x)=\sqrt{4-x},[0,3]$.

3. 已知$f(x)=x(x+1)(x+2)(x+3)$，不求导数，判断方程$f'(x)=0$有几个实根，并指出它们所在的区间.

4. 利用罗尔中值定理证明方程 $4ax^3+3bx^2+2cx-(a+b+c)=0$ 在$(0,1)$内至少有一个实根.

5. 证明：$\arctan x+\arctan \frac{1}{x} \equiv \frac{\pi}{2}(x \neq 0)$.

6. 证明：$\arcsin x+\arcsin \sqrt{1-x^2} \equiv \frac{\pi}{2}(x \in [0,1])$.

【拓展训练】

1. 若一元 n 次方程 $a_n x^n+a_{n-1}x^{n-1}+\cdots+a_1 x+a_0=0(n \geqslant 2)$ 有一个正根 x_0，证明方程 $na_n x^{n-1}+(n-1)a_{n-1}x^{n-2}+\cdots+a_1=0$ 必有一个小于 x_0 的正根.

2. 若函数 $f(x)$ 在 (a,b) 内具有二阶导数，且 $f(x_1)=f(x_2)=f(x_3)$，其中 $a<x_1<x_2<x_3<b$，证明在 (a,b) 内至少有一点 ξ，使得 $f''(\xi)=0$.

3. 证明不等式：

(1) $|\sin a-\sin b| \leqslant |a-b|$；

(2) 当 $a>b>0$ 时，$\frac{a-b}{a}<\ln \frac{a}{b}<\frac{a-b}{b}$；

(3) 当 $x>1$ 时，$e^x>ex$；

(4) 当 $x>0$ 时，$\frac{x}{1+x^2}<\arctan x<x$；

(5) 当 $x>0$ 时，$\frac{1}{1+x}<\ln\left(1+\frac{1}{x}\right)<\frac{1}{x}$.

4.2　洛必达法则

由第二章极限知识可知，在某一极限过程中，$f(x)$ 和 $g(x)$ 都是无穷小或无穷大时，$\frac{f(x)}{g(x)}$ 的极限可能存在也可能不存在，通常称这些极限为未定式（或“不定式”），分别记为 $\frac{0}{0}$ 或 $\frac{\infty}{\infty}$. 利用柯西中值定理可以推导出一种求未定式极限的重要方法——洛必达法则，是简捷而有效地计算 $\frac{0}{0}$ 型和 $\frac{\infty}{\infty}$ 型极限的法则.

案例探究　两个项目的收益关于时间 t 的函数关系式分别为 $f(t)=t^3$，$g(t)=e^t-1$，请问投资哪个项目的长期收益更多？

4.2.1　$\frac{0}{0}$ 型未定式

定理 4.4　设 $f(x)$ 与 $g(x)$ 满足条件：

（1）$\lim\limits_{x\to x_0} f(x)=\lim\limits_{x\to x_0} g(x)=0$；

（2）在点 x_0 的某个去心邻域内，$f(x)$ 与 $g(x)$ 可导，且 $g'(x)\neq 0$；

（3）$\lim\limits_{x\to x_0}\dfrac{f'(x)}{g'(x)}$ 存在（或为 ∞）.

则

$$\lim_{x\to x_0}\frac{f(x)}{g(x)}=\lim_{x\to x_0}\frac{f'(x)}{g'(x)}.$$

注 （1）若 $\lim\limits_{x\to x_0}\dfrac{f'(x)}{g'(x)}$ 仍然是 $\dfrac{0}{0}$ 型未定式，且 $f'(x)$，$g'(x)$ 仍满足洛必达法则中的条件，则可以继续使用洛必达法则.

（2）此定理可以推广到 $x\to x_0^+$，$x\to x_0^-$，$x\to\infty$，$x\to+\infty$，$x\to-\infty$ 的情形.

例 1 求极限 $\lim\limits_{x\to 1}\dfrac{x^3-2x+1}{x^3-4x+3}$.

解 $\lim\limits_{x\to 1}\dfrac{x^3-2x+1}{x^3-4x+3}\overset{\frac{0}{0}}{=}\lim\limits_{x\to 1}\dfrac{3x^2-2}{3x^2-4}=-1.$

注 若所求的极限已不是未定式，则不能再使用洛必达法则.例如上式中的 $\lim\limits_{x\to 1}\dfrac{3x^2-2}{3x^2-4}$ 已经不是 $\dfrac{0}{0}$ 型了，若继续使用洛必达法则就会得到错误的结果.

例 2 求极限 $\lim\limits_{x\to 0}\dfrac{(1+x)^{\mu}-1}{x}(\mu\neq 0)$.

解 $\lim\limits_{x\to 0}\dfrac{(1+x)^{\mu}-1}{x}\overset{\frac{0}{0}}{=}\lim\limits_{x\to 0}\mu(1+x)^{\mu-1}=\mu.$

根据等价无穷小的定义可知，$x\to 0$ 时，$(1+x)^{\mu}-1\sim\mu x$.

例 3 求极限 $\lim\limits_{x\to 0}\dfrac{x-\sin x}{x^3}$.

解 $\lim\limits_{x\to 0}\dfrac{x-\sin x}{x^3}\overset{\frac{0}{0}}{=}\lim\limits_{x\to 0}\dfrac{1-\cos x}{3x^2}\overset{\frac{0}{0}}{=}\lim\limits_{x\to 0}\dfrac{\sin x}{6x}=\dfrac{1}{6}.$

例 4 求极限 $\lim\limits_{x\to 0}\dfrac{e^{x-\sin x}-1}{(1-\cos x)\ln(1+2x)}$.

解 该极限是 $\dfrac{0}{0}$ 型未定式，若直接使用洛必达法则，导数计算会很烦琐，可以利用等价无穷小替换简化计算.

$$\lim_{x\to 0}\frac{e^{x-\sin x}-1}{(1-\cos x)\ln(1+2x)}=\lim_{x\to 0}\frac{x-\sin x}{\frac{x^2}{2}\cdot 2x}\overset{\frac{0}{0}}{=}\lim_{x\to 0}\frac{1-\cos x}{3x^2}=\lim_{x\to 0}\frac{\frac{1}{2}x^2}{3x^2}=\frac{1}{6}.$$

4.2.2　$\dfrac{\infty}{\infty}$型未定式

对于$\dfrac{\infty}{\infty}$型未定式，有类似的洛必达法则.

定理 4.5　设$f(x)$与$g(x)$满足条件：

(1) $\lim\limits_{x\to x_0} f(x)=\lim\limits_{x\to x_0} g(x)=\infty$；

(2) 在点x_0的某个去心邻域内，$f(x)$与$g(x)$可导，且$g'(x)\neq 0$；

(3) $\lim\limits_{x\to x_0}\dfrac{f'(x)}{g'(x)}$存在(或为$\infty$).

则

$$\lim_{x\to x_0}\frac{f(x)}{g(x)}=\lim_{x\to x_0}\frac{f'(x)}{g'(x)}.$$

此定理仍可以推广到$x\to x_0^+$，$x\to x_0^-$，$x\to\infty$，$x\to+\infty$，$x\to-\infty$的情形.

例 5　求极限$\lim\limits_{x\to+\infty}\dfrac{\ln x}{x^n}(n>0)$.

扫一扫 看讲解

4.2 例 5

解　$\lim\limits_{x\to+\infty}\dfrac{\ln x}{x^n}\overset{\frac{\infty}{\infty}}{=}\lim\limits_{x\to+\infty}\dfrac{\frac{1}{x}}{nx^{n-1}}=\lim\limits_{x\to+\infty}\dfrac{1}{nx^n}=0.$

例 6　求极限$\lim\limits_{x\to+\infty}\dfrac{x^n}{e^x}$($n$为正整数).

解　$\lim\limits_{x\to+\infty}\dfrac{x^n}{e^x}\overset{\frac{\infty}{\infty}}{=}\lim\limits_{x\to+\infty}\dfrac{nx^{n-1}}{e^x}\overset{\frac{\infty}{\infty}}{=}\lim\limits_{x\to+\infty}\dfrac{n(n-1)x^{n-2}}{e^x}=\cdots=\lim\limits_{x\to+\infty}\dfrac{n!}{e^x}=0.$

由例 5 和例 6 可以看出，当$x\to+\infty$时，三个无穷大量$\ln x$，x^n，e^x中，e^x增长速度最快，x^n次之，$\ln x$增长速度最慢.

例 7　求极限$\lim\limits_{x\to0^+}\dfrac{\ln(\sin x)}{\ln x}$.

解　$\lim\limits_{x\to0^+}\dfrac{\ln(\sin x)}{\ln x}\overset{\frac{\infty}{\infty}}{=}\lim\limits_{x\to0^+}\dfrac{\frac{\cos x}{\sin x}}{\frac{1}{x}}=\lim\limits_{x\to0^+}\dfrac{x\cos x}{\sin x}=\lim\limits_{x\to0^+}\dfrac{x}{\sin x}\cdot\lim\limits_{x\to0^+}\cos x=1.$

例 8　两个项目的收益关于时间t的函数关系式分别为$f(t)=t^3$，$g(t)=e^t-1$，请问投资哪个项目的长期收益更多？(见“案例探究”)

解　显然，两个项目的收益函数$f(t)=t^3$，$g(t)=e^t-1$都是单调递增的，且$\lim\limits_{t\to+\infty}f(t)=\lim\limits_{t\to+\infty}g(t)=+\infty$.判断哪个项目的长期收益更多可通过计算极限$\lim\limits_{t\to+\infty}\dfrac{f(t)}{g(t)}$来确定.

$$\lim_{t\to+\infty}\frac{f(t)}{g(t)}=\lim_{t\to+\infty}\frac{t^3}{e^t-1}\overset{\frac{\infty}{\infty}}{=}\lim_{t\to+\infty}\frac{3t^2}{e^t}\overset{\frac{\infty}{\infty}}{=}\lim_{t\to+\infty}\frac{6t}{e^t}\overset{\frac{\infty}{\infty}}{=}\lim_{t\to+\infty}\frac{6}{e^t}=0.$$

从而可得$g(t)=e^t-1$增长更快，因此第二个项目的长期收益更多.

例 9 求极限$\lim\limits_{x\to\infty}\dfrac{x+\sin x}{x}$.

解 此极限是$\dfrac{\infty}{\infty}$型未定式，但是不能用洛必达法则，因为若对分子分母求导，得$\lim\limits_{x\to\infty}\dfrac{x+\sin x}{x}=\lim\limits_{x\to\infty}\dfrac{1+\cos x}{1}$，其中$x\to\infty$时，$\cos x$的极限不存在，故洛必达法则失效.但此题可以利用无穷小的性质计算

$$\lim_{x\to\infty}\frac{x+\sin x}{x}=\lim_{x\to\infty}\left(1+\frac{1}{x}\sin x\right)=1+0=1.$$

课堂练习 >>>

1. 下列计算是否正确？若不正确，请给出正确解法.

(1) $\lim\limits_{x\to1}\dfrac{x^3-x}{x^2-1}=\lim\limits_{x\to1}\dfrac{3x^2-1}{2x-1}=\lim\limits_{x\to1}\dfrac{6x}{2}=3.$

(2) $\lim\limits_{x\to\infty}\dfrac{x+\sin x}{x-\sin x}=\lim\limits_{x\to\infty}\dfrac{1+\cos x}{1-\cos x}=\lim\limits_{x\to\infty}\dfrac{-\sin x}{\sin x}=-1.$

2. 利用洛必达法则求下列极限.

(1) $\lim\limits_{x\to1}\dfrac{1-x^n}{1-x}$；　(2) $\lim\limits_{x\to0}\dfrac{\sqrt{1+x}-1}{x}$；　(3) $\lim\limits_{x\to1}\dfrac{2x^2-x-1}{x^3-2x^2+1}$；

(4) $\lim\limits_{x\to0}\dfrac{e^x-e^{-x}}{x}$；　(5) $\lim\limits_{x\to0}\dfrac{\tan x-x}{x^2\sin x}$；　(6) $\lim\limits_{x\to0^+}\dfrac{\ln\cot x}{\ln x}$.

拓展提升 >>>

洛必达法则只能对$\dfrac{0}{0}$型或$\dfrac{\infty}{\infty}$型直接使用，对于$\infty-\infty$，$0\cdot\infty$，1^∞，0^0，∞^0型未定式，可经过适当的变形化为$\dfrac{0}{0}$型或$\dfrac{\infty}{\infty}$型，再利用洛必达法则计算其极限.

1. $\infty-\infty$型

$\infty-\infty$型的未定式，可对函数进行恒等变形（通分等）后化为$\dfrac{0}{0}$型或$\dfrac{\infty}{\infty}$型，再利用洛必达法则计算其极限.

例 10 求极限$\lim\limits_{x\to1}\left(\dfrac{1}{1-x}-\dfrac{3}{1-x^3}\right)$.

解 $\lim\limits_{x\to1}\left(\dfrac{1}{1-x}-\dfrac{3}{1-x^3}\right)=\lim\limits_{x\to1}\dfrac{x^2+x-2}{1-x^3}\overset{\frac{0}{0}}{=}\lim\limits_{x\to1}\dfrac{2x+1}{-3x^2}=-1.$

2. $0\cdot\infty$型

对$0\cdot\infty$型的未定式，通过变换可化为$\dfrac{0}{0}$型或$\dfrac{\infty}{\infty}$型，再利用洛必达法则计算其极限.

例 11 求极限 $\lim\limits_{x\to+\infty} x\left(\dfrac{\pi}{2}-\arctan x\right)$.

解 $$\lim_{x\to+\infty} x\left(\frac{\pi}{2}-\arctan x\right)=\lim_{x\to+\infty}\frac{\frac{\pi}{2}-\arctan x}{\frac{1}{x}}\overset{\frac{0}{0}}{=}\lim_{x\to+\infty}\frac{-\frac{1}{1+x^2}}{-\frac{1}{x^2}}=\lim_{x\to+\infty}\frac{x^2}{1+x^2}=1.$$

注 此题若将 $0\cdot\infty$ 型化为 $\dfrac{\infty}{\infty}$ 型,则变得更烦琐

$$\lim_{x\to+\infty} x\left(\frac{\pi}{2}-\arctan x\right)=\lim_{x\to+\infty}\frac{x}{\frac{1}{\frac{\pi}{2}-\arctan x}}\overset{\frac{\infty}{\infty}}{=}\lim_{x\to+\infty}\frac{1}{\frac{-1}{\left(\frac{\pi}{2}-\arctan x\right)^2}\cdot\frac{-1}{1+x^2}}$$
$$=\lim_{x\to+\infty}\left(\frac{\pi}{2}-\arctan x\right)^2\cdot(1+x^2).$$

结果仍为 $0\cdot\infty$ 型,却比原题还烦琐.所以对 $0\cdot\infty$ 型做变换时,通常将比较简单的函数做变换放到分母上.

3. 1^∞, 0^0, ∞^0 型

对 1^∞, 0^0, ∞^0 型的未定式,可利用公式 $N=\mathrm{e}^{\ln N}$ 将幂指函数转化为指数函数,最终变为计算 $\dfrac{0}{0}$ 型或 $\dfrac{\infty}{\infty}$ 型未定式的极限.

例 12 求极限 $\lim\limits_{x\to0}(1+\sin x)^{\frac{1}{x}}$($1^\infty$ 型).

解 $\lim\limits_{x\to0}(1+\sin x)^{\frac{1}{x}}=\lim\limits_{x\to0}\mathrm{e}^{\ln(1+\sin x)^{\frac{1}{x}}}=\lim\limits_{x\to0}\mathrm{e}^{\frac{\ln(1+\sin x)}{x}}=\mathrm{e}^{\lim\limits_{x\to0}\frac{\ln(1+\sin x)}{x}}=\mathrm{e}^{\lim\limits_{x\to0}\frac{\cos x}{1+\sin x}}=\mathrm{e}^1=\mathrm{e}.$

例 13 求极限 $\lim\limits_{x\to0^+}x^x$(0^0 型).

解 $\lim\limits_{x\to0^+}x^x=\lim\limits_{x\to0^+}\mathrm{e}^{\ln x^x}=\lim\limits_{x\to0^+}\mathrm{e}^{x\ln x}=\mathrm{e}^{\lim\limits_{x\to0^+}\frac{\ln x}{\frac{1}{x}}}=\mathrm{e}^{\lim\limits_{x\to0^+}\frac{\frac{1}{x}}{-\frac{1}{x^2}}}=\mathrm{e}^{\lim\limits_{x\to0^+}(-x)}=\mathrm{e}^0=1.$

例 14 求极限 $\lim\limits_{x\to+\infty}x^{\frac{1}{x}}$($\infty^0$ 型).

解 $\lim\limits_{x\to+\infty}x^{\frac{1}{x}}=\lim\limits_{x\to+\infty}\mathrm{e}^{\ln x^{\frac{1}{x}}}=\lim\limits_{x\to+\infty}\mathrm{e}^{\frac{\ln x}{x}}=\mathrm{e}^{\lim\limits_{x\to+\infty}\frac{\ln x}{x}}=\mathrm{e}^{\lim\limits_{x\to+\infty}\frac{1}{x}}=\mathrm{e}^0=1.$

课堂练习 ⋙

利用洛必达法则求下列极限:

(1) $\lim\limits_{x\to1}\left(\dfrac{x}{x-1}-\dfrac{1}{\ln x}\right)$; (2) $\lim\limits_{x\to0}\left(\dfrac{1}{x}-\dfrac{1}{\sin x}\right)$; (3) $\lim\limits_{x\to0}x^2\cdot\mathrm{e}^{\frac{1}{x^2}}$;

(4) $\lim\limits_{x\to0^+}x^{\sin x}$; (5) $\lim\limits_{x\to0^+}\left(\dfrac{1}{x}\right)^{\tan x}$; (6) $\lim\limits_{x\to+\infty}\left(\dfrac{2}{\pi}\arctan x\right)^x$.

习题 4-2

【基础训练】

运用洛必达法则求下列极限.

(1) $\lim\limits_{x\to 1}\dfrac{1-x^3}{1-x^2}$； (2) $\lim\limits_{x\to 1}\dfrac{\ln x}{1-x}$； (3) $\lim\limits_{x\to 1}\dfrac{x^3-3x^2+2}{x^3-x^2-x+1}$；

(4) $\lim\limits_{x\to 0}\dfrac{e^x+e^{-x}-2}{x^2}$； (5) $\lim\limits_{x\to a}\dfrac{\sin x-\sin a}{x-a}$； (6) $\lim\limits_{x\to +\infty}\dfrac{\ln(1+x)}{\ln(2+x^2)}$.

【拓展训练】

求下列极限.

(1) $\lim\limits_{x\to 0}\dfrac{\tan x-x}{x-\sin x}$； (2) $\lim\limits_{x\to 1}\left(\dfrac{2}{x^2-1}-\dfrac{1}{x-1}\right)$； (3) $\lim\limits_{x\to 0}\left(\dfrac{1}{x}-\dfrac{1}{e^x-1}\right)$；

(4) $\lim\limits_{x\to \frac{\pi}{2}}(\sec x-\tan x)$； (5) $\lim\limits_{x\to 1}\left(\dfrac{1}{\ln x}-\dfrac{1}{x-1}\right)$； (6) $\lim\limits_{x\to \pi}(\pi-x)\tan\dfrac{x}{2}$；

(7) $\lim\limits_{x\to +\infty}x\left(e^{\frac{1}{x}}-1\right)$； (8) $\lim\limits_{x\to 0^+}\left(\ln\dfrac{1}{x}\right)^x$； (9) $\lim\limits_{x\to 0}\left(\dfrac{4^x+3^x}{2}\right)^{\frac{1}{x}}$.

4.3 函数的单调性、极值与最值

根据拉格朗日中值定理可知，利用导数可研究函数在其定义域内的变化形态.本节将介绍利用导数判断函数的单调性及求函数极值和最值的方法.

案例探究 某厂欲靠围墙一侧砌一个长方形水池（如图 4-7），现有存砖只够砌 30 m 长的墙壁，问如何设计才能使水池的面积最大？

4.3.1 函数的单调性

先观察函数单调性与导数的关系.

如图 4-3，函数 $f(x)$ 在区间 (a,b) 内单调递增，其图形是一条沿 x 轴正向上升的曲线，其上各点处的切线与 x 轴正向夹角 α（倾斜角）是锐角，即 $f'(x)=\tan\alpha>0$.

如图 4-4，函数 $f(x)$ 在区间 (a,b) 内单调递减，其图形是一条沿 x 轴正向下降的曲线，其上各点处的切线与 x 轴正向夹角 α（倾斜角）是钝角，即 $f'(x)=\tan\alpha<0$.

由此可见，函数的单调性与导数的符号密切相关.事实上，有如下定理：

定理 4.6 设函数 $f(x)$ 在闭区间 $[a,b]$ 上连续，在开区间 (a,b) 内可导，则

(1) 如果对任意 $x\in(a,b)$，有 $f'(x)>0$，那么 $f(x)$ 在闭区间 $[a,b]$ 上单调递增；

(2) 如果对任意 $x\in(a,b)$,有 $f'(x)<0$,那么 $f(x)$ 在闭区间 $[a,b]$ 上单调递减.

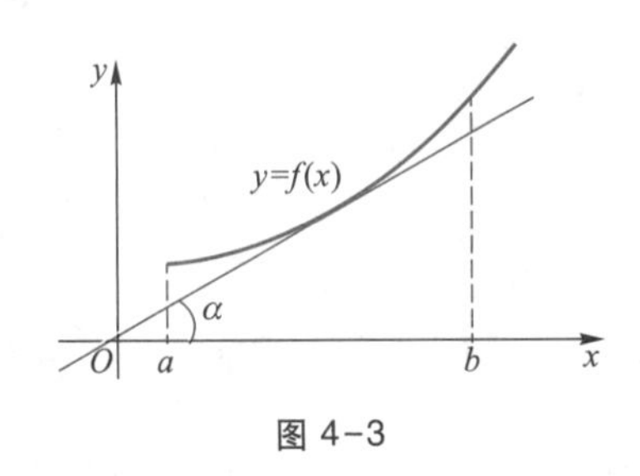

图 4-3

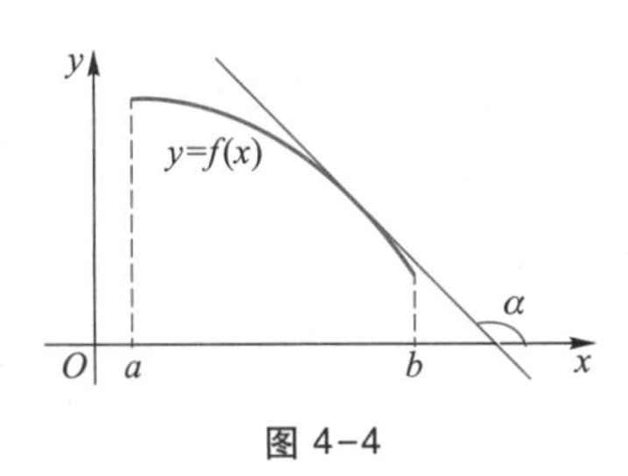

图 4-4

证　在 $[a,b]$ 上任取两点 x_1,x_2,不妨设 $x_1<x_2$.由定理条件可知,$f(x)$ 在 $[x_1,x_2]$ 上满足拉格朗日中值定理条件,所以至少存在一点 $\xi\in(x_1,x_2)$,使得

$$f(x_2)-f(x_1)=f'(\xi)(x_2-x_1)$$

由于 $x_1<x_2$,所以 $x_2-x_1>0$.

如果对任意 $x\in(a,b)$,有 $f'(x)>0$,则 $f(x_2)-f(x_1)>0$,即 $f(x_1)<f(x_2)$.从而 $f(x)$ 在闭区间 $[a,b]$ 上单调递增.同理,如果对任意 $x\in(a,b)$,有 $f'(x)<0$,可推出 $f(x)$ 在闭区间 $[a,b]$ 上单调递减.

注　定理中的闭区间换成其他区间结论也成立.

例 1　讨论函数 $f(x)=\ln x$ 在定义域内的单调性.

解　$f(x)=\ln x$ 的定义域是 $(0,+\infty)$.因为在定义域内 $f'(x)=\dfrac{1}{x}>0$,所以函数 $f(x)=\ln x$ 在定义域 $(0,+\infty)$ 内是单调递增的.

若在函数的定义域范围内导数符号发生变化,则应先找到导数符号变化的分界点,再分区间讨论.导数符号变化的分界点一般有两种情况:一种情况是 $f'(x)$ 连续变化,正负之间必然经过零,这时导数符号变化的分界点必然是使得 $f'(x)=0$ 的点.$f'(x)=0$ 的点称为函数 $f(x)$ 的**驻点**.另一种情况是 $f'(x)$ 的间断点,即 $f(x)$ 的不可导点,也可能成为导数符号变化的分界点.

因此对函数的单调性讨论可按以下步骤进行:

(1) 确定函数的定义域;

(2) 计算 $f'(x)$,并求出函数 $f(x)$ 的驻点以及不可导点;

(3) 用驻点和不可导点将定义域分成若干小区间,列表讨论;

(4) 写出函数 $f(x)$ 的单调区间.

例 2　求函数 $f(x)=x-\dfrac{3}{2}\sqrt[3]{x^2}$ 的单调区间.

解　$f(x)=x-\dfrac{3}{2}\sqrt[3]{x^2}$ 的定义域是 $(-\infty,+\infty)$,且

$$f'(x)=1-x^{-\frac{1}{3}}=\frac{\sqrt[3]{x}-1}{\sqrt[3]{x}}.$$

令 $f'(x)=0$ 解得驻点 $x=1$.当 $x=0$ 时,$f'(x)$ 不存在,即 $f(x)$ 的不可导点为 $x=0$.

用点 0,1 将定义域 $(-\infty,+\infty)$ 划分为 3 个区间,列表 4-1 讨论如下:

表 4-1

x	$(-\infty,0)$	0	$(0,1)$	1	$(1,+\infty)$
$f'(x)$	+	×	-	0	+
$f(x)$	↗(单增)		↘(单减)		↗(单增)

即$f(x)$的单增区间是$(-\infty,0)$和$(1,+\infty)$,单减区间是$(0,1)$.

4.3.2 函数的极值

定义 4.1 设函数$f(x)$在点x_0的某邻域$U(x_0,\delta)$内有定义,若

(1) 对$\forall x\in \mathring{U}(x_0,\delta)$有$f(x_0)>f(x)$,则称$x_0$为$f(x)$的一个**极大值点**,$f(x_0)$是$f(x)$的一个**极大值**;

(2) 对$\forall x\in \mathring{U}(x_0,\delta)$有$f(x_0)<f(x)$,则称$x_0$为$f(x)$的一个**极小值点**,$f(x_0)$是$f(x)$的一个**极小值**.

极大值和极小值统称为**极值**,极大值点和极小值点统称为**极值点**.

如图 4-5 所示,x_1和x_4为$f(x)$的极大值点,$f(x_1)$和$f(x_4)$为$f(x)$的极大值,而x_2和x_5为$f(x)$的极小值点,$f(x_2)$和$f(x_5)$为$f(x)$的极小值.极值是一个局部的概念,是函数在某一邻域的最大值或最小值,而不是整个定义域的最大值或最小值,比如图 4-5 中的极大值$f(x_1)$小于极小值$f(x_5)$.由图 4-5 可以看出,函数$f(x)$的极值点为驻点或不可导点.

定理 4.7(必要条件) 若函数$f(x)$在x_0处取得极值,则x_0是$f(x)$的驻点或不可导点.

反之,驻点或不可导点不一定是极值点,如图 4-5 中,x_3是$f(x)$的驻点,但不是$f(x)$的极值点.由图 4-5 可以看出,只有函数单调性发生改变的分界点才是函数的极值点,结合定理 4.6 不难得到以下结论.

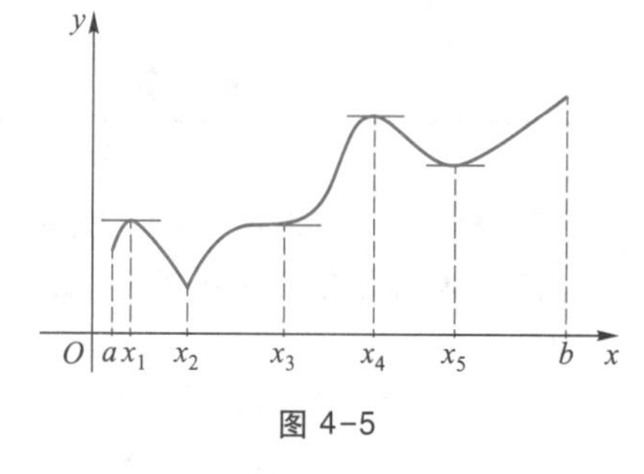

图 4-5

定理 4.8(第一充分条件) 设函数$f(x)$在点x_0处连续,在$\mathring{U}(x_0,\delta)$内可导.

(1) 若对$\forall x\in(x_0-\delta,x_0)$有$f'(x)>0$,对$\forall x\in(x_0,x_0+\delta)$有$f'(x)<0$,则点$x_0$是$f(x)$的极大值点;

(2) 若对$\forall x\in(x_0-\delta,x_0)$有$f'(x)<0$,对$\forall x\in(x_0,x_0+\delta)$有$f'(x)>0$,则点$x_0$是$f(x)$的极小值点;

(3) 若在x_0的两侧$f'(x)$符号相同,则x_0不是$f(x)$的极值点.

根据定理 4.8 可得求函数极值的基本步骤如下:

(1) 确定函数的定义域;

(2) 求出$f'(x)$,并求出函数$f(x)$的驻点以及不可导点;

(3) 用驻点和不可导点将定义域分成若干小区间,列表讨论;

(4) 根据每个驻点和不可导点左右两边$f'(x)$的符号变化情况判断该点是否是极大(小)值点;

(5) 求出各极值点处的函数值,即为所求的极值.

例 3　求函数 $f(x)=3x^4-8x^3+6x^2$ 的极值.

解　$f(x)$ 的定义域为 $(-\infty,+\infty)$,

$$f'(x)=12x^3-24x^2+12x=12x(x-1)^2.$$

令 $f'(x)=0$ 得驻点 $x=0$ 或 $x=1$.显然,函数无不可导点.

用这两个点将定义域 $(-\infty,+\infty)$ 分成 3 个区间,列表 4-2 讨论:

表 4-2

x	$(-\infty,0)$	0	$(0,1)$	1	$(1,+\infty)$
$f'(x)$	−	0	+	0	+
$f(x)$	↘	极小值	↗	无极值	↗

因此,函数的极小值点为 $x=0$,极小值为 $f(0)=0$.

例 4　求函数 $f(x)=2+(x^2-1)^{\frac{2}{3}}$ 的极值.

解　$f(x)$ 的定义域 $(-\infty,+\infty)$,$f'(x)=\dfrac{4}{3}x(x^2-1)^{-\frac{1}{3}}=\dfrac{4x}{3\cdot\sqrt[3]{x^2-1}}$.

令 $f'(x)=0$ 得驻点 $x=0$.显然,$x=\pm1$ 是函数的不可导点.

用驻点和不可导点将定义域 $(-\infty,+\infty)$ 分成 4 个区间,列表 4-3 讨论:

表 4-3

x	$(-\infty,-1)$	-1	$(-1,0)$	0	$(0,1)$	1	$(1,+\infty)$
$f'(x)$	−	不存在	+	0	−	不存在	+
$f(x)$	↘	极小值	↗	极大值	↘	极小值	↗

所以函数有极大值 $f(0)=3$,极小值 $f(\pm1)=2$.

定理 4.9(第二充分条件)　设函数 $f(x)$ 在点 x_0 处有二阶导数,且 $f'(x_0)=0$,$f''(x_0)\neq0$,则

(1) 当 $f''(x_0)>0$ 时,x_0 为 $f(x)$ 的极小值点;

(2) 当 $f''(x_0)<0$ 时,x_0 为 $f(x)$ 的极大值点.

注　当 $f'(x_0)=0$ 且 $f''(x_0)=0$ 时,不能判定 x_0 是否为 $f(x)$ 的极值点.比如 $x_0=0$ 是 $f(x)=x^3$,$g(x)=x^4$,$h(x)=-x^4$ 这三个函数的驻点,且在该点处二阶导数均为零,但 $f(x)$ 在 x_0 处未取得极值,$g(x)$ 在 x_0 处取得极小值,$h(x)$ 在 x_0 处取得极大值.

例 5　求函数 $f(x)=\sin x$ 的极值.

解　函数的定义域为 $(-\infty,+\infty)$,$f'(x)=\cos x$,$f''(x)=-\sin x$.

令 $f'(x)=0$,得驻点 $x=2k\pi\pm\dfrac{\pi}{2}$,$k\in\mathbf{Z}$.

当 $x=2k\pi+\dfrac{\pi}{2}$ 时,$f''\left(2k\pi+\dfrac{\pi}{2}\right)<0$,故 $f\left(2k\pi+\dfrac{\pi}{2}\right)=1$ 为函数的极大值.

当 $x=2k\pi-\frac{\pi}{2}$ 时，$f''\left(2k\pi-\frac{\pi}{2}\right)>0$，故 $f\left(2k\pi-\frac{\pi}{2}\right)=-1$ 为函数的极小值.

4.3.3　函数的最值

定义 4.2　设函数 $f(x)$ 在区间 I 上有定义，$x_0\in I$. 若对任意 $x\in I$，$f(x_0)\geqslant f(x)$，则称 $f(x_0)$ 为函数 $f(x)$ 在区间 I 上的**最大值**，x_0 为函数 $f(x)$ 在区间 I 上的最大值点. 反之，$f(x_0)\leqslant f(x)$，则称 $f(x_0)$ 为函数 $f(x)$ 在区间 I 上的**最小值**，x_0 为函数 $f(x)$ 在区间 I 上的最小值点. 最大值和最小值统称为**最值**.

思考　最值与极值有何区别？

函数最值的求法与区间 I 的形式有密切联系.

1. 闭区间上连续函数的最值

由闭区间上连续函数的性质可知，如果函数 $f(x)$ 在闭区间 $[a,b]$ 上连续，$f(x)$ 在 $[a,b]$ 上一定取得最大值和最小值（图 4-6）. 函数在闭区间上的最值要么在区间内的点处取得，要么在端点处取得. 当函数在区间 (a,b) 内的点 x_0 处取得最值时，x_0 一定是极值点，则 x_0 一定是驻点或不可导点. 因此，我们可以直接比较函数 $f(x)$ 在端点、驻点和不可导点处的函数值的大小，即可得到 $f(x)$ 在闭区间 $[a,b]$ 上的最值.

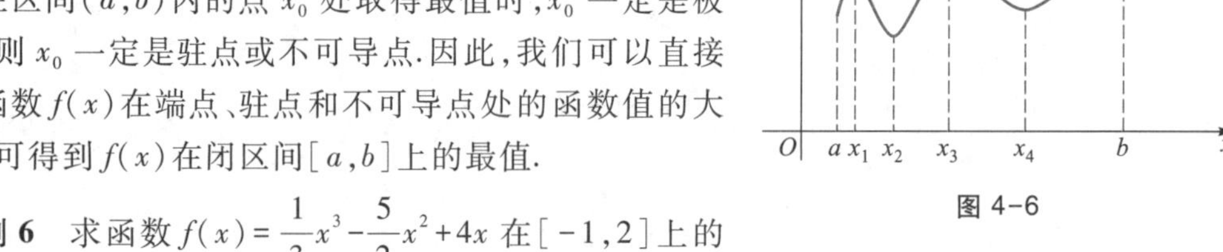

图 4-6

例 6　求函数 $f(x)=\frac{1}{3}x^3-\frac{5}{2}x^2+4x$ 在 $[-1,2]$ 上的最值.

解　$f'(x)=x^2-5x+4=(x-4)(x-1)$. 令 $f'(x)=0$，得驻点 $x_1=1$，$x_2=4$（不在区间内，舍去），计算函数 $f(x)$ 在 $x=-1,2,1$ 处的函数值

$$f(1)=\frac{11}{6},f(-1)=-\frac{41}{6},f(2)=\frac{2}{3},$$

故 $f(x)\big|_{\max}=f(1)=\frac{11}{6}$，$f(x)\big|_{\min}=f(-1)=-\frac{41}{6}$.

2. 其他区间形式

当区间 I 不是闭区间时，首先要判定函数最值是否存在. 一般函数最值的存在性要根据函数图像判定，而函数的图像讨论往往比较繁杂，这里不作详细讨论，仅讨论两种特殊情况.

（1）开区间且驻点唯一时

函数 $f(x)$ 在开区间（有限或无限）内可导且有唯一驻点 x_0，则当 x_0 为极大值点时，$f(x_0)$ 为函数的最大值；当 x_0 为极小值点时，$f(x_0)$ 为函数的最小值.

例 7　求函数 $f(x)=x^2-4x$ 的最值.

解　函数定义域为 $(-\infty,+\infty)$，$f'(x)=2x-4$，令 $f'(x)=0$ 得唯一驻点 $x=2$. 因为 $f''(2)=2>0$，所以 $x=2$ 为函数的极小值点. 故函数只有最小值 $f(2)=-4$.

（2）开区间内实际问题中的最值

求实际问题的最值，若定义域为开区间，且根据实际意义可以判定函数一定存在最值，函数在该区间内可导且仅有唯一的驻点，那么该点就是函数的最值点，无需验证.

例 8　某厂欲靠围墙一侧砌一个长方形水池（如图 4-7），现有存砖只够砌 30 m 长的墙壁，问如何设计才能使水池的面积最大？（见“案例探究”）

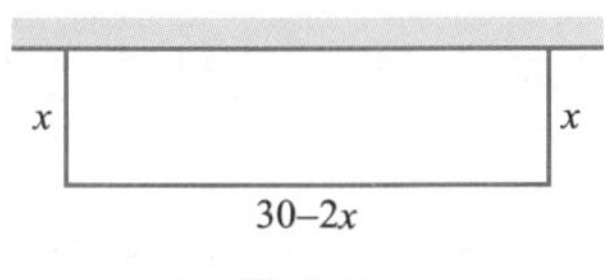

图 4-7

解　设水池宽为 x（单位：m），则水池的面积为

$$S(x)=x(30-2x),0<x<15,$$

$S'(x)=30-4x$，令 $S'(x)=0$，得唯一驻点为 $x=7.5$. 由问题的实际意义知，水池的最大面积一定存在，所以 $S(x)$ 在 $x=7.5$ 时取得最大值，即水池的长为 15 m，宽为 7.5 m 时，面积最大，最大值为 $S(7.5)=112.5(\mathrm{m}^2)$.

例 9　容积为定值 V 的圆柱形易拉罐，底（顶）部的单位造价是侧面单位造价的两倍，如何设计其尺寸才能使用料总造价最低？

解　如图 4-8 所示，设圆柱底面半径为 x，高为 y，由体积公式 $V=\pi x^2 y$，可得 $y=\dfrac{V}{\pi x^2}$. 设侧面单位造价为 a，则底（顶）部的单位造价为 $2a$. 则总造价

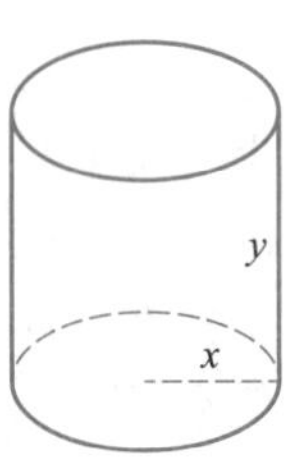

$$f(x)=2\pi x^2\cdot 2a+2\pi xy\cdot a=2a\left(2\pi x^2+\frac{V}{x}\right),\quad x\in(0,+\infty).$$

图 4-8

$f'(x)=2a\left(4\pi x-\dfrac{V}{x^2}\right)$，令 $f'(x)=0$ 得唯一驻点 $x=\sqrt[3]{\dfrac{V}{4\pi}}$. 此时

$$y=2\sqrt[3]{\frac{2V}{\pi}}=4\sqrt[3]{\frac{V}{4\pi}}=4x.$$

根据实际意义，$f(x)$ 在 $(0,+\infty)$ 内存在最小值. 所以当 $y=4x=4\sqrt[3]{\dfrac{V}{4\pi}}$ 时，总造价最低.

课堂练习

1. 驻点一定是极值点吗？不可导点一定是极值点吗？举例说明.

2. 判断题.

(1) 若 x_0 为极值点，则 $f'(x_0)=0$.　　(　　)

(2) 若 $f'(x_0)=0$，则 x_0 为极值点.　　(　　)

(3) 若 x_0 为极值点且 $f'(x_0)$ 存在，则 $f'(x_0)=0$.　　(　　)

(4) 极值点可以是区间端点.　　(　　)

(5) 函数 $f(x)$ 的极大值一定大于它的极小值.　　(　　)

(6) 若 $f'(x_0)=0, f''(x_0)=0$，则 x_0 不是 $f(x)$ 的极值点.　　(　　)

3. 求 $y=x(x-4)^3+1$ 的单调区间与极值.

4. 若函数 $y=ax^3+bx$ 在 $x=1$ 处有极大值 3，求 a,b 的值.

5. 求函数 $y=x^3-3x$ 在 $[0,2]$ 上的最值.

6. 利用导数求 $y=ax^2+bx+c$（$a>0$，a 为常数）在定义域内的最值.

拓展提升 ›››

利用单调性还可以证明一些不等式和讨论方程的根的个数.

例 10　证明:当 $x>0$ 时,$\ln(1+x)<x$.

证　令 $f(x)=\ln(1+x)-x$,则

$$f'(x)=\frac{1}{1+x}-1=\frac{-x}{1+x}.$$

当 $x>0$ 时,$f'(x)<0$,即 $f(x)$ 在 $(0,+\infty)$ 内单调递减.所以当 $x>0$ 时,$f(x)<f(0)=0$,从而

$$\ln(1+x)-x<0.$$

因此,当 $x>0$ 时,$\ln(1+x)<x$.

例 11　求证:方程 $e^x+x-2=0$ 在 $(0,1)$ 内有且只有一个实根.

证　设 $f(x)=e^x+x-2$,则 $f(x)$ 在闭区间 $[0,1]$ 上连续.

由于 $f(0)\cdot f(1)=(1-2)(e+1-2)<0$,由零点定理可知,方程在 $(0,1)$ 内至少有一个实根.又因为在 $(0,1)$ 内,$f'(x)=e^x+1>0$,故 $f(x)$ 在 $(0,1)$ 内单调递增,因此函数 $f(x)$ 在 $(0,1)$ 内与 x 轴至多只有一个交点,即方程在 $(0,1)$ 内至多有一个实根.

综上所述,原方程在 $(0,1)$ 内有且只有一个实根.

习题 4-3

【基础训练】

1. 利用第一充分条件求下列函数的极值和单调区间.

(1) $y=2x^3-6x+1$;　(2) $y=2x+3\cdot\sqrt[3]{x^2}$;　(3) $y=x-\ln(1+x)$;

(4) $y=\dfrac{\ln x}{x}$;　(5) $y=(x-5)\sqrt[3]{x^2}$;　(6) $y=(x+4)^2(x-1)^3$.

2. 利用第二充分条件求下列函数的极值.

(1) $y=x-e^x$;　(2) $y=x^3-9x^2+5$.

3. 求下列连续函数在 $[0,4]$ 上的最大值和最小值.

(1) $y=\dfrac{1}{3}x^3-3x^2+9x$;　(2) $y=x+\sqrt{x}$.

4. 一张长方形铁皮长 8 dm,宽 5 dm,将铁皮的四角各截去一个大小相同的小正方形,然后将四边折起做成一个无盖的长方体铁盒.问截掉的小正方形边长为多大时,铁盒的容积最大?

5. 要做一个容积为 300 m^3 的无盖圆柱形蓄水池,已知底面单位造价是侧面单位造价的两倍,问如何设计蓄水池的尺寸才能使总造价最低?

【拓展训练】

1. 甲船以 20 km/h 的速度向东行驶,同一时间乙船在甲船正北 82 km 处以 16 km/h 的速度向南行驶,问经过多长时间两船相距最近?

2. 由材料力学可知，矩形截面横梁承受弯曲的能力与横梁的抗弯截面系数 $\omega=\frac{1}{6}bh^2$ 成正比，其中 b 为矩形截面的底宽，h 为梁高. 要把截面直径为 d 的圆木加工成矩形木料，用作水平横梁，问怎样加工才能使横梁的承载能力最大？

3. 在一条宽 2.5 km 的河两旁有 A,B 两城，如图 4-9 所示，A 城位于河岸边，B 城在 A 城的对岸沿河下游 10 km 处，要在 A,B 两城之间铺设一条地下光缆，若在水中铺设光缆的费用为 2.5 万元/km，在河岸边铺设光缆的费用为 1.5 万元/km，试问如何铺设光缆能使总铺设费用最低？

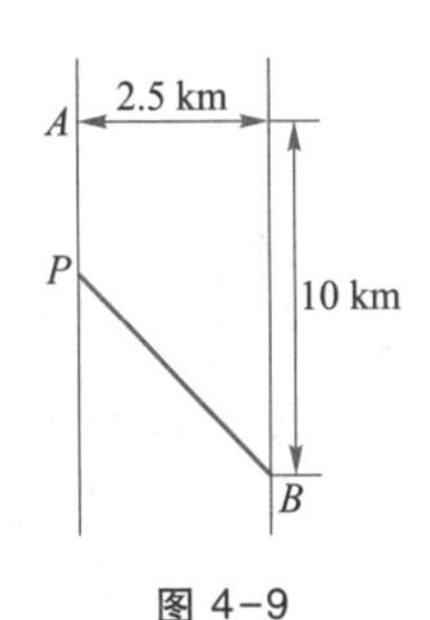

图 4-9

4. 若轮船每小时的燃料费与速度的立方成正比，已知速度为 10 km/h 时，燃料费为 80 元/h. 若轮船行驶时，其他费用为 480 元/h，求轮船最经济的行驶速度.

5. 一房地产公司有 50 套公寓可出租，当月租金定为 2 000 元时，公寓能全部租出去，月租金每增加 100 元，就会多一套公寓租不出去，租出去的公寓每月需花费 200 元的维修费，试问租金定为多少可获得最大收入？最大收入为多少？

6. 利用单调性证明下列不等式：

（1）当 $x>0$ 时，$x>\sin x$；

（2）当 $x>0$ 时，$e^x>1+x$；

（3）当 $x>0$ 时，$\frac{x}{1+x}<\ln(1+x)$；

（4）当 $0<x_1<x_2<\frac{\pi}{2}$ 时，$\frac{\tan x_2}{\tan x_1}>\frac{x_2}{x_1}$.

7. 利用单调性讨论方程 $x^5-5x=2$ 的实根个数.

4.4　曲线的凹凸性与函数作图

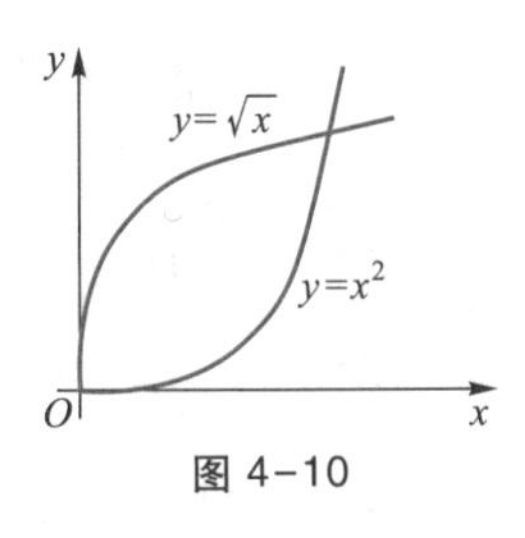

图 4-10

函数的单调性是函数的重要性质，反映了沿 x 轴正方向其图像是上升还是下降的特征，但还不能完全反映函数的变化规律. 如图 4-10 所示，函数 $y=x^2$ 与 $y=\sqrt{x}$ 在 $(0,+\infty)$ 内都是单调递增的，但曲线的弯曲方向不同. 本节将利用二阶导数讨论曲线的弯曲方向，即曲线的凹凸性.

案例探究　已知某产品的销售量关于时间 t（单位：年）的函数为 $y=\frac{500}{1+24e^{-1.8t}}$（单位：万件），试求该产品销售量增长速度的转折点.

4.4.1　曲线的凹凸性与拐点

如图 4-11 中曲线 $y=f(x)$ 为凹的形状，曲线向上弯曲，曲线弧位于这一弧段上任意一点切线的上方；如图 4-12 中曲线 $y=f(x)$ 为凸的形状，曲线向下弯曲，曲线弧位于这一弧段上任意一点切线的下方.

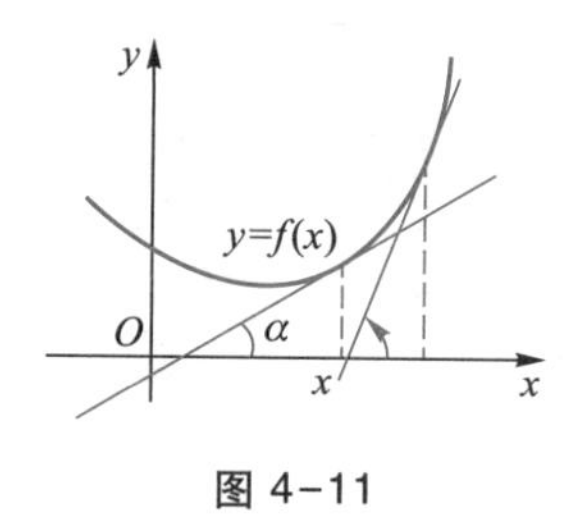

图 4-11

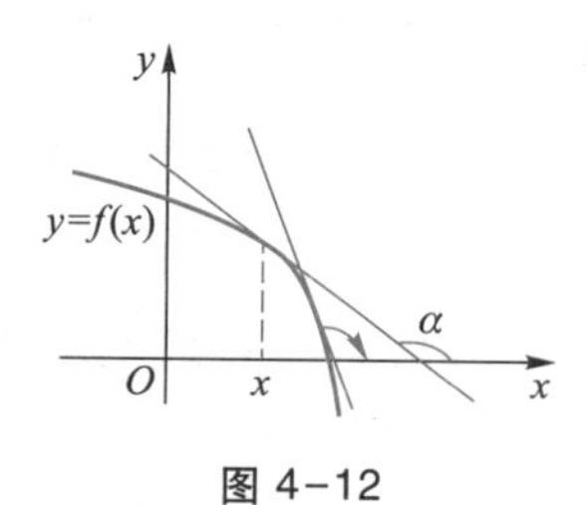

图 4-12

定义 4.3　如果在区间 I 内，曲线段 $y=f(x)$ 始终位于其上任意一点切线的上方，则称此曲线在区间 I 内是**凹**的；如果在区间 I 内，曲线段 $y=f(x)$ 始终位于其上任意一点切线的下方，则称此曲线在区间 I 内是**凸**的.连续曲线上凹、凸变化的分界点称为曲线的**拐点**.

直接利用定义来判断函数的凹凸性是比较困难的，进一步观察图 4-11 和图 4-12，不难发现：对于凹曲线段 $y=f(x)$，当 x 增加时，切线斜率也在增加，即 $f'(x)=\tan\alpha$ 为增函数；对于凸曲线段 $y=f(x)$，当 x 增加时，切线斜率却在减少，即 $f'(x)=\tan\alpha$ 为减函数.也就是说，曲线段 $y=f(x)$ 的凹凸性与 $f'(x)$ 的单调性有紧密联系，而 $f'(x)$ 的单调性可以由 $f''(x)$ 的正负符号判定.对于函数凹凸性的判定有如下定理.

定理 4.10　设函数 $y=f(x)$ 在区间 (a,b) 内具有二阶导数，

(1) 若对 $\forall x\in(a,b)$ 有 $f''(x)>0$，则曲线 $y=f(x)$ 在 (a,b) 内是凹的；

(2) 若对 $\forall x\in(a,b)$ 有 $f''(x)<0$，则曲线 $y=f(x)$ 在 (a,b) 内是凸的.

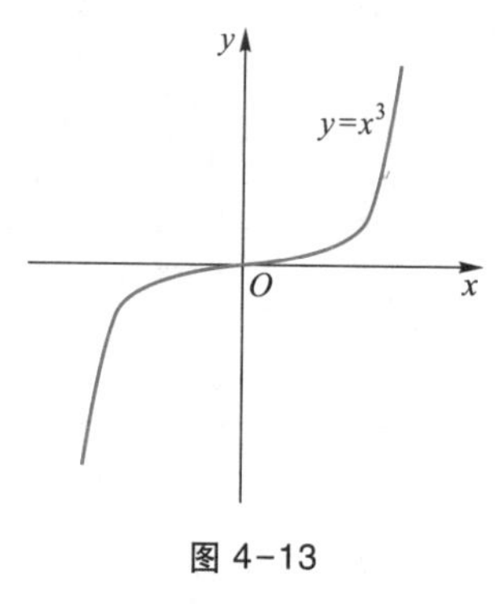

图 4-13

例 1　判定曲线 $y=x^3$ 的凹凸性(图 4-13).

解　函数的定义域为 $(-\infty,+\infty)$，$y'=3x^2$，$y''=6x$.

在 $(-\infty,0)$ 内，$y''<0$，曲线段是凸的.在 $(0,+\infty)$ 内，$y''>0$，曲线段是凹的.故原点 $(0,0)$ 为曲线 $y=x^3$ 的拐点.

由凹凸性的判定定理可知，在拐点两侧 $f''(x)$ 有相反的符号，因此在拐点处，要么 $f''(x)=0$，要么 $f''(x)$ 不存在.

曲线 $y=f(x)$ 凹凸性的判定与函数单调性判定方法类似，不同的是，判断单调性时用一阶导数，判断凹凸性时用二阶导数.

例 2　求曲线 $y=x^4-6x^3+12x^2+2$ 的凹凸区间和拐点.

解　函数定义域为 $(-\infty,+\infty)$.

$$y'=4x^3-18x^2+24x,\ y''=12x^2-36x+24=12(x-1)(x-2).$$

令 $y''=0$ 得 $x_1=1$，$x_2=2$.

用点 1,2 将定义域$(-\infty,+\infty)$分成 3 个区间,列表讨论(见表 4-4).

表 4-4

x	$(-\infty,1)$	1	$(1,2)$	2	$(2,+\infty)$
y''	+	0	-	0	+
y	$\cup$	拐点	$\cap$	拐点	$\cup$

故曲线在区间$(-\infty,1)$及$(2,+\infty)$内是凹的,在区间$(1,2)$内是凸的,点$(1,9)$和点$(2,18)$为拐点.

例 3　求曲线 $y=2+(x^2-1)^{\frac{2}{3}}$的凹凸区间和拐点.

解　函数定义域为$(-\infty,+\infty)$.

$$y'=\frac{4}{3}x(x^2-1)^{-\frac{1}{3}},$$

$$\begin{aligned}y''&=\frac{4}{3}[x(x^2-1)^{-\frac{1}{3}}]'\\&=\frac{4}{3}\{(x)'(x^2-1)^{-\frac{1}{3}}+x[(x^2-1)^{-\frac{1}{3}}]'\}\\&=\frac{4}{3}\left[(x^2-1)^{-\frac{1}{3}}-\frac{2x^2}{3}(x^2-1)^{-\frac{4}{3}}\right]\\&=\frac{4x^2-12}{9\sqrt[3]{(x^2-1)^4}}.\end{aligned}$$

令 $y''=0$ 得 $x=\pm\sqrt{3}$,而 $x=\pm1$ 是 y''不存在的点.

用$-\sqrt{3},-1,1,\sqrt{3}$将定义域$(-\infty,+\infty)$分成 5 个区间,列表讨论(见表 4-5).

表 4-5

x	$(-\infty,-\sqrt{3})$	$-\sqrt{3}$	$(-\sqrt{3},-1)$	-1	$(-1,1)$	1	$(1,\sqrt{3})$	$\sqrt{3}$	$(\sqrt{3},+\infty)$
y''	+	0	—	×	—	×	—	0	+
y	$\cup$	拐点	$\cap$		$\cap$		$\cap$	拐点	$\cup$

故曲线在区间$(-\infty,-\sqrt{3})$及$(\sqrt{3},+\infty)$内是凹的,在区间$(-\sqrt{3},\sqrt{3})$内是凸的,点$(-\sqrt{3},2+\sqrt[3]{4})$和点$(\sqrt{3},2+\sqrt[3]{4})$为拐点.

4.4.2　渐近线

当 $x\to x_0$ 或 $x\to\infty$ 时,有些函数的图形会与某条直线无限接近,例如函数 $y=\frac{1}{x}$,当 $x\to\infty$ 时,曲线上的点无限接近于直线 $y=0$;当 $x\to0$ 时,曲线上的点无限接近于直线 $x=0$,这样的直线称为曲线的渐近线,它描述了曲线无限延伸时的性态.

定义 4.4 如果曲线 $y=f(x)$ 上的动点 P 沿曲线趋于无穷远时,动点 P 与直线 l 的距离趋于零,则称直线 l 为该曲线的**渐近线**.

如果给定曲线的方程为 $y=f(x)$,如何确定该曲线是否有渐近线呢?如果有渐近线又该如何求出呢?下面分三种情形讨论:

1. 水平渐近线

如果 $\lim\limits_{x\to\infty(\pm\infty)} f(x)=b$,则称直线 $y=b$ 为曲线 $y=f(x)$ 的**水平渐近线**.

2. 铅垂渐近线

如果 $\lim\limits_{x\to x_0(x_0^{\pm})} f(x)=\infty$,则称直线 $x=x_0$ 为曲线 $y=f(x)$ 的**铅垂渐近线**.

*3. 斜渐近线

如果 $\lim\limits_{x\to\infty(\pm\infty)} \dfrac{f(x)}{x}=k$ 且 $\lim\limits_{x\to\infty(\pm\infty)} (f(x)-kx)=b$,则称直线 $y=kx+b$ 为曲线 $y=f(x)$ 的**斜渐近线**.

如反比例曲线 $y=\dfrac{1}{x}$,因为 $\lim\limits_{x\to\infty}\dfrac{1}{x}=0$,$\lim\limits_{x\to 0}\dfrac{1}{x}=\infty$,所以有水平渐近线 $y=0$(即 x 轴)和铅垂渐近线 $x=0$(即 y 轴).

例 4 求下列曲线的水平渐近线与铅垂渐近线.

(1) $y=\dfrac{x-1}{x^2-1}$; (2) $y=\mathrm{e}^{-\frac{1}{x}}$.

解 (1) 因为 $\lim\limits_{x\to\infty}\dfrac{x-1}{x^2-1}=0$,所以曲线有水平渐近线 $y=0$;

因为 $\lim\limits_{x\to -1}\dfrac{x-1}{x^2-1}=\lim\limits_{x\to -1}\dfrac{1}{x+1}=\infty$,所以曲线有铅垂渐近线 $x=-1$.

(2) 因为 $\lim\limits_{x\to\infty}\mathrm{e}^{-\frac{1}{x}}=1$,所以曲线有水平渐近线 $y=1$;

因为 $\lim\limits_{x\to 0^-}\mathrm{e}^{-\frac{1}{x}}=\infty$,所以曲线有铅垂渐近线 $x=0$.

例 5 求曲线 $y=\dfrac{x^2}{x+1}$ 的渐近线.

解 因为 $\lim\limits_{x\to\infty}\dfrac{x^2}{x+1}=\lim\limits_{x\to\infty}2x=\infty$,所以曲线无水平渐近线;

因为 $\lim\limits_{x\to -1}\dfrac{x^2}{x+1}=\infty$,所以曲线有铅垂渐近线 $x=-1$;

因为 $k=\lim\limits_{x\to\infty}\dfrac{f(x)}{x}=\lim\limits_{x\to\infty}\dfrac{x}{x+1}=1$,且

$$b=\lim_{x\to\infty}[f(x)-kx]=\lim_{x\to\infty}\left(\frac{x^2}{x+1}-x\right)=\lim_{x\to\infty}\frac{-x}{x+1}=-1,$$

所以曲线有斜渐近线 $y=x-1$.

4.4.3　函数作图

一阶导数的符号可以确定函数的单调性和极值，二阶导数的符号可以确定函数的凹凸性和拐点. 根据函数 $y=f(x)$ 在区间(a,b)内的一、二阶导数符号的不同情况，可得在(a,b)内函数曲线的形态有表 4-6 中的四种情形.

表 4-6

$f'(x)$符号	+	+	−	−
$f''(x)$符号	+	−	+	−
$f(x)$的图像				

通过对函数的单调性和极值、凹凸性和拐点以及渐近线的讨论，可以比较全面地确定函数的变化形态，描绘出函数的图像.

描绘函数图像的具体步骤可归纳如下：

(1) 确定函数 $f(x)$ 的定义域、奇偶性、周期性；

(2) 计算 $f'(x)$，$f''(x)$，并在函数的定义域范围内求出一、二阶导数为零的点和一、二阶导数不存在的点，用这些点将定义域划分为若干子区间，列表讨论这些子区间内一、二阶导数的符号，以确定函数的单调区间和极值点以及凹凸区间和拐点；

(3) 确定曲线的渐近线；

(4) 描出一些特殊点(曲线与坐标轴的交点、极值点、拐点、必要的辅助点)；

(5) 根据曲线形态从左到右逐段描绘出函数的图像.

例 6　描绘函数 $y=x^3-3x+1$ 的图像.

解　函数定义域为$(-\infty,+\infty)$.

$$y'=3x^2-3=3(x^2-1),\ y''=6x.$$

令 $y'=0$ 得驻点 $x=\pm1$，令 $y''=0$ 得 $x=0$.

用点$-1,0,1$ 将定义域分成 4 个子区间，列表讨论(见表 4-7).

表 4-7

x	$(-\infty,-1)$	-1	$(-1,0)$	0	$(0,1)$	1	$(1,+\infty)$
y'	+	0	−		−	0	+
y''	−	−	−	0	+	+	+
y		极大值		拐点		极小值	

函数极大值为 $y|_{x=-1}=3$，极小值为 $y|_{x=1}=-1$，拐点为$(0,1)$.

函数无渐近线，添加一些辅助点：$y|_{x=0}=1$，$y|_{x=-2}=-1$，$y|_{x=2}=3$，根据图像的变化形

态，描点作图可得函数的图像如图 4-14 所示.

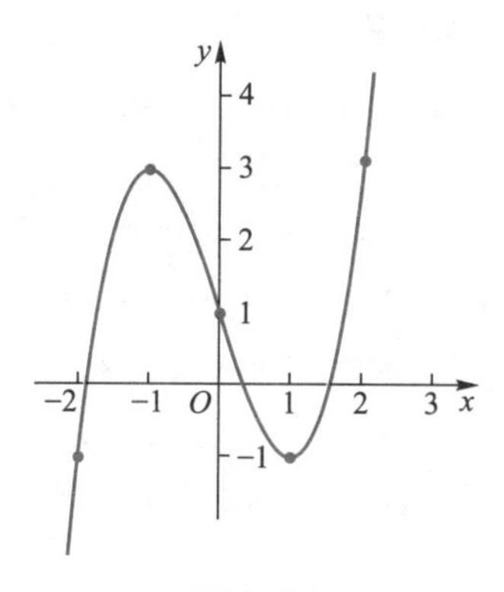

图 4-14

课堂练习 ⋙

1. 判断题.

(1) 若$(x_0,f(x_0))$为拐点，则$f''(x_0)=0$. ( )

(2) 若$f''(x_0)=0$，则$(x_0,f(x_0))$为拐点. ( )

(3) 若$(x_0,f(x_0))$为拐点且$f''(x_0)$存在，则$f''(x_0)=0$. ( )

(4) 拐点与极值点不能在同一点取到. ( )

2. 填空题.

(1) 曲线$f(x)=x^3-3x^2+1$在区间________内是凹的，在区间________内是凸的，拐点为________；

(2) 若点(0,1)是曲线$f(x)=x^3+ax^2+b$的拐点，则$a=$________，$b=$________；

(3) 曲线$f(x)=\dfrac{x-1}{x+1}$的水平渐近线方程是____________，铅垂渐近线方程是____________.

(4) 若函数$f(x)=ax^2+bx+c$的图像如图 4-15 所示，则a______0，b______0，c______0(填“>”，“<”或“=”).

3. 图 4-16 是$y'=f'(x)$的图像.考察此图并回答下列问题：

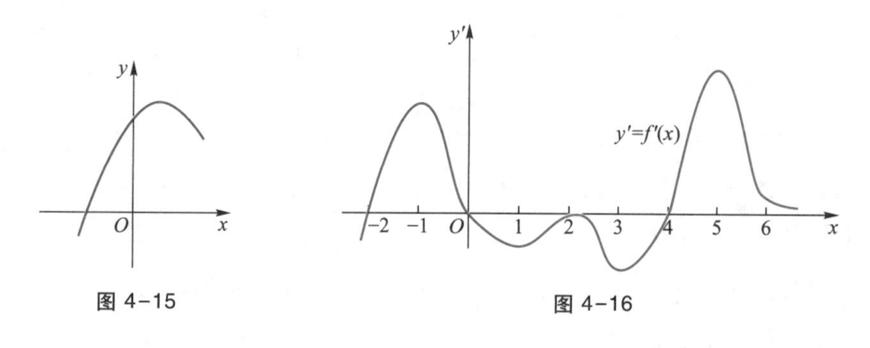

图 4-15　　图 4-16

（1）指出 $f(x)$ 的单调区间；

（2）$f(x)$ 在何处取到极大值、极小值.

拓展提升 »»

拐点在实际问题中具有重要意义.如图 4-17，函数 $y=f(t)$ 表示某地区近几年的经济收入变化情况，点 $P(a,f(a))$ 为拐点.曲线始终是上升的，但在不同时间段有较大区别，在 $(0,a)$ 段，曲线是凹的，反映了经济增长速度 $f'(t)$ 逐渐加快；而在 (a,b) 段，曲线是凸的，反映了经济增长速度 $f'(t)$ 逐步减慢.拐点 $(a,f(a))$ 是经济增长速度由增加到减少的转折点.

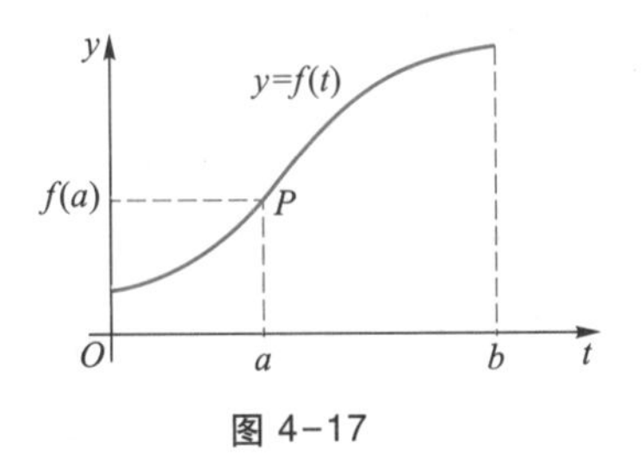

图 4-17

例 7　已知某产品的销售量关于时间 t（单位：年）的函数为 $y=\dfrac{500}{1+24\mathrm{e}^{-1.8t}}$（单位：万件），试求该产品销售量增长速度的转折点.（见“案例探究”）

解　产品销售量的增长速度即为产品销售量关于时间的导数 y'，增长速度的转折点即为 y' 的单调性发生改变的分界点，即函数的拐点.

$$y'=\frac{21\ 600\mathrm{e}^{-1.8t}}{(1+24\mathrm{e}^{-1.8t})^2},$$

$$y''=\frac{-38\ 880\mathrm{e}^{-1.8t}\times(1+24\mathrm{e}^{-1.8t})^2-21\ 600\mathrm{e}^{-1.8t}\times2(1+24\mathrm{e}^{-1.8t})\times(-24\times1.8\mathrm{e}^{-1.8t})}{(1+24\mathrm{e}^{-1.8t})^4}$$

$$=\frac{-38\ 880\mathrm{e}^{-1.8t}[(1+24\mathrm{e}^{-1.8t})-48\mathrm{e}^{-1.8t}]}{(1+24\mathrm{e}^{-1.8t})^3}=\frac{38\ 880\mathrm{e}^{-1.8t}(24\mathrm{e}^{-1.8t}-1)}{(1+24\mathrm{e}^{-1.8t})^3}.$$

令 $y''=0$，得 $t=\dfrac{\ln 24}{1.8}=1.77$，当 $t<1.77$ 时，$y''>0$，曲线是凹的，说明销售量的增长速度较快；当 $t>1.77$ 时，$y''<0$，曲线是凸的，说明销售量的增长速度较慢，拐点 $(1.77,250.99)$ 为销售量增长速度发生改变的转折点，即开始销售 1.77 年，销售量达到 250.99 万件后，销售量的增长速度开始变慢.企业可根据销售量的变化规律调整生产计划.

习题 4-4

【基础训练】

1. 求下列曲线的凹凸区间与拐点.

（1）$y=x^4-2x^3+1$；　　（2）$y=\ln(1+x^2)$；　　（3）$y=\sqrt[3]{x^5}$.

2. 求下列曲线的渐近线.

（1）$y=\mathrm{e}^{-x^2}$；　　（2）$y=\dfrac{x^2}{x-1}$；　　（3）$y=\dfrac{\mathrm{e}^x}{1+x}$.

3. 画出下列函数的图像.

（1）$y=x^4-4x^3+1$；　（2）$y=\frac{x}{x^2+1}$；　（3）$y=\ln(1+x^2)$.

4. 若点(1,3)是曲线 $y=ax^3+bx^2$ 的拐点，求 a,b 的值.

【拓展训练】

1. 函数 $y=ax^3+bx^2+cx+16$ 在 $x=-2$ 处取得极大值，且点(1,-10)是函数图形的拐点，求 a,b,c 的值.

2. 在一次广告战中，可用销售量的二阶导数来评估广告效应.假设所有广告都提高销售量.若销售量关于时间的曲线为凹的，这表明广告效应如何？若销售量关于时间的曲线为凸的呢？

3. 设 $f(x)$ 在 x_0 的某邻域内具有三阶连续导数，且 $f''(x_0)=0, f'''(x_0)\neq 0$，证明：点 $(x_0,f(x_0))$ 是曲线 $y=f(x)$ 的拐点.

*4.5 导数在经济分析中的应用

在经济和管理中常常要考虑如何安排生产计划才能使成本最低、利润最大等问题，也就是求成本函数、利润函数的最值问题，本节介绍导数在边际分析和弹性分析上的应用.

案例探究　已知生产 Q 件产品的总成本函数为 $C(Q)=2\,500+200Q+0.002\,5Q^2$.要使平均成本最小，应生产多少件产品？若产品单价为 400 元，生产多少件产品时总利润最大？

4.5.1 常用经济函数

1. 需求函数与供给函数

商品的需求量是指在一定价格条件下，消费者愿意购买并且有支付能力购买的商品量.决定需求量的因素很多，如消费者收入的增减、其他替代品的价格等，一般来说它与产品的价格关系最为密切.通常提高商品价格会使需求量减少，降低商品价格需求量会增加.如果不考虑其他因素的影响（或把其他因素的影响看作是不变的），需求量 Q_d 可以看成是价格 p 的函数，称为**需求函数**，记作

$$Q_d=f(p).$$

一般来说，需求函数是价格 p 的减函数，其反函数 $p=f^{-1}(Q_d)$ 也称为需求函数.

商品的供给量是指在一定价格条件下，生产者愿意出售并且有可供出售的商品量.供给量主要和商品的价格相关.价格上涨将刺激生产者向市场提供更多的商品，增加供给量；反之，价格下降将使供给量减少.供给量 Q_s 也可看成是价格 p 的函数，称为**供给函数**，记作

$$Q_s=\varphi(p).$$

供给函数是价格 p 的增函数.

使某种商品的需求量与供给量相等的价格 p_0 称为**均衡价格**.当市场价格 p 大于均衡价

格 p_0 时，供给量增加而需求量相应地减少，这时产生的“供大于求”现象必然使价格 p 下降；当市场价格 p 低于均衡价格 p_0 时，供给量将减少而需求量增加，这时会产生“供不应求”即“物资短缺”现象，从而又使得价格 p 上升.市场价格的调节就是这样实现的.

例 1　已知某商品的需求函数为 $Q_d=300-p$，供给函数为 $Q_s=-30+0.5p$，试求均衡价格和均衡需求量.

解　由供需均衡条件 $Q_d=Q_s$，得

$$300-p=-30+0.5p.$$

解得 $p=220$.即当价格为 220 时达到供需平衡，这时均衡需求量为 80.

2. 总成本函数、总收益函数和总利润函数

某产品的总成本是指生产一定数量的产品所需的费用总额.它由**固定成本**和**可变成本**组成.所谓固定成本，是指在一定时期内不随产量变化的那部分成本，如厂房费、设备购置费、维修费、企业管理费等；所谓可变成本，是指随着产量的变化而变化的那部分成本，如原材料费、动力费等.

设固定成本为常数 C_0，可变成本是与产量 Q 相关的函数 $C_1(Q)$，则**总成本函数** $C(Q)$ 为

$$C(Q)=C_0+C_1(Q).$$

平均成本是生产一定量的产品，平均每单位产品的成本，记为 $\overline{C}(Q)$，则

$$\overline{C}(Q)=\frac{C(Q)}{Q}.$$

例 2　已知某商品的成本函数为 $C(Q)=100+\frac{Q^2}{4}$，求：(1) 产量 $Q=10$ 时的总成本和平均成本；(2) 当产量 Q 为多少时，平均成本最小？

解　(1) 总成本　$C(Q)=100+\frac{Q^2}{4}$，当产量 $Q=10$ 时，$C(10)=125$；

平均成本　$\overline{C}(Q)=\frac{C(Q)}{Q}=\frac{100}{Q}+\frac{Q}{4}$，当产量 $Q=10$ 时，$\overline{C}(10)=12.5$.

(2) $\overline{C}'(Q)=-\frac{100}{Q^2}+\frac{1}{4}$，令 $\overline{C}'(Q)=0$，得 $(0,+\infty)$ 内唯一驻点 $Q=20$，即产量 $Q=20$ 时平均成本最小.

总收益是生产者出售一定量产品时所得到的全部收入.显然，总收益 R 为销售价格 p 与销售数量 Q 的乘积.即

$$R(Q)=pQ.$$

平均收益是生产者出售一定量产品，平均每出售单位产品所得到的收入，即单位商品的售价，记为 $\overline{R}(Q)$，则

$$\overline{R}(Q)=\frac{R(Q)}{Q}=p.$$

例 3　已知某商品的需求函数为 $p=10-0.2Q$，求销量为 30 时的总收益和平均收益.

解　由已知，收益函数　$R(Q)=pQ=10Q-0.2Q^2$，$R(30)=120$；

$$\overline{R}(Q)=p=10-0.2Q,\overline{R}(30)=4.$$

即销量 30 时的总收益为 120,平均收益为 4.

在产量和销量一致的情况下,**总利润**为总收益 $R(Q)$ 与总成本 $C(Q)$ 之差.总利润函数 $L(Q)$ 与销量 Q 有关系

$$L(Q)=R(Q)-C(Q).$$

例 4 已知生产 Q 件产品的总成本函数为

$$C(Q)=2\,500+200Q+0.002\,5Q^2.$$

(1) 要使平均成本最小,应生产多少件产品?

(2) 若产品单价为 400 元,生产多少件产品时总利润最大?(见"案例探究")

解 (1) 平均成本

$$\overline{C}(Q)=\frac{C(Q)}{Q}=\frac{2\,500}{Q}+200+0.002\,5Q\,(Q>0),$$

$$[\overline{C}(Q)]'=-\frac{2\,500}{Q^2}+0.002\,5,\text{令}[\overline{C}(Q)]'=0,$$

得唯一驻点 $Q=1\,000$,故生产 1 000 件产品时,平均成本最小,最小平均成本为 $\overline{C}(1\,000)=205$ 元.

(2) 总收益 $R(Q)=pQ=400Q$,故总利润

$$L(Q)=R(Q)-C(Q)=200Q-2\,500-0.002\,5Q^2,$$

$$L'(Q)=200-0.005Q,\text{令 } L'(Q)=0,$$

得唯一驻点 $Q=40\,000$,故生产 40 000 件产品时总利润最大,最大利润为 $L(40\,000)=3\,997\,500$ 元.

4.5.2 边际分析

在经济分析中,将经济函数 $f(x)$ 的导数 $f'(x)$ 称为 $f(x)$ 的**边际函数**,在点 x_0 处的导数值 $f'(x_0)$ 称为 $f(x)$ 在点 x_0 处的**边际函数值**.

由微分的概念可知,当 $|\Delta x|$ 很小时,函数的增量可用微分近似,即

$$\Delta y\approx \mathrm{d}y=f'(x_0)\Delta x.$$

若自变量在 x_0 处增加一个单位,即 $\Delta x=1$ 时,函数的增量

$$\Delta y=f(x_0+1)-f(x_0)\approx f'(x_0),$$

这就是说,边际函数代表自变量增加一个单位时,函数近似改变了 $f'(x_0)$ 个单位.

总成本函数 $C=C(Q)$ 的导数 $C'(Q)$ 称为**边际成本**.它表示当产量为 Q 单位时,再多生产一个单位该产品,总成本大约改变 $C'(Q)$ 个单位.

总收益函数 $R(Q)$ 的导数 $R'(Q)$ 称为**边际收益**,它表示在销售了 Q 单位产品后,再多销售一单位该产品,总收益大约改变了 $R'(Q)$ 个单位.

总利润函数 $L=L(Q)$ 的导数 $L'(Q)$ 称为**边际利润**,它表示在销售了 Q 单位产品后,再多销售一单位该产品,总利润大约改变了 $L'(Q)$ 个单位.

需求函数 $Q=Q(p)$(p 为价格)的导数 $Q'(p)$ 称为**边际需求**,它表示当价格为 p 时,价格再上涨一个单位,需求量大约改变 $Q'(p)$ 个单位.

由于利润函数为收益函数与成本函数之差,即 $L(Q)=R(Q)-C(Q)$,所以边际利润为边

际收益与边际成本之差,即

$$L'(Q)=R'(Q)-C'(Q).$$

经济学中常常关注最大利润问题,即总利润函数 $L(Q)$ 取得最大值,$L(Q)$ 取得最大值的充分条件为 $L'(Q)=0$ 且 $L''(Q)<0$,即 $R'(Q)=C'(Q)$ 且 $R''(Q)<C''(Q)$.即取得最大利润的充分条件是边际收益等于边际成本且边际收益的变化率小于边际成本的变化率,这就是最大利润原则.

例 5　设某产品的总成本函数和需求函数分别为 $C(Q)=2\ 000+20Q$ 和 $Q=400-5p$,求:(1) 产量 $Q=20$ 时的边际利润并解释其经济含义;(2) 产量为多少时总利润最大?并验证是否符合最大利润原则.

解　(1) 由 $Q=400-5p$ 得 $p=80-0.2Q$,于是总收益函数为

$$R(Q)=pQ=80Q-0.2Q^2,$$

总利润函数为

$$L(Q)=R(Q)-C(Q)=60Q-0.2Q^2-2\ 000.$$

边际利润函数为

$$L'(Q)=60-0.4Q.$$

所以,产量 $Q=20$ 时的边际利润为 $L'(20)=52$.

其经济含义是:当产量为 20 个单位时,再多销售一个单位该产品总利润约增加 52.

(2) 令 $L'(Q)=60-0.4Q=0$,得 $(0,+\infty)$ 内唯一驻点 $Q=150$,即产量 $Q=150$ 时,总利润最大.

此时
$$R'(150)=(80-0.4Q)\big|_{Q=150}=20, C'(Q)=20,$$
有 $R'(150)=C'(150)$;且 $R''(150)=-0.4$, $C''(150)=0$,有 $R''(150)<C''(150)$,符合最大利润原则.

4.5.3　弹性分析

弹性分析也是经济分析中常用的一种方法,主要用于对生产、供给、需求等问题的研究.下面给出弹性的一般概念.

对变量 t,它在某处的增量 Δt 称为绝对增量.绝对增量 Δt 与变量 t 之比 $\dfrac{\Delta t}{t}$ 称为相对增量.

定义 4.5(弹性)　设函数 $y=f(x)$ 在点 x 处可导,如果极限 $\lim\limits_{\Delta x\to 0}\dfrac{\Delta y/y}{\Delta x/x}$ 存在,那么

$$\lim_{\Delta x\to 0}\frac{\Delta y/y}{\Delta x/x}=\lim_{\Delta x\to 0}\frac{\Delta y}{\Delta x}\cdot\frac{x}{y}=\frac{x}{y}f'(x)=\frac{x}{y}\frac{\mathrm{d}y}{\mathrm{d}x}.$$

称为函数 $y=f(x)$ 在点 x 处的**弹性**,记作 E,即

$$E=\frac{x}{y}\frac{\mathrm{d}y}{\mathrm{d}x}.$$

从定义可看出:函数 $f(x)$ 的弹性是函数的相对增量与自变量的相对增量比值的极限,它是函数的相对变化率,或解释成当自变量改变 1%时,函数约改变 $E\%$.

由需求函数 $Q_d=f(p)$，可得**需求弹性** $E_d=\frac{p}{Q_d}\frac{\mathrm{d}Q_d}{\mathrm{d}p}$. 由于需求函数是减函数，$\frac{\mathrm{d}Q_d}{\mathrm{d}p}$为负值. 因此，需求弹性 E_d 表示在价格为 p 的基础上，提价或降价 1%时，需求量约减少或增加 E_d%，它反映了需求量对价格相对变化的灵敏程度.

同理，对供给函数 $Q_s=\varphi(p)$ 而言，**供给弹性** $E_s=\frac{p}{Q_s}\frac{\mathrm{d}Q_s}{\mathrm{d}p}$有类似的解释.

例 6　设某商品的需求函数为 $Q_d=1\ 000\mathrm{e}^{-0.01p}$，求价格 $p=20$ 时的需求弹性并解释其经济含义.

解　因为$\frac{\mathrm{d}Q_d}{\mathrm{d}p}=-10\mathrm{e}^{-0.01p}$，则需求弹性函数为

$$E_d=\frac{p}{Q_d}\frac{\mathrm{d}Q_d}{\mathrm{d}p}=\frac{-10p\mathrm{e}^{-0.01p}}{1\ 000\mathrm{e}^{-0.01p}}=-0.01p.$$

所以，价格 $p=20$ 时的需求弹性 $E_d(20)=-0.2$.

其经济含义是：当价格为 20 时，若提价 1%，需求量将减少 0.2%.

课堂练习 »»

1. 填空题

(1) 均衡价格是商品的需求量与供给量__________时的价格. 若某产品的需求函数为 $Q_d=100-10p$，供给函数为 $Q_s=20p-20$，则均衡价格为 $p_0=$__________.

(2) 已知某产品卖出的数量 Q 与产品单价 p 的函数关系式为 $Q=a-bp$，且当单价为 800 元时卖出 100 件，当单价为 600 元时，卖出 200 件，则 $a=$__________，$b=$__________. 卖出 Q 件产品时的总收益 $R(Q)=$__________.

(3) 边际函数 $f'(x)$ 的经济意义是：当函数 $f(x)$ 的自变量在点 x_0 处增加一个单位时，函数近似改变了__________个单位. 比如生产某产品 x 件的总成本为 $C(x)=110+\frac{1}{120}x^2$（单位：元），则生产 600 件时的边际成本 $C'(600)=$__________，表示已经生产 600 件时，再生产一件产品，成本大约增加__________元.

(4) 已知生产某产品的总成本函数为 $C(Q)=200+10Q$，总收益函数为 $R(Q)=50Q-0.01Q^2$，则总利润函数 $L(Q)=$__________，边际利润 $L'(Q)=$__________.

2. 生产 x 单位某种商品的总成本函数为 $C(x)=1\ 100+\frac{x^2}{1\ 200}$，求生产 1 000 单位时的总成本、平均成本和边际成本.

3. 已知某产品的总成本函数为 $C(Q)=1+3\sqrt{Q}$，总收益函数为 $R(Q)=\frac{Q^2}{Q+1}$，其中 Q 为销量，求该产品的边际成本、边际收益和边际利润.

4. 某商户以 10 元/条的价格购进一批牛仔裤，设这批牛仔裤的需求量 Q 关于价格 p 的函数为 $Q=40-2p$，问该商户将销售价格定为多少时能获得最大利润？

5. 某厂生产电视机 Q 台的成本 $C(Q)=5\ 000+250Q-0.01Q^2$，销售收入是 $R(Q)=400Q-$

$0.02Q^2$,如果生产的所有电视机都能售出,问应生产多少台,才能获得最大利润?

6. 设某商品的需求函数为 $Q_d=\dfrac{1\ 200}{p}$,求 $p=30$ 时的需求弹性.

习题 4-5

1. 某工厂生产某产品的固定成本为 100 元,每生产一件产品需增加 5 元成本.已知需求函数 $Q=1\ 000-100p$,试求总成本、总收益、总利润关于产量 Q 的函数关系.

2. 设生产某种商品 Q 个单位时的收益函数为 $R(Q)=200Q-0.01Q^2$,求生产 50 个单位时的总收益、平均收益和边际收益.

3. 某厂冬季每天生产 Q 件毛衣,其总成本满足函数 $C(Q)=0.4Q^2+30Q+160$(单位:元),问日产量 Q 为多少时平均成本最低,并求出最低平均成本.

4. 一文具店以 20 元/支的单价购进一批钢笔,若该钢笔的需求量满足函数 $Q=50-p$,其中 p 为价格.问该文具店应把钢笔的销售价格定为多少,可获得最大利润?

5. 生产某产品 Q 个单位时的总成本为 $C(Q)=200+4Q$,得到的收益为 $R(Q)=10Q-0.01Q^2$,问生产多少单位产品才能使利润最大,最大利润是多少?

6. 某商品的需求函数为 $Q_d=50-2p$,求:(1) $p=10$ 时的边际需求,并说明其经济意义;(2) $p=10$ 时的需求弹性,并说明其经济意义;(3) 价格 p 为多少时,总收益最大?

7. 某商品的供给函数为 $Q_s=-10+4p+p^2$,求供给弹性函数及 $p=10$ 时的供给弹性,并说明其经济意义.

*4.6　曲　　率

在生产实践和工程技术中,常常需要研究曲线的弯曲程度,如对桥梁或隧道的弯曲程度的限制、道路弯道的弯曲程度、机床的转轴等.以铁路轨道为例,若弯曲程度不合适,很容易造成火车出轨等事故.本节将介绍刻画曲线弯曲程度的概念——曲率.

案例探究　已知某工件表面的截线为抛物线 $y=0.4x^2$,拟用砂轮磨削其内表面,试问选用多大直径的砂轮比较合适?

4.6.1　曲率的概念

1. 曲线的弯曲程度的相关因素

首先,它与曲线的切线转角密切相关.如图 4-18(1)所示,曲线弧 $\overset{\frown}{AB}$ 两端点处切线转角为 $\Delta\alpha$,$\Delta\alpha$ 愈大,弧段 $\overset{\frown}{AB}$ 弯曲得愈厉害.

其次,它与曲线弧的长度也有关.如图 4-18(2)所示,弧$\overset{\frown}{AB}$与弧$\overset{\frown}{CD}$的切线转角都为 $\Delta\alpha$,较短的弧$\overset{\frown}{CD}$弯曲得更厉害.

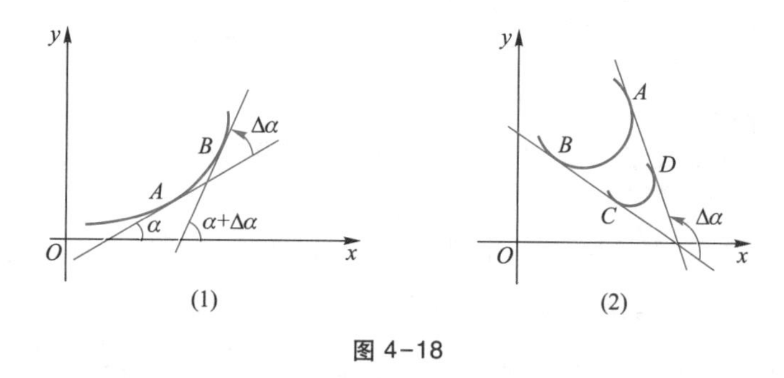

图 4-18

因此,我们用曲线的切线转角与曲线弧长的比值来衡量曲线的弯曲程度.

2. 曲率定义

将弧两端点处切线的转角 $\Delta\alpha$ 与弧长 Δs 之比的绝对值,称作这段弧的**平均曲率**,记为 $\overline{K}$,即$\overline{K}=\left|\dfrac{\Delta\alpha}{\Delta s}\right|$.

曲线上各点处的弯曲程度未必相同,平均曲率 $\overline{K}$ 只能表示整段弧的平均弯曲程度.显然,弧愈短,平均曲率就愈能近似地表示弧上某一点附近的弯曲程度.下面给出曲线在某一点处的曲率定义.

定义 4.6 点 B 沿曲线趋近于点 A 时,弧$\overset{\frown}{AB}$的平均曲率的极限称为曲线在点 A 处的曲率,记为 K.即

$$K=\lim_{\Delta s\to 0}\left|\frac{\Delta\alpha}{\Delta s}\right|=\left|\frac{\mathrm{d}\alpha}{\mathrm{d}s}\right|.$$

曲线在某一点处的曲率是曲线在该点处切线倾斜角关于弧长的变化率的绝对值.

4.6.2 曲率的计算公式

如图 4-19,A 为曲线 $y=f(x)$ 上一定点,$M(x,y)$ 为曲线上任一点,M 点处切线倾斜角为 α,弧长 $s=\overset{\frown}{AM}$.s 变化时,α 随之变化,若能建立 s 与 α 间的函数关系 $\alpha=g(s)$,可直接通过导数计算曲线在其上任一点处的曲率.但在实际问题中,不容易直接建立函数关系 $\alpha=g(s)$,我们可利用微商计算曲率$\left|\dfrac{\mathrm{d}\alpha}{\mathrm{d}s}\right|$.

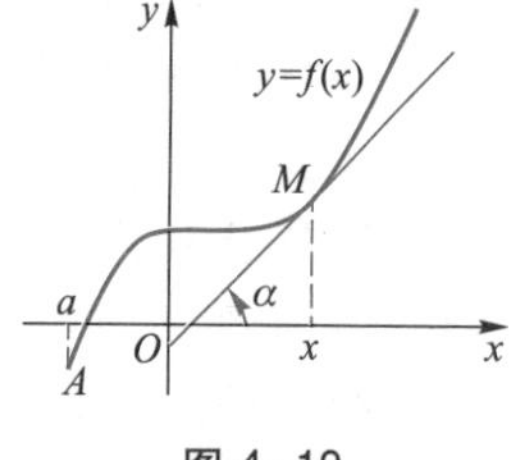

图 4-19

事实上,点 M 处切线倾斜角 α 及弧长 $s=\overset{\frown}{AM}$都随着变量 x 的变化而变化,它们都是 x 的函数,记为

$$\begin{cases}\alpha=\alpha(x),\\ s=s(x).\end{cases}$$

1. 求 $\alpha=\alpha(x)$ 的微分

由导数几何意义，$f'(x)=\tan\alpha$，因此 $\alpha=\arctan f'(x)$，则

$$d\alpha=\frac{[f'(x)]'}{1+[f'(x)]^2}dx=\frac{y''}{1+y'^2}dx. \tag{4-1}$$

2. 求函数 $s=s(x)$ 的微分

函数 $s=s(x)$ 叫做弧长函数，表达式虽然未知，但可由 $s=s(x)$ 的实际意义找到函数增量的线性主部.

如图 4-20 所示，当自变量由 x 变化到 $x+dx$ 时，函数 $s=s(x)$ 的增量

$$\Delta s=s(x+dx)-s(x)=\overset{\frown}{MN}.$$

当自变量增量 dx 很小时，微小弧长 $\overset{\frown}{MN}$ 可以用对应切线长 $|MT|$ 代替，即 $\overset{\frown}{MN}\approx|MT|$. 在 Rt$\triangle MTQ$ 中，$|MQ|=dx$，$|QT|=dy$，因此

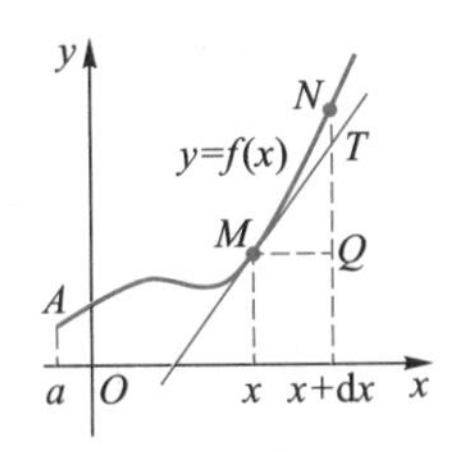

图 4-20

$$\overset{\frown}{MN}\approx|MT|=\sqrt{(dx)^2+(dy)^2}=\sqrt{1+\left(\frac{dy}{dx}\right)^2}dx=\sqrt{1+y'^2}dx.$$

即

$$\Delta s\approx\sqrt{1+y'^2}dx.$$

可以证明，Δs 与 $\sqrt{1+y'^2}dx$ 之差为 dx 的高阶无穷小. 即 $\sqrt{1+y'^2}dx$ 是 Δs 的线性主部. 所以微分

$$ds=\sqrt{(dx)^2+(dy)^2}=\sqrt{1+y'^2}dx. \tag{4-2}$$

公式(4-2)是弧长函数的微分，简称弧微分.

由公式(4-1)与(4-2)，得

$$K=\left|\frac{d\alpha}{ds}\right|=\left|\frac{\frac{y''}{1+y'^2}dx}{\sqrt{1+y'^2}dx}\right|,$$

即

$$K=\frac{|y''|}{(1+y'^2)^{\frac{3}{2}}}. \tag{4-3}$$

例 1　求圆 $x^2+y^2=R^2$ 上任一点 (x,y) 处的曲率.

解　由方程可得 $y=\pm\sqrt{R^2-x^2}$，$y'=\frac{\mp x}{\sqrt{R^2-x^2}}$，$y''=\frac{\mp R^2}{(R^2-x^2)^{\frac{3}{2}}}$，代入(4-3)式得 $K=\frac{1}{R}$. 所以圆上任一点处的曲率等于圆半径的倒数.

由公式(4-3)，当 $y''=0$ 时，有 $K=0$，即曲线在该点不弯曲. 如直线不弯曲，其上任一点曲率 $K=0$.

当 $y'=0$ 时，有 $K=|y''|$. 在工程结构中，两端固定的直梁在均匀分布的荷载作用下会发生微小弯曲变形，变形后的梁轴线称为挠曲线. 由于梁沿垂直于梁轴线方向的变形很小，所以梁的挠曲线 $y=f(x)$ 的切线与 x 轴的夹角也很小，即 $y'=\tan\alpha$ 很小，因而在(4-3)式中往往把 $(y')^2$ 项略去不计，得

$$K\approx|y''|.$$

也就是说，直梁挠曲线 $y=f(x)$ 的二阶导数的绝对值近似地反映了直梁挠曲线的弯曲程度.

例 2 有一个长度为 l 的悬臂直梁，一端固定在墙内，另一端自由，当自由端有集中力 p 作用时，梁发生微小的弯曲，若选择坐标系如图 4-21，其挠曲线方程为

$$y=\frac{p}{EI}\left(\frac{1}{2}lx^2-\frac{1}{6}x^3\right),$$

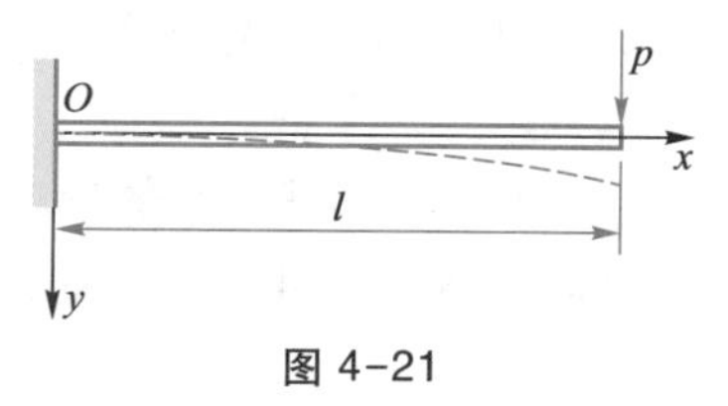

图 4-21

其中 EI 为确定的正常数，试求该梁的挠曲线在 $x=0,\frac{l}{2},l$ 处的曲率.

解 $y'=\frac{p}{EI}\left(lx-\frac{1}{2}x^2\right)$，$y''=\frac{p}{EI}(l-x)$. 由于梁的弯曲变形很小，用公式(4-3)得

$$K\approx|y''|=\frac{p}{EI}|l-x|.$$

把 $x=0,\frac{l}{2},l$ 代入上式，得梁的挠曲线在 $x=0,\frac{l}{2},l$ 处的曲率分别为

$$K|_{x=0}\approx\frac{pl}{EI},K|_{x=\frac{l}{2}}\approx\frac{pl}{2EI},K|_{x=l}=0.$$

计算结果表明，当悬臂梁的自由端有集中荷载作用时，越靠近固定端弯曲越厉害，自由端几乎不弯曲，对弯曲厉害的部分，设计与施工中必须注意加强强度.

例 3 铁路转弯处，轨道从直线转入圆弧，为了避免离心率的突变，使火车能平稳地转弯，要求轨道曲线有连续变化的曲率. 为此需在直道与圆弧之间衔接一段所谓"缓和曲线"的弯道 $\overset{\frown}{OA}$（如图 4-22），求缓和曲线 $\overset{\frown}{OA}$ 的方程.

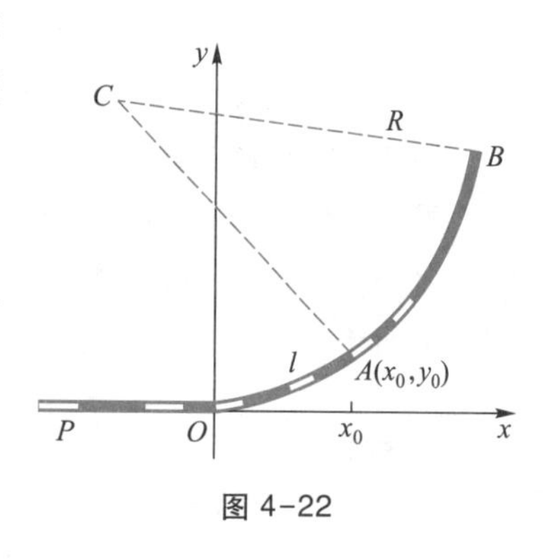

图 4-22

解 设圆弧形主弯道半径为 R，缓和曲线一般采用三次抛物线，设其方程为 $y=\frac{ax^3}{R}$，其中 $a>0$ 是待定系数.

$$y'=\frac{3ax^2}{R},y''=\frac{6ax}{R},K\approx|y''|=\frac{6ax}{R}.$$

设 $|\overset{\frown}{OA}|=l$，由于实际上 R 要比 l 大得多，所以可取 $x_0\approx l$.

要使曲线 $\overset{\frown}{POAB}$ 上的曲率连续变化，即 $K_A=K_{AB}=\frac{1}{R}$（见例 1），$K_O=K_{PO}=0$（直线无弯曲，曲率为 0），所以

$$K_A\approx\left.\frac{6ax}{R}\right|_{x=l}\approx\frac{6al}{R}=\frac{1}{R},a\approx\frac{1}{6l}.$$

于是缓和曲线方程为

$$y=\frac{x^3}{6lR}.$$

它保证缓和曲线 $\overset{\frown}{OA}$ 两端点处的曲率 $K_O=0,K_A=\frac{1}{R}$.

4.6.3　曲率圆与曲率半径

用曲率来描述曲线的弯曲程度,能够给出一个数字特征,K越大,曲线弯曲的程度越大.但是曲率不能给出一个弯曲的直观形象,为此我们引入曲率圆的概念.

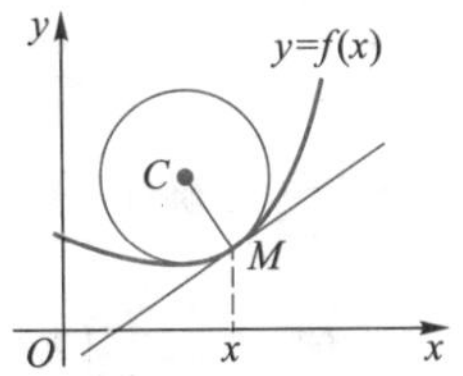

设曲线 $y=f(x)$ 上任一点 M 处的曲率为 K,由点 M 向曲线的凹侧作法线,在法线上取一点 C,使 $MC=\frac{1}{K}$,再以点 C 为圆心,MC 为半径画一个圆(如图 4-23),那么该圆周上任一点的曲率 $K_{\odot C}=K$.

图 4-23

这表明 $y=f(x)$ 在点 M 处的弯曲程度正好跟$\odot C$的弯曲程度相同.我们称以 C 为圆心,$MC=\frac{1}{K}$为半径的圆为曲线 $y=f(x)$ 在点 M 处的**曲率圆**.

$MC=\frac{1}{K}$为曲线 $y=f(x)$ 在点 M 处的**曲率半径**,记作 R.把曲率圆的圆心 C 称为 $y=f(x)$ 在 M 点处的曲率中心.

曲线上任一点处的弯曲情况可用其曲率圆直观表示,计算曲率半径的公式为

$$R=\frac{1}{K}.$$

思考　点 M 在曲线上移动,曲率圆如何变化?

例 4　如何确定磨削工件内表面的砂轮半径.(见"案例探究")

解　如图 4-24 所示,为了保证工件的形状与砂轮接触处附近的部分不被磨削太多,显然所选砂轮的半径应当小于或等于该抛物线上曲率半径的最小值.

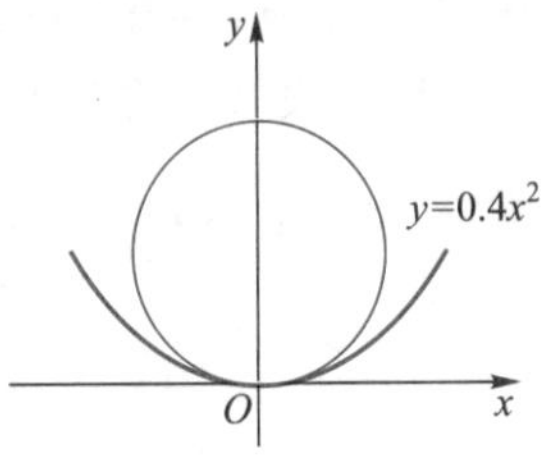

$$y'=0.8x,\quad y''=0.8.$$

所以曲率半径

$$R=\frac{(1+y'^2)^{\frac{3}{2}}}{|y''|}=\frac{(1+0.64x^2)^{\frac{3}{2}}}{0.8}.$$

图 4-24

欲使曲率半径最小,应使上式分子最小.因此当 $x=0$ 时,曲率半径最小.即

$$R=\frac{1}{0.8}=1.25.$$

可见,应选半径不超过 1.25 单位长的砂轮.

课堂练习 »»

1. 记曲线 $y=x^2$ 上在 $O(0,0)$,$M(x,y)$ 两点间曲线段 $\overset{\frown}{OM}$ 长度为 $s=s(x)$,则 $\mathrm{d}s=$________,$s'(x)=$________.

2. 曲线 $y=\frac{1}{x}$在$(1,1)$的曲率 $K=$________,曲率半径 $R=$________.

习题 4-6

1. 求下列曲线在指定点的曲率.

(1) $y=x^2+2x$ 在点(0,0)处;

(2) $y=\mathrm{e}^x$,在点 $x=0$ 处;

(3) $y=\sin x$ 在 $x=\dfrac{\pi}{2}$处;

(4) 抛物线 $y=4x-x^2$ 的顶点处.

2. 设工件内表面的截线为抛物线 $y=0.5x^2$(单位:cm),现在要用砂轮磨削其内表面,问用直径多大的砂轮才比较合适?

3. 求椭圆$\dfrac{x^2}{4}+y^2=1$ 在顶点(2,0)处的曲率.

4. 曲线 $y=\mathrm{e}^x$ 在哪一点处的曲率最大?最大曲率为多少?

5. 曲线 $y=\ln x$ 上哪一点处的曲率半径最小?求出该点处的曲率半径.

4.7 用 GeoGebra 求解导数应用问题

GeoGebra 提供了大量与导数应用问题相关的命令,使用这些命令可以帮助用户快速完成计算,本节将详细介绍这些命令及其语法格式.

用 GeoGebra 求解导数应用问题的相关中、英文命令及语法格式分别如下:

极值点(<多项式\连续函数>, <x-起始值>, <x-终止值>)

Extremum (<多项式\连续函数>, <x-起始值>, <x-终止值>)

最大值\最小值(<区间\数值\列表\函数>, <x-起始值>, <x-终止值>)

Max\Min(<区间\数值\列表\函数>, <x-起始值>, <x-终止值>)

零点(<多项式\函数>, <x-起始值>, <x-终止值>)

Roots(<多项式\函数>, <x-起始值>, <x-终止值>)

拐点(<多项式>)

InflectionPoint (<多项式>)

渐近线(<函数\双曲线\隐式曲线>)

Asymptote(<函数\双曲线\隐式曲线>)

曲率(<点>, <函数\双曲线\隐式曲线>)

Curvature(<点>, <函数\双曲线\隐式曲线>)

密切圆(<点>, <函数\双曲线\隐式曲线>)

OsculatingCircle(<点>, <函数\双曲线\隐式曲线>)

注 (1)“极值点”命令用于求出函数的所有极值点. 其中,“多项式\连续函数”参数为必选参数,其值是待求极值点的多项式或连续函数;“x-起始值”参数和“x-终止值”参数为可选参数,其值是自变量的取值范围,当待求函数为多项式函数且对自变量取值范围无要求时可省略.

(2)"最大值"和"最小值"命令用于求数据集合或函数的最大值和最小值. 其中,"列表\函数"参数为必选参数;"x-起始值"参数和"x-终止值"参数为可选参数,当待求函数为多项式函数且对自变量取值范围无要求时可省略.

(3)"零点"命令用于求出函数的根. 其中,"函数"参数为必选参数;"x-起始值"参数和"x-终止值"参数为可选参数,当待求函数为多项式函数且对自变量取值范围无要求时可省略.

(4)"拐点"命令用于求出多项式函数的所有拐点,非多项式的连续函数无法使用该命令求拐点,此时系统显示为"未定义",表示未找到拐点.

(5)"渐近线"命令用于求出函数或曲线的渐近线. 该命令试图寻找函数的所有渐近线,并将其返回到一个列表中.

(6)"曲率"和"密切圆"命令用于求出函数或曲线在指定点处的曲率和曲率圆.

例 1　求函数 $f(x)=\sin x^2+\cos 2x$ 在区间 $[0,4]$ 上的所有极值点和最值点,并给出函数的单调区间.

解　输入:f(x)=sinx^2+cos(2x),(0<=x<=4)

输入:极值点(f(x),0,4)

显示:→A=(2.07,-1.45)

显示:→B=(2.84,1.8)

显示:→C=(3.33,-0.07)

显示:→D=(3.73,1.36)

输入:最大值(f(x),0,4)

显示:→E=(2.84,1.8)

输入:最小值(f(x),0,4)

显示:→F=(2.07,-1.45)

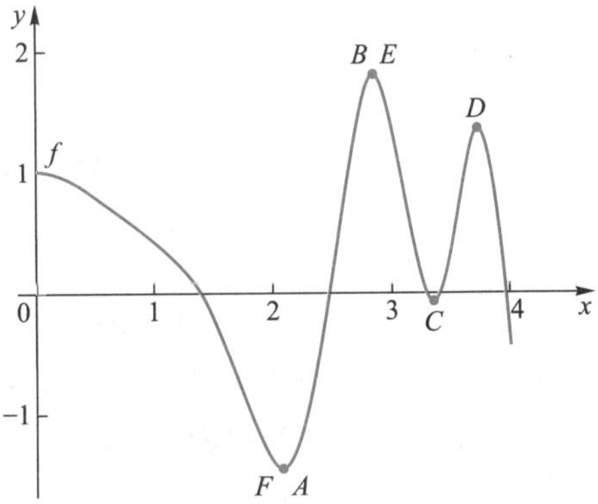

图 4-25

由图 4-25 可知,在区间 $[0,4]$ 上,函数 $f(x)$ 在点 B,D 处分别取得极大值,在点 A,C 处取得极小值,在点 $E(B)$ 处取得最大值,在点 $F(A)$ 处取得最小值.单调递增区间为:$(2.07,2.84)$,$(3.33,3.73)$;单调递减区间为:$(0,2.07)$,$(2.84,3.33)$,$(3.73,4)$.

注　(1) GeoGebra 的"极值点"命令将返回函数在指定范围内的所有极值点,但不会区分这些点是极大值点还是极小值点. 因此,需要添加解答中的第一行命令,将图像绘制出来以便区分.

(2) 由于本题函数不是多项式函数,因此,命令中的"x-起始值"参数和"x-终止值"参数不能省略.

(3) GeoGebra 找出的特征点的值,均**默认保留两位小数**. 如需调整精度,可在软件的全局设置中进行统一更改,如图 4-26 所示.

例 2　求函数 $f(x)=\frac{x^5}{5}+\frac{x^3}{3}+x^2$ 的拐点和零点,并给出对应曲线的凹凸区间.

解　输入:f(x)=x^5/5+x^3/3+x^2

输入:拐点(f(x))

显示:→A=(-0.59,0.27)

输入：零点(f(x))

显示：→B=(-1.39,0)

显示：→C=(0,0)

故由图 4-27 所示，函数在其定义域内的拐点为 $A(-0.59,0.27)$，零点为 $B(-1.39,0)$ 和 $C(0,0)$，凸区间为 $(-\infty,-0.59)$，凹区间为 $(-0.59,+\infty)$.

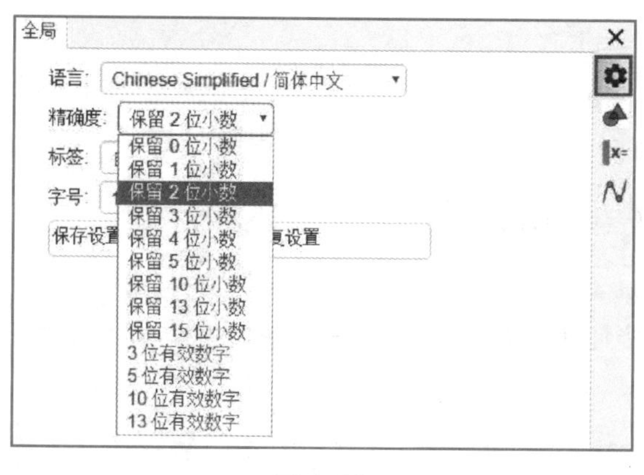

图 4-26

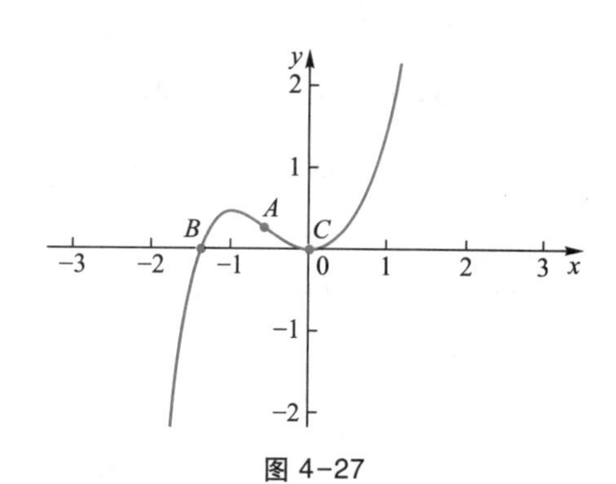

图 4-27

注 本题是多项式函数，且没有指定自变量的取值范围，因此可省略"x-起始值"参数和"x-终止值"参数.

例 3 求函数 $f(x)=\dfrac{1+e^{-x^2}}{1-e^{-x^2}}$ 的渐近线.

解 输入：f(x)=(1+e^(-x^2))/(1-e^(-x^2))

输入：渐近线(f(x))

显示：→{y=1,x=0}

故：$y=1$ 是函数的水平渐近线；$x=0$ 是函数的铅垂渐近线.

注 "渐近线"命令将找到的渐近线保存在一个列表，本题列表为 l1，如图 4-28 所示.

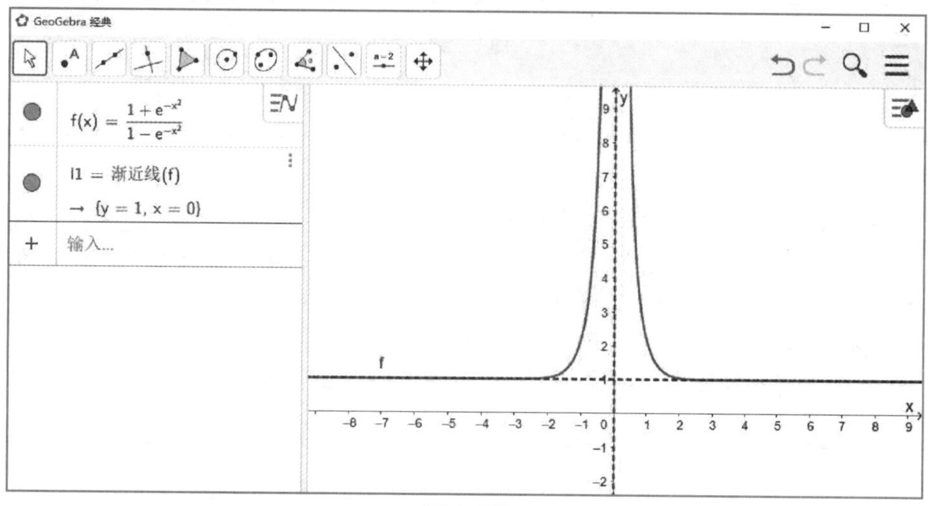

图 4-28

例 4　求曲线 $y=\tan x$ 在点$\left(\frac{\pi}{4},1\right)$处的曲率和曲率圆方程.

解　输入:f(x)=tan(x)

输入:曲率$\left(\left(\frac{\pi}{4},1\right),f(x)\right)$

显示:→0.36

输入:密切圆$\left(\left(\frac{\pi}{4},1\right),f(x)\right)$

显示:→$x^2+y^2+3.43x-4.5y=-0.19$

故:曲线 $y=\tan x$ 在点$\left(\frac{\pi}{4},1\right)$处的曲率 $k\approx0.36$,曲率圆方程为

$$x^2+y^2+3.43x-4.5y=-0.19.$$

注　在命令参数中输入函数时,可以直接使用函数名,如图 4-29 中"曲率"命令和"密切圆"命令所示.

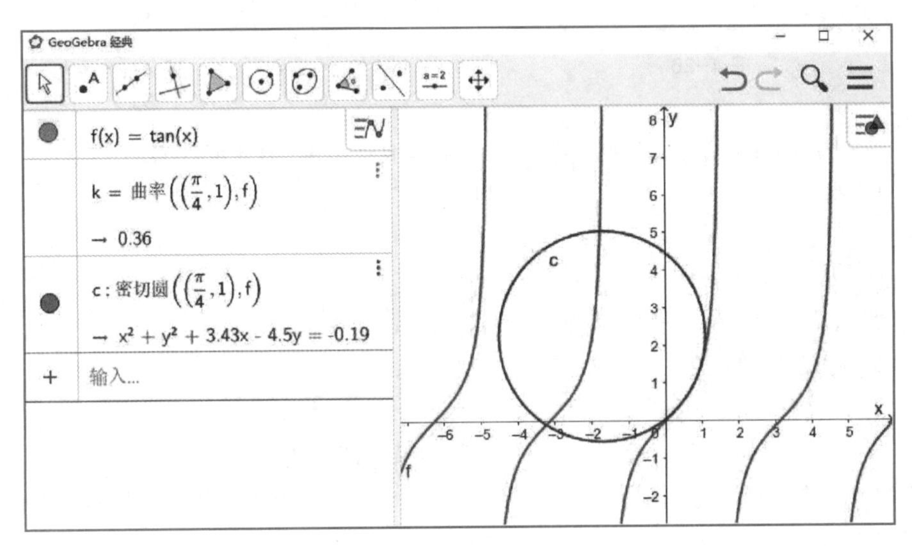

图 4-29

课堂练习 »»

1. 使用 GeoGebra 可以求出函数图像中的特征点:________________.

2. 在________________________时,"最大值"命令中的"x-起始值"参数和"x-终止值"参数不能被省略.

3. "拐点"命令只能用于求________函数的拐点.

4. "渐近线"命令会将找到的所有渐近线方程存储在一个________里.

习题 4-7

1. 利用 GeoGebra 求函数 $f(x)=\ln x+\frac{1}{x}$ 在 $[0.5,5]$ 上的最小值.

2. 利用 GeoGebra 求函数 $f(x)=\frac{1}{5}(x^4-6x^2+8x+7)$ 在 $[-3,3]$ 上的极值点、最值点、拐点和零点,并给出函数的单调区间和对应曲线的凹凸区间.

3. 利用 GeoGebra 求双曲线 $\frac{x^2}{3}-\frac{y^2}{5}=1$ 的渐近线.

4. 利用 GeoGebra 求等边双曲线 $xy=1$ 在点 $(1,1)$ 处的曲率和曲率圆.

第四章习题参考答案

第五章
不定积分 ▶▶▶

微分学部分，我们已经研究了如何求已知函数的导数和微分，在科学技术和实际问题中往往还需要讨论与之相反的问题——一个函数的导数或微分已知，如何求该函数.这种已知导数或微分求原来函数的运算称为不定积分.本章我们将学习不定积分的概念、性质和计算方法.

5.1 不定积分的概念与性质

在许多实际问题中，常常需要根据函数的导数或微分来求这个函数本身，比如已知曲线在任意点(x,y)处切线的斜率求该曲线的方程，已知边际成本函数求成本函数，已知速度函数求路程函数等，这就是求不定积分的问题.

案例探究 列车在快进站时必须制动减速，若列车制动后的速度为$v=1-\frac{1}{3}t$（单位：km/min），请问列车应在离站台停靠点多远的地方开始制动?

5.1.1 原函数的概念

定义 5.1 设$f(x)$是定义在区间I上的已知函数，如果对$\forall x\in I$都有$F'(x)=f(x)$（或$\mathrm{d}F(x)=f(x)\mathrm{d}x$），则称$F(x)$是$f(x)$在区间$I$上的一个**原函数**.

例如，在区间$(-\infty,+\infty)$内，$(\sin x)'=\cos x$，所以$\sin x$是$\cos x$的一个原函数.又如，在区间$(-\infty,+\infty)$内，$(x^3)'=3x^2$，$(x^3+2)'=3x^2$，$(x^3-1)'=3x^2$，$(x^3+C)'=3x^2$（C为任意常数），所以x^3，x^3+2，x^3-1，x^3+C都是$3x^2$的原函数.

一个函数具备什么条件才能保证它的原函数一定存在？这个问题将在下一章中讨论，这里先介绍一个结论.

定理 5.1 如果函数$f(x)$在区间I上连续，那么在区间I上存在可导函数$F(x)$，使得对$\forall x\in I$，都有$F'(x)=f(x)$.

简单地说就是：**连续函数一定有原函数**.由于初等函数在其定义域内都是连续的，所以初等函数在其定义区间内都有原函数.

从前面的例子可以看出,一个函数若在区间 I 上存在原函数,那么这个函数的原函数不唯一,事实上,我们有如下结论:

定理 5.2 若 $F(x)$ 是 $f(x)$ 在区间 I 上的一个原函数,则 $f(x)$ 在区间 I 上的所有原函数为 $F(x)+C$,其中 C 为任意常数.

证 因为 $F(x)$ 是 $f(x)$ 在区间 I 上的一个原函数,即对 $\forall x\in I, F'(x)=f(x)$,显然,对任意一个常数 C,也有

$$[F(x)+C]'=f(x),$$

所以 $F(x)+C$ 也是 $f(x)$ 的原函数,因此 $f(x)$ 有无数多个原函数.

若 $G(x)$ 是 $f(x)$ 的另一个原函数,即对 $\forall x\in I, G'(x)=f(x)$,则

$$[G(x)-F(x)]'=G'(x)-F'(x)=f(x)-f(x)\equiv 0.$$

由拉格朗日中值定理的推论 2 可得:$G(x)-F(x)=C$,即任意两个原函数之间相差一个常数.

因此,若 $F(x)$ 是 $f(x)$ 在区间 I 上的一个原函数,则 $f(x)$ 在区间 I 上的所有原函数可以表示为 $F(x)+C$.

5.1.2 不定积分的概念

定义 5.2 在区间 I 上,函数 $f(x)$ 的所有原函数称为 $f(x)$ 在区间 I 上的不定积分,记作

$$\int f(x)\mathrm{d}x.$$

其中,记号 $\int$ 称为**积分号**,x 称为**积分变量**,$f(x)$ 称为**被积函数**,$f(x)\mathrm{d}x$ 称为**被积表达式**.

特别地,当 $f(x)=1$ 时,常常把 $\int 1\mathrm{d}x$ 简记为 $\int \mathrm{d}x$. 当被积函数是分式,且分子为 1 时,也常常将分子省略不写,比如 $\int \frac{1}{1+x^2}\mathrm{d}x$ 简记为 $\int \frac{\mathrm{d}x}{1+x^2}$.

从定义 5.2 与定理 5.2 可知,若 $F'(x)=f(x)$(或 $\mathrm{d}F(x)=f(x)\mathrm{d}x$),则

$$\int f(x)\mathrm{d}x = F(x) + C.$$

比如,因为 $(x^3)'=3x^2$,所以 $\int 3x^2\mathrm{d}x = x^3 + C$.

例 1 求下列函数的不定积分.

(1) $\int \mathrm{e}^x\mathrm{d}x$; (2) $\int \cos x\mathrm{d}x$.

解 (1) 因为 $(\mathrm{e}^x)'=\mathrm{e}^x$,所以

$$\int \mathrm{e}^x\mathrm{d}x = \mathrm{e}^x + C.$$

(2) 因为 $(\sin x)'=\cos x$,所以

$$\int \cos x\mathrm{d}x = \sin x + C.$$

例 2 求函数 $f(x)=\frac{1}{x}$ 的不定积分.

解 因为当 $x>0$ 时，$(\ln x)'=\frac{1}{x}$，所以

$$\int \frac{1}{x}\mathrm{d}x = \ln x + C(x > 0).$$

当 $x<0$ 时，$[\ln(-x)]'=-\frac{1}{x}\cdot(-x)'=\frac{1}{x}$，所以

$$\int \frac{1}{x}\mathrm{d}x = \ln(-x) + C(x < 0).$$

所以，对 $\forall x\neq 0$，有

$$\int \frac{1}{x}\mathrm{d}x = \ln|x| + C.$$

5.1.3 不定积分的几何意义

若 $F(x)$ 是 $f(x)$ 的一个原函数，则称 $y=F(x)$ 所表示的曲线为 $f(x)$ 的一条积分曲线，$f(x)$ 的不定积分 $\int f(x)\mathrm{d}x = F(x) + C$，$C$ 取不同值得到不同的积分曲线.因此，不定积分 $\int f(x)\mathrm{d}x$ 在几何上就表示 $f(x)$ 的积分曲线族 $F(x)+C$.从图 5-1 可以看出，积分曲线族中的任意一条积分曲线都可由另一条积分曲线沿着 y 轴的方向上下平移而得到，且各条积分曲线对应于相同横坐标 x 的点处的所有切线互相平行.

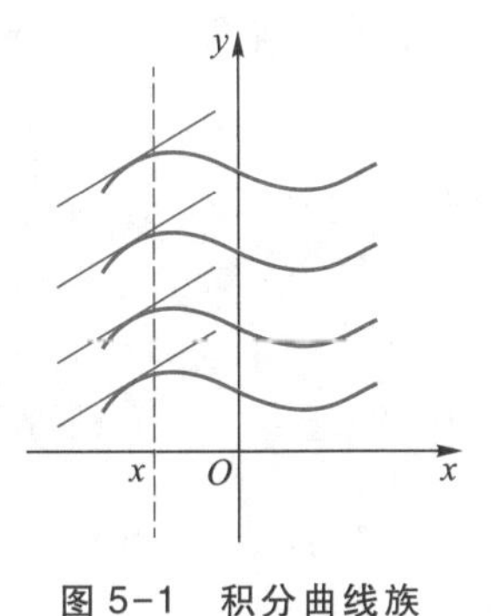

图 5-1 积分曲线族

例 3 已知曲线 $y=f(x)$ 经过点 $(2,0)$，且曲线上任一点处的切线斜率 $k=2x$，求此曲线方程.

解 由题意可知 $f'(x)=2x$，即 $f(x)$ 是 $2x$ 的一个原函数，从而

$$f(x) = \int 2x\mathrm{d}x = x^2 + C.$$

又由曲线经过点 $(2,0)$ 得 $2^2+C=0$，即 $C=-4$.故所求曲线方程为 $f(x)=x^2-4$.

5.1.4 不定积分的性质

根据不定积分的定义，可以得到不定积分的下列性质.

性质 1 不定积分与导数或微分互为逆运算.

(1) $\left(\int f(x)\mathrm{d}x\right)'=f(x)$ 或 $\mathrm{d}\left(\int f(x)\mathrm{d}x\right)=f(x)\mathrm{d}x$；

(2) $\int F'(x)\mathrm{d}x = F(x) + C$ 或 $\int \mathrm{d}F(x) = F(x) + C$.

上述性质说明：不定积分的导数（或微分）等于被积函数（或被积表达式）；一个函数的导数（或微分）的不定积分等于这个函数加任意常数 C. 如：$\left(\int \frac{\sin x}{x}\mathrm{d}x\right)' = \frac{\sin x}{x}$，$\mathrm{d}\left(\int \sqrt{1-x^2}\,\mathrm{d}x\right) = \sqrt{1-x^2}\,\mathrm{d}x$，$\int(\arcsin x)'\mathrm{d}x = \arcsin x + C$，$\int \mathrm{d}(\mathrm{e}^{x^2+1}) = \mathrm{e}^{x^2+1} + C$.

由不定积分与导数或微分的逆运算关系可知,验证积分结果是否正确,只需要对结果求导,看它是否等于被积函数.

例 4 验证不定积分 $\int xe^x dx = xe^x - e^x + C$ 的正确性.

解 因为

$$(xe^x - e^x + C)' = xe^x + e^x - e^x = xe^x,$$

所以 $\int xe^x dx = xe^x - e^x + C$.

性质 2 两个函数代数和的不定积分,等于两个函数不定积分的代数和.

$$\int [f(x) \pm g(x)] dx = \int f(x) dx \pm \int g(x) dx.$$

此性质可以推广到任意有限个函数的代数和的情形.

性质 3 被积表达式中的非零常数因子,可以提到积分号外面.

$$\int kf(x) dx = k\int f(x) dx \quad (k \neq 0,且为常数).$$

性质 2 和性质 3 统称为不定积分的**线性性质**,由不定积分的线性性质可得

$$\int [af_1(x) + bf_2(x)] dx = a\int f_1(x) dx + b\int f_2(x) dx.$$

5.1.5 基本积分公式

由于不定积分是导数(或微分)的逆运算,因此,根据导数的基本公式可得到对应的积分公式.

例如,由$\left(\frac{1}{\ln a}a^x\right)' = \frac{1}{\ln a} \cdot a^x \cdot \ln a = a^x (a>0, a\neq 1)$,可得

$$\int a^x dx = \frac{1}{\ln a}a^x + C.$$

类似地可以得到其他基本积分公式.为了便于对照记忆,右边同时给出了对应的导数公式.

基本积分公式	**导数公式**
$\int k dx = kx + C$(k 为常数)	$(kx)' = k$
$\int x^\mu dx = \frac{1}{\mu + 1}x^{\mu+1} + C \quad (\mu \neq -1)$	$(x^\mu)' = \mu x^{\mu-1}$
$\int \frac{1}{x} dx = \ln \lvert x \rvert + C$	$(\ln x)' = \frac{1}{x}$
$\int a^x dx = \frac{1}{\ln a}a^x + C$	$(a^x)' = a^x \ln a$
$\int e^x dx = e^x + C$	$(e^x)' = e^x$
$\int \sin x dx = -\cos x + C$	$(\cos x)' = -\sin x$

$\int \cos x \mathrm{d}x = \sin x + C$　　　$(\sin x)' = \cos x$

$\int \sec^2 x \mathrm{d}x = \tan x + C$　　　$(\tan x)' = \sec^2 x$

$\int \csc^2 x \mathrm{d}x = -\cot x + C$　　　$(\cot x)' = -\csc^2 x$

$\int \sec x \tan x \mathrm{d}x = \sec x + C$　　　$(\sec x)' = \sec x \tan x$

$\int \csc x \cot x \mathrm{d}x = -\csc x + C$　　　$(\csc x)' = -\csc x \cot x$

$\int \frac{\mathrm{d}x}{\sqrt{1-x^2}} = \arcsin x + C$　　　$(\arcsin x)' = \frac{1}{\sqrt{1-x^2}}$

$\int \frac{\mathrm{d}x}{1+x^2} = \arctan x + C$　　　$(\arctan x)' = \frac{1}{1+x^2}$

5.1.6　直接积分法

利用基本积分公式和不定积分的线性性质,可以直接计算一些简单函数的不定积分,或者对被积函数作恒等变形后,再利用不定积分的线性性质和基本积分公式求出不定积分,这种积分方法称为**直接积分法**.

例 5　求下列不定积分.

(1) $\int x\sqrt[3]{x}\mathrm{d}x$;　　　(2) $\int (x+x^4)\mathrm{d}x$;

(3) $\int (1-2x+3x^2-5x^3)\mathrm{d}x$;　　　(4) $\int \frac{1-x+x^2-x^3}{x^2}\mathrm{d}x$.

解　(1) 因为 $x\sqrt[3]{x} = x \cdot x^{\frac{1}{3}} = x^{\frac{4}{3}}$,所以

$$\int x\sqrt[3]{x}\mathrm{d}x = \int x^{\frac{4}{3}}\mathrm{d}x = \frac{x^{\frac{4}{3}+1}}{\frac{4}{3}+1} + C = \frac{3}{7}x^{\frac{7}{3}} + C.$$

(2) 由性质 2 可得

$$\int (x+x^4)\mathrm{d}x = \int x\mathrm{d}x + \int x^4\mathrm{d}x = \frac{1}{2}x^2 + C_1 + \frac{1}{5}x^5 + C_2$$
$$= \frac{1}{2}x^2 + \frac{1}{5}x^5 + C(C = C_1 + C_2).$$

(3) 由性质 2 和性质 3 可得

$$\int (1-2x+3x^2-5x^3)\mathrm{d}x = \int \mathrm{d}x - 2\int x\mathrm{d}x + 3\int x^2\mathrm{d}x - 5\int x^3\mathrm{d}x$$
$$= x - x^2 + x^3 - \frac{5}{4}x^4 + C.$$

(4) $\int \frac{1-x+x^2-x^3}{x^2}\mathrm{d}x = \int \frac{1}{x^2}\mathrm{d}x - \int \frac{1}{x}\mathrm{d}x + \int \mathrm{d}x - \int x\mathrm{d}x = -\frac{1}{x} - \ln|x| + x - \frac{x^2}{2} + C.$

性质使用熟练后可以不写出积分的分解步骤,直接写出各项积分结果.

例 6 求下列不定积分.

(1) $\int(e^x+5\cos x-3\sin x)dx$;　　(2) $\int\left(\frac{2}{1+x^2}-\frac{3}{\sqrt{1-x^2}}\right)dx$;

(3) $\int(\sqrt{x}-1)^2dx$;　　(4) $\int(3x+2)(x-2)dx$.

解 (1) $\int(e^x+5\cos x-3\sin x)dx=e^x+5\sin x+3\cos x+C$.

(2) $\int\left(\frac{2}{1+x^2}-\frac{3}{\sqrt{1-x^2}}\right)dx=2\arctan x-3\arcsin x+C$.

(3) 积分性质中并没有平方的积分公式,所以要先把被积函数展开后再积分:

$$\int(\sqrt{x}-1)^2dx=\int(x-2\sqrt{x}+1)dx=\int(x-2x^{\frac{1}{2}}+1)dx=\frac{1}{2}x^2-\frac{4}{3}x^{\frac{3}{2}}+x+C.$$

(4) 被积函数为两个因式的乘积,积分性质中并没有函数乘积的积分公式,需先计算出乘积后再积分:

$$\int(3x+2)(x-2)dx=\int(3x^2-4x-4)dx=x^3-2x^2-4x+C.$$

例 7 已知某产品的边际成本为 5 元/件,生产该产品的固定成本为 200 元,边际收益 $R'(x)=10-0.02x$(元/件),求生产该产品 x 件时的利润.

解 设利润函数为 $L(x)$,成本函数为 $C(x)$,利润、收益及成本的关系为

$$L(x)=R(x)-C(x).$$

由边际成本与总成本的关系知

$$C(x)=\int C'(x)dx=\int 5dx=5x+C_1,$$

因固定成本为 200 元,即 $C(0)=5\times0+C_1=200$,得 $C_1=200$,由此得成本函数

$$C(x)=5x+200(\text{元}).$$

再由边际收益与收益的关系得

$$R(x)=\int R'(x)dx=\int(10-0.02x)dx=10x-0.01x^2+C_2.$$

显然 $R(0)=0$,即 $C_2=0$,从而总收益函数为

$$R(x)=10x-0.01x^2.$$

于是得利润函数

$$L(x)=5x-0.01x^2-200.$$

即生产该产品 x 件时的利润为 $L(x)=5x-0.01x^2-200$(元).

例 8 列车在快进站时必须制动减速,若列车制动后的速度为 $v=1-\frac{1}{3}t$(单位:km/min),请问列车应在离站台停靠点多远的地方开始制动?(见"案例探究")

解 设列车从制动点开始所行驶的路程为 s,则

$$s=\int\left(1-\frac{1}{3}t\right)dt=t-\frac{1}{6}t^2+C.$$

由题意可得，当 $t=0$ 时 $s=0$.代入上式，得 $C=0$.故

$$s=t-\frac{1}{6}t^2.$$

令 $v=1-\frac{1}{3}t=0$，得 $t=3$ min，即 3 min 后列车停下来，从而列车的制动距离为

$$s(3)=3-\frac{1}{6}\times 3^2=1.5(\text{km}),$$

即列车从离站台 1.5 km 处开始制动.

课堂练习 ›››

1. 若 $F'(x)=f(x)$，则______是______的导函数，______是______的原函数.

2. 若 $F(x)$ 是 $f(x)$ 的一个原函数，则 $f(x)$ 的所有原函数可表示为__________，称其为 $f(x)$ 的__________，记为______________.

3. 根据不定积分和导数的关系完成下列各题.

(1) $(______)'=5, \int 5\mathrm{d}x=$______；　　(2) $(______)'=x^2, \int x^2\mathrm{d}x=$__________；

(3) $(______)'=\frac{1}{x}, \int \frac{1}{x}\mathrm{d}x=$______；　　(4) $(______)'=\frac{1}{x^2}, \int \frac{1}{x^2}\mathrm{d}x=$__________；

(5) $(____)'=\sin x, \int \sin x\mathrm{d}x=$________；(6) $(____)'=\cos x, \int \cos x\mathrm{d}x=$________；

(7) $(______)'=\mathrm{e}^x, \int \mathrm{e}^x\mathrm{d}x=$________；　　(8) $(______)'=2^x, \int 2^x\mathrm{d}x=$__________.

4. $\left(\int \sqrt{1+x}\,\mathrm{d}x\right)'=$__________；$\int(\sqrt{1+x})'\mathrm{d}x=$__________；

$\mathrm{d}\left(\int \sin 2x\mathrm{d}x\right)=$______________；$\int \mathrm{d}\sin 2x=$______________.

5. 若 $x\cos x$ 是 $f(x)$ 的一个原函数，则 $\int f(x)\mathrm{d}x=$__________，$f(x)=$__________，$f'(x)=$__________.

6. 下列等式成立的是(　　).

A. $\int f'(x)\mathrm{d}x=f(x)$　　B. $\mathrm{d}\left[\int f(x)\mathrm{d}x\right]=f(x)$

C. $\left[\int f(x)\mathrm{d}x\right]'=f(x)+C$　　D. $\mathrm{d}\left[\int f(x)\mathrm{d}x\right]=f(x)\mathrm{d}x$

7. 在区间 (a,b) 内，若 $f'(x)=g'(x)$，则下列各式一定成立的是(　　).

A. $\int f'(x)\mathrm{d}x=\int g'(x)\mathrm{d}x$　　B. $f(x)=g(x)$

C. $\left[\int f(x)\mathrm{d}x\right]'=\left[\int g(x)\mathrm{d}x\right]'$　　D. $\int f(x)\mathrm{d}x=\int g(x)\mathrm{d}x$

8. 计算下列不定积分：

(1) $\int(5x^4+3x^2+2x-1)\mathrm{d}x$；　　(2) $\int\left(2\sin x-3\mathrm{e}^x+\frac{2}{x}\right)\mathrm{d}x$；

(3) $\int(5^x+x^5)\mathrm{d}x$；　　(4) $\int\frac{x^4+4x^3-2x+1}{x^2}\mathrm{d}x$.

拓展提升 >>>

当不能直接运用基本积分公式和不定积分的线性性质计算不定积分时，需要先将被积函数通过恒等变形进行化简，然后再计算积分.

例 9 求下列不定积分.

(1) $\int 2^x\cdot 5^x\mathrm{d}x$；　　(2) $\int\frac{3\cdot 2^x-3^x}{2^x}\mathrm{d}x$.

解 (1) 利用指数的运算性质可得 $2^x\cdot 5^x=10^x$，从而

$$\int 2^x\cdot 5^x\mathrm{d}x=\int 10^x\mathrm{d}x=\frac{10^x}{\ln 10}+C.$$

(2) 利用指数的运算性质可得 $\frac{3^x}{2^x}=\left(\frac{3}{2}\right)^x$，从而

$$\int\frac{3\cdot 2^x-3^x}{2^x}\mathrm{d}x=\int\left[3-\left(\frac{3}{2}\right)^x\right]\mathrm{d}x=3x-\frac{\left(\frac{3}{2}\right)^x}{\ln\left(\frac{3}{2}\right)}+C.$$

注 指数式的恒等变形常用到以下恒等式：

$$a^m\cdot b^m=(ab)^m;\quad \frac{a^m}{b^m}=\left(\frac{a}{b}\right)^m;\quad a^ma^n=a^{m+n};\quad \frac{a^m}{a^n}=a^{m-n}.$$

例 10 求下列不定积分.

(1) $\int\tan^2x\mathrm{d}x$；　　(2) $\int\sin^2\frac{x}{2}\mathrm{d}x$；　　(3) $\int\frac{1}{\sin^2x\cos^2x}\mathrm{d}x$.

解 (1) 先利用 $1+\tan^2x=\sec^2x$ 将被积函数恒等变形，再用基本积分公式计算积分.

$$\int\tan^2x\mathrm{d}x=\int(\sec^2x-1)\mathrm{d}x=\tan x-x+C.$$

(2) 先利用 $\sin^2\frac{x}{2}=\frac{1-\cos x}{2}$ 将被积函数恒等变形，再用基本积分公式计算积分.

$$\int\sin^2\frac{x}{2}\mathrm{d}x=\int\frac{1-\cos x}{2}\mathrm{d}x=\frac{1}{2}\int(1-\cos x)\mathrm{d}x=\frac{1}{2}(x-\sin x)+C.$$

(3) 分母因子为 $\sin^2x,\cos^2x$，同时分子 $1=\sin^2x+\cos^2x$，可分式拆分.

$$\int\frac{1}{\sin^2x\cos^2x}\mathrm{d}x=\int\frac{\sin^2x+\cos^2x}{\sin^2x\cos^2x}\mathrm{d}x=\int\left(\frac{1}{\sin^2x}+\frac{1}{\cos^2x}\right)\mathrm{d}x$$

$$=\int(\csc^2x+\sec^2x)\mathrm{d}x=-\cot x+\tan x+C.$$

注 被积函数含有三角函数时，常利用以下恒等式进行恒等变形：

倒数式：$\frac{1}{\tan x}=\cot x$；$\frac{1}{\cos x}=\sec x$；$\frac{1}{\sin x}=\csc x$.

平方式：$\sin^2x+\cos^2x=1$；　$1+\tan^2x=\sec^2x$；　$1+\cot^2x=\csc^2x$.

倍角公式：$\cos 2x=\cos^2 x-\sin^2 x=2\cos^2 x-1=1-2\sin^2 x$；

$$\sin^2\frac{x}{2}=\frac{1-\cos x}{2};\quad \cos^2\frac{x}{2}=\frac{1+\cos x}{2};\quad \sin 2x=2\sin x\cos x.$$

例 11　求下列不定积分.

(1) $\int\frac{1+2x^2}{1+x^2}\mathrm{d}x$；　(2) $\int\frac{x^4}{1+x^2}\mathrm{d}x$；　(3) $\int\frac{1}{x^2(1+x^2)}\mathrm{d}x$.

解　(1) 被积函数是假分式，首先拆为整式与真分式之和，再分别积分.

$$\int\frac{1+2x^2}{1+x^2}\mathrm{d}x=\int\frac{2(x^2+1)-1}{1+x^2}\mathrm{d}x=\int\left(2-\frac{1}{1+x^2}\right)\mathrm{d}x=2x-\arctan x+C.$$

(2) 被积函数是假分式，首先拆为整式与真分式之和，再分别积分.

$$\int\frac{x^4}{1+x^2}\mathrm{d}x=\int\frac{(x^4-1)+1}{1+x^2}\mathrm{d}x=\int\left[(x^2-1)+\frac{1}{1+x^2}\right]\mathrm{d}x=\frac{1}{3}x^3-x+\arctan x+C.$$

(3) 分母可以分解因式时，可将分式拆为分母简单的、易于积分的分式之和，再积分.

$$\int\frac{1}{x^2(1+x^2)}\mathrm{d}x=\int\frac{(1+x^2)-x^2}{x^2(1+x^2)}\mathrm{d}x=\int\left(\frac{1}{x^2}-\frac{1}{1+x^2}\right)\mathrm{d}x=-\frac{1}{x}-\arctan x+C.$$

注　有理分式的拆分关键是拆分子，把分子表示为分母各因子的倍数相加减后即可进行拆分.

习题 5-1

【基础训练】

1. 求下列不定积分.

(1) $\int(5x^4-3x^2+x-1)\mathrm{d}x$；　(2) $\int\left(x^{-3}-3x^{\frac{1}{4}}+\frac{x}{2}\right)\mathrm{d}x$

(3) $\int\left(\frac{3}{x^4}-2x^{\frac{2}{3}}+\frac{5}{x}\right)\mathrm{d}x$；　(4) $\int\left(x^3+x\sqrt{x}+\frac{2}{\sqrt{x}}\right)\mathrm{d}x$；

(5) $\int\frac{4x^4-3x^2+2x-4}{x^3}\mathrm{d}x$；　(6) $\int\sqrt{x}(x-1)\mathrm{d}x$；

(7) $\int(3^x+x^3)\mathrm{d}x$；　(8) $\int(3\cos x+\mathrm{e}^x-5\sin x)\mathrm{d}x$；

(9) $\int\left(\frac{3}{1+x^2}-\frac{5}{\sqrt{1-x^2}}\right)\mathrm{d}x$；　(10) $\int(2\sec^2 x+3\csc^2 x-1)\mathrm{d}x$.

2. 已知作直线运动的物体的加速度为 $a=12t^2-5\sin t$（单位：$\mathrm{m/s^2}$），且当 $t=0$ s 时，速度 $v=6$ m/s，路程 $s=4$ m. 求：(1) 速度 v 与时间 t 的函数关系；(2) 路程 s 与时间 t 的函数关系.

3. 已知曲线 $y=f(x)$ 经过点 $\left(\frac{\pi}{2},2\right)$，且曲线上任一点处的切线斜率 $k=2\cos x-\sin x$，求此曲线方程.

【拓展训练】

1. 求下列不定积分.

(1) $\int \frac{4-x}{\sqrt{x}-2}dx$;

(2) $\int \frac{2+x^2}{1+x^2}dx$;

(3) $\int \frac{1+2x^2}{x^2(1+x^2)}dx$;

(4) $\int \frac{(1+x)^2}{x(1+x^2)}dx$;

(5) $\int \frac{4-x^2}{2-x}dx$;

(6) $\int \frac{x^4-x^2}{1+x^2}dx$;

(7) $\int 2^x \cdot e^x dx$;

(8) $\int \frac{e^{2t}-1}{e^t-1}dt$.

2. 求下列不定积分.

(1) $\int \cot^2 x dx$;

(2) $\int \cos^2 \frac{x}{2} dx$;

(3) $\int \frac{\sin 2x}{\cos x}dx$;

(4) $\int \frac{\cos 2x}{\cos^2 x}dx$;

(5) $\int \frac{1}{1-\cos 2x}dx$;

(6) $\int \frac{\cos 2x}{\cos^2 x \sin^2 x}dx$;

(7) $\int \frac{\cos 2x}{\cos x+\sin x}dx$;

(8) $\int \frac{1+\sin 2x}{\cos x+\sin x}dx$;

(9) $\int \frac{1+\cos^2 x}{1+\cos 2x}dx$;

(10) $\int \left(\sin \frac{x}{2}+\cos \frac{x}{2}\right)^2 dx$;

(11) $\int \frac{1-\cos^3 x}{\cos^2 x}dx$;

(12) $\int \frac{1+\sin^3 x}{\sin^2 x}dx$.

3. 已知钻一口油井的边际成本 $C'(x)=4+0.001x$(单位:万元/m),其中 x 为深度.若固定成本为 100 万元,求钻一口 x m 深的油井的总成本.

4. 已知销售某产品的边际收益函数为 $R'(x)=100-0.04x$,其中 x 为销量,销量为零时收益为零,求总收益函数.

5. 一电路中电流关于时间的变化率为 $\frac{di}{dt}=4t-0.6t^2$(单位:A/s).当 $t=0$ s 时,$i=2$A.求电流关于时间 t 的函数.

6. 已知池塘结冰的速度为 $\frac{dy}{dt}=k\sqrt{t}$(cm/h),其中 $k>0$,求厚度 y 关于时间 t 的函数关系式.

5.2 换元积分法

利用直接积分法能计算的不定积分是非常有限的.因此,有必要进一步研究不定积分的计算方法. 不定积分是导数(或微分)的逆运算,根据导数(或微分)的计算法则逆推回去,可得到相应的积分方法,本节我们将介绍换元积分法——利用复合函数的求导法则反过来用于不定积分,通过适当的变量代换(换元)把不定积分化为可以直接积分的形式,再进行积分计算的方法.

案例探究　一电场中质子运动的加速度为 $a=-\frac{20}{(1+2t)^2}(\mathrm{m/s^2})$，且当 $t=0$ 时，$v=0.3\mathrm{m/s}$.求质子的运动速度.

5.2.1　第一换元积分法

定理 5.3　若 $\int f(x)\mathrm{d}x=F(x)+C$，且 $u=\varphi(x)$ 可导，则

$$\int f(u)\mathrm{d}u=F(u)+C$$

仍然成立.即

$$\int f[\varphi(x)]\varphi'(x)\mathrm{d}x=\int f(u)\mathrm{d}u\Big|_{u=\varphi(x)}=F(u)\Big|_{u=\varphi(x)}+C=F[\varphi(x)]+C.$$

证　由 $\int f(x)\mathrm{d}x=F(x)+C$ 得 $F'(x)=f(x)$.根据复合函数求导法则，有

$$\{F[\varphi(x)]\}'=\frac{\mathrm{d}F(u)}{\mathrm{d}u}\cdot\frac{\mathrm{d}u}{\mathrm{d}x}=f(u)\varphi'(x)=f[\varphi(x)]\varphi'(x).$$

所以

$$\int f[\varphi(x)]\varphi'(x)\mathrm{d}x=F[\varphi(x)]+C.$$

即 $\int f(u)\mathrm{d}u=F(u)+C$，其中 $\mathrm{d}u=\varphi'(x)\mathrm{d}x$.

注　(1) 该定理说明，基本积分公式中，自变量 x 换成任意可导函数 $u=\varphi(x)$ 后公式仍成立，这一性质也称为积分形式不变性.例如，由 $\int\cos x\mathrm{d}x=\sin x+C$，则 $\int\cos u\mathrm{d}u=\sin u+C$，从而有

$$\int\cos x^2\mathrm{d}x^2=\sin x^2+C,\quad \int\cos\frac{1}{x}\mathrm{d}\frac{1}{x}=\sin\frac{1}{x}+C.$$

这就极大地扩充了基本积分公式的使用范围.

(2) 积分时，被积表达式 $f(x)\mathrm{d}x$ 可进行微分恒等代换. 如

$$\varphi'(x)\mathrm{d}x=\mathrm{d}\varphi(x),\quad \frac{1}{x^2}\mathrm{d}x=-\mathrm{d}\frac{1}{x},\quad \mathrm{e}^x\mathrm{d}x=\mathrm{d}\mathrm{e}^x \text{ 等}.$$

使用第一换元积分法的条件是被积表达式能分解成两部分的乘积，一部分是关于中间变量 $u=\varphi(x)$ 的函数 $f[\varphi(x)]$，另一部分是中间变量 $u=\varphi(x)$ 的微分 $\mathrm{d}u=\varphi'(x)\mathrm{d}x$，从而将 $\int f[\varphi(x)]\varphi'(x)\mathrm{d}x$ 转化为比较容易计算的关于 u 的函数的积分 $\int f(u)\mathrm{d}u$，其关键步骤是凑中间变量 $u=\varphi(x)$ 的微分，因而也把第一类换元积分法称为**凑微分法**.

一般地，若所求不定积分的被积函数可化为 $f[\varphi(x)]\cdot\varphi'(x)$ 的形式，则可按如下步骤计算不定积分：

$$\int f[\varphi(x)]\cdot\varphi'(x)\mathrm{d}x\xlongequal{\text{凑微分}}\int f[\varphi(x)]\cdot\mathrm{d}[\varphi(x)]$$

$$\xlongequal{\text{换元,令 }\varphi(x)=u}\int f(u)\mathrm{d}u$$

$$\xlongequal{\text{积分}}F(u)+C$$

$$\xlongequal{\text{回代 }u=\varphi(x)}F[\varphi(x)]+C.$$

例 1 求下列不定积分.

(1) $\int 2\cos(2x)\mathrm{d}x$;　　(2) $\int(x-3)^{12}\mathrm{d}x$;　　(3) $\int \mathrm{e}^{4x+3}\mathrm{d}x$.

解 (1) 被积表达式 $2\cos(2x)\mathrm{d}x$ 中，$\cos(2x)$ 是由 $y=\cos u$ 和 $u=2x$ 复合而成的函数，余下的 $2\mathrm{d}x=\mathrm{d}(2x)=\mathrm{d}u$，根据基本积分公式可得 $\int\cos u\mathrm{d}u=\sin u+C$，于是令 $u=2x$，就有

$$\int 2\cos(2x)\mathrm{d}x\xlongequal{\text{凑微分}}\int\cos(2x)\mathrm{d}(2x)$$

$$\xlongequal{\text{换元,令 }2x=u}\int\cos u\mathrm{d}u$$

$$\xlongequal{\text{积分}}\sin u+C$$

$$\xlongequal{\text{回代 }u=2x}\sin(2x)+C.$$

(2) 被积表达式 $(x-3)^{12}\mathrm{d}x$ 中，$(x-3)^{12}$ 是由 $y=u^{12}$ 和 $u=x-3$ 复合而成的函数，余下的 $\mathrm{d}x=\mathrm{d}(x-3)=\mathrm{d}u$，根据基本积分公式可得 $\int u^{12}\mathrm{d}u=\frac{1}{13}u^{13}+C$，于是令 $u=x-3$，就有

$$\int(x-3)^{12}\mathrm{d}x\xlongequal{\text{凑微分}}\int(x-3)^{12}\mathrm{d}(x-3)$$

$$\xlongequal{\text{换元,令 }x-3=u}\int u^{12}\mathrm{d}u$$

$$\xlongequal{\text{积分}}\frac{1}{13}u^{13}+C$$

$$\xlongequal{\text{回代 }u=x-3}\frac{1}{13}(x-3)^{13}+C.$$

(3) 被积表达式 $\mathrm{e}^{4x+3}\mathrm{d}x$ 中，e^{4x+3} 是由 $y=\mathrm{e}^u$ 和 $u=4x+3$ 复合而成的函数，余下的 $\mathrm{d}x=\frac{1}{4}\mathrm{d}(4x+3)=\frac{1}{4}\mathrm{d}u$，根据基本积分公式和不定积分的线性性质可得 $\int\mathrm{e}^u\cdot\frac{1}{4}\mathrm{d}u=\frac{1}{4}\int\mathrm{e}^u\mathrm{d}u=\frac{1}{4}\mathrm{e}^u+C$，于是令 $u=4x+3$，就有

$$\int\mathrm{e}^{4x+3}\mathrm{d}x\xlongequal{\text{凑微分}}\frac{1}{4}\int\mathrm{e}^{4x+3}\mathrm{d}(4x+3)$$

$$\xlongequal{\text{换元,令 }4x+3=u}\frac{1}{4}\int\mathrm{e}^u\mathrm{d}u$$

$$\xlongequal{\text{积分}}\frac{1}{4}\mathrm{e}^u+C$$

$$\xlongequal{\text{回代 }u=4x+3}\frac{1}{4}\mathrm{e}^{4x+3}+C.$$

注 一般地，由 $\mathrm{d}x=\frac{1}{a}\mathrm{d}(ax+b)$ 得 $\int f(ax+b)\mathrm{d}x=\frac{1}{a}\int f(ax+b)\mathrm{d}(ax+b)$.

例 2 求下列不定积分.

(1) $\int \frac{x}{x^2+4}dx$;　　(2) $\int xe^{2x^2+1}dx$.

解 (1) 令 $u=x^2+4$,因为 $du=d(x^2+4)=2xdx$,所以 $xdx=\frac{1}{2}d(x^2+4)=\frac{1}{2}du$,从而

$$\int \frac{x}{x^2+4}dx=\frac{1}{2}\int \frac{1}{u}du=\frac{1}{2}\ln|u|+C=\frac{1}{2}\ln(x^2+4)+C.$$

一般地,$\int \frac{xdx}{x^2\pm a^2}=\frac{1}{2}\int \frac{1}{x^2\pm a^2}d(x^2\pm a^2)=\frac{1}{2}\ln|x^2\pm a^2|+C.$

(2) 令 $u=2x^2+1$,因为 $du=d(2x^2+1)=4xdx$,所以 $xdx=\frac{1}{4}d(2x^2+1)=\frac{1}{4}du$,从而

$$\int xe^{2x^2+1}dx=\frac{1}{4}\int e^u du=\frac{1}{4}e^u+C=\frac{1}{4}e^{2x^2+1}+C.$$

注 一般地,$\int xf(ax^2+b)dx=\frac{1}{2a}\int f(ax^2+b)d(ax^2+b)\,(a\neq 0)$.

对凑微分法熟练后,可不必写出中间变量,凑微分后直接根据积分公式写出结果.

例 3 求下列不定积分.

(1) $\int e^x\sin(e^x)dx$;　　(2) $\int \frac{\cos(1+\ln x)}{x}dx$.

解 (1) $\int e^x\sin(e^x)dx=\int \sin(e^x)d(e^x)=-\cos(e^x)+C.$

(2) $\int \frac{\cos(1+\ln x)}{x}dx=\int \cos(1+\ln x)d(1+\ln x)=\sin(1+\ln x)+C.$

例 4 计算 $\int \sin 2xdx$.

解 1 原式 $=\frac{1}{2}\int \sin 2xd(2x)=-\frac{1}{2}\cos 2x+C.$

解 2 原式 $=2\int \sin x\cos xdx=2\int \sin xd(\sin x)=\sin^2 x+C.$

解 3 原式 $=2\int \sin x\cos xdx=-2\int \cos xd(\cos x)=-\cos^2 x+C.$

通过上例可以看出,同一个不定积分,由于凑微分的方法不同,其积分结果的形式可能不同,但它们作为同一个函数的原函数,彼此之间只相差一个常数.

运用凑微分法求不定积分,必须熟悉基本积分公式,还需要熟悉微分运算,针对具体的积分,要选准对应的积分公式凑微分.凑微分时,常用的微分式有:

$dx=\frac{1}{a}d(ax+b)\,(a\neq 0)$;　　$xdx=\frac{1}{2a}d(ax^2+b)\,(a\neq 0)$;

$x^{n-1}dx=\frac{1}{n}d(x^n)\,(n\neq 0)$;　　$\frac{1}{\sqrt{x}}dx=2d(\sqrt{x})$;

$e^x dx=d(e^x)$;　　$\frac{1}{x}dx=d(\ln x)$;

$\cos x\mathrm{d}x=\mathrm{d}(\sin x)$；　　　　$\sin x\mathrm{d}x=-\mathrm{d}(\cos x)$；

$\sec^2 x\mathrm{d}x=\mathrm{d}(\tan x)$；　　　　$\csc^2 x\mathrm{d}x=-\mathrm{d}(\cot x)$；

$\dfrac{1}{1+x^2}\mathrm{d}x=\mathrm{d}(\arctan x)$；　　　　$\dfrac{1}{\sqrt{1-x^2}}\mathrm{d}x=\mathrm{d}(\arcsin x)$.

例 5　一电场中质子运动的加速度为 $a=-\dfrac{20}{(1+2t)^2}(\mathrm{m/s^2})$，且当 $t=0$ 时，$v=0.3\mathrm{m/s}$. 求质子的运动速度.（见“案例探究”）

解　$v(t)=\int a(t)\mathrm{d}t=\int\left[-\dfrac{20}{(1+2t)^2}\right]\mathrm{d}t=-\dfrac{1}{2}\int\dfrac{20}{(1+2t)^2}\mathrm{d}(1+2t)=\dfrac{10}{1+2t}+C.$

由 $v(0)=0.3$ 得 $C=-9.7$，故 $v(t)=\dfrac{10}{1+2t}-9.7(\mathrm{m/s})$.

课堂练习

1. 填空.

(1) $\mathrm{d}x=(\quad)\mathrm{d}(3-2x)$；　　　　(2) $x\mathrm{d}x=(\quad)\mathrm{d}(1-2x^2)$；

(3) $\dfrac{1}{\sqrt{x}}\mathrm{d}x=(\quad)\mathrm{d}(\sqrt{x})$；　　　　(4) $\dfrac{1}{x}\mathrm{d}x=(\quad)\mathrm{d}(3+2\ln x)$；

(5) $\dfrac{1}{x^2}\mathrm{d}x=(\quad)\mathrm{d}\left(\dfrac{1}{x}\right)$；　　　　(6) $\mathrm{e}^x\mathrm{d}x=(\quad)\mathrm{d}(\mathrm{e}^x+1)$；

(7) $\sin x\mathrm{d}x=(\quad)\mathrm{d}(\cos x)$；　　　　(8) $\sec^2 x\mathrm{d}x=(\quad)\mathrm{d}(\tan x)$；

(9) $\dfrac{\mathrm{d}x}{1+x^2}=(\quad)\mathrm{d}(\arctan x)$；　　　　(10) $\dfrac{\mathrm{d}x}{\sqrt{1-x^2}}=(\quad)\mathrm{d}(\arcsin x)$.

2. 填空.

(1) 由 $\int x\mathrm{d}x=\dfrac{1}{2}x^2+C$，可得 $\int \mathrm{e}^x\mathrm{d}\mathrm{e}^x=$ ________；$\int\sin x\mathrm{d}\sin x=$ ________.

(2) 由 $\int\dfrac{1}{x}\mathrm{d}x=\ln|x|+C$，可得 $\int\dfrac{1}{2+3x}\mathrm{d}(2+3x)=$ ________；$\int\dfrac{1}{\mathrm{e}^x+1}\mathrm{d}(\mathrm{e}^x+1)=$ ________；$\int\dfrac{1}{4+x^2}\mathrm{d}(4+x^2)=$ ________.

3. $\int\dfrac{1}{1+x^2}\mathrm{d}x=$ ________；$\int\dfrac{1}{1+x^2}\mathrm{d}(1+x^2)=$ ________.

4. 若 $\int f(x)\mathrm{d}x=x^2+C$，则：

(1) $\int f(ax+b)\mathrm{d}x=$ ________ $(a\neq 0)$；

(2) $\int f(x^n)x^{n-1}\mathrm{d}x=$ ________ $(n\neq 0)$；

(3) $\int f(\mathrm{e}^x)\mathrm{e}^x\mathrm{d}x=$ ________；

(4) $\int f(\sin x)\cos x\mathrm{d}x=$ ________；

(5) $\int f(\cos x)\sin x\mathrm{d}x=$ ________；

(6) $\int \frac{f(\ln x)}{x}\mathrm{d}x=$ ________；

(7) $\int f'(ax+b)\mathrm{d}x=$ ________ $(a\neq 0)$.

5. 计算下列不定积分.

(1) $\int\sqrt{3x+10}\,\mathrm{d}x$；　(2) $\int\frac{\mathrm{d}x}{(2x+1)^3}$；　(3) $\int\frac{\ln^2 x}{x}\mathrm{d}x$；

(4) $\int x\sqrt{1+2x^2}\,\mathrm{d}x$；　(5) $\int\frac{x}{x^2-5}\mathrm{d}x$；　(6) $\int \mathrm{e}^{\sin x}\cos x\mathrm{d}x$.

拓展提升 ⋙

有时需要对被积函数做适当变形，然后再运用凑微分法计算不定积分.

例 6　求下列不定积分.

(1) $\int\tan x\mathrm{d}x$；　(2) $\int\cos^2 x\mathrm{d}x$；　(3) $\int\sin^3 x\mathrm{d}x$.

解　(1) $\tan x$ 是基本初等函数，但是并没有积分公式，根据三角函数的关系式可知 $\tan x=\frac{\sin x}{\cos x}$，从而

$$\int\tan x\mathrm{d}x=\int\frac{\sin x}{\cos x}\mathrm{d}x=-\int\frac{1}{\cos x}\mathrm{d}\cos x=-\ln|\cos x|+C.$$

类似地，可得 $\int\cot x\mathrm{d}x=\ln|\sin x|+C$.

(2) $$\int\cos^2 x\mathrm{d}x=\int\frac{1+\cos 2x}{2}\mathrm{d}x=\frac{1}{2}\left(\int\mathrm{d}x+\int\cos 2x\mathrm{d}x\right)$$
$$=\frac{x}{2}+\frac{1}{4}\int\cos 2x\mathrm{d}(2x)=\frac{x}{2}+\frac{1}{4}\sin 2x+C.$$

(3) $$\int\sin^3 x\mathrm{d}x=\int\sin^2 x\cdot\sin x\mathrm{d}x=-\int(1-\cos^2 x)\mathrm{d}(\cos x)=-\cos x+\frac{1}{3}\cos^3 x+C.$$

注　一般地，当被积函数为正、余弦函数的偶数次幂的乘积时，可运用公式 $\sin^2 x=\frac{1-\cos 2x}{2}$ 或 $\cos^2 x=\frac{1+\cos 2x}{2}$ 降次后再计算；当被积函数为正、余弦函数的方幂的乘积或商，且含有奇数次幂时，可将奇数次幂的因子拆一个单因子去凑微分 $\sin x\mathrm{d}x=-\mathrm{d}(\cos x)$ 或 $\cos x\mathrm{d}x=\mathrm{d}(\sin x)$.

例 7　求不定积分.

(1) $\int\csc x\mathrm{d}x$；　(2) $\int\sec x\mathrm{d}x$.

解　(1) $\int\csc x\mathrm{d}x=\int\frac{\csc x(\csc x-\cot x)}{\csc x-\cot x}\mathrm{d}x$

$$= \int \frac{1}{\csc x - \cot x}(\csc^2 x - \csc x \cot x)\,dx$$

$$= \int \frac{1}{\csc x - \cot x}d(\csc x - \cot x)$$

$$= \ln|\csc x - \cot x| + C.$$

(2) $\int \sec x dx = \int \sec x \cdot \frac{\sec x + \tan x}{\sec x + \tan x}dx$

$$= \int \frac{1}{\sec x + \tan x}(\sec^2 x + \sec x \tan x)\,dx$$

$$= \int \frac{1}{\sec x + \tan x}d(\sec x + \tan x)$$

$$= \ln|\sec x + \tan x| + C.$$

即 $\int \sec x dx = \ln|\sec x + \tan x| + C$；$\int \csc x dx = \ln|\csc x - \cot x| + C$.

注 三角函数恒等公式、三角函数微分公式在积分计算中起着非常重要的作用.

例 8 求不定积分.

(1) $\int \frac{dx}{x^2 + 4}$；　(2) $\int \frac{dx}{x^2 - 4}$；　(3) $\int \frac{dx}{x(x^2 + 1)}$.

解 (1) 和例 2 的第(1)题相比,被积函数少了一个 x,所以不能再将分母视为整体凑微分了,此时考虑另一个基本积分公式:$\int \frac{1}{1 + u^2}du = \arctan u + C$,得

$$\int \frac{dx}{x^2 + 4} = \frac{1}{4}\int \frac{1}{\frac{x^2}{4} + 1}dx = \frac{1}{2}\int \frac{1}{1 + \left(\frac{x}{2}\right)^2}d\left(\frac{x}{2}\right) = \frac{1}{2}\arctan \frac{x}{2} + C.$$

一般地,$\int \frac{dx}{x^2 + a^2} = \frac{1}{a}\arctan \frac{x}{a} + C(a \neq 0)$.

(2) 分母可以分解因式时,可将分式拆为分母更简单的分式之和,再积分.

$$\int \frac{dx}{x^2 - 4} = \frac{1}{4}\int \frac{(x + 2) - (x - 2)}{(x - 2)(x + 2)}dx = \frac{1}{4}\int\left(\frac{1}{x - 2} - \frac{1}{x + 2}\right)dx$$

$$= \frac{1}{4}\left[\int \frac{1}{x - 2}d(x - 2) - \int \frac{1}{x + 2}d(x + 2)\right]$$

$$= \frac{1}{4}[\ln|x - 2| - \ln|x + 2|] + C$$

$$= \frac{1}{4}\ln\left|\frac{x - 2}{x + 2}\right| + C.$$

一般地,$\int \frac{dx}{x^2 - a^2} = \frac{1}{2a}\ln\left|\frac{x - a}{x + a}\right| + C(a \neq 0)$.

(3) $\int \frac{dx}{x(x^2 + 1)} = \int \frac{(x^2 + 1) - x^2}{x(x^2 + 1)}dx = \int\left(\frac{1}{x} - \frac{x}{x^2 + 1}\right)dx$

$$= \ln|x| - \frac{1}{2}\int \frac{1}{x^2 + 1}d(x^2 + 1) = \ln|x| - \frac{1}{2}\ln(x^2 + 1) + C.$$

注　有理分式常常可以拆分为$\frac{1}{x+a}$,$\frac{x}{x^2+a}$,$\frac{1}{x^2+a^2}$等最简分式的线性组合,将分子表示为分母各因子的倍数相加减后即可进行拆分.

课堂练习 ⋙

计算下列不定积分.

(1) $\int \cos^3 x \mathrm{d}x$;　　(2) $\int \sin^2 x \mathrm{d}x$;

(3) $\int \frac{1}{(x+2)(x-1)} \mathrm{d}x$;　　(4) $\int \frac{1}{x^2+x-6} \mathrm{d}x$;

(5) $\int \frac{1}{x^2+9} \mathrm{d}x$;　　(6) $\int \frac{1}{\sqrt{4-x^2}} \mathrm{d}x$.

5.2.2　第二换元积分法

第一换元积分法的要点是通过适当的变量代换 $\varphi(x)=u$ 把积分 $\int f[\varphi(x)] \cdot \varphi'(x) \mathrm{d}x$ 化为容易计算的 $\int f(u) \mathrm{d}u$. 我们也常常遇到相反的情形,即通过变量代换 $x=\varphi(t)$,将积分化为关于 t 的积分 $\int f[\varphi(t)] \varphi'(t) \mathrm{d}t$ 再进行计算,我们把这种方法称为第二换元积分法.

定理 5.4　设函数 $f(x)$ 连续,函数 $x=\varphi(t)$ 单调可导,且 $\varphi'(t) \neq 0$,如果 $f[\varphi(t)]\varphi'(t)$ 有原函数 $F(t)$,则

$$\int f(x) \mathrm{d}x = F[\varphi^{-1}(x)] + C.$$

其计算步骤可写为如下形式:

$$\int f(x) \mathrm{d}x \xlongequal{\text{换元,令 } x=\varphi(t)} \int f[\varphi(t)] \mathrm{d}\varphi(t) = \int f[\varphi(t)] \varphi'(t) \mathrm{d}t$$

$$\xlongequal{\text{积分}} F(t) + C \xlongequal{\text{回代 } t=\varphi^{-1}(x)} F[\varphi^{-1}(x)] + C.$$

例 9　求不定积分 $\int \frac{\mathrm{d}x}{1+\sqrt{3-x}}$.

解　设 $\sqrt{3-x}=t$,即 $x=3-t^2$,则 $\mathrm{d}x=-2t\mathrm{d}t$,于是

$$\int \frac{\mathrm{d}x}{1+\sqrt{3-x}} = \int \frac{-2t}{1+t} \mathrm{d}t = -2\int \frac{t}{1+t} \mathrm{d}t = -2\int \left(1 - \frac{1}{1+t}\right) \mathrm{d}t$$

$$= -2(t - \ln|1+t|) + C = -2[\sqrt{3-x} - \ln(1+\sqrt{3-x})] + C.$$

例 10　求不定积分 $\int \frac{\sqrt{x} \mathrm{d}x}{1+\sqrt{x}}$.

解　设 $\sqrt{x}=t$,即 $x=t^2$,则 $\mathrm{d}x=2t\mathrm{d}t$,于是

$$\int \frac{\sqrt{x}\,\mathrm{d}x}{1+\sqrt{x}} = \int \frac{2t^2}{1+t}\mathrm{d}t = 2\int \frac{t^2-1+1}{1+t}\mathrm{d}t = 2\int\left(t-1+\frac{1}{1+t}\right)\mathrm{d}t$$

$$= t^2-2t+2\ln|1+t|+C = x-2\sqrt{x}+2\ln(1+\sqrt{x})+C.$$

从上面两个例题可以看出,当被积函数中含有无理式$\sqrt[n]{ax+b}$(a,b为常数,且$a\neq 0$)时,可令$\sqrt[n]{ax+b}=t$,消去被积函数中的根号,进而求得积分,称这种代换方法为**根式代换**.

课堂练习 >>>

1. 计算$I=\int \frac{\mathrm{d}x}{1+\sqrt{2x}}$时,令$\sqrt{2x}=t$,即$x=$__________,则$\mathrm{d}x=$__________,从而$I=$ $\int$__________$\mathrm{d}t$.

2. 计算下列不定积分.

(1) $\int \frac{1}{2+\sqrt{x}}\mathrm{d}x$;　　(2) $\int \frac{\sqrt{x-1}}{x}\mathrm{d}x$;

(3) $\int \frac{1}{1+\sqrt[3]{x+2}}\mathrm{d}x$;　　(4) $\int \frac{x}{\sqrt{3-2x}}\mathrm{d}x$.

拓展提升 >>>

当被积函数含二次根式,且被开方式为二次函数时,用根式代换就达不到去掉根式的目的了,比如令$t=\sqrt{a^2-x^2}$,则其反函数$x=\pm\sqrt{a^2-t^2}$仍然含有根式.此时可以利用三角函数的平方关系式:

$$\sin^2 x+\cos^2 x=1,1+\tan^2 x=\sec^2 x.$$

通过适当的三角代换,使被开方式为某个三角函数的完全平方,达到消去根号的目的.当被积函数含有根式$\sqrt{a^2\pm x^2}$或$\sqrt{x^2-a^2}$时,可作如下代换以消去根式:

$$\sqrt{a^2-x^2} \xlongequal{\text{令 } x=a\sin t} a\cos t,\quad t\in\left[-\frac{\pi}{2},\frac{\pi}{2}\right],$$

$$\sqrt{a^2+x^2} \xlongequal{\text{令 } x=a\tan t} a\sec t,\quad t\in\left(-\frac{\pi}{2},\frac{\pi}{2}\right),$$

$$\sqrt{x^2-a^2} \xlongequal{\text{令 } x=a\sec t} a\tan t,\quad t\in\left[0,\frac{\pi}{2}\right)\cup\left[\pi,\frac{3\pi}{2}\right).$$

通常称以上代换为**三角代换**.

例 11 求$\int \frac{1}{\sqrt{a^2-x^2}}\mathrm{d}x\ (a>0)$.

解 令$x=a\sin t\left(-\frac{\pi}{2}<t<\frac{\pi}{2}\right)$,则$\sqrt{a^2-x^2}=a\sqrt{1-\sin^2 t}=a\cos t$, $\mathrm{d}x=a\cos t\mathrm{d}t$,于是

$$\int \frac{1}{\sqrt{a^2-x^2}}\mathrm{d}x = \int \frac{a\cos t\mathrm{d}t}{a\cos t} = \int \mathrm{d}t = t+C = \arcsin\frac{x}{a}+C.$$

此题也可直接凑微分求解：

$$\int \frac{1}{\sqrt{a^2 - x^2}} \mathrm{d}x = \int \frac{1}{\sqrt{1 - \left(\frac{x}{a}\right)^2}} \mathrm{d}\left(\frac{x}{a}\right) = \arcsin \frac{x}{a} + C.$$

例 12　$\int \frac{1}{\sqrt{x^2 + a^2}} \mathrm{d}x (a > 0)$.

解　令 $x = a\tan t \left(-\frac{\pi}{2} < t < \frac{\pi}{2}\right)$，则 $\sqrt{x^2 + a^2} = a\sqrt{\tan^2 t + 1} = a\sec t$，$\mathrm{d}x = a\sec^2 t\mathrm{d}t$.

$$\begin{aligned}\int \frac{1}{\sqrt{x^2 + a^2}} \mathrm{d}x &= \int \frac{1}{a\sec t} \cdot a\sec^2 t\mathrm{d}t = \int \sec t\mathrm{d}t \\ &= \ln|\sec t + \tan t| + C. \quad \text{（例 7 结论）}\end{aligned}$$

由三角函数知识，$\tan t = \frac{x}{a}$ 时，如图 5-2 所示，构造关于 t 的直角三角形，可以得到

$$\sec t = \frac{1}{\cos t} = \frac{\sqrt{x^2 + a^2}}{a}.$$

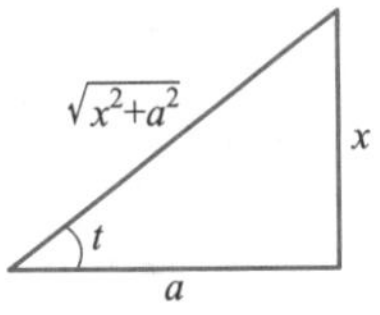

图 5-2

则

$$\begin{aligned}\int \frac{1}{\sqrt{x^2 + a^2}} \mathrm{d}x &= \ln\left|\frac{\sqrt{x^2 + a^2}}{a} + \frac{x}{a}\right| + C_1 \\ &= \ln|\sqrt{x^2 + a^2} + x| + C.\end{aligned}$$

注　引入新变量换元进行积分计算后，一定要注意回代变量，将积分结果表示为原积分变量的函数.

例 13　求 $\int \frac{1}{\sqrt{x^2 - a^2}} \mathrm{d}x (a > 0)$.

解　令 $x = a\sec t, t \in \left(0, \frac{\pi}{2}\right)$ 或 $\left(\pi, \frac{3\pi}{2}\right)$，则 $\sqrt{x^2 - a^2} = a\sqrt{\sec^2 t - 1} = a\tan t$，且 $\mathrm{d}x = a\sec t\tan t\mathrm{d}t$.

于是

$$\begin{aligned}\int \frac{1}{\sqrt{x^2 - a^2}} \mathrm{d}x &= \int \frac{1}{a\tan t} \cdot a\sec t\tan t\mathrm{d}t = \int \sec t\mathrm{d}t \\ &= \ln|\sec t + \tan t| + C. \quad \text{（例 7 结论）}\end{aligned}$$

由三角函数知识，$\sec t = \frac{x}{a}$ 时，如图 5-3 所示，构造关于 t 的直角三角形，可以得到

$$\tan t = \frac{\sqrt{x^2 - a^2}}{a}.$$

则

$$\begin{aligned}\int \frac{1}{\sqrt{x^2 - a^2}} \mathrm{d}x &= \ln\left|\frac{\sqrt{x^2 - a^2}}{a} + \frac{x}{a}\right| + C \\ &= \ln|\sqrt{x^2 - a^2} + x| + C.\end{aligned}$$

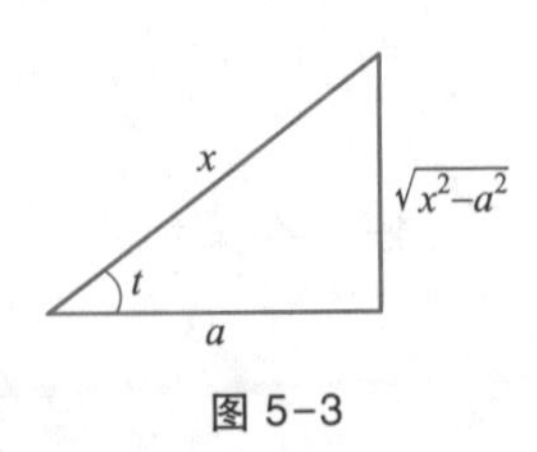

图 5-3

在上面的例题中，有些积分结果在积分计算中经常会遇到，可以作为公式使用.为方便读者计算，归纳如下：

$\int \tan x\mathrm{d}x = -\ln|\cos x| + C$；

$\int \cot x\mathrm{d}x = \ln|\sin x| + C$；

$\int \sec x\mathrm{d}x = \ln|\sec x + \tan x| + C$；

$\int \csc x\mathrm{d}x = \ln|\csc x - \cot x| + C$；

$\int \frac{1}{a^2 + x^2}\mathrm{d}x = \frac{1}{a}\arctan\frac{x}{a} + C$；

$\int \frac{1}{x^2 - a^2}\mathrm{d}x = \frac{1}{2a}\ln\left|\frac{x-a}{x+a}\right| + C$；

$\int \frac{1}{\sqrt{a^2 - x^2}}\mathrm{d}x = \arcsin\frac{x}{a} + C$；

$\int \frac{1}{\sqrt{x^2 \pm a^2}}\mathrm{d}x = \ln\left|\sqrt{x^2 \pm a^2} + x\right| + C$.

除常见的根式代换和三角代换外，有时需要根据被积函数的特点进行灵活的变量代换，将被积函数转换为容易求积分的形式.

例 14 求 $\int x(x+2)^4\mathrm{d}x$.

解 被积函数中 4 次方展开很烦琐，令 $t=x+2$，则 $x=t-2$，$\mathrm{d}x=\mathrm{d}t$，原积分转化为

$$\int x(x+2)^4\mathrm{d}x = \int (t-2)t^4\mathrm{d}t = \int (t^5 - 2t^4)\mathrm{d}t = \frac{1}{6}t^6 - \frac{2}{5}t^5 + C$$

$$= \frac{1}{6}(x+2)^6 - \frac{2}{5}(x+2)^5 + C.$$

课堂练习 »»

1. 计算积分 $I = \int \frac{1}{x^2\sqrt{1-x^2}}\mathrm{d}x$ 时，令 $x = \sin t$，则 $\mathrm{d}x =$ ________，从而 $I = \int$ ________ $\mathrm{d}t$.

2. 计算积分 $I = \int \frac{1}{(x^2+1)^2}\mathrm{d}x$ 时，令 $x = \tan t$，则 $\mathrm{d}x =$ ________，从而 $I = \int$ ________ $\mathrm{d}t$.

3. 计算积分 $I = \int \frac{1}{x\sqrt{x^2-1}}\mathrm{d}x\ (x>0)$ 时，令 $x = \sec t$，则 $\mathrm{d}x =$ ________，从而 $I = \int$ ________ $\mathrm{d}t$；若令 $x = \frac{1}{t}$，则 $\mathrm{d}x =$ ________，从而 $I = \int$ ________ $\mathrm{d}t$.

4. 计算下列不定积分：

(1) $\int \frac{x^2}{\sqrt{1-x^2}}\mathrm{d}x$；　　(2) $\int x^2(2-x)^{10}\mathrm{d}x$.

习题 5-2

【基础训练】

1. 计算下列不定积分.

(1) $\int(2-3x)^5\mathrm{d}x$；　(2) $\int\frac{1}{\sqrt{3-2x}}\mathrm{d}x$；　(3) $\int\mathrm{e}^{-x}\mathrm{d}x$；

(4) $\int\frac{x}{\sqrt{4-x^2}}\mathrm{d}x$；　(5) $\int x\sqrt{4-x^2}\,\mathrm{d}x$；　(6) $\int x\cdot\cos(x^2)\,\mathrm{d}x$；

(7) $\int\frac{3x^3}{1-x^4}\mathrm{d}x$；　(8) $\int\frac{1}{\sqrt{x}}\mathrm{e}^{\sqrt{x}}\,\mathrm{d}x$；　(9) $\int\frac{1}{x^2}\sin\frac{1}{x}\mathrm{d}x$；

(10) $\int\sin^2x\cos x\,\mathrm{d}x$；　(11) $\int\frac{1}{x(\ln x+1)}\mathrm{d}x$；　(12) $\int\frac{\mathrm{e}^x}{\mathrm{e}^x-1}\mathrm{d}x$.

2. 求下列不定积分.

(1) $\int\frac{1}{x\sqrt{x+1}}\mathrm{d}x$；　(2) $\int\frac{x}{\sqrt{x+2}}\mathrm{d}x$；　(3) $\int\frac{1}{1+\sqrt[3]{x}}\mathrm{d}x$.

【拓展训练】

1. 求下列不定积分.

(1) $\int\frac{\arctan x}{1+x^2}\mathrm{d}x$；　(2) $\int\frac{\mathrm{e}^{\arcsin x}}{\sqrt{1-x^2}}\mathrm{d}x$；　(3) $\int\frac{1-x}{\sqrt{4-x^2}}\mathrm{d}x$；

(4) $\int\frac{1}{1+\mathrm{e}^x}\mathrm{d}x$；　(5) $\int\frac{1}{\mathrm{e}^{-x}+\mathrm{e}^x}\mathrm{d}x$；　(6) $\int\frac{1}{x^2+2x+5}\mathrm{d}x$.

(7) $\int\cos^2 2x\mathrm{d}x$；　(8) $\int\sin^2x\cos^3x\mathrm{d}x$；　(9) $\int\sin^4x\mathrm{d}x$；

(10) $\int\frac{\sin^3x}{\cos^2x}\mathrm{d}x$；　(11) $\int\tan x\sec^2x\mathrm{d}x$；　(12) $\int\tan x\sec^3x\mathrm{d}x$.

(13) $\int\frac{1}{(x+1)(x-2)}\mathrm{d}x$；　(14) $\int\frac{x}{(x+1)(x-1)}\mathrm{d}x$；　(15) $\int\frac{x^2}{x^2-1}\mathrm{d}x$；

(16) $\int\frac{(1+x)^2}{1+x^2}\mathrm{d}x$；　(17) $\int\frac{x^2}{1+x}\mathrm{d}x$；　(18) $\int\frac{1}{x(1+x^2)}\mathrm{d}x$.

2. 求下列不定积分.

(1) $\int\frac{\mathrm{d}x}{(2+x)\sqrt{x+1}}$；　(2) $\int\frac{\mathrm{d}x}{\sqrt{x}+\sqrt[3]{x}}$；　(3) $\int\frac{1}{\sqrt{1+\mathrm{e}^x}}\mathrm{d}x$；

(4) $\int\sqrt{4-x^2}\,\mathrm{d}x$；　(5) $\int\frac{\sqrt{1-x^2}}{x^2}\mathrm{d}x$；　(6) $\int\frac{\mathrm{d}x}{x^2\sqrt{1+x^2}}$；

(7) $\int\frac{\sqrt{1-x^2}}{x}\mathrm{d}x$；　(8) $\int\frac{x^2}{\sqrt{9-x^2}}\mathrm{d}x$；　(9) $\int\frac{\mathrm{d}x}{\sqrt{(x^2+1)^3}}$.

3. 已知太阳能的能量 f 相对于接受太阳辐射的表面面积 x 的变化率 $f'(x)=\frac{0.005}{\sqrt{0.01x+1}}$，且当 $x=0$ 时，$f=0$. 试求太阳能的能量 f 的函数表达式.

5.3 分部积分法

上一节利用复合函数的求导法则得到了不定积分的换元积分法，本节将利用微分的乘法法则推导出另一种计算不定积分的方法——分部积分法.

案例探究 某省2019年的年人均收入为2.5万元，若从2019年起，年人均收入的增长速度为$v(t)=0.06te^{0.05t}$(单位：万元/年)，请问该省2025年的年人均收入大约为多少万元？

定理5.5 设函数$u=u(x)$，$v=v(x)$具有连续导数，则

$$\int u\mathrm{d}v=uv-\int v\mathrm{d}u.$$

证 由微分公式可以得

$$\mathrm{d}(uv)=u\mathrm{d}v+v\mathrm{d}u,$$

则

$$u\mathrm{d}v=\mathrm{d}(uv)-v\mathrm{d}u,$$

两边同时求不定积分，得

$$\int u\mathrm{d}v=\int\mathrm{d}(uv)-\int v\mathrm{d}u.$$

因为$\int\mathrm{d}(uv)=uv+C$，所以

$$\int u\mathrm{d}v=uv-\int v\mathrm{d}u.$$

上面公式称为**分部积分公式**，通过分部积分公式，可以把积分$\int u\mathrm{d}v$的计算转化为另一个积分$\int v\mathrm{d}u$的计算.步骤如下

$$\begin{aligned}\int u(x)v'(x)\mathrm{d}x&\xlongequal{\text{凑微分}}\int u(x)\mathrm{d}v(x)\\&\xlongequal{\text{分部积分公式}}u(x)v(x)-\int v(x)\mathrm{d}u(x)\\&\xlongequal{\mathrm{d}u=u'(x)\mathrm{d}x}u(x)v(x)-\int u'(x)v(x)\mathrm{d}x\\&\xlongequal{\text{计算积分}}F(x)+C.\end{aligned}$$

例1 求不定积分$\int x\cos x\mathrm{d}x$.

解 选取$u=x$，$\mathrm{d}v=\cos x\mathrm{d}x$，则$\mathrm{d}u=\mathrm{d}x$，$v=\sin x$，于是

$$\int x\cos x\mathrm{d}x=\int x\mathrm{d}\sin x=x\sin x-\int\sin x\mathrm{d}x=x\sin x+\cos x+C.$$

本题若选取$u=\cos x$，$\mathrm{d}v=x\mathrm{d}x$，则$\mathrm{d}u=-\sin x\mathrm{d}x$，$v=\dfrac{x^2}{2}$，于是

$$\int x\cos x\mathrm{d}x=\int\cos x\mathrm{d}\left(\frac{x^2}{2}\right)=\frac{x^2}{2}\cos x-\int\frac{x^2}{2}\mathrm{d}\cos x=\frac{1}{2}x^2\cos x+\int\frac{x^2}{2}\sin x\mathrm{d}x.$$

显然 $\int u'v\mathrm{d}x$ 比 $\int uv'\mathrm{d}x$ 还复杂，说明按这种方式选取 u 和 $\mathrm{d}v$ 是不恰当的. 由此可见，使用分部积分法时，恰当选取 u 和 v 是关键.u 和 v 的选取，一般考虑下面两点：

(1) v 容易求出；

(2) $\int u'v\mathrm{d}x$ 比 $\int uv'\mathrm{d}x$ 更容易计算.

例 2　求不定积分 $\int xe^x\mathrm{d}x$.

解　选取 $u=x,\mathrm{d}v=e^x\mathrm{d}x$，则 $\mathrm{d}u=\mathrm{d}x,v=e^x$. 于是

$$\int xe^x\mathrm{d}x=\int x\mathrm{d}e^x=xe^x-\int e^x\mathrm{d}x=xe^x-e^x+C.$$

注　形如 $\int x^n e^{\alpha x}\mathrm{d}x$, $\int x^n\sin\alpha x\mathrm{d}x$, $\int x^n\cos\alpha x\mathrm{d}x$ 的不定积分，选取幂函数 x^n 为 u，被积表达式的剩余部分为 $\mathrm{d}v$.

例 3　求不定积分 $\int x^2e^x\mathrm{d}x$.

解　选取 $u=x^2,\mathrm{d}v=e^x\mathrm{d}x$，则 $\mathrm{d}u=2x\mathrm{d}x,v=e^x$. 于是

$$\begin{aligned}\int x^2e^x\mathrm{d}x&=\int x^2\mathrm{d}e^x=x^2e^x-\int e^x\mathrm{d}(x^2)=x^2e^x-2\int xe^x\mathrm{d}x\\&=x^2e^x-2\int x\mathrm{d}e^x=x^2e^x-2\left(xe^x-\int e^x\mathrm{d}x\right)\\&=x^2e^x-2xe^x+2e^x+C.\end{aligned}$$

注　由于被积函数中的幂函数的方幂为二次，所以要使用两次分部积分才能将 x 的方幂降为零.

例 4　某省 2019 年的年人均收入为 2.5 万元，若从 2019 年起，年人均收入的增长速度为 $v(t)=0.06te^{0.05t}$（单位：万元/年），请问该省 2025 年的年人均收入大约为多少万元？（见“案例探究”）

解　由年人均收入的增长速度函数 $v(t)=0.06te^{0.05t}$ 可得年人均收入函数

$$R(t)=\int v(t)\mathrm{d}t=0.06\int te^{0.05t}\mathrm{d}t,$$

选取 $u=t,\mathrm{d}v=e^{0.05t}\mathrm{d}t$，则 $\mathrm{d}u=\mathrm{d}t,v=20e^{0.05t}$，于是

$$\begin{aligned}\int te^{0.05t}\mathrm{d}t&=\int t\mathrm{d}(20e^{0.05t})=20te^{0.05t}-\int 20e^{0.05t}\mathrm{d}t\\&=20te^{0.05t}-400\int e^{0.05t}\mathrm{d}(0.05t)=20te^{0.05t}-400e^{0.05t}+C.\end{aligned}$$

从而 $R(t)=1.2te^{0.05t}-24e^{0.05t}+C$，由 $R(0)=2.5$ 可得 $C=26.5$，

$$R(6)=7.2e^{0.3}-24e^{0.3}+26.5\approx 3.82.$$

即该省 2025 年的人均收入约为 3.82 万元.

对分部积分法熟练后，可以不用写出选取 u 和 v 的过程，直接按公式进行积分计算.

例 5　求不定积分 $\int x\ln x\mathrm{d}x$.

解 $\int x\ln x\mathrm{d}x = \int \ln x\mathrm{d}\left(\frac{x^2}{2}\right) = \frac{x^2}{2}\ln x - \int \frac{x^2}{2}\mathrm{d}(\ln x)$

$$= \frac{x^2}{2}\ln x - \frac{1}{2}\int x^2 \cdot \frac{1}{x}\mathrm{d}x$$

$$= \frac{x^2}{2}\ln x - \frac{1}{4}x^2 + C.$$

例 6 不定积分 $\int \arctan x\mathrm{d}x$.

解 $\int \arctan x\mathrm{d}x = x\arctan x - \int x\mathrm{d}(\arctan x)$

$$= x\arctan x - \int \frac{x}{1+x^2}\mathrm{d}x$$

$$= x\arctan x - \frac{1}{2}\int \frac{1}{1+x^2}\mathrm{d}(1+x^2)$$

$$= x\arctan x - \frac{1}{2}\ln(1+x^2) + C.$$

注 形如 $\int x^n\ln x\mathrm{d}x$, $\int x^n\arcsin x\mathrm{d}x$, $\int x^n\arctan x\mathrm{d}x$ 的不定积分,选取对数函数 $\ln x$ 或反三角函数 $\arcsin x$, $\arctan x$ 为 u,被积表达式的剩余部分为 $\mathrm{d}v$.

例 7 求不定积分 $\int \mathrm{e}^x\sin x\mathrm{d}x$.

解 此类积分 u 可以任选一个函数,需要使用两次分部积分法,使用两次分部积分后便可产生循环等式,进而求出积分.

记 $I = \int \mathrm{e}^x\sin x\mathrm{d}x$, 则

$$I = \int \sin x\mathrm{d}(\mathrm{e}^x) = \mathrm{e}^x\sin x - \int \mathrm{e}^x\mathrm{d}(\sin x)$$

$$= \mathrm{e}^x\sin x - \int \mathrm{e}^x\cos x\mathrm{d}x$$

$$= \mathrm{e}^x\sin x - \int \cos x\mathrm{d}(\mathrm{e}^x)$$

$$= \mathrm{e}^x\sin x - \mathrm{e}^x\cos x + \int \mathrm{e}^x\mathrm{d}(\cos x)$$

$$= \mathrm{e}^x\sin x - \mathrm{e}^x\cos x - \int \mathrm{e}^x\sin x\mathrm{d}x,$$

即

$$I = \mathrm{e}^x\sin x - \mathrm{e}^x\cos x - I,$$

解方程得

$$I = \frac{1}{2}\mathrm{e}^x(\sin x - \cos x) + C.$$

注 形如 $\int \mathrm{e}^{\alpha x}\sin \beta x\mathrm{d}x$, $\int \mathrm{e}^{\alpha x}\cos \beta x\mathrm{d}x$ 的不定积分,既可选取指数函数为 u,也可选择正、余弦函数为 u,但是两次积分过程中不能改变 u 的选取方式.

至此我们已经学习了求不定积分的基本方法.需要指出的是,并不是所有初等函数的不定积分都能以初等函数的形式表示出来,比如

$$\int \frac{\sin x}{x}\mathrm{d}x,\quad \int \mathrm{e}^{\pm x^2}\mathrm{d}x,\quad \int \frac{\mathrm{d}x}{\ln x}$$

等,虽然他们的不定积分都存在,但却无法用初等函数来表示,也就是说,初等函数的原函数不一定是初等函数.

课堂练习 »»

1. 计算 $I=\int x\mathrm{e}^{2x}\mathrm{d}x$ 时,令 $u=$________,则 $\mathrm{d}v=$________ $\mathrm{d}x=\mathrm{d}$________,从而 $I=uv-\int v\mathrm{d}u=uv-\int u'v\mathrm{d}x=$________ $-\int$________ $\mathrm{d}x$.

2. 计算 $I=\int x\arctan x\mathrm{d}x$ 时,令 $u=$________,则 $\mathrm{d}v=$________ $\mathrm{d}x=\mathrm{d}$________,从而 $I=uv-\int v\mathrm{d}u=uv-\int u'v\mathrm{d}x=$________ $-\int$________ $\mathrm{d}x$.

3. 计算 $I=\int \ln x\mathrm{d}x$ 时,令 $u=$________,则 $\mathrm{d}v=$________ $\mathrm{d}x=\mathrm{d}$________,从而 $I=uv-\int v\mathrm{d}u=uv-\int u'v\mathrm{d}x=$________ $-\int$________ $\mathrm{d}x$.

4. 设 $\sin x$ 是 $f(x)$ 的一个原函数,则 $\int xf'(x)\mathrm{d}x=$____________.

拓展提升 »»

除前面介绍的几类使用分部积分法的常见类型外,还有一些积分可以用分部积分法求解,如:

例 8　求不定积分 $\int \sec^3 x\mathrm{d}x$.

解
$$\begin{aligned}I&=\int \sec x\mathrm{d}\tan x=\sec x\tan x-\int \tan x\mathrm{d}\sec x\\&=\sec x\tan x-\int \tan^2 x\sec x\mathrm{d}x\\&=\sec x\tan x-\int(\sec^2 x-1)\sec x\mathrm{d}x\\&=\sec x\tan x-\int \sec^3 x\mathrm{d}x+\int \sec x\mathrm{d}x.\end{aligned}$$

即

$$I=\sec x\tan x-I+\int \sec x\mathrm{d}x,$$

所以

$$I=\frac{1}{2}\sec x\tan x+\frac{1}{2}\int \sec x\mathrm{d}x$$

$$= \frac{1}{2}\sec x\tan x + \frac{1}{2}\ln|\sec x + \tan x| + C.$$

有时需要根据被积函数的特点综合运用积分的几种计算技巧，如例 9，首先利用第二换元积分法消去根式，再转化为分部积分的常见类型.

例 9 求不定积分 $\int \cos\sqrt{x}\,\mathrm{d}x$.

解 令 $t=\sqrt{x}$，则 $x=t^2$，$\mathrm{d}x=2t\mathrm{d}t$，于是

$$\int \cos\sqrt{x}\,\mathrm{d}x = 2\int t\cos t\mathrm{d}t = 2(t\sin t + \cos t) + C \qquad (\text{例 1 的结果})$$

$$= 2(\sqrt{x}\sin\sqrt{x} + \cos\sqrt{x}) + C.$$

习题 5-3

【基础训练】

求下列不定积分.

(1) $\int x\sin x\mathrm{d}x$； (2) $\int x\mathrm{e}^{-x}\mathrm{d}x$； (3) $\int x\arctan x\mathrm{d}x$；

(4) $\int x^2\ln x\mathrm{d}x$； (5) $\int \arcsin x\mathrm{d}x$； (6) $\int \mathrm{e}^x\cos x\mathrm{d}x$.

【拓展训练】

1. 求下列不定积分.

(1) $\int \ln^2 x\mathrm{d}x$； (2) $\int x^2\cos x\mathrm{d}x$； (3) $\int \frac{\ln x}{x^2}\mathrm{d}x$；

(4) $\int \mathrm{e}^{3x}\cos 2x\mathrm{d}x$； (5) $\int \mathrm{e}^{\sqrt{x}}\mathrm{d}x$； (6) $\int \sin(\ln x)\mathrm{d}x$；

(7) $\int \frac{\ln(\ln x)}{x}\mathrm{d}x$； (8) $\int x\sin^2 x\mathrm{d}x$； (9) $\int x\tan^2 x\mathrm{d}x$.

2. 已知 $\frac{\sin x}{x}$ 是 $f(x)$ 的一个原函数，求 $\int xf'(x)\mathrm{d}x$.

3. 设 $f'(\mathrm{e}^x)=1+x$，求 $f(x)$.

4. 一口新开发的天然气井 t 月的生产速度为

$$\frac{\mathrm{d}P}{\mathrm{d}t} = 0.084\ 9t\mathrm{e}^{-0.02t}\ (\text{单位}:10^6\mathrm{m}^3/\text{月})$$

试求总产量函数 $P=P(t)$.

5.4 用 GeoGebra 求不定积分

在 GeoGebra 中，“积分”命令既可以求不定积分也可以求定积分，只是选取的参数不同

而已. 本节先介绍“积分”命令求解不定积分的方法,求解定积分的内容放在6.6小节介绍.

用GeoGebra求解不定积分的中、英文命令及语法格式分别如下:

积分(<函数>, <变量>) Integral(<函数>, <变量>)

部分分式(<函数>) PartialFractions(<函数>)

注 (1)“积分”命令用于求解函数的不定积分、定积分和反常积分.“函数”参数为必选参数,其值是待求积分的函数;“变量”参数为可选参数,说明积分变量. 在系统提示中,还有一种“积分”命令的参数形式为:积分(<函数>,<x-积分下限>, <x-积分上限>, <是否给出积分值? true | false>),其中的“x-积分下限”参数、“x-积分上限”参数和“是否给出积分值? true | false”均为可选参数,在求解定积分时使用.

(2)“部分分式”命令用于对分式进行拆分化简.

例1 计算下列不定积分.

(1) $\int \sin(ax)\mathrm{d}x$; (2) $\int e^{-x}\cos x\mathrm{d}x$; (3) $\int \frac{\ln(\ln x)}{x}\mathrm{d}x$;

(4) $\int \sqrt{x}\sin\sqrt{x}\,\mathrm{d}x$; (5) $\int \frac{x^3\arccos x}{\sqrt{1-x^2}}\mathrm{d}x$; (6) $\int \frac{\sin^2 x}{\cos^3 x}\mathrm{d}x$.

解 (1) 输入:积分(sin(a * x),x)

显示:→ $-\frac{\cos(ax)}{a}+c_1$

故: $\int \sin(ax)\mathrm{d}x=-\frac{\cos(ax)}{a}+c_1$.

(2) 输入:积分(e^(-x) * cos(x))

显示:→ $\left(-\frac{1}{2}\cos(x)+\frac{1}{2}\sin(x)\right)e^{-x}$

故: $\int e^{-x}\cos x\mathrm{d}x=\left(-\frac{1}{2}\cos(x)+\frac{1}{2}\sin(x)\right)e^{-x}+c_2$.

(3) 输入:积分((ln(ln(x)))/x)

显示:→ $\ln(x)\ln(\ln x)-\ln(x)+c_2$

故: $\int \frac{\ln(\ln x)}{x}\mathrm{d}x=\ln(x)\ln(\ln x)-\ln(x)+c_3$.

(4) 输入:积分(sqrt(x) * sin(sqrt(x)))

显示:→ $2(\cos(\sqrt{x})(-x+2)+2\sqrt{x}\sin(\sqrt{x}))+c_4$

故: $\int \sqrt{x}\sin\sqrt{x}\,\mathrm{d}x=2(\cos(\sqrt{x})(-x+2)+2\sqrt{x}\sin(\sqrt{x}))+c_4$.

(5) 输入:积分((x^3 * arccos(x))/sqrt(1-x^2))

显示:→ $\frac{1}{2}\left(\frac{2}{3}\sqrt{-x^2+1}(-x^2+1)-2\sqrt{-x^2+1}\right)\cos^{-1}(x)-\frac{1}{3}\left(\frac{1}{3}x^3+2x\right)+c_5$

故: $\int \frac{x^3\arccos x}{\sqrt{1-x^2}}\mathrm{d}x=\frac{1}{2}\left(\frac{2}{3}\sqrt{-x^2+1}(-x^2+1)-2\sqrt{-x^2+1}\right)\cos^{-1}(x)-\frac{1}{3}\left(\frac{1}{3}x^3+2x\right)+c_5$.

(6) 输入:积分((sin(x))^2/(cos(x))^3)

显示:$\rightarrow -\frac{1}{2}\frac{\sin(x)}{\sin^2(x)-1}+\frac{1}{4}\ln(-\sin(x)+1)-\frac{1}{4}\ln(\sin(x)+1)+c_6$

故:$\int\frac{\sin^2 x}{\cos^3 x}dx=-\frac{1}{2}\frac{\sin(x)}{\sin^2(x)-1}+\frac{1}{4}\ln(-\sin(x)+1)-\frac{1}{4}\ln(\sin(x)+1)+c_6.$

注 (1) 不定积分结果中的 $c_1\sim c_6$ 均表示任意常数. 在 GeoGebra 中,系统将其看作是一个变量存放在代数区中,其默认取值范围为[-5,5],如图 5-4 所示.

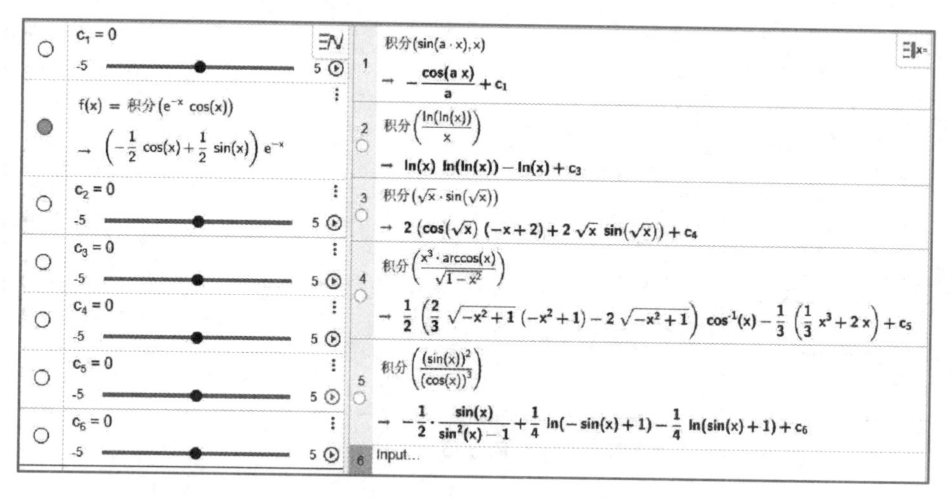

图 5-4

(2) 本例中的(1)小题,含有字符常量 a,积分时应在"变量"参数中填入 x,以指明该题目的积分变量为 x. 同时,由于本题含有字符常量,而代数区无法进行符号运算,因此应在运算区中完成,方可得到不定积分结果.

(3) 本例中的(2)小题,含有自然常数 e,由于运算区无法对自然常数 e 做数值计算,因此需在代数区完成.又由于代数区的运算结果中不允许包含符号常量,因此,结果中的任意常数 c_2 被默认设置为 $c_2=0$. 用户需自行在结果中添加任意常数,以得到不定积分的结果. 另外,如需改变任意常数的取值,可拖动代数区中 c_2 的滑动条.

(4) 如用户需要改变不定积分结果中任意常数的取值范围,可点击其值进行改变,如图 5-5 所示.

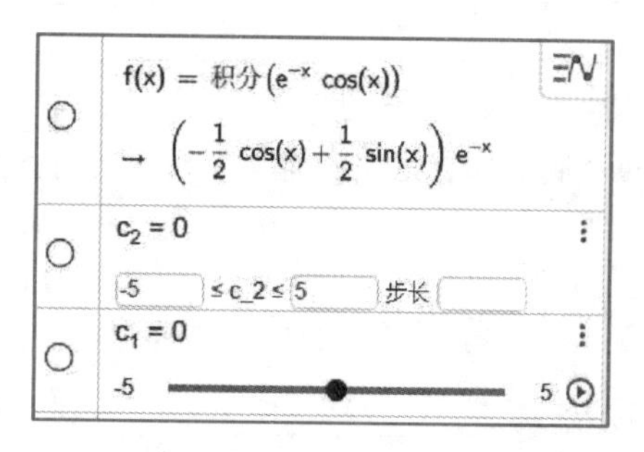

图 5-5

(5) 如用户需要显示运算区不定积分的函数图像,可点击运算区中不定积分表达式前对应的图标◯,使其填入颜色(颜色由系统随机分配). 此时,系统会将该不定积分存入代数区,并在绘图区绘制图像,用户还可以拖动其对应常数 c 的滑动条,改变其取值,使得图像上下平移. 如图 5-6 所示.

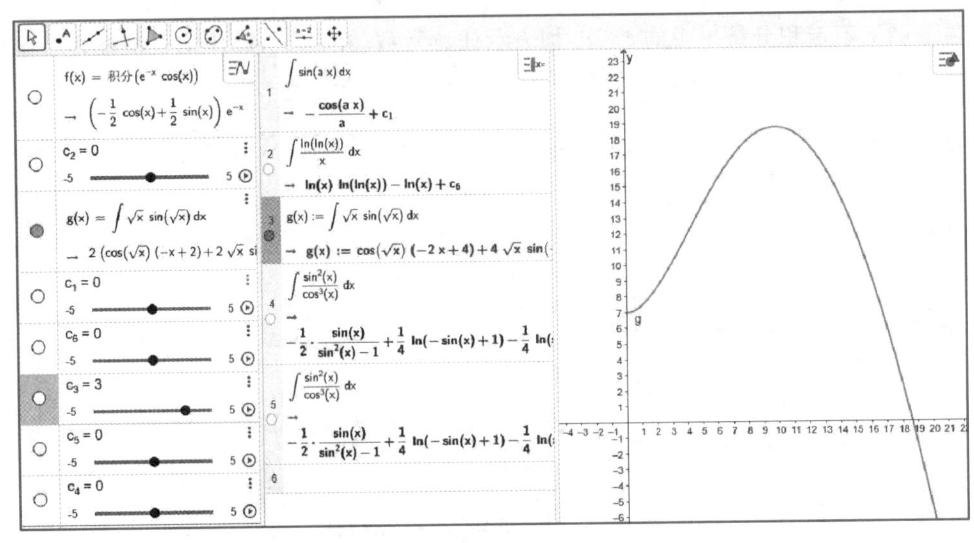

图 5-6

例 2 求函数 $y=\dfrac{x^2+5x-2}{x^3+3x^2+3x+1}$的部分分式.

解 输入:部分分式((x^2+5x-2)/(x^3+3x^2+3x+1))

显示:$\to -\dfrac{6}{(x+1)^3}+\dfrac{3}{(x+1)^2}+\dfrac{1}{x+1}$

故:$\dfrac{x^2+5x-2}{x^3+3x^2+3x+1}=-\dfrac{6}{(x+1)^3}+\dfrac{3}{(x+1)^2}+\dfrac{1}{x+1}$.

课堂练习 ⋙

1. 在 GeoGebra 中求不定积分,不需要使用的参数有:________、________和________.

2. 当被积函数中包含了符号常量时,无法在________区求其不定积分.

3. 代数区在求解不定积分时,由于无法处理符号常量,因此将结果中的 C 默认设置为________.

4. 求不定积分 $\int nx\mathrm{d}x$ 的 GeoGebra 表达式是________.

5. 函数 $y=\dfrac{36x}{(x+3)^2}$的部分分式是________.

习题 5-4

利用 GeoGebra 求下列不定积分:

1. $\int b\cos(ax)\,\mathrm{d}x$;
2. $\int \frac{3}{1+x^3}\mathrm{d}x$;
3. $\int \frac{1}{2+\sin x}\mathrm{d}x$;
4. $\int x^2\mathrm{e}^{ax}\mathrm{d}x$;
5. $\int \sqrt{1+9x^2}\,\mathrm{d}x$;
6. $\int \frac{\arctan x}{1+x^2}\mathrm{d}x$.

第五章习题参考答案

第六章 定积分及其应用

上一章我们学习了积分学的第一个基本问题——不定积分，本章将讨论积分学的第二个基本问题——定积分.定积分在自然科学、工程技术及经济领域中都有广泛的应用.本章将从实例出发介绍定积分的概念、性质、计算及应用.

6.1 定积分的概念

我们知道矩形、三角形、梯形等特殊的规则图形的面积计算方法，却未对由一般曲线围成的图形面积加以讨论，本节我们将用定积分的思想方法解决这一问题.

案例探究 小李要在院子的一角修建一个花坛，花坛两直线边的边长均为 1m，另外一边为以 O 为顶点的抛物线（如图 6-1 所示），请问该花坛面积为多少？

6.1.1 引例

1. 曲边梯形的面积问题

已知 $y=f(x)$ 是区间 $[a,b]$ 上非负连续的函数，由曲线 $y=f(x)$ 和直线 $x=a$，$x=b$ 及 x 轴所围成的图形（如图 6-2 所示）称为**曲边梯形**，求该曲边梯形的面积 A.

由于该图形是不规则图形，不能用初等数学的方法来计算其面积.图 6-2 中，考虑用矩形面积近似代替曲边梯形面积，即

$$A \approx c(b-a),$$

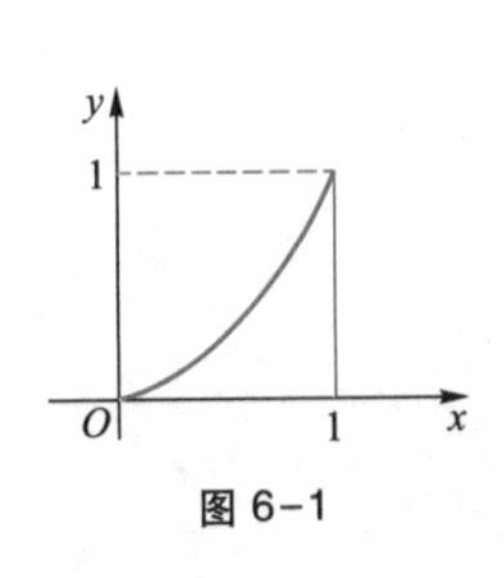

图 6-1

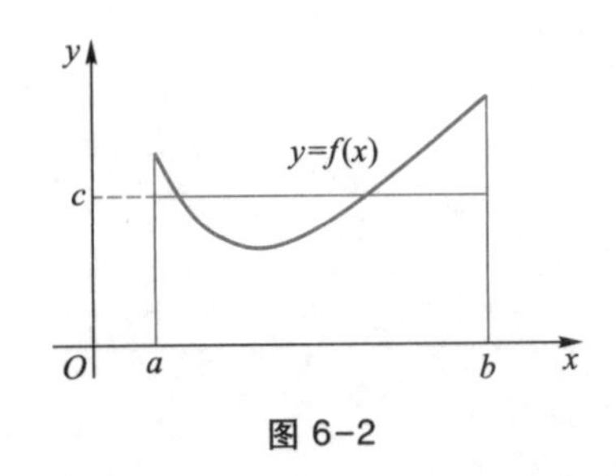

图 6-2

其中 c 为平均高度近似值，这样整体近似的误差通常较大.若把曲边梯形分割成若干小曲边梯形后，再分别用细小的矩形面积近似代替这些小曲边梯形面积，显然分割越细，误差越小，当分割达到无限细时，即得到曲边梯形面积的精确值.具体步骤如下.

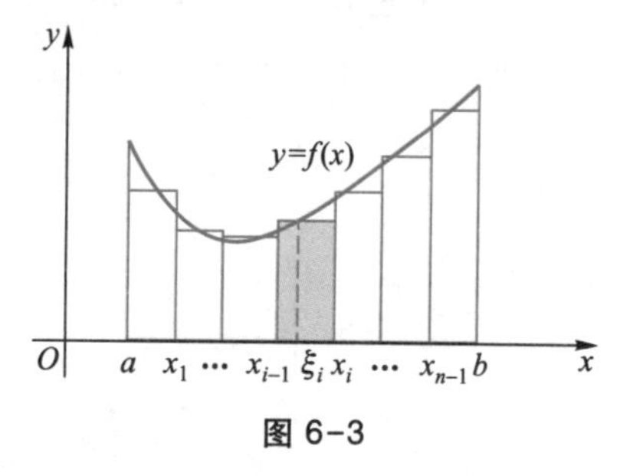

图 6-3

（1）**分割**　如图 6-3 所示，在$[a,b]$内任意插入 $n-1$ 个分点，使 $a=x_0<x_1<\cdots<x_{n-1}<x_n=b$，把区间$[a,b]$分成 n 个小区间：$[x_0,x_1],[x_1,x_2],\cdots,[x_{i-1},x_i],\cdots,[x_{n-1},x_n]$. 其中第 i 个小区间的长度记为 $\Delta x_i=x_i-x_{i-1}$，过每一分点 x_i 作 x 轴的垂线，相应地把曲边梯形分成 n 个小曲边梯形，第 i 个小曲边梯形的面积记为 ΔA_i，于是曲边梯形的面积为

$$A=\sum_{i=1}^{n}\Delta A_i.$$

（2）**近似**　在每个小区间上任取一点 ξ_i，则第 i 个小曲边梯形的面积 ΔA_i 可用与它同底，高为 $f(\xi_i)$ 的小矩形的面积近似代替，即

$$\Delta A_i\approx f(\xi_i)\Delta x_i\quad(i=1,2,\cdots,n).$$

（3）**求和**　n 个小矩形面积之和即为曲边梯形面积 A 的近似值，即

$$A=\sum_{i=1}^{n}\Delta A_i\approx\sum_{i=1}^{n}f(\xi_i)\Delta x_i.$$

（4）**取极限**　分割得越细，得到的曲边梯形面积 A 的近似值越精确.当每个小区间的长度趋于零(即 $\lambda=\max\limits_{1\leqslant i\leqslant n}\{\Delta x_i\}\to0$) 时，所有小矩形的面积之和 $\sum\limits_{i=1}^{n}f(\xi_i)\Delta x_i$ 的极限值就是整个曲边梯形面积的精确值.即

$$A=\lim_{\lambda\to0}\sum_{i=1}^{n}f(\xi_i)\Delta x_i.$$

2. 变速直线运动的位移

设某物体作变速直线运动，已知速度是时间间隔$[T_1,T_2]$上的连续函数 $v=v(t)$，计算物体在这段时间内所经过的位移 s.

由于速度是连续变化的，在较短时间间隔内速度变化很小，所以在小时间段内可近似看作匀速运动，可用类似于求曲边梯形面积的办法来计算位移.

（1）**分割**　在时间间隔$[T_1,T_2]$内任取 $n-1$ 个分点

$$T_1=t_0<t_1<t_2<\cdots<t_{n-1}<t_n=T_2$$

把$[T_1,T_2]$分成 n 个小区间：$[t_0,t_1],[t_1,t_2],\cdots,[t_{n-1},t_n]$，记第 i 个小区间的长度为 $\Delta t_i=t_i-t_{i-1}$，位移 s 相应地被分为 n 个小位移 Δs_i.

（2）**近似**　任取一时刻 $\tau_i\in[t_{i-1},t_i]$，用 τ_i 时的速度 $v(\tau_i)$ 近似代替$[t_{i-1},t_i]$上各时刻的速度，得物体在时间间隔$[t_{i-1},t_i]$内经过的位移 Δs_i 的近似值，即

$$\Delta s_i\approx v(\tau_i)\Delta t_i\quad(i=1,2,\cdots,n).$$

（3）**求和**　各个小时段上位移 Δs_i 的近似值的和即为物体在时间间隔$[T_1,T_2]$内经过的位移 s 的近似值

$$s = \sum_{i=1}^{n} \Delta s_i \approx \sum_{i=1}^{n} v(\tau_i)\Delta t_i.$$

(4) **取极限**　记 $\lambda = \max\limits_{1\leqslant i\leqslant n}\{\Delta t_i\}$，当 $\lambda\to 0$ 时，上述和式的极限就作为物体在时间间隔 $[T_1, T_2]$ 内经过的位移 s 的精确值，即

$$s = \lim_{\lambda\to 0}\sum_{i=1}^{n} v(\tau_i)\Delta t_i.$$

6.1.2　定积分的定义

从上述两个引例可以看出，虽然其实际含义不同，但其数学模型和解决问题的方法却是相同的，所求的量都取决于某个函数及其自变量的变化区间，都采用"**分割－近似－求和－取极限**"的处理方法，结果都是一个具有相同结构的乘积的和式极限.类似这样的实际问题还有很多，为了研究这类问题在数量关系上的共同本质和特性，就引出了定积分的概念.

定义 6.1　设函数 $f(x)$ 在区间 $[a,b]$ 上有定义，任取分点

$$a = x_0 < x_1 < x_2 < \cdots < x_{n-1} < x_n = b$$

将 $[a,b]$ 分成 n 个小区间 $[x_{i-1}, x_i]$，第 i 个小区间的长度记为 $\Delta x_i = x_i - x_{i-1}$，任取一点 $\xi_i \in [x_{i-1}, x_i]$，作乘积 $f(\xi_i)\Delta x_i (i=1,2,\cdots,n)$，并求和

$$S_n = \sum_{i=1}^{n} f(\xi_i)\Delta x_i,$$

记 $\lambda = \max\limits_{1\leqslant i\leqslant n}\{\Delta x_i\}$，如果不论 $[a,b]$ 怎样分割，ξ_i 怎样选取，当 $\lambda\to 0$ 时，极限 $I = \lim\limits_{\lambda\to 0}\sum\limits_{i=1}^{n} f(\xi_i)\Delta x$ 都存在，则称函数 $f(x)$ 在区间 $[a,b]$ 上可积，并称极限值 I 为 $f(x)$ 在 $[a,b]$ 上的**定积分**，记作 $\int_a^b f(x)\,\mathrm{d}x$，即

$$I = \int_a^b f(x)\,\mathrm{d}x = \lim_{\lambda\to 0}\sum_{i=1}^{n} f(\xi_i)\Delta x_i,$$

其中 $\int$ 称为**积分号**，x 称为**积分变量**，$f(x)$ 称为**被积函数**，$f(x)\,\mathrm{d}x$ 称为**被积表达式**，$[a,b]$ 称为**积分区间**，a 与 b 分别称为**积分下限**与**积分上限**.

注　(1) 若极限 $\lim\limits_{\lambda\to 0}\sum\limits_{i=1}^{n} f(\xi_i)\Delta x_i$ 存在时，定积分 $\int_a^b f(x)\,\mathrm{d}x$ 是一个常数，它由函数 $f(x)$ 与区间 $[a,b]$ 唯一确定，与区间 $[a,b]$ 的分法及 ξ_i 的取法无关.

(2) 定积分的值由被积函数和积分区间确定，与积分变量的记号无关，即

$$\int_a^b f(x)\,\mathrm{d}x = \int_a^b f(t)\,\mathrm{d}t = \int_a^b f(u)\,\mathrm{d}u.$$

(3) 对于 $\int_a^b f(x)\,\mathrm{d}x$，补充定义：

当 $a=b$ 时，$\int_a^b f(x)\,\mathrm{d}x = 0$；当 $a>b$ 时，$\int_a^b f(x)\,\mathrm{d}x = -\int_b^a f(x)\,\mathrm{d}x$.

由此对于任意实数 a,b，定积分 $\int_a^b f(x)\,\mathrm{d}x$ 都有意义.

（4）如果$f(x)$在$[a,b]$上连续或在区间$[a,b]$上有界且仅有有限个间断点，则$f(x)$在$[a,b]$上可积.

显然，引例中的两个问题可表示为定积分. 曲边梯形的面积A是曲边函数$f(x)$在底区间$[a,b]$上的定积分，即

$$A=\int_a^b f(x)\,\mathrm{d}x.$$

变速直线运动的位移s是速度函数$v(t)$在时间区间$[T_1,T_2]$上的定积分，即

$$s=\int_{T_1}^{T_2} v(t)\,\mathrm{d}t.$$

6.1.3 定积分的几何意义

由曲边梯形面积的讨论和定积分的定义可知，当$f(x)\geqslant 0$时，定积分$\int_a^b f(x)\,\mathrm{d}x$的值为正，在几何上表示由曲线$y=f(x)$与直线$x=a, x=b$和$x$轴围成的曲边梯形的面积$A$（图6-4）；当$f(x)<0$时，定积分$\int_a^b f(x)\,\mathrm{d}x$的值为负，在几何上表示由曲线$y=f(x)$与直线$x=a, x=b$和$x$轴围成的曲边梯形的面积的相反数$-A$（图6-5）；当$f(x)$在$[a,b]$上有正有负时，定积分$\int_a^b f(x)\,\mathrm{d}x$在几何上表示由曲线$y=f(x)$与直线$x=a, x=b$和$x$轴围成的各部分曲边梯形面积的代数和（图6-6），即

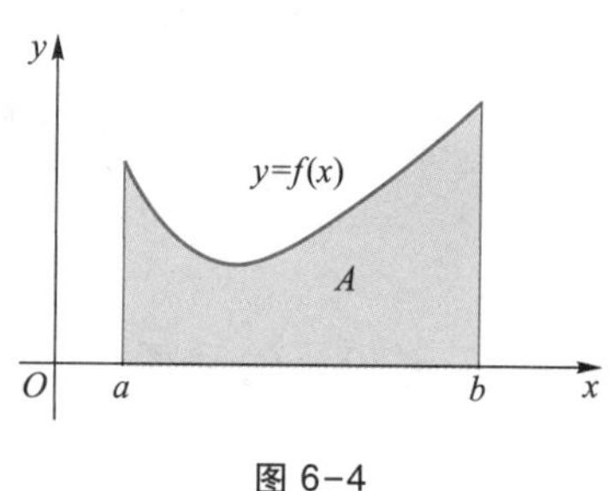

图 6-4

$$\int_a^b f(x)\,\mathrm{d}x=A_1-A_2+A_3.$$

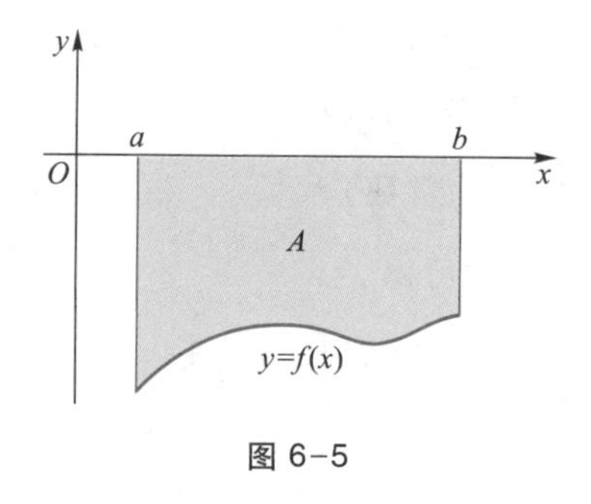

图 6-5

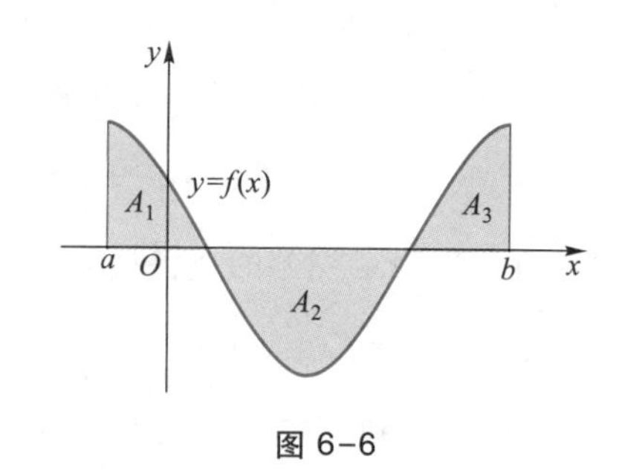

图 6-6

例 1 利用几何意义计算下列定积分.

（1）$\int_1^2 x\,\mathrm{d}x$；　　（2）$\int_{-R}^{R}\sqrt{R^2-x^2}\,\mathrm{d}x$.

解 （1）如图6-7，根据定积分的几何意义，$\int_1^2 x\,\mathrm{d}x$表示由直线$y=x, x=1, x=2$及x轴所围成的梯形面积，故

$$\int_1^2 x\mathrm{d}x = \frac{1}{2}(1+2)(2-1)=\frac{3}{2}.$$

（2）如图 6-8，被积函数 $y=\sqrt{R^2-x^2}$ 的图形是圆心在坐标原点，半径为 R 的圆周的上半部分. $\int_{-R}^{R}\sqrt{R^2-x^2}\,\mathrm{d}x$ 表示 $y=\sqrt{R^2-x^2}$ 与 x 轴所围成的上半圆的面积，故

$$\int_{-R}^{R}\sqrt{R^2-x^2}\,\mathrm{d}x = \frac{1}{2}\pi R^2.$$

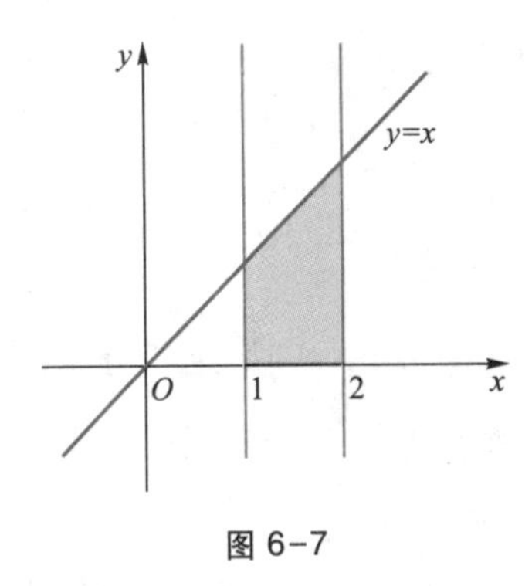

图 6-7

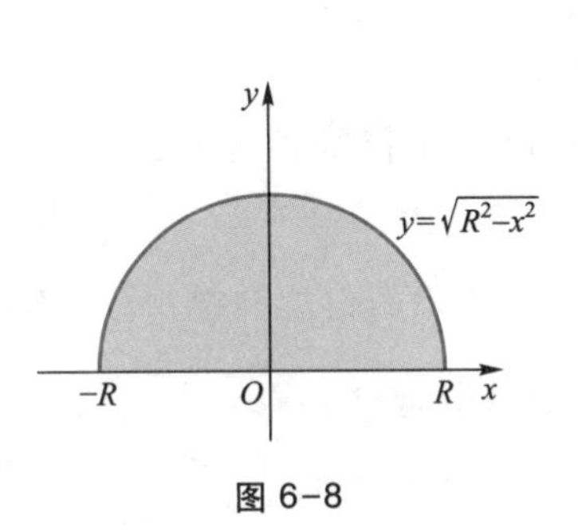

图 6-8

6.1.4　定积分的性质

设 $f(x)$，$g(x)$ 在相应区间上的定积分都存在，由定积分的定义和极限的运算法则，可以证明定积分具有下列性质：

性质 1　函数代数和的定积分等于它们定积分的代数和，即

$$\int_a^b [f(x)\pm g(x)]\mathrm{d}x = \int_a^b f(x)\mathrm{d}x \pm \int_a^b g(x)\mathrm{d}x.$$

性质 2　被积函数中的常数因子可以提到积分符号外面，即

$$\int_a^b kf(x)\mathrm{d}x = k\int_a^b f(x)\mathrm{d}x\ (k\text{ 为常数}).$$

性质 1、性质 2 称为定积分的线性性质，由上述性质可得

$$\int_a^b [k_1f_1(x)+k_2f_2(x)]\mathrm{d}x = k_1\int_a^b f_1(x)\mathrm{d}x + k_2\int_a^b f_2(x)\mathrm{d}x.$$

这一结论可以推广到有限多个函数的情形.

例 2　已知 $\int_0^2 x^2\mathrm{d}x=\frac{8}{3}$，$\int_0^2 x\mathrm{d}x=2$，$\int_0^2 \mathrm{d}x=2$，求 $\int_0^2(2x^2+3x+2)\mathrm{d}x$.

解

$$\begin{aligned}\int_0^2(2x^2+3x+2)\mathrm{d}x &= \int_0^2 2x^2\mathrm{d}x + \int_0^2 3x\mathrm{d}x + \int_0^2 2\mathrm{d}x\\ &= 2\int_0^2 x^2\mathrm{d}x + 3\int_0^2 x\mathrm{d}x + 2\int_0^2 \mathrm{d}x\\ &= 2\times\frac{8}{3}+3\times 2+2\times 2=\frac{46}{3}.\end{aligned}$$

性质 3（区间可加性）　对于任意三个实数 a,b,c，总有

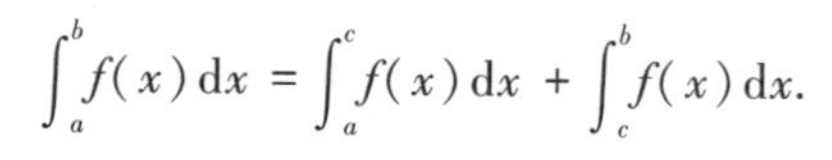

$$\int_a^b f(x)\,\mathrm{d}x = \int_a^c f(x)\,\mathrm{d}x + \int_c^b f(x)\,\mathrm{d}x.$$

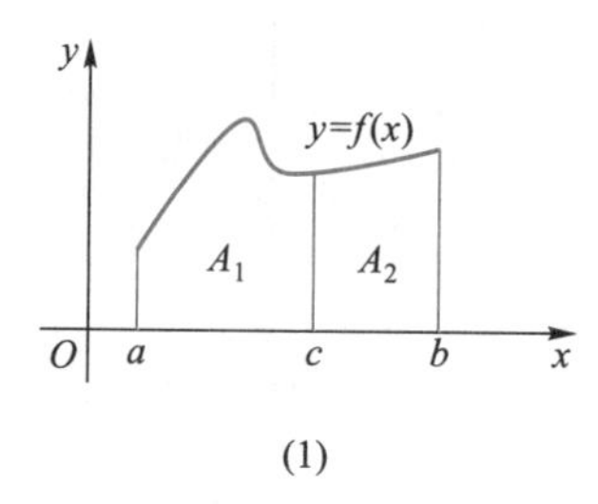

(1)

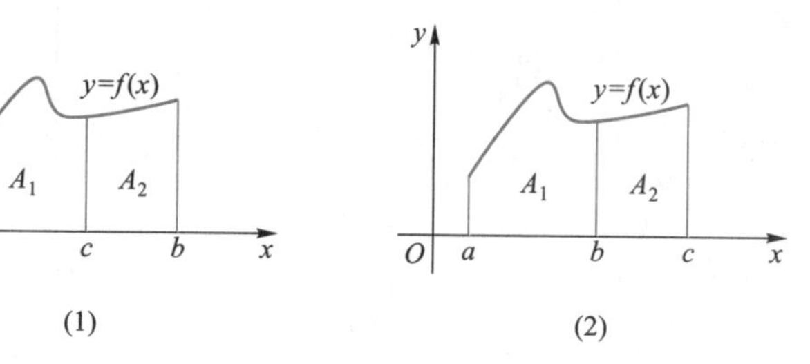

(2)

图 6-9

性质 3 可由几何意义解释：若 $a<c<b$（如图 6-9(1) 所示），曲线 $y=f(x)$ 在区间 $[a,b]$ 上对应曲边梯形的面积等于曲线 $y=f(x)$ 在区间 $[a,c]$，$[c,b]$ 上对应曲边梯形的面积之和，即

$$\int_a^b f(x)\,\mathrm{d}x = A_1 + A_2 = \int_a^c f(x)\,\mathrm{d}x + \int_c^b f(x)\,\mathrm{d}x.$$

若 $a<b<c$（如图 6-9(2) 所示），曲线 $y=f(x)$ 在区间 $[a,c]$ 上对应曲边梯形的面积等于曲线 $y=f(x)$ 在区间 $[a,b]$，$[b,c]$ 上对应曲边梯形的面积之和，即

$$\int_a^c f(x)\,\mathrm{d}x = A_1 + A_2 = \int_a^b f(x)\,\mathrm{d}x + \int_b^c f(x)\,\mathrm{d}x.$$

从而

$$\int_a^b f(x)\,\mathrm{d}x = \int_a^c f(x)\,\mathrm{d}x - \int_b^c f(x)\,\mathrm{d}x = \int_a^c f(x)\,\mathrm{d}x + \int_c^b f(x)\,\mathrm{d}x.$$

$c<b<a$ 时，可类似推出性质 3 成立.

利用性质 3 和定积分的几何意义不难得到如下结论：

若函数 $y=f(x)$ 在对称区间 $[-a,a]$ 上连续，则

$$\int_{-a}^a f(x)\,\mathrm{d}x = \begin{cases} 0, & \text{当 } f(x) \text{ 为奇函数；} \\ 2\int_0^a f(x)\,\mathrm{d}x, & \text{当 } f(x) \text{ 为偶函数.} \end{cases}$$

$\int_{-a}^a f(x)\,\mathrm{d}x = \int_{-a}^0 f(x)\,\mathrm{d}x + \int_0^a f(x)\,\mathrm{d}x$，当 $f(x)$ 为奇函数时，如图 6-10(1) 所示，由定积分的几何意义可知，$\int_{-a}^0 f(x)\,\mathrm{d}x = -A_1$，$\int_0^a f(x)\,\mathrm{d}x = A_2$，且根据函数的对称性可得 $A_1=A_2$，故

$$\int_{-a}^a f(x)\,\mathrm{d}x = \int_{-a}^0 f(x)\,\mathrm{d}x + \int_0^a f(x)\,\mathrm{d}x = 0.$$

当 $f(x)$ 为偶函数时，如图 6-10(2) 所示，由定积分的几何意义可知，$\int_{-a}^0 f(x)\,\mathrm{d}x = A_1$，$\int_0^a f(x)\,\mathrm{d}x = A_2$，且根据函数的对称性可得 $A_1=A_2$，故

$$\int_{-a}^a f(x)\,\mathrm{d}x = \int_{-a}^0 f(x)\,\mathrm{d}x + \int_0^a f(x)\,\mathrm{d}x = 2\int_0^a f(x)\,\mathrm{d}x.$$

性质 4 如果在 $[a,b]$ 上 $f(x)\equiv 1$，则

$$\int_a^b f(x)\,\mathrm{d}x = \int_a^b 1\,\mathrm{d}x = \int_a^b \mathrm{d}x = b - a.$$

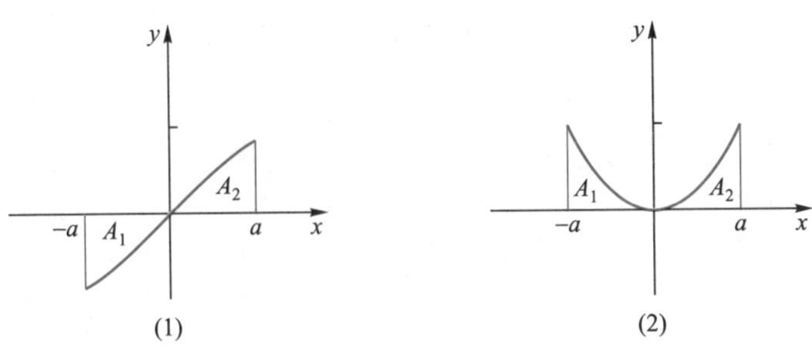

图 6-10

由定积分的几何意义可知,定积分 $\int_a^b \mathrm{d}x$ 表示直线 $y=1, x=a, x=b$ 以及 x 轴围成的平面图形的面积,即底为 $b-a$,高为 1 的矩形的面积.根据性质 2 可得:$\int_a^b k\mathrm{d}x = k(b-a)$.

性质 5(保号性)　若在区间$[a,b]$上 $f(x)\geqslant 0$,则

$$\int_a^b f(x)\mathrm{d}x \geqslant 0.$$

由定积分的几何意义可知性质 5 显然成立,也可利用定积分的定义证明该性质.

性质 6(比较性质)　若在区间$[a,b]$上 $f(x)\geqslant g(x)$,则

$$\int_a^b f(x)\mathrm{d}x \geqslant \int_a^b g(x)\mathrm{d}x.$$

令 $h(x)=f(x)-g(x)$,由性质 5 和性质 1 即可得证.

例 3　比较下列积分值的大小:

(1) $\int_0^1 x\mathrm{d}x$ 和 $\int_0^1 x^2\mathrm{d}x$;　　(2) $\int_1^e \ln x\mathrm{d}x$ 和 $\int_1^e \ln^2 x\mathrm{d}x$.

解　(1) 当 $x\in[0,1]$时,$x^2\leqslant x$,所以

$$\int_0^1 x^2\mathrm{d}x \leqslant \int_0^1 x\mathrm{d}x.$$

(2) 当 $x\in[1,e]$时,$0\leqslant \ln x\leqslant 1$,所以 $\ln x\geqslant \ln^2 x$,于是

$$\int_1^e \ln x\mathrm{d}x \geqslant \int_1^e \ln^2 x\mathrm{d}x.$$

性质 7(积分估值定理)　设 M,m 分别是函数 $y=f(x)$ 在区间$[a,b]$上的最大值和最小值,则

$$m(b-a) \leqslant \int_a^b f(x)\mathrm{d}x \leqslant M(b-a).$$

证　因为 $m\leqslant f(x)\leqslant M$,由性质 6 可得

$$\int_a^b m\mathrm{d}x \leqslant \int_a^b f(x)\mathrm{d}x \leqslant \int_a^b M\mathrm{d}x,$$

根据性质 2 和性质 4 可得 $\int_a^b m\mathrm{d}x = m(b-a)$, $\int_a^b M\mathrm{d}x = M(b-a)$,故性质 7 成立.

性质 8(积分中值定理)　如果函数 $f(x)$ 在区间$[a,b]$上连续,则在区间$[a,b]$上至少存在一点 ξ,使得

$$\int_a^b f(x)\mathrm{d}x = f(\xi)\cdot(b-a).$$

成立.这个等式叫积分中值公式.

证　因为$f(x)$在区间$[a,b]$上连续,故$f(x)$在区间$[a,b]$上有最大值M和最小值m,由积分估值定理可得

$$m(b-a) \leqslant \int_a^b f(x)\mathrm{d}x \leqslant M(b-a),$$

该不等式两边同时除以$b-a$,得

$$m \leqslant \frac{1}{b-a}\int_a^b f(x)\mathrm{d}x \leqslant M.$$

由闭区间上连续函数的介值定理可知,至少存在一点$\xi\in[a,b]$,使得

$$f(\xi) = \frac{1}{b-a}\int_a^b f(x)\mathrm{d}x,$$

即

$$\int_a^b f(x)\mathrm{d}x = f(\xi)\cdot(b-a).$$

积分中值定理的几何意义是:在区间$[a,b]$上至少存在一点ξ,使得以$f(\xi)$为高,$b-a$为底边的矩形面积恰好等于以$[a,b]$为底边,连续曲线$f(x)$为曲边的曲边梯形面积(图6-11).因此,常称$f(\xi)=\frac{1}{b-a}\int_a^b f(x)\mathrm{d}x$为函数$f(x)$在区间$[a,b]$上的平均值.

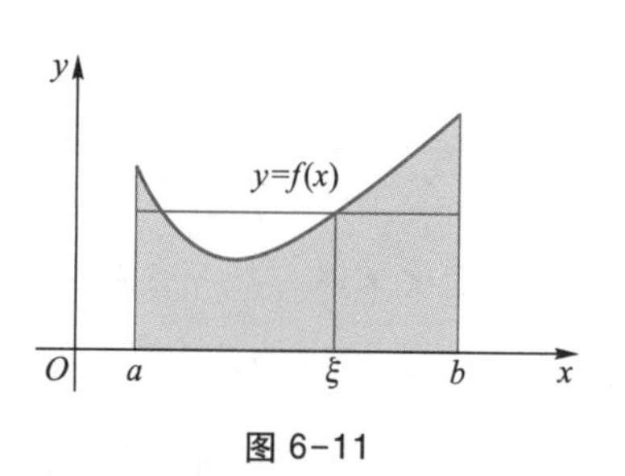

图 6-11

课堂练习

1. 填空

(1) 图 6-12(1) 中阴影部分面积的积分表达式为________.

(2) 图 6-12(2) 中阴影部分面积的积分表达式为________.

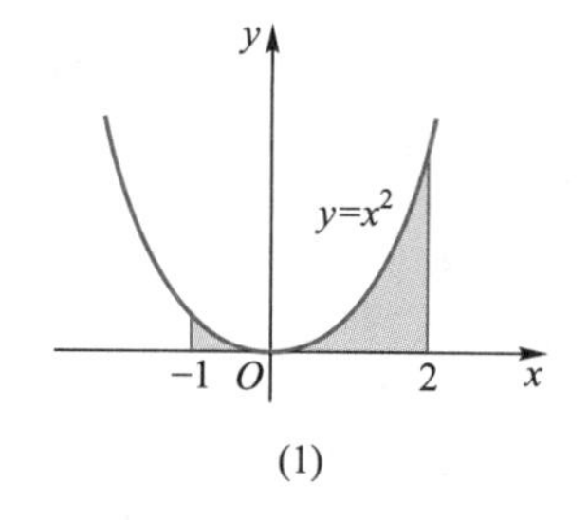

(1)

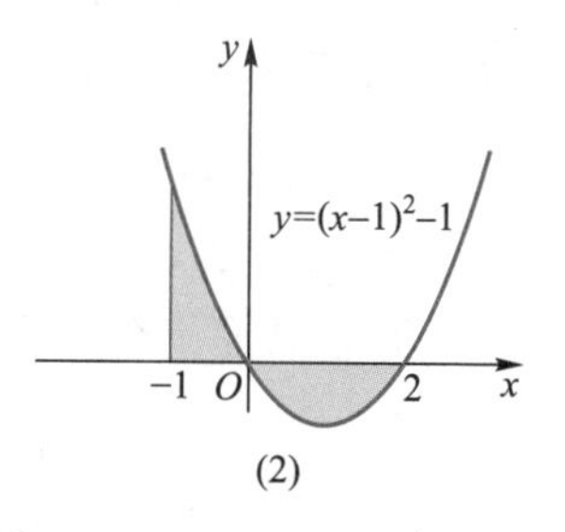

(2)

图 6-12

(3) $\int_1^1(\mathrm{e}^x+\sin x)\mathrm{d}x=$________;$\int_1^3\mathrm{e}^x\mathrm{d}x-\int_1^3\mathrm{e}^u\mathrm{d}u=$________.

(4) $\int_0^3\sqrt{9-x^2}\,\mathrm{d}x=$________;$\int_{-1}^2\mathrm{d}x=$________;$\int_0^3 2\mathrm{d}x=$________.

(5) $\int_{-1}^{1}(x^3+\sin x)\mathrm{d}x=$ ________; $\int_{-\frac{\pi}{2}}^{\frac{\pi}{2}}\frac{\sin x}{1+\cos^2 x}\mathrm{d}x=$ ________; $\int_{-1}^{1}(2+\sin^5 x)\mathrm{d}x=$ ________.

(6) 已知$\int_0^1 x^2\mathrm{d}x=\frac{1}{3}$,$\int_0^1 x\mathrm{d}x=\frac{1}{2}$,则$\int_0^1(3x^2-2x+1)\mathrm{d}x=$ ________.

2. 比较下列各组定积分的大小.

(1) $\int_1^2 x\mathrm{d}x$ ________ $\int_1^2 x^2\mathrm{d}x$;　　(2) $\int_0^{\frac{\pi}{4}}\cos x\mathrm{d}x$ ________ $\int_0^{\frac{\pi}{4}}\sin x\mathrm{d}x$;

(3) $\int_0^1 2x\mathrm{d}x$ ________ $\int_0^1(1+x)\mathrm{d}x$;　　(4) $\int_0^1 \mathrm{e}^x\mathrm{d}x$ ________ $\int_0^1(1+x)\mathrm{d}x$.

知识拓展 >>>

定积分的近似计算

由于定积分$\int_a^b f(x)\mathrm{d}x$的值与区间$[a,b]$的分法及ξ_i的取法无关.故在用定义计算定积分时,通常采取n等分区间,且取ξ_i为第i个区间的右端点x_i,则$\Delta x_i=\frac{b-a}{n}$,$x_i=a+\frac{i}{n}(b-a)$.从而

$$\int_a^b f(x)\mathrm{d}x=\lim_{n\to\infty}\sum_{i=1}^{n}f(x_i)\frac{b-a}{n}=\lim_{n\to\infty}\frac{b-a}{n}\sum_{i=1}^{n}f(x_i).$$

例 4　小李要在院子的一角修建一个花坛,花坛两直线边的边长均为 1 m,另外一边为以 O 为顶点的抛物线,请问该花坛面积为多少?(见“案例探究”)

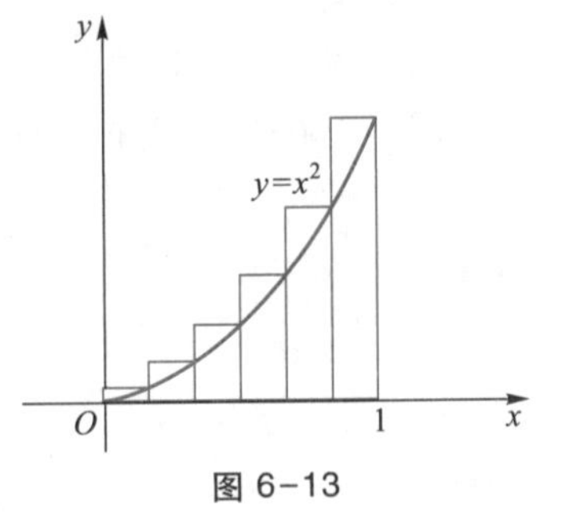

图 6-13

分析　由已知可得抛物线方程为$y=x^2$,如图 6-13 所示,花坛的面积即为由抛物线$y=x^2$与直线$x=1$及x轴所围成图形的面积. 其计算方法与曲边梯形的面积求法相同.

解　如图 6-13 所示,把区间$[0,1]$等分成n个小区间,则每个小区间长为$\Delta x_i=\frac{1}{n}$,小区间分别为$\left[0,\frac{1}{n}\right]$,$\left[\frac{1}{n},\frac{2}{n}\right]$,…,$\left[\frac{n-1}{n},1\right]$.为了计算方便,取$\xi_i$为第$i$个小区间的右端点,即$\xi_i=\frac{i}{n}(i=1,2,\cdots,n)$,于是$f(\xi_i)=(\xi_i)^2=\left(\frac{i}{n}\right)^2$,则第$i$个小曲边梯形的面积

$$\Delta A_i\approx f(\xi_i)\cdot\Delta x_i=\left(\frac{i}{n}\right)^2\cdot\frac{1}{n}=\frac{i^2}{n^3},$$

所有小曲边梯形面积的近似值之和即为花坛面积的近似值,即

$$A\approx\sum_{i=1}^{n}f(\xi_i)\cdot\Delta x_i=\sum_{i=1}^{n}\frac{i^2}{n^3}=\frac{1}{n^3}\sum_{i=1}^{n}i^2$$

$$=\frac{1}{n^3}\cdot(1^2+2^2+\cdots+n^2)=\frac{(n+1)(2n+1)}{6n^2},$$

当每个小区间的长度趋于零时，上述和式的极限值即为花坛面积的精确值，即

$$A=\int_0^1 x^2\mathrm{d}x=\lim_{\lambda\to 0}\sum_{i=1}^{n}f(\xi_i)\cdot\Delta x_i=\lim_{n\to\infty}\frac{(n+1)(2n+1)}{6n^2}=\frac{1}{3}.$$

故花坛的面积为$\frac{1}{3}$(单位：m^2).

在实际问题中，常用积分和$\frac{b-a}{n}\sum\limits_{i=1}^{n}f(\xi_i)$作为定积分$\int_a^b f(x)\mathrm{d}x$的近似值，一般地，$n$越大，近似程度越好.若取$\xi_i=x_{i-1}$，记$y_i=f(x_i)$，则有近似计算的左矩形公式

$$\int_a^b f(x)\mathrm{d}x\approx\frac{b-a}{n}\sum_{i=0}^{n-1}y_i.$$

若取$\xi_i=x_i$，则有近似计算的右矩形公式

$$\int_a^b f(x)\mathrm{d}x\approx\frac{b-a}{n}\sum_{i=1}^{n}y_i.$$

以上求定积分近似值的方法称为矩形法，矩形法的几何意义是：用小矩形的面积近似小曲边梯形的面积，整体上用台阶形的面积作为曲边梯形面积的近似值，如图 6-14(1)所示.

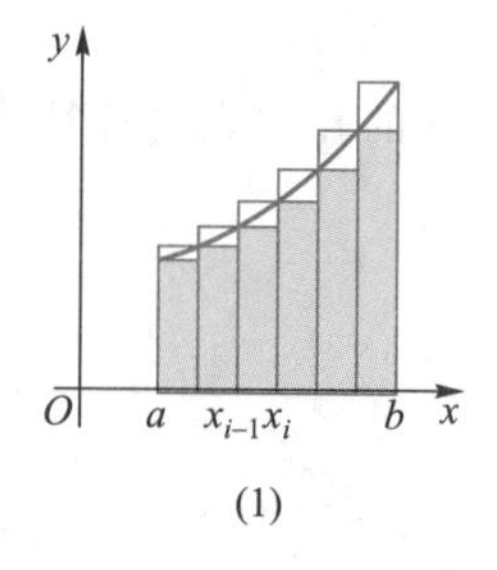

(1)

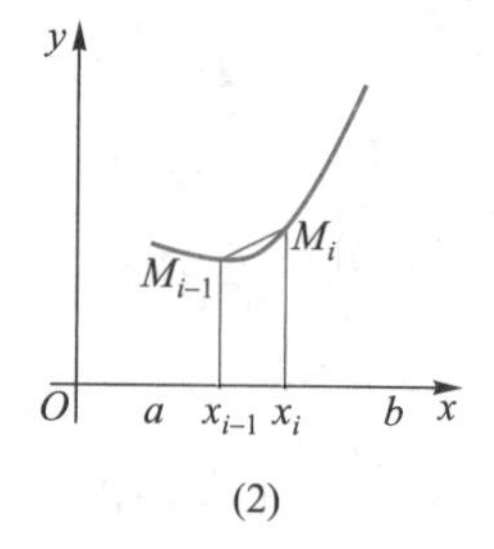

(2)

图 6-14

若用小梯形的面积近似小曲边梯形的面积，如图 6-14(2)所示，用直线段$\overline{M_{i-1}M_i}$代替曲线段$\overset{\frown}{M_{i-1}M_i}$，可得近似计算定积分的梯形公式

$$\int_a^b f(x)\mathrm{d}x\approx\frac{b-a}{n}\left(\frac{y_0+y_1}{2}+\frac{y_1+y_2}{2}+\cdots+\frac{y_{n-1}+y_n}{2}\right)$$
$$=\frac{b-a}{2n}\left(y_0+y_n+2\sum_{i=1}^{n-1}y_i\right).$$

例 5 分别取$n=10,50,100,200$，用矩形公式计算$\int_0^{\pi}\sin x\mathrm{d}x$的近似值.并推测其精确值.

解 由右矩形公式可得$\int_0^{\pi}\sin x\mathrm{d}x\approx\frac{\pi}{n}\sum\limits_{i=1}^{n}\sin\frac{i\pi}{n}$.可运用 GeoGebra 软件计算其近似值如表 6-1.

表 6-1

n	10	50	100	200
近似值	1.983 52	1.999 34	1.999 83	1.999 95

由表 6-1 中数据的变化规律可推测 $\int_0^{\pi}\sin x\mathrm{d}x=2$.

习题 6-1

【基础训练】

1. 利用定积分的几何意义说明下列等式成立.

(1) $\int_0^2(2-x)\mathrm{d}x=2$;　　(2) $\int_{-1}^1|x|\mathrm{d}x=1$;

(3) $\int_0^a\sqrt{a^2-x^2}\mathrm{d}x=\frac{\pi}{4}a^2,(a>0)$;　　(4) $\int_0^{2\pi}\sin x\mathrm{d}x=0$.

2. 用定积分表示由曲线 $y=x+1$ 与直线 $x=1,x=3$ 及 x 轴所围成的图形的面积,并根据几何意义计算此定积分.

3. 已知 $f(x)=\begin{cases}2, & -2\leqslant x\leqslant 0,\\ \sqrt{4-x^2}, & 0<x\leqslant 2.\end{cases}$ 根据定积分的几何意义计算 $\int_{-2}^2 f(x)\mathrm{d}x$.

4. 比较下列各组定积分的大小.

(1) $\int_0^1x^2\mathrm{d}x$ ________ $\int_0^1x^3\mathrm{d}x$;　　(2) $\int_1^2x^2\mathrm{d}x$ ________ $\int_1^2x^3\mathrm{d}x$;

(3) $\int_0^1x\mathrm{d}x$ ________ $\int_0^1\ln(1+x)\mathrm{d}x$;　　(4) $\int_0^{\pi}\cos x\mathrm{d}x$ ________ $\int_0^{\pi}\sin x\mathrm{d}x$.

5. 估计下列定积分值的范围.

(1) $\int_0^1\frac{1}{1+x^2}\mathrm{d}x$;　　(2) $\int_0^{\frac{\pi}{2}}\sin x\mathrm{d}x$;

(3) $\int_0^1\mathrm{e}^x\mathrm{d}x$;　　(4) $\int_{-1}^1\mathrm{e}^{x^2}\mathrm{d}x$.

【拓展训练】

1. 用定积分的定义计算 $\int_0^1x\mathrm{d}x$.

2. 若函数 $f(x)$ 在区间 $[a,b]$ 上连续,求证 $\left|\int_a^bf(x)\mathrm{d}x\right|\leqslant\int_a^b|f(x)|\mathrm{d}x$.

6.2　微积分基本定理

定积分是一种特殊的和式极限,直接利用定义计算定积分是非常烦琐的.本节将介绍计算定积分的有力工具——牛顿-莱布尼茨公式,进而揭示定积分与不定积分的内在联系.

案例探究 作变速直线运动的某物体的速度为 $v=20-4t$(单位:m/s),请问该物体在时间 1s 到 4s 之间的位移为多少?

6.2.1 积分上限函数

设函数 $y=f(x)$ 在 $[a,b]$ 上连续,x 为区间 $[a,b]$ 上任意一点,显然函数 $f(x)$ 在区间 $[a,x]$ 上也连续,从而 $f(x)$ 在 $[a,x]$ 上的定积分 $\int_a^x f(x)\mathrm{d}x$ 存在.这里 x 既是积分上限,又是积分变量,由于定积分的结果与积分变量的符号无关,为了避免混淆,把积分变量换成 t,即

$$\int_a^x f(x)\mathrm{d}x=\int_a^x f(t)\mathrm{d}t.$$

对区间 $[a,b]$ 上的任意一点 x,$\int_a^x f(t)\mathrm{d}t$ 都有唯一确定的值与之对应,所以 $\int_a^x f(t)\mathrm{d}t$ 是定义在区间 $[a,b]$ 上的关于积分上限 x 的函数.

定义 6.2 设函数 $y=f(x)$ 在区间 $[a,b]$ 上连续,对 $\forall x\in[a,b]$,称 $\int_a^x f(t)\mathrm{d}t$ 为**积分上限函数或变上限积分**,记为 $\Phi(x)=\int_a^x f(t)\mathrm{d}t$.

如图 6-15 所示,若在 $[a,b]$ 上函数 $f(x)>0$,则 $\Phi(x)$ 在几何上表示区间 $[a,x]$ 上对应曲边梯形的面积.

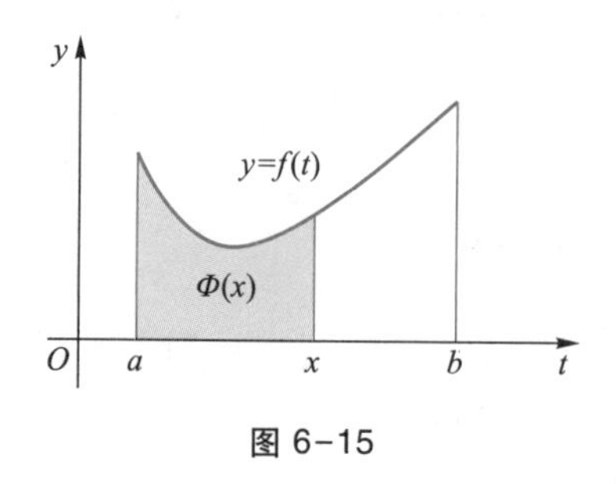

图 6-15

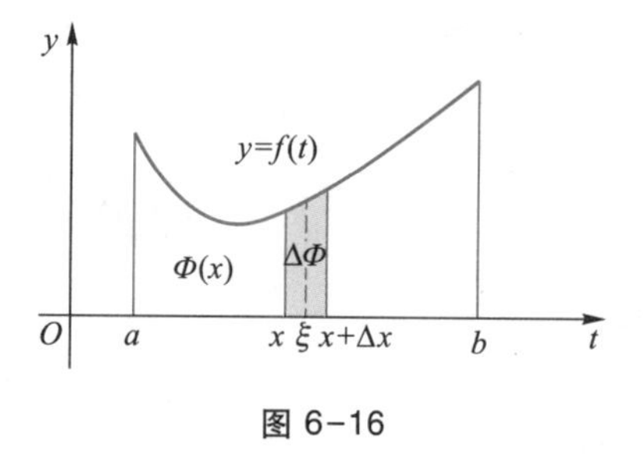

图 6-16

积分上限函数具有如下性质:

定理 6.1(原函数存在定理) 若函数 $y=f(x)$ 在区间 $[a,b]$ 上连续,则积分上限函数 $\Phi(x)=\int_a^x f(t)\mathrm{d}t$ 在区间 $[a,b]$ 上可导,且 $\Phi'(x)=f(x)$.即

$$\left[\int_a^x f(t)\mathrm{d}t\right]'=f(x).$$

证 根据导数定义,$\Phi'(x)=\lim\limits_{\Delta x\to 0}\dfrac{\Delta\Phi}{\Delta x}$.

如图 6-16 所示,函数 $\Phi(x)=\int_a^x f(t)\mathrm{d}t$ 在区间 $[x,x+\Delta x]\subset[a,b]$ 上的增量

$$\Delta\Phi=\Phi(x+\Delta x)-\Phi(x)=\int_a^{x+\Delta x}f(t)\,\mathrm{d}t-\int_a^x f(t)\,\mathrm{d}t=\int_x^{x+\Delta x}f(t)\,\mathrm{d}t.$$

因为$f(t)$在$[x,x+\Delta x]\subset[a,b]$上连续，根据积分中值定理，$\exists\xi\in[x,x+\Delta x]$，使

$$\Delta\Phi=\int_x^{x+\Delta x}f(t)\,\mathrm{d}t=f(\xi)\Delta x,$$

所以

$$\lim_{\Delta x\to 0}\frac{\Delta\Phi}{\Delta x}=\lim_{\Delta x\to 0}\frac{f(\xi)\Delta x}{\Delta x}=\lim_{\xi\to x}f(\xi)=f(x).$$

故 $\Phi'(x)=f(x)$，即积分上限函数 $\Phi(x)=\int_a^x f(t)\,\mathrm{d}t$ 是$f(x)$的一个原函数.

此定理解决了原函数的存在性问题，若函数 $y=f(x)$在区间$[a,b]$上连续，则$f(x)$存在原函数 $\Phi(x)$.因而连续是可积的充分条件.根据定理 6.1 的结论可以得到利用原函数计算定积分的公式.

6.2.2　微积分基本定理

定理 6.2　若 $F(x)$是连续函数$f(x)$在区间$[a,b]$上的一个原函数，则

$$\int_a^b f(x)\,\mathrm{d}x=F(b)-F(a).$$

证　因为 $F(x)$是连续函数$f(x)$在区间$[a,b]$上的一个原函数，由定理 6.1 可知 $\Phi(x)=\int_a^x f(t)\,\mathrm{d}t$ 也是$f(x)$的一个原函数.故这两个原函数只相差一个常数(定理 5.2)，即

$$\Phi(x)=\int_a^x f(t)\,\mathrm{d}t=F(x)+C.$$

又因为 $\Phi(a)=\int_a^a f(t)\,\mathrm{d}t=0$，则 $F(a)+C=0$，即 $C=-F(a)$.因此

$$\int_a^x f(t)\,\mathrm{d}t=F(x)-F(a).$$

令 $x=b$，得

$$\int_a^b f(t)\,\mathrm{d}t=\Phi(b)=F(b)-F(a).$$

将积分变量 t 改为 x 即得

$$\int_a^b f(x)\,\mathrm{d}x=F(b)-F(a).$$

为了方便，通常把 $F(b)-F(a)$记成$[F(x)]_a^b$ 或 $F(x)\big|_a^b$，所以公式可以改写为

$$\int_a^b f(x)\,\mathrm{d}x=[F(x)]_a^b \text{ 或} \int_a^b f(x)\,\mathrm{d}x=F(x)\big|_a^b.$$

上述公式称为**牛顿-莱布尼茨公式**，也称为**微积分基本公式**.它揭示了微分学与积分学之间的关系，体现了定积分与不定积分之间的内在联系：一个连续函数$f(x)$在区间$[a,b]$上的定积分等于它的任意一个原函数在区间$[a,b]$上的增量，解决了定积分的计算问题.

注　被积函数$f(x)$连续时才能使用该公式，例如$\int_{-1}^1\frac{1}{x}\mathrm{d}x$ 就不能使用牛顿-莱布尼茨公

式，因为被积函数在 $x=0$ 处不连续.若 $f(x)$ 在 $[a,b]$ 上有界且只有有限个第一类间断点，则 $f(x)$ 仍然可积，此时可利用定积分对区间的可加性，将定积分分解为各连续子区间上的定积分之和.

例 1 计算下列定积分.

(1) $\int_1^2\left(2x+\frac{1}{x}\right)\mathrm{d}x$； (2) $\int_{-1}^{\frac{\sqrt{3}}{3}}\frac{1}{1+x^2}\mathrm{d}x$； (3) $\int_0^1(x-1)^2\mathrm{d}x$.

解 (1) $\int_1^2\left(2x+\frac{1}{x}\right)\mathrm{d}x=[x^2+\ln x]_1^2=(4+\ln 2)-(1+0)=3+\ln 2$；

(2) $\int_{-1}^{\frac{\sqrt{3}}{3}}\frac{1}{1+x^2}\mathrm{d}x=[\arctan x]_{-1}^{\frac{\sqrt{3}}{3}}=\arctan\frac{\sqrt{3}}{3}-\arctan(-1)=\frac{\pi}{6}+\frac{\pi}{4}=\frac{5\pi}{12}$；

(3) $\int_0^1(x-1)^2\mathrm{d}x=\int_0^1(x^2-2x+1)\mathrm{d}x=\left[\frac{x^3}{3}-x^2+x\right]_0^1=\frac{1}{3}$.

例 2 已知 $f(x)=\begin{cases}x-1, & -1\leqslant x\leqslant 1,\\ \frac{1}{x}, & 1<x\leqslant 2.\end{cases}$ 计算定积分 $\int_{-1}^2 f(x)\mathrm{d}x$.

解 由定积分对区间的可加性，有

$$\int_{-1}^2 f(x)\mathrm{d}x=\int_{-1}^1 f(x)\mathrm{d}x+\int_1^2 f(x)\mathrm{d}x=\int_{-1}^1(x-1)\mathrm{d}x+\int_1^2\frac{1}{x}\mathrm{d}x$$

$$=\left[\frac{x^2}{2}-x\right]_{-1}^1+[\ln x]_1^2=\left(\frac{1}{2}-1\right)-\left(\frac{1}{2}+1\right)+\ln 2-\ln 1=\ln 2-2.$$

例 3 计算 $y=\sin x$ 在 $[0,2\pi]$ 上与 x 轴围成图形的面积.

解 如图 6-17，由定积分几何意义以及图形的对称性，所求面积为

$$A=4\int_0^{\frac{\pi}{2}}\sin x\mathrm{d}x=[-4\cos x]_0^{\frac{\pi}{2}}=4.$$

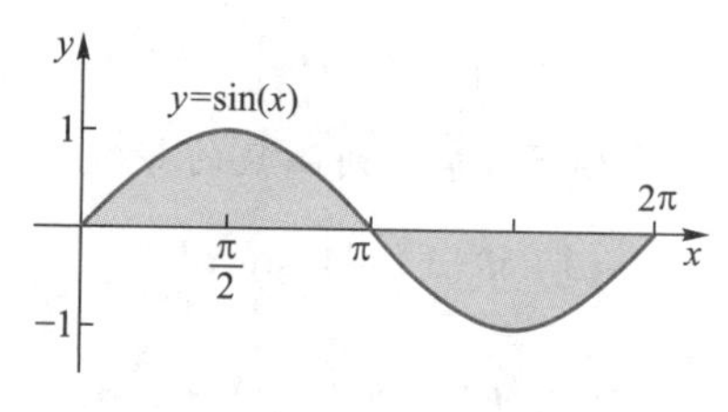

图 6-17

例 4 作变速直线运动的某物体的速度为 $v=20-4t$（单位：m/s），请问该物体在时间 1s 到 4s 之间的位移为多少？（见“案例探究”）

解 由位移与速度关系，可得

$$\Delta s=\int_1^4 v(t)\mathrm{d}t=[20t-2t^2]_1^4=30(\mathrm{m}).$$

课堂练习 >>>

1. 填空题.

(1) $\frac{\mathrm{d}}{\mathrm{d}x}\left(\int_{\frac{\pi}{3}}^{x}\sin t\cos t^2\mathrm{d}t\right)=$ ________；$\frac{\mathrm{d}}{\mathrm{d}x}\left(\int_{\frac{\pi}{3}}^{\frac{\pi}{2}}\sin x\cos x^2\mathrm{d}x\right)=$ ________.

(2) $\frac{\mathrm{d}}{\mathrm{d}x}\left(\int_0^x\frac{1}{1+t^2}\mathrm{d}t\right)=$ ________；$\frac{\mathrm{d}}{\mathrm{d}t}\left(\int\frac{1}{1+t^2}\mathrm{d}t\right)=$ ________.

(3) 若 $F(x)=\cos\frac{x}{3}$，则 $\int_{\frac{\pi}{2}}^{\pi}F'(x)\mathrm{d}x=$ ________.

2. 判断题

(1) 若函数 $f(x)$ 连续，则 $\left[\int_{x}^{a}f(t)\mathrm{d}t\right]'=-f(x)$. (　　)

(2) 函数 $f(x)$ 连续，若 $\mathrm{d}F(x)=f(x)\mathrm{d}x$. 则 $\int_{a}^{b}f(x)\mathrm{d}x=F(b)-F(a)$. (　　)

(3) $\int_{0}^{2\pi}\sin x\mathrm{d}x=0$. (　　)

3. 计算 $\int_{-1}^{2}|x|\mathrm{d}x$.

4. 计算定积分验证 $\left[\int_{0}^{x}\sin t\mathrm{d}t\right]'=\sin x$.

5. 说明 $\int f(x)\mathrm{d}x$ 与 $\int_{a}^{x}f(t)\mathrm{d}t$ 的区别与联系.

拓展提升 ›››

积分上限函数求导是一类新型函数的求导问题，利用复合函数的求导法则和定积分对区间的可加性可得如下公式：

(1) $\left(\int_{a}^{u(x)}f(t)\mathrm{d}t\right)'=f[u(x)]u'(x)$；

(2) $\left(\int_{u(x)}^{b}f(t)\mathrm{d}t\right)'=-f[u(x)]u'(x)$；

(3) $\left(\int_{u(x)}^{v(x)}f(t)\mathrm{d}t\right)'=f[v(x)]v'(x)-f[u(x)]u'(x)$.

例 5　求下列函数的导数.

(1) $\Phi(x)=\int_{0}^{x}\sin^{2}t\mathrm{d}t$；

(2) $F(x)=\int_{1}^{x^{2}}\mathrm{e}^{t}\cos t\mathrm{d}t$；

(3) $F(x)=\int_{2x}^{0}\sqrt{1+t^{2}}\mathrm{d}t$；

(4) $F(x)=\int_{2x}^{x^{2}}\cos t\mathrm{d}t$

解　(1) $\Phi'(x)=\left(\int_{0}^{x}\sin^{2}t\mathrm{d}t\right)'=\sin^{2}x$.

(2) 设 $u=x^{2}$，则函数 $F(x)$ 可看作是由 $\Phi(u)=\int_{1}^{u}\mathrm{e}^{t}\cos t\mathrm{d}t$ 与函数 $u=x^{2}$ 复合而成的函数. 由复合函数求导法则

$$F'(x)=\frac{\mathrm{d}}{\mathrm{d}u}\left(\int_{1}^{u}\mathrm{e}^{t}\cos t\mathrm{d}t\right)\cdot\frac{\mathrm{d}u}{\mathrm{d}x}=2x\mathrm{e}^{x^{2}}\cos x^{2}.$$

(3) 因为

$$F(x)=\int_{2x}^{0}\sqrt{1+t^{2}}\mathrm{d}t=-\int_{0}^{2x}\sqrt{1+t^{2}}\mathrm{d}t,$$

所以

$$F'(x)=\left(-\int_{0}^{2x}\sqrt{1+t^{2}}\mathrm{d}t\right)'=-\sqrt{1+4x^{2}}\cdot(2x)'=-2\sqrt{1+4x^{2}}.$$

(4) 因为

$$F(x)=\int_{2x}^{x^2}\cos t\mathrm{d}t=\int_0^{x^2}\cos t\mathrm{d}t-\int_0^{2x}\cos t\mathrm{d}t,$$

所以

$$F'(x)=\left(\int_0^{x^2}\cos t\mathrm{d}t\right)'-\left(\int_0^{2x}\cos t\mathrm{d}t\right)'$$

$$=\cos x^2\cdot 2x-\cos 2x\cdot 2=2(x\cos x^2-\cos 2x).$$

例 6 求下列极限.

(1) $\lim\limits_{x\to 0}\dfrac{\int_0^x(\mathrm{e}^t-1)\mathrm{d}t}{x^2}$; (2) $\lim\limits_{x\to 0}\dfrac{\left(\int_0^x\sin t\mathrm{d}t\right)^2}{\int_0^x\sin^3 t\mathrm{d}t}$.

解 (1) 该极限为$\dfrac{0}{0}$型未定式,由洛必达法则可得

$$\lim_{x\to 0}\frac{\int_0^x(\mathrm{e}^t-1)\mathrm{d}t}{x^2}=\lim_{x\to 0}\frac{\left(\int_0^x(\mathrm{e}^t-1)\mathrm{d}t\right)'}{(x^2)'}=\lim_{x\to 0}\frac{\mathrm{e}^x-1}{2x}=\frac{1}{2}.$$

(2) 该极限为$\dfrac{0}{0}$型未定式,由洛必达法则可得

$$\lim_{x\to 0}\frac{\left(\int_0^x\sin t\mathrm{d}t\right)^2}{\int_0^x\sin^3 t\mathrm{d}t}=\lim_{x\to 0}\frac{2\left(\int_0^x\sin t\mathrm{d}t\right)\cdot\sin x}{\sin^3 x}=\lim_{x\to 0}\frac{2\left(\int_0^x\sin t\mathrm{d}t\right)\cdot x}{x^3}$$

$$=\lim_{x\to 0}\frac{2\left(\int_0^x\sin t\mathrm{d}t\right)}{x^2}=\lim_{x\to 0}\frac{2\sin x}{2x}=1.$$

例 7 设 $\Phi(x)=\int_0^x(x-t)\mathrm{e}^t\mathrm{d}t$,求 $\Phi''(0)$.

解 注意积分变量是 t,因此先把 x 移到积分符号外面再求导.

$$\Phi'(x)=\frac{\mathrm{d}}{\mathrm{d}x}\left[\int_0^x(x-t)\mathrm{e}^t\mathrm{d}t\right]=\frac{\mathrm{d}}{\mathrm{d}x}\left[x\int_0^x\mathrm{e}^t\mathrm{d}t-\int_0^x t\mathrm{e}^t\mathrm{d}t\right]=\int_0^x\mathrm{e}^t\mathrm{d}t+x\mathrm{e}^x-x\mathrm{e}^x=\int_0^x\mathrm{e}^t\mathrm{d}t.$$

所以 $\Phi''(x)=\mathrm{e}^x$,从而 $\Phi''(0)=1$.

课堂练习 >>>

1. 填空题.

(1) $\dfrac{\mathrm{d}}{\mathrm{d}x}\left[\int_1^{x^2}\mathrm{e}^t\mathrm{d}t\right]=$ __________; (2) $\dfrac{\mathrm{d}}{\mathrm{d}x}\left[\int_{2x}^1\tan t\mathrm{d}t\right]=$ __________;

(3) $\dfrac{\mathrm{d}}{\mathrm{d}x}\left[\int_{2x}^{x^2}\sin t^3\mathrm{d}t\right]=$ __________; (4) $\left[x\int_0^x f(t)\mathrm{d}t\right]'=$ __________.

2. 求极限$\lim\limits_{x\to 0}\dfrac{\int_0^x\sin^3 t\mathrm{d}t}{x^4}$.

习题 6-2

【基础训练】

1. 计算下列定积分.

(1) $\int_1^4\left(2e^x+\frac{3}{x}\right)dx$；　(2) $\int_0^1(x^3+3^x+2)dx$；　(3) $\int_0^{\frac{\pi}{2}}(3\cos x-\sin x)dx$；

(4) $\int_1^8\left(\sqrt[3]{x}+\frac{1}{x^2}\right)dx$；　(5) $\int_1^4\frac{(x-2)^2}{\sqrt{x}}dx$；　(6) $\int_{-1}^0\frac{1+3x^2+3x^4}{1+x^2}dx$；

(7) $\int_0^{\frac{\pi}{2}}\frac{\cos 2x}{\cos x-\sin x}dx$；　(8) $\int_0^{\frac{\pi}{2}}\sin^2\frac{x}{2}dx$；　(9) $\int_0^{\frac{\pi}{4}}\tan^2 x dx$.

2. 已知 $f(x)=\begin{cases}3x^2, & x\geqslant 1,\\ 2x+1, & x<1.\end{cases}$ 求 $\int_0^2 f(x)dx$.

3. 求曲线 $y=\frac{1}{x}$ 在[1,e]上与 x 轴围成图形的面积.

4. 直线运动物体，速度为 $v(t)=2-3t$（单位：m/s），求物体在时间 1s 到 3s 之间的位移.

5. 水塔的排水速度为 $u(t)=2+\frac{1}{\sqrt{t}}$（单位：$m^3/h$），求在[1,4]小时内的排水量.

【拓展训练】

1. 求下列函数的导数.

(1) $F(x)=\int_x^{-2}e^t\sin t dt$；　(2) $F(x)=\int_1^{x^2}te^t dt$；

(3) $F(x)=\int_{\cos x}^{\sin x}(1-t^2)dt$；　(4) $F(x)=x\int_0^x e^t dt$.

2. 求下列极限.

(1) $\lim\limits_{x\to 0}\frac{\int_0^x\cos t^2 dt}{x}$；　(2) $\lim\limits_{x\to 0}\frac{\int_0^x\sin t dt}{x^2}$；

(3) $\lim\limits_{x\to 0}\frac{\int_x^0\ln(1+t)dt}{x^2}$；　(4) $\lim\limits_{x\to 0}\frac{(1-\cos x)^2}{\int_0^x\sin t^3 dt}$；

(5) $\lim\limits_{x\to 1}\frac{\int_1^x t(1-t)dt}{(x-1)^2}$；　(6) $\lim\limits_{x\to 0}\frac{\left(\int_0^x e^{t^2}dt\right)^2}{\int_0^x e^{2t^2}dt}$.

3. 计算下列定积分.

(1) $\int_1^{\sqrt{3}}\frac{1+2x^2}{x^2(1+x^2)}dx$；　(2) $\int_0^{\pi}|\cos x|dx$；

(3) $\int_0^{\pi}\sqrt{1-\sin 2x}\,\mathrm{d}x$;　　　　(4) $\int_{-1}^{2}|2x-1|\,\mathrm{d}x$.

4. 已知$f(x)=x+2\int_0^1 f(x)\,\mathrm{d}x$,求$\int_0^1 f(x)\,\mathrm{d}x$.

5. $f(x)$是连续函数且满足$f(x)=\dfrac{1}{1+x^2}+x^3\int_0^1 f(x)\,\mathrm{d}x$,求定积分$\int_0^1 f(x)\,\mathrm{d}x$.

6.3 定积分的计算技巧

根据牛顿-莱布尼茨公式可知,求定积分$\int_a^b f(x)\,\mathrm{d}x$就是求被积函数$f(x)$的一个原函数$F(x)$在区间$[a,b]$上的增量$F(b)-F(a)$.但很多函数不能直接求出原函数,在不定积分的学习中我们应用换元积分法和分部积分法可以求一些函数的原函数,相应地,也可以用换元积分法和分部积分法计算定积分.本节将学习定积分的换元积分法与分部积分法.

案例探究 近年来,全世界每年的石油消耗率呈指数增长.1970 年世界石油消耗量大约为 161 亿桶,已知从 1970 年起第 t 年的石油消耗率$f(t)=161\mathrm{e}^{0.07t}$(单位:亿桶/年),试问从 1970 年到 1980 年间石油的消耗总量大约多少亿桶?

6.3.1 定积分的换元法

定理 6.3 设函数$f(x)$在区间$[a,b]$上连续,若函数$x=\varphi(t)$满足条件:

(1) 在区间$[\alpha,\beta]$(或$[\beta,\alpha]$)上具有连续导数;

(2) 当$t\in[\alpha,\beta]$或$[\beta,\alpha]$时,$x=\varphi(t)\in[a,b]$,且$\varphi(\alpha)=a,\varphi(\beta)=b$,

则有

$$\int_a^b f(x)\,\mathrm{d}x=\int_\alpha^\beta f[\varphi(t)]\cdot\varphi'(t)\,\mathrm{d}t.$$

证 因为$f(x)$在区间$[a,b]$上连续,$x=\varphi(t)$具有连续导数,所以$f(x)$和$f[\varphi(t)]\cdot\varphi'(t)$均可积,设$F(x)$是$f(x)$的一个原函数,则

$$\int_a^b f(x)\,\mathrm{d}x=F(b)-F(a).$$

根据复合函数的求导法则,有

$$\frac{\mathrm{d}}{\mathrm{d}t}F[\varphi(t)]=\frac{\mathrm{d}F}{\mathrm{d}x}\cdot\frac{\mathrm{d}x}{\mathrm{d}t}=f(x)\varphi'(t)=f[\varphi(t)]\varphi'(t).$$

即$F[\varphi(t)]$是$f[\varphi(t)]\varphi'(t)$的一个原函数,从而

$$\int_\alpha^\beta f[\varphi(t)]\cdot\varphi'(t)\,\mathrm{d}t=F[\varphi(t)]\Big|_\alpha^\beta=F[\varphi(\beta)]-F[\varphi(\alpha)]=F(b)-F(a).$$

所以

$$\int_a^b f(x)\,\mathrm{d}x=\int_\alpha^\beta f[\varphi(t)]\cdot\varphi'(t)\,\mathrm{d}t.$$

上述公式称为定积分的换元积分公式.在使用该公式时要注意以下两点：

(1) 从左往右应用公式，相当于不定积分的第二换元积分法.计算时，用 $x=\varphi(t)$ 把原积分变量 x 换成新积分变量 t 时，积分限也相应地变为新变量 t 的积分限，由原来 x 的积分上、下限对应的新积分变量 t 的值作为新的积分上、下限，且新的下限 α 未必比上限 β 小.换元后将 $f[\varphi(t)]\varphi'(t)$ 的原函数 $F[\varphi(t)]$ 分别代入新的积分上、下限作差即可，不必再变换成原变量 x 的函数.

(2) 从右往左应用公式，相当于不定积分的第一换元积分法（凑微分法），若未将中间变量设为新的积分变量，则积分限不做改变；如果将中间变量设为新的积分变量，则积分限也要相应改变.

简言之，**换元必换限，换限必对应**.

例 1　求定积分 $\int_{-1}^0\frac{x\mathrm{d}x}{1+\sqrt{1-3x}}$.

解　令 $t=\sqrt{1-3x}\,(t\geqslant 0)$，即 $x=\frac{1-t^2}{3}$，则 $\mathrm{d}x=-\frac{2}{3}t\mathrm{d}t$，又 $x=-1$ 时 $t=2$；$x=0$ 时 $t=1$.于是

$$\int_{-1}^0\frac{x\mathrm{d}x}{1+\sqrt{1-3x}}=-\frac{2}{9}\int_2^1\frac{t(1-t^2)}{1+t}\mathrm{d}t=\frac{2}{9}\int_1^2(t-t^2)\,\mathrm{d}t$$

$$=\left[\frac{t^2}{9}-\frac{2t^3}{27}\right]_1^2=-\frac{5}{27}.$$

例 2　求 $\int_1^{\mathrm{e}}\frac{\ln x}{x}\mathrm{d}x$

解　令 $u=\ln x$，则 $\mathrm{d}u=\frac{1}{x}\mathrm{d}x$，当 $x=1$ 时 $u=0$；$x=\mathrm{e}$ 时 $u=1$.于是

$$\int_1^{\mathrm{e}}\frac{\ln x}{x}\mathrm{d}x=\int_0^1 u\mathrm{d}u=\left[\frac{1}{2}u^2\right]_0^1=\frac{1}{2}.$$

也可直接凑微分，不换元则不换限：

$$\int_1^{\mathrm{e}}\frac{\ln x}{x}\mathrm{d}x=\int_1^{\mathrm{e}}\ln x\mathrm{d}\ln x=\left[\frac{1}{2}(\ln x)^2\right]_1^{\mathrm{e}}=\frac{1}{2}.$$

例 3　求 $\int_0^{\frac{\pi}{2}}\sin^3\theta\cos\theta\mathrm{d}\theta$.

解　$\int_0^{\frac{\pi}{2}}\sin^3\theta\cos\theta\mathrm{d}\theta=\int_0^{\frac{\pi}{2}}\sin^3\theta\mathrm{d}\sin\theta=\left[\frac{1}{4}\sin^4\theta\right]_0^{\frac{\pi}{2}}=\frac{1}{4}.$

例 4　近年来，全世界每年的石油消耗率呈指数增长.1970 年世界石油消耗量大约为 161 亿桶，已知从 1970 年起第 t 年的石油消耗率 $f(t)=161\mathrm{e}^{0.07t}$（单位：亿桶/年），试问从 1970 年到 1980 年间石油的消耗总量大约多少亿桶？（见“案例探究”）

解　由题意可得，从 1970 年到 1980 年的石油消耗总量

$$W=\int_0^{10}f(t)\,\mathrm{d}t=\int_0^{10}161\mathrm{e}^{0.07t}\mathrm{d}t=\int_0^{10}\frac{161}{0.07}\mathrm{e}^{0.07t}\mathrm{d}(0.07t)$$

$$= \left[\frac{161}{0.07}e^{0.07t}\right]_0^{10} \approx 2\ 323\text{（亿桶）}.$$

6.3.2 定积分的分部积分法

由不定积分的分部积分法可得

定理 6.4 设 $u(x)$，$v(x)$ 在区间 $[a,b]$ 上有连续导数，则

$$\int_a^b u(x)v'(x)\mathrm{d}x = [u(x)v(x)]_a^b - \int_a^b v(x)u'(x)\mathrm{d}x.$$

或简写为

$$\int_a^b u(x)\mathrm{d}v(x) = [u(x)v(x)]_a^b - \int_a^b v(x)\mathrm{d}u(x).$$

上述公式称为定积分的分部积分公式，选取 $u(x)$ 的优先顺序与不定积分的分部积分法完全一样.

例 5 计算 $\int_0^1 \arcsin x\mathrm{d}x$.

解
$$\int_0^1 \arcsin x\mathrm{d}x = [x\arcsin x]_0^1 - \int_0^1 \frac{x}{\sqrt{1-x^2}}\mathrm{d}x$$
$$= \frac{\pi}{2} + \frac{1}{2}\int_0^1 \frac{1}{\sqrt{1-x^2}}\mathrm{d}(1-x^2)$$
$$= \frac{\pi}{2} + [\sqrt{1-x^2}]_0^1 = \frac{\pi}{2} - 1$$

例 6 计算 $\int_0^\pi x\sin x\mathrm{d}x$.

解
$$\int_0^\pi x\sin x\mathrm{d}x = -\int_0^\pi x\mathrm{d}\cos x = [-x\cos x]_0^\pi + \int_0^\pi \cos x\mathrm{d}x$$
$$= \pi + \sin x\Big|_0^\pi$$
$$= \pi.$$

例 7 计算 $\int_0^1 e^{\sqrt{x}}\mathrm{d}x$.

解 令 $\sqrt{x}=t$，则 $x=t^2$，$\mathrm{d}x=2t\mathrm{d}t$ 且当 $x=0$ 时 $t=0$；当 $x=1$ 时 $t=1$. 于是

$$\int_0^1 e^{\sqrt{x}}\mathrm{d}x = 2\int_0^1 te^t\mathrm{d}t$$
$$= 2\int_0^1 t\mathrm{d}(e^t) = [2te^t]_0^1 - 2\int_0^1 e^t\mathrm{d}t$$
$$= 2e - 2[e^t]_0^1 = 2.$$

课堂练习 ›››

1. $\int_0^{\frac{\pi}{2}} \cos^2 x\sin x\mathrm{d}x = (\qquad)$.

A. $\int_0^{\frac{\pi}{2}}\cos^2 x\mathrm{d}\cos x$；　　B. $\int_1^0 u^2\mathrm{d}u$；　　C. $\int_0^{\frac{\pi}{2}}u^2\mathrm{d}u$；　　D. $\int_0^1 u^2\mathrm{d}u$.

2. 对 $\int_{\frac{3}{4}}^1\frac{x}{\sqrt{1-x}-1}\mathrm{d}x$，令 $\sqrt{1-x}=t$，则 $x=$________，$\mathrm{d}x=$________ $\mathrm{d}t$，当 $x=\frac{3}{4}$ 时 $t=$________，当 $x=1$ 时 $t=$________，故 $\int_{\frac{3}{4}}^1\frac{x}{\sqrt{1-x}-1}\mathrm{d}x=$________（关于 t 的积分形式）.

3. 令 $t=2x$，则 $\int_0^4 f(2x)\mathrm{d}x=$____________（关于 t 的积分形式）.

4. 令 $x=\frac{1}{t}$，则 $\int_1^2\frac{1}{x^2}f\left(\frac{1}{x}\right)\mathrm{d}x=$____________（关于 t 的积分）.

5. 已知 $\int f(x)\mathrm{d}x=x\sin x+C$，则 $\int_0^{\sqrt{\frac{\pi}{2}}}xf(x^2)\mathrm{d}x=$________.

6. 对 $\int_0^{\pi}x\cos x\mathrm{d}x$，令 $u=$____，则 $\mathrm{d}v=$________ $\mathrm{d}x=\mathrm{d}$________，从而

$$\int_0^{\pi}x\cos x\mathrm{d}x=uv\Big|_0^{\pi}-\int_0^{\pi}v\mathrm{d}u=uv\Big|_0^{\pi}-\int_0^{\pi}vu'\mathrm{d}x=\text{\_\_\_\_\_\_\_\_}\Big|_0^{\pi}-\int_0^{\pi}\text{\_\_\_\_\_\_\_\_}\mathrm{d}x.$$

拓展提升 ⋙

当被积函数中被开方式为二次函数时，可用三角代换进行换元积分.

例 8　计算 $\int_1^{\sqrt{3}}\frac{\mathrm{d}x}{x^2\sqrt{1+x^2}}$.

解　令 $x=\tan t$，则 $\mathrm{d}x=\sec^2 t\mathrm{d}t$，又 $x=1$ 时 $t=\frac{\pi}{4}$；$x=\sqrt{3}$ 时 $t=\frac{\pi}{3}$. 于是

$$\int_1^{\sqrt{3}}\frac{\mathrm{d}x}{x^2\sqrt{1+x^2}}=\int_{\frac{\pi}{4}}^{\frac{\pi}{3}}\frac{1}{\tan^2 t\cdot\sec t}\cdot\sec^2 t\mathrm{d}t=\int_{\frac{\pi}{4}}^{\frac{\pi}{3}}\frac{\cos t}{\sin^2 t}\mathrm{d}t$$

$$=\int_{\frac{\pi}{4}}^{\frac{\pi}{3}}\frac{1}{\sin^2 t}\mathrm{d}\sin t=\left[-\frac{1}{\sin t}\right]_{\frac{\pi}{4}}^{\frac{\pi}{3}}=\sqrt{2}-\frac{2\sqrt{3}}{3}.$$

例 9　求椭圆 $\frac{x^2}{a^2}+\frac{y^2}{b^2}=1$ 围成图形的面积.

解　如图 6-18，椭圆在第一象限方程为

$$y=\frac{b}{a}\sqrt{a^2-x^2}.$$

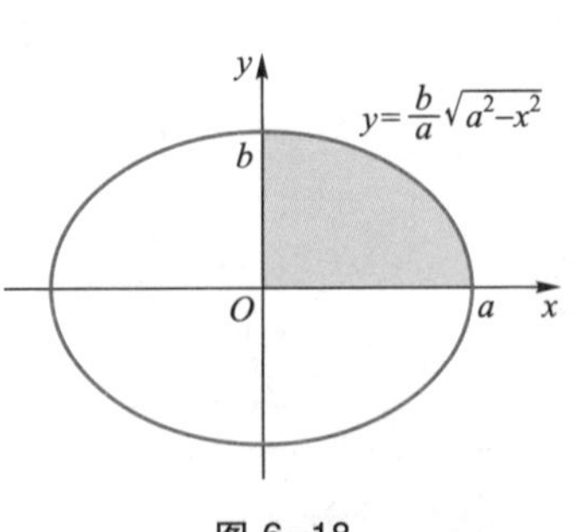

图 6-18

由图形对称性，得椭圆面积为

$$A=4\int_0^a\frac{b}{a}\sqrt{a^2-x^2}\mathrm{d}x.$$

令 $x=a\sin t$，则有 $\mathrm{d}x=a\cos t\mathrm{d}t$，且当 $x=0$ 时 $t=0$；当 $x=a$ 时 $t=\frac{\pi}{2}$. 因此椭圆面积

$$A = 4ab\int_0^{\frac{\pi}{2}} \cos^2 t\mathrm{d}t = 4ab\int_0^{\frac{\pi}{2}} \frac{1+\cos 2t}{2}\mathrm{d}t = 4ab\left[\frac{t}{2}+\frac{1}{4}\sin 2t\right]_0^{\frac{\pi}{2}} = \pi ab.$$

特别地,当 $a=b$ 时为圆面积 $A=\pi a^2$.

在6.1节中,利用定积分的几何意义得到奇(偶)函数在对称区间上的定积分的性质,该性质可利用定积分的换元积分法进行严格证明.

例10 设函数 $f(x)$ 在区间 $[-a,a]$ 上连续 $(a>0)$,求证

(1) 当 $f(x)$ 为偶函数时,有 $\int_{-a}^{a} f(x)\mathrm{d}x = 2\int_0^a f(x)\mathrm{d}x$;

(2) 当 $f(x)$ 为奇函数时 ,有 $\int_{-a}^{a} f(x)\mathrm{d}x = 0$.

证 根据定积分的区间可加性有

$$\int_{-a}^{a} f(x)\mathrm{d}x = \int_{-a}^{0} f(x)\mathrm{d}x + \int_0^a f(x)\mathrm{d}x.$$

对 $\int_{-a}^{0} f(x)\mathrm{d}x$, 令 $x=-t$,则 $\mathrm{d}x=-\mathrm{d}t$,且当 $x=-a$ 时 $t=a$;当 $x=0$ 时 $t=0$. 于是

$$\int_{-a}^{0} f(x)\mathrm{d}x = \int_a^0 f(-t)(-\mathrm{d}t) = \int_0^a f(-t)\mathrm{d}t = \int_0^a f(-x)\mathrm{d}x.$$

所以

$$\int_{-a}^{a} f(x)\mathrm{d}x = \int_0^a f(-x)\mathrm{d}x + \int_0^a f(x)\mathrm{d}x = \int_0^a [f(-x)+f(x)]\mathrm{d}x.$$

(1) 当 $f(x)$ 为偶函数时,有 $f(-x)=f(x)$,则

$$f(-x)+f(x) = 2f(x),$$

所以

$$\int_{-a}^{a} f(x)\mathrm{d}x = 2\int_0^a f(x)\mathrm{d}x.$$

(2) 当 $f(x)$ 为奇函数时,有 $f(-x)=-f(x)$,则

$$f(-x)+f(x) = 0,$$

所以

$$\int_{-a}^{a} f(x)\mathrm{d}x = 0.$$

本例的结果可以作为定理使用.在计算对称区间上的定积分时,如果能判定被积函数的奇偶性,利用这一结果可简化计算.

例11 计算 $\int_{-1}^{1} \sqrt{1-x^2}(x\cos x+3)\mathrm{d}x$.

解 因为 $x\sqrt{1-x^2}\cos x$ 为奇函数, $\sqrt{1-x^2}$ 为偶函数,所以

$$\begin{aligned}\int_{-1}^{1} \sqrt{1-x^2}(x\cos x+3)\mathrm{d}x &= \int_{-1}^{1} x\sqrt{1-x^2}\cos x\mathrm{d}x + 3\int_{-1}^{1}\sqrt{1-x^2}\mathrm{d}x \\ &= 0 + 6\int_0^1 \sqrt{1-x^2}\mathrm{d}x = \frac{3\pi}{2}.\end{aligned}$$

例12 证明定积分等式

(1) $\int_0^{\frac{\pi}{2}} f(\sin x)\mathrm{d}x = \int_0^{\frac{\pi}{2}} f(\cos x)\mathrm{d}x$;

(2) $\int_0^{\pi} x f(\sin x)\mathrm{d}x = \frac{\pi}{2}\int_0^{\pi} f(\sin x)\mathrm{d}x$.

证　(1) 令 $x=\frac{\pi}{2}-t$，则 $\mathrm{d}x=-\mathrm{d}t$. 当 $x=0$ 时 $t=\frac{\pi}{2}$，当 $x=\frac{\pi}{2}$ 时 $t=0$.

$$\int_0^{\frac{\pi}{2}} f(\sin x)\mathrm{d}x = -\int_{\frac{\pi}{2}}^{0} f(\cos t)\mathrm{d}t$$

$$= \int_0^{\frac{\pi}{2}} f(\cos t)\mathrm{d}t = \int_0^{\frac{\pi}{2}} f(\cos x)\mathrm{d}x$$

(2) 令 $x=\pi-t$，则 $\mathrm{d}x=-\mathrm{d}t$，当 $x=0$ 时 $t=\pi$，当 $x=\pi$ 时 $t=0$. 从而

$$\int_0^{\pi} x f(\sin x)\mathrm{d}x = -\int_{\pi}^{0}(\pi-t)f[\sin(\pi-t)]\mathrm{d}t$$

$$= \int_0^{\pi}(\pi-t)f(\sin t)\mathrm{d}t$$

$$= \pi\int_0^{\pi} f(\sin t)\mathrm{d}t - \int_0^{\pi} t f(\sin t)\mathrm{d}t$$

$$= \pi\int_0^{\pi} f(\sin x)\mathrm{d}x - \int_0^{\pi} x f(\sin x)\mathrm{d}x,$$

所以

$$2\int_0^{\pi} x f(\sin x)\mathrm{d}x = \pi\int_0^{\pi} f(\sin x)\mathrm{d}x.$$

故

$$\int_0^{\pi} x f(\sin x)\mathrm{d}x = \frac{\pi}{2}\int_0^{\pi} f(\sin x)\mathrm{d}x.$$

例 13　计算 $\int_0^{\pi} x\frac{\sin x}{1+\cos^2 x}\mathrm{d}x$.

解　被积函数 $x\frac{\sin x}{1+\cos^2 x}=x\frac{\sin x}{2-\sin^2 x}=xf(\sin x)$，根据例 12 的结论可得：

$$\int_0^{\pi} x\frac{\sin x}{1+\cos^2 x}\mathrm{d}x = \frac{\pi}{2}\int_0^{\pi}\frac{\sin x}{1+\cos^2 x}\mathrm{d}x = -\frac{\pi}{2}\int_0^{\pi}\frac{1}{1+\cos^2 x}\mathrm{d}\cos x$$

$$= -\frac{\pi}{2}[\arctan\cos x]_0^{\pi} = \frac{\pi^2}{4}.$$

例 14　已知 $f(x)$ 是连续的周期函数，周期为 T，证明定积分等式.

(1) $\int_0^{a} f(x)\mathrm{d}x = \int_T^{a+T} f(x)\mathrm{d}x$；

(2) $\int_a^{a+T} f(x)\mathrm{d}x = \int_0^{T} f(x)\mathrm{d}x$.

证　(1) 令 $x=t-T$，则 $\mathrm{d}x=-\mathrm{d}t$. 当 $x=0$ 时 $t=T$，当 $x=a$ 时 $t=a+T$.

$$\int_0^{a} f(x)\mathrm{d}x = \int_T^{a+T} f(t-T)\mathrm{d}t = \int_T^{a+T} f(t)\mathrm{d}t = \int_T^{a+T} f(x)\mathrm{d}x.$$

(2) $\int_a^{a+T} f(x)\mathrm{d}x = \int_a^{0} f(x)\mathrm{d}x + \int_0^{T} f(x)\mathrm{d}x + \int_T^{a+T} f(x)\mathrm{d}x$

$$= -\int_0^a f(x)\mathrm{d}x + \int_0^T f(x)\mathrm{d}x + \int_T^{a+T} f(x)\mathrm{d}x$$

由(1)可得$\int_T^{a+T} f(x)\mathrm{d}x - \int_0^a f(x)\mathrm{d}x = 0$,所以$\int_a^{a+T} f(x)\mathrm{d}x = \int_0^T f(x)\mathrm{d}x$.

例 14 表明,对周期函数而言,积分区间平移一个周期,积分结果不变;只要积分区间的长度为一个周期,不论积分下限为多少,积分结果都一样.如:

$$\int_0^{\frac{\pi}{12}} \sin 2x\mathrm{d}x = \int_{\pi}^{\pi+\frac{\pi}{12}} \sin 2x\mathrm{d}x;\int_1^{\pi+1} \sin 2x\mathrm{d}x = \int_0^{\pi} \sin 2x\mathrm{d}x.$$

习题 6-3

【基础训练】

1. 求下列定积分.

(1) $\int_0^1 \mathrm{e}^{2x}\mathrm{d}x$;　(2) $\int_{-1}^0 \frac{1}{\sqrt{1-x}}\mathrm{d}x$;　(3) $\int_0^1 x\mathrm{e}^{x^2}\mathrm{d}x$;

(4) $\int_0^1 \frac{x}{(1+x^2)^2}\mathrm{d}x$;　(5) $\int_{\frac{1}{\pi}}^{\frac{2}{\pi}} \frac{1}{x^2}\sin\frac{1}{x}\mathrm{d}x$;　(6) $\int_1^{\mathrm{e}^3} \frac{1}{x\sqrt{1+\ln x}}\mathrm{d}x$;

(7) $\int_0^{\frac{\pi}{2}} \sin x\mathrm{e}^{\cos x}\mathrm{d}x$;　(8) $\int_1^4 \frac{\mathrm{e}^{\sqrt{x}}}{\sqrt{x}}\mathrm{d}x$;　(9) $\int_0^2 \frac{x^2}{2+x^3}\mathrm{d}x$;

(10) $\int_0^{\ln 3} \frac{\mathrm{e}^x}{\mathrm{e}^x+1}\mathrm{d}x$;　(11) $\int_0^{\ln\sqrt{3}} \frac{\mathrm{e}^x}{1+\mathrm{e}^{2x}}\mathrm{d}x$;　(12) $\int_0^{\frac{\pi}{4}} \tan^2 x\sec^2 x\mathrm{d}x$.

2. 求下列定积分.

(1) $\int_4^9 \frac{\sqrt{x}}{\sqrt{x}-1}\mathrm{d}x$;　(2) $\int_{-1}^1 \frac{x}{\sqrt{5-4x}}\mathrm{d}x$;　(3) $\int_3^8 \frac{\sqrt{1+x}}{x}\mathrm{d}x$;

(4) $\int_0^1 \frac{1}{1+\sqrt[3]{x}}\mathrm{d}x$;　(5) $\int_1^4 \frac{1}{x+\sqrt{x}}\mathrm{d}x$;　(6) $\int_0^1 \frac{1}{\sqrt{4+5x}-1}\mathrm{d}x$.

3. 求下列定积分.

(1) $\int_0^{\frac{\pi}{2}} x\cos x\mathrm{d}x$;　(2) $\int_0^1 x\mathrm{e}^x\mathrm{d}x$;　(3) $\int_1^{\mathrm{e}} \ln x\mathrm{d}x$;

(4) $\int_0^1 x\arctan x\mathrm{d}x$;　(5) $\int_1^{\mathrm{e}} \mathrm{e}^x\cos x\mathrm{d}x$;　(6) $\int_0^1 x^2\mathrm{e}^x\mathrm{d}x$.

4. 求下列定积分.

(1) $\int_{-1}^1 (x^{\frac{1}{3}}\cos x+1)\mathrm{d}x$;　(2) $\int_{-2}^2 (x^3-2)\sqrt{4-x^2}\mathrm{d}x$;　(3) $\int_{-1}^1 x^2(\sin x+|x|)\mathrm{d}x$.

【拓展训练】

1. 求下列定积分.

(1) $\int_0^{\frac{\pi}{2}} \cos^2 x\mathrm{d}x$;　(2) $\int_0^{\frac{\pi}{2}} \cos^3 x\mathrm{d}x$;　(3) $\int_0^1 \frac{1}{1+\mathrm{e}^x}\mathrm{d}x$;

(4) $\int_0^1 \frac{x^3}{1+x^2}dx$；　(5) $\int_0^1 \frac{x+1}{4+x^2}dx$；　(6) $\int_1^4 \frac{1}{x^2+2x}dx$.

2. 求下列的定积分.

(1) $\int_0^{\ln 2} \sqrt{e^x-1}\,dx$；　(2) $\int_0^2 \sqrt{4-x^2}\,dx$；　(3) $\int_1^2 \frac{\sqrt{x^2-1}}{x}dx$；

(4) $\int_1^{\sqrt{3}} \frac{1}{x^2\sqrt{1+x^2}}dx$；　(5) $\int_0^{\frac{1}{2}} \frac{x^2}{\sqrt{1-x^2}}dx$；　(6) $\int_0^{\frac{1}{2}} \frac{1}{\sqrt{1+4x^2}}dx$.

3. 求下列定积分.

(1) $\int_1^e x\ln^2 x\,dx$；　(2) $\int_0^1 \arctan\sqrt{x}\,dx$；　(3) $\int_1^e \sin(\ln x)\,dx$.

4. 设 $f(x)$ 在 $[a,b]$ 上连续.，证明 $\int_a^b f(x)\,dx = \int_a^b f(a+b-x)\,dx$.

5. 证明 $\int_x^1 \frac{dt}{1+t^2} = \int_1^{\frac{1}{x}} \frac{dt}{1+t^2}$.

6. 设 $f(x)$ 是连续函数，$F(x)=\int_0^x f(t)\,dt$，求证：

(1) 若 $f(x)$ 为奇函数，则 $F(x)$ 为偶函数；

(2) 若 $f(x)$ 为偶函数，则 $F(x)$ 为奇函数.

7. 证明：$\int_0^1 x^m(1-x)^n dx = \int_0^1 x^n(1-x)^m dx$.

8. 证明：$\int_0^a x^3 f(x^2)\,dx = \frac{1}{2}\int_0^{a^2} xf(x)\,dx \ (a>0)$.

9. 设 $f(x)$ 为连续函数，用分部积分法证明：

$$\int_0^x \left[\int_0^t f(u)\,du\right] dt = \int_0^x (x-t)f(t)\,dt.$$

10. $f(x)$ 是连续函数且满足 $f(x)=\ln x - \int_1^e f(x)\,dx$，求定积分 $\int_1^e f(x)\,dx$.

11. 某地区发生放射性碘物质泄露事件，已知碘物质放射源的辐射水平是按 $R(t)=2.4e^{-0.004t}$（单位：Mr/h）的速度衰减的，如果可接受的辐射水平的最大限度为 0.6Mr/h，那么降低到这一水平时已经泄露出去的放射物的总量是多少？

12. 从 A 城到 B 城的高速公路长 30km，公路上汽车的密度为 $\rho(x)=300+300\sin(2x+0.2)$（单位：辆/km），其中 x 为离 A 城收费站的距离，该公路上共有多少辆汽车？

6.4　反常积分

前面讨论的定积分，其积分区间是有限的，并且被积函数在积分区间上是有界函数.但在自然科学和工程技术中常常会遇到积分区间为无限区间，或者被积函数在积分区间上为无界函数的情况.这两类积分称为反常积分或广义积分.

案例探究 某种传染病在流行期间的传播速度为 $r(t)=15\ 000te^{-0.2t}$（单位：人/天），如果不加控制，最终会传染多少人？

无限区间上的反常积分

例 1 求由曲线 $f(x)=\dfrac{1}{x^2}$ 及直线 $x=1$ 和 x 轴围成的图形（开口曲边梯形）的面积.

由图 6-19 可知，所求图形是一个右侧不封闭的图形，若右侧是封闭曲线 $x=b$，可得由 $f(x)=\dfrac{1}{x^2}$ 和直线 $x=1$，$x=b$ 围成的封闭图形的面积

$$S(b)=\int_1^b \frac{1}{x^2}\mathrm{d}x=\left[-\frac{1}{x}\right]_1^b=1-\frac{1}{b}.$$

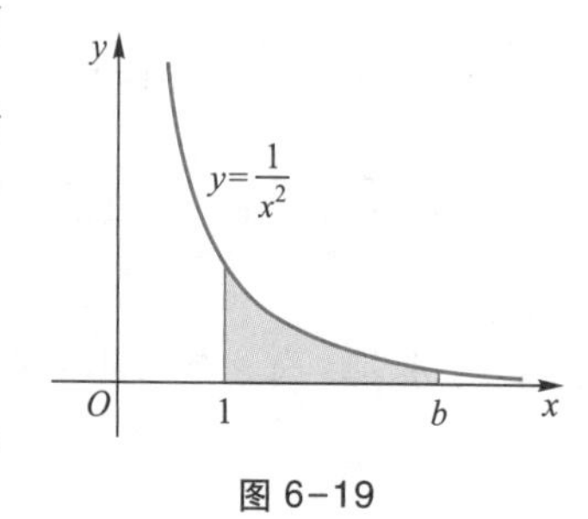

图 6-19

随着点 b 不断向右推移，封闭图形的面积也就逐渐接近开口曲边梯形的面积.故开口曲边梯形的面积为

$$S=\lim_{b\to+\infty}S(b)=\lim_{b\to+\infty}\left(1-\frac{1}{b}\right)=1.$$

通过上例可看出，利用对定积分取极限的方法可求出函数在无限区间上的积分.

一般地，我们对无限区间上的反常积分作如下定义.

定义 6.3 设函数 $f(x)$ 在区间 $[a,+\infty)$ 上连续，如果极限 $\lim\limits_{b\to+\infty}\int_a^b f(x)\mathrm{d}x$ 存在，称此极限为函数 $f(x)$ 在 $[a,+\infty)$ 上的**反常积分**，记作 $\int_a^{+\infty}f(x)\mathrm{d}x$. 即

$$\int_a^{+\infty}f(x)\mathrm{d}x=\lim_{b\to+\infty}\int_a^b f(x)\mathrm{d}x.$$

此时称反常积分 $\int_a^{+\infty}f(x)\mathrm{d}x$ 收敛.如果上述极限不存在，就称反常积分 $\int_a^{+\infty}f(x)\mathrm{d}x$ 发散.

类似的，还可以定义 $f(x)$ 在 $(-\infty,b]$ 及 $(-\infty,+\infty)$ 上的反常积分.

$$\int_{-\infty}^b f(x)\mathrm{d}x=\lim_{a\to-\infty}\int_a^b f(x)\mathrm{d}x;$$

$$\int_{-\infty}^{+\infty}f(x)\mathrm{d}x=\int_{-\infty}^0 f(x)\mathrm{d}x+\int_0^{+\infty}f(x)\mathrm{d}x.$$

注 （1）反常积分 $\int_{-\infty}^{+\infty}f(x)\mathrm{d}x$ 收敛的充要条件是 $\int_{-\infty}^0 f(x)\mathrm{d}x$ 与 $\int_0^{+\infty}f(x)\mathrm{d}x$ 都收敛.

（2）若 $f(x)$ 的原函数为 $F(x)$，且 $\lim\limits_{x\to-\infty}F(x)$ 与 $\lim\limits_{x\to+\infty}F(x)$ 存在，记

$$\lim_{x\to+\infty}F(x)=F(+\infty),\lim_{x\to-\infty}F(x)=F(-\infty).$$

则无限区间上的反常积分可简写为

$$\int_a^{+\infty}f(x)\mathrm{d}x=[F(x)]_a^{+\infty};$$

$$\int_{-\infty}^{b} f(x)\mathrm{d}x = [F(x)]_{-\infty}^{b};$$

$$\int_{-\infty}^{+\infty} f(x)\mathrm{d}x = [F(x)]_{0}^{+\infty} + [F(x)]_{-\infty}^{0} = [F(x)]_{-\infty}^{+\infty}.$$

例 2　讨论下列反常积分的敛散性.

(1) $\int_{1}^{+\infty} \frac{1}{x^2}\mathrm{d}x$;　　(2) $\int_{1}^{+\infty} \frac{1}{x}\mathrm{d}x$;　　(3) $\int_{1}^{+\infty} \frac{1}{\sqrt{x}}\mathrm{d}x$.

解　(1) $\int_{1}^{+\infty} \frac{1}{x^2}\mathrm{d}x = \left[-\frac{1}{x}\right]_{1}^{+\infty} = 1$,所以反常积分$\int_{1}^{+\infty} \frac{1}{x^2}\mathrm{d}x$ 收敛于 1.

(2) $\int_{1}^{+\infty} \frac{1}{x}\mathrm{d}x = [\ln x]_{1}^{+\infty} = \lim\limits_{x\to+\infty} \ln x - \ln 1 = +\infty$,所以反常积分$\int_{1}^{+\infty} \frac{1}{x}\mathrm{d}x$ 发散.

(3) $\int_{1}^{+\infty} \frac{1}{\sqrt{x}}\mathrm{d}x = [2\sqrt{x}]_{1}^{+\infty} = +\infty$,所以反常积分$\int_{1}^{+\infty} \frac{1}{\sqrt{x}}\mathrm{d}x$ 发散.

一般地,当 $p \leqslant 1$ 时,反常积分$\int_{1}^{+\infty} \frac{1}{x^p}\mathrm{d}x$ 发散,当 $p > 1$ 时,反常积分$\int_{1}^{+\infty} \frac{1}{x^p}\mathrm{d}x$ 收敛于 $\frac{1}{p-1}$.

例 3　计算积分 $\int_{-\infty}^{+\infty} \frac{1}{1+x^2}\mathrm{d}x$.

解

$$\begin{aligned}\int_{-\infty}^{+\infty} \frac{1}{1+x^2}\mathrm{d}x &= \int_{-\infty}^{0} \frac{1}{1+x^2}\mathrm{d}x + \int_{0}^{+\infty} \frac{1}{1+x^2}\mathrm{d}x \\ &= [\arctan x]_{-\infty}^{0} + [\arctan x]_{0}^{+\infty} \\ &= \left[0-\left(-\frac{\pi}{2}\right)\right] + \left(\frac{\pi}{2}-0\right) = \pi.\end{aligned}$$

例 4　讨论反常积分 $\int_{-\infty}^{+\infty} \frac{x}{1+x^2}\mathrm{d}x$ 的敛散性.

解　$\int_{-\infty}^{+\infty} \frac{x}{1+x^2}\mathrm{d}x = \int_{-\infty}^{0} \frac{x}{1+x^2}\mathrm{d}x + \int_{0}^{+\infty} \frac{x}{1+x^2}\mathrm{d}x$.

且$\int_{0}^{+\infty} \frac{x}{1+x^2}\mathrm{d}x = \frac{1}{2}\int_{0}^{+\infty} \frac{1}{1+x^2}\mathrm{d}(1+x^2) = \frac{1}{2}[\ln(1+x^2)]_{0}^{+\infty} = +\infty$,

即反常积分$\int_{0}^{+\infty} \frac{x}{1+x^2}\mathrm{d}x$ 发散,所以$\int_{-\infty}^{+\infty} \frac{x}{1+x^2}\mathrm{d}x$ 发散.

例 5　某种传染病在流行期间的传播速度为 $r(t)=15\,000te^{-0.2t}$(单位:人/天),如果不加控制,最终会传染多少人?(见“案例探究”)

解

$$\begin{aligned}r &= \int_{0}^{+\infty} 15\,000te^{-0.2t}\mathrm{d}t = -75\,000\int_{0}^{+\infty} t\mathrm{d}e^{-0.2t} \\ &= -75\,000\left\{[te^{-0.2t}]_{0}^{+\infty} - \int_{0}^{+\infty} e^{-0.2t}\mathrm{d}t\right\} \\ &= (0-0) + \frac{-75\,000}{0.2}e^{-0.2t}\Big|_{0}^{+\infty} = 375\,000.\end{aligned}$$

其中$\lim\limits_{t\to+\infty} te^{-0.2t}=\lim\limits_{t\to+\infty}\dfrac{t}{e^{0.2t}}=\lim\limits_{t\to+\infty}\dfrac{1}{0.2e^{0.2t}}=0$.即如果不加控制,最终将导致375 000人被传染.

课堂练习 »»

1. 下列反常积分收敛的是(　　).

A. $\int_1^{+\infty}\frac{1}{\sqrt[3]{x}}dx$;　　B. $\int_1^{+\infty}\frac{1}{\sqrt{x}}dx$;　　C. $\int_1^{+\infty}\frac{1}{x^3}dx$;　　D. $\int_1^{+\infty}\frac{1}{x}dx$.

2. 反常积分$\int_{-\infty}^{+\infty}f(x)dx$收敛的充要条件是__________.

3. 判断下列反常积分的敛散性.

(1) $\int_{-\infty}^{+\infty}\frac{x}{\sqrt{1+x^2}}dx$;　　(2) $\int_{-\infty}^{1}e^x dx$;　　(3) $\int_0^{+\infty}\frac{1}{4+x^2}dx$.

拓展提升 »»

无界函数的反常积分

如果函数$f(x)$在点a的任一邻域内都无界,那么点a称为函数$f(x)$的**瑕点**(也称为无穷间断点).无界函数的反常积分又称为**瑕积分**.

定义 6.4　设函数$f(x)$在$(a,b]$上连续,点a为$f(x)$的瑕点.取$t>a$,如果极限

$$\lim_{t\to a^+}\int_t^b f(x)dx$$

存在,则称此极限为函数$f(x)$在$(a,b]$上的**反常积分**,仍然记作$\int_a^b f(x)dx$,即

$$\int_a^b f(x)dx=\lim_{t\to a^+}\int_t^b f(x)dx.$$

此时也称反常积分$\int_a^b f(x)dx$收敛.如果上述极限不存在,则称反常积分$\int_a^b f(x)dx$发散.

类似地,点$x=b$为$f(x)$瑕点时,定义

$$\int_a^b f(x)dx=\lim_{t\to b^-}\int_a^t f(x)dx.$$

若函数$f(x)$在$[a,c)$,$(c,b]$上连续,$x=c(a<c<b)$为$f(x)$的瑕点,定义

$$\int_a^b f(x)dx=\int_a^c f(x)dx+\int_c^b f(x)dx.$$

注　(1) 点$x=c(a<c<b)$为$f(x)$的瑕点时,反常积分$\int_a^b f(x)dx$收敛的充要条件是反常积分$\int_a^c f(x)dx$与$\int_c^b f(x)dx$都收敛.

(2) 若$f(x)$的原函数为$F(x)$,且$\lim\limits_{x\to c^-}F(x)$与$\lim\limits_{x\to c^+}F(x)$存在,那么瑕积分

$$\int_a^c f(x)dx=\lim_{x\to c^-}F(x)-F(a)=F(c^-)-F(a);$$

$$\int_c^b f(x)\,\mathrm{d}x = F(b) - \lim_{x\to c^+}F(x) = F(b) - F(c^+);$$

$$\int_a^b f(x)\,\mathrm{d}x = F(b) - F(c^+) + F(c^-) - F(a).$$

例 6　计算反常积分 $\int_0^1 \frac{1}{\sqrt{x}}\mathrm{d}x$.

解　被积函数当 $f(x)=\frac{1}{\sqrt{x}}$ 在积分区间 $[0,1]$ 上除 $x=0$ 外连续，且 $x=0$ 为瑕点. 于是

$$\int_0^1 \frac{1}{\sqrt{x}}\mathrm{d}x = [2\sqrt{x}]_{0^+}^1 = 2.$$

其几何意义是由 $f(x)=\frac{1}{\sqrt{x}}$ 和直线 $x=0, x=1$ 及 x 轴围成的开口曲边梯形（如图 6-20）的面积为 2.

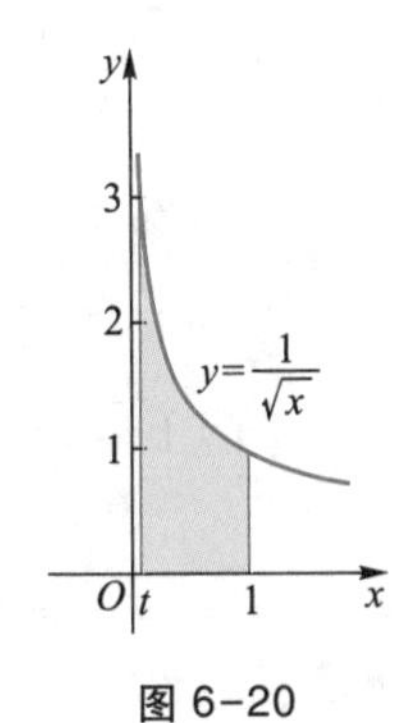

图 6-20

例 7　判断反常积分 $\int_{-1}^1 \frac{1}{x}\mathrm{d}x$ 的敛散性.

解　被积函数 $f(x)=\frac{1}{x}$ 在积分区间 $[-1,1]$ 上除 $x=0$ 外连续，且 $x=0$ 为瑕点. 于是

$$\int_{-1}^1 \frac{1}{x}\mathrm{d}x = \int_{-1}^0 \frac{1}{x}\mathrm{d}x + \int_0^1 \frac{1}{x}\mathrm{d}x = [\ln|x|]_{-1}^{0^-} + [\ln|x|]_{0^+}^1,$$

由于 $\lim\limits_{x\to 0^+}\ln|x| = \lim\limits_{x\to 0^-}\ln|x| = -\infty$，因此 $\int_{-1}^0 \frac{1}{x}\mathrm{d}x$ 和 $\int_0^1 \frac{1}{x}\mathrm{d}x$ 发散，所以 $\int_{-1}^1 \frac{1}{x}\mathrm{d}x$ 发散.

注　瑕积分和定积分的记号一样，要注意辨别，比如例 7，如果忽略了 $x=0$ 为瑕点，会得到 $\int_{-1}^1 \frac{1}{x}\mathrm{d}x = \ln|x|\,\big|_{-1}^1 = 0$ 的错误结论.

例 8　讨论反常积分 $\int_0^1 \frac{1}{x^p}\mathrm{d}x\ (p>0)$ 的敛散性.

解　当 $p=1$ 时，

$$\int_0^1 \frac{1}{x}\mathrm{d}x = [\ln x]_0^1 = \ln 1 - \lim_{x\to 0^+}\ln x = +\infty;$$

当 $p\neq 1$ 时，

$$\int_0^1 \frac{1}{x^p}\mathrm{d}x = \frac{1}{1-p}[x^{1-p}]_0^1 = \frac{1}{1-p}(1 - \lim_{x\to 0^+}x^{1-p}) = \begin{cases} \frac{1}{1-p}, & p<1, \\ +\infty, & p>1. \end{cases}$$

所以当 $p\geqslant 1$ 时，反常积分发散，当 $p<1$ 时，反常积分收敛于 $\frac{1}{1-p}$.

课堂练习 ⋙

1. 下列反常积分收敛的是（　　）.

A. $\int_0^1 \frac{1}{\sqrt[3]{x}}\mathrm{d}x$；　B. $\int_0^1 \frac{1}{x\sqrt{x}}\mathrm{d}x$；　C. $\int_0^1 \frac{1}{x^3}\mathrm{d}x$；　D. $\int_0^1 \frac{1}{x}\mathrm{d}x$.

2. 若函数 $f(x)$ 在 $[a,b]$ 上除瑕点 $(x=c)$ 外均连续，则反常积分 $\int_a^b f(x)\mathrm{d}x$ 收敛的充要条件是________.

3. 判断下列反常积分的敛散性.

(1) $\int_0^1 \ln x\mathrm{d}x$；　(2) $\int_0^a \frac{1}{\sqrt{a^2-x^2}}\mathrm{d}x\ (a>0)$.

习题 6-4

【基础训练】

判断下列反常积分的敛散性.

1. $\int_2^{+\infty} \frac{1}{x^3}\mathrm{d}x$；　2. $\int_0^{+\infty} \mathrm{e}^{-2x}\mathrm{d}x$；　3. $\int_{-\infty}^{+\infty} \frac{\mathrm{d}x}{x^2+9}$；

4. $\int_1^{+\infty} \frac{\ln x}{x}\mathrm{d}x$；　5. $\int_{-\infty}^{0} \frac{\mathrm{e}^x}{1+\mathrm{e}^x}\mathrm{d}x$；　6. $\int_{-\infty}^{0} x\mathrm{e}^x\mathrm{d}x$.

【拓展训练】

判断下列反常积分的敛散性.

1. $\int_0^2 \frac{1}{x^3}\mathrm{d}x$；　2. $\int_0^1 \frac{x}{\sqrt{1-x^2}}\mathrm{d}x$；　3. $\int_0^1 \frac{1}{\sqrt{1-x^2}}\mathrm{d}x$；

4. $\int_0^2 \frac{\mathrm{d}x}{(1-x)^2}$；　5. $\int_1^2 \frac{x}{\sqrt{x-1}}\mathrm{d}x$；　6. $\int_0^2 \frac{1}{x^2-4x+3}\mathrm{d}x$.

6.5　定积分的应用

定积分是在解决实际问题的过程中产生和发展起来的，因此它在自然科学和实际生活中有着广泛的应用. 本节首先介绍利用定积分解决实际问题时常用的方法——微元法，然后讨论定积分在几何、物理和经济方面的一些简单应用.

案例探究　已知一电路的电流为 $i=0.3\mathrm{e}^{-0.1t}$（单位：A），求在时间 $[2,6]$（单位：s）内流过导线截面的电荷量.

6.5.1　定积分的微元法

1. 微元法

从 6.1 节的引例中不难看出，定积分常常用于计算在某闭区间上连续而非均匀分布的量的总和，其方法是按照分割、近似、求和、取极限的步骤将所求量表示为定积分，定积分的微元法就是根据定积分的定义抽象出来的把实际问题转化为定积分的一种简化方法. 为了说明这种方法，我们首先回顾一下求曲边梯形面积的方法和步骤：

(1) **分割**　在$[a,b]$内任意插入 $n-1$ 个分点，把区间$[a,b]$分成 n 个小区间，相应地把曲边梯形分成 n 个小曲边梯形，第 i 个小曲边梯形的面积记为 ΔA_i，于是曲边梯形的面积为

$$A=\sum_{i=1}^{n}\Delta A_i.$$

(2) **近似**　在每个小区间上任取一点 ξ_i，用 $f(\xi_i)\Delta x_i$ 近似第 i 个小曲边梯形的面积

$$\Delta A_i\approx f(\xi_i)\Delta x_i\quad(i=1,2,\cdots,n).$$

(3) **求和**　求和得曲边梯形面积 A 的近似值，即

$$A=\sum_{i=1}^{n}\Delta A_i\approx\sum_{i=1}^{n}f(\xi_i)\Delta x_i.$$

(4) **取极限**　对和式取极限，令 $\lambda=\max\limits_{1\leqslant i\leqslant n}\{\Delta x_i\}\to 0$，$\sum\limits_{i=1}^{n}f(\xi_i)\Delta x_i$ 的极限值就是整个曲边梯形面积的精确值. 即

$$A=\lim_{\lambda\to 0}\sum_{i=1}^{n}f(\xi_i)\Delta x_i=\int_a^b f(x)\,\mathrm{d}x.$$

上述步骤中第(1)步表明面积 A 对区间$[a,b]$具有可分割性和可加性，第(2)步是关键，被积表达式的形式就是由部分量的近似值 $f(\xi_i)\Delta x_i$ 确定的. 由于分割的任意性，对 $\Delta A_i\approx f(\xi_i)\Delta x_i$ 可省略下标，用 ΔA 表示$[a,b]$内任意小区间$[x,x+\mathrm{d}x]$上的小曲边梯形面积，取 ξ 为小区间$[x,x+\mathrm{d}x]$的左端点，那么以点 x 处的函数值 $f(x)$ 为高，$\mathrm{d}x$ 为底的小矩形的面积 $f(x)\mathrm{d}x$ 就是 ΔA 的近似值(如图 6-21 所示)，即 $\Delta A\approx f(x)\mathrm{d}x$. 通常称 $f(x)\mathrm{d}x$ 为面积 A 的**微元**，记作 $\mathrm{d}A=f(x)\mathrm{d}x$，第(3)，(4)步就是将这些面积微元在区间$[a,b]$上的"无限累加"，就得到曲边梯形的面积 A，即

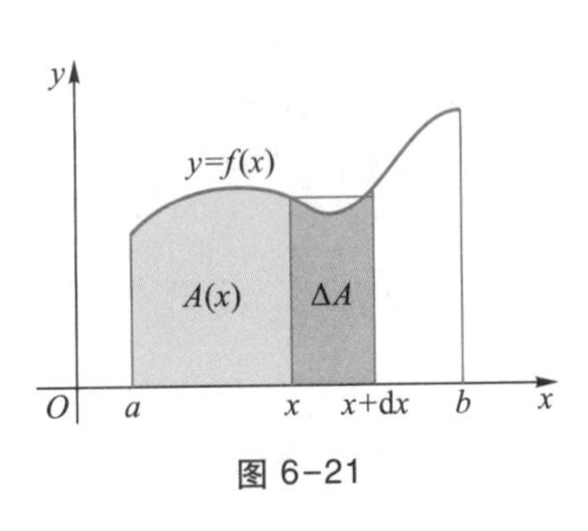

图 6-21

$$A=\int_a^b f(x)\,\mathrm{d}x.$$

这种根据所求量的实际意义，用微分思想直接得到所求量的微元素的方法称为**微元法**.

一般地，如果某一实际问题中所求量 U 符合下列条件：

(1) U 是与某个变量 x 及其变化区间$[a,b]$有关的量；

(2) U 对于区间$[a,b]$具有可加性. 也就是说，如果把区间分为若干个部分区间，则 U 相应地分成若干个部分量，而 U 等于所有部分量之和；

(3) 每个部分量 ΔU 的近似值可以表示为 $f(x)\mathrm{d}x$.

那么就可以考虑用定积分来计算 U，具体步骤如下：

（1）选择积分变量 x，确定积分区间 $[a,b]$；

（2）求出 U 在小区间 $[x,x+\mathrm{d}x]$ 上的微元 $\mathrm{d}U=f(x)\mathrm{d}x$；

（3）将微元 $\mathrm{d}U$ 在 $[a,b]$ 上积分，即得 $U=\int_a^b f(x)\mathrm{d}x$.

微元的本质是微分（函数增量的线性主部），经过微小量的近似代替便可以得到.严格地讲需要证明其误差是 $\mathrm{d}x$ 的高阶无穷小，应用时一般省略证明步骤.通过微元法，可以把定积分——和式的极限理解成无限多个微分之和，即定积分是微元的无限累加.

简单地说，“要积分，先微分”.

例 1 用不同方法求半径为 R 的圆的面积.

解 方法一 如图 6-22，在第一象限内，圆的方程为 $y=\sqrt{R^2-x^2}$. 所求圆的面积等于第一象限内图形面积的四倍.第一象限的扇形可视为由无限多个小曲边梯形组成，以 x 为积分变量，积分区间为 $[0,R]$. 在 $[0,R]$ 内任取小区间 $[x,x+\mathrm{d}x]$，对应小曲边梯形的面积微元

$$\mathrm{d}A=y\mathrm{d}x=\sqrt{R^2-x^2}\,\mathrm{d}x,$$

所求圆的面积

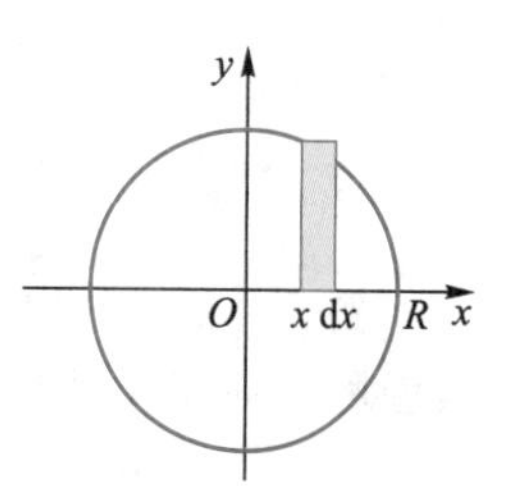

图 6-22

$$A=4\int_0^R\sqrt{R^2-x^2}\,\mathrm{d}x \xlongequal{令\ x=R\sin t} 4R^2\int_0^{\frac{\pi}{2}}\cos^2 t\mathrm{d}t$$

$$=4R^2\left[\frac{t}{2}+\frac{\sin 2t}{4}\right]_0^{\frac{\pi}{2}}=\pi R^2.$$

方法二 如图 6-23，将圆视为由无限多个同心的圆环组成，以 r 为积分变量，积分区间为 $[0,R]$，在 $[0,R]$ 内任取小区间 $[r,r+\mathrm{d}r]$，因为 $\mathrm{d}r$ 微小，小圆环的内外周长相差不大，可用长为 $2\pi r$，高为 $\mathrm{d}r$ 的小矩形的面积近似小圆环的面积，即

$$\Delta A\approx 2\pi r\mathrm{d}r,$$

则面积微元

$$\mathrm{d}A=2\pi r\mathrm{d}r,$$

得所求圆的面积为

$$A=\int_0^R 2\pi r\mathrm{d}r=2\pi\int_0^R r\mathrm{d}r=2\pi\left[\frac{r^2}{2}\right]_0^R=\pi R^2.$$

方法三 如图 6-24，将圆视为无限多个小扇形组成，选圆心角 θ 为积分变量，积分区间为 $[0,2\pi]$，在 $[0,2\pi]$ 内任取一小区间 $[\theta,\theta+\mathrm{d}\theta]$，因为 $\mathrm{d}\theta$ 微小，扇形 AOB 的面积可以近似的看作 $\triangle AOB$ 的面积，即

$$\Delta A\approx\frac{1}{2}R^2\sin\mathrm{d}\theta\approx\frac{1}{2}R^2\mathrm{d}\theta,$$

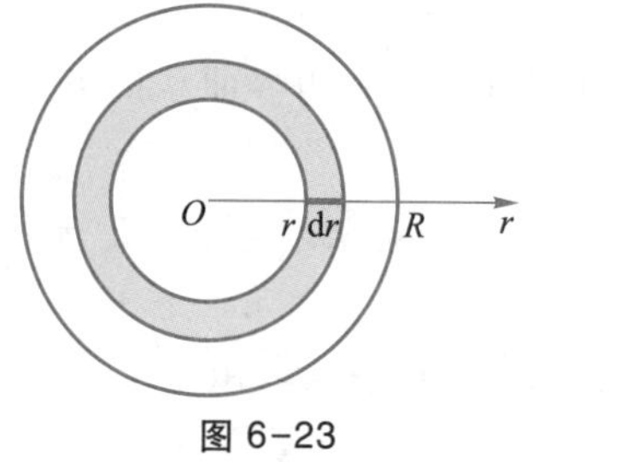

图 6-23

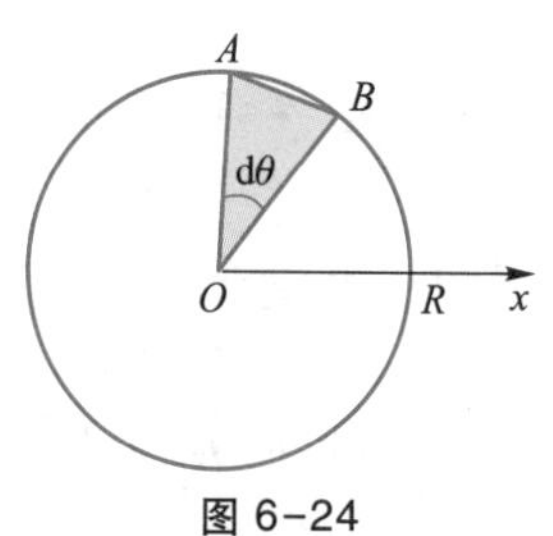

图 6-24

则面积微元

$$dA=\frac{1}{2}R^2d\theta,$$

得所求圆的面积为

$$A=\int_0^{2\pi}\frac{1}{2}R^2d\theta=\left[\frac{1}{2}R^2\theta\right]_0^{2\pi}=\pi R^2.$$

2. 已知变化率，求总量

已知某个量 F 的变化率（即导数）$F'(x)$，则量 F 在 $[x,x+dx]$ 上的微元为

$$dF=F'(x)dx,$$

因此在区间 $[a,b]$ 上 F 的增量为

$$\Delta F=\int_a^b F'(x)dx.$$

例 2　已知一电路的电流为 $i=0.3e^{-0.1t}$（单位：A），求在时间 $[2,6]$（单位：s）内流过导线截面的电荷量.（见"案例探究"）

解　因为 $\frac{dQ}{dt}=i=0.3e^{-0.1t}$，所以在时间 $[2,6]$（s）内流过导线截面的电荷量为

$$\Delta Q=\int_2^6 0.3e^{-0.1t}dt=-3e^{-0.1t}\Big|_2^6=3(e^{-0.2}-e^{-0.6})\approx 0.81(C).$$

课堂练习 ›››

1. 已知某物体作直线运动，其速度 $v(t)=3t^2+2t$（单位：m/s），由于物体在小区间 $[t,t+dt]$ 内速度变化很小，可近似看为速度为 $v(t)$ 的匀速直线运动，故对应小区间 $[t,t+dt]$ 的位移微元 $ds=$________，从而在 $[0,4]$（单位：s）内走过的位移的定积分表达式为 $s=$________.

2. 有一质量非均匀的细棒，长度为 l，取棒的一端为原点.假设细棒上任一点 x 处的线密度为 $\rho(x)$，则在 $[x,x+dx]$ 内密度变化很小，可近似看为密度为 $\rho(x)$ 的均匀分布，故对应小区间 $[x,x+dx]$ 的质量微元 $dm=$________，从而细棒的质量的定积分表达式为 $m=$________.

3. 已知某产品的边际收入为 $R'(x)$，则产量在 $[x,x+dx]$ 上对应收入微元为 $dR=$________，从而生产 5 件产品的总收入的定积分表达式为 $R=$________.

6.5.2　定积分在几何上的应用

1. 平面图形的面积

平面图形的面积由其边界确定，在坐标系下可以建立边界曲线的方程，这里只介绍在直角坐标系下的两种情况.

（1）平面图形是由上下边界 $y=f(x)$，$y=g(x)$（$f(x)\geqslant g(x)$）与左右边界 $x=a$，$x=b$ 所围成，如图 6-25 所示，求平面图形的面积.

取 x 为积分变量，积分区间为 $[a,b]$，在区间 $[a,b]$ 内任取微小区间 $[x,x+dx]$，小区间上对应微小面积可近似表达为以 dx 为底边，以 $f(x)-g(x)$ 为高的小矩形的面积（图 6-25 中阴

影部分的面积),即面积微元为

$$dA=[f(x)-g(x)]dx,$$

则面积为

$$A=\int_a^b[f(x)-g(x)]dx.$$

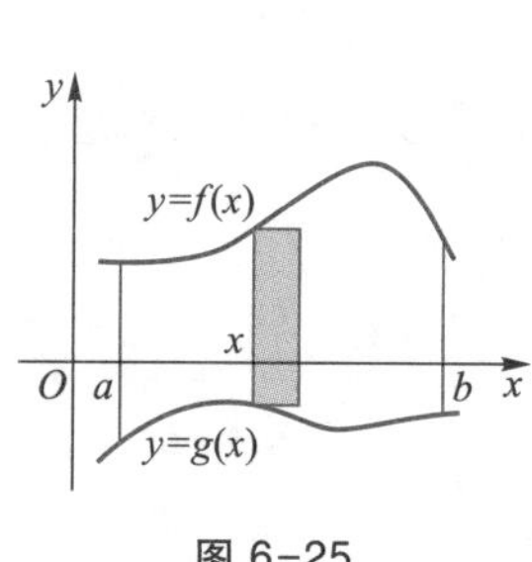

图 6-25

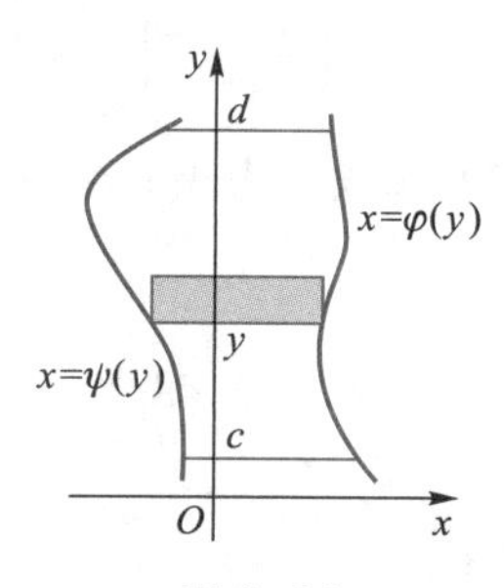

图 6-26

(2) 平面图形是由左右边界曲线 $x=\varphi(y)$,$x=\psi(y)$($\psi(y)\leqslant\varphi(y)$)与上下边界 $y=d$,$y=c$ 所围成,如图 6-26 所示,求平面图形的面积.

取 y 为积分变量,积分区间为 $[c,d]$,在区间 $[c,d]$ 内任取微小区间 $[y,y+dy]$,小区间上对应微小面积可近似表达为以 $\varphi(y)-\psi(y)$ 为底边,以 dy 为高的小矩形的面积(图 6-26 中阴影部分的面积),即面积微元为

$$dA=[\varphi(y)-\psi(y)]dy,$$

则面积

$$A=\int_c^d[\varphi(y)-\psi(y)]dy.$$

例 3 求由两条抛物线 $y=x^2$,$y^2=x$ 围成的图形的面积.

解 解方程组 $\begin{cases}y=x^2,\\y^2=x,\end{cases}$ 得到两条抛物线的交点为 $(0,0)$,$(1,1)$.

如图 6-27,选取 x 为积分变量,积分区间为 $[0,1]$,在区间 $[0,1]$ 上任取一小区间 $[x,x+dx]$,这个小区间内的窄条面积近似于窄矩形面积,则面积微元

$$dA=(\sqrt{x}-x^2)dx,$$

于是面积

$$A=\int_0^1(\sqrt{x}-x^2)dx=\left[\frac{2}{3}x^{\frac{3}{2}}-\frac{x^3}{3}\right]_0^1=\frac{1}{3}.$$

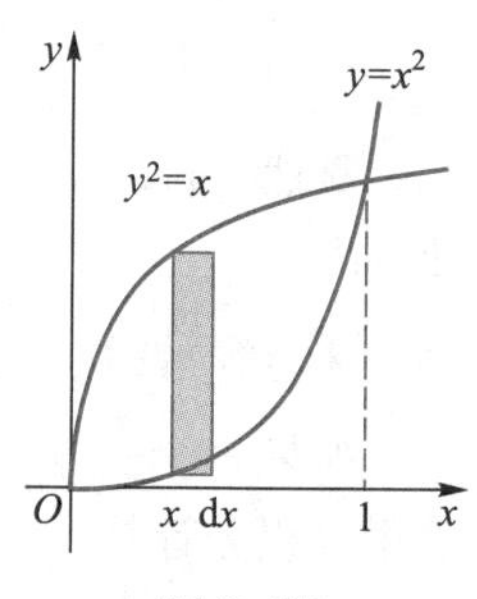

图 6-27

注 (1) 积分区间是图形在坐标轴上的投影.

(2) 面积微元是积分区间上任意小区间对应的微小矩形的面积.

例 4 计算抛物线 $y^2=2x$ 与直线 $y=x-4$ 所围成的图形面积.

解 1 解方程组 $\begin{cases}y^2=2x,\\y=x-4\end{cases}$ 得交点 $(2,-2)$,$(8,4)$.

如图 6-28,选取 x 为积分变量,由于图形的下边界由两条不同的曲线组成,所以需要分成

两部分计算，当 $x\in[0,2]$ 时，对应微小区间 $[x,x+\mathrm{d}x]$ 的面积元素为 $\mathrm{d}A=[\sqrt{2x}-(-\sqrt{2x})]\mathrm{d}x$，当 $x\in(2,8]$ 时，对应微小区间 $[x,x+\mathrm{d}x]$ 的面积元素为 $\mathrm{d}A=[\sqrt{2x}-(x-4)]\mathrm{d}x$，故所求面积为

$$A=\int_0^2 2\sqrt{2x}\,\mathrm{d}x+\int_2^8(4+\sqrt{2x}-x)\,\mathrm{d}x$$

$$=\left[\frac{4\sqrt{2}}{3}x^{\frac{3}{2}}\right]_0^2+\left[4x+\frac{2\sqrt{2}}{3}x^{\frac{3}{2}}-\frac{1}{2}x^2\right]_2^8=18.$$

解 2　如图 6-29，选取 y 为积分变量，则积分区间为 $[-2,4]$，对应微小区间 $[y,y+\mathrm{d}y]$ 的面积元素为

$$\mathrm{d}A=\left[(y+4)-\frac{1}{2}y^2\right]\mathrm{d}y,$$

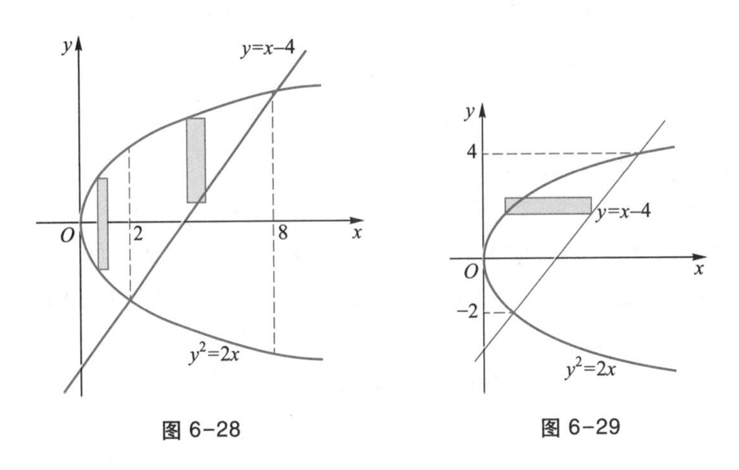

图 6-28　　　图 6-29

故所求面积为

$$A=\int_{-2}^4\left(y+4-\frac{1}{2}y^2\right)\mathrm{d}y$$

$$=\left[\frac{y^2}{2}+4y-\frac{y^3}{6}\right]_{-2}^4=18.$$

显然，解 2 计算更简单，在实际应用中根据具体情况合理地选择积分变量可以简化计算.

2. 平行截面面积为已知的立体的体积

如果一个立体上垂直于一定轴的各个截面的面积是已知的，则这个立体的体积一般可以用定积分计算.

如图 6-30，立体介于两平行平面之间，高为 H.取定轴为 h 轴建立坐标系，立体介于平面 $h=0$ 和 $h=H$ 之间，任意一个垂直于 h 轴的平面截此立体所得的截面面积为 $A(h)$，假定 $A(h)$ 是 $[0,H]$ 上的连续函数.取 h 为积分变量，立体中相应于 $[0,H]$ 上的任意小区间 $[h,h+\mathrm{d}h]$ 之间的薄片的体积，可用底面积为 $A(h)$，高为 $\mathrm{d}h$ 的柱形薄片的体积 $\mathrm{d}V$ 近似代替，即体积微元

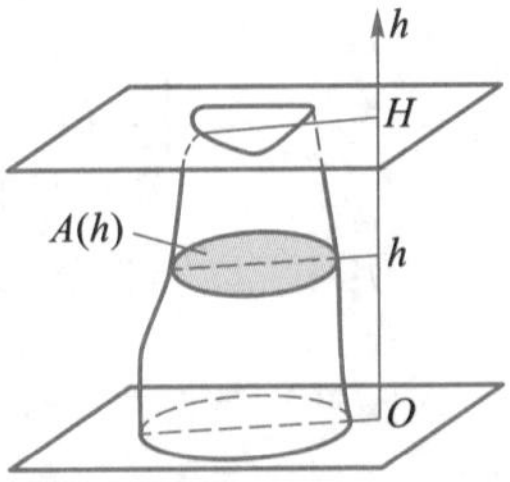

图 6-30

$$dV = A(h)\,dh,$$

从而得到该立体的体积

$$V = \int_0^H A(h)\,dh.$$

例 5 一平面经过半径为 R 的圆柱体的底圆中心，并与底面所成角为 α. 计算此平面与圆柱体所围成的立体图形的体积.

解 以平面与底面圆交线为 x 轴，底面上过圆心，且垂直于 x 轴的直线为 y 轴，建立直角坐标系(如图 6-31).

取 x 为积分变量，对任意 $x\in[0,R]$，其垂直于 x 轴的截面图形为直角三角形，两条直角边分别为 $\sqrt{R^2-x^2}$ 及 $\sqrt{R^2-x^2}\tan\alpha$，因此截面积 $A(x)=\dfrac{1}{2}(R^2-x^2)\tan\alpha$. 由图形的对称性，可得体积为

$$\begin{aligned} V &= 2\int_0^R \frac{1}{2}(R^2-x^2)\tan\alpha\,dx \\ &= \tan\alpha\left[R^2x-\frac{1}{3}x^3\right]_0^R = \frac{2}{3}R^3\tan\alpha. \end{aligned}$$

3. 旋转体的体积

旋转体是由一个平面图形绕该平面内一条定直线旋转一周而生成的立体，该定直线称为旋转轴.

如图 6-32，由曲线 $y=f(x)\,(f(x)>0)$，x 轴，$x=a$ 与 $x=b$ 围成的曲边梯形绕 x 轴旋转一周而生成的立体，在 x 处与 x 轴垂直的截面是半径为 $f(x)$ 的圆，截面面积为

$$A(x) = \pi[f(x)]^2,$$

从而体积

$$V = \int_a^b \pi[f(x)]^2\,dx.$$

如图 6-33，由曲线 $x=\varphi(y)\,(\varphi(y)>0)$，$y$ 轴，$y=c$ 与 $y=d$ 围成的曲边梯形绕 y 轴旋转一周而生成的立体，同理可得体积

$$V = \int_c^d \pi[\varphi(y)]^2\,dy.$$

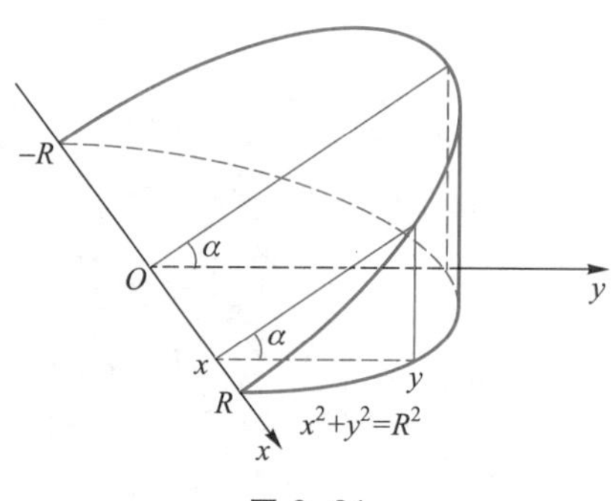

图 6-31

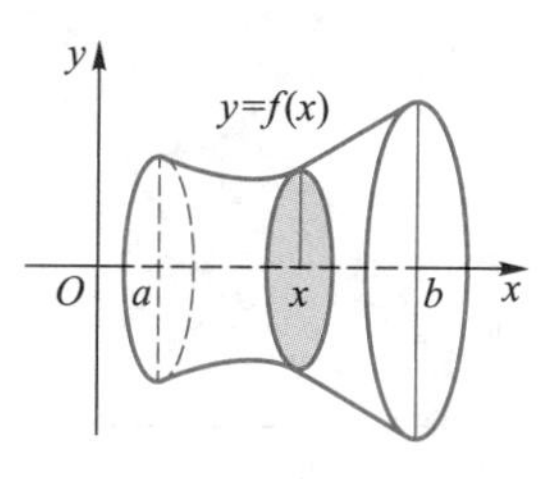

图 6-32

例 6　求由直线 $y=\frac{r}{h}x$ 及 $x=h(h>0)$ 和 x 轴所围成的三角形绕 x 轴旋转而成的旋转体的体积.

解　如图 6-34 所示,取 x 为积分变量,任意 $x\in[0,h]$,垂直 x 轴的截面圆面积为

$$A(x)=\pi\left(\frac{r}{h}x\right)^2=\frac{\pi r^2}{h^2}x^2.$$

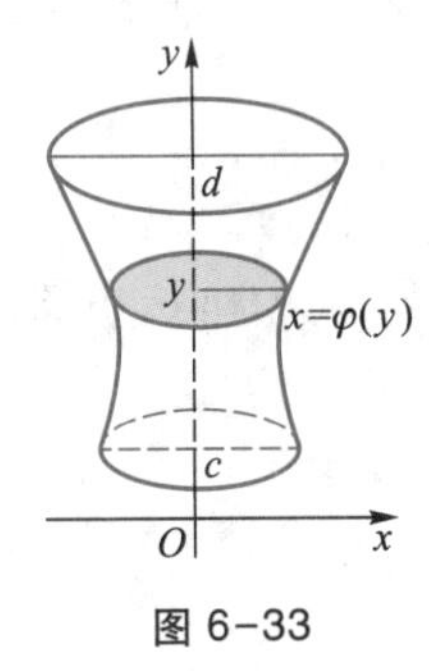

图 6-33

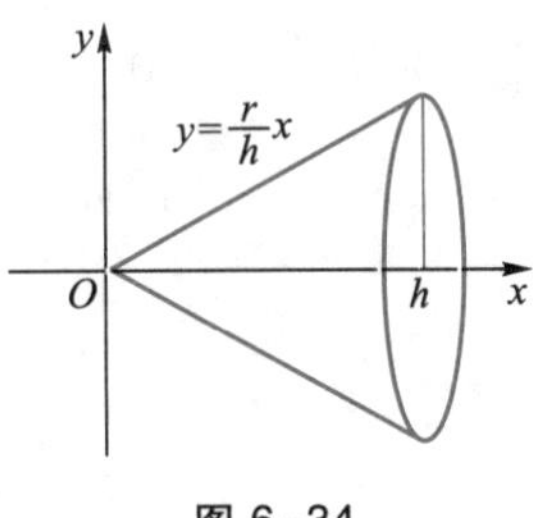

图 6-34

则体积为

$$\begin{aligned}V&=\int_0^h\pi\left(\frac{r}{h}x\right)^2\mathrm{d}x\\&=\frac{\pi\cdot r^2}{h^2}\int_0^h x^2\mathrm{d}x=\frac{\pi}{3}r^2h.\end{aligned}$$

例 7　求由抛物线 $y=x^2,y^2=x$ 围成的图形绕 x 轴旋转而成的旋转体的体积.

解　如图 6-35 所示,取 x 为积分变量,则 $x\in[0,1]$.在 x 处,垂直 x 轴的截面为圆环,如图 6-36,其内半径为 $|AB|=x^2$,外半径为 $|AD|=\sqrt{x}$,截面面积

$$A(x)=\pi(\sqrt{x})^2-\pi(x^2)^2=\pi(x-x^4).$$

故所求的旋转体的体积为

$$V=\pi\int_0^1(x-x^4)\mathrm{d}x=\frac{3\pi}{10}.$$

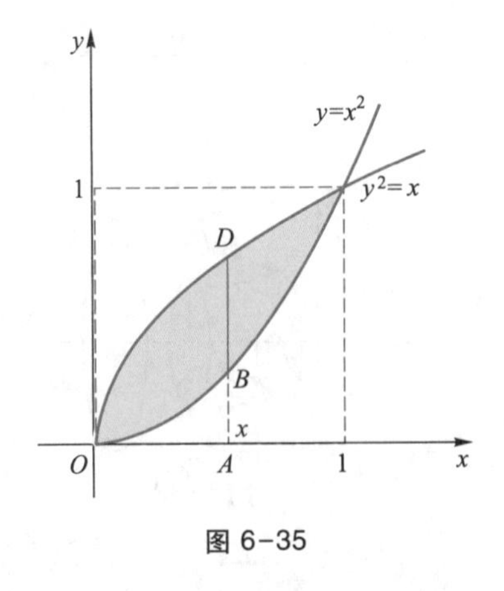

图 6-35

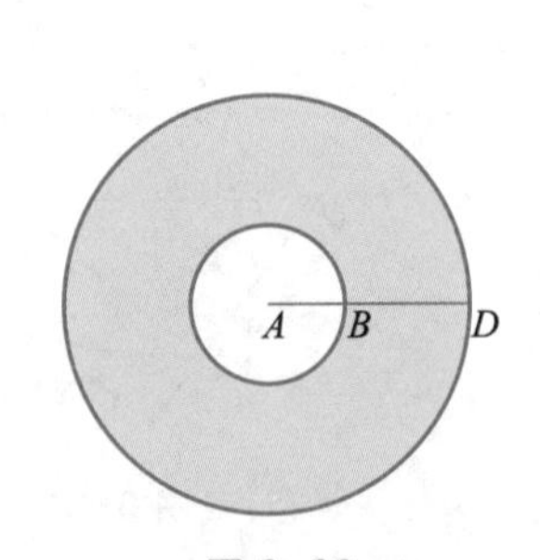

图 6-36

例 8 求圆$(x-2)^2+y^2=1$围成的平面图形绕 y 轴旋转而成的旋转体的体积.

解 如图 6-37,取 y 为积分变量,则 $y\in[-1,1]$.

在 y 处,垂直 y 轴的截面为圆环,其内半径为 $|AB|=2-\sqrt{1-y^2}$,外半径为 $|AC|=2+\sqrt{1-y^2}$,截面面积

$$A(y)=\pi(2+\sqrt{1-y^2})^2-\pi(2-\sqrt{1-y^2})^2$$
$$=8\pi\sqrt{1-y^2},$$

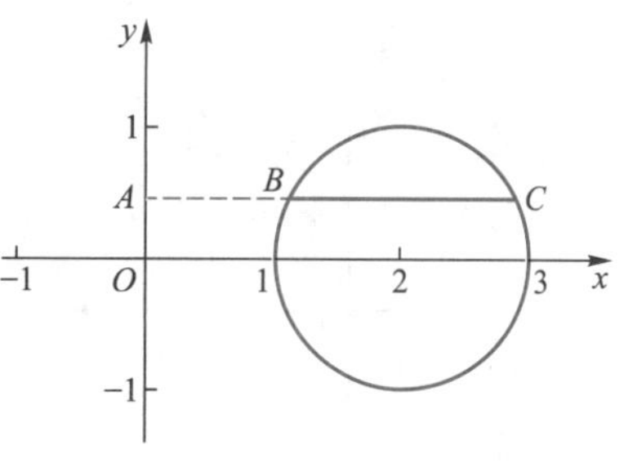

图 6-37

故所求的旋转体的体积为

$$V=\int_{-1}^{1}8\pi\sqrt{1-y^2}\,dy=16\pi\int_{0}^{1}\sqrt{1-y^2}\,dy=4\pi^2.$$

4. 平面曲线的弧长

如图 6-38,函数 $y=f(x)$ 在区间$[a,b]$上有一阶连续导数,求曲线 $y=f(x)$ 在$[a,b]$上对应弧长.

由弧微分公式,曲线在$[x,x+dx]$上的弧长微元为

$$ds=\sqrt{(dx)^2+(dy)^2}=\sqrt{1+f'^2(x)}\,dx,$$

故所求弧长为

$$s=\int_a^b\sqrt{1+f'^2(x)}\,dx.$$

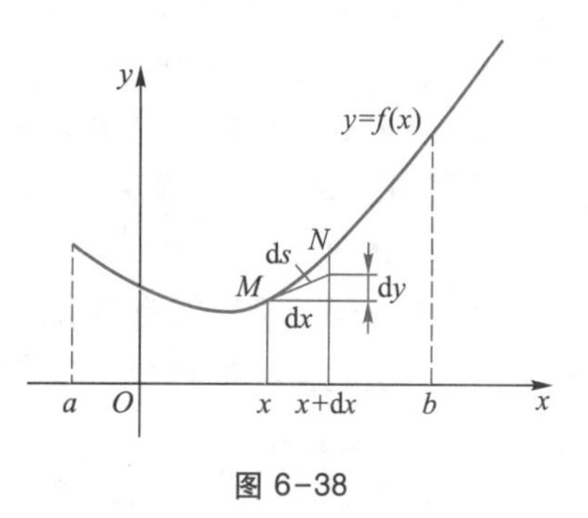

图 6-38

例 9 求曲线 $y=\dfrac{2}{3}x^{\frac{3}{2}}$对应 $0\leqslant x\leqslant 1$ 的一段弧的长度.

解 $y'=x^{\frac{1}{2}}$,弧长微元为 $ds=\sqrt{1+(x^{\frac{1}{2}})^2}\,dx=\sqrt{1+x}\,dx$,则所求弧长为

$$s=\int_0^1\sqrt{1+x}\,dx=\left[\frac{2}{3}(1+x)^{\frac{3}{2}}\right]_0^1=\frac{2}{3}(2\sqrt{2}-1).$$

课堂练习 ⋙

1. 求图 6-39 (1) 中阴影部分的面积,若选取 x 为积分变量,则积分区间为________,对应微小区间$[x,x+dx]$的面积元素为 $dA=$________,阴影部分面积的定积分表达式为________________;若选取 y 为积分变量,则积分区间为________,对应微小区间$[y,y+dy]$的面积元素为 $dA=$________,阴影部分面积的定积分表达式为__________.

2. 求图 6-39(2) 中阴影部分的面积,若选取 x 为积分变量,则积分区间为________,对应微小区间$[x,x+dx]$的面积元素为 $dA=$________,阴影部分面积的定积分表达式为__________;若选取 y 为积分变量,则积分区间为________,对应微小区间$[y,y+dy]$的面积元素为 $dA=$________,阴影部分面积的定积分表达式为__________.

3. 求图 6-39(3) 中阴影部分的面积,若选取 x 为积分变量,则积分区间为________,对应微小区间$[x,x+dx]$的面积元素为 $dA=$________,阴影部分面积的定积分表达式为__________;若选取 y 为积分变量,当 $y\in[0,1]$时,对应微小区间$[y,y+dy]$的面积元素为 $dA=$________,当 $y\in[1,9]$时,对应微小区间$[y,y+dy]$的面积元素为 $dA=$________,阴影部分面积的定积分表达式为__________.

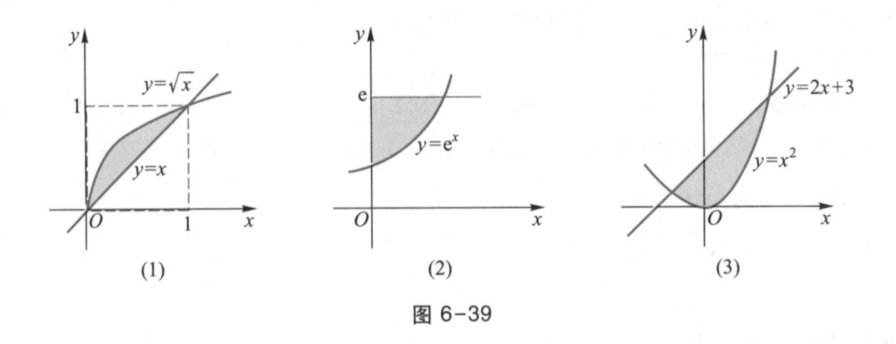

图 6-39

4. 求图 6-39(1) 中阴影部分绕 x 轴旋转一周而成的立体体积，选取 x 为积分变量，对 $\forall x\in[0,1]$，该旋转体在 x 处与 x 轴垂直的截面面积 $A(x)=$____________，对应微小区间 $[x,x+\mathrm{d}x]$ 体积元素为 $\mathrm{d}V=$____________，旋转体体积的定积分表达式为____________.

5. 求图 6-39(1) 中阴影部分绕 y 轴旋转一周而成的立体体积，选取 y 为积分变量，对 $\forall y\in[0,1]$，该旋转体在 y 处与 y 轴垂直的截面面积 $A(y)=$____________，对应微小区间 $[y,y+\mathrm{d}y]$ 体积元素为 $\mathrm{d}V=$____________，旋转体体积的定积分表达式为____________.

6. 图 6-39(2) 中阴影部分绕 x 轴旋转一周而成的立体体积的定积分表达式为____________；图 6-39 (2) 中阴影部分绕 y 轴旋转一周而成的立体体积的定积分表达式为____________.

7. 图 6-39(3) 中阴影部分绕 x 轴旋转一周而成的立体体积的定积分表达式为__________；图 6-39 (3) 中阴影部分绕 y 轴旋转一周而成的立体体积的定积分表达式为__________.

8. 求下列曲线围成的平面图形的面积及其绕 x 轴、y 轴旋转所得立体的体积：

(1) $y^2=2x,y=x$；　　(2) $y=x^2,y=2-x^2$.

知识拓展一 »»

定积分在物理上的应用

1. 变力做功问题

从物理学知道，如果常力 F 作用在物体上，使物体沿力的方向移动距离 s，那么力 F 对物体所做的功为 $W=Fs$. 如果物体在运动过程中所受到的力是变化的，就是变力做功问题.

例 10　把一个带 $+q$ 电量的点电荷放在 r 轴的坐标原点处，它产生一个电场，这个电场对周围的电荷有作用力(电场力). 如果一个单位正电荷在电场力作用下从点 $r=a$ 沿 r 轴移动到点 $r=b$ 处，求电场力对该单位正电荷做的功.

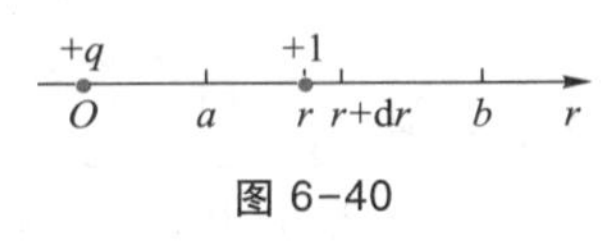

图 6-40

解　由静电力学知，如果单位正电荷放在这个电场中距离原点 O 为 r 的地方，电场对它的作用力大小为

$$F = k\frac{q}{r^2}(k\text{ 为常数}).$$

在上述移动过程中，由于单位正电荷在 r 轴上的位置变化，电场对它的作用力是变力.因此所求的功是变力做功.

如图 6-40 所示，取 r 为积分变量，积分区间为 $[a,b]$，在该区间内任取小区间 $[r,r+\mathrm{d}r]$，当单位正电荷从 r 移动到 $r+\mathrm{d}r$ 时，电场力对它做的功近似为 $k\frac{q}{r^2}\mathrm{d}r$，即功的微元为

$$\mathrm{d}W = k\frac{q}{r^2}\mathrm{d}r,$$

于是，电场力对该单位正电荷做的功

$$W = \int_a^b \frac{kq}{r^2}\mathrm{d}r = kq\left[-\frac{1}{r}\right]_a^b = kq\left(\frac{1}{a}-\frac{1}{b}\right).$$

例 11 半径为 r 的球沉入水中，球的顶部与水面相切，球的密度为 1，现将这球从水中取出，需做多少功?

分析 在如图 6-41 坐标系下，选取 x 为积分变量，积分区间为 $[0,2r]$.对应于 $[0,2r]$ 上任一小区间 $[x,x+\mathrm{d}x]$ 的是厚度为 $\mathrm{d}x$ 的球台形状的薄片，其上下截面都是圆(图中阴影部分).将这球从水中取出时，每块薄片的位移都为 $2r$，其中水下部分段位移为 x，该段位移上浮力与重力相等，外力不做功，水上部分段位移为 $2r-x$.该段位移上外力要克服重力做功.将这球从水中取出需做的功，等于每块薄片运动到对应位置外力做功之和.

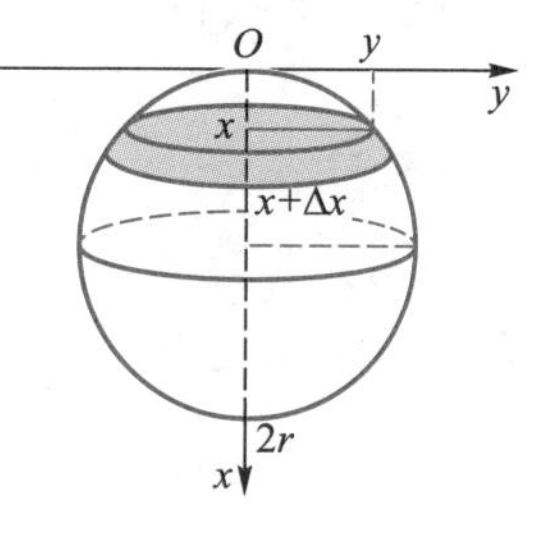

图 6-41

解 建立如图所示的坐标系，选取 x 为积分变量，积分区间为 $[0,2r]$.在 $[0,2r]$ 上任取小区间 $[x,x+\mathrm{d}x]$，对应薄片的体积为

$$\mathrm{d}V = \pi y^2\mathrm{d}x = \pi[r^2-(x-r)^2]\mathrm{d}x.$$

将此薄片移动到相应位置时外力做功的微元为

$$\mathrm{d}W = \pi\rho g[r^2-(x-r)^2](2r-x)\mathrm{d}x,$$

其中 ρ 是球的密度，g 为重力加速度.则所求总功为

$$W = \int_0^{2r}\pi\rho g[r^2-(x-r)^2](2r-x)\mathrm{d}x = \frac{4}{3}\pi r^4 g.$$

思考 球的密度不为 1 时如何计算? 从结论上看是否可以把球体看成一个质点来计算?

2. 液体的压力

如果一块薄板面积为 A，其上所受压强为常量 P 时，薄板所受的压力 $F=PA$.如果薄板垂直地放置在液体中，由于不同深度的点处压强不同，薄板一侧所受液体的压力如何计算?

例 12 一闸门呈倒置的等腰梯形垂直地位于水中，两底的长度分别为 4 m 和 6 m，深度为 6 m，当闸门上底正好位于水面时，求闸门一侧受到的水压力(水的密度为 $10^3\ \mathrm{kg/m^3}$).

解 建立如图 6-42 所示坐标系，则 AB 的方程为

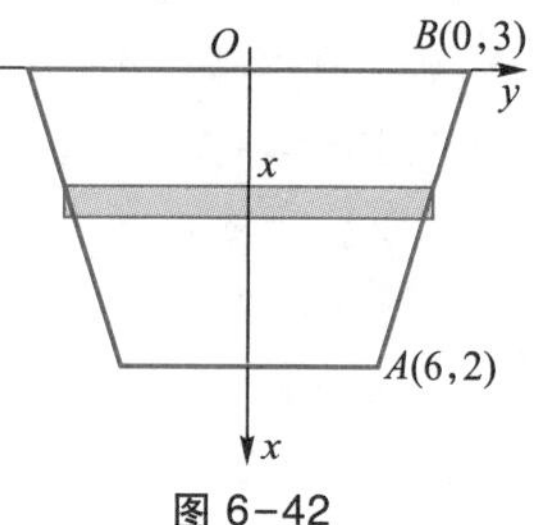

图 6-42

$$y=-\frac{x}{6}+3.$$

选取 x 为积分变量，积分区间为 $[0,6]$，在小区间 $[x,x+\mathrm{d}x]$ 上，对应面积微元为 $\mathrm{d}A=2\left(-\frac{1}{6}x+3\right)\mathrm{d}x$，其上各点处的压强可近似为 x 处的压强 ρgx. 则压力微元为

$$\mathrm{d}F=\rho gx\left(-\frac{1}{3}x+6\right)\mathrm{d}x$$

则闸门一侧受到的水压力为

$$F=\int_0^6\rho gx\left(-\frac{1}{3}x+6\right)\mathrm{d}x=\rho g\left[3x^2-\frac{x^3}{9}\right]_0^6$$
$$=9.8\times 84\times 10^3(\mathrm{N})\approx 8.23\times 10^5(\mathrm{N}).$$

知识拓展二 »»

定积分在经济上的应用

1. 由边际函数求原经济函数

已知某经济函数 $F(x)$（如需求函数、成本函数、收益函数、利润函数）的边际函数 $F'(x)$，则可通过不定积分计算该经济函数

$$F(x)=\int F'(x)\mathrm{d}x.$$

上述不定积分中的常数需通过特定条件确定，也可以通过定积分求得原经济函数，由 $\int_{q_0}^{q}F'(x)\mathrm{d}x=F(q)-F(q_0)$ 可得

$$F(q)=F(q_0)+\int_{q_0}^{q}F'(x)\mathrm{d}x.$$

比如若固定成本为 C_0，$R(0)=0$，则

$$C(q)=C_0+\int_0^q C'(x)\mathrm{d}x,$$

$$R(q)=R(0)+\int_0^q R'(x)\mathrm{d}x=\int_0^q R'(x)\mathrm{d}x.$$

因此总利润函数 $L(q)$ 为

$$L(q)=R(q)-C(q)=\int_0^q[R'(q)-C'(x)]\mathrm{d}x-C_0.$$

例 13　已知某产品的边际成本 $C'(x)=4x-6$（单位：元/台），固定成本为 $C_0=1\ 250$（单位：元）. 求

(1) 总成本函数；

(2) 产量为多少时，平均成本最低.

解　(1) 总成本函数为

$$C(q)=\int_0^q C'(x)\mathrm{d}x+C_0=\int_0^q(4x-6)\mathrm{d}x+1\ 250$$
$$=2q^2-6q+1\ 250(\text{元}).$$

(2) 平均成本

$$\overline{C}(q)=2q-6+\frac{1\ 250}{q},$$

则

$$\overline{C}'(q)=2-\frac{1\ 250}{q^2}.$$

令$\overline{C}'(q)=0$,得$q=25$.故产量为25台时平均成本最低,此时平均成本为94元.

例14 已知生产某产品的固定成本为2(单位:万元),每月生产x百件的边际成本为$C'(x)=\frac{x}{2}+2$(单位:万元/百件),边际收益为$R'(x)=5-\frac{x}{4}$(单位:万元/百件),求:

(1) 总成本函数,总收益函数,总利润函数;

(2) 生产多少百件时利润最大,最大利润是多少.

解 (1) 总成本函数

$$C(q)=\int_0^q C'(x)\mathrm{d}x+C_0=\int_0^q\left(\frac{x}{2}+2\right)\mathrm{d}x+2=\frac{q^2}{4}+2q+2(\text{万元}).$$

总收益函数

$$R(q)=\int_0^q R'(x)\mathrm{d}x=\int_0^q\left(5-\frac{x}{4}\right)\mathrm{d}x=5q-\frac{q^2}{8}(\text{万元}).$$

总利润函数

$$L(q)=R(q)-C(q)=3q-\frac{3q^2}{8}-2(\text{万元}).$$

(2) 令$L'(q)=0$,得$q=4$,故生产4百件时,利润最大,最大利润为$L(4)=4$万元.

2. 资本现值与投资问题

设现有货币A元,若按年利率作连续复利计算,则t年后的价值为Ae^{rt}元;反之,若t年后要有货币A元,则按连续复利计算,现应有Ae^{-rt}元,称此为**资本现值**.

称在时间区间$[0,T]$内t时刻的单位时间收益$f(t)$为收益率,若按年利率r作连续复利计算,则在时间区间$[t,t+\Delta t]$内的收益现值为$f(t)e^{-rt}\mathrm{d}t$,则在$[0,T]$内得到的总收益现值为

$$y=\int_0^T f(t)e^{-rt}\mathrm{d}t.$$

若收益率$f(t)=a$(a为常数),称其为**均匀收益率**.若年利率r也为常数,则总收益的现值为

$$y=\int_0^T ae^{-rt}\mathrm{d}t=\left[\frac{-a}{r}e^{-rt}\right]_0^T=\frac{a}{r}(1-e^{-rT}).$$

例15 现对某企业投资800万元,该企业在20年中的均匀收益率为200(单位:万元/年),若年利率为5%,求:

(1) 该投资的纯收益贴现值;

(2) 该投资的投资回收期(即收回该笔投资的时间).

解 (1) 总收益的现值

$$y=\int_0^{20}200e^{-0.05t}\mathrm{d}t=\left[\frac{-200}{0.05}e^{-0.05t}\right]_0^{20}=\frac{200}{0.05}(1-e^{-1})\approx 2\ 528.48(\text{万元}).$$

从而投资所获得的纯收益的贴现值为

$$R = y - A = 2\ 528.48 - 800 = 1\ 728.48(\text{万元}).$$

（2）投资回收期即总收益的现值等于投资金额的时间，即

$$\frac{a}{r}(1 - \mathrm{e}^{-rT}) = A,$$

于是

$$\frac{200}{0.05}(1 - \mathrm{e}^{-0.05T}) = 800,$$

故投资回收期为

$$T = \frac{1}{0.05}\ln\frac{200}{200 - 800 \times 0.05} = 20\ln 1.25 \approx 4.46(\text{年}).$$

由此可知，该投资在 20 年中可获得纯利润 1 728.48 万元，投资回收期约为 4.46 年.

习题 6-5

【基础训练】

1. 有一质量非均匀的细棒，长度为 10m，取棒的一端为原点.假设细棒上任一点 x 处的线密度为 $\rho(x)=1+0.1x$（单位：kg/m），求细棒总质量.

2. 设导线在时刻 t 的电流为 $i(t)=2\sin t$（单位：A），求在时间间隔 $[0,\pi]$ 内流过导线横截面的电荷量 $Q(t)$.

3. 已知某产品总产量 Q 在时刻 t 的变化率为 $Q'(t)=250+32t-0.6t^2$（单位：件/天），求时间 $[0,10]$（单位：天）内的总产量 Q.

4. 求下列曲线围成的图形的面积.

（1）$y=x^2+1$ 与直线 $y=2$；　　（2）$y^2=2x$ 与直线 $x+y=4$；

（3）$y=x^2$ 与直线 $y=2x+3$；　　（4）$y^2=x$ 与直线 $y^2=4-x$；

（5）$y=\mathrm{e}^x, y=\mathrm{e}^{-x}$ 和 $y=\mathrm{e}$；　　（6）$y=\mathrm{e}^x, y=\mathrm{e}^{-x}$ 和 $x=1$；

（7）$y=\dfrac{1}{x}$ 与直线 $y=x$ 及 $x=2$；　　（8）$y=x^2$ 与直线 $y=x$ 及 $y=2x$；

（9）$y=\ln x$ 与直线 $y=0, x=\mathrm{e}$；　　（10）$y=\ln x$ 与直线 $y=0, y=\mathrm{e}$ 及 $x=0$.

5. 图 6-43 中立体，底面是半径为 R 的圆，垂直于固定直径的截面为等边三角形，求该立体体积.

6. 求下列曲线所围成的图形绕指定轴旋转所得的旋转体的体积.

（1）$y=\sqrt{x}, x=1, y=0$，绕 x 轴；

（2）$y=x^2, y=2$，绕 y 轴；

（3）$y=x^3, x=2, y=0$，分别绕 x 轴、y 轴；

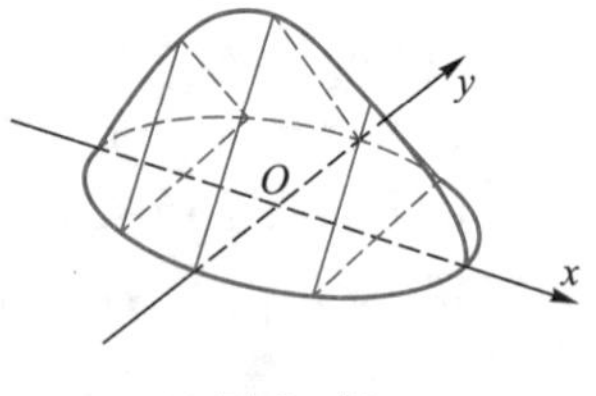

图 6-43

（4）$y=x, y=\frac{1}{x}, x=2$，分别绕 x 轴、y 轴；

（5）$\frac{x^2}{a^2}+\frac{y^2}{b^2}=1$，绕 x 轴；

（6）$x^2+(y-3)^2=1^2$，绕 x 轴；

（7）$y=2-x^2, y=x$，绕 y 轴.

7. 计算曲线 $y=\sqrt{x}-\frac{1}{3}x\sqrt{x}$ 在区间 $[1,3]$ 上的弧段弧长.

【拓展训练】

1. 有一高度为 5 m，底半径为 3 m 的圆柱形水池，池中盛满水，问将水全部抽出，需做多少功？

2. 一圆锥形水池，深 15 m，口径 20 m，池内盛满了水，问将水全部抽出，需做多少功？

3. 一直径为 20 m 的半球形水池内盛满了水，问将水全部抽出，需做多少功？

4. 有一矩形水闸门，宽 20 m，高 16 m，水面与闸门顶齐，求闸门一侧所受的总压力.

5. 有一半径为 3 m 的圆形水闸门垂直立于水中，求水面与闸顶同样高时闸门一侧所受的压力.

6. 已知某商品的需求量 Q 是价格 P 的函数，且边际需求 $Q'(P)=-5$，该商品的最大需求量为 100（即 $P=0$ 时，$Q=100$），求需求量与价格的函数关系.

7. 已知生产某产品的固定成本为 60 元，边际收益为 $R'(x)=100-2x$（元/件），边际成本为 $C'(x)=x^2-14x+87$（元/件）.

（1）求总收益函数，总成本函数，总利润函数；

（2）产量为多少时，利润最大，并求最大利润；

（3）当利润最大时又生产了 5 件，总利润减少了多少？

8. 现对某项目投资一亿元，投资年利率为 5%，每年的均匀收益率为 2 000（万元/年），求该投资为无限期时的纯收益的贴现值和该笔投资的回收期.

6.6 用 GeoGebra 求定积分

前面介绍了用和式极限求定积分、用积分公式求定积分和反常积分、以及关于定积分的各类应用问题. 本节将介绍如何使用 GeoGebra 求解这些定积分计算问题.

用 GeoGebra 求解定积分的中、英文命令及语法格式分别如下：

上和(<函数>,<x-起始值>, <x-终止值>, <矩形数量>)

UpperSum(<函数>,<x-起始值>, <x-终止值>, <矩形数量>)

下和(<函数>,<x-起始值>, <x-终止值>, <矩形数量>)

LowerSum(<函数>,<x-起始值>, <x-终止值>, <矩形数量>)

梯形法则(<函数>,<x-起始值>, <x-终止值>, <梯形数量>)

TrapezoidalSum(<函数>,<x-起始值>, <x-终止值>, <梯形数量>)

积分(<函数>,<变量>,<x-积分下限>, <x-积分上限>, <是否给出积分值? true | false>)

Integral(<函数>,<变量>,<x-积分下限>, <x-积分上限>, <是否给出积分值? true | false>)

定积分(<函数>, <x-积分下限>, <x-积分上限>)

NIntegral(<函数>, <x-积分下限>, <x-积分上限>)

积分介于(<函数 1>, <函数 2>, <变量>,<x-积分下限>, <x-积分上限>, <是否给出积分值? true | false>)

IntegralBetween(<函数 1>, <函数 2>, <变量>,<x-积分下限>, <x-积分上限>, <是否给出积分值? true | false>)

交点(<对象 1>, <对象 2>)

注 (1)"上和"命令使用右矩形公式求解函数的定积分的近似值."函数"参数为必选参数,其值是待求定积分的函数;"x-起始值"参数、"x-终止值"参数为必选参数,其值是积分变量的取值范围;"矩形数量"为必选参数,其值是划分的矩形数量,当设置为∞时,其值等于该函数在当前区间的定积分大小. 如图 6-44 所示:绘图区(左图)中将曲边梯形划分为 10 个小矩形,求得的面积和约为 3.08;绘图区 2(右图)中将曲边梯形划分为无穷个小矩形,求得的面积和约为 2.67. 可见,划分的矩形数量越多,求得的面积和约接近曲边梯形的实际面积.

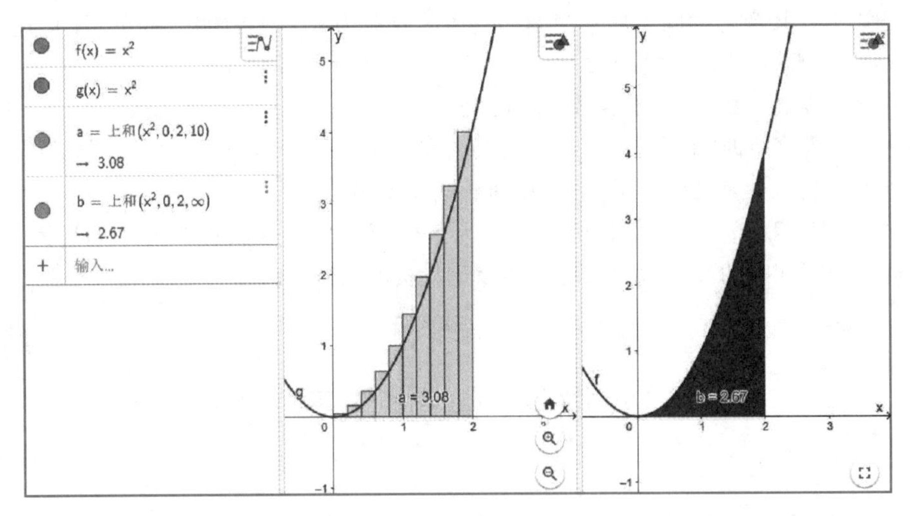

图 6-44

(2)"下和"命令使用左矩形公式求解函数的定积分的近似值.其参数的设置方法同"上和"命令一致,使用"下和"命令求解曲边梯形面积的情况,如图 6-45 所示.

(3)"梯形法则"命令使用梯形公式求解函数的定积分的近似值. 其参数的设置方法同"上和"命令一致,使用"梯形和"命令求解曲边梯形面积的情况,如图 6-46 所示. 可见,梯形公式在本例中,其面积和更接近实际面积.

(4)"积分"命令可用于求解函数的不定积分、定积分和反常积分. "函数"参数为必选参数,其值是被积函数;"变量"参数为可选参数,说明积分变量,**该参数仅供运算区使用**."x-

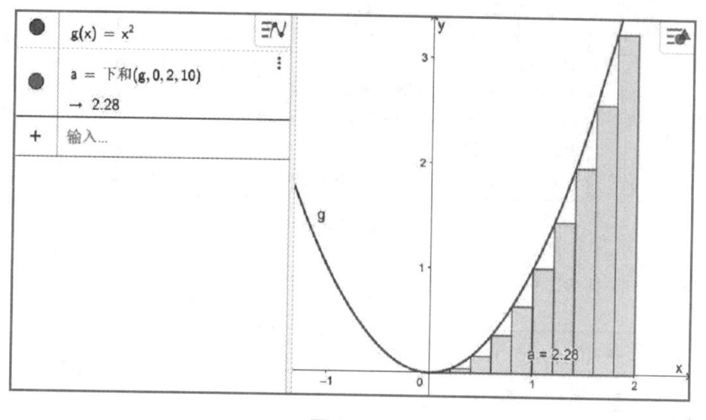

图 6-45

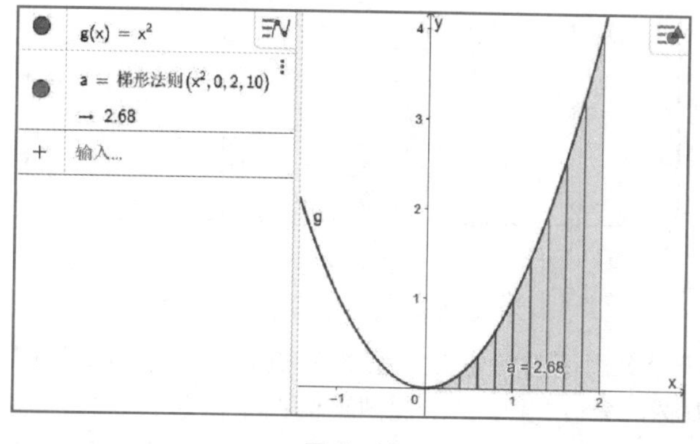

图 6-46

积分下限”参数、“x-积分上限”参数为可选参数，用于指定积分变量的取值范围；“是否给出积分值？true | false”为可选参数，用于确定是否算出积分值，填入“true”时，系统将在代数区给出积分值，否则显示为“？”号，省略时系统默认给出积分值，**该参数仅供代数区使用**. 图 6-47 为代数区的“积分”命令提示，图 6-48 为运算区的“积分”命令提示.

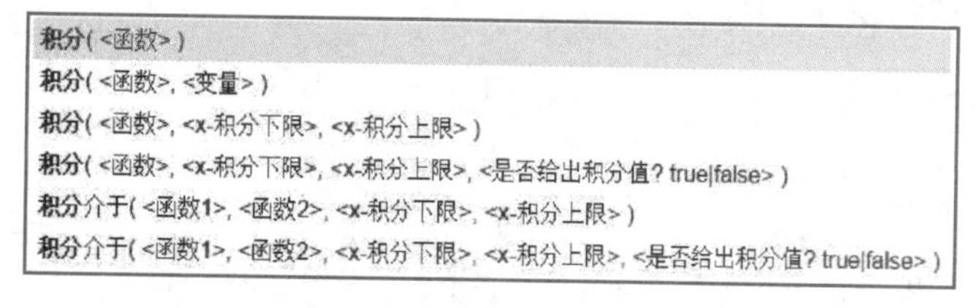

积分(<函数>)
积分(<函数>, <变量>)
积分(<函数>, <x-积分下限>, <x-积分上限>)
积分(<函数>, <x-积分下限>, <x-积分上限>, <是否给出积分值? true|false>)
积分介于(<函数1>, <函数2>, <x-积分下限>, <x-积分上限>)
积分介于(<函数1>, <函数2>, <x-积分下限>, <x-积分上限>, <是否给出积分值? true|false>)

图 6-47

（5）“定积分”命令用于求解函数的定积分. “函数”参数为必选参数，其值是被积函数；“x-积分下限”参数和“x-积分上限”参数均为可选参数，省略时运算结果是被积函数的一个原函数，其常数 $C=0$. 同时，绘图区将展示出该原函数的图像，如图 6-49 所示.

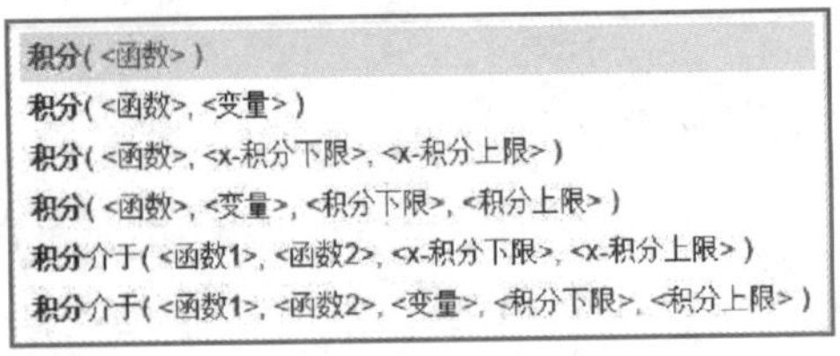

积分(<函数>)
积分(<函数>, <变量>)
积分(<函数>, <x-积分下限>, <x-积分上限>)
积分(<函数>, <变量>, <积分下限>, <积分上限>)
积分介于(<函数1>, <函数2>, <x-积分下限>, <x-积分上限>)
积分介于(<函数1>, <函数2>, <变量>, <积分下限>, <积分上限>)

图 6-48

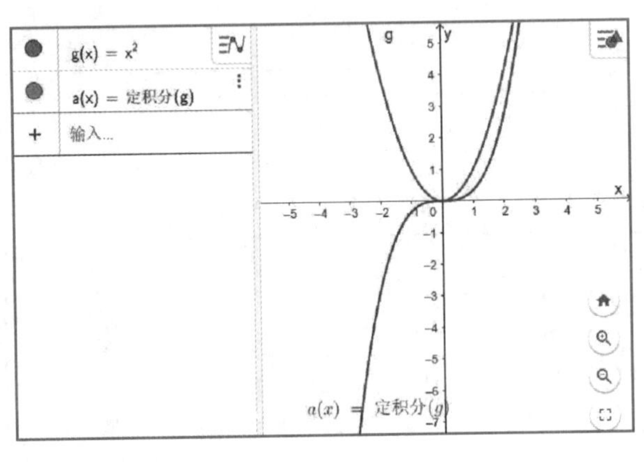

图 6-49

(6) “积分介于”命令用于求解由两个函数和积分区间所确定的图形面积. “函数 1”参数和“函数 2”参数为必选参数,其值是围成图形的两个函数,两者在定积分表达式中的关系为:“函数 1”-“函数 2”. “x-积分下限”参数和“x-积分上限”参数为必选参数,其值是自变量的取值范围. “是否给出积分值? true | false”参数为可选参数,其用法同“积分”命令中的该参数一致.

(7) “交点”命令用于求解两个对象的交点.“对象 1”和“对象 2”为必选参数,其值可以是函数或曲线(由参数方程定义). 在运算区中,其对象只能是函数,但能保证求出两个对象的全部交点,因此**在求解两个函数图像的交点时,建议在运算区完成**.

例 1　计算下列定积分.

(1) $\int_{-\sqrt{2}}^{\sqrt{2}} \sqrt{8-2y^2}\,dy$;　　(2) $\int_0^{\pi}(x\sin x)^2 dx$;

(3) $\int_1^{e}\sin(\ln x)\,dx$;　　(4) $\int_0^2 x^3 e^x dx$.

解　(1) 输入:积分(sqrt(8-2*y^2),-sqrt(2),sqrt(2))

显示:→π $\sqrt{2}$+2 $\sqrt{2}$

故:$\int_{-\sqrt{2}}^{\sqrt{2}} \sqrt{8-2y^2}\,dy=\pi\sqrt{2}+2\sqrt{2}$.

(2) 输入:积分((x*sin(x))^2,0,π)

显示:→$\frac{2\pi^3-3\pi}{12}$

故：$\int_0^{\pi}(x\sin x)^2\mathrm{d}x=\dfrac{2\pi^3-3\pi}{12}$.

(3) 输入：积分(sin(ln(x)),1,e)

显示：$\to\dfrac{1}{2}(-\cos(1)\mathrm{e}+\sin(1)\mathrm{e})+\dfrac{1}{2}$

故：$\int_1^{\mathrm{e}}\sin(\ln x)\mathrm{d}x=\dfrac{1}{2}(-\cos(1)\mathrm{e}+\sin(1)\mathrm{e})+\dfrac{1}{2}$.

(4) 输入：积分(x^3 * e^x,0,2)

显示：$\to 2\mathrm{e}^2+6$

故：$\int_0^2 x^3\mathrm{e}^x\mathrm{d}x=2\mathrm{e}^2+6$.

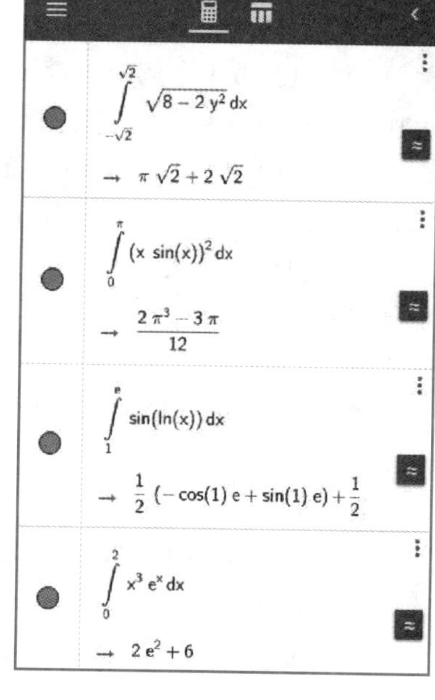

图 6-50

注 (1) 由于本例中包含多个符号运算，因此建议使用独立的 CAS 计算器完成计算，如图 6-50 所示.

(2) "积分"命令默认将 x 作为积分变量，当被积函数中没有 x 而只有一个其他积分变量时，系统也会自动识别，无须特别指定，如本例(1)小题.

例 2 计算下列反常积分.

(1) $\int_0^{+\infty}\mathrm{e}^{-x}\cos x\mathrm{d}x$；

(2) $\int_{-\infty}^{+\infty}\dfrac{\mathrm{d}x}{x^2+4x+9}$；

(3) $\int_1^5\dfrac{x}{\sqrt{5-x}}\mathrm{d}x$；

(4) $\int_1^{+\infty}\dfrac{\mathrm{d}x}{x\sqrt{x-1}}$.

解 (1) 输入：积分(e^(-x) * cos(x),0,∞)

显示：$\to\dfrac{1}{2}$

故：$\int_0^{+\infty}\mathrm{e}^{-x}\cos x\mathrm{d}x=\dfrac{1}{2}$.

(2) 输入：积分(1/(x^2+4x+9),-∞,∞)

显示：$\to\dfrac{\pi}{\sqrt{5}}$

故：$\int_{-\infty}^{+\infty}\dfrac{\mathrm{d}x}{x^2+4x+9}=\dfrac{\pi}{\sqrt{5}}$.

(3) 输入：积分(x/sqrt(5-x),1,5)

显示：$\to\dfrac{44}{3}$

故：$\int_1^5\dfrac{x}{\sqrt{5-x}}\mathrm{d}x=\dfrac{44}{3}$.

(4) 输入：积分(1/(x * sqrt(x-1)),1,∞)

显示：$\to\pi$

故：$\int_{1}^{+\infty}\frac{dx}{x\sqrt{x-1}}=\pi$.

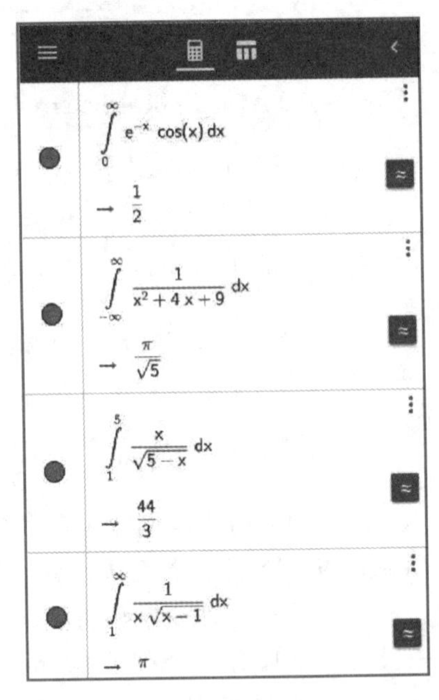

图 6-51

注　(1) 由于本例中包含多个符号运算，因此建议使用独立的 CAS 计算器完成计算，如图 6-51 所示.

(2) 本例(1)、(2)小题为无限区间上的反常积分，(3)小题为无界函数的反常积分，(4)小题既是无限区间上的反常积分也是无界函数的反常积分. 可见，两类反常积分均可使用“积分”命令求解，其求解方式与定积分无异.

例 3　求由抛物线 $y=2x^2+1$ 与直线 $y=x+2$ 围成的图形面积.

解　输入：f:y=2x^2+1

输入：g:y=x+2

输入：交点(f,g)

显示：→A=(1,3)

显示：→B=(-0.5,1.5)

故：两条抛物线的交点为(1,3)，(-0.5,1.5).

如图 6-52 绘图区所示，选取 x 为积分变量，积分区间为[-0.5,1]，

输入：积分介于(x+2,2x^2+1,-0.5,1)

显示：$\to\frac{9}{8}$

故：$S=\int_{-0.5}^{1}[(x+2)-(2x^2+1)]dy=\frac{9}{8}$.

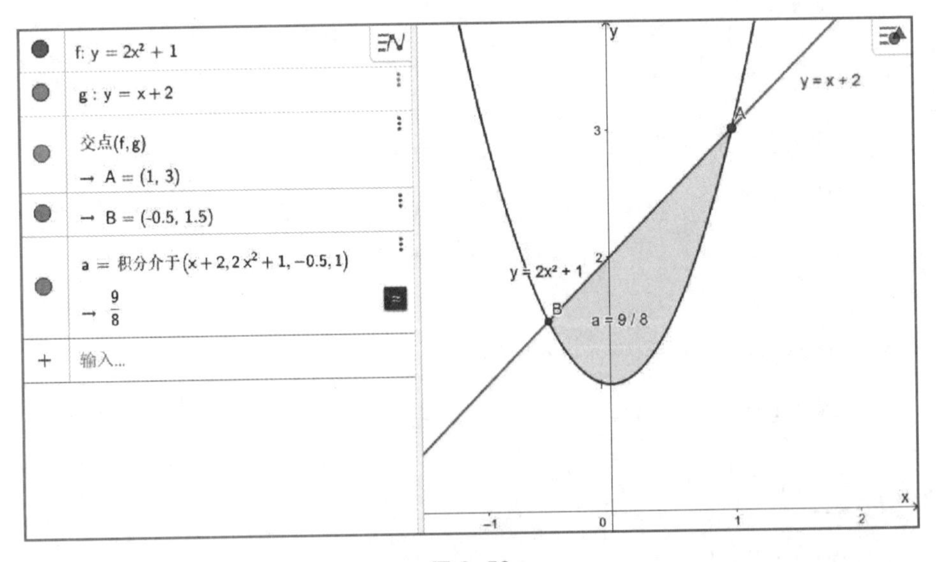

图 6-52

注 本例中的“积分介于”命令如果直接在代数区运行只能得到近似值 1.13,如需获得精确解(分式结果),需在运算区执行命令. 得到结果后,通过点击前面的◯将其显示在代数区中,以完成绘图.

例 4 求由抛物线 $y^2=x$ 与 $y^2=-x+4$ 围成图形的面积.

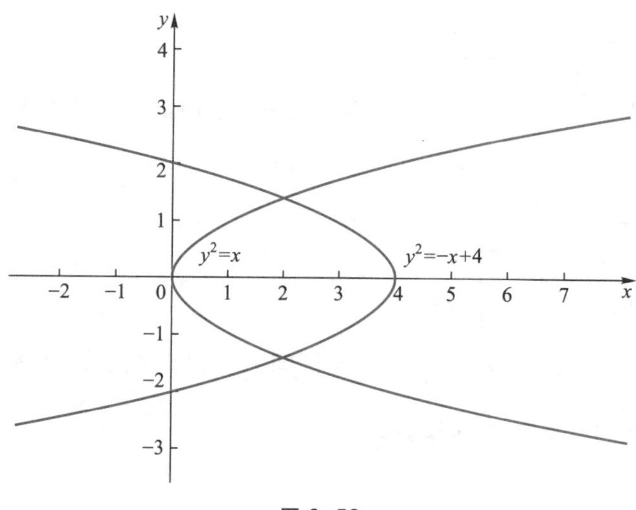

图 6-53

解 输入:eq1:y^2 =x

输入:eq2:y^2 =-x+4

输入:交点(eq1,eq2)

显示:$\to\{(\sqrt{2}^2,\sqrt{2}),((-\sqrt{2})^2,-\sqrt{2})\}$

故:两条抛物线的交点为$(2,\sqrt{2})$,$(2,-\sqrt{2})$.如图 6-53 所示,选取 y 为积分变量,积分区间为$[-\sqrt{2},\sqrt{2}]$.

输入:积分介于(4-y^2,y^2,-sqrt(2),sqrt(2))

显示:$\to 16\,\dfrac{\sqrt{2}}{3}$

故:$S=\int_{-\sqrt{2}}^{\sqrt{2}}[(4-y^2)-y^2]\mathrm{d}y=16\,\dfrac{\sqrt{2}}{3}$.

注 (1) 本例中,“交点”命令在代数区只能计算出交点坐标的近似值,为保证积分结果的准确性,需在运算区计算交点坐标的精确值.

(2) 根据题意可知,本例以 y 为积分变量求解面积更适宜. 但请注意:“积分介于”命令只能以 x 为积分变量求解面积,因此,本题中虽然用户输入的积分变量为 y,但系统实际已将其转换为 x 完成运算. 所以,虽然绘图区绘制的图形被旋转了 90°,但计算出的面积大小仍然是正确的.

例 5 求以半径 10 dm 的圆为底、平行且等于底圆直径的线段为顶,6 dm 为高的正劈锥体的体积.

解 以底圆圆心为原点,以顶部线段垂直于底圆面的投影为 x 轴,建立直角坐标系,如

图 6-54 所示.

取 x 为积分变量,对任意 $x\in[-10,10]$,其垂直于 x 轴的截面图形为等腰三角形:其底边为 $2\sqrt{100-x^2}$ (dm^2),高为 6dm,因此截面积:$A(x)=6\sqrt{100-x^2}$ (dm^2).

输入:积分(6 * sqrt(100-x^2),-10,10)

显示:→300π

故:该正劈锥体的体积为 300π dm^2.

例 6　求由曲线 $y=\dfrac{1}{x}$,$y=x$ 与 $x=3$ 围成的图形绕 x 轴旋转一周所形成的旋转体体积.

解　输入:f:y=1/x

输入:g:y=x

输入:交点(f,g)

显示:→{(1,1),(-1,-1)}

如图 6-55 所示,选取 x 为积分变量,积分区间为[1,3].那么截面面积:$A(x)=\pi x^2-\dfrac{\pi}{x^2}$.

输入:积分(π * x^2-π/x^2,1,3)

显示:→8π

故:该旋转体的体积为 8π.

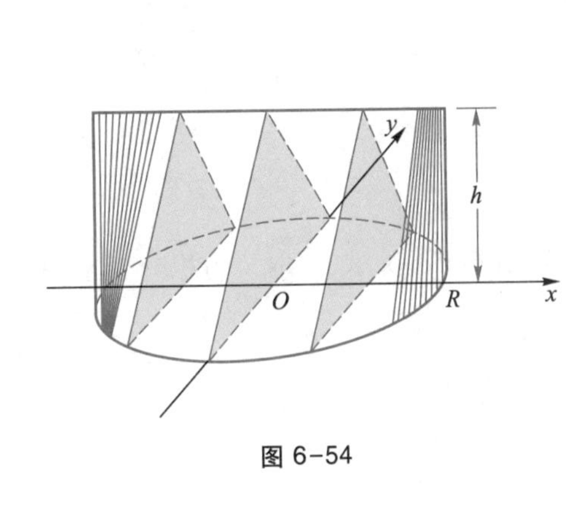

图 6-54

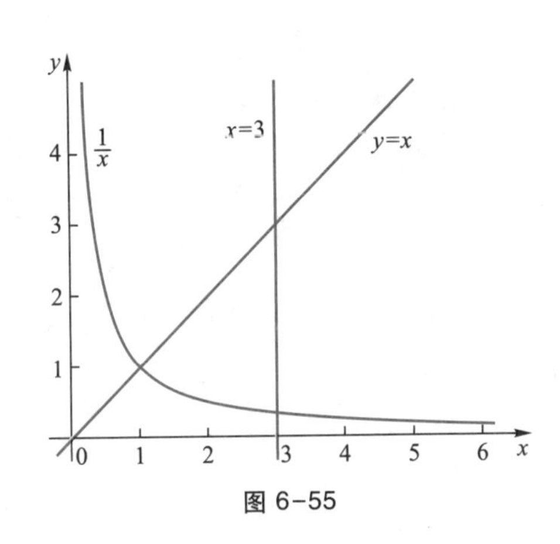

图 6-55

注　"精确解"命令也可以求解函数交点,但其原理是利用两个函数建立的等式求解交点,实质上是在求方程的解. 而本题中两个函数的定义域不一致,无法直接建立等式,因此本例中只能使用"交点"命令进行求解.

例 7　求曲线 $y=\cos x$ 在 $\left[-\dfrac{\pi}{2},\dfrac{\pi}{2}\right]$ 上与 x 轴围成的图形(图 6-56)绕 y 轴旋转一周所形成的旋转体体积.

解　如图 6-56 所示,取 y 为积分变量,则 $y\in[0,1]$.根据反三角函数知识可得:$x=\arccos y$,那么截面面积:$A(x)=\pi x^2=\pi(\arccos y)^2$.

输入:积分(π * (arccos(y))^2,0,1)

显示:→π(π-2)

故：旋转体的体积为$\pi(\pi-2)$.

注 “积分”命令在计算时，实质上是求以被积函数为顶的曲边梯形面积，且由于本例解答中输入的命令未指定积分变量，所以系统将 y 转化为 x 再做计算.因此，积分命令绘制出的图形并非所求旋转体的图像.

例 8 一底为 8 cm，高为 6 cm 的等腰三角形片，铅直地沉没在水中，顶在上，底在下，且与水面平行，而顶离水面 3 cm，试求它每面所受的压力.

解 建立坐标系如图 6-57 所示，腰 AC 的方程为 $y=\frac{2}{3}x$，压力元素：

$$\mathrm{d}P=\rho g(x+3)\left(2\times\frac{2}{3}x\right)\mathrm{d}x=\frac{4}{3}\rho gx(x+3)\mathrm{d}x.$$

输入：积分(4/3*ρg*x(x+3),0,6)

显示：→168gρ

取 $g=9.8$ N/kg，$\rho=1\times10^{-3}$ kg/cm^3，则等腰三角形片每面所承受的压力为 1.65 N.

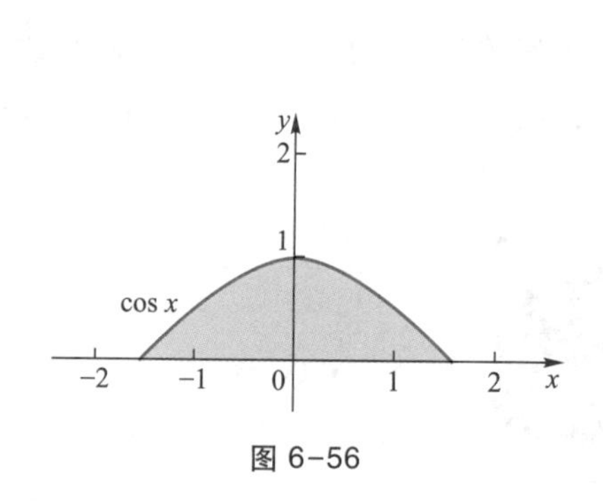

图 6-56

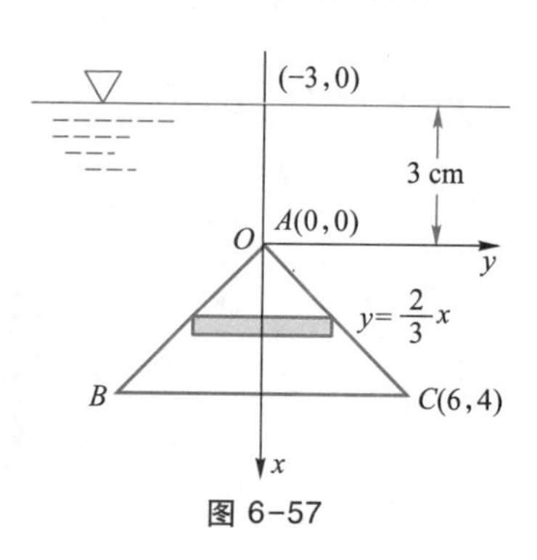

图 6-57

课堂练习

1. 在 GeoGebra 中，“上和”命令是使用__________公式求解函数的定积分，“下和”命令是使用__________公式求解函数的定积分.

2. 积分(<函数>,<变量>,<x-积分下限>, <x-积分上限>, <是否给出积分值? true|false>)，该命令形式仅能在________区中执行.

3. 在 GeoGebra 中，若省略“定积分”命令中关于上下限的参数时，该命令的运行结果是__________.

4. 判断题.

(1) 在求解平面图形面积时，只能使用“积分介于”命令求解. ( )

(2) 在以 y 为积分变量，使用“积分介于”命令求解平面图形面积时，其绘制出的函数图像是正确的. ( )

(3) 无论在什么情况下使用“交点”命令，都能找到图像中的所有交点. ( )

习题 6-6

1. 利用 GeoGebra 求定积分.

(1) $\int_0^{\frac{\pi}{2}} \frac{x+\sin x}{1+\cos x}dx$;　　(2) $\int_0^{\frac{\pi}{4}} \ln(1+\tan x)dx$;

(3) $\int_0^{\frac{\pi}{2}} \sqrt{1-\sin 2x}\,dx$;　　(4) $\int_0^{\frac{\pi}{2}} \frac{1}{1+\cos^2 x}dx$.

2. 利用 GeoGebra 求反常积分.

(1) $\int_0^{\frac{\pi}{2}} \ln \sin x dx$;　　(2) $\int_0^{+\infty} \frac{1}{(1+x^2)(1+x^{10})}dx$.

3. 求由抛物线 $y=\sin 2x$ 与直线 $y=1$ 在[1,3]上围成的图形的面积.

4. 计算底面是半径为 10 cm 的圆,而垂直于该底面上一条固定直径的所有截面都是等边三角形的立体体积.

5. 求由抛物线 $y=x^2$ 与直线 $y=3-x$ 所围成的图形绕 y 轴旋转一周所形成的旋转体体积.

6. 设一锥形蓄水池,深 15 m,口径 20 m,盛满水,今以唧筒将水吸尽,问要做多少功?

第六章习题参考答案

第七章 常微分方程 ▶▶▶

利用数学方法解决工程技术问题或分析某种现象时，经常需要寻求变量之间的函数关系，进而利用函数关系对客观事物的规律性进行分析研究.但是，在解决许多实际问题时，往往不能直接找到函数关系，需要根据问题所提供的条件，得到一个含有未知函数的导数或微分的方程.这种包含未知函数的导数或微分的方程称为**微分方程**.通过微分方程求解才能得到我们所需要的函数关系，进而解决实际问题.所以建立微分方程模型并求解是解决实际问题的重要手段.

本章介绍微分方程的基本概念，认识三类简单的微分方程：可分离变量的微分方程、一阶线性微分方程以及二阶常系数线性微分方程，并重点学习相应的求解方法.最后举例说明它们在实际问题中的应用.

7.1 微分方程的基本概念

本节主要介绍常微分方程的基本概念.

案例探究 列车在平直轨道上以 20 m/s 的速度行驶，当制动时，列车加速度为 $-0.4\ \mathrm{m/s^2}$，求列车的制动距离.

7.1.1 微分方程的基本概念

首先通过以下例子引出微分方程的基本概念，理解微分方程的相关术语.

例 1 设曲线 $y=f(x)$ 上任意一点 (x,y) 的切线斜率为 $2x$，且曲线通过点 $(1,0)$，求该曲线方程.

解 根据导数的几何意义，得

$$\frac{\mathrm{d}y}{\mathrm{d}x}=2x.$$

同时曲线方程 $y=f(x)$ 还应满足 $y\big|_{x=1}=0$.对方程 $\frac{\mathrm{d}y}{\mathrm{d}x}=2x$ 两端求积分，得

$$y=\int 2x\mathrm{d}x=x^2+C,$$

其中 C 为任意常数.将 $y|_{x=1}=0$ 代入 $y=x^2+C$,得 $C=-1$,故所求曲线方程为

$$y=x^2-1.$$

上述例子中的方程$\dfrac{\mathrm{d}y}{\mathrm{d}x}=2x$ 中含有未知函数 y 的导数,我们称之为微分方程.

定义 7.1 含有未知函数的导数(或微分)的方程,称为**微分方程**.未知函数是一元函数的微分方程,称为**常微分方程**.

在微分方程中,所含未知函数的导数的最高阶数,称为**微分方程的阶**.如方程$\dfrac{\mathrm{d}y}{\mathrm{d}x}=2x$ 是一阶微分方程,方程$\dfrac{\mathrm{d}^2y}{\mathrm{d}x^2}+y=2x+1$ 和 $y''-y'+2y=x+1$ 都是二阶微分方程,方程 $y^{(4)}-3y^5+2y=x^2$ 是四阶微分方程.

任何满足微分方程的函数都称为**微分方程的解**.如果微分方程的解中含有任意常数,且独立变化的任意常数的个数与微分方程的阶数相同,这样的解称为**微分方程的通解**.未知函数及其各阶导数在某个特定点的值称为**初始条件**.根据初始条件确定出通解中的任意常数的值,所得到的解称为微分方程满足该初始条件的一个**特解**.求微分方程满足初始条件的特解问题,称为**初值问题**.

如方程$\dfrac{\mathrm{d}y}{\mathrm{d}x}=2x$ 是一阶微分方程,函数 $y=x^2+C$ 为此微分方程的通解,$y=x^2-1$ 为此微分方程满足初始条件 $y|_{x=1}=0$ 的特解.

例 2 说明 $y=C\sin 2x$ 是微分方程$\dfrac{\mathrm{d}^2y}{\mathrm{d}x^2}+4y=0$ 的解,但不是通解,也不是特解.

解 由 $y=C\sin 2x$ 知,$y''=-4C\sin 2x$.将之代入所给微分方程的左端,可得

$$\text{左端}=-4C\sin 2x+4(C\sin 2x)=0=\text{右端}.$$

所以 $y=C\sin 2x$ 是微分方程$\dfrac{\mathrm{d}^2y}{\mathrm{d}x^2}+4y=0$ 的解.

由于$\dfrac{\mathrm{d}^2y}{\mathrm{d}x^2}+4y=0$ 是二阶微分方程,由通解的定义知通解中应含两个独立的任意常数,而 $y=C\sin 2x$ 只含一个任意常数,所以它不是所给方程的通解.由特解的定义知,特解中不含任意常数(任意常数的值已被确定),而 $y=C\sin 2x$ 中含任意常数,所以它不是所给微分方程的特解.

例 3 列车在平直轨道上以 20 m/s 的速度行驶,当制动时,列车加速度为 $-0.4\ \mathrm{m/s^2}$,求列车的制动距离.(见案例探究)

解 设列车制动后 t 秒内行驶了 s 米,按题意,欲求未知函数 $s=s(t)$.由题意知

$$a=\frac{\mathrm{d}^2s}{\mathrm{d}t^2}=-0.4,$$

积分一次,得

$$\frac{\mathrm{d}s}{\mathrm{d}t}=-0.4t+C_1,$$

再积分一次,得

$$s=-0.2t^2+C_1t+C_2,$$

由开始时刻列车的运动情况知 $s|_{t=0}=0, s'|_{t=0}=20$,代入上边两式,得

$$C_1=20,\quad C_2=0.$$

于是制动后列车的运动规律为

$$s=-0.2t^2+20t.$$

由 $\frac{ds}{dt}=-0.4t+20=0$ 得制动所需时间 $t=50$ s,则制动距离为

$$s(50)=-0.2\times(50)^2+20\times 50=500\ \text{m}.$$

7.1.2 最简单的微分方程解法

形式为 $y^{(n)}=f(x)$ 的微分方程.可通过直接积分逐步求解.

$$y^{(n-1)}=\int f(x)\mathrm{d}x,\cdots\cdots,y'=\int y''\mathrm{d}x,\quad y=\int y'\mathrm{d}x.$$

例 4 求微分方程 $s''(t)=50\sin 5t$ 在初始条件 $s'(0)=-10, s(0)=8$ 下的特解.

解 根据题意得

$$s'(t)=\int s''(t)\mathrm{d}t=\int 50\sin 5t\mathrm{d}t=-10\cos 5t+C_1,$$

由 $s'(0)=-10$,代入上式得 $-10\cos 0+C_1=-10$,即 $C_1=0$,所以

$$s(t)=\int s'(t)\mathrm{d}t=-\int 10\cos 5t\mathrm{d}t=-2\sin 5t+C_2,$$

由 $s(0)=8$,代入上式得 $-2\sin 0+C_2=8$,即有 $C_2=8$,则所求特解为

$$s(t)=-2\sin 5t+8.$$

课堂练习 >>>

1. $(y')^2+2xy'-y^2=0$ 是________阶微分方程;其通解中含有________个任意常数;函数 $y=0$ ________(是、不是)此微分方程的特解.

2. $y''+4y=4x+1$ 是________阶微分方程.其通解中含有____个任意常数;函数 $y=x$ ________(是、不是)此微分方程的特解.

3. 初值问题 $\frac{dy}{dx}=e^x+1, y(0)=3$ 的特解为________________.

4. 某种气体的气压 P 对于温度 T 的变化率与气压 P 成正比,与温度 T 的平方成反比,则微分方程表达式为________________.此微分方程能否通过直接积分解出?

拓展提升 >>>

建立并求解微分方程,是解决实际问题的一种有效手段.

例 5 "渡江"是武汉城市的一张名片,每年的武汉国际抢渡长江挑战赛都吸引了国内

外大批专业选手和游泳爱好者参加.现假设一条宽度 $\omega=1$ km 的河流,两岸为平行直线,河水向北流.建立直角坐标系,如图 7-1 所示,直线 $x=\pm0.5$ 表示河的两岸.假设水流速度为 $v_s=9(1-4x^2)$(单位:km/h)(越靠近中心水流越快).一个游泳者在点 $(-0.5,0)$,以不变的速度 $v_r=3$ km/h 向东岸游.求游泳者的运动轨迹.

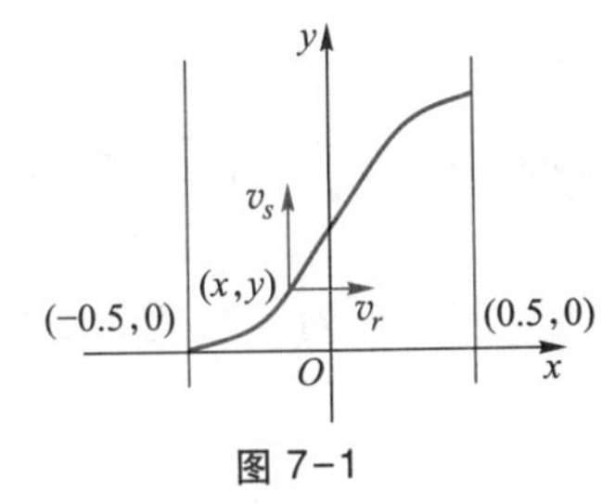

图 7-1

解　设点 $M(x,y)$ 为轨迹上任一点,轨迹(曲线)方程为 $y=f(x)$.

在 M 点,游泳者的速度向量有水平分量 v_r 和垂直分量 v_s,则其速度方向角 α 满足 $\tan\alpha=\frac{v_s}{v_r}$.另一方面速度方向也为曲线的切线方向,即 $\tan\alpha=\frac{\mathrm{d}y}{\mathrm{d}x}$,所以有 $\frac{\mathrm{d}y}{\mathrm{d}x}=\frac{v_s}{v_r}$,即

$$\frac{\mathrm{d}y}{\mathrm{d}x}=3(1-4x^2),$$

积分得

$$y=f(x)=\int(3-12x^2)\,\mathrm{d}x=3x-4x^3+C,$$

又由 $f(-0.5)=0$,可得 $C=1$.从而轨迹方程为

$$f(x)=3x-4x^3+1.$$

习题 7-1

【基础训练】

1. 验证函数 $y=C_1\cos\omega x+C_2\sin\omega x$ 是否为微分方程 $y''+\omega^2y=0$ 的解,若是,是通解还是特解?

2. 写出由下列条件确定的曲线 $y=f(x)$ 所满足的微分方程.

(1) 曲线上点 $P(x,y)$ 处的切线与线段 OP 垂直;

(2) 曲线上任一点 $P(x,y)$ 处的曲率都是 $\frac{1}{a}$.

3. 已知函数 $y=C_1\cos x+C_2\sin x$ 是微分方程 $y''+y=0$ 的通解,求满足初始条件 $y|_{x=0}=2$ 及 $y'|_{x=0}=-1$ 的特解.

4. 求解下列初值问题.

(1) $\frac{\mathrm{d}y}{\mathrm{d}x}=2x+1,y(0)=3$;

(2) $\frac{\mathrm{d}y}{\mathrm{d}x}=\frac{1}{\sqrt{x+2}},y(2)=-1$.

【拓展训练】

已知运动粒子加速度 $a(t)=4(t+3)^2$,初始位置 $x(0)=1$,初始速度 $v(0)=-1$,求粒子的

位置函数 $x=x(t)$，并求 $t=3$ 时粒子的位置坐标，速度以及加速度.

7.2　一阶微分方程的基本解法

一阶微分方程的一般形式为 $F(x,y,y')=0$ 或 $y'=f(x,y)$. 这样的方程一般不能通过直接积分求解. 下面我们讨论两种特殊类型的一阶微分方程的求解. 一种是可分离变量的微分方程，另一种是一阶线性微分方程.

案例探究　冷却定律指出：物体在空气中冷却的速度与物体温度和环境温度之差成正比. 某一电动机运转后，每秒温度升高 1 ℃，室内温度为 20 ℃，电动机温度高于室温后，将不断散发热量，且符合冷却定律. 求电动机运转 t 秒后的温度 T.

7.2.1　可分离变量的微分方程

形如$\frac{dy}{dx}=f(x)\cdot g(y)$的方程，可变形为

$$\frac{dy}{g(y)}=f(x)dx \quad (g(y)\neq 0),$$

所以称方程$\frac{dy}{dx}=f(x)\cdot g(y)$为**可分离变量的微分方程**. 此类方程的特点是方程右端的表达式可以分解为 x 的表达式与 y 的表达式的乘积. 因此可以通过变形将 x 与 y 分离到等式两侧. 该方程可用分离变量法求解，具体步骤如下：

第一步，将方程$\frac{dy}{dx}=f(x)\cdot g(y)$分离变量，得

$$\frac{1}{g(y)}dy=f(x)dx.$$

第二步，上式两边同时积分

$$\int\frac{1}{g(y)}dy=\int f(x)dx,$$

得方程的通解

$$G(y)=F(x)+C.$$

此形式为方程的**隐式解**（隐函数形式），若有必要再解关于 y 的代数方程可得到方程的显函数解 $y=y(x)$.

例 1　求微分方程$\frac{dy}{dx}=2xy$ 的通解.

解　$\frac{dy}{dx}=2xy$ 是可分离变量的微分方程，分离变量后得

$$\frac{1}{y}\mathrm{d}y = 2x\mathrm{d}x,$$

两边积分，得

$$\int \frac{1}{y}\mathrm{d}y = \int 2x\mathrm{d}x,$$

积分后，得

$$\ln|y| = x^2 + C_1,$$

$$|y| = \mathrm{e}^{x^2+C_1} = \mathrm{e}^{C_1}\mathrm{e}^{x^2},$$

即

$$y = \pm \mathrm{e}^{C_1}\mathrm{e}^{x^2}.$$

由于$\pm\mathrm{e}^{C_1}$是任意常数，又 $y=0$ 也是原方程的解，于是所给方程的通解为

$$y = C\mathrm{e}^{x^2}.$$

若在解题过程中将 $\ln|y|$ 写成 $\ln y$，把 C_1 写成 $\ln C$，可直接由 $\ln y=x^2+\ln C$ 得 $y=C\mathrm{e}^{x^2}$. 因此遇到类似情形，就可以不再写绝对值符号，以简化计算过程.

例 2　求方程 $\mathrm{d}y=x(2y\mathrm{d}x-x\mathrm{d}y)$满足初始条件 $y|_{x=1}=4$ 的特解.

解　将所给方程分离变量得

$$\frac{1}{y}\mathrm{d}y = \frac{2x}{x^2+1}\mathrm{d}x,$$

等式两边分别积分，有

$$\int \frac{1}{y}\mathrm{d}y = \int \frac{2x}{x^2+1}\mathrm{d}x,$$

积分后，并将 $\ln|y|$ 写成 $\ln y$，得

$$\ln y = \ln(x^2+1) + \ln C,$$

整理得通解为

$$y = C(x^2+1).$$

将初始条件 $y|_{x=1}=4$ 代入上面的通解中，可求出 $C=2$. 于是所求特解为

$$y = 2(x^2+1).$$

7.2.2　一阶线性微分方程

形如

$$y' + P(x)y = Q(x)$$

的微分方程，称为**一阶线性微分方程**，其中 $P(x)$和 $Q(x)$是已知函数. 所谓“线性”，指的是方程中关于未知函数 y 及其导数 y'都是一次式.

特别地，当 $Q(x)\equiv 0$ 时，方程 $y'+P(x)y=Q(x)$变成 $y'+P(x)y=0$，此时称之为**一阶线性齐次微分方程**；当 $Q(x)$不恒为 0 时，方程 $y'+P(x)y=Q(x)$称为**一阶线性非齐次微分方程**.

例如，方程 $y'-y\cos x=2x\mathrm{e}^{\sin x}$是一阶线性非齐次微分方程，它所对应的齐次微分方程为 $y'-y\cos x=0$.

先讨论一阶线性齐次微分方程 $y'+P(x)y=0$ 的解. $y'+P(x)y=0$ 也属于可分离变量微分方程,分离变量后得

$$\frac{dy}{y}=-P(x)dx,$$

两边积分得

$$\ln y=-\int P(x)dx+\ln C,$$

即一阶线性齐次微分方程 $y'+P(x)y=0$ 的通解为

$$y=Ce^{-\int P(x)dx}.$$

下面再来讨论一阶线性非齐次微分方程 $y'+P(x)y=Q(x)$ 的通解求法,即常数变易法.具体步骤如下:

第一步,求解相应的一阶线性齐次微分方程 $y'+P(x)y=0$. 得到其通解 $y=Ce^{-\int P(x)dx}$.

第二步,求解一阶线性非齐次微分方程 $y'+P(x)y=Q(x)$ 的通解.对照一阶线性非齐次微分方程 $y'+P(x)y=Q(x)$ 与对应的一阶线性齐次微分方程 $\frac{dy}{dx}+P(x)y=0$ 结构,联想乘积的导数结构,猜想非齐次微分方程的通解形式为 $y=C(x)e^{-\int P(x)dx}$, 代入原非齐次微分方程可得:

$$C'(x)e^{-\int P(x)dx}-P(x)C(x)e^{-\int P(x)dx}+P(x)C(x)e^{-\int P(x)dx}=Q(x),$$

化简得

$$C'(x)e^{-\int P(x)dx}=Q(x),$$

即

$$C'(x)=Q(x)e^{\int P(x)dx},$$

积分可求出待定函数

$$C(x)=\int Q(x)e^{\int P(x)dx}dx+C,$$

故一阶线性非齐次微分方程 $y'+P(x)y=Q(x)$ 的通解为

$$y=e^{-\int P(x)dx}\left[\int Q(x)e^{\int P(x)dx}dx+C\right].\tag{7-1}$$

回顾上面的做法,将相应的一阶线性齐次微分方程的通解中的常数 C 变为待定函数 $C(x)$,得到非齐次微分方程的通解形式,代入非齐次微分方程,可以求出 $C(x)$,从而得到非齐次微分方程的通解.这种求一阶线性非齐次微分方程通解的方法称为**常数变易法**.

例 3　解微分方程 $y'-y\cos x=2xe^{\sin x}$.

解　方程 $y'-y\cos x=2xe^{\sin x}$ 的对应齐次微分方程为 $y'-y\cos x=0$.
对齐次方程分离变量,得

$$\frac{dy}{y}=\cos x dx,$$

两边积分,得

$$\ln y=\sin x+\ln C,$$

故齐次微分方程 $y'-y\cos x=0$ 的通解为

$$y = Ce^{\sin x}.$$

设 $y=C(x)e^{\sin x}$为原非齐次微分方程 $y'-y\cos x=2xe^{\sin x}$的解，则

$$y' = C'(x)e^{\sin x} + C(x) \cdot \cos x \cdot e^{\sin x},$$

将 y,y'代入原方程，整理得

$$C'(x)e^{\sin x} = 2xe^{\sin x},$$

化简得

$$C'(x) = 2x,$$

再积分得

$$C(x) = x^2 + C.$$

所以原一阶线性非齐次微分方程 $y'-y\cos x=2xe^{\sin x}$的通解为

$$y = (x^2 + C)e^{\sin x}.$$

本例也可以直接代入公式(7-1)中求通解.对照一阶线性非齐次微分方程标准形式 $y'+P(x)y=Q(x)$，知本例中的 $P(x)=-\cos x$，$Q(x)=2xe^{\sin x}$，代入通解公式 $y=e^{-\int P(x)dx}\left[\int Q(x)e^{\int P(x)dx}dx+C\right]$，得

$$\begin{aligned} y &= e^{\int \cos x dx}\left(\int 2xe^{\sin x} \cdot e^{-\int \cos x dx}dx + C\right) \\ &= e^{\sin x}\left(\int 2xe^{\sin x} \cdot e^{-\sin x}dx + C\right) \\ &= e^{\sin x}(x^2 + C). \end{aligned}$$

所以原方程 $y'-y\cos x=2xe^{\sin x}$的通解为

$$y = (x^2 + C)e^{\sin x}.$$

例 4　求方程 $y'-\dfrac{3}{x}y=x^3$ 满足 $y\big|_{x=1}=0$ 的特解.

解　直接由公式(7-1)求通解，由 $P(x)=-\dfrac{3}{x}$，$Q(x)=x^3$，可得通解为

$$\begin{aligned} y &= e^{-\int\left(-\frac{3}{x}\right)dx}\left[\int x^3 e^{\int\left(-\frac{3}{x}\right)dx}dx + C\right] \\ &= e^{3\ln x}\left(\int x^3 e^{-3\ln x}dx + C\right) \\ &= x^3(x + C) \\ &= x^4 + Cx^3. \end{aligned}$$

由初始条件 $x=1$ 时 $y=0$，代入通解，得 $C=-1$.故所求特解为

$$y = x^4 - x^3.$$

本节介绍了两种一阶微分方程解法，见表 7-1.解微分方程，首先要将其化为标准形式，再根据类型采用适当的求解方法.

表 7-1 两类简单微分方程的求解方法

方程类型	标准形式	求解方法
可分离变量微分方程	$y'=f(x)g(y)$	分离变量得$\frac{\mathrm{d}y}{g(y)}=f(x)\mathrm{d}x$,再积分.
一阶线性微分方程	齐次 $y'+P(x)y=0$	分离变量得$\frac{\mathrm{d}y}{y}=-P(x)\mathrm{d}x$,再积分.
	非齐次 $y'+P(x)y=Q(x)$	常数变易法:齐次方程解的形式⇒非齐次方程解的形式. 公式法:$y=\mathrm{e}^{-\int P(x)\mathrm{d}x}\left[\int Q(x)\mathrm{e}^{\int P(x)\mathrm{d}x}\mathrm{d}x+C\right]$.

例 5 已知物体在空气中冷却的速度与物体温度和环境温度之差成正比.某一电动机运转后,每秒温度升高 1 ℃,室内温度为 20 ℃,电动机温度高于室温后,将不断散发热量.求电动机运转 t 秒后的温度 T.(见“案例探究”)

解 电动机运转后,温度升高的速率为 1 ℃/s,冷却速率为 $k(T-20)$℃/s (k 为常数),则有

$$\frac{\mathrm{d}T}{\mathrm{d}t}=1-k(T-20),$$

即

$$\frac{\mathrm{d}T}{\mathrm{d}t}+kT=1+20k,$$

且初始条件为 $T|_{t=0}=20$. 方程$\frac{\mathrm{d}T}{\mathrm{d}t}+kT=1+20k$ 为一阶线性非齐次微分方程,由通解公式(7-1),可得

$$\begin{aligned}T(t)&=\mathrm{e}^{-\int k\mathrm{d}t}\left[\int(1+20k)\mathrm{e}^{\int k\mathrm{d}t}\mathrm{d}t+C\right]\\&=\mathrm{e}^{-kt}\left[\frac{(1+20k)\mathrm{e}^{kt}}{k}+C\right].\end{aligned}$$

将初始条件 $T|_{t=0}=20$ 代入上式,得

$$C=-\frac{1}{k},$$

故此电动机经过时间 t 秒后的温度为

$$T(t)=20+\frac{1}{k}(1-\mathrm{e}^{-kt}).$$

课堂练习 >>>

1. 方程$\frac{\mathrm{d}y}{\mathrm{d}x}=\frac{1}{x+y}$________(是、不是)关于未知函数 $y=y(x)$ 的一阶线性微分方程,________(是、不是)关于未知函数 $x=x(y)$ 的一阶线性微分方程,关于 $x=x(y)$ 的微分方程形式为________.

2. 方程 $xy'-y\ln y=0$ 为可分离变量的微分方程，第一步分离变量得__________；第二步两边同时积分得__________.所以方程的通解为__________.

3. 方程 $y'+y\cos x=\mathrm{e}^{-\sin x}$ 为一阶线性非齐次微分方程，第一步求解相应的齐次微分方程__________，从而得到齐次微分方程的通解为__________；第二步进行常数变易，令 $y=$__________，将 y 和 y' 代入原方程，从而解得 $C(x)=$__________.所以原方程的通解为__________.

4. 放射性物质由于不断地有原子放射出微粒子，其量会逐渐减少的现象称为衰变.镭的衰变有如下规律：镭的衰变速度与镭现存量 R 成正比，则可以建立微分方程__________，由经验材料断定，镭在经过 1 600 年后，只余原始量 R_0 的一半，则初始条件为__________，求此初值问题，得到镭的量 R 与时间 t 的函数关系为__________.

拓展提升 »»

在解决实际问题时，往往需要根据已知信息建立微分方程，然后求解方程，进而由结论分析实际现象.

例 6　一个特定环境（如地球）最多能供 M 个人生存，$P=P(t)$ 为 t 时刻人口数量，开始人口数量 $P(0)=P_0$，因为可以认为 $M-P$ 是未来人口膨胀的潜在值，因而假设人口增长率 r 与 $M-P$ 成比例，即 $r=k(M-P)$.所以有

$$\frac{\mathrm{d}P}{\mathrm{d}t}=kP(M-P).$$

求解此微分方程，并分析人口数量变化规律.

解　对微分方程分离变量，得

$$\frac{\mathrm{d}P}{P(M-P)}=k\mathrm{d}t,$$

两边积分得

$$\int\frac{\mathrm{d}P}{P(M-P)}=\int k\mathrm{d}t,$$

$$\frac{1}{M}\ln\frac{P}{M-P}=kt+C_1,$$

整理得通解为

$$P(t)=\frac{M}{1+C\mathrm{e}^{-kMt}}.$$

代入初值 $P(0)=P_0$，可得 $C=\dfrac{M-P_0}{P_0}$，因此特解为

$$P(t)=\frac{MP_0}{P_0+(M-P_0)\mathrm{e}^{-kMt}}.$$

可以看出，$t\to+\infty$ 时，$P(t)\to M$.即未来人口趋于稳定值 M.如图 7-2 给出了 $P_0=60$，$M=200$，$k=0.000\ 1$ 时的人口数量变化曲线.

例 7　电学中经常会用到含有电容与电阻的电路.如图 7-3 所示，图中有一电阻、电容串联连接着一直流电源，已知电阻为 R，电容为 C，电动势为 E，其中 R,C,E 均为常数.当开关 K

合上后的一段时间内，电路中有电流 i 通过，电容器上的电压 U_C 逐渐升高. 分析电路中电压 U_C 随时间 t 的变化规律.

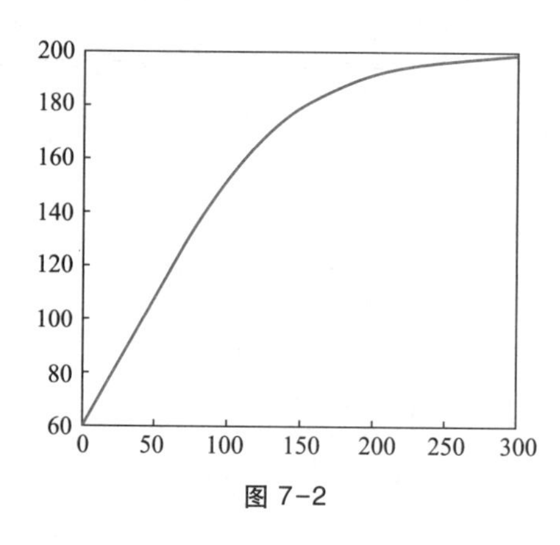

图 7-2

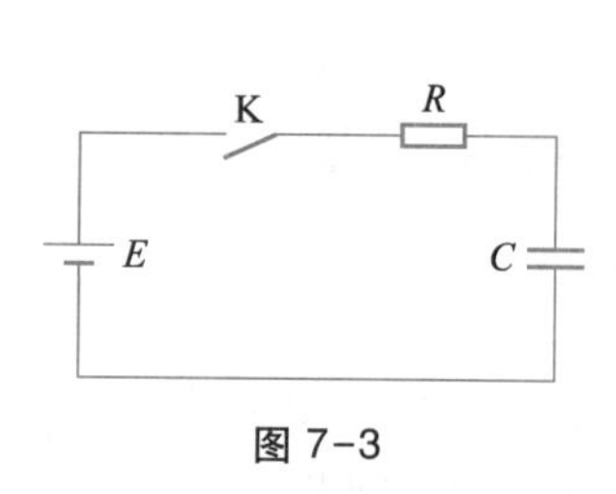

图 7-3

解 根据基尔霍夫电压定律，得

$$Ri + U_C = E,$$

因电流 i 是电容器上电荷量 q 对时间 t 的变化率，而 $q=CU_C$，所以

$$i = \frac{\mathrm{d}q}{\mathrm{d}t} = C\frac{\mathrm{d}U_C}{\mathrm{d}t},$$

将上式代入 $Ri+U_C=E$ 中，得

$$RC\frac{\mathrm{d}U_C}{\mathrm{d}t} + U_C = E,$$

上式给出了未知函数 U_C 的导数与未知函数 U_C 之间的关系式. 求解此微分方程即可得到电压 U_C 随时间 t 的变化规律.

由上式分离变量得

$$\frac{\mathrm{d}U_C}{E - U_C} = \frac{\mathrm{d}t}{RC},$$

两边积分，得

$$\int \frac{\mathrm{d}U_C}{E - U_C} = \int \frac{\mathrm{d}t}{RC},$$

即

$$-\ln(E - U_C) = \frac{t}{RC} + \ln C_1,$$

其中 C_1 为任意常数. 化简上式得

$$C_1(E - U_C) = \mathrm{e}^{-\frac{t}{RC}},$$

设开关刚合上的瞬间 $t=0$ 时，电容器上的电压 $U_C=0$，即未知函数 U_C 需满足 $U_C\big|_{t=0}=0$，所以

$$C_1 = \frac{1}{E},$$

所以电路中电压 U_C 随时间 t 的变化规律为

$$U_C = E - Ee^{-\frac{t}{RC}}.$$

习题 7-2

【基础训练】

1. 求解下列微分方程.

(1) $\frac{dy}{dx}=\frac{y}{x}$;　　(2) $\frac{dy}{dx}=2xy^2$;

(3) $xydx+(x+2)dy=0$;　　(4) $ydx+(x^2-4)dy=0$.

2. 求解下列初值问题.

(1) $(x^2+1)y'=\arctan x, y|_{x=0}=0$;　　(2) $y'\sin x=y\ln y, y|_{x=\frac{\pi}{2}}=e$;

(3) $xdy+2ydx=0, y|_{x=2}=1$;　　(4) $\cos ydx+(1+e^{-x})\sin ydy=0, y|_{x=0}=\frac{\pi}{4}$.

3. 利用常数变易法求解下列线性微分方程.

(1) $y'-y\cot x=2x\sin x$;　　(2) $y'+2xy=2xe^{-x^2}$.

4. 公式法求解下列线性微分方程.

(1) $y'+2y=2x$;　　(2) $y'+\frac{e^x}{1+e^x}y=1$.

5. 求解下列初值问题.

(1) $xy'+y=\sin x, y|_{x=\pi}=1$;　　(2) $\frac{dy}{dx}+\frac{2-3x^2}{x^3}y=1, y|_{x=1}=1$.

6. 求曲线的方程,使得曲线上任一点(x,y)处的切线垂直于此点与原点的连线.

【拓展训练】

1. 设 $P=P(t)$ 为 t 时刻人口数量,开始人口数量 $P(0)=P_0$,假设人口增长率 r 为常数,则有$\frac{dP}{dt}=rP$.求解此微分方程,并分析人口数量变化规律.

2. 某空降部队进行跳伞训练,伞兵打开降落伞后,降落伞和伞兵在下降过程中所受的空气阻力与他下落的速度成正比(比例系数为常数 $k>0$).设伞兵打开降落伞时$(t=0)$的下降速度为 v_0,求降落伞下降的速度 v 与时间 t 的函数关系,并分析随着时间 t 越来越大,速度是如何变化的.

7.3　二阶线性微分方程

形如

$$y'' + p(x)y' + q(x)y = f(x)$$

的二阶微分方程,称为**二阶线性微分方程**,其中 $p(x),q(x),f(x)$ 都是自变量 x 的已知函数,等式右端 $f(x)$ 叫做方程的自由项.

当 $f(x)\equiv 0$ 时,方程

$$y''+p(x)y'+q(x)y=0 \tag{7-2}$$

称为**二阶线性齐次微分方程**.

当 $f(x)\neq 0$ 时,方程

$$y''+p(x)y'+q(x)y=f(x) \tag{7-3}$$

称为**二阶线性非齐次微分方程**.

案例探究 现有一弹簧,它的一端固定,另一端系有质量为 m 的物体.如图 7-4 所示. 如果使物体具有一个初始速度 $v_0(v_0\neq 0)$,初始位移 x_0,那么物体便离开平衡位置 O,并在平衡位置 O 附近作上下振动.确定物体的振动规律,即求出物体离开平衡位置的距离 x 随时间 t 的变化规律.

7.3.1 解的结构理论

1. 二阶线性齐次微分方程解的结构

定理 7.1 设 $y_1(x),y_2(x)$ 是方程(7-2)的两个特解,则对任意常数 C_1,C_2(可以是复数),$y=C_1y_1(x)+C_2y_2(x)$ 仍是方程(7-2)的解,且当 $\dfrac{y_1(x)}{y_2(x)}\neq$ 常数时,$y=C_1y_1(x)+C_2y_2(x)$ 就是方程(7-2)的通解.

证 $y_1(x),y_2(x)$ 都是方程(7-2)的解,即有

$$y_1''(x)+p(x)y_1'(x)+q(x)y_1(x)=0;$$
$$y_2''(x)+p(x)y_2'(x)+q(x)y_2(x)=0.$$

所以

$$[C_1y_1(x)+C_2y_2(x)]''+p(x)[C_1y_1(x)+C_2y_2(x)]'+q(x)[C_1y_1(x)+C_2y_2(x)]=0,$$

即 $y=C_1y_1(x)+C_2y_2(x)$ 是方程(7-2)的解.

由于 $\dfrac{y_1(x)}{y_2(x)}\neq$ 常数(即 $y_1(x),y_2(x)$ 线性无关),所以 C_1,C_2 是两个独立的任意常数,即解 $y=C_1y_1+C_2y_2$ 中所含独立的任意常数的个数与微分方程(7-2)的阶数相同,所以它是方程(7-2)的通解.

由定理 7.1 可知,对于二阶线性齐次微分方程,只要找到方程的两个线性无关的特解,便可以得到方程的通解.

2. 二阶线性非齐次微分方程解的结构

定理 7.2 如果 y^* 是二阶线性非齐次微分方程(7-3)的一个特解,$\bar{y}$ 是其相应的齐次方程(7-2)的通解,则方程(7-3)的通解为 $y=y^*+\bar{y}$.

由定理 7.2 可知,对于二阶线性非齐次微分方程,只要找到方程的一个特解,以及其相应的齐次方程的两个线性无关的特解,便可以得到方程的通解.

定理 7.3 若二阶线性非齐次微分方程(7-3)右端的自由项$f(x)$是两个函数之和,即

$$y''+p(x)y'+q(x)y=f_1(x)+f_2(x). \tag{7-4}$$

而 y_1^*,y_2^* 分别是方程 $y''+p(x)y'+q(x)y=f_1(x)$ 与 $y''+p(x)y'+q(x)y=f_2(x)$ 的特解,那么 $y_1^*+y_2^*$ 是方程(7-4)的特解.

由定理 7.3 可知,对于二阶线性非齐次微分方程,自由项 $f(x)$ 是多个函数之和时,求其特解时可分成对应的几个方程分别处理.

7.3.2 二阶常系数线性齐次微分方程的解法

形如

$$y''+py'+qy=0 \tag{7-5}$$

的微分方程,其中 p,q 是常数,称为**二阶常系数线性齐次微分方程**.

扫一扫 看讲解

7.3.2 二阶常系数线性齐次微分方程

由定理 7.1 知,想得到二阶常系数线性齐次微分方程(7-5)的通解,关键是找到其两个线性无关的特解.由于 $y''+py'+qy=0$ 中的 p,q 是常数,而形如 $y=e^{rx}$的指数函数及其一、二阶导数仍是自身的倍数,故猜想如果选取适当的常数 r,则有可能使 $y=e^{rx}$满足方程(7-5).即方程 $y''+py'+qy=0$ 有形如 $y=e^{rx}$ 的特解(其中 r 为待定常数).

为了验证这个猜想,将 $y=e^{rx}$代入方程(7-5)得

$$e^{rx}(r^2+pr+q)=0,$$

由于 $e^{rx}\neq 0$,则必有

$$r^2+pr+q=0,$$

由此可见,只要 r 满足二次方程 $r^2+pr+q=0$,函数 $y=e^{rx}$就是方程(7-5)的一个特解.

一元二次方程 $r^2+pr+q=0$ 称为二阶常系数线性齐次微分方程 $y''+py'+qy=0$ 的**特征方程**.特征方程的两个根 r_1,r_2 称为**特征根**.下面根据特征根的不同情况,分别讨论方程(7-5)的通解.

(1) 当 $p^2-4q>0$ 时,方程 $r^2+pr+q=0$ 有不相等的两个实根 r_1,r_2.则方程的两个特解为

$$y_1=e^{r_1x},\quad y_2=e^{r_2x}.$$

又因为$\dfrac{y_1}{y_2}=e^{(r_1-r_2)x}\neq$常数,因此方程(7-5)的通解为

$$y=C_1e^{r_1x}+C_2e^{r_2x}.$$

(2) 当 $p^2-4q=0$ 时,方程 $r^2+pr+q=0$ 有相等的两个实根 $r_1=r_2=r$,可得方程的一个特解 $y_1=e^{rx}$.为了求方程的通解,还需求另一个与 y_1 线性无关的解 y_2.

可以验证,函数 $y_2=xe^{rx}$恰好是方程的解,且与 y_1 线性无关.因此,方程(7-5)的通解为

$$y=(C_1+C_2x)e^{rx}.$$

(3) 当 $p^2-4q<0$ 时,方程 $r^2+pr+q=0$ 有一对共轭复根 r_1,r_2.记 $r_1=\alpha+\beta i$,$r_2=\alpha-\beta i(\beta\neq 0)$.这时方程有两个复数解

$$y_1=e^{(\alpha+i\beta)x},\quad y_2=e^{(\alpha-i\beta)x}.$$

为了得到实数形式的特解,运用欧拉公式 $e^{ix}=\cos x+i\sin x$,得到

$$y_1 = e^{\alpha x} \cdot e^{i\beta x} = e^{\alpha x}(\cos \beta x + i\sin \beta x);$$

$$y_2 = e^{\alpha x} \cdot e^{-i\beta x} = e^{\alpha x}(\cos \beta x - i\sin \beta x).$$

由定理 7.1 知，

$$\frac{1}{2}(y_1 + y_2) = e^{\alpha x}\cos \beta x, \quad \frac{1}{2i}(y_1 - y_2) = e^{\alpha x}\sin \beta x$$

也为方程(7-5)的特解，且线性无关.故方程(7-5)的通解为

$$y = e^{\alpha x}(C_1\cos \beta x + C_2\sin \beta x).$$

综上所述，二阶线性常系数齐次微分方程(7-5)的通解可归纳如表 7-2 所示：

表 7-2 二阶常系数线性齐次微分方程的通解

特征方程 $r^2+pr+q=0$ 的特征根 r_1, r_2	$y''+py'+qy=0$ (p, q 是常数)的通解形式
两个不相等实根 $r_1 \neq r_2$	$y=C_1e^{r_1x}+C_2e^{r_2x}$
两个相等的实根 $r_1=r_2=r$	$y=(C_1+C_2x)e^{rx}$
一对共轭复根 $r_{1,2}=\alpha\pm\beta i$	$y=e^{\alpha x}(C_1\cos \beta x+C_2\sin \beta x)$

通过上述分析，求解二阶常系数线性齐次微分方程 $y''+py'+qy=0$ 的通解步骤如下：

第一步，写出特征方程 $r^2+pr+q=0$；

第二步，求出特征方程的特征根 r_1, r_2；

第三步，由特征根的三种不同情况写出微分方程 $y''+py'+qy=0$ 的通解.

例 1 求微分方程 $y''-y'-2y=0$ 的通解.

解 特征方程为

$$r^2 - r - 2 = 0,$$

特征根为 $r_1=-1, r_2=2$，通解为

$$y = C_1e^{-x} + C_2e^{2x} \quad (C_1, C_2 \text{ 为任意常数}).$$

例 2 求微分方程 $y''-2y'+y=0$ 的通解.

解 特征方程为

$$r^2 - 2r + 1 = 0,$$

特征根为 $r_1=r_2=1$，此时有两个相等的实根，因此通解为

$$y = (C_1 + C_2x)e^x.$$

例 3 求微分方程 $y''-6y'+13y=0$ 满足初始条件 $y(0)=1, y'(0)=3$ 下的特解.

解 特征方程为

$$r^2 - 6r + 13 = 0,$$

特征根 $r_{1,2}=3\pm2i$.故方程的通解为

$$y = e^{3x}(C_1\cos 2x + C_2\sin 2x).$$

由 $y(0)=1, y'(0)=3$ 得

$$\begin{cases} C_1 = 1, \\ 3C_1 + 2C_2 = 3, \end{cases}$$

故 $C_1=1, C_2=0$，所以所求方程的特解为

$$y=\mathrm{e}^{3x}\cos 2x.$$

例 4　现有一弹簧，它的一端固定，另一端系有质量为 m 的物体，如图 7-4 所示. 如果使物体具有一个初始速度 $v_0(v_0\neq 0)$，初始位移 x_0，那么物体便离开平衡位置 O，并在平衡位置 O 附近作上下振动. 确定物体的运动规律，即求出物体相对平衡位置 O 的位移 x 随时间 t 的变化规律.（见"案例探究"）

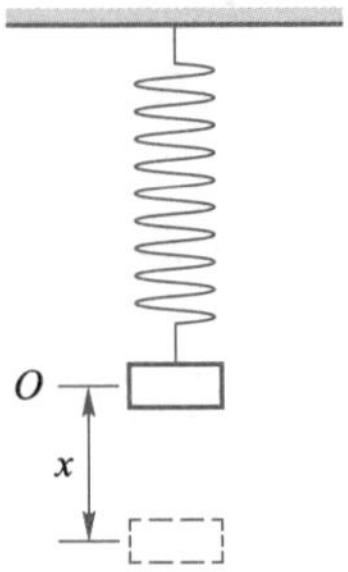

O

x

图 7-4

解　由胡克定律知，弹簧的弹性恢复力与弹簧的变形量成正比，即

$$f=-kx,$$

其中 $k(k>0)$ 为弹性系数，f 为弹性恢复力，x 为物体相对平衡位置的位移，负号表示弹性恢复力与物体位移的方向相反. 在不考虑介质阻力的情况下，由牛顿第二定律得

$$m\frac{\mathrm{d}^2x}{\mathrm{d}t^2}=-kx.$$

且需满足初始条件 $x\big|_{t=0}=x_0, \left.\frac{\mathrm{d}x}{\mathrm{d}t}\right|_{t=0}=v_0$.

记 $\lambda^2=\frac{k}{m}$，由 $m\frac{\mathrm{d}^2x}{\mathrm{d}t^2}=-kx$ 得

$$\frac{\mathrm{d}^2x}{\mathrm{d}t^2}+\lambda^2x=0,$$

上式是二阶常系数线性齐次微分方程，其特征方程为

$$r^2+\lambda^2=0,$$

特征根为 $r_{1,2}=\pm\lambda\mathrm{i}$，所以 $\frac{\mathrm{d}^2x}{\mathrm{d}t^2}+\lambda^2x=0$ 的通解为

$$x=C_1\cos\lambda t+C_2\sin\lambda t,$$

将初始条件 $x\big|_{t=0}=x_0, \left.\frac{\mathrm{d}x}{\mathrm{d}t}\right|_{t=0}=v_0$ 代入通解，得 $C_1=x_0, C_2=\frac{v_0}{\lambda}$.

所以物体的位移 x 随时间 t 的变化关系为

$$x=x_0\cos\lambda t+\frac{v_0}{\lambda}\sin\lambda t,$$

其中 $\lambda^2=\frac{k}{m}$.

课堂练习 ›››

1. 微分方程 $y''+y'-2y=0$ 的特征方程为____________，特征根为____________，其通解为______________.

2. 微分方程 $y''+4y'+4y=0$ 的特征方程为______________，特征根为____________，其通解为____________________.

3. 微分方程 $y''-4y=0$ 的通解为____________________.

4. 微分方程 $y''+4y=0$ 的通解为____________________.

知识拓展 »»

二阶常系数线性非齐次微分方程的解法

二阶常系数线性非齐次微分方程

形如

$$y'' + py' + qy = f(x) \tag{7-6}$$

的微分方程,称为**二阶常系数线性非齐次微分方程**,其中 p,q 是常数,$f(x)\neq 0$.

由定理 7.2 知,方程(7-6)的通解 y 是它的一个特解 y^* 与相应的齐次方程的通解 $\bar{y}$ 之和,即 $y=y^*+\bar{y}$.之前我们已详细讨论了二阶常系数线性齐次微分方程通解 $\bar{y}$ 的求法,因此,现在只需讨论如何求方程(7-6)的一个特解 y^* 即可.

这里只讨论自由项 $f(x)=P_m(x)\mathrm{e}^{\lambda x}$ 的情形,其中 λ 是常数,$P_m(x)$ 是 x 的 m 次多项式时.设特解的形式为

$$y^* = x^k Q_m(x)\mathrm{e}^{\lambda x},$$

其中 $Q_m(x)$ 与 $P_m(x)$ 都是 x 的 m 次多项式,各项系数待定.其具体形式如表 7-3 所示:

表 7-3 $f(x)=P_m(x)\mathrm{e}^{\lambda x}$ 类型中的 y^* 的形式

自由项 $f(x)$ 的类型	对应的线性齐次微分方程的特征根与 λ 的关系	一个特解 y^* 的形式
$f(x)=P_m(x)\mathrm{e}^{\lambda x}$	λ 不是特征根	$y^*=Q_m(x)\mathrm{e}^{\lambda x}$
	λ 是特征单根	$y^*=xQ_m(x)\mathrm{e}^{\lambda x}$
	λ 是特征重根	$y^*=x^2Q_m(x)\mathrm{e}^{\lambda x}$

故求 y^* 的步骤是首先依据条件设出 y^*,然后将 y^* 代入方程(7-6),从而确定 $Q_m(x)$ 中的 $m+1$ 个待定系数.这种求 y^* 的方法叫做待定系数法.

例 5 求微分方程 $y''-y'=-2x+1$ 的一个特解.

解 方程右边自由项 $f(x)=-2x+1$,是 $f(x)=P_m(x)\mathrm{e}^{\lambda x}$ 型,其中 $m=1,\lambda=0$.此方程对应的常系数线性齐次微分方程 $y''-y'=0$ 的特征方程为 $r^2-r=0$,其特征根为 $r_1=0,r_2=1$.由于 $\lambda=0$ 是特征单根,所以可设特解为

$$y^* = x(a_1x + a_0),$$

则 $(y^*)'=2a_1x+a_0,(y^*)''=2a_1$.将其代入原方程得

$$2a_1 - (2a_1x + a_0) = -2x + 1,$$

比较等号两边 x 的同次幂函数的系数,得

$$\begin{cases} -2a_1 = -2, \\ 2a_1 - a_0 = 1, \end{cases}$$

解得 $a_1=1,a_0=1$.从而得原方程的一个特解

$$y^* = x(x+1).$$

例 6　求微分方程 $y''-2y'-3y=(x+1)\mathrm{e}^x$ 的一个特解.

解　方程右边自由项 $f(x)=(x+1)\mathrm{e}^x$，是 $f(x)=P_m(x)\mathrm{e}^{\lambda x}$ 型，其中 $m=1,\lambda=1$. 此方程对应的常系数线性齐次微分方程 $y''-2y'-3y=0$ 的特征方程是 $r^2-2r-3=0$，其特征根为 $r_1=-1$，$r_2=3$. 由于 $\lambda=1$ 不是特征根，所以可设特解为

$$y^*=(b_1x+b_0)\mathrm{e}^x,$$

将 y^* 代入原方程，经化简得

$$-4b_1x-4b_0=x+1,$$

比较等式两边 x 的同次幂函数的系数，得 $b_1=-\dfrac{1}{4}, b_0=-\dfrac{1}{4}$，因此特解为

$$y^*=-\frac{1}{4}(x+1)\mathrm{e}^x.$$

求出微分方程 $y''+py'+qy=P_m(x)\mathrm{e}^{\lambda x}$ 的特解 y^* 后，即可根据定理 7.2 得出其通解. 具体步骤如下：

第一步，求相应齐次微分方程的特征方程，然后计算特征根；

第二步，得出相应的齐次方程的通解 $\bar{y}$；

第三步，由方程右端自由项 $f(x)$ 确定出 m 和 λ，与特征根对比，设出特解 y^* 的形式；

第四步，特解求一阶、两阶导数后代入原非齐次方程，求出待定系数，得出特解 y^*；

第五步，写出通解 $y=y^*+\bar{y}$.

例 7　求微分方程 $y''-2y'+y=\mathrm{e}^x$ 的通解.

解　其相应的齐次方程为

$$y''-2y'+y=0,$$

它的特征方程为

$$r^2-2r+1=0,$$

解得特征根 $r_1=r_2=1$. 故所给方程相应的齐次方程的通解为

$$\bar{y}=(C_1+C_2x)\mathrm{e}^x.$$

又因为原非齐次微分方程右边自由项 $f(x)=\mathrm{e}^x$，是 $f(x)=P_m(x)\mathrm{e}^{\lambda x}$ 型，其中 $m=0,\lambda=1$. 由于 $\lambda=1$ 恰为特征重根，故可设特解为

$$y^*=Ax^2\mathrm{e}^x,$$

将 y^* 代入原方程，整理得

$$2A\mathrm{e}^x=\mathrm{e}^x,$$

于是 $A=\dfrac{1}{2}$，故 $y^*=\dfrac{1}{2}x^2\mathrm{e}^x$. 所以原方程的通解为

$$y=y^*+\bar{y}=\frac{1}{2}x^2\mathrm{e}^x+(C_1+C_2x)\mathrm{e}^x.$$

习题 7-3

【基础训练】

1. 求下列二阶常系数线性齐次微分方程的通解.

(1) $y''-4y'-5y=0$;　　(2) $\frac{d^2\omega}{d\theta^2}-4\frac{d\omega}{d\theta}+6\omega=0$;

(3) $2y''+5y'=0$;　　(4) $2y''+y'+y=0$.

2. 一质点做直线运动,已知其加速度 $a=-4s$,且初始状态 $t=0$ 时 $s=0$,初始速度 $v_0=2$,求其运动方程 $s(t)$.

【拓展训练】

1. 求二阶常系数线性非齐次微分方程 $y''+4y'+4y=x$ 的一个特解.

2. 求下列二阶常系数线性非齐次微分方程的通解.

(1) $2y''+y'-y=2e^x$;　　(2) $2y''+5y'=5x^2-2x-1$;

3. 求微分方程 $y''-y=4xe^x$ 满足初始条件 $y|_{x=0}=0, y'|_{x=0}=1$ 下的特解.

7.4 微分方程的应用

微分方程是一种重要的数学模型.它广泛地应用于工程技术、经济管理和社会科学等领域.当实际问题与变化率有关时,往往可以建立微分方程.本节介绍微分方程在经济、物理、电气、力学等领域的几个应用实例.

应用微分方程解决问题时,常常按照如下步骤进行:

第一步,依据问题的几何、物理或生物等特点建立微分方程与初始条件;

第二步,求解所列方程的通解.

第三步,根据初始条件确定方程所需的特解.

案例探究　设某商品的市场价格 $P=P(t)$ 随时间 t 而变动,其需求函数 $Q_d=b-aP$(a,b 均为正常数),供给函数为 $Q_s=-d+cP$(c,d 均为正常数),又知价格 P 随时间 t 的变化率与超额需求 Q_d-Q_s 成正比,且当 $t=0$ 时,价格 $P=A$(A 为常数),求该商品的价格函数 $P(t)$.

7.4.1 经济应用

例 1　某林区实行封山养林,现有木材 10 万立方米,如果在某一时刻 t,木材的变化率与当时木材的数量成正比,假设 10 年后该林区的木材为 15 万立方米.若规定该林区的木材量达到 30 万立方米时才可适当砍伐,问至少需要等多少年?

解　设 t 时刻木材量为 $x(t)$ 万立方米,由题意得

$$\frac{dx}{dt}=kx,$$

且初始条件为 $x|_{t=0}=10, x|_{t=10}=15$.由方程 $\frac{dx}{dt}=kx$ 得

$$x=Ce^{kt}.$$

将 $x|_{t=0}=10$ 代入上式,得 $C=10$,于是

$$x = 10e^{kt},$$

将 $x|_{t=10}=15$ 代入上式,得 $k=\frac{\ln 1.5}{10}$,所以

$$x = 10e^{\frac{\ln 1.5}{10}t} = 10 \times 1.5^{\frac{t}{10}}.$$

令 $x=30$,求得 $t=10\times\frac{\ln 3}{\ln 1.5}\approx 27.09$.即若规定该林区的木材量达到 30 万立方米时才可适当砍伐,至少需要等大约 27.09 年.

例 2　某商品的需求函数 $Q_d=b-aP$(a,b 均为正常数),供给函数为 $Q_s=-d+cP$(c,d 均为正常数),且价格 P 随时间 t 的变化率与超额需求 Q_d-Q_s 成正比.当 $t=0$ 时,价格 $P=A$(A 为常数),求该商品的价格函数 $P(t)$.(见案例探究)

解　由题意知,价格函数 $P(t)$ 应满足方程

$$\frac{dP}{dt} = k(Q_d - Q_s) = k(b - aP + d - cP) = -k(a + c)P + k(b + d),$$

即

$$\frac{dP}{dt} + k(a + c)P = k(b + d),$$

且需满足初始条件 $P|_{t=0}=A$.

此方程为一阶线性非齐次微分方程,由公式 $y=e^{-\int P(x)dx}\left[\int Q(x)e^{\int P(x)dx}dx + C\right]$ 计算得通解

$$\begin{aligned} P &= e^{-\int k(a+c)dt}\left[\int k(b + d)e^{\int k(a+c)dt}dt + C\right] \\ &= \frac{b + d}{a + c} + Ce^{-k(a+c)t}, \end{aligned}$$

将初始条件 $P|_{t=0}=A$ 代入上式,可得 $C=A-\frac{b+d}{a+c}$,即所求的价格函数为

$$P(t) = \frac{b + d}{a + c} + \left(A - \frac{b + d}{a + c}\right)e^{-k(a+c)t},$$

当供需平衡,即 $Q_d=Q_s$ 时,由 $b-aP=-d+cP$ 可得 $P=\frac{b+d}{a+c}$,称为均衡价格.

7.4.2　物理应用

例 3　冷却定律指出:物体在空气中冷却的速度与物体温度和环境温度之差成正比,现将一块温度为 100 ℃的物体放在室温为 25 ℃的室内,10 分钟后温度降到 60 ℃.假设物体的温度满足冷却定律,如果需要温度降到 30 ℃,问需要多少时间?

解　设物体的温度为 $H(t)$,其冷却速度为$\frac{dH}{dt}$,根据题意得

$$\frac{dH}{dt} = -k(H - 25),$$

于是得微分方程模型

$$\begin{cases}\dfrac{\mathrm{d}H}{\mathrm{d}t}=-k(H-25),\\ H(0)=100,\end{cases}$$

其中 $k>0$ 是常数.现求解此初值问题.

分离变量并求解得 $H(t)=25+Ce^{-kt}$.将 $H(0)=100$ 代入上式,得 $C=75$.于是该初值问题的解为 $H(t)=25+75e^{-kt}$.

再将 $H(10)=60$ 代入,得 $k\approx0.076\ 2$.故温度函数为 $H(t)=25+75e^{-0.076\ 2t}$.

最后将 $H(t)=30$ 代入,得 $t\approx35.54$.故大约需要 35.54 分钟,物体温度可降到 30 ℃.

课堂练习 >>>

某细菌的增长率与总量成正比,如果培养的细菌总量在 12 小时内从 100 增长到 300,请说明细菌的增殖模型:

第一步,由细菌的增长率与总量成正比可得微分方程____________;由细菌总量在 12 小时内从 100 增长到 300 可得初始条件为____________;

第二步,所建立的微分方程的通解为____________;

第三步,代入初始条件,可得所求微分方程的特解为____________.

知识拓展 >>>

电气应用

例 4 设有一闭合电路,如图 7-5 所示.电源电动势为 $E=E_m\sin\omega t$,其中 E_m,ω,电阻 R 及自感 L 都是常量,求电路中的电流 $i(t)$.

解 由基尔霍夫电压定律得

$$E-L\frac{\mathrm{d}i}{\mathrm{d}t}-iR=0,$$

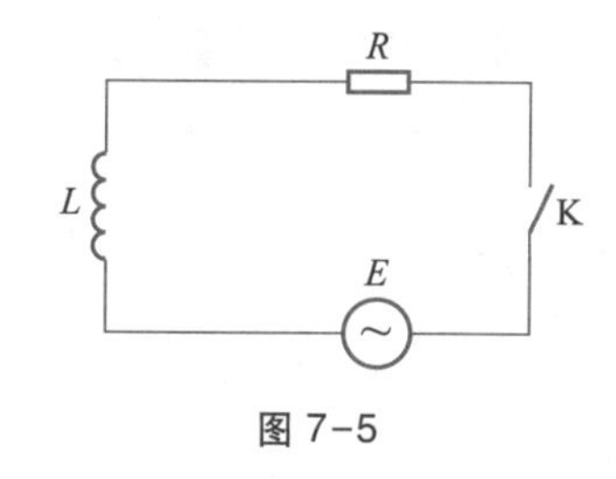

图 7-5

将 $E=E_m\sin\omega t$ 代入上式,得 $E_m\sin\omega t-L\dfrac{\mathrm{d}i}{\mathrm{d}t}-iR=0$,即

$$\frac{\mathrm{d}i}{\mathrm{d}t}+\frac{R}{L}i=\frac{E_m}{L}\sin\omega t,$$

此方程为一阶线性非齐次微分方程,利用公式法可以计算得通解为

$$\begin{aligned}i(t)&=e^{-\int\frac{R}{L}\mathrm{d}t}\left[\int\frac{E_m}{L}\sin\omega t\cdot e^{\int\frac{R}{L}\mathrm{d}t}\mathrm{d}t+C\right]\\&=Ce^{-\frac{R}{L}t}+\frac{E_m}{R^2+L^2\omega^2}(R\sin\omega t-L\omega\cos\omega t),\end{aligned}$$

又因为 $i(0)=0$,代入上式得 $C=\dfrac{LE_m\omega}{R^2+L^2\omega^2}$,因此所求函数为

$$i(t)=\frac{LE_m\omega}{R^2+L^2\omega^2}e^{-\frac{R}{L}t}+\frac{E_m}{R^2+L^2\omega^2}(R\sin\omega t-L\omega\cos\omega t).$$

令 $\cos\theta=\frac{R}{\sqrt{R^2+L^2\omega^2}}$，$\sin\theta=\frac{LR}{\sqrt{R^2+L^2\omega^2}}$，上式可以写为

$$i(t)=\frac{LE_m\omega}{R^2+L^2\omega^2}e^{-\frac{R}{L}t}+\frac{E_m}{R^2+L^2\omega^2}\sin(\omega t-\theta).$$

当 $t\to+\infty$ 时，上式等号右端第一项逐渐衰减而趋于零，也就是这部分电流很快就会消失.因此，达到稳定阶段后，电路中的电流由上式右端第二项表示，这部分电流称为稳态电流，反映稳态电流的函数是一个正弦函数，周期与电源电动势相同.

习题 7-4

【基础训练】

1. 已知位于第一象限的凸曲线弧经过原点 $O(0,0)$ 和点 $A(1,1)$，且对于该曲线弧上任一点 $P(x,y)$，曲线弧 OP 与直线段 $\overline{OP}$ 所围的平面图形的面积为 x^3，求该曲线弧的方程.

2. 在某池中养鱼，设该池子最多能养鱼 2000 条，在时刻 t（以月为单位）时，池中鱼的数量 x 是 t 的函数，其变化率与 x 和 $\frac{2\,000-x}{2\,000}$ 成正比.今在池中放养 500 条鱼，已知半年后池中有 800 条鱼，求经过 t 个月以后池中鱼的数量.

3. 将温度为 100 ℃的开水灌进热水瓶并塞紧塞子后放在温度为 15 ℃的室内，24 小时后，瓶内温度降为 60 ℃.问灌进开水 12 小时后，瓶内热水的温度为多少摄氏度？

【拓展训练】

现有一闭合电路，如图 7-5 所示.电源电动势为 $E=15$（单位：V），电阻 $R=10$（单位：Ω），自感 $L=0.5$（单位：H），求电路中的电流 $i(t)$.

7.5　用 GeoGebra 求解常微分方程

GeoGebra 提供了专用于求解常微分方程的命令："解常微分方程"，该命令可以求解前面讲到的常微分方程问题，包括：可分离变量的微分方程、一阶线性微分方程和二阶线性微分方程.

由于"解常微分方程"命令在代数区和运算区中的命令格式有较大区别. 因此，下面分别列出了该命令在代数区和运算区的中、英文语法格式：

代数区：

解常微分方程(<f'(x,y)>, <f 上的点>)

SolveODE (<f'(x,y)>, <f 上的点>)

运算区：

解常微分方程(<方程>,<因变量>,<自变量>,<f 上的点>,<f ′上的点>)

SolveODE(<方程>,<因变量>,<自变量>,<f 上的点>,<f ′上的点>)

注 (1) 在代数区中:“解常微分方程”命令用于求解一阶可分离变量微分方程和一阶线性微分方程的特解. 其中,“$f'(x,y)$”参数为必选参数,其值是 $f'(x,y)$ 的表达式;“f 上的点”参数为可选参数,其值是初始条件,省略时系统自动将任意常数 C 的取值范围设置为 $[-5,5]$,其初始值一般为 0 或 1.

(2) 在运算区中:“解常微分方程”命令用于求解可分离变量微分方程、一阶线性微分方程和二阶线性微分方程的通解和特解. 其中,“方程”参数为必选参数,其值是待求解的微分方程;“因变量”参数和“自变量”参数均为可选参数,用于指定方程中的因变量和自变量,省略时系统默认因变量为 y,自变量为 x. “f 上的点”参数和“f'上的点”参数为可选参数,其值是初始条件,即原函数和一阶导函数的取值,省略时该命令用于求微分方程的通解,反之求特解.

(3) 在 CAS 计算器中,“解常微分方程”命令的使用方法与运算区中一致. 经验证计算器中可求解的微分方程类型更为丰富. 因此,**推荐使用 CAS 计算器求解常微分方程**.

例 1 求下列微分方程的通解.

(1) $\dfrac{dy}{dx}=x^3y$; (2) $\dfrac{dy}{dx}=1+x+y^2+xy^2$;

(3) $(e^{x+y}-e^x)dx+(e^{x+y}+e^y)dy=0$; (4) $\sqrt{1-x^2}\,y'=\sqrt{1-y^2}$.

解 为帮助读者能充分认识到代数区和运算区的差别,本例在代数区中完成求解.

(1) 输入:解常微分方程(x^3 * y)

显示:$\to 1e^{\frac{x^4}{4}}$

其中任意常数 $C=1$,故微分方程的通解为:$y=Ce^{\frac{x^4}{4}}$.

(2) 输入:解常微分方程(1+x+y^2+x * y^2)

显示:$\to -\tan\left(\dfrac{2\cdot 1-x^2-2x}{2}\right)$

其中任意常数 $C=1$,故整理后的微分方程的通解为:$y=\tan\left(\dfrac{1}{2}x^2+x+C\right)$.

(3) 输入:解常微分方程((e^x-e^(x+y))/(e^(x+y)+e^y))

显示:$\to \ln\left(\dfrac{-(0-e^x)}{e^x+1}\right)$

其中任意常数 $C=0$,故整理后的微分方程的通解为:$y=\ln\left(\dfrac{e^x+C}{e^x+1}\right)$.

(4) 输入:解常微分方程(sqrt(1-y^2)/sqrt(1-x^2))

显示:$\to -\sin(0-\sin^{-1}(x))$

其中任意常数 $C=0$,故整理后的微分方程的通解为:$y=\sin(\arcsin(x)+C)$.

注 (1) GeoGebra 不会对运行结果进行化简和整理.

(2) 由于代数区会自动为结果中的符号常量赋值,因此代数区求得的是微分方程的一个特解,用户如需求通解,要么直接在运算区求解,要么自行将赋值换为任意常数 C.

(3) 图 7-6 展示了两个区域中的求解效果. 代数区的前八行展示了在本区域的运行效果,其中,$c_1 \sim c_4$ 依次为四条结果中包含的任意常数. 运算区的前四行展示了在本区域的运行效果,其产生的四个任意常数 $c_5 \sim c_8$,被存在代数区. 由于运算区不对符号常数做运算,因此其结果正好是对应微分方程的通解形式.

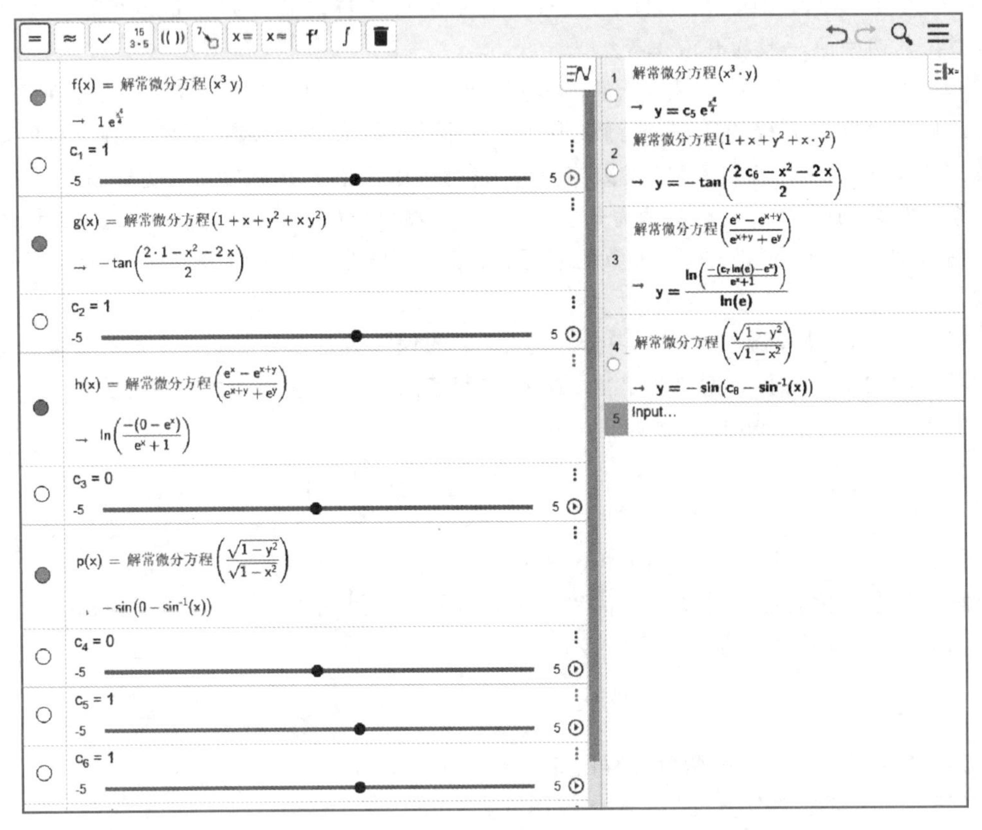

图 7-6

例 2　求下列微分方程满足所给初始条件的特解.

(1) $y'-y\tan x=\sec x, y\big|_{x=0}=0$;　　(2) $y'+\dfrac{y}{x}=\dfrac{\sin x}{x}, y\big|_{x=\pi}=1$;

(3) $y''-4y'+3y=0, y\big|_{x=0}=6, y'\big|_{x=0}=10$;　　(4) $y''+25y=0, y\big|_{x=0}=2, y'\big|_{x=0}=5$.

解　为保证 GeoGebra 计算的准确性,本例在 CAS 计算器中完成运算.

(1) 输入:解常微分方程(y'-y * tan(x)= sec(x),(0,0))

显示:$\rightarrow y=\dfrac{x}{\cos(x)}$

故满足初始条件的特解为 $y=\dfrac{x}{\cos x}$.

(2) 输入:解常微分方程(y'+y/x=sin(x)/x,(pi,1))

显示:$\rightarrow y=\dfrac{\pi-\cos(x)-1}{x}$

故满足初始条件的特解为 $y=\dfrac{\pi-\cos x-1}{x}$.

(3) 输入:解常微分方程(y″-4 * y′+3 * y=0,(0,6),(0,10))

显示:→$y=2e^{3x}+4e^{x}$

故满足初始条件的特解为 $y=2e^{3x}+4e^{x}$.

(4) 输入:解常微分方程(y″+25 * y=0,(0,2),(0,5))

显示:→y=2cos(5x)+sin(5x)

故满足初始条件的特解为 $y=2\cos 5x+\sin 5x$.

注 (1) GeoGebra 中,一阶导数和二阶导数可以用 y' 和 y'' 分别表示;圆周率常数 π 可用"pi"表示.

(2) 若省略"解常微分方程"命令中"f 上的点"参数和"f'上的点"参数的值,便可求解上述微分方程的通解.

(3) 本例微分方程在 GeoGebra 中的求解过程,如图 7-7 所示.

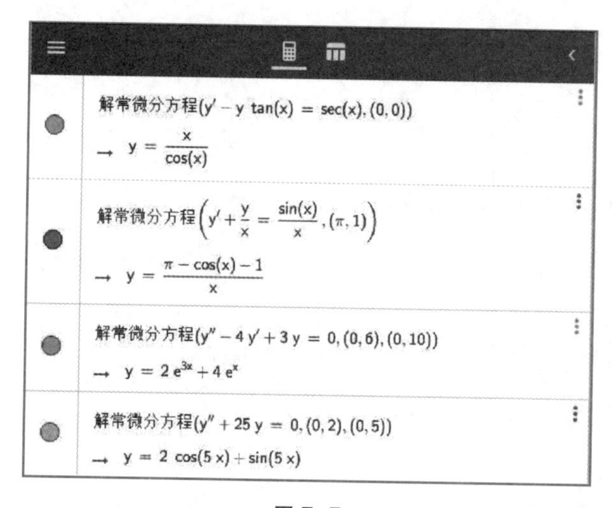

图 7-7

(4) 有些一阶或二阶线性微分方程也无法利用"解常微分方程"命令求解,例如:一阶线性微分方程 $y'+y\cot x=5e^{\cos x}$ 系统无法求解,而类似的微分方程 $y'-y\cos x=2xe^{\sin x}$ 却可解,具体原因留待读者自行思考.

例 3 设有一个由电阻 $R=10\ \Omega$、电感 $L=2$ H 和电源电压 $E=20\sin 5t$(单位:V)串联组成的电路.开关 S 合上后,电路中有电流通过. 求电流 i 与时间 t 的函数关系.

解 由回路电压定律得出 $E-L\dfrac{\mathrm{d}i}{\mathrm{d}t}-iR=0$,其中 $-L\dfrac{\mathrm{d}i}{\mathrm{d}t}$ 为 L 上的感应电动势. 代入条件中所给出的数据,及初始条件 $i|_{t=0}=0$,故有一阶线性方程的初值问题

$$\begin{cases}\dfrac{\mathrm{d}i}{\mathrm{d}t}+5i=10\sin 5t,\\ i|_{t=0}=0.\end{cases}$$

由于 i 在 GeoGebra 中表示虚数单位,因此,命令中用大写 I 代替小写 i.

输入:解常微分方程(I'+5 * I=10 * sin(5 * t),I,t,(0,0))

显示:→I=-cos(5t)+e^{-5t}+sin(5t)

故电流 i 与时间 t 的函数关系为:$i=-\cos(5t)+\mathrm{e}^{-5t}+\sin(5t)$.

课堂练习 >>>

1. 在代数区中,“解常微分方程”命令的可用参数包括:________.

2. “解常微分方程”命令只能在________区求解二阶线性微分方程.

3. 判断题.

(1) 命令“解常微分方程(y'-y * tan(x)= sec(x),(0,0))”可在代数区执行.　(　　)

(2) 当省略“f 上的点”参数时,代数区求解出的是微分方程的通解.　(　　)

(3) 运算区可以求解所有的一阶、二阶线性微分方程.　(　　)

(4) GeoGebra 中,系统设定的任意常数值通常为 0 或 1,且其取值范围不可更改.　(　　)

习题 7-5

1. 利用 GeoGebra 求下列微分方程的通解.

(1) $\dfrac{\mathrm{d}y}{\mathrm{d}x}=\dfrac{1}{x\sqrt{x^2-1}}$;　　(2) $(x^2+y^2+y)\mathrm{d}x-x\mathrm{d}y=0$;

(3) $y''+y=\cos x+x\cos 2x$;　　(4) $y''-2y'+y=\dfrac{\mathrm{e}^x}{x}$.

2. 利用 GeoGebra 求下列微分方程的特解.

(1) $\dfrac{\mathrm{d}y}{\mathrm{d}x}+3y=8,y|_{x=0}=2$;

(2) $y''+y+\sin 2x=0,y|_{x=\pi}=1,y'|_{x=\pi}=1$.

3. 设有一质量为 m 的物体在空中由静止开始下落,如果空气阻力 $R=cv$(其中 c 为常数,v 为物体运动的速度),试求物体下落的距离 s 与时间 t 的函数关系.

第七章习题参考答案

第八章
级数 ▶▶▶

无穷级数是微积分的重要组成部分,也是研究函数表达形式、函数性质以及进行数值计算的一种重要工具,同时在工程技术、自然科学等领域有着广泛的应用.它主要包括常数项级数和函数项级数两部分.本章首先介绍常数项级数,在此基础上讨论函数项级数,并研究如何将函数展开成幂级数或三角级数以及利用幂级数进行近似计算的问题.

8.1 常数项级数

我们在认识事物的数量方面的特性时,往往有一个从近似到精确的过程.这时会常常遇到由有限个数量相加发展到无限个数量相加的情况,这里蕴含了级数的思想.本节首先介绍无穷级数的概念及其性质,并研究无穷级数的敛散性判定.

案例探究 "Koch 雪花"问题:先给定一个边长为 1 的正三角形,然后在每条边上对称的产生边长为原来边长的 1/3 的小正三角形,此操作无限进行下去,就可以得到一个图形,即"Koch 雪花".问该图形的面积是否存在?

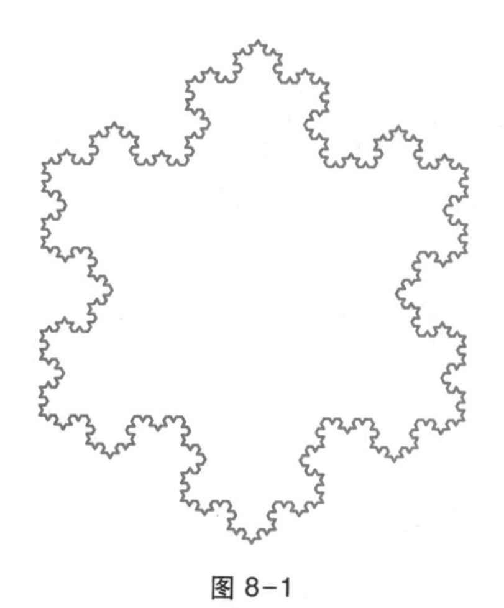

图 8-1

8.1.1　无穷级数的概念

《庄子·天下篇》中提到“一尺之棰，日取其半，万世不竭”.意思是说一尺的木杖，每日截取一半，这样的过程可以无限地进行下去.如图 8-2 所示.问截取 n 天后，总的截取下来的木杖长度是多少？并用极限的思想分析，随着 n 无限增大，所截下的木杖长度的变化.

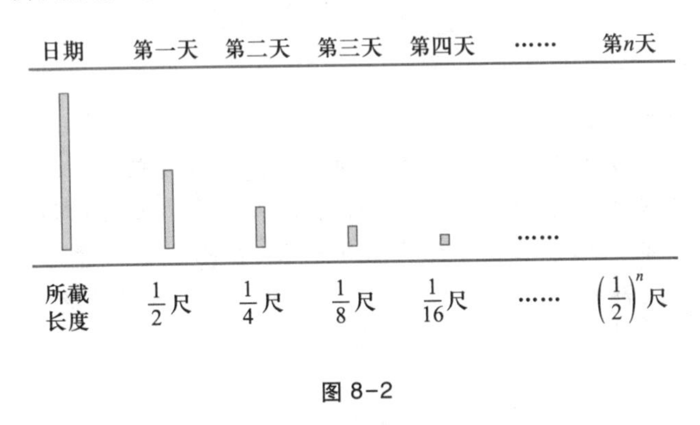

图 8-2

分析截取过程，即每天截下的部分的长度可以构成一个数列

$$\frac{1}{2},\frac{1}{4},\frac{1}{8},\frac{1}{16},\cdots,\frac{1}{2^n},\cdots.$$

那么，第一天截下的长度为$\frac{1}{2}$；

前两天截下的长度为$\frac{1}{2}+\frac{1}{4}$；

前三天截下的长度为$\frac{1}{2}+\frac{1}{4}+\frac{1}{8}$；

……；

前 n 天截下的长度为$\frac{1}{2}+\frac{1}{4}+\frac{1}{8}+\frac{1}{16}+\cdots+\frac{1}{2^n}$.

根据极限的思想可知，随着 n 无限增大，所截下的木杖的长度为

$$\lim_{n\to\infty}\left(\frac{1}{2}+\frac{1}{4}+\frac{1}{8}+\frac{1}{16}+\cdots+\frac{1}{2^n}\right)=\lim_{n\to\infty}\frac{1}{2}\cdot\frac{1-\left(\frac{1}{2}\right)^n}{1-\frac{1}{2}}=1.$$

即

$$1=\frac{1}{2}+\frac{1}{4}+\frac{1}{8}+\frac{1}{16}+\cdots+\frac{1}{2^n}+\cdots.$$

这就出现了一个无穷多项的“求和”问题，由此引入无穷级数的概念.

定义 8.1　设有数列 $u_1,u_2,\cdots,u_n,\cdots$，则表达式

$$u_1+u_2+\cdots+u_n+\cdots$$

称为**常数项无穷级数**，简称**级数**.记作 $\sum_{n=1}^{\infty} u_n$，即

$$\sum_{n=1}^{\infty} u_n = u_1 + u_2 + \cdots + u_n + \cdots,$$

其中 $u_1, u_2, \cdots, u_n, \cdots$ 称为级数的项，u_n 称为一般项或通项.

猜想 1：$1-1+1-1+\cdots+1-1+\cdots=?$

猜想 2：$1+\frac{1}{2}+\frac{1}{3}+\frac{1}{4}+\cdots+\frac{1}{n}+\cdots=?$

无穷级数的定义形式上表示无穷多项的和，我们需要关注这个“和”是否存在，也就是这无穷多个数量之和的结果能否为一个确定常数以及常数是多少.因此，需要通过考察随着 n 的不断增加，前 n 项的和的变化趋势来分析这个级数.

级数的前 n 项和

$$S_n = u_1 + u_2 + \cdots + u_n$$

称为级数 $\sum_{n=1}^{\infty} u_n$ 的**部分和**，当 n 依次取 $1,2,3,\cdots$ 时，得到新的数列

$$\{S_n\}: S_1, S_2, \cdots, S_n, \cdots.$$

于是，“和”是否存在就转化为讨论部分和数列 $\{S_n\}$ 的敛散性问题.

定义 8.2 若级数 $\sum_{n=1}^{\infty} u_n$ 的部分和数列 $\{S_n\}$ 的极限存在，即

$$\lim_{n\to\infty} S_n = S,$$

则称级数 $\sum_{n=1}^{\infty} u_n$ **收敛**，S 称为**级数和**，记作

$$\sum_{n=1}^{\infty} u_n = u_1 + u_2 + \cdots + u_n + \cdots = S.$$

若 $\lim_{n\to\infty} S_n$ 不存在，则称级数 $\sum_{n=1}^{\infty} u_n$ **发散**.

例 1 讨论级数 $\sum_{n=1}^{\infty} \frac{1}{n(n+1)}$ 的敛散性.

解 因为 $u_n=\frac{1}{n(n+1)}=\frac{1}{n}-\frac{1}{n+1}$，则级数的部分和

$$\begin{aligned} S_n = u_1 + u_2 + \cdots + u_n &= \frac{1}{1\cdot 2} + \frac{1}{2\cdot 3} + \frac{1}{3\cdot 4} + \cdots + \frac{1}{n(n+1)} \\ &= \left(1-\frac{1}{2}\right) + \left(\frac{1}{2}-\frac{1}{3}\right) + \left(\frac{1}{3}-\frac{1}{4}\right) + \cdots + \left(\frac{1}{n}-\frac{1}{n+1}\right) \\ &= 1-\frac{1}{n+1}. \end{aligned}$$

且 $\lim_{n\to\infty} S_n = \lim_{n\to\infty}\left(1-\frac{1}{n+1}\right)=1$.即级数收敛，级数和 $\sum_{n=1}^{\infty}\frac{1}{n(n+1)}=1$.

例 2 讨论几何级数（或称等比级数）$\sum_{n=1}^{\infty} aq^{n-1} = a + aq + aq^2 + \cdots + aq^{n-1} + \cdots$（其中

$a\neq 0$)的敛散性.

解　几何级数的通项为 $u_n=aq^{n-1}$,级数部分和

$$S_n = a + aq + aq^2 + \cdots + aq^{n-1} = \frac{a(1-q^n)}{1-q}.$$

(1) 当 $|q|<1$ 时,

$$\lim_{n\to\infty} S_n = \lim_{n\to\infty} \frac{a(1-q^n)}{1-q} = \frac{a}{1-q}.$$

即 $\sum\limits_{n=1}^{\infty} aq^{n-1} = \dfrac{a}{1-q}$, 该级数收敛.

(2) 当 $|q|>1$ 时,

$$\lim_{n\to\infty} S_n = \lim_{n\to\infty} \frac{a(1-q^n)}{1-q} = \infty.$$

即级数发散,仍记为 $\sum\limits_{n=1}^{\infty} aq^{n-1} = \infty$.

(3) 当 $q=1$ 时, $S_n = \sum\limits_{n=1}^{\infty} a = na \to \infty$, 级数发散.

(4) 当 $q=-1$ 时,$S_n=a-a+a-\cdots+(-1)^{n-1}a=\begin{cases} a, & n\text{ 为奇数}, \\ 0, & n\text{ 为偶数}. \end{cases}$

所以 $\lim\limits_{n\to\infty} S_n$ 不存在,级数发散.

综上所述,几何级数 $\sum\limits_{n=1}^{\infty} aq^{n-1}$, 当 $|q|<1$ 时收敛于$\dfrac{a}{1-q}$,当 $|q|\geqslant 1$ 时发散.

注　几何级数是收敛级数中常用的一个级数.几何级数在判断无穷级数的收敛性、求无穷级数的和以及将一个函数展开为无穷级数等方面都有着广泛的应用.

例 3　证明"Koch 雪花"图形的面积存在,并计算该图形的面积.(见"案例探究")

解　分析"Koch 雪花"的产生过程,原三角形的面积为 $S_0=\dfrac{1}{2}\cdot 1\cdot \sin\dfrac{\pi}{3}\cdot 1=\dfrac{\sqrt{3}}{4}$;

第一次变形后的面积为 $S_1=S_0+3\cdot\dfrac{1}{2}\cdot\dfrac{1}{3}\cdot\sin\dfrac{\pi}{3}\cdot\dfrac{1}{3}=S_0+3\cdot\dfrac{1}{9}S_0$;

第二次变形后的面积为 $S_2=S_1+3\cdot 4\cdot\dfrac{1}{2}\cdot\dfrac{1}{9}\cdot\sin\dfrac{\pi}{3}\cdot\dfrac{1}{9}=S_1+3\left[4\cdot\left(\dfrac{1}{9}\right)^2 S_0\right]$;

第三次变形后的面积为 $S_3=S_2+3\cdot 4\cdot 4\cdot\dfrac{1}{2}\cdot\dfrac{1}{27}\cdot\sin\dfrac{\pi}{3}\cdot\dfrac{1}{27}=S_2+3\left[4^2\cdot\left(\dfrac{1}{9}\right)^3 S_0\right]$;

……;

第 n 次变形后的面积为

$$\begin{aligned} S_n &= S_{n-1} + 3\left[4^{n-1}\cdot\left(\frac{1}{9}\right)^n S_0\right] \\ &= S_0 + 3\cdot\frac{1}{9}S_0 + 3\left[4\cdot\left(\frac{1}{9}\right)^2 S_0\right] + \cdots + 3\left[4^{n-1}\cdot\left(\frac{1}{9}\right)^n S_0\right] \\ &= S_0\left\{1 + 3\cdot\frac{1}{9}\cdot\left[1 + \left(\frac{4}{9}\right)^1 + \left(\frac{4}{9}\right)^2 + \cdots + \left(\frac{4}{9}\right)^{n-1}\right]\right\} \end{aligned}$$

$$=\frac{\sqrt{3}}{4}\left[1+\frac{1}{3}\sum_{n=1}^{\infty}\left(\frac{4}{9}\right)^{n-1}\right].$$

对于几何级数 $\sum_{n=1}^{\infty}\left(\frac{4}{9}\right)^{n-1}$，其公比 $|q|=\frac{4}{9}<1$，故级数 $\sum_{n=1}^{\infty}\left(\frac{4}{9}\right)^{n-1}$ 收敛，且有

$$\sum_{n=1}^{\infty}\left(\frac{4}{9}\right)^{n-1}=\lim_{n\to\infty}\frac{1-\left(\frac{4}{9}\right)^{n}}{1-\frac{4}{9}}=\frac{9}{5},$$

则"Koch 雪花"图形的面积存在.其面积为 $\frac{\sqrt{3}}{4}\left[1+\frac{1}{3}\sum_{n=1}^{\infty}\left(\frac{4}{9}\right)^{n-1}\right]=\frac{\sqrt{3}}{4}\left(1+\frac{1}{3}\cdot\frac{9}{5}\right)=\frac{2\sqrt{3}}{5}$.

8.1.2 无穷级数的性质

定理 8.1 若级数 $\sum_{n=1}^{\infty}u_n$ 收敛，则 $\lim_{n\to\infty}u_n=0$.

证 因为 $\sum_{n=1}^{\infty}u_n$ 收敛，级数和 $S=\lim_{n\to\infty}S_n$，故

$$\lim_{n\to\infty}u_n=\lim_{n\to\infty}(S_n-S_{n-1})=\lim_{n\to\infty}S_n-\lim_{n\to\infty}S_{n-1}=S-S=0.$$

注 $\lim_{n\to\infty}u_n=0$ 仅是级数收敛的必要条件，即当 $\lim_{n\to\infty}u_n\neq0$ 时，级数 $\sum_{n=1}^{\infty}u_n$ 一定发散.但不能由 $\lim_{n\to\infty}u_n=0$ 得出级数 $\sum_{n=1}^{\infty}u_n$ 收敛的结论，如例 4 所给级数 $\sum_{n=1}^{\infty}\frac{1}{n}$，虽然有 $\lim_{n\to\infty}u_n=\lim_{n\to\infty}\frac{1}{n}=0$，但级数 $\sum_{n=1}^{\infty}\frac{1}{n}$ 是发散的.级数 $\sum_{n=1}^{\infty}\frac{1}{n}$ 称为**调和级数**.

例 4 判定调和级数 $\sum_{n=1}^{\infty}\frac{1}{n}$ 的敛散性.

解 若级数 $\sum_{n=1}^{\infty}\frac{1}{n}$ 收敛，设它的部分和为 S_n，且 $S_n\to S(n\to\infty)$.显然，对级数 $\sum_{n=1}^{\infty}\frac{1}{n}$ 的部分和 S_{2n}，也有 $S_{2n}\to S(n\to\infty)$.于是

$$S_{2n}-S_n\to S-S=0(n\to\infty).$$

但另一方面

$$S_{2n}-S_n=\frac{1}{n+1}+\frac{1}{n+2}+\cdots+\frac{1}{2n}>\frac{1}{2n}+\frac{1}{2n}+\cdots+\frac{1}{2n}=\frac{1}{2}.$$

该结果与上式 $S_{2n}-S_n\to S-S=0(n\to\infty)$ 相矛盾，即假设级数 $\sum_{n=1}^{\infty}\frac{1}{n}$ 收敛错误，因此调和级数 $\sum_{n=1}^{\infty}\frac{1}{n}$ 发散.

例 5 判定级数 $\sum_{n=1}^{\infty}n\ln\frac{n}{n+1}$ 的敛散性.

解　因为$\lim\limits_{n\to\infty} u_n=\lim\limits_{n\to\infty} n\ln\dfrac{n}{n+1}=\lim\limits_{n\to\infty}\ln\dfrac{1}{\left(1+\dfrac{1}{n}\right)^n}=-1\neq 0$，

所以级数$\sum\limits_{n=1}^{\infty} n\ln\dfrac{n}{n+1}$发散.

根据无穷级数收敛的概念和极限运算法则，可以得出如下基本性质.

性质 1　增加、去掉或改变级数的任意有限项，级数的敛散性不变.

性质 2　级数$\sum\limits_{n=1}^{\infty} u_n$与级数$\sum\limits_{n=1}^{\infty} ku_n(k\neq 0)$有相同的敛散性. 当$\sum\limits_{n=1}^{\infty} u_n$收敛于$S$时，则$\sum\limits_{n=1}^{\infty} ku_n$收敛于$kS$.

例 6　判定级数$\sum\limits_{n=1}^{\infty}\dfrac{1}{n+1}$的敛散性.

解　因为调和级数$\sum\limits_{n=1}^{\infty}\dfrac{1}{n}$发散，级数$\sum\limits_{n=1}^{\infty}\dfrac{1}{n+1}$可看作是调和级数$\sum\limits_{n=1}^{\infty}\dfrac{1}{n}$去掉了第一项，根据性质 1 得：级数$\sum\limits_{n=1}^{\infty}\dfrac{1}{n+1}$也发散.

课堂练习

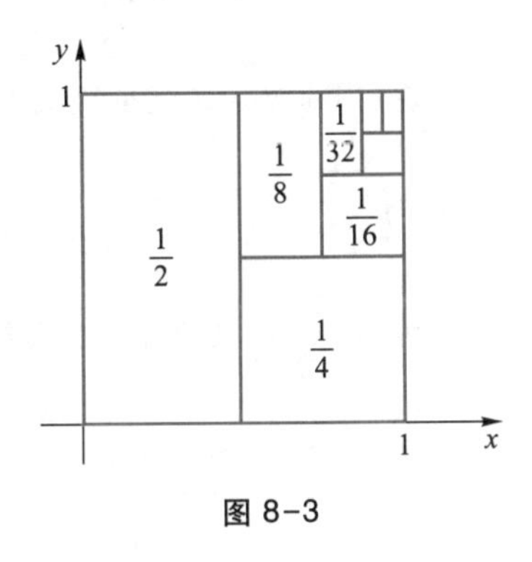

图 8-3

1. 请用级数的思想解释右图 8-3.

2. 级数$\sum\limits_{n=1}^{\infty}\dfrac{4\cdot 7\cdot 10\cdots(3n+1)}{1\cdot 3\cdot 5\cdots(2n-1)}$前四项的和为____________.

3. 级数$-1+\dfrac{1}{2}-\dfrac{1}{4}+\dfrac{1}{8}-\cdots$的通项为____________.

4. 级数$-\dfrac{3}{\pi}+\dfrac{3^2}{\pi^2}-\dfrac{3^3}{\pi^3}+\cdots+\left(-\dfrac{3}{\pi}\right)^n+\cdots$的和为____________.

拓展提升

在判断级数的敛散性时，有时需要用到以下性质：

性质 3　设收敛级数$\sum\limits_{n=1}^{\infty} u_n=S_1$和$\sum\limits_{n=1}^{\infty} v_n=S_2$，则它们对应项相加或相减所得的级数$\sum\limits_{n=1}^{\infty}(u_n\pm v_n)$收敛于和$S=S_1\pm S_2$.

例 7　判定级数$\sum\limits_{n=1}^{\infty}\left[\dfrac{1}{2^n}+\dfrac{3}{n(n+1)}\right]$的敛散性.

解　因为$\sum\limits_{n=1}^{\infty}\dfrac{1}{2^n}$为几何级数，且公比$q=\dfrac{1}{2}$. 由例 2 结论可知，级数$\sum\limits_{n=1}^{\infty}\dfrac{1}{2^n}$收敛，其级数和

为$\sum_{n=1}^{\infty}\frac{1}{2^n}=\frac{1}{2}\cdot\frac{1}{1-\frac{1}{2}}=1.$

根据例 1 的结论和性质 2 可知，级数 $\sum_{n=1}^{\infty}\frac{3}{n(n+1)}$ 收敛，其级数和为$\sum_{n=1}^{\infty}\frac{3}{n(n+1)}=3.$

结合性质 3 得：级数 $\sum_{n=1}^{\infty}\left[\frac{1}{2^n}+\frac{3}{n(n+1)}\right]$ 收敛，级数和为$\sum_{n=1}^{\infty}\left[\frac{1}{2^n}+\frac{3}{n(n+1)}\right]=1+3=4.$

习题 8-1

【基础训练】

1. 根据级数收敛性定义，判定下列级数的敛散性.

(1) $\sum_{n=1}^{\infty}n$；　(2) $\sum_{n=1}^{\infty}\frac{1}{3^n}$；

(3) $\sum_{n=1}^{\infty}\frac{1}{\sqrt{n+1}+\sqrt{n}}$；　(4) $\sum_{n=1}^{\infty}\ln\left(1+\frac{1}{n}\right)$.

2. 判定下列级数的敛散性.

(1) $\sum_{n=1}^{\infty}\frac{5}{(-3)^n}$；　(2) $\sum_{n=1}^{\infty}\frac{1}{2n}$.

3. 现有弹性小球从高为 H m 处落下后又弹起.若每次弹起的高度为上一次下落高度的 k 倍（k 是小于 1 的正数）.如此往复，问截至小球停止运动，球上下的总距离是多少？

【拓展训练】

1. 判定下列级数的敛散性.

(1) $\sum_{n=1}^{\infty}\left(\frac{2}{3^n}-\frac{1}{n(n+1)}\right)$；　(2) $\sum_{n=0}^{\infty}\frac{2^n-4^n}{3^n}$.

2. 若政府通过一项削减 100 亿元税收的法案.假设每人将花费这笔额外收入的 92%，并把其余的钱存起来.试估计削减税收给消费活动带来的总效应.

8.2　常数项级数的敛散性判定

对于一个级数，往往需要关注这样两个问题：级数是否收敛？若收敛，级数和是多少？一般情况下，利用定义判断级数的敛散性比较困难，能否找到判别级数敛散性的更简单、有效的方法是本节要解决的问题.我们从两类最简单的级数，即正项级数和交错级数入手，探索判断级数收敛的方法.

案例探究　历史上很多数学家都对圆周率 π 做过研究.我国最初在《周髀算经》中就有“径一周三”的记载,取 π 值为3;公元5世纪,祖冲之和他的儿子以正24 576边形,求出圆周率约为355/113,和真正的值相比,误差小于八亿分之一.随着数学的发展,数学家们还发现了许多计算圆周率 π 的公式,其中就有 π 的莱布尼茨公式 $\frac{\pi}{4}=\sum\limits_{n=1}^{\infty}(-1)^{n-1}\frac{1}{2n-1}$. 请证明该公式右端的级数 $\sum\limits_{n=1}^{\infty}(-1)^{n}\frac{1}{2n-1}=1-\frac{1}{3}+\frac{1}{5}-\frac{1}{7}+\cdots+(-1)^{n-1}\frac{1}{2n-1}+\cdots$ 收敛.

8.2.1　正项级数及其审敛法

定义 8.3　若级数的项 $u_n\geqslant 0(n=1,2,3,\cdots)$,则称 $\sum\limits_{n=1}^{\infty}u_n$ 为**正项级数**.

如级数 $\sum\limits_{n=1}^{\infty}\frac{3^n}{n\cdot 2^n}$ 和 $\sum\limits_{n=1}^{\infty}\sin\frac{1}{n}$ 都是正项级数.下面给出正项级数敛散性的判定方法.

定理 8.2　正项级数收敛当且仅当它的部分和数列 $\{S_n\}$ 有界.

证　已知级数 $\sum\limits_{n=1}^{\infty}u_n$ 为正项级数,则它的部分和数列 $\{S_n\}$ 是一个单调增加的数列,即

$$S_1\leqslant S_2\leqslant\cdots\leqslant S_n\leqslant\cdots,$$

如果数列 $\{S_n\}$ 有界,根据单调有界数列必有极限的准则,该级数必收敛.

反之,如果正项级数收敛于和 S,即 $\lim\limits_{n\to\infty}S_n=S$,根据有极限的数列是有界数列的性质可知,数列 $\{S_n\}$ 有界.

定理 8.3(比较审敛法)　设 $\sum\limits_{n=1}^{\infty}u_n$ 和 $\sum\limits_{n=1}^{\infty}v_n$ 都是正项级数,且 $u_n\leqslant v_n(n=1,2,\cdots)$.若级数 $\sum\limits_{n=1}^{\infty}v_n$ 收敛,则级数 $\sum\limits_{n=1}^{\infty}u_n$ 收敛;反之,若级数 $\sum\limits_{n=1}^{\infty}u_n$ 发散,则级数 $\sum\limits_{n=1}^{\infty}v_n$ 发散.

例 1　证明级数 $\sum\limits_{n=1}^{\infty}\frac{1}{\sqrt{n(n+1)}}$ 发散.

证　因为 $n(n+1)<(n+1)^2$,所以$\frac{1}{\sqrt{n(n+1)}}>\frac{1}{n+1}$.而级数

$$\sum_{n=1}^{\infty}\frac{1}{n+1}=\frac{1}{2}+\frac{1}{3}+\cdots+\frac{1}{n+1}+\cdots$$

是发散的,根据比较审敛法可知所给级数也是发散的.

例 2　讨论 p 级数 $\sum\limits_{n=1}^{\infty}\frac{1}{n^p}=1+\frac{1}{2^p}+\frac{1}{3^p}+\frac{1}{4^p}+\cdots+\frac{1}{n^p}+\cdots$ 的收敛性,其中常数 $p>0$.

解　设 $p\leqslant 1$.这时级数的各项不小于调和级数的对应项:$\frac{1}{n^p}\geqslant\frac{1}{n}$,但调和级数 $\sum\limits_{n=1}^{\infty}\frac{1}{n}$ 发散,因此根据比较审敛法可知,当 $p\leqslant 1$ 时级数 $\sum\limits_{n=1}^{\infty}\frac{1}{n^p}$ 发散.

设 $p>1$.因为当 $k-1\leqslant x\leqslant k$ 时,有$\frac{1}{k^p}\leqslant\frac{1}{x^p}$,所以

$$\frac{1}{k^p}=\int_{k-1}^{k}\frac{1}{k^p}\mathrm{d}x\leqslant\int_{k-1}^{k}\frac{1}{x^p}\mathrm{d}x(k=2,3,\cdots),$$

从而级数的部分和

$$S_n=1+\sum_{k=2}^{n}\frac{1}{k^p}\leqslant 1+\sum_{k=2}^{n}\int_{k-1}^{k}\frac{1}{x^p}\mathrm{d}x=1+\int_{1}^{n}\frac{1}{x^p}\mathrm{d}x$$

$$=1+\frac{1}{p-1}\left(1-\frac{1}{n^{p-1}}\right)<1+\frac{1}{p-1}(n=2,3,\cdots),$$

这表明数列 $\{S_n\}$ 有界,因此级数收敛.

综合上述结果得到:p 级数当 $p>1$ 时收敛,当 $p\leqslant 1$ 时发散.

注 应用比较审敛法时,常用几何级数和 p 级数作为比较对象.

下面介绍一种更有效的方法,只需要利用级数自身的特性,就可以判断级数的敛散性.

定理 8.4(比值审敛法,达朗贝尔判别法) 设 $\sum\limits_{n=1}^{\infty}u_n$ 为正项级数,如果 $\lim\limits_{n\to\infty}\frac{u_{n+1}}{u_n}=\rho$,

(1) $\rho<1$ 时级数收敛;

(2) $\rho>1$(或 $\lim\limits_{n\to\infty}\frac{u_{n+1}}{u_n}=\infty$)时级数发散;

(3) $\rho=1$ 时级数可能收敛也可能发散,本判别法失效.

例 3 判断下列级数的敛散性.

(1) $\sum\limits_{n=1}^{\infty}\frac{1}{(n-1)!}$;　　(2) $\sum\limits_{n=1}^{\infty}\frac{n!}{10^n}$.

解 (1) 因为

$$\lim_{n\to\infty}\frac{u_{n+1}}{u_n}=\lim_{n\to\infty}\frac{(n-1)!}{n!}=\lim_{n\to\infty}\frac{1}{n}=0<1,$$

根据比值审敛法可知级数 $\sum\limits_{n=1}^{\infty}\frac{1}{(n-1)!}$ 收敛.

(2) 因为

$$\lim_{n\to\infty}\frac{u_{n+1}}{u_n}=\lim_{n\to\infty}\frac{(n+1)!}{10^{n+1}}\cdot\frac{10^n}{n!}=\lim_{n\to\infty}\frac{n+1}{10}=\infty,$$

根据比值审敛法可知级数 $\sum\limits_{n=1}^{\infty}\frac{n!}{10^n}$ 发散.

8.2.2 交错级数

定义 8.4 若级数中各项的正负号交替变化,称此级数为**交错级数**,它可以表示成如下形式:

$$\sum_{n=1}^{\infty}(-1)^{n-1}u_n=u_1-u_2+u_3-u_4+\cdots+(-1)^{n-1}u_n+\cdots,$$

其中 $u_n\geqslant 0$.

如级数 $\sum_{n=1}^{\infty}(-1)^{n-1}\frac{1}{3^{n-1}}$ 和 $\sum_{n=1}^{\infty}\frac{(-1)^{n+1}}{\ln(n+1)}$ 都是交错级数.

注　$\sum_{n=1}^{\infty}(-1)^{n}u_{n}=-u_{1}+u_{2}-u_{3}+u_{4}-\cdots+(-1)^{n}u_{n}+\cdots$ 也为交错级数.

定理 8.5(莱布尼茨判别法)　如果交错级数 $\sum_{n=1}^{\infty}(-1)^{n-1}u_{n}(u_{n}\geqslant 0)$ 满足

(1) $u_{n}\geqslant u_{n+1}\quad(n=1,2,3,\cdots)$;

(2) $\lim\limits_{n\to\infty}u_{n}=0$.

则级数 $\sum_{n=1}^{\infty}(-1)^{n-1}u_{n}$ 收敛.

例 4　讨论下列级数的敛散性.

(1) $\sum_{n=1}^{\infty}(-1)^{n-1}\frac{1}{n}$;　　　　(2) $\sum_{n=1}^{\infty}\frac{(-1)^{n}n}{n+1}$.

解　(1) $\sum_{n=1}^{\infty}(-1)^{n-1}\frac{1}{n}=1-\frac{1}{2}+\frac{1}{3}-\frac{1}{4}+\cdots+\frac{(-1)^{n-1}}{n}+\cdots$ 是交错级数.

因为 $u_{n}=\frac{1}{n}>\frac{1}{n+1}=u_{n+1}(n=1,2,3,\cdots)$,且 $\lim\limits_{n\to\infty}u_{n}=\lim\limits_{n\to\infty}\frac{1}{n}=0$.

由莱布尼茨判别法可知,$\sum_{n=1}^{\infty}(-1)^{n-1}\frac{1}{n}$ 收敛.

(2) $\sum_{n=1}^{\infty}\frac{(-1)^{n}n}{n+1}$ 虽然是交错级数,但 $\lim\limits_{n\to\infty}u_{n}=\lim\limits_{n\to\infty}\frac{n}{n+1}=1\neq 0$,由级数收敛的必要条件可知,$\sum_{n=1}^{\infty}\frac{(-1)^{n}n}{n+1}$ 是发散的.

例 5　π 的莱布尼茨公式 $\frac{\pi}{4}=1-\frac{1}{3}+\frac{1}{5}-\frac{1}{7}+\cdots+(-1)^{n-1}\frac{1}{2n-1}+\cdots$. 证明该公式右端级数 $\sum_{n=1}^{\infty}(-1)^{n-1}\frac{1}{2n-1}$ 是收敛的.(见“案例探究”)

证　级数 $\sum_{n=1}^{\infty}(-1)^{n-1}\frac{1}{2n-1}$ 是交错级数.因为 $u_{n}=\frac{1}{2n-1}>\frac{1}{2(n+1)-1}=u_{n+1}(n=1,2,3,\cdots)$,且 $\lim\limits_{n\to\infty}u_{n}=\lim\limits_{n\to\infty}\frac{1}{2n-1}=0$. 由莱布尼茨判别法可知,级数 $\sum_{n=1}^{\infty}(-1)^{n-1}\frac{1}{2n-1}$ 收敛.

课堂练习 ▸▸▸

1. 级数 $\sum_{n=1}^{\infty}\frac{1}{n^{3}}$ __________(填写“收敛”或“发散”).

2. 级数 $\sum_{n=1}^{\infty}\frac{1}{n^{1/3}}$ __________(填写“收敛”或“发散”).

3. 级数 $\sum_{n=1}^{\infty}\frac{1}{3^{n}}$ __________(填写“收敛”或“发散”).

4. 级数$-1+\frac{1}{2}-\frac{1}{4}+\frac{1}{8}-\cdots$的通项为________,该级数________(填写“收敛”或“发散”).

拓展提升 »»

定义 8.5 若级数$\sum\limits_{n=1}^{\infty}u_n$各项的绝对值构成的正项级数$\sum\limits_{n=1}^{\infty}|u_n|$收敛,则称级数$\sum\limits_{n=1}^{\infty}u_n$**绝对收敛**;若级数$\sum\limits_{n=1}^{\infty}u_n$收敛,而级数$\sum\limits_{n=1}^{\infty}|u_n|$发散,则称级数$\sum\limits_{n=1}^{\infty}u_n$**条件收敛**.

定理 8.6 如果级数$\sum\limits_{n=1}^{\infty}u_n$绝对收敛,则级数$\sum\limits_{n=1}^{\infty}u_n$必定收敛.

例 6 讨论下列级数的敛散性.若收敛,是条件收敛还是绝对收敛?

(1) $\sum\limits_{n=1}^{\infty}\frac{\sin n\pi}{n^2}$;

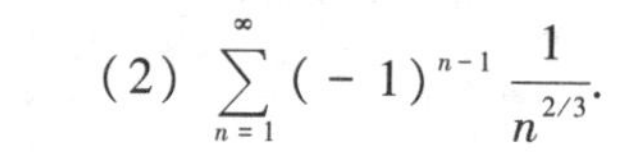

(2) $\sum\limits_{n=1}^{\infty}(-1)^{n-1}\frac{1}{n^{2/3}}$.

解 (1) 因为$\left|\frac{\sin n\pi}{n^2}\right|\leqslant\frac{1}{n^2}$,级数$\sum\limits_{n=1}^{\infty}\frac{1}{n^2}$为$p$级数,且$p=2>1$.由本节例 2 的结论可知,$\sum\limits_{n=1}^{\infty}\frac{1}{n^2}$收敛,故级数$\sum\limits_{n=1}^{\infty}\left|\frac{\sin n\pi}{n^2}\right|$收敛,从而级数$\sum\limits_{n=1}^{\infty}\frac{\sin n\pi}{n^2}$绝对收敛.

(2) 因为$\sum\limits_{n=1}^{\infty}\left|(-1)^{n-1}\frac{1}{n^{2/3}}\right|=\sum\limits_{n=1}^{\infty}\frac{1}{n^{2/3}}$,级数$\sum\limits_{n=1}^{\infty}\frac{1}{n^{2/3}}$为$p$级数,且$p=\frac{2}{3}<1$.由本节例 2 的结论可知,$\sum\limits_{n=1}^{\infty}\frac{1}{n^{2/3}}$发散.

而原级数为交错级数,且满足

$$u_n=\frac{1}{n^{2/3}}>\frac{1}{(n+1)^{2/3}}=u_{n+1}\quad(n=1,2,3,\cdots,);$$

$$\lim_{n\to\infty}u_n=\lim_{n\to\infty}\frac{1}{n^{2/3}}=0.$$

则可知原级数$\sum\limits_{n=1}^{\infty}(-1)^{n-1}\frac{1}{n^{2/3}}$收敛.因此级数$\sum\limits_{n=1}^{\infty}(-1)^{n-1}\frac{1}{n^{2/3}}$条件收敛.

习题 8-2

【基础训练】

1. 用比较审敛法判定下列级数的敛散性.

(1) $\sum\limits_{n=1}^{\infty}\frac{1}{3n-1}$;

(2) $\sum\limits_{n=1}^{\infty}\frac{1}{n\sqrt{n+1}}$;

(3) $\sum\limits_{n=1}^{\infty}\frac{1}{3+2^n}$;

(4) $\sum\limits_{n=1}^{\infty}\sin\frac{\pi}{2^n}$.

2. 用比值审敛法判定下列级数的敛散性.

(1) $\sum\limits_{n=1}^{\infty}\frac{n^2}{3^n}$;　　(2) $\sum\limits_{n=1}^{\infty}n\left(\frac{2}{3}\right)^n$;

(3) $\sum\limits_{n=1}^{\infty}\frac{n}{5^n}$;　　(4) $\sum\limits_{n=1}^{\infty}\frac{2^n\cdot n!}{n^n}$.

3. (1) 证明级数 $\sum\limits_{n=1}^{\infty}\frac{1}{n^2}=\frac{1}{1^2}+\frac{1}{2^2}+\frac{1}{3^2}+\cdots+\frac{1}{n^2}+\cdots$ 收敛;

(2) 该级数被称为欧拉级数,且收敛到$\frac{\pi^2}{6}$,即$\frac{\pi^2}{6}=\frac{1}{1^2}+\frac{1}{2^2}+\frac{1}{3^2}+\cdots+\frac{1}{n^2}+\cdots$.利用该结论求 π 的近似值.

4. 判别交错级数 $\sum\limits_{n=1}^{\infty}(-1)^{n-1}\frac{2^n}{n!}$ 的敛散性.

【拓展训练】

判定下列级数是否收敛?如果收敛,是绝对收敛还是条件收敛?

(1) $\sum\limits_{n=1}^{\infty}(-1)^{n-1}\frac{1}{\sqrt{n}}$;　　(2) $\sum\limits_{n=1}^{\infty}(-1)^{n-1}\frac{n}{2^{n-1}}$.

8.3　幂　级　数

前面讨论了常数项级数,它的每一项均为常数,但在自然科学与工程技术的理论与实践中用的更多的是函数项级数,它的每一项都是函数,其中幂级数的应用最为广泛.

案例探究　假设银行的年存款利率为 5%,且以年复利计息.某人年末一次性将一笔资金存入银行,若要保证自存入之日起,此人第 n ($n=1,2,3,\cdots$) 年的年末都能从银行中提取 n 万元,问其存入的资金至少是多少?

8.3.1　函数项级数

定义 8.6　设 $u_1(x),u_2(x),\cdots,u_n(x),\cdots$为定义在同一区间 I 内的函数序列,则称级数

$$\sum_{n=1}^{\infty}u_n(x)=u_1(x)+u_2(x)+\cdots+u_n(x)+\cdots$$

为变量 x 的**函数项级数**.

如级数 $\sum\limits_{n=1}^{\infty}\frac{\sin nx}{n^2}$ 和 $\sum\limits_{n=1}^{\infty}x^{n-1}$ 都是定义在$(-\infty,+\infty)$上的函数项级数.

取 $x=x_0\in I$,若常数项级数 $\sum\limits_{n=1}^{\infty}u_n(x_0)=u_1(x_0)+u_2(x_0)+\cdots+u_n(x_0)+\cdots$ 收敛,则称 x_0

为函数项级数 $\sum_{n=1}^{\infty} u_n(x)$ 的一个**收敛点**. 反之,若级数 $\sum_{n=1}^{\infty} u_n(x_0)$ 发散,称 x_0 是函数项级数 $\sum_{n=1}^{\infty} u_n(x)$ 的一个**发散点**.收敛点全体构成的集合 $D(D \subseteq I)$,称为函数项级数的**收敛域**.将级数前 n 项的和 $S_n(x) = u_1(x) + u_2(x) + \cdots + u_n(x)$ 称为函数项级数的**部分和**.

对函数项级数 $\sum_{n=1}^{\infty} u_n(x)$ 在收敛域 D 的一个值 x,级数和 $S(x)$ 存在,即

$$S(x) = u_1(x) + u_2(x) + \cdots + u_n(x) + \cdots,$$

$S(x)$ 称为 $\sum_{n=1}^{\infty} u_n(x)$ 在收敛域上的**和函数**.

8.3.2 幂级数及其收敛性

定义 8.7 如下形式的函数项级数

$$\sum_{n=0}^{\infty} a_n x^n = a_0 + a_1 x + a_2 x^2 + \cdots + a_n x^n + \cdots$$

称为 x 的**幂级数**,其中 $a_0, a_1, a_2, \cdots, a_n, \cdots$ 是任意常数,称为幂级数的系数.

注 幂级数的另外一个形式

$$\sum_{n=0}^{\infty} a_n (x - x_0)^n = a_0 + a_1(x - x_0) + a_2(x - x_0)^2 + \cdots + a_n(x - x_0)^n + \cdots,$$

可通过作变量代换 $t=x-x_0$ 将其转化为 $\sum_{n=0}^{\infty} a_n t^n$ 的形式.所以,本节主要针对幂级数 $\sum_{n=0}^{\infty} a_n x^n$ 展开讨论.

例 1 讨论幂级数 $\sum_{n=0}^{\infty} x^n = 1 + x + x^2 + \cdots + x^n + \cdots$ 的敛散性.

解 这是一个公比为 x 的几何级数(或称等比级数),级数的部分和为

$$S_n(x) = 1 + x + x^2 + \cdots + x^{n-1} = \frac{1 - x^n}{1 - x},$$

当 $|x|<1$ 时, $\lim\limits_{n\to\infty} S_n(x) = \lim\limits_{n\to\infty} \frac{1-x^n}{1-x} = \frac{1}{1-x}$,级数 $\sum_{n=0}^{\infty} x^n$ 收敛,其和函数为 $\frac{1}{1-x}$;

当 $|x|>1$ 时, $\lim\limits_{n\to\infty} S_n(x) = \lim\limits_{n\to\infty} \frac{1-x^n}{1-x} = \infty$,级数发散;

当 $|x|=1$ 时,显然级数发散.

所以,该幂级数 $\sum_{n=0}^{\infty} x^n$ 的收敛域为 $(-1,1)$,相应的和函数为 $S(x) = \frac{1}{1-x}$.即

$$1 + x + x^2 + \cdots + x^n + \cdots = \frac{1}{1 - x}, \quad x \in (-1,1).$$

关于幂级数 $\sum_{n=0}^{\infty} a_n x^n$ 的收敛域有下面结论.

定理 8.7 设幂级数 $\sum_{n=0}^{\infty} a_n x^n$, 如果 $\lim\limits_{n\to\infty} \left| \frac{a_{n+1}}{a_n} \right| = \rho$,则

(1) 当 $|x|<\frac{1}{\rho}$ 时(如果 $\rho=0$,则换 $\frac{1}{\rho}$ 为 ∞),幂级数收敛;

(2) 当 $|x|>\frac{1}{\rho}$ 时,该级数发散.

记 $R=\frac{1}{\rho}$,由定理 8.7 可知,当 $\rho\neq 0$ 时,幂级数 $\sum_{n=0}^{\infty}a_nx^n$ 在 $(-R,R)$ 内收敛,$|x|>R$ 时,幂级数 $\sum_{n=0}^{\infty}a_nx^n$ 发散,R 称为幂级数 $\sum_{n=0}^{\infty}a_nx^n$ 的**收敛半径**,开区间 $(-R,R)$ 称为幂级数 $\sum_{n=0}^{\infty}a_nx^n$ 的**收敛区间**.讨论幂级数在 $x=\pm R$ 处的敛散性后即可得到它的收敛域.收敛域为 $(-R,R)$,$[-R,R)$,$(-R,R]$,$[-R,R]$ 这四个区间之一.

例 2　求下列幂级数的收敛半径与收敛域.

(1) $\sum_{n=0}^{\infty}n!\,x^n$;　　　　(2) $\sum_{n=1}^{\infty}(-1)^{n-1}\frac{x^n}{\sqrt{n}}$.

解　(1) $\rho=\lim\limits_{n\to\infty}\left|\frac{a_{n+1}}{a_n}\right|=\lim\limits_{n\to\infty}\frac{(n+1)!}{n!}=\lim\limits_{n\to\infty}(n+1)=+\infty$,所以,收敛半径 $R=0$,收敛域退缩为一点 $x=0$.

(2) $\rho=\lim\limits_{n\to\infty}\left|\frac{a_{n+1}}{a_n}\right|=\lim\limits_{n\to\infty}\frac{\sqrt{n}}{\sqrt{n+1}}=1$,所以,收敛半径 $R=\frac{1}{\rho}=1$.

当 $x=1$ 时,幂级数为 $\sum_{n=1}^{\infty}(-1)^{n-1}\frac{1}{\sqrt{n}}$,此为交错级数,由莱布尼茨判别法可知它是收敛的.

当 $x=-1$ 时,幂级数为 $\sum_{n=1}^{\infty}\frac{-1}{\sqrt{n}}$,由 p 级数的敛散性结论可知,它是发散的.

因此,幂级数 $\sum_{n=1}^{\infty}(-1)^{n-1}\frac{x^n}{\sqrt{n}}$ 的收敛域为 $(-1,1]$.

8.3.3　幂级数的性质

性质 1　若有两个幂级数 $\sum_{n=0}^{\infty}a_nx^n=S_1(x)$,$\sum_{n=0}^{\infty}b_nx^n=S_2(x)$,其收敛半径分别为 R_1 与 R_2.则有 $\sum_{n=0}^{\infty}a_nx^n\pm\sum_{n=0}^{\infty}b_nx^n=\sum_{n=0}^{\infty}(a_n\pm b_n)x^n=S_1(x)\pm S_2(x)$,收敛半径 $R=\min\{R_1,R_2\}$.

性质 2　幂级数 $\sum_{n=0}^{\infty}a_nx^n$ 的和函数 $S(x)$ 在其收敛域 I 上连续.

课堂练习 >>>

1. 幂级数 $\sum_{n=1}^{\infty}\frac{x^n}{n^2}$ 的收敛半径为__________.

2. 幂级数 $\sum_{n=1}^{\infty}\frac{(-1)^n}{n}x^n$ 的收敛半径为__________，收敛域为__________.

3. 当 $|x|<1$ 时，$1-x+x^2-x^3+\cdots+(-x)^{n-1}+\cdots=$____________.

拓展提升 >>>

有时在求幂级数的和函数时，需要用到以下性质.

性质 3　幂级数 $\sum_{n=0}^{\infty}a_nx^n$ 的和函数 $S(x)$ 在其收敛区间 $(-R,R)$ 内可导，并有逐项求导公式

$$S'(x)=\left(\sum_{n=0}^{\infty}a_nx^n\right)'=\sum_{n=0}^{\infty}(a_nx^n)'=\sum_{n=1}^{\infty}na_nx^{n-1}\quad(|x|<R),$$

且幂级数 $\sum_{n=1}^{\infty}na_nx^{n-1}$ 的收敛半径也是 R.

性质 4　幂级数 $\sum_{n=0}^{\infty}a_nx^n$ 的和函数 $S(x)$ 在其收敛域 I 上可积，并有逐项积分公式

$$\int_0^x S(t)\,\mathrm{d}t=\int_0^x\left(\sum_{n=0}^{\infty}a_nt^n\right)\mathrm{d}t=\sum_{n=0}^{\infty}\int_0^x a_nt^n\,\mathrm{d}t=\sum_{n=0}^{\infty}\frac{a_n}{n+1}x^{n+1}\quad(x\in I),$$

且幂级数 $\sum_{n=0}^{\infty}\frac{a_n}{n+1}x^{n+1}$ 的收敛半径也是 R.

例 3　求幂级数 $\sum_{n=1}^{\infty}\frac{x^n}{n}$ 的收敛域及和函数.

解　由 $\rho=\lim_{n\to\infty}\left|\frac{a_{n+1}}{a_n}\right|=\lim_{n\to\infty}\frac{n}{n+1}=1$，得幂级数 $\sum_{n=1}^{\infty}\frac{x^n}{n}$ 的收敛半径 $R=\frac{1}{\rho}=1$，设其和函数为 $S(x)$，则在 $(-1,1)$ 内有

$$S'(x)=\left(\sum_{n=1}^{\infty}\frac{x^n}{n}\right)'=\sum_{n=1}^{\infty}\left(\frac{x^n}{n}\right)'=\sum_{n=1}^{\infty}x^{n-1}=\frac{1}{1-x},$$

$$S(x)=\int_0^x S'(t)\,\mathrm{d}t=\int_0^x\frac{1}{1-t}\mathrm{d}t=-\ln(1-t)\Big|_0^x=-\ln(1-x).$$

当 $x=1$ 时，级数为 $\sum_{n=1}^{\infty}\frac{1}{n}$，其为调和级数是发散的；当 $x=-1$ 时，级数 $\sum_{n=1}^{\infty}\frac{(-1)^n}{n}$ 为交错级数，由莱布尼茨判别法可知级数收敛.因此幂级数的收敛域为 $[-1,1)$，在收敛域内的和函数为 $S(x)=-\ln(1-x)$.

例 4　假设银行的年存款利率为 5%，且以年复利计息.某人年末一次性将一笔资金存入银行，若要保证自存入之日起，此人第 n $(n=1,2,3,\cdots)$ 年的年末都能从银行中提取 n 万元，问其存入的资金至少是多少？（见“案例探究”）

解　设第 1 年年末提取的 1 万元的现值为 a_1，则 $a_1+0.05a_1=1$，即 $a_1=\frac{1}{1.05}$；

设第 2 年年末提取的 2 万元的现值为 a_2，则 $1.05^2a_2=2$，即 $a_2=\frac{2}{1.05^2}$；

……；

设第 n 年年末提取的 n 万元的现值为 a_n，则 $1.05^n a_n=n$，即 $a_n=\frac{n}{1.05^n}$.

则此人存入的资金至少为：$a_1+a_2+\cdots+a_n+\cdots=\frac{1}{1.05}+\frac{2}{1.05^2}+\cdots+\frac{n}{1.05^n}+\cdots$.

考虑 $S(x)=\sum_{n=1}^{\infty}nx^n=x\sum_{n=1}^{\infty}nx^{n-1}=x\sum_{n=1}^{\infty}(x^n)'=x\left(\sum_{n=1}^{\infty}x^n\right)'=x\left(\frac{1}{1-x}\right)'=x\frac{1}{(1-x)^2}$，则有

$$\frac{1}{1.05}+\frac{2}{1.05^2}+\cdots+\frac{n}{1.05^n}+\cdots=\sum_{n=1}^{\infty}n\left(\frac{1}{1.05}\right)^n=S\left(\frac{1}{1.05}\right)=\frac{\frac{1}{1.05}}{\left(1-\frac{1}{1.05}\right)^2}=420.$$

即若每个第 n $(n=1,2,3,\cdots)$ 年的年末都能从银行中提取 n 万元，此人需要存入的资金至少为 420 万元.

习题 8-3

【基础训练】

求下列幂级数的收敛半径和收敛域.

(1) $\sum_{n=0}^{\infty}\frac{x^n}{n!}$；　　(2) $\sum_{n=1}^{\infty}\frac{x^n}{2^n\cdot n^2}$；

(3) $\sum_{n=1}^{\infty}\frac{x^n}{n\cdot 3^n}$；　　(4) $\sum_{n=1}^{\infty}\frac{2^n\cdot x^n}{n^2+1}$.

【拓展训练】

1. 利用逐项求导法或逐项积分法求下列幂级数的和函数.

(1) $\sum_{n=1}^{\infty}\frac{(-1)^{n-1}}{n}x^n$；　　(2) $\sum_{n=0}^{\infty}(n+1)^2x^n$.

2. 设银行存款的年利率为 5%. 以年利率计算，某基金会希望通过存款 A 万元，要想实现自存款之日起，第 n $(n=1,2,3,\cdots)$ 年的年末可以提取 $10+9n$ 万元，问存款 A 至少应为多少？

8.4　函数的幂级数展开

通过之前的学习可以发现，幂级数不仅形式简单，而且有一些与多项式类似的性质. 另外我们还发现有一些函数可以表示成幂级数的形式，例如

$$\frac{1}{1-x}=1+x+x^2+\cdots+x^n+\cdots,\quad x\in(-1,1).$$

下面我们介绍幂级数的另一方面的问题，即如何把已知函数表示成某一幂级数，也就是幂级

数的展开问题.为此需要考虑如下问题:(1) 给定一个函数$f(x)$,是否可以在某一区间内将其表示成幂级数?(2) 若可以,如何表示?本节将针对这两个问题展开讨论.

案例探究 历史上有关计算圆周率π的级数有很多,其中π的莱布尼茨公式$\frac{\pi}{4}=1-\frac{1}{3}+\frac{1}{5}-\frac{1}{7}+\cdots+(-1)^n\frac{1}{2n+1}+\cdots$之前已介绍.请解释该公式,并利用结论计算$\pi$的近似值.

8.4.1 泰勒公式

定义 8.8 如果函数$f(x)$在点x_0的某邻域内有$n+1$阶导数,则在x_0的邻域内$f(x)$可展开为

$$f(x)=f(x_0)+f'(x_0)(x-x_0)+\frac{f''(x_0)}{2!}(x-x_0)^2+\cdots+\frac{f^{(n)}(x_0)}{n!}(x-x_0)^n+R_n(x),$$

其中$R_n(x)$称为**拉格朗日型余项**,$R_n(x)=\frac{f^{(n+1)}(\xi)}{(n+1)!}(x-x_0)^{n+1}$,$\xi$是介于$x$与$x_0$之间的某值.上式称为**泰勒公式**.称

$$P_n(x)=f(x_0)+f'(x_0)(x-x_0)+\frac{f''(x_0)}{2!}(x-x_0)^2+\cdots+\frac{f^{(n)}(x_0)}{n!}(x-x_0)^n$$

为$f(x)$在点x_0邻域内的n**阶泰勒展开式**.在点x_0邻域内$f(x)$可用$P_n(x)$近似表达,误差为$|R_n(x)|$.

当$|x-x_0|$微小时,由一阶泰勒展式有

$$f(x)\approx P_1(x)=f(x_0)+f'(x_0)(x-x_0).$$

此式与由微分得到的近似计算公式相同,但是由泰勒公式可以得到精度更高的近似计算公式.

若当$n\to\infty$时,$R_n(x)\to 0$,且$f(x)$在点x_0的某邻域内具有各阶导数,则函数$f(x)$在点x_0的邻域可展开为幂级数的形式,即

$$f(x_0)+f'(x_0)(x-x_0)+\frac{f''(x_0)}{2!}(x-x_0)^2+\cdots+\frac{f^{(n)}(x_0)}{n!}(x-x_0)^n+\cdots,$$

称上式为$f(x)$在点x_0处的**泰勒级数**.

特别地,取$x_0=0$时,$f(x)$可展开为x的幂级数

$$f(0)+f'(0)x+\frac{f''(0)}{2!}x^2+\cdots+\frac{f^{(n)}(0)}{n!}x^n+\cdots,$$

且在幂级数的收敛区间内有

$$f(x)=f(0)+f'(0)x+\frac{f''(0)}{2!}x^2+\cdots+\frac{f^{(n)}(0)}{n!}x^n+\cdots.$$

称上式为$f(x)$的**麦克劳林级数**.

8.4.2　将函数展开成幂级数的两种方法

1. 直接展开法

利用泰勒公式，将函数 $f(x)$ 展开成幂级数的方法，称为直接展开法. 其步骤为

(1) 求 $f(x)$ 在 $x=0$ 处的各阶导数值.

(2) 写出幂级数，并求出收敛区间.

(3) 考察收敛区间内 $\lim\limits_{n\to\infty}R_n(x)=0$ 是否成立. 若成立，则幂级数的和函数等于 $f(x)$.

例 1　将函数 $f(x)=\mathrm{e}^x$ 展开成 x 的幂级数，并利用结论计算 e 的近似值.

解　由 $f^{(n)}(x)=\mathrm{e}^x\quad(n=1,2,3,\cdots)$ 有

$$f(0)=1,\quad f'(0)=f''(0)=\cdots=f^{(n)}(0)=\cdots=1,$$

得到幂级数

$$1+x+\frac{x^2}{2!}+\frac{x^3}{3!}+\cdots+\frac{x^n}{n!}+\cdots=\sum_{n=0}^{\infty}\frac{x^n}{n!}.$$

且 $\lim\limits_{n\to\infty}\left|\dfrac{a_{n+1}}{a_n}\right|=\lim\limits_{n\to\infty}\dfrac{1/(n+1)!}{1/n!}=0$，所以级数收敛区间为 $(-\infty,+\infty)$.

$f(x)=\mathrm{e}^x$ 的拉格朗日型余项 $R_n(x)=\dfrac{\mathrm{e}^{\theta x}}{(n+1)!}x^{n+1}(0\leqslant\theta\leqslant1)$，则有

$$|R_n(x)|<\frac{\mathrm{e}^{|x|}}{(n+1)!}|x|^{n+1}=\mathrm{e}^{|x|}\cdot\frac{|x|^{n+1}}{(n+1)!}.$$

因 $\mathrm{e}^{|x|}$ 有限，而 $\dfrac{|x|^{n+1}}{(n+1)!}$ 是收敛级数 $\sum\limits_{n=0}^{\infty}\dfrac{|x|^{n+1}}{(n+1)!}$ 的一般项，所以当 $n\to\infty$ 时，$\dfrac{\mathrm{e}^{|x|}}{(n+1)!}|x|^{n+1}\to0$，因而当 $n\to\infty$ 时，$|R_n(x)|\to0$. 故有

$$\mathrm{e}^x=1+x+\frac{x^2}{2!}+\frac{x^3}{3!}+\cdots+\frac{x^n}{n!}+\cdots\quad(-\infty<x<+\infty).$$

当取 $x=1$ 时，可得无理数 $\mathrm{e}=1+1+\dfrac{1}{2!}+\dfrac{1}{3!}+\cdots+\dfrac{1}{n!}+\cdots$，可用此结论计算 e 的近似值. 如

$$\mathrm{e}\approx1+1+\frac{1}{2!}+\frac{1}{3!}+\frac{1}{4!}+\frac{1}{5!}+\frac{1}{6!}=2.718\,056,$$

其误差小于 $\dfrac{\mathrm{e}}{7!}$.

例 2　将 $f(x)=\sin x$ 展开成 x 的幂级数.

解　$f(x)=\sin x$，$f^{(n)}(x)=\sin\left(x+n\cdot\dfrac{\pi}{2}\right)(n=1,2,3,\cdots)$，则有

$$f(0)=0,f^{(n)}(0)=\sin\frac{n\pi}{2}(n=1,2,3,\cdots),$$

当 $n=2k$ 时，$f^{(2k)}(0)=\sin k\pi=0$;

当 $n=2k+1$ 时,

$$f^{(2k+1)}(0)=\sin\frac{2k+1}{2}\pi=\sin\left(k\pi+\frac{\pi}{2}\right)=\cos k\pi=\begin{cases}1, & k\text{ 为偶数}\\ -1. & k\text{ 为奇数}\end{cases}.$$

得幂级数

$$x-\frac{x^3}{3!}+\frac{x^5}{5!}+\cdots+(-1)^k\frac{x^{2k+1}}{(2k+1)!}+\cdots.$$

收敛区间为$(-\infty,+\infty)$.

$f(x)=\sin x$ 的拉格朗日型余项为 $R_n(x)=\dfrac{\sin\left(\xi+\dfrac{n+1}{2}\pi\right)}{(n+1)!}x^{n+1}$,于是 $|R_n(x)|\leqslant\dfrac{1}{(n+1)!}|x|^{n+1}$,对任意的实数 x 都有 $\lim\limits_{n\to\infty}\dfrac{1}{(n+1)!}|x|^{n+1}=0$,因而$\lim\limits_{n\to\infty}R_n(x)=0$.故有

$$\sin x=x-\frac{x^3}{3!}+\frac{x^5}{5!}+\cdots+(-1)^k\frac{x^{2k+1}}{(2k+1)!}+\cdots\quad(-\infty<x<+\infty).$$

通过上述两个例子可以看出,利用直接展开法将函数 $f(x)$ 展开成幂级数有两个困难:(1) 需要求出$f(x)$在 $x=0$ 处的各阶导数值;(2) 需要判断余项 $R_n(x)$的极限$\lim\limits_{n\to\infty}R_n(x)=0$ 是否为零.而下面要介绍的方法就避开了这些困难.

2. 间接展开法

间接展开法是利用已知函数的幂级数展开式,运用幂级数的运算性质、变量替换或者逐项求导、逐项积分等方法求得函数的幂级数展开式.如

$$\begin{aligned}\cos x=(\sin x)'&=\left[x-\frac{x^3}{3!}+\frac{x^5}{5!}+\cdots+(-1)^k\frac{x^{2k+1}}{(2k+1)!}+\cdots\right]'\\&=1-\frac{x^2}{2!}+\frac{x^4}{4!}+\cdots+(-1)^k\frac{x^{2k}}{(2k)!}+\cdots\quad(-\infty<x<+\infty).\end{aligned}$$

例 3 将函数$f(x)=\dfrac{1}{x+3}$展开成 x 的幂级数.

解 利用

$$\frac{1}{1-x}=1+x+x^2+\cdots+x^n+\cdots,\quad x\in(-1,1),$$

得$$\frac{1}{x+3}=\frac{1}{3\left[1-\left(-\frac{x}{3}\right)\right]}=\frac{1}{3}\left[1+\left(-\frac{x}{3}\right)+\left(-\frac{x}{3}\right)^2+\cdots+\left(-\frac{x}{3}\right)^n+\cdots\right]\quad\left(-1<-\frac{x}{3}<1\right)$$

$$=\frac{1}{3}\left[1+\left(-\frac{1}{3}\right)x+\left(-\frac{1}{3}\right)^2x^2+\cdots+\left(-\frac{1}{3}\right)^nx^n+\cdots\right]=\sum_{n=0}^{\infty}\frac{(-1)^n}{3^{n+1}}x^n\quad(-3<x<3).$$

例 4 将函数 $f(x)=\sin^2x$ 展开成 x 的幂级数.

解 由 $\cos x=1-\dfrac{x^2}{2!}+\dfrac{x^4}{4!}+\cdots+(-1)^n\dfrac{x^{2n}}{(2n)!}+\cdots(-\infty<x<\infty)$,可得

$$\sin^2x=\frac{1}{2}(1-\cos 2x)=\frac{1}{2}\left\{1-\left[1-\frac{(2x)^2}{2!}+\frac{(2x)^4}{4!}+\cdots+(-1)^n\frac{(2x)^{2n}}{(2n)!}+\cdots\right]\right\}$$

$$=\frac{1}{2}\left[\frac{(2x)^{2}}{2!}-\frac{(2x)^{4}}{4!}+\cdots+(-1)^{n+1}\frac{(2x)^{2n}}{(2n)!}+\cdots\right]$$

$$=\frac{2}{2!}x^{2}-\frac{2^{3}}{4!}x^{4}+\cdots+(-1)^{n+1}\frac{2^{2n-1}}{(2n)!}x^{2n}+\cdots\quad(-\infty<x<+\infty).$$

例 5　将函数 $f(x)=\arctan x$ 展开成 x 的幂级数，并利用结论解释 π 的莱布尼茨公式 $\frac{\pi}{4}=1-\frac{1}{3}+\frac{1}{5}-\frac{1}{7}+\cdots+(-1)^{n}\frac{1}{2n+1}+\cdots$，利用该结论计算 π 的近似值.（见“案例探究”）

解　根据

$$\frac{1}{1-x}=1+x+x^{2}+\cdots+x^{n}+\cdots,\quad x\in(-1,1),$$

可得 $\frac{1}{1+x^{2}}=\frac{1}{1-(-x^{2})}=1+(-x^{2})+(-x^{2})^{2}+\cdots+(-x^{2})^{n}+\cdots,\quad(-1<x<1)$，即

$$\frac{1}{1+t^{2}}=1-t^{2}+t^{4}-\cdots+(-1)^{n}t^{2n}+\cdots\quad(-1<t<1),$$

逐项积分，得

$$\arctan x=\int_{0}^{x}\frac{1}{1+t^{2}}\mathrm{d}t=x-\frac{x^{3}}{3}+\frac{x^{5}}{5}+\cdots+(-1)^{n}\frac{x^{2n+1}}{2n+1}+\cdots\quad(-1<x<1).$$

当 $x=1$ 时，级数 $\sum\limits_{n=0}^{\infty}\frac{(-1)^{n}}{2n+1}$ 收敛；当 $x=-1$ 时，$\sum\limits_{n=0}^{\infty}\frac{(-1)^{n+1}}{2n+1}$ 也收敛. 且当 $x=\pm1$ 时，函数 $\arctan x$ 连续，所以

$$\arctan x=x-\frac{x^{3}}{3}+\frac{x^{5}}{5}+\cdots+(-1)^{n}\frac{x^{2n+1}}{2n+1}+\cdots\quad(-1\leqslant x\leqslant1).$$

当取 $x=1$ 时，由上式可得 $\frac{\pi}{4}=1-\frac{1}{3}+\frac{1}{5}-\frac{1}{7}+\cdots+(-1)^{n}\frac{1}{2n+1}+\cdots$，此式称为 π 的莱布尼茨公式. 则有

$$\pi=4\cdot\left[1-\frac{1}{3}+\frac{1}{5}-\frac{1}{7}+\cdots+(-1)^{n}\frac{1}{2n+1}+\cdots\right]=4\sum_{n=0}^{\infty}(-1)^{n}\frac{1}{2n+1}.$$

取级数的前 100 项，可以计算出 π 的近似值约为 3.151 5，取级数的前 1 000 项，可以计算出 π 的近似值约为 3.142 6. 图 8-4 为级数的收敛图示.

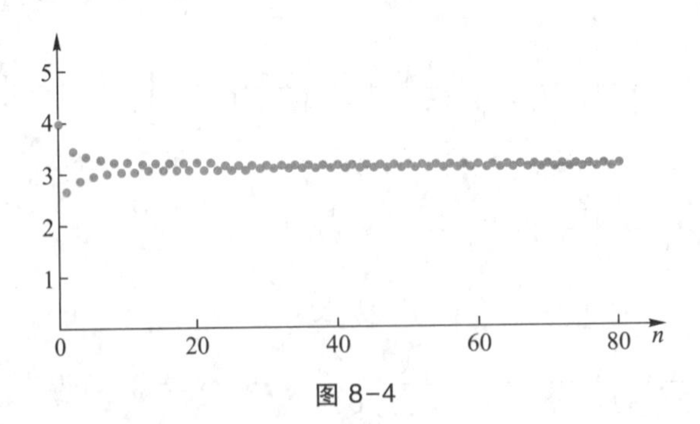

图 8-4

间接展开法求函数的幂级数展开式，要用到已有函数的幂级数展开式结论. 以下是几个

常用函数的幂级数展开式结论,可直接使用.

$$e^x=1+x+\frac{x^2}{2!}+\frac{x^3}{3!}+\cdots+\frac{x^n}{n!}+\cdots\quad(-\infty<x<+\infty).$$

$$\ln(1+x)=x-\frac{1}{2}x^2+\frac{1}{3}x^3-\cdots+(-1)^n\frac{x^{n+1}}{n+1}+\cdots\quad(-1<x\leqslant1).$$

$$\sin x=x-\frac{x^3}{3!}+\frac{x^5}{5!}+\cdots+(-1)^n\frac{x^{2n+1}}{(2n+1)!}+\cdots\quad(-\infty<x<+\infty).$$

$$\cos x=1-\frac{x^2}{2!}+\frac{x^4}{4!}+\cdots+(-1)^n\frac{x^{2n}}{(2n)!}+\cdots\quad(-\infty<x<\infty).$$

$$\arctan x=x-\frac{x^3}{3}+\frac{x^5}{5}+\cdots+(-1)^n\frac{x^{2n+1}}{2n+1}+\cdots\quad(-1\leqslant x\leqslant1).$$

$$(1+x)^m=1+mx+\frac{m(m-1)}{2!}x^2+\cdots+\frac{m(m-1)\cdots(m-n+1)}{n!}x^n+\cdots\quad(-1<x<1).$$

课堂练习 ⋙

1. 函数 $f(x)$ 在点 x_0 的邻域内可展开为泰勒级数,其表达式为__________.
2. $\frac{1-\cos x}{x^2}$ 的级数表达式为__________.
3. $\frac{1}{2+x}$ 的级数表达式为__________.
4. e^{-x^2} 的级数表达式为__________.

拓展提升 ⋙

在使用间接展开法时,往往需要利用一些已知函数的展开式,通过有理运算、代换运算、逐项求导等方法展开.

例 6 将函数 $f(x)=\frac{1}{x^2-3x+2}$ 展开成 x 的幂级数.

解 因为 $f(x)=\frac{1}{x^2-3x+2}=\frac{1}{(x-2)(x-1)}=\frac{1}{1-x}-\frac{1}{2-x}$,而

$$\frac{1}{1-x}=1+x+x^2+\cdots+x^n+\cdots\quad(-1<x<1),$$

$$\frac{1}{2-x}=\frac{1}{2}\cdot\frac{1}{1-\frac{x}{2}}=\frac{1}{2}\left[1+\frac{x}{2}+\left(\frac{x}{2}\right)^2+\cdots+\left(\frac{x}{2}\right)^n+\cdots\right]\quad(-2<x<2),$$

所以,$f(x)=\frac{1}{1-x}-\frac{1}{2-x}$

$$=(1+x+x^2+\cdots+x^n+\cdots)-\left(\frac{1}{2}+\frac{x}{2^2}+\frac{x^2}{2^3}+\cdots+\frac{x^n}{2^{n+1}}+\cdots\right)$$

$$=\frac{1}{2}+\frac{2^2-1}{2^2}x+\frac{2^3-1}{2^3}x^2+\cdots+\frac{2^{n+1}-1}{2^{n+1}}x^n+\cdots.$$

收敛半径应取较小的一个,故 $R=1$.收敛区间为$(-1,1)$.

例 7　将函数 $f(x)=\dfrac{1}{x}$展开成 $x-3$ 的幂级数.

解　利用 $\dfrac{1}{1-x}=\sum\limits_{n=0}^{\infty}x^n, x\in(-1,1)$ 得

$$\frac{1}{x}=\frac{1}{3+(x-3)}=\frac{1}{3}\cdot\frac{1}{1+\dfrac{x-3}{3}}=\frac{1}{3}\cdot\frac{1}{1-\left(-\dfrac{x-3}{3}\right)}$$

$$=\frac{1}{3}\cdot\sum_{n=0}^{\infty}\left(-\frac{x-3}{3}\right)^n,\quad \frac{x-3}{3}\in(-1,1),$$

即

$$\frac{1}{x}=\sum_{n=0}^{\infty}\frac{(-1)^n}{3^{n+1}}(x-3)^n,\quad x\in(0,6).$$

习题 8-4

【基础训练】

1. 用直接展开法将 $f(x)=\sqrt{1+x}$ 展开成 x 的幂级数.

2. 用间接展开法把下列函数展开成 x 的幂级数,并指出其收敛域.

(1) $\dfrac{1}{1+x}$;　　(2) $\dfrac{1-\cos 2x}{2}$;

(3) $\dfrac{1}{1+x^2}$;　　(4) $\dfrac{e^x-1}{x}$.

3. 利用 $\sin x\approx x-\dfrac{x^3}{3!}$,求 $\sin 9°$的近似值,并估计误差.

【拓展训练】

1. 用间接展开法把下列函数展开成 x 的幂级数,并指出其收敛域.

(1) $\dfrac{1}{(1+x)^2}$;　　(2) $\dfrac{x}{x^2-2x-3}$.

2. 积分定义的误差函数 $\operatorname{erf} x=\dfrac{2}{\sqrt{\pi}}\int_0^x e^{-t^2}dt$ 在工程学中十分重要,试把它展开成 x 的幂级数.

3. 将下列函数展开成 $x-2$ 的幂级数,并确定收敛域.

(1) $f(x)=\dfrac{1}{1+x}$;　　(2) $f(x)=\ln x$.

*8.5 傅里叶(Fourier)级数

一个绷紧的弦(有一定的初张力)如果受到一个横向扰动的话,会以某一频率振动起来,如吉他等拨弦乐器的发声原理就是这样的.在研究弦振动或热传导等这类问题时,发现正弦函数是一种常见而简单的周期函数,例如描述简谐振动的函数

$$u(t)=A\sin(\omega t+\varphi)=a\cos\omega t+b\sin\omega t$$

就是一个以$\frac{2\pi}{\omega}$为周期的函数,其中 t 表示时间,A 为振幅,ω 为角频率,φ 为初相,$u(t)$表示动点的位置.

在实际问题中,除了正弦函数外,往往会遇到非正弦函数的周期函数,它们反映了较复杂的周期运动.如电子技术中常用的周期为 T 的矩形波.我们不禁考虑,是否一个复杂的周期函数也可以由简单的周期函数例如三角函数组成的级数来表示呢?也就是在某些条件下,一个周期函数是否可以展开成如下级数形式:

$$\frac{a_0}{2}+\sum_{n=1}^{\infty}(a_n\cos nx+b_n\sin nx),$$

其中 $a_0,a_n,b_n(n=1,2,3,\cdots)$为常数.该式所表示的函数项级数的各项都由正弦函数或余弦函数和常数构成的,称该级数为**三角级数**.三角级数的应用十分广泛,在声、电、光、热、通信等领域中为了研究传播的周期性规律,常借助于三角级数;在电子技术和工程领域,如电气工程中开关元器件的设计也都是利用三角级数的理论.

案例探究 在信号处理中,常利用高频信号“运载”音频(低频)信号的方式,通过天线以电磁波的形式辐射到空间去,这就是调幅广播的基本原理.设有高频正弦信号 $x(t)=A\sin(2\pi f_0t)$,单音频信号 $e(t)=mA\cos(2\pi f_1t)$,m 和 A 均为常数($m<1$).求信号 $f(t)=[A+mA\cos(2\pi f_1t)]\sin(2\pi f_0t)$的频谱分布.

8.5.1 三角函数系的正交性

函数系列 $1,\cos x,\sin x,\cos 2x,\sin 2x,\cdots,\cos nx,\sin nx,\cdots$称为**三角函数系**.三角函数系中任意两个不同的函数的乘积在$[-\pi,\pi]$上的积分为零.即

$$\int_{-\pi}^{\pi}1\cdot\cos nx\mathrm{d}x=0\quad(n=1,2,3,\cdots);$$

$$\int_{-\pi}^{\pi}1\cdot\sin nx\mathrm{d}x=0\quad(n=1,2,3,\cdots);$$

$$\int_{-\pi}^{\pi}\sin mx\cdot\cos nx\mathrm{d}x=0\quad(m=1,2,3,\cdots,n=1,2,3,\cdots);$$

$$\int_{-\pi}^{\pi}\sin mx\cdot\sin nx\mathrm{d}x=0\quad(m,n=1,2,3,\cdots,m\neq n);$$

$$\int_{-\pi}^{\pi}\cos mx\cdot\cos nx\mathrm{d}x=0\quad(m,n=1,2,3,\cdots,m\neq n).$$

上述性质简称为三角函数系的**正交性**.而对三角函数系中任何一个函数的平方在$[-\pi,\pi]$上的积分都不为零.即

$$\int_{-\pi}^{\pi}1^2\mathrm{d}x=2\pi;\quad\int_{-\pi}^{\pi}\cos^2 nx\mathrm{d}x=\int_{-\pi}^{\pi}\sin^2 nx\mathrm{d}x=\pi\quad(n=1,2,3,\cdots).$$

8.5.2　周期为 2π 的函数的傅里叶级数

设$f(x)$是以2π为周期的函数,且$f(x)$可以展开成三角级数

$$f(x)=\frac{a_0}{2}+\sum_{n=1}^{\infty}(a_n\cos nx+b_n\sin nx).\tag{8-1}$$

我们来揭示三角级数$\frac{a_0}{2}+\sum\limits_{n=1}^{\infty}(a_n\cos nx+b_n\sin nx)$的和函数$f(x)$与三角级数的系数$a_0,a_n,b_n$之间的关系.设上式右端的级数可以逐项积分,则对上式两边从$-\pi$到π积分,得

$$\begin{aligned}\int_{-\pi}^{\pi}f(x)\mathrm{d}x&=\frac{a_0}{2}\int_{-\pi}^{\pi}\mathrm{d}x+\int_{-\pi}^{\pi}\left(\sum_{n=1}^{\infty}a_n\cos nx+b_n\sin nx\right)\mathrm{d}x\\&=\pi a_0+\sum_{n=1}^{\infty}\left(a_n\int_{-\pi}^{\pi}\cos nx\mathrm{d}x+b_n\int_{-\pi}^{\pi}\sin nx\mathrm{d}x\right)\\&=\pi a_0,\end{aligned}$$

所以$a_0=\frac{1}{\pi}\int_{-\pi}^{\pi}f(x)\mathrm{d}x$.

以$\cos kx$乘以(8-1)式两端,得

$$f(x)\cos kx=\frac{a_0}{2}\cos kx+\sum_{n=1}^{\infty}(a_n\cos kx\cos nx+b_n\cos kx\sin nx),$$

对上式两边再从$-\pi$到π求积分,利用三角函数系的正交性可得

$$\int_{-\pi}^{\pi}f(x)\cos kx\mathrm{d}x=a_k\int_{-\pi}^{\pi}\cos^2 kx\mathrm{d}x=a_k\pi,$$

可得

$$a_n=\frac{1}{\pi}\int_{-\pi}^{\pi}f(x)\cos nx\mathrm{d}x\quad(n=1,2,3,\cdots).$$

以$\sin kx$乘以(8-1)式两端,再从$-\pi$到π积分,同法可得

$$b_n=\frac{1}{\pi}\int_{-\pi}^{\pi}f(x)\sin nx\mathrm{d}x\quad(n=1,2,3,\cdots),$$

归并得

$$\begin{cases}a_n=\dfrac{1}{\pi}\displaystyle\int_{-\pi}^{\pi}f(x)\cos nx\mathrm{d}x\quad(n=0,1,2,\cdots),\\b_n=\dfrac{1}{\pi}\displaystyle\int_{-\pi}^{\pi}f(x)\sin nx\mathrm{d}x\quad(n=1,2,3,\cdots),\end{cases}$$

a_n,b_n称为**傅里叶系数**.由傅里叶系数组成的三角级数

$$\frac{a_0}{2}+\sum_{n=1}^{\infty}(a_n\cos nx+b_n\sin nx)$$

称为函数$f(x)$的**傅里叶级数**.

以上分析可知,一个以2π为周期的函数$f(x)$,只要$f(x)$在一个周期上可积,它的傅里叶级数就一定存在.现在的问题是:函数$f(x)$的傅里叶级数是否一定收敛于$f(x)$? 定理 8.8 给出了答案.

定理 8.8(狄利克雷(Dirichlet)充分条件) 设$f(x)$是以2π为周期的周期函数.且在一个周期区间内满足:

(1) 连续或只有有限个第一类间断点;

(2) 最多只有有限个极值点(即不作无限多次振荡).

则$f(x)$的傅里叶级数收敛.且当x是$f(x)$的连续点时,级数收敛于$f(x)$;当x是$f(x)$的间断点时,级数收敛于$\frac{f(x-0)+f(x+0)}{2}$.

例 1 设函数$f(x)$是周期为2π的周期函数,它在$[-\pi,\pi)$上的表达式为

$$f(x)=\begin{cases}-1, & -\pi\leqslant x<0,\\ 1, & 0\leqslant x<\pi.\end{cases}$$

试将函数$f(x)$展开成傅里叶级数.

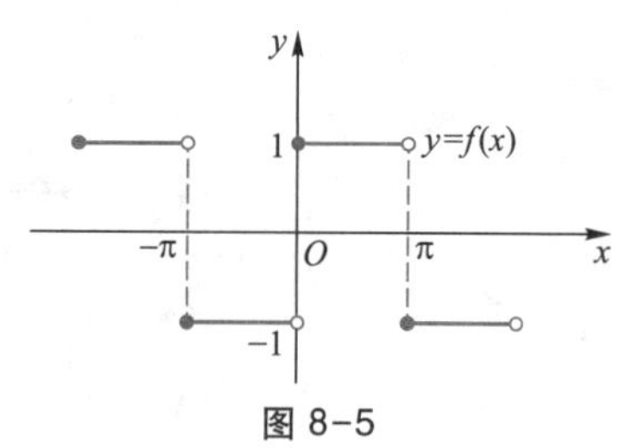

图 8-5

解 函数$f(x)$如图 8-5 所示,它满足收敛定理的条件,则有

$$\begin{aligned}a_n&=\frac{1}{\pi}\int_{-\pi}^{\pi}f(x)\cos nx\mathrm{d}x\\&=\frac{1}{\pi}\int_{-\pi}^{0}(-1)\cos nx\mathrm{d}x+\frac{1}{\pi}\int_{0}^{\pi}1\cdot\cos nx\mathrm{d}x\\&=0\quad(n=0,1,2,3,\cdots),\\b_n&=\frac{1}{\pi}\int_{-\pi}^{\pi}f(x)\sin nx\mathrm{d}x\\&=\frac{1}{\pi}\int_{-\pi}^{0}(-1)\sin nx\mathrm{d}x+\frac{1}{\pi}\int_{0}^{\pi}\sin nx\mathrm{d}x\\&=\frac{1}{\pi}\left[\frac{1}{n}\cos nx\right]_{-\pi}^{0}-\frac{1}{\pi}\left[\frac{1}{n}\cos nx\right]_{0}^{\pi}\\&=\frac{2}{n\pi}[1-(-1)^n]=\begin{cases}\frac{4}{n\pi}, & n=1,3,5,\cdots,\\0. & n=2,4,6,\cdots.\end{cases}\end{aligned}$$

当$x\neq k\pi(k=0,\pm1,\pm2,\cdots)$时,$f(x)$的傅里叶级数展开式为

$$f(x)=\frac{4}{\pi}\left[\sin x+\frac{1}{3}\sin 3x+\cdots+\frac{1}{2n-1}\sin(2n-1)x+\cdots\right],$$

当$x=k\pi(k=0,\pm1,\pm2,\cdots)$时,傅里叶级数收敛于

$$\frac{f(k\pi-0)+f(k\pi+0)}{2}=0.$$

即所求傅里叶级数和函数的图形如图 8-6 所示，不难发现这个图形在 $x=k\pi(k=0,\pm1,\pm2,\cdots)$ 的各点处与图 8-5 不同.

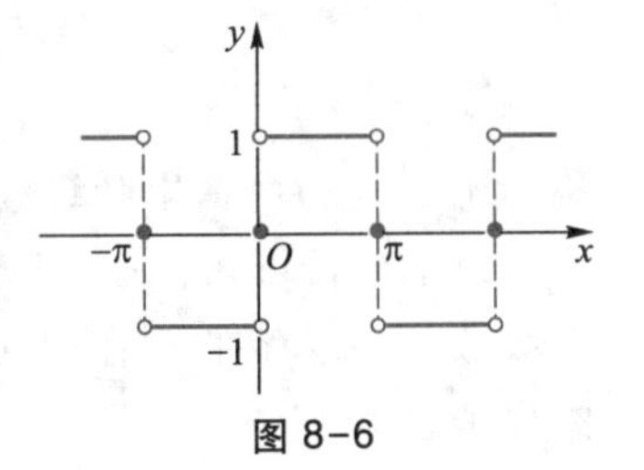

图 8-6

可用傅里叶级数部分和近似代替函数 $f(x)$. 图 8-7 给出了例 1 的傅里叶级数当 $n=1,2,3,4,6,10$ 时，傅里叶级数部分和与函数 $f(x)$ 的关系.

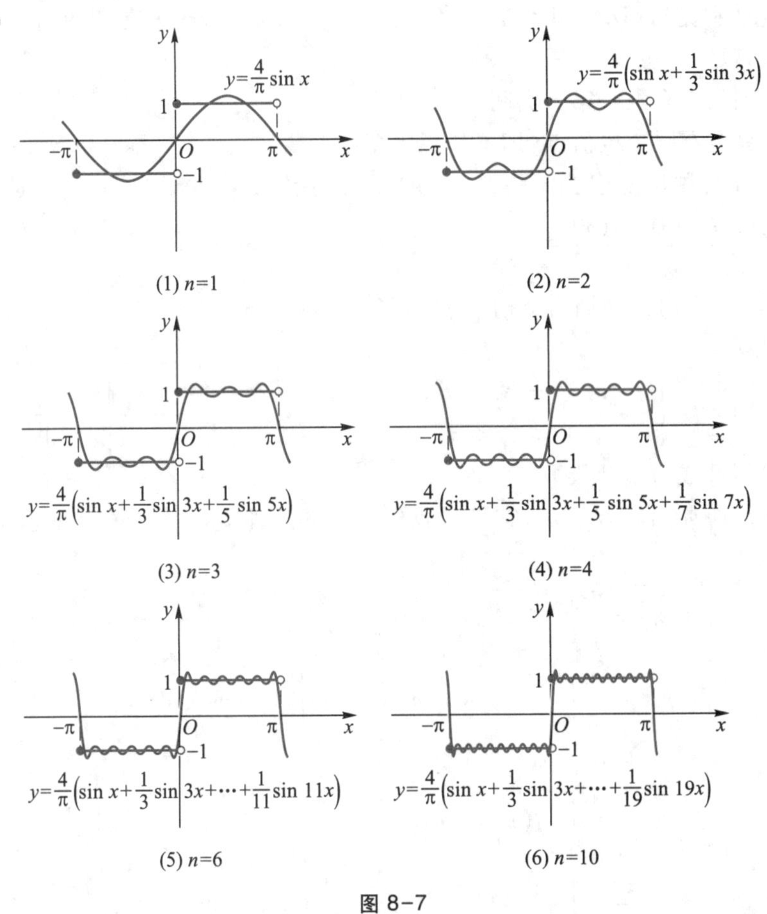

图 8-7

由例 1 不难发现，当 $f(x)$ 为奇函数时，$f(x)\cos nx$ 是奇函数，$f(x)\sin nx$ 是偶函数，故傅里叶系数

$$\begin{cases} a_n=\dfrac{1}{\pi}\displaystyle\int_{-\pi}^{\pi}f(x)\cos nx\mathrm{d}x=0 & (n=0,1,2,\cdots), \\ b_n=\dfrac{1}{\pi}\displaystyle\int_{-\pi}^{\pi}f(x)\sin nx\mathrm{d}x=\dfrac{2}{\pi}\displaystyle\int_{0}^{\pi}f(x)\sin nx\mathrm{d}x, & (n=1,2,3,\cdots), \end{cases}$$

即知奇函数的傅里叶级数是只含有正弦项的**正弦级数** $\sum\limits_{n=1}^{\infty}b_n\sin nx$. 同理，当 $f(x)$ 为偶函数时，有

$$\begin{cases} a_n = \dfrac{1}{\pi}\displaystyle\int_{-\pi}^{\pi} f(x)\cos nx\mathrm{d}x = \dfrac{2}{\pi}\displaystyle\int_{0}^{\pi} f(x)\cos nx\mathrm{d}x & (n = 0,1,2,\cdots), \\ b_n = \dfrac{1}{\pi}\displaystyle\int_{-\pi}^{\pi} f(x)\sin nx\mathrm{d}x = 0 & (n = 1,2,3,\cdots), \end{cases}$$

则偶函数的傅里叶级数是只含有常数项和余弦项的**余弦级数** $\dfrac{a_0}{2} + \sum\limits_{n=1}^{\infty} a_n\cos nx$.

例 2 设如图 8-8 所示函数 $f(x)$ 是周期为 2π 的周期函数,它在 $[-\pi,\pi)$ 上的表达式为

$$f(x) = \begin{cases} -x, & -\pi \leqslant x < 0 \\ x, & 0 \leqslant x < \pi. \end{cases}$$

试将函数 $f(x)$ 展开成傅里叶级数.

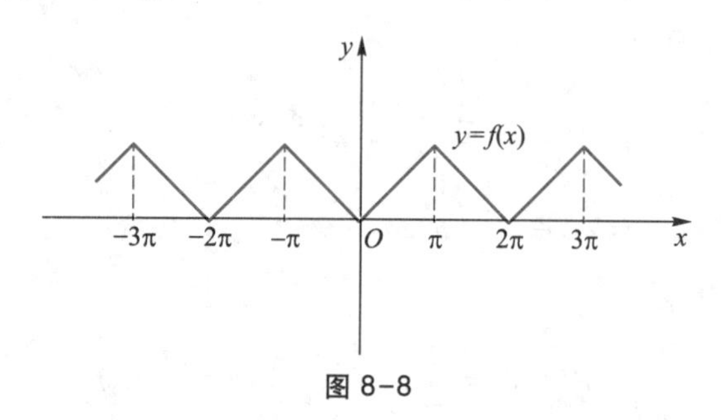

图 8-8

解 因为 $f(x)$ 满足收敛定理的条件,且 $f(x)$ 为偶函数,则有

$$a_0 = \frac{1}{\pi}\int_{-\pi}^{\pi} f(x)\mathrm{d}x = \frac{2}{\pi}\int_{0}^{\pi} x\mathrm{d}x = \pi,$$

$$\begin{aligned} a_n &= \int_{-\pi}^{\pi} f(x)\cos nx\mathrm{d}x = \frac{2}{\pi}\int_{0}^{\pi} x\cos nx\mathrm{d}x \\ &= \frac{2}{n\pi}\left[x\sin nx - \frac{1}{n}\cos nx\right]_{0}^{\pi} = \frac{2}{n^2\pi}[(-1)^n - 1] \\ &= \begin{cases} -\dfrac{4}{n^2\pi}, & n = 1,3,5,\cdots, \\ 0, & n = 2,4,6,\cdots, \end{cases} \\ b_n &= \frac{1}{\pi}\int_{-\pi}^{\pi} f(x)\sin nx\mathrm{d}x = 0 \quad (n = 1,2,3,\cdots). \end{aligned}$$

所以

$$f(x) = \frac{\pi}{2} - \frac{4}{\pi}\sum_{k=1}^{\infty}\frac{1}{(2k-1)^2}\cos(2k-1)x,$$

由于 $f(x)$ 是一个连续函数,它的傅里叶级数在任何点都收敛于 $f(x)$.

如果函数 $f(x)$ 只在 $[-\pi,\pi]$ 上有定义,且满足收敛定理的条件,那么 $f(x)$ 也可以展开成傅里叶级数.我们可在 $[-\pi,\pi)$ 或 $(-\pi,\pi]$ 外补充函数 $f(x)$ 的定义,使之拓广为周期为 2π 的周期函数 $f^*(x)$.按这种方式拓广函数定义域的过程称为**周期延拓**.再将周期函数 $f^*(x)$ 展开为傅里叶级数.最后限制 x 在 $(-\pi,\pi)$ 内,即可得到 $f(x)$ 的傅里叶级数展开式,级数在区间端点 $x=\pm\pi$ 处收敛于 $\dfrac{1}{2}[f(\pi-0)+f(-\pi+0)]$.

8.5.3　周期为 $2l$ 的函数的傅里叶级数

以 2π 为周期的周期函数展开成傅里叶级数的方法,它有比较普遍的应用价值.在实际问题中碰到的周期函数,周期不一定是 2π,但可以通过适当的变量替换转化为以 2π 为周期的函数,其傅里叶级数展开问题就相应解决.下面介绍以 $2l$ 为周期的周期函数 $f(x)$ 展开成傅里叶级数的方法.

设 $f(x)$ 是以 $2l$ 为周期的函数,令 $x=\dfrac{l}{\pi}t$,即 $t=\dfrac{\pi}{l}x$,于是 $f(x)=f\left(\dfrac{l}{\pi}t\right)=F(t)$,这时 $F(t)$ 是以 2π 为周期的周期函数,设 $F(t)$ 在一个周期内满足收敛定理的条件,因此可将它展开成傅里叶级数,且在连续点有

$$\begin{aligned} f(x)=F(t)&=\frac{a_0}{2}+\sum_{n=1}^{\infty}(a_n\cos nt+b_n\sin nt) \\ &=\frac{a_0}{2}+\sum_{n=1}^{\infty}\left(a_n\cos\frac{n\pi}{l}x+b_n\sin\frac{n\pi}{l}x\right), \end{aligned}$$

其中

$$a_0=\frac{1}{\pi}\int_{-\pi}^{\pi}F(t)\,\mathrm{d}t=\frac{1}{\pi}\int_{-\pi}^{\pi}f\left(\frac{l}{\pi}t\right)\mathrm{d}t=\frac{1}{l}\int_{-l}^{l}f(x)\,\mathrm{d}x,$$

$$a_n=\frac{1}{\pi}\int_{-\pi}^{\pi}F(t)\cos nt\mathrm{d}t=\frac{1}{l}\int_{-l}^{l}f(x)\cos\frac{n\pi}{l}x\mathrm{d}x\quad(n=1,2,3,\cdots),$$

$$b_n=\frac{1}{\pi}\int_{-\pi}^{\pi}F(t)\sin nt\mathrm{d}t=\frac{1}{l}\int_{-l}^{l}f(x)\sin\frac{n\pi}{l}x\mathrm{d}x\quad(n=1,2,3,\cdots).$$

这里的 a_0,a_n,b_n 就是以 $2l$ 为周期的周期函数 $f(x)$ 的**傅里叶系数**.而

$$f(x)=\frac{a_0}{2}+\sum_{n=1}^{\infty}\left(a_n\cos\frac{n\pi}{l}x+b_n\sin\frac{n\pi}{l}x\right)$$

就是以 $2l$ 为周期的周期函数 $f(x)$ 的**傅里叶级数**.

如果 $f(x)$ 是以 $2l$ 为周期的周期函数,且是奇函数,那么 $f(x)$ 的傅里叶级数为正弦级数

$$f(x)=\sum_{n=1}^{\infty}b_n\sin\frac{n\pi}{l}x.$$

同理,如果 $f(x)$ 是偶函数时,此时的傅里叶级数为余弦级数

$$f(x)=\frac{a_0}{2}+\sum_{n=1}^{\infty}a_n\cos\frac{n\pi}{l}x.$$

例 3　如图 8-9 所示的函数 $f(t)$ 是以 T 为周期方波,且在 $\left[-\dfrac{T}{2},\dfrac{T}{2}\right)$ 上表达式为

$$f(t)=\begin{cases}A, & 0\leqslant t<\dfrac{T}{2}, \\ -A, & -\dfrac{T}{2}\leqslant t<0.\end{cases}$$

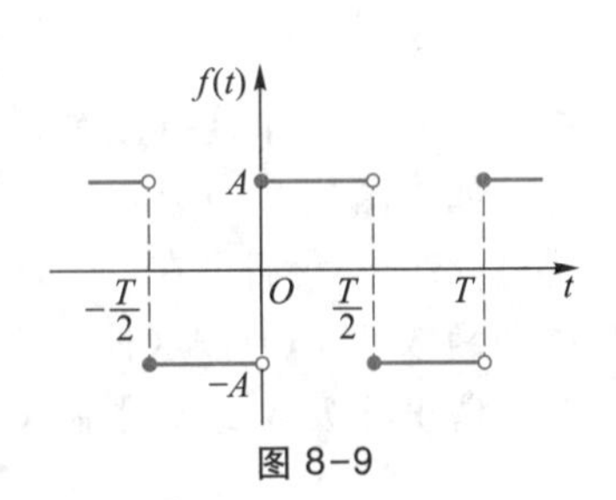

图 8-9

试将其展开成傅里叶级数.

解 由题意可得,

$$a_n = \frac{1}{l}\int_{-l}^{l} f(x)\cos\frac{n\pi}{l}x\mathrm{d}x = 0,$$

$$b_n = \frac{1}{l}\int_{-l}^{l} f(x)\sin\frac{n\pi}{l}x\mathrm{d}x = \frac{2}{T}\int_{-\frac{T}{2}}^{\frac{T}{2}} f(t)\sin\frac{2n\pi}{T}t\mathrm{d}t$$

$$= \frac{2}{T}\left[\int_{-\frac{T}{2}}^{0}\left(-A\sin\frac{2n\pi}{T}t\right)\mathrm{d}t + \int_{0}^{\frac{T}{2}} A\sin\frac{2n\pi}{T}t\mathrm{d}t\right]$$

$$= \left[\frac{A}{n\pi}\cos\frac{2n\pi}{T}t\right]_{-\frac{T}{2}}^{0} + \left[\frac{-A}{n\pi}\cos\frac{2n\pi}{T}t\right]_{0}^{\frac{T}{2}}$$

$$= \begin{cases} \dfrac{4A}{n\pi} & n = 1,3,5,\cdots, \\ 0. & n = 2,4,6,\cdots. \end{cases}$$

因此,所求函数 $f(t)$ 的傅里叶级数为

$$f(t) = \frac{4A}{\pi}\left(\sin\frac{2\pi}{T}t + \frac{1}{3}\sin\frac{6\pi}{T}t + \frac{1}{5}\sin\frac{10\pi}{T}t + \cdots\right),$$

当 $t=\frac{kT}{2}(k=0,\pm1,\pm2,\cdots)$ 时,级数收敛于 $\frac{A+(-A)}{2}=0$.

若函数 $f(x)$ 只在 $[-l,l]$ 上有定义,且满足收敛定理条件.则将 $f(x)$ 在区间 $(-\infty,+\infty)$ 上作周期延拓之后,也可以展开为傅里叶级数.

课堂练习 >>>

1. 以 2π 为周期的函数 $f(x)$,其傅里叶系数为 $a_n=$__________,$b_n=$__________.

2. 以 $2l$ 为周期的函数 $f(x)$,其傅里叶系数为 $a_n=$__________,$b_n=$__________.

3. 设函数 $f(x)$ 是周期为 2π 的周期函数,它在 $[-\pi,\pi)$ 上的表达式为

$$f(x)=\begin{cases} 0, & -\pi\leqslant x<0, \\ x, & 0\leqslant x<\pi, \end{cases}$$

试将其展开成傅里叶级数.

知识拓展一 >>>

奇延拓和偶延拓

在实际应用中,有时需要将定义在 $[0,l]$(或 $[-l,0]$)上的函数 $f(x)$ 展开成傅里叶级数.为此,常常把在定义在 $[0,l]$(或 $[-l,0]$)上的函数作奇延拓或偶延拓到 $[-l,l]$ 上,然后求延拓后函数的傅里叶级数.

奇延拓是指构造函数 $F(x)$,使之在区间 $[-l,l]$ 上为奇函数,且在区间 $[0,l]$(或 $[-l,0]$)上有 $F(x)=f(x)$.这时函数 $F(x)$ 的展开式必定为正弦级数,其傅里叶系数为

$$\begin{cases} a_n = 0 & (n = 0,1,2,3\cdots), \\ b_n = \dfrac{2}{l}\displaystyle\int_0^l f(x)\sin\frac{n\pi}{l}x\mathrm{d}x & (n = 1,2,3\cdots), \end{cases}$$

类似地,偶延拓是指构造偶函数 $F(x)$,且在区间$[0,l]$(或$[-l,0]$)上有 $F(x)=f(x)$.这时 $F(x)$的展开式必定为余弦级数,其傅里叶系数为

$$\begin{cases} a_n = \dfrac{2}{l}\displaystyle\int_0^l f(x)\cos\frac{n\pi}{l}x\mathrm{d}x & (n = 0,1,2,3,\cdots), \\ b_n = 0 & (n = 1,2,3,\cdots). \end{cases}$$

例 4　试将函数$f(x)=\dfrac{\pi}{4}-\dfrac{x}{2}$在区间$[0,\pi]$上分别展开成正弦级数及余弦级数.

解　(1) 将$f(x)$在$[0,\pi]$上展开成正弦级数,为此对函数$f(x)$作奇延拓.其傅里叶系数为

$$a_n = 0,$$

$$b_n = \frac{2}{\pi}\int_0^{\pi}\left(\frac{\pi}{4}-\frac{x}{2}\right)\sin nx\mathrm{d}x = \frac{1}{2}\int_0^{\pi}\sin nx\mathrm{d}x - \frac{1}{\pi}\int_0^{\pi}x\sin nx\mathrm{d}x$$

$$= \frac{1}{2n}[1+(-1)^n] = \begin{cases} \dfrac{1}{n}, & n = 2,4,6,\cdots, \\ 0, & n = 1,3,5,\cdots. \end{cases}$$

所以

$$\frac{\pi}{4}-\frac{x}{2} = \frac{1}{2}\sin 2x + \frac{1}{4}\sin 4x + \frac{1}{6}\sin 6x + \cdots + \frac{1}{2n}\sin 2nx + \cdots \quad (0 < x < \pi),$$

由于对函数$f(x)$进行奇延拓,故级数在 $x=0,\pi$ 处收敛于 0.

(2) 将$f(x)$在$[0,\pi]$上展开成余弦级数.为此对函数$f(x)$作偶延拓.其傅里叶系数为

$$b_n = 0,$$

$$a_0 = \frac{2}{\pi}\int_0^{\pi}\left(\frac{\pi}{4}-\frac{x}{2}\right)\mathrm{d}x = \frac{2}{\pi}\left[\frac{\pi x}{4}-\frac{x^2}{4}\right]_0^{\pi} = 0,$$

$$a_n = \frac{2}{\pi}\int_0^{\pi}\left(\frac{\pi}{4}-\frac{x}{2}\right)\cos nx\mathrm{d}x = \frac{1-(-1)^n}{n^2\pi} = \begin{cases} \dfrac{2}{n^2\pi}, & n = 1,3,5,\cdots, \\ 0, & n = 2,4,6,\cdots. \end{cases}$$

由于$f(x)$在$(0,\pi)$上进行了偶延拓,且延拓的函数在 $x=0,\pi$ 处连续,因此

$$\frac{\pi}{4}-\frac{x}{2} = \frac{2}{\pi}\left(\cos x + \frac{1}{3^2}\cos 3x + \cdots + \frac{1}{(2n-1)^2}\cos(2n-1)x + \cdots\right) \quad (0 \leqslant x \leqslant \pi).$$

知识拓展二 »»

傅里叶级数的应用举例

信号系统中,常令 $\omega_1=\dfrac{2\pi}{T}$,称其为$f(t)$的基波频率;$n\omega_1$ 称为 n 次谐波;a_0 为$f(t)$的直流分量;a_n 和 b_n 为各余弦分量和正弦分量的幅度.则例 3 中的方波$f(t)$的傅里叶级数可改写为

$f(t)=\frac{4A}{\pi}\left[\sin(\omega_1 t)+\frac{1}{3}\sin(3\omega_1 t)+\frac{1}{5}\sin(5\omega_1 t)+\cdots\right]$，由此结果即可画出其振幅频谱图，如图 8-10 所示.

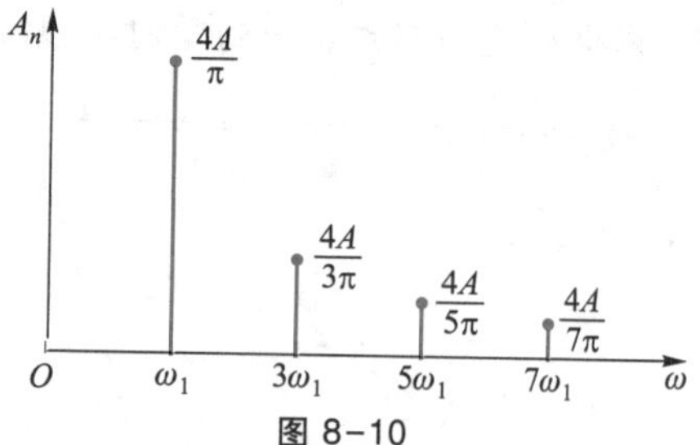

图 8-10

频谱图中的每根垂直线称为频谱，其所在位置 $n\omega_1$ 为该次谐波的角频率，其谱线只能在基频 ω_1 的整数倍频率上出现，每根谱线表示一个谐波分量，这样的频谱称为离散频谱.每根谱线的高度即为该次谐波的振幅值.

例 5 设有高频正弦信号 $x(t)=A\sin(2\pi f_0 t)$，单音频信号 $e(t)=mA\cos(2\pi f_1 t)$，m 和 A 均为常数($m<1$).求信号

$$f(t)=[A+mA\cos(2\pi f_1 t)]\sin(2\pi f_0 t)$$

的频谱分布.(见"案例探究")

解 展开 $f(t)$ 可得：

$$\begin{aligned} f(t) &= A\sin(2\pi f_0 t)+mA\cos(2\pi f_1 t)\sin(2\pi f_0 t) \\ &= A\sin(2\pi f_0 t)+\frac{mA}{2}\sin[2\pi(f_0+f_1)t]+\frac{mA}{2}\sin[2\pi(f_0-f_1)t], \end{aligned}$$

可知，$f(t)$ 包含三个频率分量，即 f_0，f_0+f_1 和 f_0-f_1，各波形所对应的频谱分布如图 8-11.

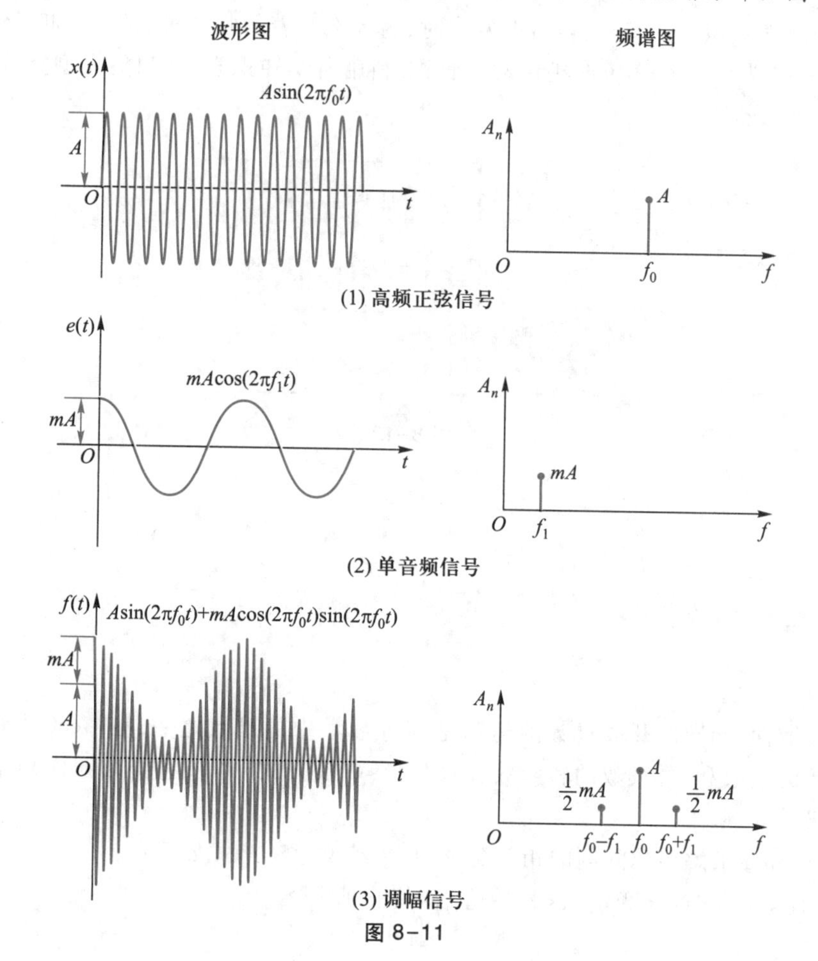

图 8-11

本例的结果反映了无线调幅广播的基本原理.这里的 $x(t)$ 称为载波,通常 f_0 很高,音频 $e(t)$ 去改变载波的幅度,称为调制信号,$f(t)$ 称为调幅信号.这种已调的高频信号可以经过天线以电磁波的形式辐射到空间去,从而达到用高频信号"运载"音频(低频)信号的目的.

习题 8-5

【基础训练】

1. 下列函数都是以 2π 为周期的周期函数,将它们展开成傅里叶级数.

(1) $f(x)=\begin{cases}0, & -\pi<x<0,\\ 1, & 0\leqslant x\leqslant\pi;\end{cases}$　　(2) $f(x)=\begin{cases}x, & -\pi\leqslant x<0,\\ 0, & 0\leqslant x<\pi;\end{cases}$

2. 下列函数都是以 $2l$ 为周期的周期函数,将它们展开成傅里叶级数.

(1) $f(x)=\begin{cases}0, & -2\leqslant x<0,\\ 2, & 0\leqslant x<2;\end{cases}$　　(2) $f(x)=x^2, x\in[-1,1]$.

【拓展训练】

1. 将函数 $f(x)=x+1$ 在区间 $[0,\pi]$ 上展开成余弦级数.

2. 利用所学知识尝试解释:当雷电发生时,为什么开着的收音机会发出"咔嚓"的声音?

3. 图 8-12 为大型空气压缩机传动装置图.利用所学知识尝试解释:大型空气压缩机传动装置的故障诊断原理.

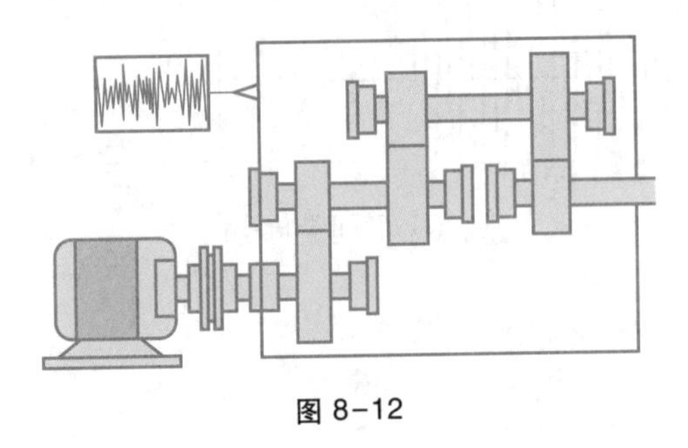

图 8-12

8.6　用 GeoGebra 求解级数问题

级数敛散性、函数展开成级数的运算是高等数学中的难点之一,在 GeoGebra 中可求解常数项级数的级数和、幂级数的和函数、函数的泰勒展开式. 本节将介绍如何利用 GeoGebra 求解上述级数问题.

用 GeoGebra 求解级数问题的相关命令的中、英文语法格式如下:

总和(<表达式>,<变量>,<初始值>,<终止值>)

Sum（<表达式>,<变量>,<初始值>,<终止值>）

泰勒公式(<函数\表达式>,<变量值>,<x 值>,<阶数>)

TaylorPolynomial(<函数\表达式>,<变量值>,<x 值>,<阶数>)

注 （1）"总和"命令可用于求解常数项级数的级数和、幂级数的和函数."表达式"参数为必选参数,其值为级数的通项式;"变量"参数为可选参数,其值为级数自变量,省略时默认变量为 x;"起始值"参数和"终止值"参数均为必选参数,其值为变量的取值范围.由于涉及符号运算,因此**只能在运算区进行级数求和运算**.

（2）在 GeoGebra 中,"总和"命令还可用作简单的数列求和运算,其命令格式为:总和(<列表>,<前若干元素数量\频数列表>),例如:

总和({1,2,3}) 结果为 6,该命令用于计算列表中的元素和.

总和({1,2,3,4,5,6,7},4) 结果为 10,该命令用于计算列表中前 4 项的元素和.

总和({1,2,3,4,5,6,7},{3,3,1}) 结果为 12,该命令按照对应元素出现的频次计算元素和,列表中的元素 1、2、3 出现的频次分别为 3、3、1.

（3）"泰勒公式"命令用于求解级数的泰勒展开式.其中,"函数\表达式"参数为必选参数,其值是待展开的函数或其表达式;"变量值"参数为可选参数,其值是变量 x 在展开式中的取值,即当系统得到泰勒展开式后,再将该值代入到展开式中求出函数的近似值,省略时,系统将把用户输入的第二个参数值认定为参数"x 值"的取值,后续参数以此类推;"x 值"参数为必选参数,其值用于指出函数在何处展开.如当参数取值为 x_0 时,表示该命令将求解函数在点 x_0 的邻域的 n 阶泰勒展开式."阶数"参数为必选参数,其值为泰勒展开式的阶次.

例 1 求下列幂级数的和函数.

（1）$\sum\limits_{n=1}^{\infty}\dfrac{2n-1}{2^n}x^{2(n-1)}$; （2）$\sum\limits_{n=1}^{\infty}n(x-1)^n$.

解 （1）令和函数为 $S(x)$,即:

输入:总和((2*n-1)/2^n*x^(2*n-2),n,1,∞)

显示:$\rightarrow\dfrac{x^2}{x^4-4x^2+4}+\dfrac{2}{x^4-4x^2+4}$

故:$S(x)=\dfrac{x^2+2}{x^4-4x^2+4}$.

（2）令和函数为 $S(x)$,即:

输入:总和(n*(x-1)^n,n,1,∞)

显示:$\rightarrow\dfrac{x}{x^2-4x+4}-\dfrac{1}{x^2-4x+4}$

故:$S(x)=\dfrac{x-1}{x^2-4x+4}$.

注 （1）GeoGebra 仅会求解幂级数的和函数,其收敛区间需读者自行求解.

（2）GeoGebra 会将读者输入的命令自行改写为数学表达式,如图 8-13 所示.

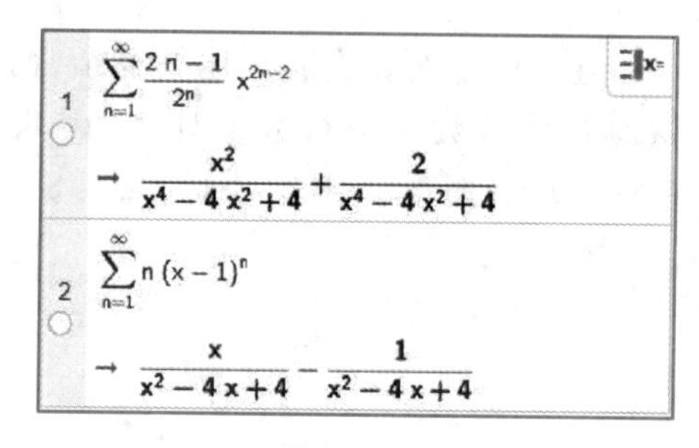

图 8-13

例 2 求下列常数项级数的级数和.

(1) $\sum_{n=1}^{\infty}\frac{n^2}{n!}$;　　　(2) $\sum_{n=0}^{\infty}(-1)^n\frac{n+1}{(2n+1)!}$.

解　(1) 输入:总和(n^2/n!,n,1,∞)

显示:→2e

故:$\sum_{n=1}^{\infty}\frac{n^2}{n!}=2\mathrm{e}$.

(2) 输入:总和((-1)^n*(n+1)/((2*n+1)!),n,0,∞)

显示:$\to\frac{1}{2}\cos(1)+\frac{1}{2}\sin(1)$

故:$\sum_{n=0}^{\infty}(-1)^n\frac{n+1}{(2n+1)!}=\frac{1}{2}\cos 1+\frac{1}{2}\sin 1$.

注　在本例(2)小题中,表达式的分母部分,需先算和,再做阶乘运算,最后将其结果作为分母,因此需要根据运算顺序添加两层括号.

例 3　求解下列函数的泰勒展开式.

(1) 求 $f(x)=\sin x$ 的 10 阶泰勒展开式及 $f(8)$ 的近似值;

(2) 求 $f(x)=\mathrm{e}^x$ 在 $x=1$ 时的 2 阶泰勒展开式及 $f(5)$ 的近似值.

解　(1) 输入:泰勒公式(sin(x),0,10)

显示:$\to x-\frac{1}{6}x^3+\frac{1}{120}x^5-\frac{1}{5040}x^7+\frac{1}{362880}x^9$

输入:泰勒公式(sin(x),8,0,10)

显示:$\to\frac{423832}{2835}$

故:$f(x)=x-\frac{x^3}{3!}+\frac{x^5}{5!}-\frac{x^7}{7!}+\frac{x^9}{9!}$, $f(8)=\frac{423\,832}{2835}\approx 149.5$.

(2) 输入:泰勒公式(e^x,1,2)

显示:$\to \mathrm{e}+\mathrm{e}(x-1)+\frac{\mathrm{e}}{2}(x-1)^2$

输入:泰勒公式(e^x,5,1,2)

显示:$\to \mathrm{e}+4\mathrm{e}+\frac{\mathrm{e}}{2}16$

故:$f(x)=\mathrm{e}+\mathrm{e}(x-1)+\frac{\mathrm{e}}{2}(x-1)^2$, $f(5)=13\mathrm{e}$.

注　由于展开式通常比较复杂,而运算区无法对自然常数 e 进行数值计算,因此建议利用 CAS 运算器计算本例(2)小题,如图 8-14 所示.

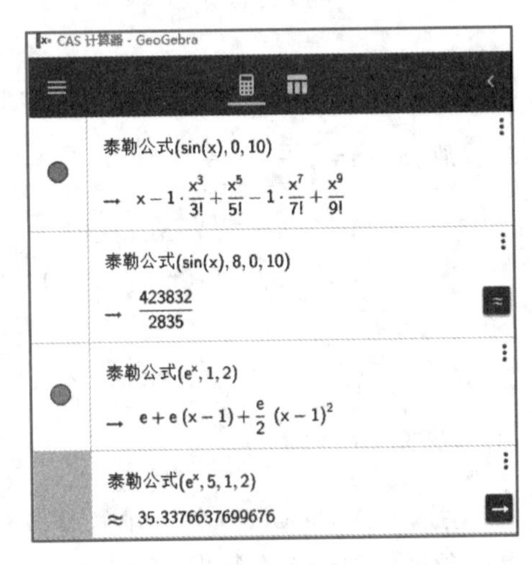

图 8-14

课堂练习 ›››

1.“总和”命令只能在__________区求解级数和问题.

2. 求解级数和 $\sum_{n=2}^{\infty}\frac{3}{(n+1)!}$ 的命令是:________________.

3. 判断题:

(1)“总和”命令可用于求解简单数列的元素和.　(　　)

(2)“泰勒公式”命令的四个参数均不可省略.　(　　)

(3)“泰勒公式”命令中“x 值”参数的值是变量 x 的取值.　(　　)

习题 8-6

1. 利用 GeoGebra 求下列幂级数的和函数.

(1) $\sum_{n=1}^{\infty}\frac{(x-5)^n}{n}$;　　(2) $\sum_{n=1}^{\infty}nx^{n-1}$;

(3) $\sum_{n=1}^{\infty}\frac{x^{4n+1}}{4n+1}$;　　(4) $\sum_{n=1}^{\infty}\frac{x^n}{n(n+1)}$.

2. 利用 GeoGebra 求下列常数项级数的级数和.

(1) $\sum_{n=1}^{\infty}\frac{2}{n^2+n}$;　　(2) $\sum_{n=1}^{\infty}\frac{2^n}{3^n n}$.

3. 求解下列函数的泰勒展开式.

(1) 求 $f(x)=\cos(x+1)$ 在 $x=2$ 时的 5 阶泰勒展开式;

(2) 求 $f(x)=\ln(x^2+1)$ 在 $x=3$ 时的 4 阶泰勒展开式及 $f(1)$ 的近似值.

第八章习题参考答案

第九章 多元函数微积分

在前面的章节中，我们学习了一元函数的微积分，但在许多实际问题中往往会牵涉到多元函数的微分与积分.本章我们将学习向量代数与空间解析几何，多元函数微分学及二重积分.

9.1 向量代数

正如平面解析几何的知识对学习一元函数微积分是不可缺少的一样，空间解析几何的知识对学习多元函数微积分也是必不可少的. 而空间解析几何的许多内容都是用向量来描述的，因此在本节先介绍空间直角坐标系，然后引进向量的概念，阐述坐标系下向量的运算及两向量的关系.

案例探究 已知空间三点的坐标 $A(2,1,6)$，$B(8,5,-6)$，$C(4,7,9)$，如何求 $\triangle ABC$ 的面积？

9.1.1 空间直角坐标系

为了确定平面上任意一点的位置，我们建立了平面直角坐标系. 现在，为了确定空间任意一点的位置，我们需要引进空间直角坐标系.

在空间中取定一点 O，称为**原点**，过点 O 作三条互相垂直的坐标轴，依次记为 **x 轴**（横轴）、**y 轴**（纵轴）和 **z 轴**（竖轴），它们构成一个**空间直角坐标系**. 通常把 x 轴和 y 轴配置在水平面上，而 z 轴则是铅垂线；它们的正向符合右手法则，即将右手伸直，拇指朝上为 z 轴的正方向，其余四指的指向为 x 轴正方向，四指弯曲 $90°$ 后的指向为 y 轴的正方向，如图 9-1 所示.

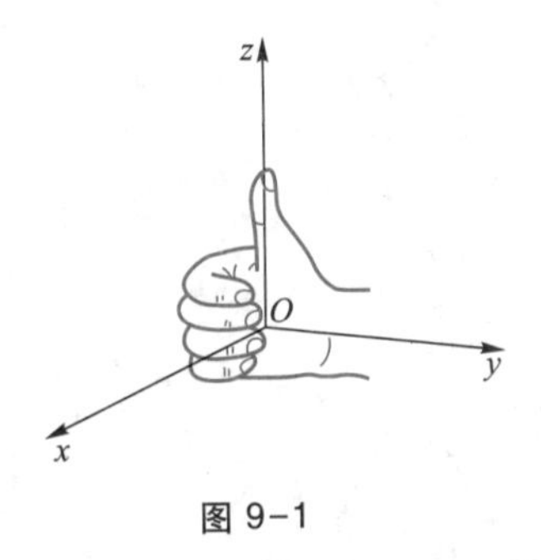

图 9-1

三条坐标轴确定三个平面（xOy 面、yOz 面和 xOz 面），称为**坐标面**，把空间分成 8 个部分，如图 9-2 所示，每一部分叫做一个**卦限**. 其中把 xOy 面之上含有 x 轴和 y 轴正向的那个卦限称为第 I

卦限，然后沿逆时针方向，顺次确定的部分称为第Ⅱ、Ⅲ、Ⅳ卦限；在 xOy 面之下与Ⅰ、Ⅱ、Ⅲ、Ⅳ卦限相对应的部分依次称为Ⅴ、Ⅵ、Ⅶ、Ⅷ卦限. 空间中每一点 P 对应于一个有序数组(x,y,z)，称为点 P 的**坐标**，记作 $P(x,y,z)$，如图 9-3 所示.

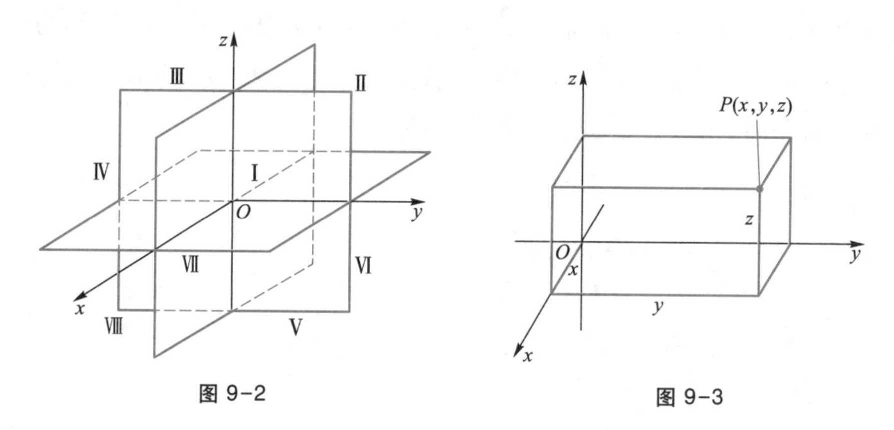

图 9-2　　图 9-3

9.1.2 向量的概念

在科学上，许多物理量(如长度、质量和体积等)可以用一个简单的数字来描述，我们称之为**标量**；而一些其他物理量，如速度、位移、力和力矩等既有大小又有方向的物理量则称为**向量**(或**矢量**).

在数学上，常用一条有方向的线段(带箭头的线段)即有向线段来表示向量. 有向线段的长度表示向量的大小，有向线段的方向表示向量的方向. 以 A 为起点、B 为终点的有向线段所表示的向量记作$\overrightarrow{AB}$(如图 9-4 所示). 在本书中，有时也用粗体字母表示向量，如 $\boldsymbol{a}$，$\boldsymbol{b}$. 手写时一般在字母上加箭头来表示向量，如$\vec{a}$，$\vec{b}$.

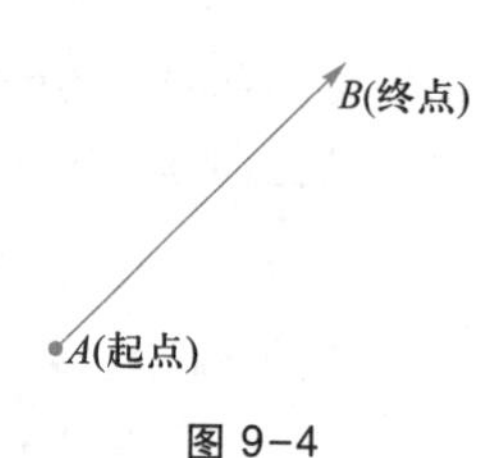

图 9-4

只考虑向量的大小和方向，而不论它的起点在什么地方，称这样的向量为**自由向量**，在本书中所讨论的向量都是指自由向量. 所以，如果两个向量 $\boldsymbol{a}$ 和 $\boldsymbol{b}$ 的大小相等，方向相同，则称这两个向量是**相等**的，记作 $\boldsymbol{a}=\boldsymbol{b}$. 即经过平行移动能完全重合的向量是相等的.

向量的大小叫做向量的**模**. 向量$\overrightarrow{AB}$和 $\boldsymbol{a}$ 的模，记作 $|\overrightarrow{AB}|$ 和 $|\boldsymbol{a}|$. 模为 1 的向量叫做**单位向量**. 模等于零的向量叫做**零向量**，记作 $\boldsymbol{0}$. 零向量的起点和终点重合，它的方向是任意的.

设有两个非零向量 $\boldsymbol{a}$，$\boldsymbol{b}$，任取空间一点 O，作$\overrightarrow{OA}=\boldsymbol{a}$，$\overrightarrow{OB}=\boldsymbol{b}$，规定不超过 π 的 $\angle AOB$(设 $\varphi=\angle AOB$，$0\leqslant\varphi\leqslant\pi$)称为向量 $\boldsymbol{a}$ 与 $\boldsymbol{b}$ 的**夹角**(如图 9-5 所示). 如果向量 $\boldsymbol{a}$ 与 $\boldsymbol{b}$ 的夹角 $\varphi=0$ 或 $\varphi=\pi$，则称向量 $\boldsymbol{a}$ 与 $\boldsymbol{b}$ **平行**，记作 $\boldsymbol{a}/\!/\boldsymbol{b}$；如果 $\varphi=\dfrac{\pi}{2}$，则称向量 $\boldsymbol{a}$ 与 $\boldsymbol{b}$ **垂直**，记作 $\boldsymbol{a}\perp\boldsymbol{b}$. 因为零向量的方向是任意的，可以认为零向量与任何向量都平行，也与任何向量都垂直.

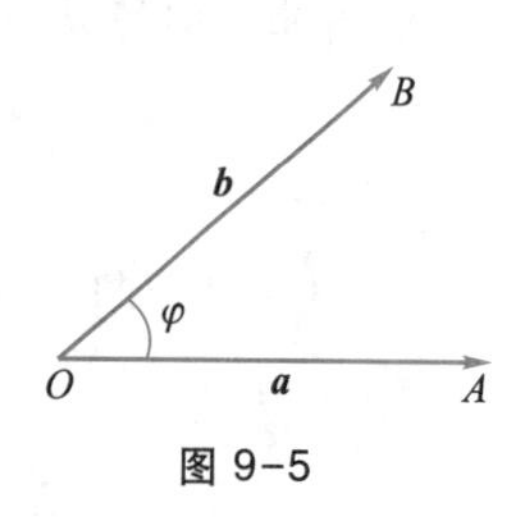

图 9-5

9.1.3　向量的代数表示

如图 9-6 所示，三维空间中的向量 $\boldsymbol{r}$，我们用以原点 O 为起点，点 $M(x,y,z)$ 为终点的有向线段 $\overrightarrow{OM}$ 表示，记作 $\boldsymbol{r}=\overrightarrow{OM}=(x,y,z)$. 记号 (x,y,z) 既表示点 M，又表示向量 $\overrightarrow{OM}$，有序数 x，y，z 也称为向量 $\overrightarrow{OM}$ 的**坐标**. 显然，零向量 $\mathbf{0}=(0,0,0)$.

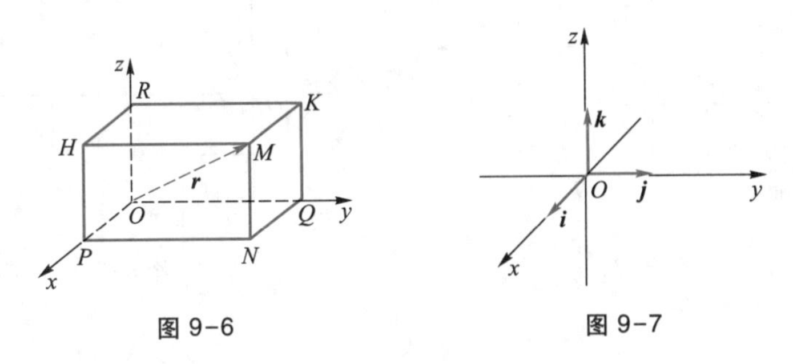

图 9-6　　　　图 9-7

从而，以 $A(x_1,y_1,z_1)$ 为起点，$B(x_2,y_2,z_2)$ 为终点的向量

$$\overrightarrow{AB}=\overrightarrow{OB}-\overrightarrow{OA}=(x_2-x_1,y_2-y_1,z_2-z_1).$$

三维空间中的三个特殊向量 $\boldsymbol{i}=(1,0,0)$，$\boldsymbol{j}=(0,1,0)$ 和 $\boldsymbol{k}=(0,0,1)$，叫做**基本单位向量**，如图 9-7 所示. 每个向量 $\boldsymbol{r}=(x,y,z)$ 都可以写成 $\boldsymbol{i},\boldsymbol{j},\boldsymbol{k}$ 的表达式

$$\boldsymbol{r}=(x,y,z)=x\boldsymbol{i}+y\boldsymbol{j}+z\boldsymbol{k}.$$

前者称为向量 $\boldsymbol{r}$ 的**坐标式**，后者称为向量 $\boldsymbol{r}$ 的**坐标分解式**，$x\boldsymbol{i}$，$y\boldsymbol{j}$，$z\boldsymbol{k}$ 称为向量 $\boldsymbol{r}$ 沿三个坐标轴方向的**分向量**. 由勾股定理，易得向量 $\boldsymbol{r}=(x,y,z)$ 的模

$$|\boldsymbol{r}|=\sqrt{x^2+y^2+z^2}.$$

两点 $A(x_1,y_1,z_1)$ 与 $B(x_2,y_2,z_2)$ 之间的距离

$$|AB|=|\overrightarrow{AB}|=\sqrt{(x_2-x_1)^2+(y_2-y_1)^2+(z_2-z_1)^2}.$$

向量 $\boldsymbol{a}=(a_x,a_y,a_z)$ 与 $\boldsymbol{b}=(b_x,b_y,b_z)$ 相等的充要条件是对应的坐标都相等，即

$$a_x=b_x,a_y=b_y,a_z=b_z.$$

当向量 $\boldsymbol{b}\neq\mathbf{0}$ 时，向量 $\boldsymbol{a}=(a_x,a_y,a_z)$ 与 $\boldsymbol{b}=(b_x,b_y,b_z)$ 平行的充要条件是 $\boldsymbol{a}=\lambda\boldsymbol{b}$，即坐标对应成比例，也即

$$\frac{a_x}{b_x}=\frac{a_y}{b_y}=\frac{a_z}{b_z}.$$

因此，与非零向量 $\boldsymbol{a}=(a_x,a_y,a_z)$ 同方向的单位向量是

$$\boldsymbol{e}_a=\frac{\boldsymbol{a}}{|\boldsymbol{a}|}=\frac{1}{|\boldsymbol{a}|}(a_x,a_y,a_z).$$

例 1　已知两点 $A(4,0,5)$ 和 $B(7,1,3)$，求与 $\overrightarrow{AB}$ 方向相同的单位向量 $\boldsymbol{e}_{\overrightarrow{AB}}$.

解　因为

$$\overrightarrow{AB}=(7,1,3)-(4,0,5)=(3,1,-2),$$

$$|\overrightarrow{AB}| = \sqrt{3^2+1^2+(-2)^2} = \sqrt{14},$$

所以

$$e_{\overrightarrow{AB}} = \frac{\overrightarrow{AB}}{|\overrightarrow{AB}|} = \frac{1}{\sqrt{14}}(3,1,-2).$$

9.1.4 利用坐标作向量的线性运算

实数 λ 与向量 $\boldsymbol{a}$ 的乘积记作 $\lambda\boldsymbol{a}$. 特别地,$-\boldsymbol{a}$ 表示一个大小与 $\boldsymbol{a}$ 相同但方向相反的向量,称为 $\boldsymbol{a}$ 的**负向量**. 如果 $\boldsymbol{a}=(x,y,z)$,则

$$\lambda\boldsymbol{a} = (\lambda x,\lambda y,\lambda z).$$

设向量 $\boldsymbol{a}=(a_x,a_y,a_z)$ 与 $\boldsymbol{b}=(b_x,b_y,b_z)$,则

$$\boldsymbol{a}+\boldsymbol{b} = (a_x+b_x,a_y+b_y,a_z+b_z),$$
$$\boldsymbol{a}-\boldsymbol{b} = (a_x-b_x,a_y-b_y,a_z-b_z).$$

向量相加减及数乘向量统称为向量的**线性运算**.

例 2 设向量 $\boldsymbol{a}=(1,1,2)$,$\boldsymbol{b}=(0,-1,2)$.

(1) 将 $3\boldsymbol{a}-2\boldsymbol{b}$ 写成 $\boldsymbol{i},\boldsymbol{j},\boldsymbol{k}$ 的形式;　　(2) 求 $|-3\boldsymbol{a}|$.

解 (1) $3\boldsymbol{a}-2\boldsymbol{b}=3(1,1,2)-2(0,-1,2)=(3,5,2)=3\boldsymbol{i}+5\boldsymbol{j}+2\boldsymbol{k}$;

(2) $|-3\boldsymbol{a}|=|-3|\,|\boldsymbol{a}|=3\sqrt{6}$.

9.1.5 向量的数量积

定义 9.1 设向量 $\boldsymbol{a}$ 与 $\boldsymbol{b}$ 的夹角为 $\varphi(0\leqslant\varphi\leqslant\pi)$,我们把 $|\boldsymbol{a}|$,$|\boldsymbol{b}|$ 及 $\cos\varphi$ 的乘积叫做 $\boldsymbol{a}$ 与 $\boldsymbol{b}$ 的**数量积**或**点积**,记作 $\boldsymbol{a}\cdot\boldsymbol{b}$,即

$$\boldsymbol{a}\cdot\boldsymbol{b} = |\boldsymbol{a}|\,|\boldsymbol{b}|\cos\varphi.$$

由定义,容易得到向量的数量积有如下运算律:

(1) $\boldsymbol{a}\cdot\boldsymbol{a}=|\boldsymbol{a}|^2$;　　(2) $\boldsymbol{a}\cdot\boldsymbol{b}=\boldsymbol{b}\cdot\boldsymbol{a}$(交换律);

(3) $(\lambda\boldsymbol{a})\cdot(\mu\boldsymbol{b})=\lambda\mu(\boldsymbol{a}\cdot\boldsymbol{b})$($\lambda,\mu$ 为数);(4) $\boldsymbol{a}\cdot(\boldsymbol{b}+\boldsymbol{c})=\boldsymbol{a}\cdot\boldsymbol{b}+\boldsymbol{a}\cdot\boldsymbol{c}$(分配律).

同样,由定义可得:向量 $\boldsymbol{a}\perp\boldsymbol{b}$ 的充要条件是 $\boldsymbol{a}\cdot\boldsymbol{b}=0$.

若向量 $\boldsymbol{a}=(a_x,a_y,a_z)$,$\boldsymbol{b}=(b_x,b_y,b_z)$,则两向量数量积的坐标表示式为

$$\boldsymbol{a}\cdot\boldsymbol{b} = a_xb_x+a_yb_y+a_zb_z.$$

从而,两向量夹角余弦的坐标表示式为

$$\cos\varphi = \frac{\boldsymbol{a}\cdot\boldsymbol{b}}{|\boldsymbol{a}|\,|\boldsymbol{b}|} = \frac{a_xb_x+a_yb_y+a_zb_z}{\sqrt{a_x^2+a_y^2+a_z^2}\sqrt{b_x^2+b_y^2+b_z^2}}.$$

扫一扫 看讲解

9.1.5 数量积的坐标表示

例 3 证明向量 $\boldsymbol{a}=(1,1,1)$,$\boldsymbol{b}=(1,-1,0)$,$\boldsymbol{c}=(-1,-1,2)$ 两两垂直.

证 因为

$$\boldsymbol{a}\cdot\boldsymbol{b} = 1\times1+1\times(-1)+1\times0=0,$$
$$\boldsymbol{a}\cdot\boldsymbol{c} = 1\times(-1)+1\times(-1)+1\times2=0,$$

$$\boldsymbol{b}\cdot\boldsymbol{c}=1\times(-1)+(-1)\times(-1)+0\times2=0,$$

所以 $\boldsymbol{a}\perp\boldsymbol{b},\boldsymbol{a}\perp\boldsymbol{c},\boldsymbol{b}\perp\boldsymbol{c}$，即三向量两两垂直.

非零向量 $\boldsymbol{a}$ 与三条坐标轴的夹角（即 $\boldsymbol{a}$ 与基本单位向量 $\boldsymbol{i},\boldsymbol{j},\boldsymbol{k}$ 的夹角）α,β,γ 称为向量 $\boldsymbol{a}$ 的**方向角**，如图 9-8 所示，它们的余弦 $\cos\alpha,\cos\beta,\cos\gamma$ 称为向量 $\boldsymbol{a}$ 的**方向余弦**. 如果向量 $\boldsymbol{a}=(x,y,z)$，则

$$\cos\alpha=\frac{\boldsymbol{a}\cdot\boldsymbol{i}}{|\boldsymbol{a}|\,|\boldsymbol{i}|}=\frac{x}{|\boldsymbol{a}|},$$

图 9-8

类似地

$$\cos\beta=\frac{\boldsymbol{a}\cdot\boldsymbol{j}}{|\boldsymbol{a}|\,|\boldsymbol{j}|}=\frac{y}{|\boldsymbol{a}|},\quad \cos\gamma=\frac{\boldsymbol{a}\cdot\boldsymbol{k}}{|\boldsymbol{a}|\,|\boldsymbol{k}|}=\frac{z}{|\boldsymbol{a}|}.$$

从而

$$(\cos\alpha,\cos\beta,\cos\gamma)=\left(\frac{x}{|\boldsymbol{a}|},\frac{y}{|\boldsymbol{a}|},\frac{z}{|\boldsymbol{a}|}\right)=\frac{1}{|\boldsymbol{a}|}(x,y,z)=\boldsymbol{e}_a.$$

上式表明，以向量 $\boldsymbol{a}$ 的方向余弦为坐标的向量就是与 $\boldsymbol{a}$ 同方向的单位向量 $\boldsymbol{e}_a$，并由此得到

$$\cos^2\alpha+\cos^2\beta+\cos^2\gamma=1.$$

例 4　求向量 $\boldsymbol{a}=(1,-1,\sqrt{2})$ 的方向角.

解　因为 $|\boldsymbol{a}|=\sqrt{1^2+(-1)^2+(\sqrt{2})^2}=2$，其方向余弦为

$$\cos\alpha=\frac{1}{2},\quad \cos\beta=-\frac{1}{2},\quad \cos\gamma=\frac{\sqrt{2}}{2},$$

所以，方向角为

$$\alpha=\frac{\pi}{3},\quad \beta=\frac{2\pi}{3},\quad \gamma=\frac{\pi}{4}.$$

9.1.6　向量的向量积

定义 9.2　设向量 $\boldsymbol{c}$ 由两个向量 $\boldsymbol{a}$ 与 $\boldsymbol{b}$ 按下列方式定出：

$\boldsymbol{c}$ 的模 $|\boldsymbol{c}|=|\boldsymbol{a}|\,|\boldsymbol{b}|\sin\varphi$，其中 φ 为 $\boldsymbol{a}$ 与 $\boldsymbol{b}$ 的夹角；$\boldsymbol{c}$ 的方向垂直于 $\boldsymbol{a}$ 与 $\boldsymbol{b}$ 所确定的平面（即 $\boldsymbol{c}$ 既垂直于 $\boldsymbol{a}$ 又垂直于 $\boldsymbol{b}$），$\boldsymbol{c}$ 的指向按右手法则从 $\boldsymbol{a}$ 转向 $\boldsymbol{b}$ 来确定（如图 9-9 所示）. 向量 $\boldsymbol{c}$ 叫做向量 $\boldsymbol{a}$ 与 $\boldsymbol{b}$ 的**向量积**或**叉积**，记作 $\boldsymbol{a}\times\boldsymbol{b}$，即

$$\boldsymbol{c}=\boldsymbol{a}\times\boldsymbol{b}.$$

由定义，容易得到向量的向量积有如下的运算律：

（1）$\boldsymbol{a}\times\boldsymbol{a}=\boldsymbol{0}$；　　（2）$\boldsymbol{a}\times\boldsymbol{b}=-\boldsymbol{b}\times\boldsymbol{a}$；

（3）$(\boldsymbol{a}+\boldsymbol{b})\times\boldsymbol{c}=\boldsymbol{a}\times\boldsymbol{c}+\boldsymbol{b}\times\boldsymbol{c}$；　　（4）$(\lambda\boldsymbol{a})\times\boldsymbol{b}=\boldsymbol{a}\times(\lambda\boldsymbol{b})=\lambda(\boldsymbol{a}\times\boldsymbol{b})$（$\lambda$ 为数）.

由定义可得：两向量 $\boldsymbol{a}/\!/\boldsymbol{b}$ 的充要条件是 $\boldsymbol{a}\times\boldsymbol{b}=\boldsymbol{0}$.

扫一扫 看讲解
9.1.5 向量积的坐标表示

若向量 $\boldsymbol{a}=(a_x,a_y,a_z)$，$\boldsymbol{b}=(b_x,b_y,b_z)$，则两向量向量积的坐标分解式为

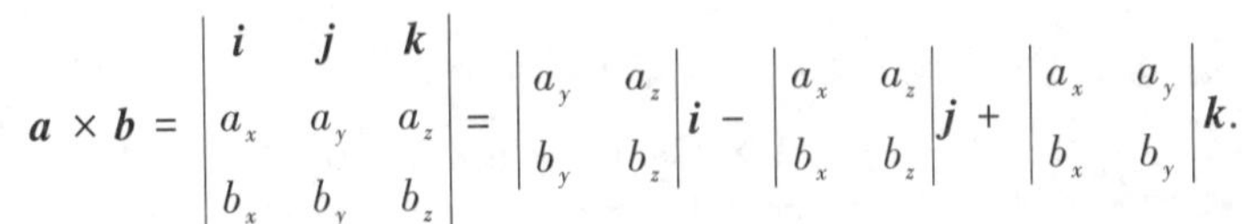

$$\boldsymbol{a}\times\boldsymbol{b}=\begin{vmatrix}\boldsymbol{i}&\boldsymbol{j}&\boldsymbol{k}\\a_x&a_y&a_z\\b_x&b_y&b_z\end{vmatrix}=\begin{vmatrix}a_y&a_z\\b_y&b_z\end{vmatrix}\boldsymbol{i}-\begin{vmatrix}a_x&a_z\\b_x&b_z\end{vmatrix}\boldsymbol{j}+\begin{vmatrix}a_x&a_y\\b_x&b_y\end{vmatrix}\boldsymbol{k}.$$

由向量积的定义，容易得到：以向量 $\boldsymbol{a},\boldsymbol{b}$ 为邻边的平行四边形的面积为 $|\boldsymbol{a}\times\boldsymbol{b}|$，如图 9-10 所示. 同时，由数量积和向量积的定义，可以推出：以向量 $\boldsymbol{a},\boldsymbol{b},\boldsymbol{c}$ 为棱的平行六面体的体积为 $|\boldsymbol{a}\cdot(\boldsymbol{b}\times\boldsymbol{c})|$，如图 9-11 所示.

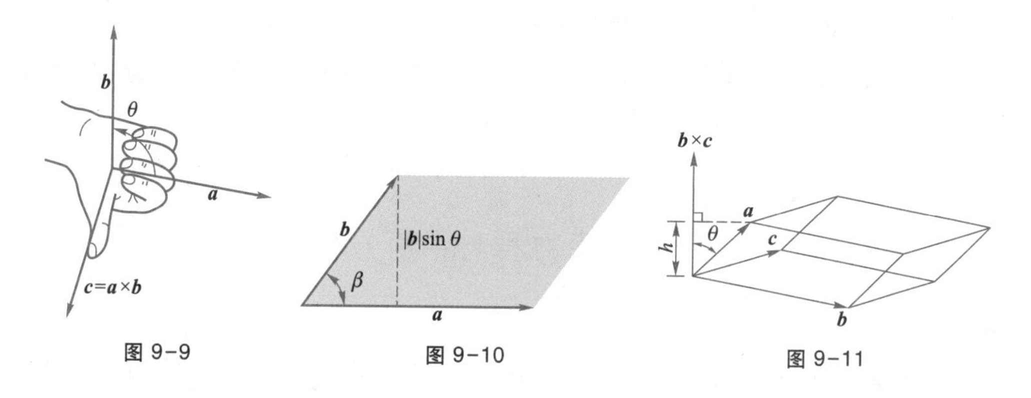

图 9-9　　图 9-10　　图 9-11

例 5　求以 $A(2,1,6)$，$B(8,5,-6)$，$C(4,7,9)$ 为顶点的三角形面积.（见“案例探究”）

解　由于 $\overrightarrow{AB}=(6,4,-12)$，$\overrightarrow{AC}=(2,6,3)$，因此

$$\overrightarrow{AB}\times\overrightarrow{AC}=\begin{vmatrix}\boldsymbol{i} & \boldsymbol{j} & \boldsymbol{k}\\ 6 & 4 & -12\\ 2 & 6 & 3\end{vmatrix}=84\boldsymbol{i}-42\boldsymbol{j}+28\boldsymbol{k},$$

于是，所求面积为

$$S_{\triangle ABC}=\frac{1}{2}|\overrightarrow{AB}\times\overrightarrow{AC}|=\frac{1}{2}\sqrt{84^2+(-42)^2+28^2}=49.$$

课堂练习

1. 证明点 $A(4,5,3)$，$B(1,7,4)$，$C(2,4,6)$ 是等边三角形的三个顶点.
2. 向量 $2\boldsymbol{i}-3\boldsymbol{j}+5\boldsymbol{k}$ 与 $3\boldsymbol{i}+m\boldsymbol{j}-2\boldsymbol{k}$ 垂直，则 $m=$________.
3. 若向量 $\boldsymbol{a}=(1,-1,1)$，$\boldsymbol{b}=(-2,2,1)$，求向量 $\boldsymbol{a},\boldsymbol{b}$ 间的夹角.
4. 求向量 $\boldsymbol{a}=(1,-1,0)$ 的方向角.
5. 若 $\boldsymbol{a}=-3\boldsymbol{i}+2\boldsymbol{j}-2\boldsymbol{k}$，$\boldsymbol{b}=-\boldsymbol{i}+2\boldsymbol{j}-4\boldsymbol{k}$，$\boldsymbol{c}=7\boldsymbol{i}+3\boldsymbol{j}-4\boldsymbol{k}$，求

（1）$\boldsymbol{a}\times\boldsymbol{b}$；　（2）$\boldsymbol{a}\times(\boldsymbol{b}+\boldsymbol{c})$；　（3）$\boldsymbol{a}\cdot(\boldsymbol{b}+\boldsymbol{c})$；　（4）$\boldsymbol{a}\times(\boldsymbol{b}\times\boldsymbol{c})$.

习题 9-1

1. 已知向量 $\boldsymbol{a}=(2,1,2)$，$\boldsymbol{b}=(-1,1,-2)$，且 $5\boldsymbol{x}-3\boldsymbol{y}=\boldsymbol{a}$，$3\boldsymbol{x}-2\boldsymbol{y}=\boldsymbol{b}$，求向量 $\boldsymbol{x},\boldsymbol{y}$ 的坐标.
2. 试证明以 $A(4,1,9)$，$B(10,-1,6)$，$C(2,4,3)$ 为顶点的三角形是等腰直角三角形.
3. 已知两点 $A(4,\sqrt{2},1)$，$B(3,0,2)$，计算向量 $\overrightarrow{AB}$ 的模、方向余弦和方向角.
4. 求向量 $\boldsymbol{a}=\boldsymbol{i}+2\boldsymbol{j}-\boldsymbol{k}$，$\boldsymbol{b}=\boldsymbol{j}+\boldsymbol{k}$ 间的夹角.
5. 若 $\boldsymbol{a}=(3,3,1)$，$\boldsymbol{b}=(-2,-1,0)$，$\boldsymbol{c}=(-2,-3,-1)$，求

(1) $\boldsymbol{a}\times\boldsymbol{b}$；　(2) $\boldsymbol{a}\times(\boldsymbol{b}+\boldsymbol{c})$；　(3) $\boldsymbol{a}\cdot(\boldsymbol{b}+\boldsymbol{c})$；　(4) $\boldsymbol{a}\times(\boldsymbol{b}\times\boldsymbol{c})$.

6. 已知向量 $\boldsymbol{a}=2\boldsymbol{i}-3\boldsymbol{j}+\boldsymbol{k}$，$\boldsymbol{b}=\boldsymbol{i}-\boldsymbol{j}+3\boldsymbol{k}$，$\boldsymbol{c}=\boldsymbol{i}-2\boldsymbol{j}$，求

(1) $(\boldsymbol{a}\cdot\boldsymbol{b})\boldsymbol{c}-(\boldsymbol{a}\cdot\boldsymbol{c})\boldsymbol{b}$；　(2) $(\boldsymbol{a}+\boldsymbol{b})\times(\boldsymbol{b}+\boldsymbol{c})$；　(3) $(\boldsymbol{a}\times\boldsymbol{b})\cdot\boldsymbol{c}$.

7. 求与 $\boldsymbol{a}=\boldsymbol{i}+2\boldsymbol{j}+3\boldsymbol{k}$ 和 $\boldsymbol{b}=-2\boldsymbol{i}+2\boldsymbol{j}-4\boldsymbol{k}$ 垂直的向量.

8. 已知空间三点 $A(1,-1,2)$，$B(3,3,1)$ 和 $C(3,1,3)$，求与向量$\overrightarrow{AB}$，$\overrightarrow{BC}$同时垂直的单位向量.

9. 已知$\overrightarrow{OA}=\boldsymbol{i}+3\boldsymbol{k}$，$\overrightarrow{OB}=\boldsymbol{j}+3\boldsymbol{k}$，求$\triangle OAB$ 的面积.

9.2　曲面方程与平面方程

像在平面解析几何中我们利用二元方程 $f(x,y)=0$ 来研究平面曲线一样，在空间解析几何中，我们利用三元方程 $F(x,y,z)=0$ 来讨论曲面. 在本节中，我们先建立曲面方程的概念并简单介绍两类特殊的曲面及其方程，然后着重讨论如何运用向量来研究最简单的曲面——平面.

案例探究　已知空间三点的坐标 $A(2,1,6)$，$B(8,5,-6)$，$C(4,7,9)$，如何求这不共线的三点所确定的平面方程？

9.2.1　曲面方程的概念

与平面解析几何中建立曲线与方程的对应关系一样，可以建立曲面与三元方程 $F(x,y,z)=0$ 的对应关系.

定义 9.3　如果曲面 S 上任意一点的坐标都满足方程 $F(x,y,z)=0$，而不在曲面 S 上的点的坐标都不满足方程，那么方程 $F(x,y,z)=0$ 称为**曲面 S 的方程**，曲面 S 称为方程 $F(x,y,z)=0$ 的图形，如图 9-12 所示.

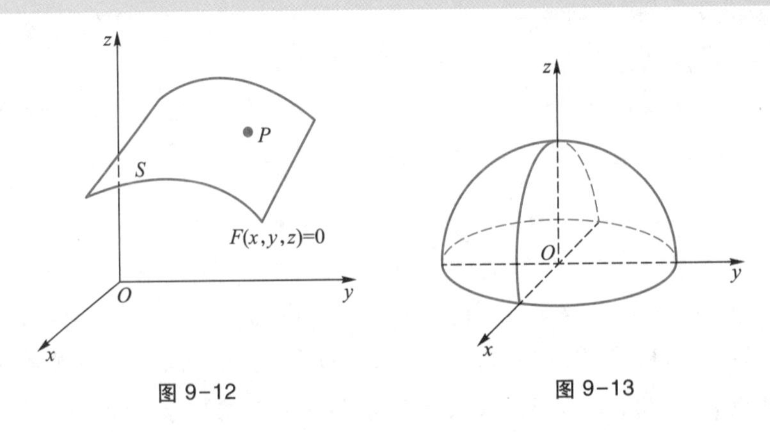

图 9-12　　　　图 9-13

例 1　求球心为点 $M_0(x_0,y_0,z_0)$，半径为 R 的球面方程.

解 设 $M(x,y,z)$ 为球面上任意一点，依题意得 $|MM_0|=R$. 由两点间距离公式有

$$\sqrt{(x-x_0)^2+(y-y_0)^2+(z-z_0)^2}=R,$$

化简得球面方程为

$$(x-x_0)^2+(y-y_0)^2+(z-z_0)^2=R^2.$$

特别地，当球心为坐标原点时，球面方程为

$$x^2+y^2+z^2=R^2.$$

$z=\sqrt{R^2-x^2-y^2}$ 为球面的上半部分，如图 9-13 所示.

下面不加推导地给出两类常见的曲面及其方程.

1. 旋转曲面

由给定的一条平面曲线绕其所在平面上的一条直线在空间中旋转一周形成的曲面称为**旋转曲面**.给定曲线称为**母线**，直线称为**轴**.

常见的旋转曲面有旋转椭球面、圆锥面和旋转抛物面等，它们的方程和图形如下.

旋转椭球面 $\frac{x^2+y^2}{a^2}+\frac{z^2}{c^2}=1$	圆锥面 $\frac{x^2+y^2}{a^2}=z^2$	旋转抛物面 $\frac{x^2+y^2}{a^2}=z$
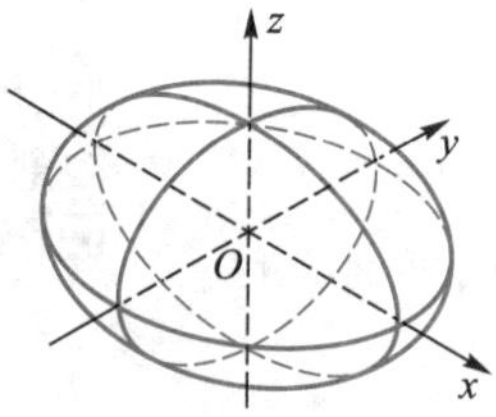 图 9-14	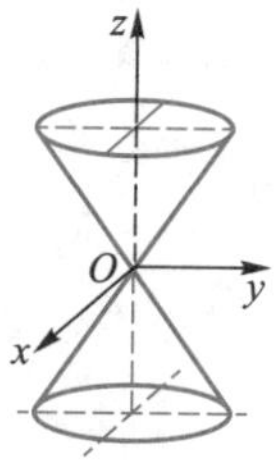 图 9-15	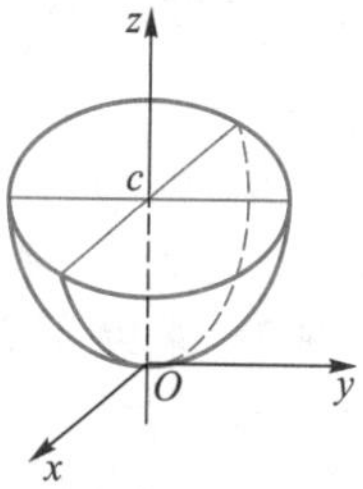 图 9-16

2. 柱面

由空间中平行于给定直线的一动直线，沿着平面曲线移动形成的图形称为**柱面**.动直线称为**母线**，定曲线称为**准线**.

常见的母线平行于 z 轴的柱面有圆柱面、双曲柱面和抛物柱面等，它们的方程和图形如下.

圆柱面 $x^2+y^2=R^2$	双曲柱面 $\frac{x^2}{a^2}-\frac{y^2}{b^2}=1$	抛物柱面 $y^2=2x$
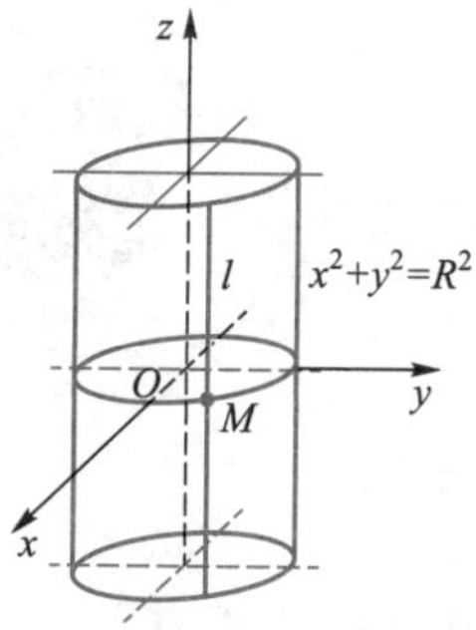 图 9-17	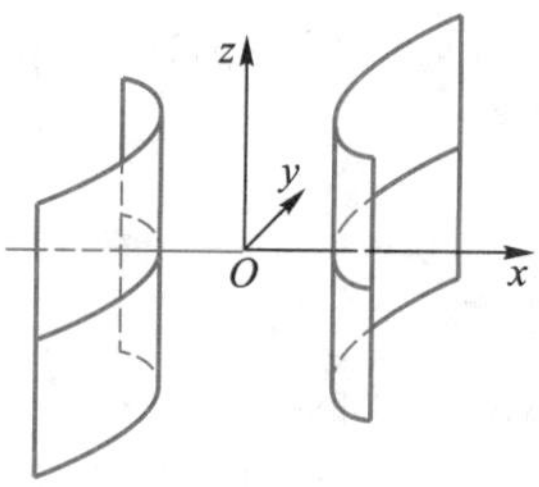 图 9-18	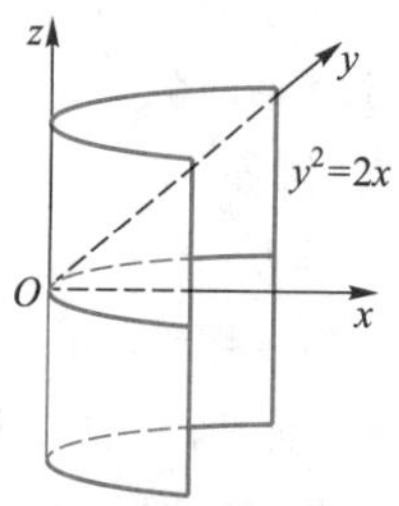 图 9-19

9.2.2　平面及其方程

平面是曲面的特例，利用向量可以有效地描述平面.

平面可以由其上一点和垂直于该平面的一个方向唯一确定，我们称垂直于平面的非零向量为**平面的法向量**.

显然，平面的法向量与该平面上的任一向量垂直.

下面来建立法向量为 $\boldsymbol{n}=(A,B,C)$ 且过点 $P_0(x_0,y_0,z_0)$ 的平面方程.

如图 9-20 所示，设 $P(x,y,z)$ 为平面上的任一点，则向量 $\overrightarrow{P_0P}$ 垂直于向量 $\boldsymbol{n}$，从而它们的数量积 $\overrightarrow{P_0P}\cdot\boldsymbol{n}=0$，即

$$A(x-x_0)+B(y-y_0)+C(z-z_0)=0.$$

称上式为**平面的点法式方程**.

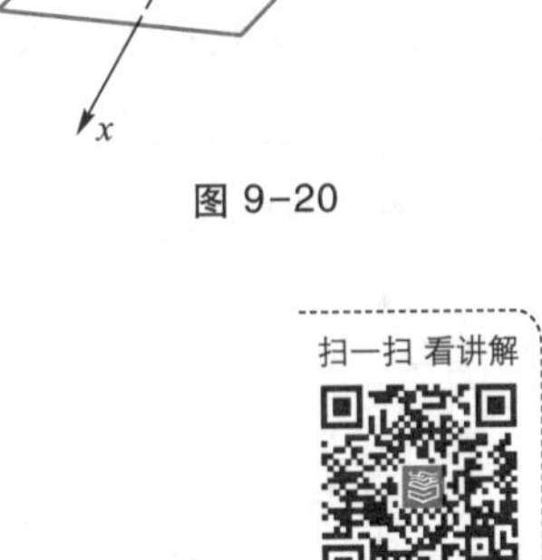

图 9-20

例 2　求过点 $(2,-3,0)$，且法向量 $\boldsymbol{n}=(1,-2,3)$ 的平面方程.

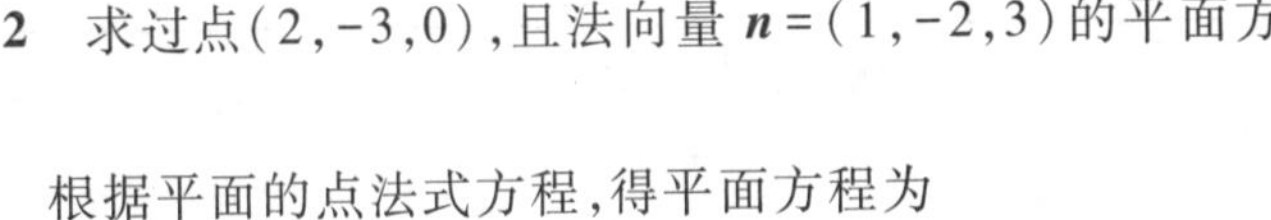

解　根据平面的点法式方程，得平面方程为

$$(x-2)-2(y+3)+3z=0,$$

即

$$x-2y+3z-8=0.$$

扫一扫 看讲解
平面的点法式方程

例 3　求以 $A(2,1,6)$，$B(8,5,-6)$，$C(4,7,9)$ 三点所确定的平面方程.（见“案例探究”）

解　由于 $\overrightarrow{AB}=(6,4,-12)$，$\overrightarrow{AC}=(2,6,3)$，因此

$$\overrightarrow{AB}\times\overrightarrow{AC}=\begin{vmatrix}\boldsymbol{i} & \boldsymbol{j} & \boldsymbol{k}\\ 6 & 4 & -12\\ 2 & 6 & 3\end{vmatrix}=84\boldsymbol{i}-42\boldsymbol{j}+28\boldsymbol{k},$$

又 $(84,-42,28)=14(6,-3,2)$，所以可取平面的法向量为 $\boldsymbol{n}=(6,-3,2)$，从而平面方程为

$$6(x-2)-3(y-1)+2(z-6)=0,$$

即

$$6x-3y+2z-21=0.$$

将平面的点法式方程展开并化简，可以得到方程

$$Ax+By+Cz+D=0.$$

称上式为**平面的一般式方程**.

扫一扫 看讲解
平面的一般式方程

通过对平面的一般式方程中系数的分析，我们可以得到一些关于平面的几何性质，例如：

（1）当 $D=0$，表示平面过原点；

（2）当 $A=0$，表示平面与 x 轴平行.

例 4　求通过 x 轴和点 $(3,2,1)$ 的平面的方程.

解　因为平面过 x 轴，所以 $A=0$；又平面过原点，于是 $D=0$. 因此可设平面方程为

$$By + Cz = 0.$$

由平面过点(3,2,1),有

$$2B + C = 0,$$

得 $C=-2B$,代入所设方程并除以 $B(B\neq 0)$,便得所求的平面方程为

$$y - 2z = 0.$$

例 5 已知平面经过三点$(a,0,0)$,$(0,b,0)$,$(0,0,c)$(其中 $abc\neq 0$),如图 9-21 所示,求平面方程.

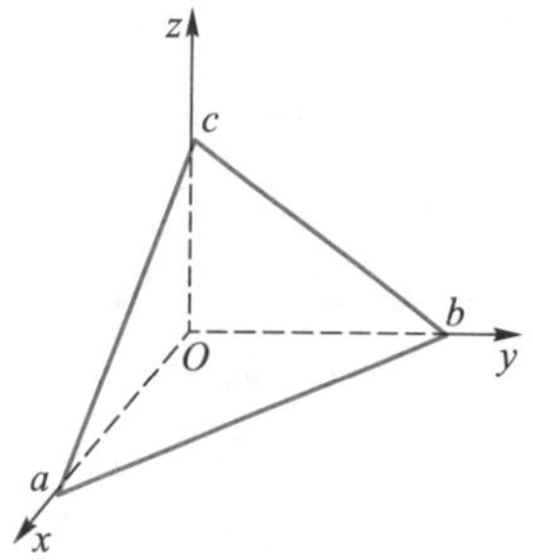

图 9-21

解 设平面方程为 $Ax+By+Cz+D=0$.将三点坐标代入方程得到

$$\begin{cases} aA + D = 0, \\ bB + D = 0, \\ cC + D = 0, \end{cases}$$

因此,$aA=bB=cC=-D$,代入平面方程有

$$-\frac{D}{a}x - \frac{D}{b}y - \frac{D}{c}z + D = 0,$$

显然,平面不经过原点,即 $D\neq 0$,因此平面方程为

$$\frac{x}{a} + \frac{y}{b} + \frac{z}{c} = 1.$$

称上式为**平面的截距式方程**,而 a,b 和 c 依次叫做平面在 x,y 和 z 轴上的**截距**.

扫一扫 看讲解

平面的截距式方程

9.2.3 两平面的位置关系

两平面法向量的夹角(通常指锐角或直角)称为**两平面的夹角**.

设平面 π_1 和 π_2 的法向量分别为 $\boldsymbol{n}_1=(A_1,B_1,C_1)$ 和 $\boldsymbol{n}_2=(A_2,B_2,C_2)$,则平面 π_1 和 π_2 的夹角 φ 的余弦满足

$$\cos\varphi = \frac{|\boldsymbol{n}_1\cdot\boldsymbol{n}_2|}{|\boldsymbol{n}_1||\boldsymbol{n}_2|} = \frac{|A_1A_2 + B_1B_2 + C_1C_2|}{\sqrt{A_1^2 + B_1^2 + C_1^2}\sqrt{A_2^2 + B_2^2 + C_2^2}}.$$

同时,从两向量垂直和平行的充要条件,容易得到下列结论:

平面 π_1 和 π_2 垂直的充要条件是法向量垂直,即 $A_1A_2+B_1B_2+C_1C_2=0$;

平面 π_1 和 π_2 平行或重合的充要条件是法向量平行,即$\dfrac{A_1}{A_2}=\dfrac{B_1}{B_2}=\dfrac{C_1}{C_2}$.

例 6 求通过点$(-1,2,-3)$且与平面 $2x+4y-z=6$ 平行的平面方程.

解 依题意,所求平面的法向量为 $\boldsymbol{n}=(2,4,-1)$.

又过点$(-1,2,-3)$,因此所求平面方程为

$$2(x + 1) + 4(y - 2) - (z + 3) = 0,$$

即

$$2x + 4y - z - 9 = 0.$$

最后,不加证明地给出**点到平面的距离公式**.

平面外一点 $P_0(x_0,y_0,z_0)$到平面 $Ax+By+Cz+D=0$ 的距离

$$d=\frac{|Ax_0+By_0+Cz_0+D|}{\sqrt{A^2+B^2+C^2}}.$$

课堂练习

1. 求与原点和点(1,0,0)距离相等的点的轨迹方程.

2. 平面 $Ax+By+Cz=D$ 的法向量是__________.

3. xOy 面的法向量是__________.

4. 求下列平面方程.

(1) 过点(1,2,3),法向量为 $\boldsymbol{n}=(3,2,1)$;

(2) 过点(1,2,3),与 x 轴垂直;

(3) 过点(1,2,3),与 xOy 面平行;

(4) 过点(1,2,3),与平面 $x+y-z=1$ 平行;

(5) 过点(1,2,3),且通过 y 轴;

(6) 过点 $A(3,0,0)$,$B(0,-2,0)$,$C(0,0,-1)$.

5. 两平面 $\frac{x}{2}+\frac{y}{3}+\frac{z}{4}=1$ 和 $2x+3y+4z=1$ 的位置关系是(　　).

A. 相交不垂直　　B. 垂直　　C. 平行不重合　　D. 重合

习题 9-2

1. 求下列平面的方程.

(1) 过点(2,-1,-2),法向量为 $\boldsymbol{n}=(1,-2,3)$;

(2) 过点 $A(2,-1,4)$,$B(-1,3,2)$,$C(0,2,3)$;

(3) 平行于 xOz 平面,过点(2,-5,3);

(4) 通过 z 轴和点(-3,1,-2);

(5) 过点(4,0,-2)和(5,1,7)且平行于 x 轴;

(6) 过点(-4,-1,2)且平行于平面 $2x-3y-4z=0$.

2. 求平面 $x+y+2z-5=0$ 与 $2x-y+z+3=0$ 的夹角.

3. 求过点(1,1,1)且与平面 $x-y+z=7$ 和 $3x+2y-12z+5=0$ 都垂直的平面方程.

4. 设平面过点(1,0,-1)且平行于向量 $\boldsymbol{a}=(2,1,1)$ 和 $\boldsymbol{b}=(1,-1,0)$,求该平面的方程.

5. 求点(1,0,5)到平面 $2x-y+z=3$ 的距离.

6. 求两平行平面 $-3x+2y+z=9$ 和 $6x-4y-2z=19$ 间的距离.

9.3 空间曲线方程与空间直线方程

在本节,我们先简单介绍空间曲线及其方程,然后利用向量着重研究最简单的曲线——直线,建立其方程,讨论两直线的位置关系以及直线与平面的位置关系.

案例探究 已知直线 $L:\frac{x-1}{2}=\frac{y+1}{-1}=\frac{z-2}{2}$ 与平面 $\pi:3x+4y-z+3=0$,如何判断直线与平面的位置关系?

9.3.1 空间曲线及其方程

空间曲线可看作是两个曲面的交线. 设 $F(x,y,z)=0$ 和 $G(x,y,z)=0$ 是空间两曲面的方程,则方程组

$$\begin{cases}F(x,y,z)=0,\\G(x,y,z)=0\end{cases}$$

就是这两个曲面交线的方程,称该方程组为**空间曲线的一般式方程**.

如方程组

$$\begin{cases}x^2+y^2-1=0,\\x^2+z^2-1=0.\end{cases}$$

表示中心轴线分别为 z 轴和 y 轴,半径都为 1 的圆柱面的交线,其在第一卦限的图形如图 9-22 所示.

另外,空间曲线可以看作是动点在空间中运动的轨迹. 设 t 代表时间,则动点的坐标 x,y 和 z 会随着 t 的变化而变化,都是 t 的函数:

$$\begin{cases}x=x(t),\\y=y(t),\\z=z(t).\end{cases}$$

每当 t 取定一个值就得到空间曲线上的一个点;随着 t 的变动便可得到空间曲线的全部点. 我们称上述方程组为**空间曲线的参数方程**.

螺线是工程中应用广泛的空间曲线. 设想空间中一质点,一方面,围绕 z 轴按固定角速度做圆周运动,另一方面,沿着 z 轴按固定速度做直线运动,质点在空间中形成的轨迹即为螺线.

例 1 求角速度为 ω,圆周运动半径为 r,直线运动速度为 v 的螺线的参数方程.

解 引入参数 t 表示时间.根据螺线形成方式,我们有

$$\begin{cases}x = r\cos(\omega t),\\ y = r\sin(\omega t),\\ z = vt.\end{cases}$$

$\omega=2, v=3$ 的螺线，如图 9-23 所示.

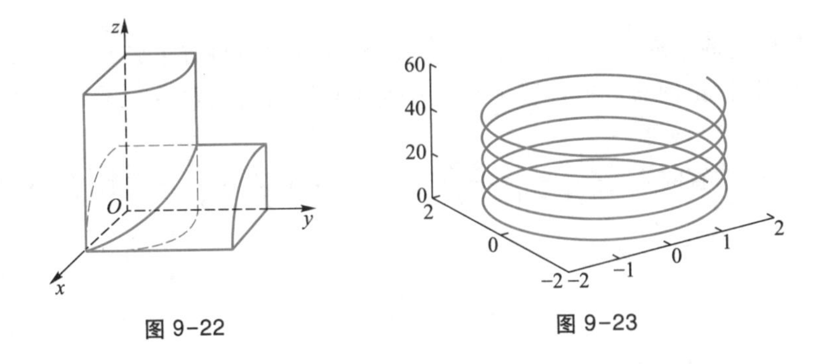

图 9-22　　图 9-23

9.3.2　空间直线的方程

与一条已知直线平行的非零向量称为这条直线的**方向向量**.已知方向向量和一个定点可以确定一条空间直线.

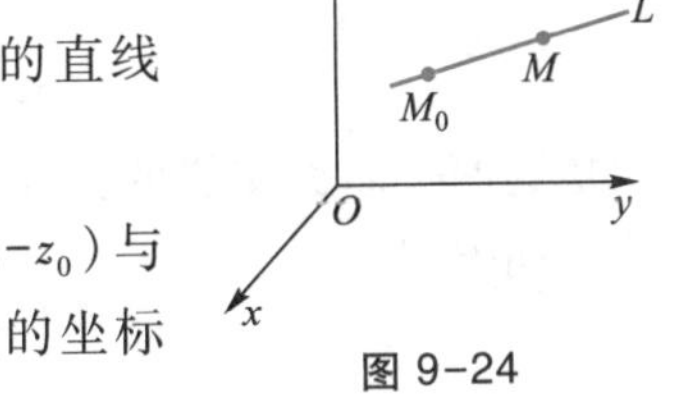

图 9-24

下面来建立过点 $M_0(x_0, y_0, z_0)$ 且方向向量为 $\boldsymbol{s}=(m, n, p)$ 的直线方程.

设 $M(x,y,z)$ 为直线上任一点，则向量 $\overrightarrow{M_0M}=(x-x_0, y-y_0, z-z_0)$ 与直线的方向向量 $\boldsymbol{s}=(m,n,p)$ 平行，如图 9-24 所示，所以两向量的坐标对应成比例，从而有

$$\frac{x-x_0}{m}=\frac{y-y_0}{n}=\frac{z-z_0}{p}.$$

称上式为**直线的点向式方程**或**直线的对称式方程**.

若直线方向向量中的某些坐标为零，如 $m=0$，则表示直线与 x 轴垂直，我们仍然用方程

$$\frac{x-x_0}{0}=\frac{y-y_0}{n}=\frac{z-z_0}{p}$$

表示.

如果设

$$\frac{x-x_0}{m}=\frac{y-y_0}{n}=\frac{z-z_0}{p}=t,$$

则

$$\begin{cases}x = x_0 + mt,\\ y = y_0 + nt,\\ z = z_0 + pt.\end{cases}$$

我们称上述方程组为**直线的参数方程**.

例 2 已知直线过点 $A(2,0,3)$ 和 $B(1,1,1)$，求该直线的点向式方程和参数方程.

解 向量 $\overrightarrow{AB}=(-1,1,-2)$，所以可取直线的方向向量为 $\boldsymbol{s}=(1,-1,2)$.
又直线过点 $A(2,0,3)$，因此所求直线的点向式方程为

$$\frac{x-2}{1}=\frac{y}{-1}=\frac{z-3}{2},$$

所求直线的参数方程为

$$x=2+t,\quad y=-t,\quad z=3+2t.$$

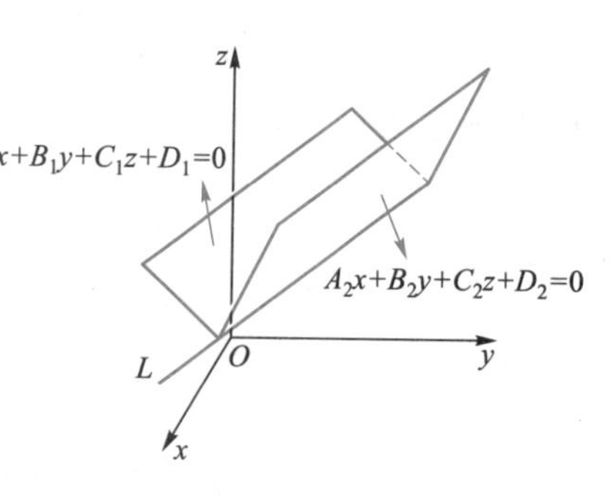

图 9-25

由于不平行的两平面相交于一条直线. 因此，方程组

$$\begin{cases}A_1x+B_1y+C_1z+D_1=0,\\A_2x+B_2y+C_2z+D_2=0\end{cases}$$

表示一条直线，如图 9-25 所示. 我们称该方程组为**直线的一般式方程**.

例 3 求与直线 $\begin{cases}x+y+z+1=0,\\x-y+2z+2=0\end{cases}$ 平行，且过点 $(1,2,3)$ 的直线方程.

解 因为两平面的交线与这两平面的法向量 $\boldsymbol{n}_1=(1,1,1)$ 和 $\boldsymbol{n}_2=(1,-1,2)$ 都垂直，所以可取直线的方向向量为

$$\boldsymbol{s}=\boldsymbol{n}_1\times\boldsymbol{n}_2=\begin{vmatrix}\boldsymbol{i} & \boldsymbol{j} & \boldsymbol{k}\\1 & 1 & 1\\1 & -1 & 2\end{vmatrix}=3\boldsymbol{i}-\boldsymbol{j}-2\boldsymbol{k},$$

因此，所求直线方程为

$$\frac{x-1}{3}=\frac{y-2}{-1}=\frac{z-3}{-2}.$$

9.3.3 两直线的位置关系

扫一扫 看讲解
两直线的位置关系

两直线的方向向量的夹角（通常指锐角或直角）叫做**两直线的夹角**.

设直线 L_1 和 L_2 的方向向量分别为 $\boldsymbol{s}_1=(m_1,n_1,p_1)$ 和 $\boldsymbol{s}_2=(m_2,n_2,p_2)$，则它们的夹角 φ 的余弦满足

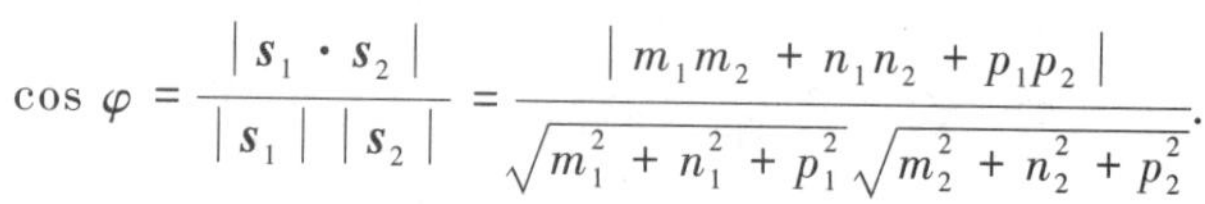

$$\cos\varphi=\frac{|\boldsymbol{s}_1\cdot\boldsymbol{s}_2|}{|\boldsymbol{s}_1|\,|\boldsymbol{s}_2|}=\frac{|m_1m_2+n_1n_2+p_1p_2|}{\sqrt{m_1^2+n_1^2+p_1^2}\sqrt{m_2^2+n_2^2+p_2^2}}.$$

同时，由向量垂直、平行的充要条件可得如下结论：

两直线 L_1 和 L_2 垂直的充要条件是方向向量垂直，即 $m_1m_2+n_1n_2+p_1p_2=0$；

两直线 L_1 和 L_2 平行或重合的充要条件是方向向量平行，即 $\dfrac{m_1}{m_2}=\dfrac{n_1}{n_2}=\dfrac{p_1}{p_2}$.

例 4 求直线 $L_1:\dfrac{x-1}{1}=\dfrac{y}{-4}=\dfrac{z+3}{1}$ 和 $L_2:\dfrac{x}{2}=\dfrac{y+2}{-2}=\dfrac{z}{-1}$ 的夹角 φ.

解　由已知,得两直线的方向向量分别为 $s_1=(1,-4,1)$,$s_2=(2,-2,-1)$,则

$$\cos\varphi=\frac{|1\times 2+(-4)\times(-2)+1\times(-1)|}{\sqrt{1^2+(-4)^2+1^2}\sqrt{2^2+(-2)^2+(-1)^2}}=\frac{\sqrt{2}}{2},$$

所以,所求夹角

$$\varphi=\frac{\pi}{4}.$$

9.3.4　直线与平面的位置关系

直线与平面的位置关系,我们仅讨论直线是否在平面上,直线与平面是相交还是平行,相交时是否垂直.

设直线的方向向量为 $s=(m,n,p)$,平面的法向量为 $n=(A,B,C)$.

因为直线与平面垂直相当于直线的方向向量和平面的法向量平行,所以直线与平面垂直的充要条件是 $\frac{m}{A}=\frac{n}{B}=\frac{p}{C}$;

因为直线与平面平行或直线在平面上相当于直线的方向向量与平面的法向量垂直,所以直线与平面平行或直线在平面上的充要条件是 $mA+nB+pC=0$.

例 5　判断直线 $L:\frac{x-1}{2}=\frac{y+1}{-1}=\frac{z-2}{2}$ 与平面 $\pi:3x+4y-z+3=0$ 的位置关系.(见"案例探究")

解　直线 L 的方向向量 $s=(2,-1,2)$,平面的法向量 $n=(3,4,-1)$,由数量积得

$$s\cdot n=2\times 3+(-1)\times 4+2\times(-1)=0,$$

即直线与平面平行或直线在平面上.

又因为直线 L 过点 $(1,-1,2)$,将其代入平面方程得到

$$3\times 1+4\times(-1)-2+3=0,$$

表明直线上存在一点在平面上.

综上,直线 L 在平面 π 上.

课堂练习 >>>

1. 过原点,方向向量 $s=(1,2,3)$ 的直线方程为________.

2. 直线 $\begin{cases}x+y+z+1=0,\\2x+y+3z=0\end{cases}$ 的方向向量为________.

3. 求下列直线的方程.

(1) 过点 $(1,-2,0)$,平行于直线 $\frac{x-2}{-3}=\frac{y}{1}=\frac{z+1}{4}$;

(2) 过点 $(1,-2,0)$,平行于 x 轴;

(3) 过点 $(1,-2,0)$,垂直于平面 $x+y+z+1=0$.

习题 9-3

1. 求过点$(4,2,3)$和$(6,2,-1)$的直线方程.

2. 求过点$(5,-7,2)$并与两向量$\boldsymbol{a}=(2,1,-3)$和$\boldsymbol{b}=(5,4,-1)$同时垂直的直线方程.

3. 求过点$(0,2,4)$且与两平面$x+2z=1$和$y-3z=2$都平行的直线方程.

4. 过点$(-1,2,5)$且平行于直线$\begin{cases}2x-3y+6z-4=0,\\4x-y+5z+2=0\end{cases}$的直线方程.

5. 过点$(3,-2,5)$且与两直线$\begin{cases}3x+2y+z-3=0,\\x+2y+3z+2=0\end{cases}$和$\dfrac{x-1}{3}=-\dfrac{y}{5}=\dfrac{z-2}{6}$都垂直的直线方程.

6. 证明直线$\begin{cases}x+2y-z=7,\\-2x+y+z=7\end{cases}$与直线$\begin{cases}3x+6y-3z=8,\\2x-y-z=0\end{cases}$平行.

7. 判断下列各组中的直线和平面的位置关系.

(1) $\dfrac{x+3}{-2}=\dfrac{y+4}{-7}=\dfrac{z}{3}$和$4x-2y-2z=3$;

(2) $\dfrac{x}{3}=\dfrac{y}{-2}=\dfrac{z}{7}$和$3x-2y+7z=8$;

(3) $\dfrac{x-2}{3}=\dfrac{y+2}{1}=\dfrac{z-3}{-4}$和$x+y+z=3$.

8. 求过点$(2,0,-3)$且与直线$\begin{cases}x-2y+4z-7=0,\\3x+5y-2z+1=0\end{cases}$垂直的平面方程.

9. 求过点$(3,1,-2)$和通过直线$\dfrac{x-4}{5}=\dfrac{y+3}{2}=\dfrac{z}{1}$的平面方程.

9.4 多元函数的基本概念

在自然科学与工程技术问题中,常常会涉及两个或两个以上自变量的函数,称之为多元函数. 在本节,我们首先介绍多元函数概念,然后将一元函数极限与连续的概念推广到二元函数.

案例探究 如何判断二元函数

$$f(x,y)=\begin{cases}\dfrac{xy}{x^2+y^2}, & x^2+y^2\neq 0,\\ 0, & x=y=0,\end{cases}$$

当$(x,y)\to(0,0)$时的极限是否存在?

9.4.1　多元函数的概念

实际问题中,许多的函数都依赖于不止一个变量.例如矩形的面积函数 $S=ab$,长和宽的变化都影响着一个矩形的面积.借助于一元函数的表示方式,我们可以将 S 视作 a 和 b 的二元函数.下面,我们给出二元函数的概念.

定义 9.4　设有三个变量 x,y 和 z,如果当变量 x,y 在一定范围内任意取定一对数值时,变量 z 按照一定的对应法则 f 总有确定的数值与之对应,则称 z 是 x,y 的**二元函数**,记作

$$z=f(x,y),$$

其中 x,y 称为**自变量**,z 称为**因变量**;自变量 x,y 的取值范围称为函数的**定义域**;因变量 z 的取值范围称为**值域**.

例如,在平面直角坐标系中,将点 (x,y) 到原点的距离 d 视作因变量,x,y 视作自变量,那么 d 可以看作 x,y 的二元函数

$$d=f(x,y)=\sqrt{x^2+y^2}.$$

二元函数 $z=f(x,y)$ 的定义域在几何上表示坐标平面上的平面区域.所谓平面区域可以是整个 xOy 平面或者是 xOy 平面上由几条曲线所围成的部分,围成平面区域的曲线称为该区域的**边界**,边界上的点称为**边界点**.

平面区域可以分类如下:包括边界在内的区域称为闭区域;不包括边界的区域称为开区域;包括部分边界的区域称为半开区域.如果区域延伸到无穷远,则称为无界区域,否则称为有界区域.有界区域总可以包含在一个以原点为圆心的圆域内.

例 1　求下列函数的定义域并画出其图形.

(1) $z=\sqrt{y-x}$;　　　　(2) $z=\ln(x^2+y^2-1)+\sqrt{4-x^2-y^2}$.

解　(1) 由 $y-x\geqslant 0$ 得 $y\geqslant x$.定义域 $D=\{(x,y)\mid y\geqslant x\}$,如图 9-26 所示,是无界区域.

(2) 由$\begin{cases}x^2+y^2-1>0,\\4-x^2-y^2\geqslant 0\end{cases}$得 $1<x^2+y^2\leqslant 4$.定义域 $D=\{(x,y)\mid 1<x^2+y^2\leqslant 4\}$,如图 9-27 所示,是有界区域.

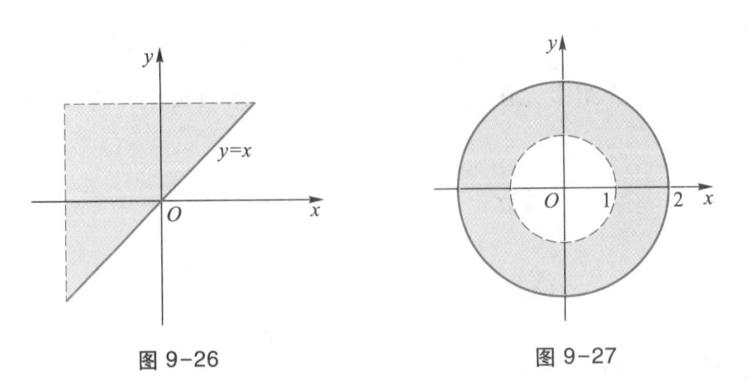

图 9-26　　　　图 9-27

二元函数 $z=f(x,y)$ 在 (x_0,y_0) 处的**函数值**记为 $f(x_0,y_0)$,$z\Big|_{\substack{x=x_0\\y=y_0}}$ 或 $z\Big|_{(x_0,y_0)}$.

例 2　已知$f(x,y)=x^2-xy+y^2+1$,求$f(1,2)$和$f(x+y,x-y)$.

解　$f(1,2)=1^2-1\times2+2^2+1=4$,

$f(x+y,x-y)=(x+y)^2-(x+y)\cdot(x-y)+(x-y)^2+1=x^2+3y^2+1$.

设二元函数$z=f(x,y)$的定义域为D,则点集$\{(x,y,z)\mid z=f(x,y),(x,y)\in D\}$称为二元函数$z=f(x,y)$的图形,其通常是三维空间中的一张曲面$\Sigma$,定义域$D$就是曲面$\Sigma$在$xOy$的投影.例如,函数$z=\sqrt{R^2-x^2-y^2}$的图形就是球心在原点,半径为$R$的上半球面,如图 9-28 所示.

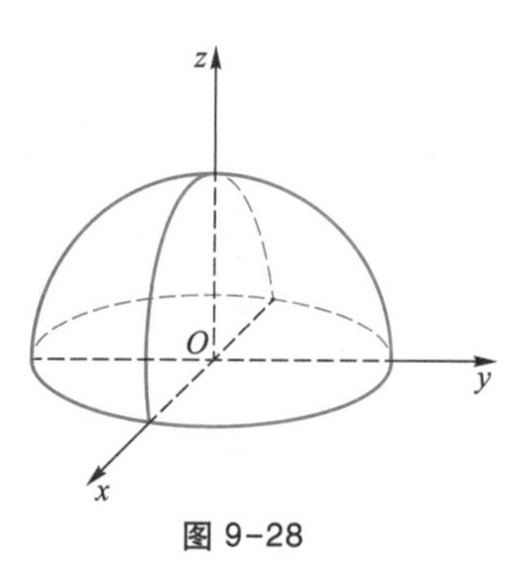

图 9-28

类似地,可以定义三元函数$u=f(x,y,z)$以及n元函数$u=f(x_1,x_2,\cdots,x_n)$.二元及二元以上的函数统称为**多元函数**.有序数组$(x_1,x_2,\cdots,x_n)$表示n维空间中的一个点P,n元函数$u=f(x_1,x_2,\cdots,x_n)$也可表示为$u=f(P)$.

9.4.2　二元函数的极限与连续

一元函数的极限概念可以类似地推广到二元或二元以上情形,但是本小节中,我们将看到类似的推广却包含一个至关重要的区别,这也是一元函数与多元函数讨论时的本质差别.

设$P_0(x_0,y_0)$是xOy平面上的一点,δ是一正数.以$P_0(x_0,y_0)$为中心,δ为半径的圆内所有点的集合$\{(x,y)\mid\sqrt{(x-x_0)^2+(y-y_0)^2}<\delta\}$称为点$P_0$的$\delta$**邻域**,记作$U(P_0,\delta)$.

与一元函数的极限概念相仿,如果在点$P_0(x_0,y_0)$的某一邻域内,动点$P(x,y)$无限趋近于点$P_0(x_0,y_0)$的过程中,即当$|PP_0|=\sqrt{(x-x_0)^2-(y-y_0)^2}\to0$时,函数值$f(x,y)$无限接近于一个确定的常数$A$,我们就说$A$是函数$z=f(x,y)$当$x\to x_0,y\to y_0$时的极限.其严格定义如下.

定义 9.5　设函数$z=f(x,y)$在点$P_0(x_0,y_0)$的某一邻域内有定义(点P_0可以除外).如果对于任意给定的正数ε,总存在正数δ,使得当点$P(x,y)$满足$0<|PP_0|<\delta$时,恒有$|f(x,y)-A|<\varepsilon$成立,则称常数A为函数$z=f(x,y)$当$x\to x_0,y\to y_0$时的极限,记作

$$\lim_{\substack{x\to x_0\\y\to y_0}}f(x,y)=A\text{ 或 }\lim_{P\to P_0}f(P)=A.$$

二元函数极限的四则运算法则、无穷小的性质等与一元函数类似,但求二元函数的极限通常要比求一元函数的极限困难得多.不过,对有些二元函数极限可以通过变量替换化为一元函数的极限,或利用无穷小性质计算.

例 3　求极限$\lim\limits_{\substack{x\to0\\y\to0}}\dfrac{\sin(x^2+y^2)}{x^2+y^2}$.

解　令$t=x^2+y^2$,当$x\to0,y\to0$时$t\to0$.则

$$\lim_{\substack{x\to0\\y\to0}}\frac{\sin(x^2+y^2)}{x^2+y^2}=\lim_{t\to0}\frac{\sin t}{t}=1.$$

例 4　求极限$\lim\limits_{\substack{x\to0\\y\to0}}(x+y)\sin\dfrac{1}{xy}$.

解　当 $x\to0,y\to0$ 时 $x+y\to0$，即 $x+y$ 为无穷小，虽然 $\sin\dfrac{1}{xy}$没有极限，但为有界函数，所以

$$\lim_{\substack{x\to0\\y\to0}}(x+y)\sin\frac{1}{xy}=0.$$

需要指出的是，在二元函数的极限 $\lim\limits_{P\to P_0}f(P)$ 中，如果 $\lim\limits_{P\to P_0}f(P)$ 存在，是指点 P 在定义域区域内以任何方式趋于点 P_0 时，$f(x,y)$ 都在无限接近同一个常数 A.另一方面，如果要表明 $\lim\limits_{P\to P_0}f(P)$ 不存在，则只需要找到点 P 沿两条不同路径趋于点 P_0 时，函数 $f(x,y)$ 趋于不同的数值.

例 5　考察函数

$$f(x,y)=\begin{cases}\dfrac{xy}{x^2+y^2}, & x^2+y^2\neq0,\\ 0, & x=y=0,\end{cases}$$

当 $(x,y)\to(0,0)$ 时的极限是否存在.（见"案例探究"）

解　当点 $P(x,y)$ 沿直线 $y=kx$ 趋于点$(0,0)$时，有

$$\lim_{\substack{x\to0\\y\to0}}f(x,y)=\lim_{x\to0}\frac{kx^2}{x^2+k^2x^2}=\frac{k}{1+k^2},$$

显然，对不同常数 k，即点 P 沿不同的直线路径趋于原点 $O(0,0)$ 时，函数趋于不同的数值，故 $\lim\limits_{\substack{x\to0\\y\to0}}f(x,y)$ 不存在.

二元函数连续的定义本质上和一元函数一样.

定义 9.6　设函数 $z=f(x,y)$ 在点 $P_0(x_0,y_0)$ 的某一邻域内有定义，如果

$$\lim_{\substack{x\to x_0\\y\to y_0}}f(x,y)=f(x_0,y_0)\text{ 或 }\lim_{P\to P_0}f(P)=f(P_0),$$

则称函数 $z=f(x,y)$ 在点 $P_0(x_0,y_0)$ **连续**.

注　(1) 如果 $z=f(x,y)$ 在区域 D 内每一点都连续，那么就称它在**区域 D 内连续**.这时的二元连续函数的图形是一张没有空隙和裂缝的曲面.

(2) 函数的不连续点称为**间断点**.

二元函数的间断点可以是一些点也可以是一条曲线.如

$$f(x,y)=\begin{cases}\dfrac{xy}{x^2+y^2}, & x^2+y^2\neq0,\\ 0, & x=y=0\end{cases}$$

的间断点是原点$(0,0)$，而函数

$$z=\frac{1}{x^2+y^2-1}$$

的间断点是圆周 $x^2+y^2=1$ 上所有点.

(3) 与一元函数相似，多元连续函数的和、差、积、商（分母不为零）及复合函数仍是连续函数.可以证明：一切多元初等函数在其有定义的区域内都是连续函数.

(4) 与一元函数相似，在有界闭区域上连续的多元函数具有如下性质：

性质1(最大值和最小值定理) 在有界闭区域上连续的函数必有最大值和最小值.

性质2(介值定理) 在有界闭区域上连续的函数必取得介于函数最大值和最小值之间的任何值.

课堂练习 >>>

1. 求下列函数的定义域并画出其草图.

(1) $z=\sqrt{1-x^2}+\sqrt{1-y^2}$; (2) $z=\arcsin\dfrac{x^2+y^2}{4}$.

2. 已知 $f(x,y)=x^2-y^2$,求:(1) $f(1,2)$;(2) $f(tx,ty)$;(3) $f(x+2y,x-2y)$.

习题 9-4

1. 已知 $f(x,y)=x^2-xy+2y^2$,求

(1) $f(-1,2)$; (2) $\dfrac{f(x+h,y)-f(x,y)}{h}$; (3) $f(x+y,xy)$.

2. 已知 $f(x+y,x-y)=xy+y^2$,求 $f(x,y)$.

3. 求下列函数的定义域 D,并画出 D 的草图.

(1) $z=\sqrt{1-\dfrac{x^2}{a^2}-\dfrac{y^2}{b^2}}$; (2) $z=\sqrt{4-x^2-y^2}+\dfrac{1}{\sqrt{x+y-1}}$;

(3) $z=\dfrac{\sqrt{4x-y^2}}{\ln(1-x^2-y^2)}$; (4) $z=\arcsin\dfrac{x^2+y^2}{4}+\arccos\dfrac{1}{x^2+y^2}$.

4. 求下列极限.

(1) $\lim\limits_{\substack{x\to 0\\ y\to 1}}\arcsin\sqrt{x^2+y^2}$; (2) $\lim\limits_{\substack{x\to 0\\ y\to 0}}\dfrac{\sin 2(x^2+y^2)}{x^2+y^2}$;

(3) $\lim\limits_{\substack{x\to 0\\ y\to 0}}\dfrac{\tan(xy)}{x}$; (4) $\lim\limits_{\substack{x\to 0\\ y\to 0}}\dfrac{xy}{\sqrt{xy+1}-1}$.

5. 考察下列极限是否存在.

(1) $\lim\limits_{\substack{x\to 0\\ y\to 0}}\dfrac{xy}{x^2+y^2}$; (2) $\lim\limits_{\substack{x\to 0\\ y\to 0}}\dfrac{x-y^2}{x}$; (3) $\lim\limits_{\substack{x\to 0\\ y\to 0}}\dfrac{x-y}{x+y}$.

9.5 偏导数与全微分

在研究一元函数时,我们从研究函数的变化率入手引出了导数概念,对于多元函数同样要研究因变量关于某个自变量的变化率,即偏导数问题. 一元函数 $y=f(x)$ 中,我们引入微分 $\mathrm{d}y$ 来近似代替函数增量 Δy,其误差是一个较 Δx 高阶的无穷小.同样,我们将讨论多元函数

全增量的近似值,即多元函数的全微分.

案例探究　要制作一个圆柱形的玻璃桶,内圆柱的直径为 2 m,高为 3 m,桶底及桶壁的厚度分别为 10 cm 和 5 cm,试计算所需材料的近似值.

9.5.1　偏导数

一元函数 $y=f(x)$ 的导数

$$\frac{\mathrm{d}y}{\mathrm{d}x}=\lim_{\Delta x\to 0}\frac{f(x+\Delta x)-f(x)}{\Delta x}$$

表示因变量 y 关于自变量 x 的变化率.类似的,多元函数的因变量关于某个自变量的变化率即偏导数有如下定义.

定义 9.7　设函数 $z=f(x,y)$ 在点 $P_0(x_0,y_0)$ 的某一邻域内有定义,当 y 固定在 y_0 且 x 在 x_0 处有增量 Δx 时,相应地函数有增量

$$\Delta_x z=f(x_0+\Delta x,y_0)-f(x_0,y_0)$$

称为 z 对 x 的**偏增量**.如果极限

$$\lim_{\Delta x\to 0}\frac{\Delta_x z}{\Delta x}=\lim_{\Delta x\to 0}\frac{f(x_0+\Delta x,y_0)-f(x_0,y_0)}{\Delta x}$$

存在,则称该极限值为函数 $z=f(x,y)$ 在点 (x_0,y_0) 处对 x 的**偏导数**,记作

$$\left.\frac{\partial z}{\partial x}\right|_{\substack{x=x_0\\y=y_0}},\quad \left.\frac{\partial f}{\partial x}\right|_{\substack{x=x_0\\y=y_0}},\quad z_x\bigg|_{\substack{x=x_0\\y=y_0}} \text{或} f_x(x_0,y_0).$$

即

$$f_x(x_0,y_0)=\lim_{\Delta x\to 0}\frac{f(x_0+\Delta x,y_0)-f(x_0,y_0)}{\Delta x}.$$

注　(1) 函数 $z=f(x,y)$ 在点 (x_0,y_0) 处对 y 的偏导数,记作 $\left.\frac{\partial z}{\partial y}\right|_{\substack{x=x_0\\y=y_0}}$, $\left.\frac{\partial f}{\partial y}\right|_{\substack{x=x_0\\y=y_0}}$, $z_y\bigg|_{\substack{x=x_0\\y=y_0}}$ 或 $f_y(x_0,y_0)$,即

$$f_y(x_0,y_0)=\lim_{\Delta y\to 0}\frac{\Delta_y z}{\Delta y}=\lim_{\Delta y\to 0}\frac{f(x_0,y_0+\Delta y)-f(x_0,y_0)}{\Delta y},$$

其中 $\Delta_y z=f(x_0,y_0+\Delta y)-f(x_0,y_0)$ 称为 $z=f(x,y)$ 在点 (x_0,y_0) 处对 y 的偏增量.

(2) 如果函数 $z=f(x,y)$ 在区域 D 内每一点 (x,y) 处对 x 的偏导数都存在,则这个偏导数就是 x,y 的函数,称为函数 $z=f(x,y)$ 对自变量 x 的偏导函数(简称偏导数),记作 $\frac{\partial z}{\partial x}$, $\frac{\partial f}{\partial x}$, z_x 或 $f_x(x,y)$.

类似地,函数 $z=f(x,y)$ 对自变量 y 的偏导数,记作 $\frac{\partial z}{\partial y}$, $\frac{\partial f}{\partial y}$, z_y 或 $f_y(x,y)$.

读者可类似地把偏导数概念推广到三元及以上的函数.

根据偏导数的定义,求多元函数对某一自变量的导数时,就是将其余自变量看成常数,

视多元函数为一元函数，用一元函数求导法即可求导.

例 1 求 $z=x^2+xy-y^2+1$ 在点(1,2)处的偏导数.

解 $\frac{\partial z}{\partial x}=2x+y,\frac{\partial z}{\partial y}=x-2y$.将 $x=1,y=2$ 代入，得

$$\left.\frac{\partial z}{\partial x}\right|_{\substack{x=1\\y=2}}=4,\quad \left.\frac{\partial z}{\partial y}\right|_{\substack{x=1\\y=2}}=-3.$$

例 2 求下列函数的偏导数.

(1) $z=x^2\sin(3x-2y)$； (2) $z=x^y$； (3) $r=\sqrt{x^2+y^2+z^2}$.

解 (1) $\frac{\partial z}{\partial x}=2x\sin(3x-2y)+3x^2\cos(3x-2y),\frac{\partial z}{\partial y}=-2x^2\cos(3x-2y)$.

(2) $\frac{\partial z}{\partial x}=y\cdot x^{y-1},\frac{\partial z}{\partial y}=x^y\cdot\ln x$.

(3) $\frac{\partial r}{\partial x}=\frac{2x}{2\sqrt{x^2+y^2+z^2}}=\frac{x}{r}$，类似有$\frac{\partial r}{\partial y}=\frac{y}{r},\frac{\partial r}{\partial z}=\frac{z}{r}$.

例 3 已知理想气体的状态方程为 $PV=RT$(其中 R 是常数)，求证：$\frac{\partial P}{\partial V}\cdot\frac{\partial V}{\partial T}\cdot\frac{\partial T}{\partial R}=-1$.

证 由 $P=\frac{RT}{V}$，得$\frac{\partial P}{\partial V}=-\frac{RT}{V^2}$；由 $V=\frac{RT}{P}$，得$\frac{\partial V}{\partial T}=\frac{R}{P}$；由 $T=\frac{PV}{R}$，得$\frac{\partial T}{\partial P}=\frac{V}{R}$.所以

$$\frac{\partial P}{\partial V}\cdot\frac{\partial V}{\partial T}\cdot\frac{\partial T}{\partial R}=-\frac{RT}{V^2}\cdot\frac{R}{P}\cdot\frac{V}{R}=-\frac{RT}{PV}=-1.$$

从这个例子看出，偏导数$\frac{\partial z}{\partial x}$与$\frac{\partial z}{\partial y}$是整体记号，不能看作分子与分母之商.而一元函数的导数记号$\frac{\mathrm{d}y}{\mathrm{d}x}$却可以看成是 $\mathrm{d}y$ 与 $\mathrm{d}x$ 之商.

一元函数 $y=f(x)$ 在点 x_0 的导数 $f'(x_0)$ 的几何意义是曲线 $y=f(x)$ 在切点(x_0,y_0)处切线的斜率.

二元函数 $z=f(x,y)$ 在点(x_0,y_0)处的偏导数 $f_x(x_0,y_0)$ 是曲面 $z=f(x,y)$ 与平面 $y=y_0$ 的交线$\begin{cases}z=f(x,y),\\y=y_0\end{cases}$在切点$(x_0,y_0,z_0)$处切线对 x 轴的斜率(如图 9-29 所示).

同理，偏导数 $f_y(x_0,y_0)$ 是曲面 $z=f(x,y)$ 与平面 $x=x_0$ 的交线$\begin{cases}z=f(x,y),\\x=x_0\end{cases}$在切点$(x_0,y_0,z_0)$处切线对 y 轴的斜率.

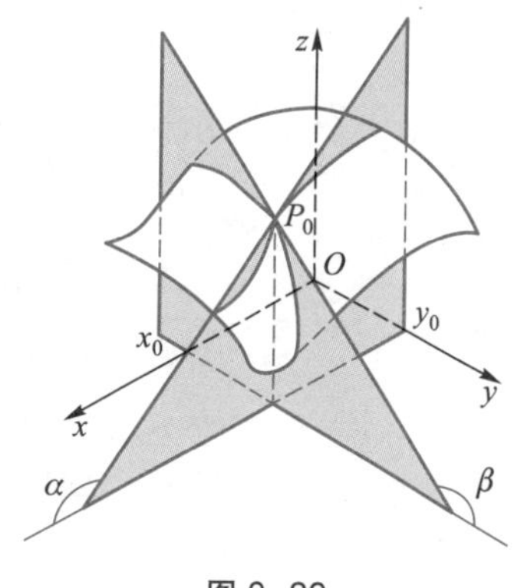

图 9-29

我们知道，一元函数在某点可导则在该点一定连续.但对多元函数来说，该结论却不成立.即多元函数在某一点处关于所有自变量的偏导数都存在，函数在该点不一定连续.

偏导数的存在只能保证点 P 沿着平行于坐标轴的方向趋于点 P_0 时，函数值 $f(P)$ 趋于 $f(P_0)$，但不能保证点 P 以任何方式趋于点 P_0 时，函数值 $f(P)$ 趋于 $f(P_0)$.

例如，函数

$$f(x,y)=\begin{cases}\dfrac{xy}{x^2+y^2}, & x^2+y^2\neq 0,\\ 0, & x=y=0\end{cases}$$

在点(0,0)处有偏导数

$$f_x(0,0)=\lim_{\Delta x\to 0}\frac{f(0+\Delta x,0)-f(0,0)}{\Delta x}=\lim_{\Delta x\to 0}\frac{0}{\Delta x}=0,$$

$$f_y(0,0)=\lim_{\Delta y\to 0}\frac{f(0,0+\Delta y)-f(0,0)}{\Delta y}=\lim_{\Delta y\to 0}\frac{0}{\Delta y}=0.$$

即 $f(x,y)$ 在点(0,0)偏导数存在.由上一节例 5 知,$\lim\limits_{\substack{x\to 0\\ y\to 0}}f(x,y)$ 不存在,从而 $f(x,y)$ 在点(0,0)不连续.故偏导数存在但不一定连续.

9.5.2　高阶偏导数

二元函数 $z=f(x,y)$ 的两个偏导数 $f_x(x,y)$ 和 $f_y(x,y)$ 仍是 x,y 的函数,如果这两个函数对 x,y 的偏导数也存在,则称它们的偏导数是 $z=f(x,y)$ 的**二阶偏导数**.按照对自变量 x,y 的不同求导次序,有如下四个二阶偏导数:

$$\frac{\partial}{\partial x}\left(\frac{\partial z}{\partial x}\right)=\frac{\partial^2 z}{\partial x^2}=f_{xx}(x,y),\quad \frac{\partial}{\partial y}\left(\frac{\partial z}{\partial x}\right)=\frac{\partial^2 z}{\partial x\partial y}=f_{xy}(x,y),$$

$$\frac{\partial}{\partial x}\left(\frac{\partial z}{\partial y}\right)=\frac{\partial^2 z}{\partial y\partial x}=f_{yx}(x,y),\quad \frac{\partial}{\partial y}\left(\frac{\partial z}{\partial y}\right)=\frac{\partial^2 z}{\partial y^2}=f_{yy}(x,y).$$

其中,$f_{xy}(x,y)$ 和 $f_{yx}(x,y)$ 又称为**二阶混合偏导数**.

类似地,可以定义三阶、四阶、⋯、n 阶偏导数.二阶及二阶以上的偏导数统称为**高阶偏导数**.

例 4　求函数 $z=xy^3-2x^3y^2+4x-3y+5$ 的所有二阶偏导数及三阶偏导数 $\dfrac{\partial^3 z}{\partial x^3}$.

解　$\dfrac{\partial z}{\partial x}=y^3-6x^2y^2+4,\dfrac{\partial z}{\partial y}=3xy^2-4x^3y-3.$

所以

$$\frac{\partial^2 z}{\partial x^2}=\frac{\partial}{\partial x}\left(\frac{\partial z}{\partial x}\right)=-12xy^2,\quad \frac{\partial^2 z}{\partial x\partial y}=\frac{\partial}{\partial y}\left(\frac{\partial z}{\partial x}\right)=3y^2-12x^2y,$$

$$\frac{\partial^2 z}{\partial y\partial x}=\frac{\partial}{\partial x}\left(\frac{\partial z}{\partial y}\right)=3y^2-12x^2y,\quad \frac{\partial^2 z}{\partial y^2}=\frac{\partial}{\partial y}\left(\frac{\partial z}{\partial y}\right)=6xy-4x^3,$$

$$\frac{\partial^3 z}{\partial x^3}=\frac{\partial}{\partial x}\left(\frac{\partial^2 z}{\partial x^2}\right)=-12y^2.$$

在本例中,我们发现两个二阶混合偏导数 $\dfrac{\partial^2 z}{\partial x\partial y}$ 与 $\dfrac{\partial^2 z}{\partial y\partial x}$ 相等,这不是偶然的.下面的定理给出了二阶混合偏导数相等的条件.

定理 9.1　如果函数 $z=f(x,y)$ 在区域 D 内的两个混合偏导数 $f_{xy}(x,y)$ 及 $f_{yx}(x,y)$ 都连续,则它们在区域 D 内相等,即 $f_{xy}(x,y)=f_{yx}(x,y)$.

该定理表明,二阶混合偏导数在连续的条件下与求导的次序无关.这个性质还可以进一步推广,即高阶偏导数在连续的条件下也与求导的次序无关.

9.5.3 全微分

类似于一元函数的微分,首先我们给出二元函数全微分的定义.

定义 9.8 对二元函数 $z=f(x,y)$,在点 (x,y) 处给自变量 x 和 y 分别以增量 Δx 和 Δy,得到 z 的**全增量**

$$\Delta z = f(x+\Delta x, y+\Delta y) - f(x,y).$$

如果函数 $z=f(x,y)$ 在点 (x,y) 处的全增量可以表示为如下形式

$$\Delta z = A\Delta x + B\Delta y + o(\rho),$$

其中,A,B 与 $\Delta x,\Delta y$ 无关而只与 x,y 有关,$\rho=\sqrt{(\Delta x)^2+(\Delta y)^2}$,$o(\rho)$ 是比 ρ 更高阶的无穷小.则称函数 $z=f(x,y)$ 在点 (x,y) 处**可微**,$A\Delta x+B\Delta y$ 称为 $z=f(x,y)$ 在点 (x,y) 处的**全微分**,记作 $\mathrm{d}z$,即

$$\mathrm{d}z = A\Delta x + B\Delta y.$$

注 (1) 如果函数 $z=f(x,y)$ 在区域 D 内每一点可微,则称函数 $z=f(x,y)$ 在区域 D 内可微.

(2) 如果函数 $z=f(x,y)$ 在点 (x,y) 处可微,则函数 $z=f(x,y)$ 在点 (x,y) 处必定连续.

由全微分定义有 $\Delta z=A\Delta x+B\Delta y+o(\rho)$,则

$$\lim_{\substack{\Delta x\to 0\\ \Delta y\to 0}}\Delta z = \lim_{\substack{\Delta x\to 0\\ \Delta y\to 0}}(A\Delta x + B\Delta y) + \lim_{\substack{\Delta x\to 0\\ \Delta y\to 0}} o(\rho) = 0,$$

所以 $z=f(x,y)$ 在点 (x,y) 处连续.

定理 9.2 若函数 $z=f(x,y)$ 在点 (x,y) 处可微,则函数 $z=f(x,y)$ 在点 (x,y) 处的两个偏导数存在,且有 $\mathrm{d}z=\dfrac{\partial z}{\partial x}\Delta x+\dfrac{\partial z}{\partial y}\Delta y$.

证 因为函数 $z=f(x,y)$ 在点 (x,y) 处可微,则函数 $z=f(x,y)$ 在点 (x,y) 处的全增量可表示为

$$\Delta z = A\Delta x + B\Delta y + o(\rho).$$

特别地,当 $\Delta y=0$ 时 $\rho=|\Delta x|$,这时 $f(x+\Delta x,y)-f(x,y)=A\cdot\Delta x+o(|\Delta x|)$,从而

$$\lim_{\Delta x\to 0}\frac{f(x+\Delta x,y)-f(x,y)}{\Delta x} = A + \lim_{\Delta x\to 0}\frac{o(|\Delta x|)}{\Delta x} = A,$$

即偏导数 $\dfrac{\partial z}{\partial x}$ 存在且 $\dfrac{\partial z}{\partial x}=A$.

同理可证 $\dfrac{\partial z}{\partial y}=B$.于是有等式

$$\mathrm{d}z = A\Delta x + B\Delta y = \frac{\partial z}{\partial x}\Delta x + \frac{\partial z}{\partial y}\Delta y.$$

值得注意的是,对一元函数来说,函数在某点可导与可微是等价的,但对多元函数则不然.当函数 $z=f(x,y)$ 的各偏导数存在时,虽然形式上可以写成 $\dfrac{\partial z}{\partial x}\Delta x+\dfrac{\partial z}{\partial y}\Delta y$,但它与 Δz 之差却

并不一定是ρ的高阶无穷小，即它不一定是函数的全微分.这就是说，各偏导数存在只是全微分存在即可微的必要条件而不是充分条件.例如，函数

$$f(x,y)=\begin{cases}\dfrac{xy}{\sqrt{x^2+y^2}}, & x^2+y^2\neq 0,\\ 0, & x=y=0,\end{cases}$$

利用偏导数定义可以计算其在点(0,0)处有偏导数$f_x(0,0)=0$，$f_y(0,0)=0$.所以

$$\Delta z-[f_x(0,0)\Delta x+f_y(0,0)\Delta y]=\Delta z=\frac{\Delta x\Delta y}{\sqrt{(\Delta x)^2+(\Delta y)^2}}.$$

当点$(\Delta x,\Delta y)$沿着直线$y=x$趋于点(0,0)时，

$$\frac{\dfrac{\Delta x\Delta y}{\sqrt{(\Delta x)^2+(\Delta y)^2}}}{\rho}=\frac{(\Delta x)^2}{(\Delta x)^2+(\Delta x)^2}=\frac{1}{2}.$$

这表明当$\rho\to 0$时，$\Delta z-[f_x(0,0)\Delta x+f_y(0,0)\Delta y]$不是$\rho$的高阶无穷小，因此该函数在点(0,0)处不可微.

定理 9.3　如果函数$z=f(x,y)$的偏导数$\dfrac{\partial z}{\partial x}$与$\dfrac{\partial z}{\partial y}$在点$(x,y)$处连续，则函数$z=f(x,y)$在该点可微.

我们将自变量的增量$\Delta x,\Delta y$分别记为$\mathrm{d}x,\mathrm{d}y$，并分别称为**自变量x，y的微分**，于是函数$z=f(x,y)$在点(x,y)处的全微分可写成

$$\mathrm{d}z=\frac{\partial z}{\partial x}\mathrm{d}x+\frac{\partial z}{\partial y}\mathrm{d}y.$$

二元函数的全微分可推广到二元以上的多元函数.例如，若三元函数$u=f(x,y,z)$的全微分存在，则$\mathrm{d}u=\dfrac{\partial u}{\partial x}\mathrm{d}x+\dfrac{\partial u}{\partial y}\mathrm{d}y+\dfrac{\partial u}{\partial z}\mathrm{d}z$.

例 5　求函数$z=x\sin(xy)$的全微分.

解　由$\dfrac{\partial z}{\partial x}=\sin(xy)+xy\cos(xy)$，$\dfrac{\partial z}{\partial y}=x^2\cos(xy)$，得

$$\mathrm{d}z=[\sin(xy)+xy\cos(xy)]\mathrm{d}x+x^2\cos(xy)\mathrm{d}y.$$

例 6　求$u=x^{yz}$的全微分.

解　由$\dfrac{\partial u}{\partial x}=yzx^{yz-1}$，$\dfrac{\partial u}{\partial y}=zx^{yz}\ln x$，$\dfrac{\partial u}{\partial z}=yx^{yz}\ln x$，得

$$\mathrm{d}u=yzx^{yz-1}\mathrm{d}x+zx^{yz}\ln x\mathrm{d}y+yx^{yz}\ln x\mathrm{d}z.$$

例 7　求函数$z=x^3y^2$在点(2,-1)处的全微分.

解　由$\dfrac{\partial z}{\partial x}=3x^2y^2$，$\dfrac{\partial z}{\partial y}=2x^3y$，$\left.\dfrac{\partial z}{\partial x}\right|_{(2,-1)}=12$，$\left.\dfrac{\partial z}{\partial y}\right|_{(2,-1)}=-16$，得

$$\mathrm{d}z\big|_{(2,-1)}=12\mathrm{d}x-16\mathrm{d}y.$$

对一元函数$y=f(x)$，我们可用微分近似表示函数的增量，即$\Delta y\approx\mathrm{d}y$，在多元函数中也有类似的近似公式.当二元函数$z=f(x,y)$在点$(x,y)$的两个偏导数$f_x(x,y)$，$f_y(x,y)$连续，并且$|\Delta x|$，$|\Delta y|$都较小时，有下面近似公式：

$$\Delta z \approx \mathrm{d}z = f_x(x,y)\Delta x + f_y(x,y)\Delta y.$$

例 8 要制作一个圆柱形的玻璃桶，内圆柱的直径为 2 m，高为 3 m，桶底及桶壁的厚度分别为 10 cm 和 5 cm，试计算所需材料的近似值.（见"案例探究"）

解 设内圆柱的半径为 r，高为 h，体积为 V. 依题意得

$$V = f(r,h) = \pi r^2 h,$$

其中 $r=1, h=3; \Delta r = 0.05, \Delta h = 0.1$. 由于

$$\frac{\partial V}{\partial r} = 2\pi rh, \frac{\partial V}{\partial h} = \pi r^2; \left.\frac{\partial V}{\partial r}\right|_{(1,3)} = 6\pi, \left.\frac{\partial V}{\partial h}\right|_{(1,3)} = \pi.$$

故

$$\Delta V \approx \mathrm{d}V = \left.\frac{\partial V}{\partial r}\right|_{(1,3)} \cdot \Delta r + \left.\frac{\partial V}{\partial h}\right|_{(1,3)} \cdot \Delta h = 6\pi \times 0.05 + \pi \times 0.1 = 0.4\pi \approx 0.125\ 6(\mathrm{m}^3).$$

课堂练习 ›››

1. 设 $f(x,y) = x + (y-1)\tan\sqrt{\dfrac{x}{y}}$，则 $f_x(x,1) =$ ________.

2. 求下列函数的偏导数.

(1) $z = \mathrm{e}^{xy}$；　(2) $z = y\ln(3x+2y)$；　(3) $u = (1+xy)^z$.

3. 求下列函数的二阶偏导数.

(1) $z = \mathrm{e}^{xy}$；　(2) $z = \ln\sqrt{x^2+y^2}$；　(3) $z = \sin^2(ax+by)$.

4. 证明：$z = \mathrm{e}^x \cos y$ 满足拉普拉斯方程 $\dfrac{\partial^2 z}{\partial x^2} + \dfrac{\partial^2 z}{\partial y^2} = 0$.

5. 求函数 $z = \mathrm{e}^{xy}$ 的全微分.

6. 求函数 $z = \dfrac{y}{\sqrt{x^2+y^2}}$ 在点 $(2,-1)$ 处的全微分.

习题 9-5

1. 求下列函数的偏导数.

(1) $z = x^3 y - y^2 x + 4$；　(2) $z = y\sin(xy)$；　(3) $z = \ln\sin\dfrac{y}{x} + 5$；

(4) $z = \mathrm{e}^{xy}\cos(x+y)$；　(5) $s = \dfrac{u^2+v^2}{uv} - 1$；　(6) $u = z^{\frac{y}{x}}$.

2. 计算下列各题.

(1) 设 $f(x,y) = \mathrm{e}^{-\sin x}(x+2y)$，求 $f_x(0,1)$，$f_y(0,1)$；

(2) 设 $f(x,y) = \ln\dfrac{x^2-y^2}{x^2+y^2}$，求 $f_x(2,1)$、$f_y(2,1)$.

3. 求曲线$\begin{cases} z=\dfrac{1}{4}(x^2+y^2), \\ y=4 \end{cases}$在点(2,4,5)处的切线对 x 轴的倾角.

4. 求下列各函数的二阶偏导数.

(1) $z=x^4-4x^2y^2+y^4$;　　(2) $z=\cos^2(3x+2y)$;

(3) $z=x^y$;　　(4) $z=y\ln(xy)$.

5. 证明函数 $u=\dfrac{1}{\sqrt{x^2+y^2+z^2}}$满足方程$\dfrac{\partial^2 u}{\partial x^2}+\dfrac{\partial^2 u}{\partial y^2}+\dfrac{\partial^2 u}{\partial z^2}=0$.

6. 求下列各函数的全微分.

(1) $z=xy+\dfrac{x}{y}$;　　(2) $z=e^{\frac{y}{x}}$;

(3) $z=\ln\sqrt{x^2+y^2}$;　　(4) $u=(xy)^z$.

7. 求函数 $z=\dfrac{x}{y}$当 $x=1, y=2, \Delta x=-0.1, \Delta y=0.2$ 时的全微分及全增量.

8. 求函数 $z=\ln\sqrt{x^2+y^2}$在点(1,2)处的全微分.

9.6　多元复合函数的求导法则与隐函数的求导法则

本节我们将学习如何求多元复合函数的偏导数,同时应用偏导数求由方程确定的隐函数的导数.相对于第三章中隐函数的求导方法,我们会发现在多元的观点下处理一元的问题会变得更加简单.

案例探究　当一个正圆柱被加热,它的半径 r 和高度 h 便不断增加,因此它的表面积 S 也随之增加. 假设在某一瞬间,当 $r=10$ cm, $h=100$ cm 时,r 以 0.2 cm/h 的速度增长,h 以 0.5 cm/h 的速度增长. 在这一瞬间,S 的增长速度是多少?

9.6.1　多元复合函数的求导法则

设函数 $z=f(u,v), u=\varphi(x,y), v=\psi(x,y)$,则称 $z=f[\varphi(x,y),\psi(x,y)]$是 x,y 的复合函数.其中,u,v 称为中间变量,x,y 称为自变量.

对于二元复合函数有如下的求导法则.

定理 9.4　设函数 $u=\varphi(x,y), v=\psi(x,y)$在点$(x,y)$处有偏导数,函数 $z=f(u,v)$在对应点(u,v)有连续偏导数,那么复合函数 $z=f[\varphi(x,y),\psi(x,y)]$在点$(x,y)$处有对 x 及 y 的偏导数,且

$$\frac{\partial z}{\partial x}=\frac{\partial z}{\partial u}\cdot\frac{\partial u}{\partial x}+\frac{\partial z}{\partial v}\cdot\frac{\partial v}{\partial x},$$

$$\frac{\partial z}{\partial y}=\frac{\partial z}{\partial u}\cdot\frac{\partial u}{\partial y}+\frac{\partial z}{\partial v}\cdot\frac{\partial v}{\partial y}.$$

例 1 设 $z=\mathrm{e}^u\cos v, u=xy, v=3x-2y$,求$\frac{\partial z}{\partial x},\frac{\partial z}{\partial y}$.

解 $\frac{\partial z}{\partial u}=\mathrm{e}^u\cos v,\frac{\partial z}{\partial v}=-\mathrm{e}^u\sin v;\frac{\partial u}{\partial x}=y,\frac{\partial u}{\partial y}=x;\frac{\partial v}{\partial x}=3,\frac{\partial v}{\partial y}=-2$.于是

$$\frac{\partial z}{\partial x}=\mathrm{e}^u\cos v\cdot y+(-\mathrm{e}^u\sin v)\cdot 3=\mathrm{e}^{xy}[y\cos(3x-2y)-3\sin(3x-2y)],$$

$$\frac{\partial z}{\partial y}=\mathrm{e}^u\cos v\cdot x-\mathrm{e}^u\sin v\cdot(-2)=\mathrm{e}^{xy}[x\cos(3x-2y)+2\sin(3x-2y)].$$

注 定理给出的二元复合函数求偏导数的公式仅为一般公式,多元复合函数的复合关系是比较复杂的.在求多元复合函数偏导数时,可根据所给复合函数的变量关系图来掌握求导公式.如函数 $z=f(u,v),u=\varphi(x,y),v=\psi(x,y)$ 的变量关系如图 9-30 所示,从该图可看出从 z 到 x 有两条路,这两条路可以表示 z 对 x 的导数有两项;每一条路上有两条线段,可以表示 z 对 x 的导数中的每一项由两个导数相乘而得,并且每条线段表示左边变量对右边变量求导.

(1) 若 $z=f(u,v,w),u=\varphi(x,y),v=\psi(x,y),w=\omega(x,y)$,变量关系如图 9-31 所示,则 z 对 x,y 的偏导数公式为

$$\frac{\partial z}{\partial x}=\frac{\partial z}{\partial u}\cdot\frac{\partial u}{\partial x}+\frac{\partial z}{\partial v}\cdot\frac{\partial v}{\partial x}+\frac{\partial z}{\partial w}\cdot\frac{\partial w}{\partial x},$$

$$\frac{\partial z}{\partial y}=\frac{\partial z}{\partial u}\cdot\frac{\partial u}{\partial y}+\frac{\partial z}{\partial v}\cdot\frac{\partial v}{\partial y}+\frac{\partial z}{\partial w}\cdot\frac{\partial w}{\partial y}.$$

(2) 若 $z=f(u,v),u=\varphi(t),v=\psi(t)$,变量关系如图 9-32 所示,则 z 对 t 的求导公式为

$$\frac{\mathrm{d}z}{\mathrm{d}t}=\frac{\partial z}{\partial u}\cdot\frac{\mathrm{d}u}{\mathrm{d}t}+\frac{\partial z}{\partial v}\cdot\frac{\mathrm{d}v}{\mathrm{d}t}.$$

因为此时只有一个自变量,我们称$\frac{\mathrm{d}z}{\mathrm{d}t}$为**全导数**.

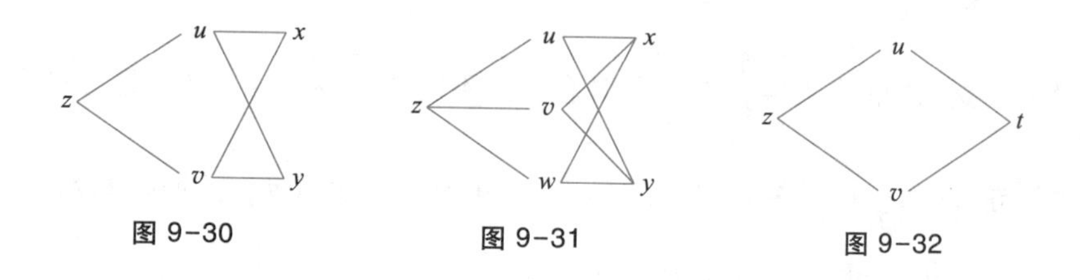

图 9-30　图 9-31　图 9-32

例 2 设 $z=\mathrm{e}^{2u-v},u=x^2,v=\sin x$,求$\frac{\mathrm{d}z}{\mathrm{d}x}$.

解 $\frac{\partial z}{\partial u}=2\mathrm{e}^{2u-v},\frac{\partial z}{\partial v}=-\mathrm{e}^{2u-v};\frac{\mathrm{d}u}{\mathrm{d}x}=2x,\frac{\mathrm{d}v}{\mathrm{d}x}=\cos x$.于是

$$\frac{\mathrm{d}z}{\mathrm{d}x}=\frac{\partial z}{\partial u}\cdot\frac{\mathrm{d}u}{\mathrm{d}x}+\frac{\partial z}{\partial v}\cdot\frac{\mathrm{d}v}{\mathrm{d}x}=4x\mathrm{e}^{2u-v}-\mathrm{e}^{2u-v}\cos x=\mathrm{e}^{2x^2-\sin x}(4x-\cos x).$$

例 3　当一个正圆柱被加热,它的半径 r 和高度 h 便不断增加,因此它的表面积 S 也随之增加. 假设在某一瞬间,当 $r=10$ cm,$h=100$ cm 时,r 以 0.2 cm/h 的速度增长,h 以 0.5 cm/h 的速度增长. 在这一瞬间,S 的增长速度是多少?(见“案例探究”)

解　圆柱的表面积 $S=f(r,h)=2\pi rh+2\pi r^2$,因此

$$\frac{\mathrm{d}S}{\mathrm{d}t}=\frac{\partial S}{\partial r}\frac{\mathrm{d}r}{\mathrm{d}t}+\frac{\partial S}{\partial h}\frac{\mathrm{d}h}{\mathrm{d}t}=(2\pi h+4\pi r)\times 0.2+2\pi r\times 0.5.$$

当 $r=10,h=100$ 时,

$$\frac{\mathrm{d}S}{\mathrm{d}t}=(2\pi\times 100+4\pi\times 10)\times 0.2+2\pi\times 10\times 0.5=58\pi.$$

即在这一瞬间,S 的增长速度为 58π cm^2/h.

(3) 若 $z=f(u,v),u=\varphi(x),v=\psi(x,y)$,变量关系如图 9-33 所示,则 z 对 x,y 的偏导数公式为

$$\frac{\partial z}{\partial x}=\frac{\partial z}{\partial u}\cdot\frac{\mathrm{d}u}{\mathrm{d}x}+\frac{\partial z}{\partial v}\cdot\frac{\partial v}{\partial x},$$

$$\frac{\partial z}{\partial y}=\frac{\partial z}{\partial v}\cdot\frac{\partial v}{\partial y}.$$

(4) 若 $z=f(u,x,y),u=\varphi(x,y)$,变量关系如图 9-34 所示,则 z 对 x、y 的偏导数公式为

$$\frac{\partial z}{\partial x}=\frac{\partial z}{\partial u}\cdot\frac{\partial u}{\partial x}+\frac{\partial f}{\partial x},$$

$$\frac{\partial z}{\partial y}=\frac{\partial z}{\partial u}\cdot\frac{\partial u}{\partial y}+\frac{\partial f}{\partial y}.$$

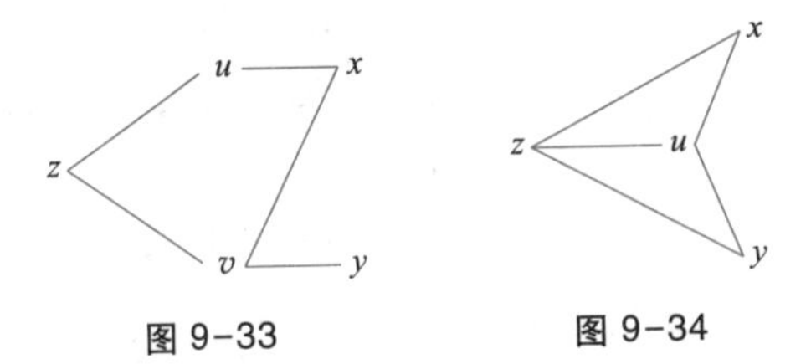

图 9-33　　图 9-34

需要说明的是,这里的记号 $\frac{\partial z}{\partial x}$ 与 $\frac{\partial f}{\partial x}$ 在概念上是不同的. $\frac{\partial z}{\partial x}$ 表示复合后,只有自变量 x,y 时函数对 x 的偏导数;而 $\frac{\partial f}{\partial x}$ 表示复合前,即 $f(u,x,y)$ 中有三个变量 u,x,y 时函数对 x 的偏导数. 因此用不同的记号 $\frac{\partial z}{\partial x}$ 与 $\frac{\partial f}{\partial x}$ 以示区别. $\frac{\partial z}{\partial y}$ 与 $\frac{\partial f}{\partial y}$ 也是如此.

例 4　设 $z=f(x,y,u)=\mathrm{e}^{2x+y^2-2u},u=x^2\sin y$,求 $\frac{\partial z}{\partial x},\frac{\partial z}{\partial y}$.

解　$\frac{\partial f}{\partial x}=2\mathrm{e}^{2x+y^2-2u},\frac{\partial f}{\partial y}=2y\mathrm{e}^{2x+y^2-2u},\frac{\partial z}{\partial u}=-2\mathrm{e}^{2x+y^2-2u}$;

$$\frac{\partial u}{\partial x}=2x\sin y,\frac{\partial u}{\partial y}=x^2\cos y.$$

于是

$$\frac{\partial z}{\partial x}=\frac{\partial f}{\partial x}+\frac{\partial z}{\partial u}\cdot\frac{\partial u}{\partial x}=2\mathrm{e}^{2x+y^2-2x^2\sin y}(1-2x\sin y),$$

$$\frac{\partial z}{\partial y}=\frac{\partial f}{\partial y}+\frac{\partial z}{\partial u}\cdot\frac{\partial u}{\partial y}=2\mathrm{e}^{2x+y^2-2x^2\sin y}(y-x^2\cos y).$$

在本例中,我们清楚地看到$\frac{\partial z}{\partial x}$与$\frac{\partial f}{\partial x}$含义是不同的.

例 5　求下列抽象复合函数的偏导数(其中 f 为可微函数).

(1) $z=f(x^2y,x+2y)$;　　(2) $u=f(x,xy,xyz)$.

解　(1) 设 $u=x^2y,v=x+2y$,则 $z=f(u,v)$.于是

$$\frac{\partial u}{\partial x}=2xy,\quad \frac{\partial u}{\partial y}=x^2;\quad \frac{\partial v}{\partial x}=1,\quad \frac{\partial v}{\partial y}=2.$$

从而

$$\frac{\partial z}{\partial x}=\frac{\partial f}{\partial u}\cdot\frac{\partial u}{\partial x}+\frac{\partial f}{\partial v}\cdot\frac{\partial v}{\partial x}=2xy\frac{\partial f}{\partial u}+\frac{\partial f}{\partial v},$$

$$\frac{\partial z}{\partial y}=\frac{\partial f}{\partial u}\cdot\frac{\partial u}{\partial y}+\frac{\partial f}{\partial v}\cdot\frac{\partial v}{\partial y}=x^2\frac{\partial f}{\partial u}+2\frac{\partial f}{\partial v}.$$

(2) 设 $s=xy,t=xyz$,则 $u=f(x,s,t)$.于是

$$\frac{\partial s}{\partial x}=y,\quad \frac{\partial s}{\partial y}=x;\quad \frac{\partial t}{\partial x}=yz,\quad \frac{\partial t}{\partial y}=xz,\quad \frac{\partial t}{\partial z}=xy.$$

从而

$$\frac{\partial u}{\partial x}=\frac{\partial f}{\partial x}+\frac{\partial f}{\partial s}\cdot\frac{\partial s}{\partial x}+\frac{\partial f}{\partial t}\cdot\frac{\partial t}{\partial x}=\frac{\partial f}{\partial x}+y\frac{\partial f}{\partial s}+yz\frac{\partial f}{\partial t},$$

$$\frac{\partial u}{\partial y}=\frac{\partial f}{\partial s}\cdot\frac{\partial s}{\partial y}+\frac{\partial f}{\partial t}\cdot\frac{\partial t}{\partial y}=x\frac{\partial f}{\partial s}+xz\frac{\partial f}{\partial t},$$

$$\frac{\partial u}{\partial z}=\frac{\partial f}{\partial t}\cdot\frac{\partial t}{\partial z}=xy\frac{\partial f}{\partial t}.$$

9.6.2　隐函数的求导法则

与一元隐函数的概念类似,称由方程 $F(x,y,z)=0$ 所确定的函数 $z=f(x,y)$ 为**二元隐函数**.将 $z=f(x,y)$ 代入方程,得

$$F(x,y,f(x,y))=0.$$

设 F_x 与 F_y 连续且 $F_z\neq0$,上式两边分别对 x,y 求偏导数,得

$$F_x+F_z\cdot\frac{\partial z}{\partial x}=0,\quad F_y+F_z\cdot\frac{\partial z}{\partial y}=0.$$

因为 $F_z\neq0$,所以

$$\frac{\partial z}{\partial x}=-\frac{F_x}{F_z},\quad \frac{\partial z}{\partial y}=-\frac{F_y}{F_z}.$$

这就是二元隐函数求导公式.

同理，由方程 $F(x,y)=0$ 所确定的隐函数 $y=f(x)$ 的求导公式可写成

$$\frac{\mathrm{d}y}{\mathrm{d}x}=-\frac{F_x}{F_y}\quad (F_y\neq 0).$$

例 6　设函数 $z=z(x,y)$ 由方程 $z^3-3xyz=1$ 所确定，求 $\frac{\partial z}{\partial x},\frac{\partial z}{\partial y}$.

解　设 $F(x,y,z)=z^3-3xyz-1$，则 $F_x=-3yz,F_y=-3xz,F_z=3z^2-3xy$. 于是

$$\frac{\partial z}{\partial x}=-\frac{F_x}{F_z}=\frac{yz}{z^2-xy},$$

$$\frac{\partial z}{\partial y}=-\frac{F_y}{F_z}=\frac{xz}{z^2-xy}.$$

例 7　设函数 $y=y(x)$ 由方程 $x\cos y=\sin(x+y)$ 所确定，求 $\frac{\mathrm{d}y}{\mathrm{d}x}$.

解　设 $F(x,y)=x\cos y-\sin(x+y)$，则

$$F_x=\cos y-\cos(x+y),F_y=-x\sin y-\cos(x+y).$$

于是

$$\frac{\mathrm{d}y}{\mathrm{d}x}=-\frac{F_x}{F_y}=\frac{\cos y-\cos(x+y)}{x\sin y+\cos(x+y)}.$$

课堂练习 ⋙

1. 求下列复合函数的全导数或偏导数.

(1) 设 $z=u^v,u=4x-3y,v=5x+2y$，求 $\frac{\partial z}{\partial x},\frac{\partial z}{\partial y}$；

(2) 设 $z=uv^2\sin w,u=x^2+y^2,v=x-y,w=xy$，求 $\frac{\partial z}{\partial x},\frac{\partial z}{\partial y}$；

(3) 设 $z=\mathrm{e}^{3x+2y},x=\cos t,y=t^2$，求 $\frac{\mathrm{d}z}{\mathrm{d}t}$.

2. 求下列抽象复合函数的偏导数(其中 f 为可微函数).

(1) $z=f(x+y,xy)$；　　(2) $z=f(x^3-y^3)$；

(3) $z=f(u,x,y),u=x\mathrm{e}^y$；　　(4) $u=f\left(\frac{z}{x},\frac{x}{y}\right)$.

3. 设函数 $z=z(x,y)$ 由方程 $x^2+z^2=2y\mathrm{e}^x$ 所确定，求 $\frac{\partial z}{\partial x},\frac{\partial z}{\partial y}$.

4. 设函数 $y=y(x)$ 由方程 $y=1+x\mathrm{e}^y$ 所确定，求 $\frac{\mathrm{d}y}{\mathrm{d}x}$.

习题 9-6

1. 求下列函数的一阶偏导数.

（1）$z=u^2e^v, u=xy, v=3x-2y$；（2）$z=u^2v-uv^2, u=x\cos y, v=y\sin x$；

（3）$z=u^v, u=x+y, v=x-y$；（4）$z=\ln(u+v), u=e^{x+y^2}, v=\sin x$.

2. 求下列函数的全导数.

（1）$z=e^{x-2y}, x=\sin t, y=t^3$，求$\dfrac{dz}{dt}$；

（2）$z=u^v, u=\sin x, v=\cos x$，求$\dfrac{dz}{dx}$；

（3）$u=xy+yz, y=e^x, z=\sin x$，求$\dfrac{du}{dx}$.

3. 求下列各函数的一阶偏导数（其中f可微）.

（1）$z=f(x^2-y^2, e^{xy})$；（2）$z=f(x^2+y^2, 2xy)$；

（3）$z=f(3x+2y, y\ln x)$；（4）$u=f\left(\dfrac{x}{y}, \dfrac{y}{z}\right)$；

（5）$z=f(x, x^2+y^2, 2xy)$；（6）$u=f(x^2+xy+xyz)$.

4. 设$z=xy+xF(u)$，而$u=\dfrac{y}{x}$，$F(u)$可微，证明：$x\dfrac{\partial z}{\partial x}+y\dfrac{\partial z}{\partial y}=z+xy$.

5. 求下列方程所确定的隐函数的导数$\dfrac{dy}{dx}$.

（1）$\cos y+e^{xy}-x=0$；（2）$\arctan\dfrac{y}{x}=\ln\sqrt{x^2+y^2}$；（3）$xy-\ln y=a$.

6. 求下列方程所确定的隐函数$z=z(x,y)$的偏导数$\dfrac{\partial z}{\partial x}$与$\dfrac{\partial z}{\partial y}$.

（1）$x+y+z=e^{-(x+y+z)}$；（2）$\sin(xy)+\cos(zx)+\tan(yz)=0$；（3）$\dfrac{x}{z}=\ln\dfrac{z}{y}$.

7. 设$x+z=yf(x^2-z^2)$，其中f可微，求$z\dfrac{\partial z}{\partial x}+y\dfrac{\partial z}{\partial y}$.

8. 证明下列各题.

（1）设F为可微函数，证明：由方程$F(x-az, y-bz)=0$所确定的函数$z=z(x,y)$满足

$$a\frac{\partial z}{\partial x}+b\frac{\partial z}{\partial y}=1;$$

（2）设F为可微函数，证明：由方程$F\left(x+\dfrac{z}{y}, y+\dfrac{z}{x}\right)=0$所确定的函数$z=z(x,y)$满足

$$x\frac{\partial z}{\partial x}+y\frac{\partial z}{\partial y}=z-xy.$$

9.7 偏导数的应用

在本节中，我们将介绍如何利用偏导数求二元函数的无条件极值和多元函数的条件极

值，以及利用多元函数微分学求空间曲线的切线与曲面的切平面.

案例探究　某厂要用铁板做成一个体积为 2 m^3 的有盖长方体水箱.问当长、宽、高各取怎样的尺寸时，才能使用料最省？

9.7.1　二元函数的极值

类似于一元函数极值概念，我们首先给出二元函数极值的定义.

定义 9.9　设 $z=f(x,y)$ 定义在区域 D 上，$P_0(x_0,y_0)$ 为 D 的内点.则

(1) 若存在 P_0 的某个去心邻域 $\mathring{U}(P_0)\subset D$，使得 $\mathring{U}(P_0)$ 中所有点 (x,y)，有 $f(x,y)<f(x_0,y_0)$，则称 $P_0(x_0,y_0)$ 为函数 $f(x,y)$ 的一个**极大值点**，$f(x_0,y_0)$ 为**极大值**.

(2) 若存在 P_0 的某个去心邻域 $\mathring{U}(P_0)\subset D$，使得 $\mathring{U}(P_0)$ 中所有点 (x,y)，有 $f(x,y)>f(x_0,y_0)$，则称 $P_0(x_0,y_0)$ 为函数 $f(x,y)$ 的一个**极小值点**，$f(x_0,y_0)$ 为**极小值**.

函数的极大值与极小值统称为**极值**，使函数取得极值的点统称为**极值点**.

定理 9.5　设函数 $z=f(x,y)$ 在点 (x_0,y_0) 具有偏导数，且在点 (x_0,y_0) 处有极值，则有

$$f_x(x_0,y_0)=0,\quad f_y(x_0,y_0)=0.$$

使得函数 $z=f(x,y)$ 的一阶偏导数都为零的点称为该函数的**驻点**.

若对二元函数的条件加以限制，我们有二元函数取得极值的充分条件.

定理 9.6　设函数 $z=f(x,y)$ 在点 (x_0,y_0) 的某个邻域内连续且有一阶及二阶连续偏导数，又 $f_x(x_0,y_0)=0$，$f_y(x_0,y_0)=0$，令 $f_{xx}(x_0,y_0)=A$，$f_{xy}(x_0,y_0)=B$，$f_{yy}(x_0,y_0)=C$，则 $z=f(x,y)$ 在 (x_0,y_0) 处是否取得极值的条件如下：

(1) $AC-B^2>0$ 时具有极值，且当 $A<0$ 时有极大值，当 $A>0$ 时有极小值；

(2) $AC-B^2<0$ 时没有极值；

(3) $AC-B^2=0$ 时可能有极值，也可能没有极值，还需另法讨论.

例 1　求函数 $f(x,y)=x^3-y^3+3x^2+3y^2-9x$ 的极值.

解　解方程组

$$\begin{cases}f_x(x,y)=3x^2+6x-9=0,\\ f_y(x,y)=-3y^2+6y=0,\end{cases}$$

得驻点为 $(1,0)$，$(1,2)$，$(-3,0)$，$(-3,2)$.

且二阶偏导数为

$$f_{xx}(x,y)=6x+6,\quad f_{xy}(x,y)=0,\quad f_{yy}(x,y)=-6y+6.$$

在点 $(1,0)$ 处，$AC-B^2=12\times6>0$ 且 $A>0$，所以函数在 $(1,0)$ 处有极小值 $f(1,0)=-5$.

在点 $(1,2)$ 处，$AC-B^2=12\times(-6)<0$，所以 $f(1,2)$ 不是极值.

在点 $(-3,0)$ 处，$AC-B^2=-12\times6<0$，所以 $f(-3,0)$ 不是极值.

在点 $(-3,2)$ 处，$AC-B^2=-12\times(-6)>0$ 且 $A<0$，所以函数在 $(-3,2)$ 处有极大值 $f(-3,2)=31$.

如果函数 $f(x,y)$ 在开区域 D 内只有唯一驻点 (x_0,y_0)，那么当 (x_0,y_0) 是 $f(x,y)$ 的极大

值点(或极小值点)时,(x_0,y_0)一定是$f(x,y)$的最大值点(或最小值点).因此,在求解实际问题的最值时,如果从问题的实际意义知道所求函数的最值存在,且只有唯一驻点,那么该驻点就是所求函数的最值点,可以不再判别其是极大值点还是极小值点.

例 2 某厂要用铁板做成一个体积为 2 m^3 的有盖长方体水箱.问当长、宽、高各取怎样的尺寸时,才能使用料最省.(见“案例探究”)

解 设水箱的长为 x,宽为 y,则其高应为$\frac{2}{xy}$.此水箱所用材料的面积为

$$A=2\left(xy+y\cdot\frac{2}{xy}+x\cdot\frac{2}{xy}\right),$$

即

$$A=2\left(xy+\frac{2}{x}+\frac{2}{y}\right)\quad(x>0,y>0).$$

令 $A_x=2\left(y-\frac{2}{x^2}\right)=0,A_y=2\left(x-\frac{2}{y^2}\right)=0$,解得唯一驻点$(\sqrt[3]{2},\sqrt[3]{2})$. 即当水箱的长、宽、高均为$\sqrt[3]{2}$ m 时,水箱所用材料最省.

9.7.2 条件极值与拉格朗日乘数法

上面给出的求二元函数$f(x,y)$极值的方法中,两个自变量 x 与 y,除了限制在函数定义域内以外,并不受其他条件约束,此时的极值称为**无条件极值**. 如果自变量 x 与 y 还需要满足一定的条件比如 $\varphi(x,y)=0$(称为约束条件或约束方程),这时所求的极值称为**条件极值**.

对于有些实际问题,可以化条件极值为无条件极值来加以解决. 但在很多情形下,这种转化并不容易,这时往往运用拉格朗日乘数法来求解.

下面以二元函数为例,介绍拉格朗日乘数法求 $z=f(x,y)$ 在约束条件 $\varphi(x,y)=0$ 下的极值.

首先,构造辅助函数.

以常数 λ(称为拉格朗日乘数)乘以 $\varphi(x,y)$,然后与 $f(x,y)$ 相加,得辅助函数 $F(x,y)$(称为拉格朗日函数),即

$$F(x,y)=f(x,y)+\lambda\varphi(x,y).$$

接下来,求出可能极值点.

求 $F(x,y)$对 x 与 y 的一阶偏导数,并令它们都为零,然后与方程 $\varphi(x,y)=0$ 联立起来得方程组

$$\begin{cases}f_x(x,y)+\lambda\varphi_x(x,y)=0,\\ f_y(x,y)+\lambda\varphi_y(x,y)=0,\\ \varphi(x,y)=0.\end{cases}$$

解出 x,y 及 λ,这样得到的(x,y)就是函数$f(x,y)$在约束条件 $\varphi(x,y)=0$ 下的可能极值点.

最后,根据实际问题的性质,判断可能极值点是否是极值点.

类似,可以求解三元乃至更多元函数的条件极值.

例 3 求表面积为 a^2 而体积为最大的长方体的体积.

解　设长方体的三条棱长为 x,y,z,该问题就是在条件

$$\varphi(x,y,z)=2xy+2yz+2xz-a^2=0$$

下,求函数 $V=xyz(x>0,y>0,z>0)$ 的最大值.

作拉格朗日函数

$$L(x,y,z)=xyz+\lambda(2xy+2yz+2xz-a^2),$$

解方程组

$$\begin{cases}L_x(x,y,z)=yz+2\lambda(y+z)=0,\\ L_y(x,y,z)=xz+2\lambda(x+z)=0,\\ L_z(x,y,z)=xy+2\lambda(y+x)=0\end{cases}$$

得 $x=y=z$,并代入约束方程,得 $x=y=z=\dfrac{\sqrt{6}}{6}a$,

这是唯一可能的极值点.因为由问题本身可知最大值一定存在,所以最大值就在这个可能的极值点处取得.即表面积为 a^2 的长方体中,以棱长为$\dfrac{\sqrt{6}}{6}a$ 的正方体的体积为最大,最大体积为 $V=\dfrac{\sqrt{6}}{36}a^3$.

9.7.3　空间曲线的切线与法平面

设空间曲线 Γ 的参数方程为

$$x=x(t),\quad y=y(t),\quad z=z(t),\quad t\in[\alpha,\beta],$$

且三个函数在区间$[\alpha,\beta]$上都可导,三个导数不同时为零.在空间曲线 Γ 上取对应于 $t=t_0$ 的一点 $M(x_0,y_0,z_0)$及对应于 $t=t_0+\Delta t$ 的邻近一点 $M'(x_0+\Delta x,y_0+\Delta y,z_0+\Delta z)$,则曲线 Γ 的割线 MM'方程为

$$\frac{x-x_0}{\Delta x}=\frac{y-y_0}{\Delta y}=\frac{z-z_0}{\Delta z}.$$

当 M'沿着曲线 Γ 趋近于 M 时,割线 MM'的极限位置 MT 就是曲线 Γ 在点 M 处的切线,如图 9-35 所示. 用 Δt 除上式的各分母,得

$$\frac{x-x_0}{\frac{\Delta x}{\Delta t}}=\frac{y-y_0}{\frac{\Delta y}{\Delta t}}=\frac{z-z_0}{\frac{\Delta z}{\Delta t}}.$$

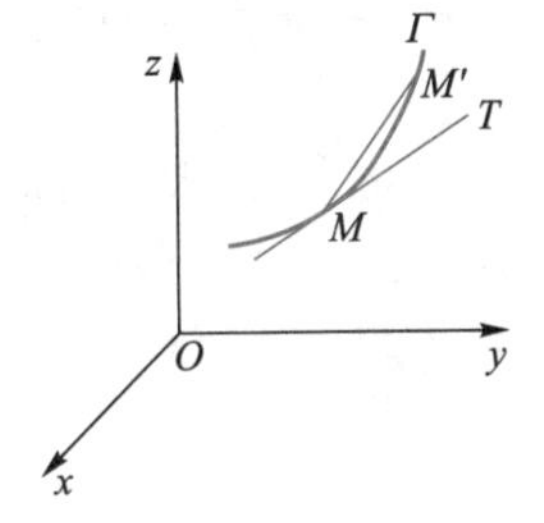

图 9-35

当 $M'\to M$ 时 $\Delta t\to 0$,通过对上式取极限,即得曲线在点 M 处的切线方程为

$$\frac{x-x_0}{x'(t_0)}=\frac{y-y_0}{y'(t_0)}=\frac{z-z_0}{z'(t_0)}.$$

切线的方向向量称为曲线的**切向量**. 因此,曲线 Γ 在点 M 处的切向量为

$$T=(x'(t_0),y'(t_0),z'(t_0)).$$

通过点 M 且与切线垂直的平面称为曲线 Γ 在点 M 处的**法平面**,它是通过点 $M(x_0,y_0,z_0)$

且以 $\boldsymbol{T}=(x'(t_0),y'(t_0),z'(t_0))$ 为法向量的平面，所以曲线 Γ 在点 M 处的法平面方程为

$$x'(t_0)(x-x_0)+y'(t_0)(y-y_0)+z'(t_0)(z-z_0)=0.$$

例 4 求曲线 $x=t,y=t^2,z=t^3$ 在点(1,1,1)处的切线及法平面方程.

解 因为 $x_t'=1,y_t'=2t,z_t'=3t^2$，而点(1,1,1)所对应的参数 $t_0=1$，所以 $\boldsymbol{T}=(1,2,3)$.

因此，切线方程为

$$\frac{x-1}{1}=\frac{y-1}{2}=\frac{z-1}{3}.$$

法平面方程为

$$(x-1)+2(y-1)+3(z-1)=0,$$

即

$$x+2y+3z=6.$$

如果曲线 Γ 的方程以 $y=y(x),z=z(x)$ 的形式给出，则取 x 为参数，曲线方程可表示为

$$x=x,\quad y=y(x),\quad z=z(x).$$

若在 $x=x_0$ 处 $y=y(x),z=z(x)$ 可导，则曲线的切向量为 $\boldsymbol{T}=(1,y'(x_0),z'(x_0))$，然后根据点向式可以写出切线方程，根据点法式写出法平面方程.

9.7.4 曲面的切平面与法线

设曲面 Σ 由方程 $F(x,y,z)=0$ 给出，$M(x_0,y_0,z_0)$ 是曲面 Σ 上的一点，并设函数 $F(x,y,z)$ 的偏导数在该点连续且不同时为零. 在曲面 Σ 上，通过点 M 任意引一条曲线 Γ，如图 9-36 所示. 假定曲线 Γ 的参数方程为

$$x=x(t),\quad y=y(t),\quad z=z(t).$$

$t=t_0$ 对应于点 $M(x_0,y_0,z_0)$ 且 $x'(t_0),y'(t_0),z'(t_0)$ 不全为零，由前述内容知该曲线的切线方程为

$$\frac{x-x_0}{x'(t_0)}=\frac{y-y_0}{y'(t_0)}=\frac{z-z_0}{z'(t_0)}.$$

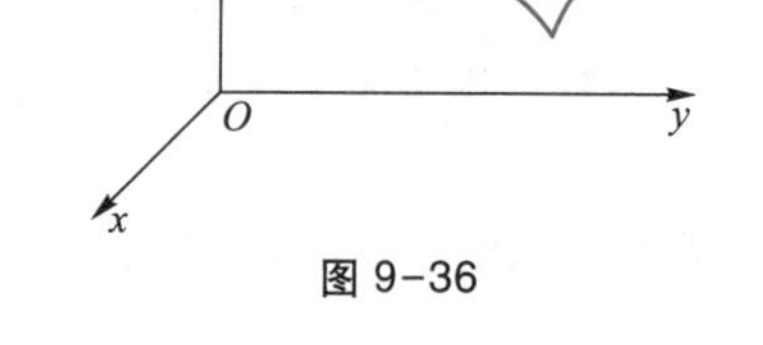

图 9-36

因为曲线 Γ 在曲面 Σ 上，所以有恒等式

$$F(x(t),y(t),z(t))\equiv 0,$$

又因为 $F(x,y,z)$ 在点 (x_0,y_0,z_0) 处具有连续偏导数，且 $x'(t_0),y'(t_0)$ 和 $z'(t_0)$ 都存在，所以在 $t=t_0$ 时，有

$$\frac{\mathrm{d}}{\mathrm{d}t}[F(x(t),y(t),z(t))]=0,$$

即

$$F_x(x_0,y_0,z_0)x'(t_0)+F_y(x_0,y_0,z_0)y'(t_0)+F_z(x_0,y_0,z_0)z'(t_0)=0.$$

引入向量 $\boldsymbol{n}=(F_x(x_0,y_0,z_0),F_y(x_0,y_0,z_0),F_z(x_0,y_0,z_0))$，则上式表示曲线 Γ 在点 M 处的切向量 $\boldsymbol{T}=(x'(t_0),y(t_0),z'(t_0))$ 与 $\boldsymbol{n}$ 垂直. 因为曲线 Γ 是曲面 Σ 通过点 M 的任意一条曲线，它们在点 M 处的切线都与同一个向量 $\boldsymbol{n}$ 垂直，所以曲面上通过点 M 的一切曲线在点 M 处的切线都在同一个平面上，我们称这个平面为曲面在点 M 的**切平面**. 切平面方程为

$$F_x(x_0,y_0,z_0)(x-x_0)+F_y(x_0,y_0,z_0)(y-y_0)+F_z(x_0,y_0,z_0)(z-z_0)=0.$$

通过点 M 且垂直于切平面的直线称为曲面在该点的**法线**. 法线方程为

$$\frac{x-x_0}{F_x(x_0,y_0,z_0)}=\frac{y-y_0}{F_y(x_0,y_0,z_0)}=\frac{z-z_0}{F_z(x_0,y_0,z_0)}.$$

与曲面上的切平面垂直的向量称为曲面的**法向量**,则法向量为

$$\boldsymbol{n}=(F_x(x_0,y_0,z_0),F_y(x_0,y_0,z_0),F_z(x_0,y_0,z_0)).$$

例 5　求球面 $x^2+y^2+z^2=14$ 在点$(1,-2,3)$处的切平面和法线.

解　令 $F(x,y,z)=x^2+y^2+z^2-14$,则 $F_x=2x,F_y=2y,F_z=2z$. 所以,球面在点$(1,-2,3)$处的法向量为

$$\boldsymbol{n}=(1,-2,3).$$

因此,切平面方程为

$$(x-1)-2(y+2)+3(z-3)=0,$$

即

$$x-2y+3z-14=0.$$

法线方程为

$$\frac{x-1}{1}=\frac{y+2}{-2}=\frac{z-3}{3}.$$

如果曲面方程以显函数

$$z=f(x,y)$$

的形式给出,则令 $F(x,y,z)=f(x,y)-z$,可得

$$F_x(x,y,z)=f_x(x,y),F_y(x,y,z)=f_y(x,y),F_z(x,y,z)=-1,$$

从而,曲面 $z=f(x,y)$ 在点 $M(x_0,y_0,z_0)$ 的法向量为

$$\boldsymbol{n}=(f_x(x_0,y_0),f_y(x_0,y_0),-1).$$

同样,根据点法式可以写出切平面方程,根据点向式写出法线方程.

例 6　求旋转抛物面 $z=x^2+y^2$ 在点$(1,2,5)$处的切平面和法线方程.

解　由 $f(x,y)=x^2+y^2$ 得 $f_x=2x,f_y=2y$. 所以,点$(1,2,5)$处的法向量为

$$\boldsymbol{n}=(2,4,-1).$$

因此,所求的切平面方程为

$$2(x-1)+4(y-2)-(z-5)=0,$$

即

$$2x+4y-z-5=0.$$

法线方程为

$$\frac{x-1}{2}=\frac{y-2}{4}=\frac{z-5}{-1}.$$

课堂练习 ▶▶▶

1. 求 $z=x^2+xy+3x+2y+5$ 的极值.
2. 求 $z=4xy-x^4-y^4$ 的极值.
3. 求 $z=xy$ 在约束条件 $x^2+2y^2=1$ 下的极值.

4. 求曲线 $x=t-\sin t, y=1-\cos t, z=4\sin\dfrac{t}{2}$ 在 $t=\dfrac{\pi}{2}$ 处的切线和法平面方程.

5. 曲面 $z=4x^3y^2+2y$ 在 $(1,-2,12)$ 处的法向量为__________.

6. 求曲面 $x^2y-4z^2=-7$ 在 $(-3,1,-2)$ 处的切平面和法线方程.

习题 9-7

1. 求下列二元函数的极值.

(1) $z=x^3-y^3-2xy+6$；　　(2) $z=x^4+y^4+4xy$.

2. 用拉格朗日乘数法求解下列问题.

(1) 直线 $x+y=3$ 上 $f(x,y)=x^2y$ 的极值；

(2) 平面 $x+2y+3z=13$ 距离 $(1,1,1)$ 最近的点；

(3) 单位球内接长方体的最大体积.

3. 当约束条件有两个及以上时，拉格朗日乘数法可以类似推广，例如求二元函数 $f(x,y)$ 在两个约束条件 $\varphi(x,y)=0, \psi(x,y)=0$ 时的极值时，拉格朗日函数可以构造为

$$L(x,y)=f(x,y)+\lambda\varphi(x,y)+\mu\psi(x,y).$$

求函数 $f(x,y,z)=x^2+2y-z^2$ 在平面 $2x-y=0$ 与 $y+z=0$ 交线上的极值.

4. 求曲线 $x=2t^2, y=4t, z=t^3$ 在 $t=1$ 处的切线和法平面方程.

5. 求出曲线 $x=t, y=t^2, z=t^3$ 上的点，使在该点的切线平行于平面 $x+2y+z=4$.

6. 求下列曲面在指定点处的切平面及法线方程.

(1) $e^z-z+xy=3, P(2,1,0)$；　　(2) $z=xe^{-y}, P(1,0,1)$.

7. 求椭球面 $x^2+2y^2+z^2=1$ 上平行于平面 $x-y+2z=0$ 的切平面方程.

9.8 二重积分

把定积分的思想，推广至二元函数就可得到二重积分的概念、性质，进而讨论二重积分的计算，并用它来解决诸如空间图形体积、曲面面积以及平面薄片的质量等问题. 作为定积分的一种推广，在计算二重积分时，我们将学会如何将二重积分转化为两次定积分进行计算.

案例探究　如何求两个圆柱面 $x^2+y^2=R^2$ 与 $x^2+z^2=R^2$ 垂直相交所形成的立体体积？

9.8.1 二重积分的概念

在平面中，我们通过定积分给出了计算二维平面中"曲边梯形"面积的方法. 类似的思想，可以完全推广至三维空间中的曲顶柱体.

如图 9-37 所示，一个立体的底面为 xOy 面上的任意有界闭区域 D，侧面是以 D 的边界曲线为准线而母线平行于 z 轴的柱面，顶是在区域 D 上连续的二元函数 $z=f(x,y)$ 所表示的曲面，这种立体叫做曲顶柱体.

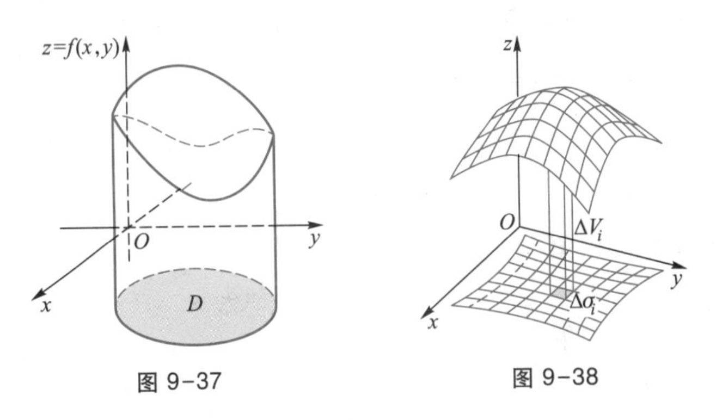

图 9-37　　图 9-38

我们可以仿照定积分求曲边梯形面积的方法来求曲顶柱体的体积 V（假设在区域 D 上，$f(x,y)>0$）.

（1）**分割**　用一组平行于 x 轴和 y 轴的直线将 D 分成 n 个小区域

$$\Delta\sigma_1,\Delta\sigma_2,\Delta\sigma_3,\cdots,\Delta\sigma_n,$$

并用 $\Delta\sigma_i$ 表示第 i 个小区域的面积. 分别以这些小闭区域的边界曲线为准线，作母线平行于 z 轴的柱面，这些柱面把原来的曲顶柱体分为 n 个小曲顶柱体，如图 9-38 所示，它们的体积分别记作

$$\Delta V_1,\Delta V_2,\cdots,\Delta V_n.$$

（2）**近似**　对每一个小曲顶柱体，近似地看作平顶. 在第 i 个小区域 $\Delta\sigma_i$ 内任取一点 (x_i,y_i)，则以 $f(x_i,y_i)$ 为高，$\Delta\sigma_i$ 为底的第 i 个小平顶柱体的体积 $f(x_i,y_i)\Delta\sigma_i$ 可以近似的代替 $\Delta\sigma_i$ 上小曲顶柱体的体积 ΔV_i，即

$$\Delta V_i \approx f(x_i,y_i)\Delta\sigma_i \quad (i=1,2,\cdots,n).$$

（3）**求和**　n 个小平顶柱体体积之和即为曲顶柱体体积 V 的近似值，即

$$V=\Delta V_1+\Delta V_2+\cdots+\Delta V_n=\sum_{i=1}^{n}\Delta V_i\approx\sum_{i=1}^{n}f(x_i,y_i)\Delta\sigma_i.$$

（4）**取极限**　当区域 D 的分割越来越细密，每个小区域的面积趋于零，即 n 个小区域的直径（区域上任意两点间距离的最大者）的最大值 $\lambda\to 0$ 时，所有小平顶柱体体积之和 $\sum\limits_{i=1}^{n}f(x_i,y_i)\Delta\sigma_i$ 的极限值就是整个曲顶柱体的体积，即

$$V=\lim_{\lambda\to 0}\sum_{i=1}^{n}f(x_i,y_i)\Delta\sigma_i.$$

下面我们将研究上述和式的极限，并抽象出二重积分的定义如下.

定义 9.10　设 $z=f(x,y)$ 是定义在有界闭区域 D 上的连续函数，将 D 任意分割成为 n 个小区域，它们的面积分别记为 $\Delta\sigma_i(i=1,2,\cdots,n)$，在每个小区域 $\Delta\sigma_i$ 上任取一点 (x_i,y_i)，作乘积 $f(x_i,y_i)\Delta\sigma_i$，并作和式 $\sum\limits_{i=1}^{n}f(x_i,y_i)\Delta\sigma_i$，用 λ 表示所有小区域直径的最大值，当 $\lambda\to 0$

时，若和式 $\sum_{i=1}^{n} f(x_i,y_i)\Delta\sigma_i$ 的极限存在，则称此极限为函数 $z=f(x,y)$ 在区域 D 上的**二重积分**，记作

$$\iint_D f(x,y)\,\mathrm{d}\sigma = \lim_{\lambda\to 0}\sum_{i=1}^{n} f(x_i,y_i)\Delta\sigma_i.$$

其中 $f(x,y)$ 称为**被积函数**，D 称为**积分区域**，$f(x,y)\,\mathrm{d}\sigma$ 称为**被积表达式**，$\mathrm{d}\sigma$ 称为**面积元素**，x 与 y 称为**积分变量**，$\iint_D$ 称为积分号，这时也称函数 $f(x,y)$ 在 D 上**可积**. 如果和式 $\sum_{i=1}^{n} f(x_i,y_i)\Delta\sigma_i$ 的极限不存在，就称函数 $f(x,y)$ 在区域 D 上**不可积**.

注 (1) 区域 D 上连续函数 $f(x,y)$ 的二重积分一定存在，即 $f(x,y)$ 在 D 上一定可积.

(2) 定义中对于区域的划分要求是任意的. 在计算“曲顶柱体”的体积中，我们采用了平行于 x,y 轴的直线的方法划分，这是一种常用的特殊划分方式，在这种方式下，面积元素 $\mathrm{d}\sigma=\mathrm{d}x\mathrm{d}y$，因此二重积分也常记作 $\iint_D f(x,y)\,\mathrm{d}x\mathrm{d}y$.

(3) 当 $f(x,y)\geqslant 0$ 时，$\iint_D f(x,y)\,\mathrm{d}x\mathrm{d}y$ 表示对应曲顶柱体的体积 V.

(4) 若已知区域 D 上质量非均匀分布的平面薄片面密度为 $\mu(x,y)$，则该薄片的质量为

$$m=\iint_D \mu(x,y)\,\mathrm{d}x\mathrm{d}y.$$

9.8.2 二重积分的性质

二重积分与定积分有类似的性质.

性质 1 如果在 D 上，$f(x,y)=1$，σ 为区域 D 的面积，则

$$\iint_D f(x,y)\,\mathrm{d}\sigma=\sigma.$$

性质 2 设 α 与 β 为常数，则

$$\iint_D[\alpha f(x,y)\pm\beta g(x,y)]\,\mathrm{d}\sigma=\alpha\iint_D f(x,y)\,\mathrm{d}\sigma\pm\beta\iint_D g(x,y)\,\mathrm{d}\sigma.$$

性质 3 若区域 $D=D_1+D_2$，且 D_1 与 D_2 除边界点外无公共部分，则

$$\iint_D f(x,y)\,\mathrm{d}\sigma=\iint_{D_1} f(x,y)\,\mathrm{d}\sigma+\iint_{D_2} f(x,y)\,\mathrm{d}\sigma.$$

性质 4 若 $f(x,y)\leqslant g(x,y)$，$\forall\,(x,y)\in D$，则

$$\iint_D f(x,y)\,\mathrm{d}\sigma\leqslant\iint_D g(x,y)\,\mathrm{d}\sigma.$$

9.8.3 直角坐标系下二重积分的计算

二重积分的计算，可以归结为求两次定积分.

若积分区域 D 可以表示成

$$\varphi_1(x) \leqslant y \leqslant \varphi_2(x), \quad a \leqslant x \leqslant b,$$

则称 D 为 x-型区域，如图 9-39 所示. 可以推导出

$$\iint_D f(x,y)\mathrm{d}\sigma = \int_a^b \left[\int_{\varphi_1(x)}^{\varphi_2(x)} f(x,y)\mathrm{d}y\right]\mathrm{d}x.$$

上式右端的积分称为先对 y 后对 x 的**二次积分**. 即先把 x 当作常数，把 $f(x,y)$ 只看作 y 的函数，并对 y 计算从 $\varphi_1(x)$ 到 $\varphi_2(x)$ 的定积分；然后把算得的结果（是 x 的函数）再对 x 计算在区间 $[a,b]$ 上的定积分. 上式也通常写成

$$\iint_D f(x,y)\mathrm{d}\sigma = \int_a^b \mathrm{d}x \int_{\varphi_1(x)}^{\varphi_2(x)} f(x,y)\mathrm{d}y,$$

这就是把二重积分化为先对 y 后对 x 的二次积分的公式.

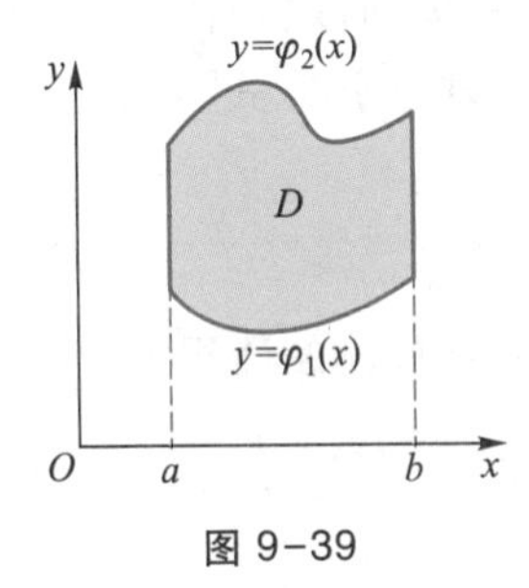

图 9-39

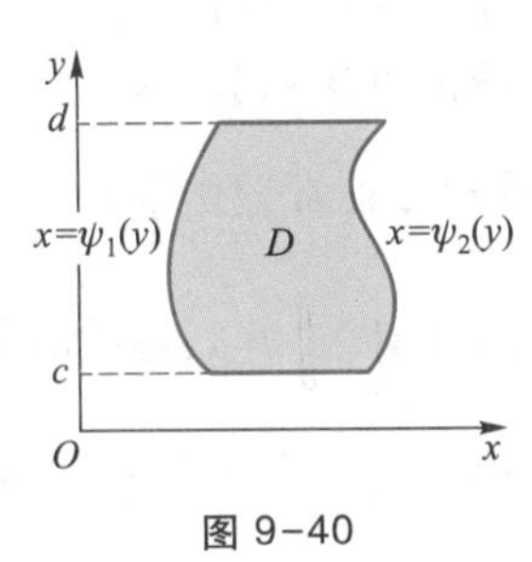

图 9-40

类似地，若积分区域 D 可以表示成

$$\psi_1(y) \leqslant x \leqslant \psi_2(y), \quad c \leqslant y \leqslant d,$$

则称 D 为 y-型区域，如图 9-40 所示. 这时有

$$\iint_D f(x,y)\mathrm{d}\sigma = \int_c^d \left[\int_{\psi_1(y)}^{\psi_2(y)} f(x,y)\mathrm{d}x\right]\mathrm{d}y.$$

上式右端的积分称为先对 x 后对 y 的二次积分. 上式也通常写成

$$\iint_D f(x,y)\mathrm{d}\sigma = \int_c^d \mathrm{d}y \int_{\psi_1(y)}^{\psi_2(y)} f(x,y)\mathrm{d}x,$$

这就是把二重积分化为先对 x 后对 y 的二次积分的公式.

例 1　计算 $\iint\limits_D 2xy\mathrm{d}\sigma$，其中 D 是由直线 $y=1$，$y=x$ 及 $x=2$ 所围成的闭区域.

解 1　首先画出积分区域 D，如图 9-41 所示，可视为 x-型区域. 结合图形易得

$$D = \{(x,y) \mid 1 \leqslant y \leqslant x, 1 \leqslant x \leqslant 2\}.$$

因此

$$\iint_D 2xy\mathrm{d}\sigma = \int_1^2 \mathrm{d}x \int_1^x 2xy\mathrm{d}y = \int_1^2 \left[x \cdot y^2\right]_1^x \mathrm{d}x$$

$$= \int_1^2 (x^3 - x)\mathrm{d}x = \left[\frac{1}{4}x^4 - \frac{1}{2}x^2\right]_1^2 = \frac{9}{4}.$$

解 2　如图 9-42 所示，可视积分区域 D 为 y-型，于是

$$D = \{(x,y) \mid y \leqslant x \leqslant 2, \quad 1 \leqslant y \leqslant 2\}.$$

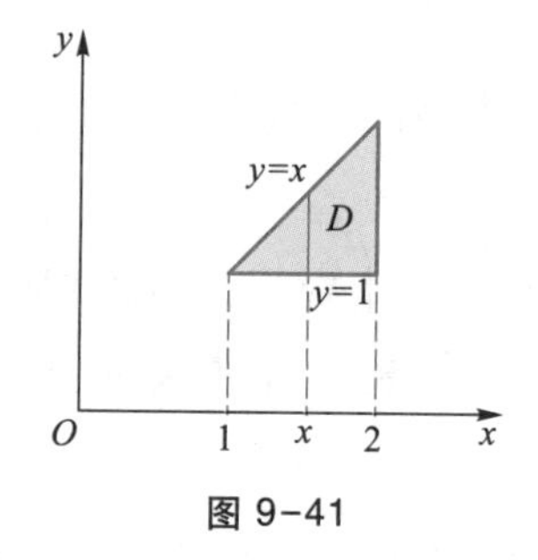

图 9-41

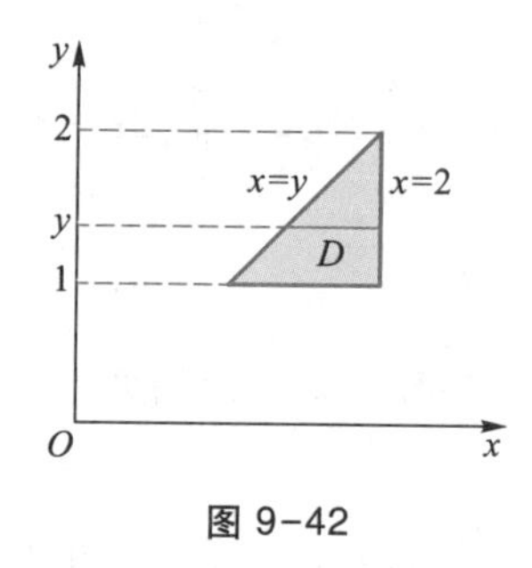

图 9-42

因此

$$\iint_D 2xy\mathrm{d}\sigma = \int_1^2 \mathrm{d}y\int_y^2 2xy\mathrm{d}x = \int_1^2 \left[y\cdot x^2 \right]_y^2 \mathrm{d}y$$

$$= \int_1^2 (4y - y^3)\,\mathrm{d}y = \left[2y^2 - \frac{1}{4}y^4 \right]_1^2 = \frac{9}{4}.$$

例 2 计算 $\iint\limits_D (2x - y)\,\mathrm{d}x\mathrm{d}y$，其中 D 是由直线 $y=1, 2x-y+3=0$ 及 $x+y-3=0$ 所围成的闭区域.

解 画出积分区域 D，如图 9-43 所示. 选择积分区域为 y-型，则

$$D = \left\{ (x,y) \mid \frac{1}{2}(y-3) \leqslant x \leqslant 3-y, 1 \leqslant y \leqslant 3 \right\}.$$

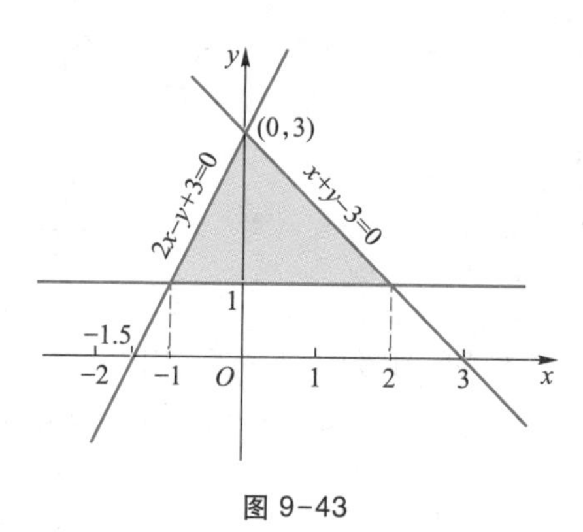

图 9-43

因此

$$\iint_D (2x - y)\,\mathrm{d}x\mathrm{d}y = \int_1^3 \mathrm{d}y\int_{\frac{1}{2}(y-3)}^{3-y} (2x - y)\,\mathrm{d}x = \int_1^3 \left[x^2 - yx \right]_{\frac{1}{2}(y-3)}^{3-y} \mathrm{d}y$$

$$= \frac{9}{4}\int_1^3 (y^2 - 4y + 3)\,\mathrm{d}y = \frac{9}{4}\left[\frac{1}{3}y^3 - 2y^2 + 3y \right]_1^3 = -3.$$

如果确定积分区域 D 是 x-型的，则 D 被 y 轴分成 D_1 和 D_2 两部分，其中

$$D_1 = \{ (x,y) \mid 1 \leqslant y \leqslant 2x+3, -1 \leqslant x \leqslant 0 \},$$

$$D_2 = \{ (x,y) \mid 1 \leqslant y \leqslant 3-x, 0 \leqslant x \leqslant 2 \}.$$

这时,

$$\iint_D (2x-y)\,\mathrm{d}x\mathrm{d}y = \iint_{D_1}(2x-y)\,\mathrm{d}x\mathrm{d}y + \iint_{D_2}(2x-y)\,\mathrm{d}x\mathrm{d}y$$
$$= \int_{-1}^{0}\mathrm{d}x\int_{1}^{2x+3}(2x-y)\,\mathrm{d}y + \int_{0}^{2}\mathrm{d}x\int_{1}^{3-x}(2x-y)\,\mathrm{d}y.$$

由此可见,这种情形下需要化为两个二次积分来计算,计算稍显烦琐,余下的计算请读者补充.

例 3　计算 $\iint_D y\sqrt{1+x^2-y^2}\,\mathrm{d}x\mathrm{d}y$, 其中 D 是由直线 $y=1, y=x$ 及 $x=-1$ 所围成的闭区域.

解　画出积分区域 D,如图 9-44 所示. 确定积分区域为 x-型,则

$$D=\{(x,y)\mid x\leqslant y\leqslant 1,\ -1\leqslant x\leqslant 1\}.$$

因此

$$\iint_D y\sqrt{1+x^2-y^2}\,\mathrm{d}x\mathrm{d}y = \int_{-1}^{1}\mathrm{d}x\int_{x}^{1} y\sqrt{1+x^2-y^2}\,\mathrm{d}y = -\frac{1}{3}\int_{-1}^{1}\left[(1+x^2-y^2)^{\frac{3}{2}}\right]_x^1\mathrm{d}x$$
$$= -\frac{1}{3}\int_{-1}^{1}(|x|^3-1)\,\mathrm{d}x = -\frac{2}{3}\int_{0}^{1}(x^3-1)\,\mathrm{d}x = \frac{1}{2}.$$

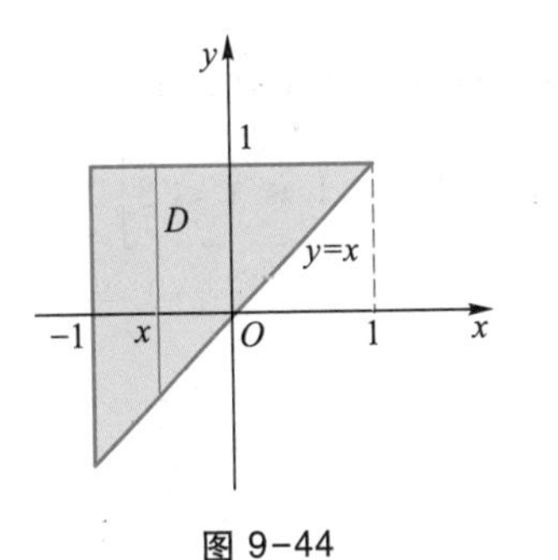

图 9-44

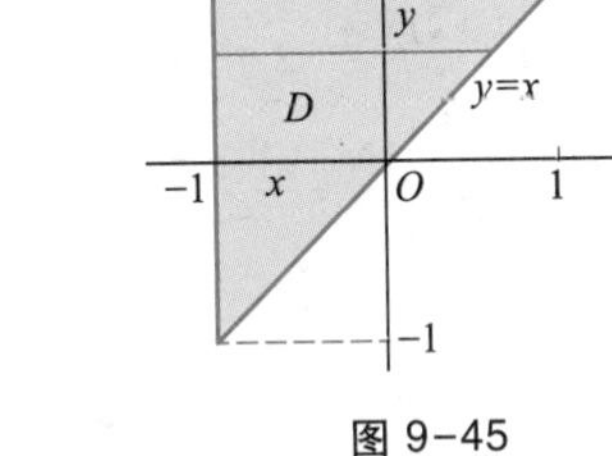

图 9-45

如果确定积分区域 D 是 y-型的,如图 9-45 所示,则

$$D=\{(x,y)\mid -1\leqslant x\leqslant y,\ -1\leqslant y\leqslant 1\}.$$

这时,

$$\iint_D y\sqrt{1+x^2-y^2}\,\mathrm{d}x\mathrm{d}y = \int_{-1}^{1}\mathrm{d}y\int_{-1}^{y} y\sqrt{1+x^2-y^2}\,\mathrm{d}x,$$

其中关于 x 的积分就比较困难.

上述几个例子说明,在化二重积分为二次积分时,为了计算简便,需要选择恰当的二次积分的次序. 这时,既要考虑积分区域的形状,又要考虑被积函数应该容易积分.

例 4　计算由两个圆柱面 $x^2+y^2=R^2$ 与 $x^2+z^2=R^2$ 垂直相交所形成的立体的体积.(见"案例探究")

解　根据图形的对称性,所求的体积是图 9-46 中所画出的第一卦限中体积的 8 倍.

第一卦限中的部分可以看作一个曲顶柱体,其顶是圆柱面 $z=\sqrt{R^2-x^2}$,底是 xOy 面上的四分之一的圆 D. 所以积分区域

$$D=\{(x,y)\mid 0\leqslant y\leqslant \sqrt{R^2-x^2},0\leqslant x\leqslant R\}.$$

因此,所求体积

$$\begin{aligned}V&=8\iint_D \sqrt{R^2-x^2}\,\mathrm{d}x\mathrm{d}y\\&=8\int_0^R \mathrm{d}x\int_0^{\sqrt{R^2-x^2}}\sqrt{R^2-x^2}\,\mathrm{d}y\\&=8\int_0^R\left[\sqrt{R^2-x^2}\cdot y\right]_0^{\sqrt{R^2-x^2}}\mathrm{d}x\\&=8\int_0^R (R^2-x^2)\,\mathrm{d}x=8\left[R^2x-\frac{1}{3}x^3\right]_0^R=\frac{16}{3}R^3.\end{aligned}$$

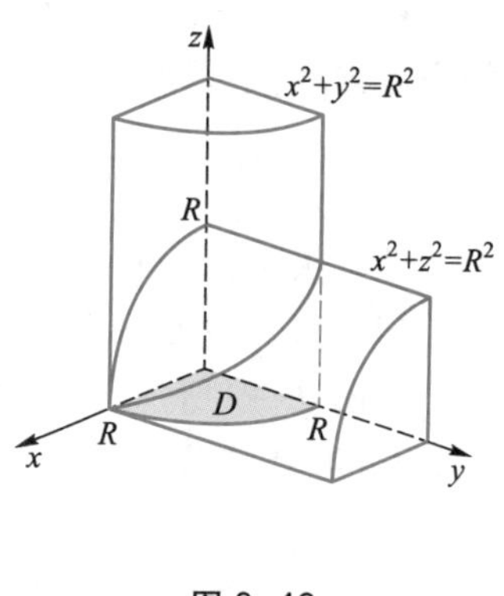

图 9-46

9.8.4 极坐标系下二重积分的计算

对于某些被积函数和某些积分区域(如圆、环、扇形等),利用直角坐标系计算二重积分往往是很困难的,而在极坐标系下计算则比较简单.

我们在解析几何中已知道,平面上任意一点的极坐标(r,θ)与它的直角坐标(x,y)的转换公式:

$$r^2=x^2+y^2,\quad x=r\cos\theta,\quad y=r\sin\theta.$$

设通过极点 O 的射线与区域 D 的边界线的交点不多于两个,如图 9-47,图 9-48 所示,我们用从极点出发的一系列射线与以极点为圆心,极径为半径的同心圆来对积分区域进行划分. $\Delta\sigma$ 是半径 r 和 $r+\Delta r$ 的两个圆弧及极角 θ 和 $\theta+\Delta\theta$ 的两条射线所围成的小区域,由扇形面积公式可得

$$\Delta\sigma=\frac{1}{2}(r+\Delta r)^2\Delta\theta-\frac{1}{2}r^2\Delta\theta=r\Delta r\Delta\theta+\frac{1}{2}(\Delta r)^2\Delta\theta,$$

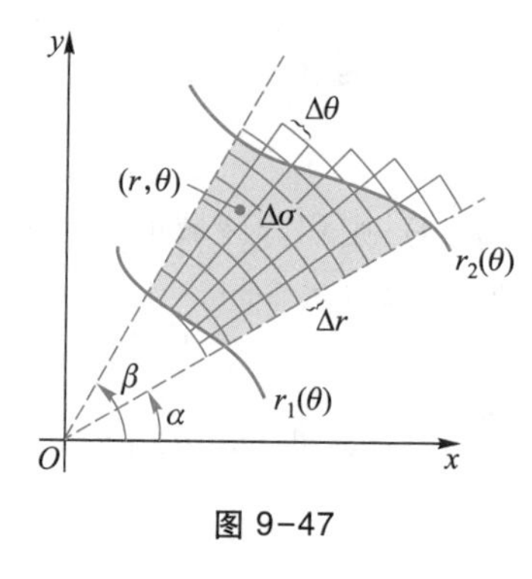

图 9-47

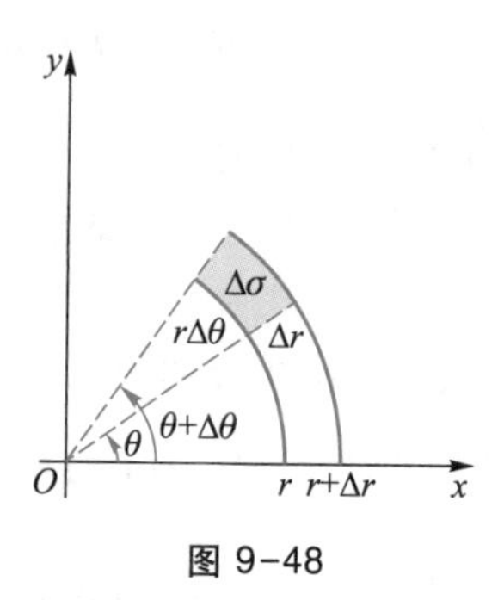

图 9-48

略去高阶无穷小$\frac{1}{2}(\Delta r)^2\Delta\theta$,得

$$\Delta\sigma\approx r\Delta r\Delta\theta.$$

因此,在极坐标系下的面积微元素为

$$\mathrm{d}\sigma=r\mathrm{d}r\mathrm{d}\theta.$$

将 $x=r\cos\theta, y=r\sin\theta$ 替换被积函数 $f(x,y)$ 中的 x 和 y，同时将区域 D 的边界方程化为极坐标方程，于是得到二重积分在极坐标系下的表达式

$$\iint\limits_D f(x,y)\,\mathrm{d}\sigma = \iint\limits_D f(r\cos\theta, r\sin\theta)\,r\mathrm{d}r\mathrm{d}\theta.$$

计算极坐标系下的二重积分，也要化为二次积分. 我们分三种情况予以说明.

(1) 极点 O 在区域 D 的外部

如图 9-49 所示，积分区域 D 由极坐标方程 $r=\varphi_1(\theta)$，$r=\varphi_2(\theta)$ 及射线 $\theta=\alpha, \theta=\beta$ 所围成，积分区域可以表示成

$$D=\{(r,\theta)\mid \varphi_1(\theta)\leqslant r\leqslant \varphi_2(\theta), \alpha\leqslant\theta\leqslant\beta\}.$$

这时，二重积分化为二次积分的公式为

$$\iint\limits_D f(r\cos\theta, r\sin\theta)\,r\mathrm{d}r\mathrm{d}\theta = \int_\alpha^\beta \mathrm{d}\theta\int_{\varphi_1(\theta)}^{\varphi_2(\theta)} f(r\cos\theta, r\sin\theta)\,r\mathrm{d}r.$$

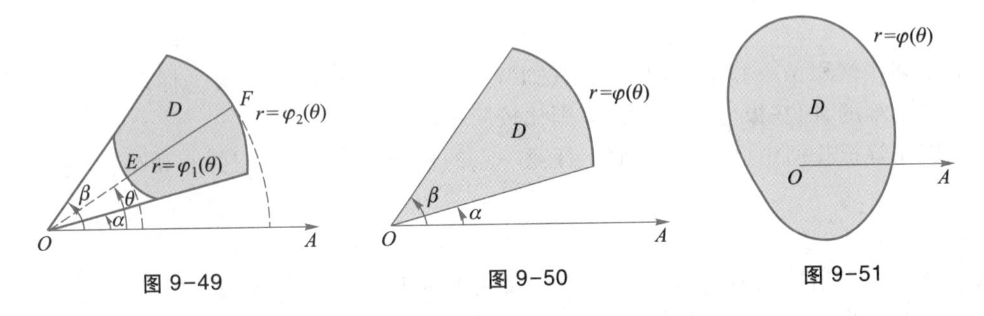

图 9-49　　图 9-50　　图 9-51

(2) 极点 O 在区域 D 的边界上.

如图 9-50 所示，如果区域 D 的边界方程为 $r=\varphi(\theta)$，则积分区域可表示为

$$D=\{(r,\theta)\mid 0\leqslant r\leqslant \varphi(\theta), \alpha\leqslant\theta\leqslant\beta\}.$$

这时，二重积分化为二次积分的公式为

$$\iint\limits_D f(r\cos\theta, r\sin\theta)\,r\mathrm{d}r\mathrm{d}\theta = \int_\alpha^\beta \mathrm{d}\theta\int_0^{\varphi(\theta)} f(r\cos\theta, r\sin\theta)\,r\mathrm{d}r.$$

(3) 极点 O 在区域 D 的内部.

如图 9-51 所示，如果区域 D 的边界方程为 $r=\varphi(\theta)$，则积分区域可表示为

$$D=\{(r,\theta)\mid 0\leqslant r\leqslant \varphi(\theta), 0\leqslant\theta\leqslant 2\pi\}.$$

这时，二重积分化为二次积分的公式为

$$\iint\limits_D f(r\cos\theta, r\sin\theta)\,r\mathrm{d}r\mathrm{d}\theta = \int_0^{2\pi} \mathrm{d}\theta\int_0^{\varphi(\theta)} f(r\cos\theta, r\sin\theta)\,r\mathrm{d}r.$$

例 5　计算 $\iint\limits_D \mathrm{e}^{-(x^2+y^2)}\mathrm{d}x\mathrm{d}y$，其中积分区域为

$$D=\{(x,y)\mid x^2+y^2\leqslant a^2, a>0\}.$$

解　在极坐标系中，积分区域可表示为

$$D=\{(r,\theta)\mid 0\leqslant r\leqslant a, 0\leqslant\theta\leqslant 2\pi\}.$$

所以，

$$\iint_D e^{-(x^2+y^2)}\,dxdy = \int_0^{2\pi}d\theta\int_0^a e^{-r^2}r\,dr = \frac{1}{2}\int_0^{2\pi}(1-e^{-a^2})\,d\theta$$

$$= \pi(1-e^{-a^2}).$$

例 6 计算 $\iint\limits_D \sqrt{x^2+y^2}\,d\sigma$，其中积分区域为

$$D = \{(x,y) \mid (x-a)^2+y^2 \leqslant a^2, a>0\}.$$

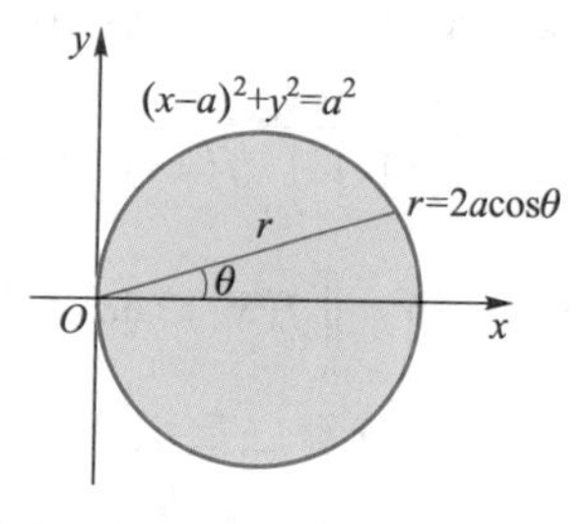

图 9-52

解 画出积分区域 D 的草图，如图 9-52 所示.

圆 $(x-a)^2+y^2=a^2$ 的极坐标方程为 $r=2a\cos\theta$，区域 D 可表示为

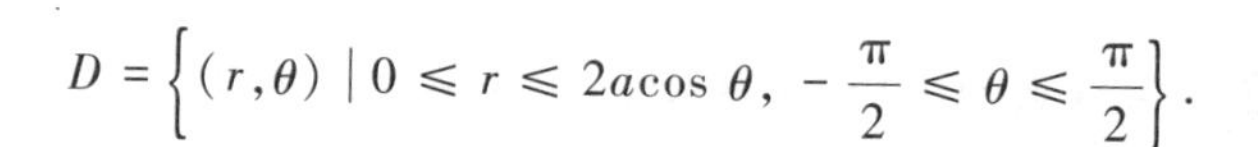

$$D = \left\{(r,\theta) \mid 0 \leqslant r \leqslant 2a\cos\theta,\ -\frac{\pi}{2} \leqslant \theta \leqslant \frac{\pi}{2}\right\}.$$

所以

$$\iint_D \sqrt{x^2+y^2}\,d\sigma = \iint_D r^2\,drd\theta = \int_{-\frac{\pi}{2}}^{\frac{\pi}{2}}d\theta\int_0^{2a\cos\theta} r^2\,dr = \frac{8a^3}{3}\int_{-\frac{\pi}{2}}^{\frac{\pi}{2}}\cos^3\theta\,d\theta$$

$$= \frac{8a^3}{3}\left[\sin\theta - \frac{1}{3}\sin^3\theta\right]_{-\frac{\pi}{2}}^{\frac{\pi}{2}} = \frac{32a^3}{9}.$$

课堂练习 ›››

1. 运用几何意义求二重积分计算 $\iint\limits_D \sqrt{x^2+y^2}\,d\sigma$，其中 $D: x^2+y^2 \leqslant 4$.

2. 计算 $\iint\limits_D x^2y\,d\sigma$，设积分区域 D 是由 x 轴，$x=2$，$y=x$ 围成的封闭图形.

3. 将 $\iint\limits_D x^2y\,d\sigma$ 化为累次积分，设区域 D 是由 $y=2x$，$y=x$ 和 $x=1$ 围成的封闭图形.

4. 计算 $\iint\limits_D e^{x+y}\,d\sigma$，其中区域 D 为：$a \leqslant x \leqslant b$，$c \leqslant y \leqslant d$.

5. 计算 $\iint\limits_D \frac{x^2}{y^2}\,d\sigma$，其中区域 D 由：$xy=1$，$y=2$ 及 $y=x$ 围成.

6. 计算 $\iint\limits_D y^2\,d\sigma$，其中区域 D 由：$x=y^2$ 和 $2x-y-1=0$ 围成.

7. 计算 $\iint\limits_D xy^2\,d\sigma$，其中区域 D 由 $y=0$，$y=\sqrt{1-x^2}$ 及 x 轴正半轴围成.

习题 9-8

1. 计算累次积分.

(1) $\int_0^1\int_0^x\sqrt{1-y^2}\,\mathrm{d}y\mathrm{d}x$；　　(2) $\int_0^1\int_x^{2-x}(x^2-y)\,\mathrm{d}y\mathrm{d}x$.

2. 画出积分区域,并交换积分次序.

(1) $\int_0^4\int_0^{\sqrt{x}}f(x,y)\,\mathrm{d}y\mathrm{d}x$；　　(2) $\int_0^3\int_{-\sqrt{9-y^2}}^{\sqrt{9-y^2}}f(x,y)\,\mathrm{d}x\mathrm{d}y$；

(3) $\int_1^2\int_0^{\ln x}f(x,y)\,\mathrm{d}y\mathrm{d}x$；　　(4) $\int_0^3\int_0^{\sqrt{9-y}}f(x,y)\,\mathrm{d}x\mathrm{d}y$；

(5) $\iint\limits_D f(x,y)\,\mathrm{d}\sigma=\int_0^1\int_0^{2y}f(x,y)\,\mathrm{d}x\mathrm{d}y+\int_1^3\int_0^{3-y}f(x,y)\,\mathrm{d}x\mathrm{d}y$.

3. 计算二重积分.

(1) $\iint\limits_D x^3y^2\mathrm{d}\sigma$,其中积分区域 $D=\{(x,y)\mid 0\leqslant x\leqslant 2,\ -x\leqslant y\leqslant x\}$；

(2) $\iint\limits_D \dfrac{4y}{x^3+2}\mathrm{d}\sigma$,其中积分区域 $D=\{(x,y)\mid 1\leqslant x\leqslant 2,0\leqslant y\leqslant 2x\}$；

(3) $\iint\limits_D \mathrm{e}^{\frac{x}{y}}\mathrm{d}\sigma$,其中积分区域 $D=\{(x,y)\mid 1\leqslant y\leqslant 2,y\leqslant x\leqslant y^3\}$；

(4) $\iint\limits_D x\cos y\,\mathrm{d}\sigma$,其中积分区域 D 是由直线 $y=0,x=1$ 及抛物线 $y=x^2$ 所围成的闭区域；

(5) $\iint\limits_D (3x+4y^2)\,\mathrm{d}\sigma$,这里 D 是以 $x^2+y^2=1$ 和 $x^2+y^2=4$ 为边界的圆环；

(6) $\iint\limits_D \sqrt{1-x^2-y^2}\,\mathrm{d}\sigma$,其中 D 是圆 $x^2+\left(y-\dfrac{1}{2}\right)^2\leqslant\dfrac{1}{4}$ 在第一象限的部分.

4. 将下列积分化为极坐标下的二次积分,并计算积分.

(1) $\int_0^1\int_0^{\sqrt{2x-x^2}}(x^2+y^2)^{\frac{3}{2}}\mathrm{d}y\mathrm{d}x$；　　(2) $\int_0^1\mathrm{d}y\int_y^{\sqrt{2y-y^2}}(x^2+y^2)^{-\frac{1}{2}}\mathrm{d}x$.

5. 求由旋转抛物面 $z=6-x^2-y^2$ 与圆锥面 $z=\sqrt{x^2+y^2}$ 所围成的立体体积.

6. 求由曲面 $z=x^2+2y^2$ 与 $z=6-2x^2-y^2$ 所围成的立体体积.

7. 设平面薄片所占区域 D 由 $y=x$ 与 $y=x^2$ 围成,它在点 (x,y) 处的面密度为 $\rho(x,y)=x^2y$,求该薄片的质量.

9.9 用 GeoGebra 求解多元微积分

GeoGebra 提供了“导数”和“积分”两个命令用于完成求导和积分运算,当指定求导和积分变量时,可计算偏导数和二重积分. 因“导数”命令和“积分”命令的详细使用方法已在 3.6 节和 6.6 节中详细介绍,本节将着重介绍其在多元微积分问题中的使用方法. 下面分别列出了“导数”命令和“积分”命令在求解多元微积分问题时,常用的中、英文语法格式：

导数(<函数>,<变量>,<阶数>)　Derivative(<函数>,<变量>,<阶数>)

积分(<函数>,<变量>,<积分下限>, <积分上限>)

Integral(<函数>,<变量>,<积分下限>, <积分上限>)

注 （1）“导数”命令在指定了求导变量和阶数的情况下，可求解高阶偏导数.

（2）“积分”命令可求解多重积分，但由于只有在运算区中才能同时指定积分变量和积分上下限取值，因此，**在代数区中无法进行多重积分的运算**.

例 1 求函数 $f(x,y,z)=\sin(xy)+\cos(yz)+\tan(xz)$ 的偏导数

解 输入：导数(sin(x * y)+cos(y * z)+tan(x * z))

显示：→ycos(xy)+z(tan²(xz)+1)

故：$\dfrac{\partial f}{\partial x}=y\cos(xy)+z(\tan^2(xz)+1)$.

输入：导数(sin(x * y)+cos(y * z)+tan(x * z),y)

显示：→xcos(xy)-zsin(yz)

故：$\dfrac{\partial f}{\partial y}=x\cos(xy)-z\sin(yz)$.

输入：导数(sin(x * y)+cos(y * z)+tan(x * z),z)

显示：→x(tan²(xz)+1)-ysin(yz)

故：$\dfrac{\partial f}{\partial z}=y\cos(xy)+z(\tan^2(xz)+1)$.

注 “导数”命令默认对变量 x 求导. 因此在省略“变量”参数时，系统默认求函数对 x 的偏导数.

例 2 求函数 $z=5x^3y+y\sin x+2y^3$ 的所有二阶偏导数和三阶导数偏导数$\dfrac{\partial^3 z}{\partial x^3}$.

解 输入：导数(5 * x^3 * y+y * sin(x)+2 * y^3,x,2)

显示：→30xy-ysin(x)

故：$\dfrac{\partial^2 z}{\partial x^2}=30xy-y\sin x$.

输入：导数(5 * x^3 * y+y * sin(x)+2 * y^3,y,2)

显示：→12y

故：$\dfrac{\partial^2 z}{\partial y^2}=12y$.

输入：导数(导数(5 * x^3 * y+y * sin(x)+2 * y^3),y)

显示：→cos(x)+15x²

故：$\dfrac{\partial^2 z}{\partial x\partial y}=\dfrac{\partial^2 z}{\partial y\partial x}=\cos x+15x^2$.

输入：导数(5 * x^3 * y+y * sin(x)+2 * y^3,x,3)

显示：→-ycos(x)+30y

故：$\dfrac{\partial^3 z}{\partial x^3}=-y\cos x+30y$.

注 由于“导数”命令一次只能指定一个求导变量，所以无法直接求解混合偏导数. 如需求解，应嵌套使用该命令，且根据需要指定不同的求导变量. 本例在 GeoGebra 中的求解过

程，如图 9-53 所示.

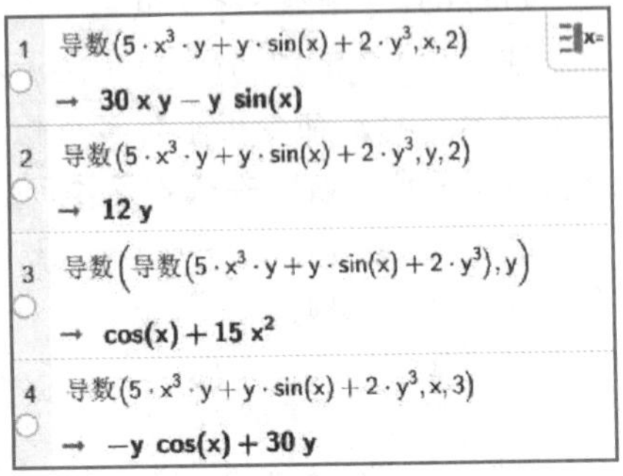

1 导数(5·x³·y+y·sin(x)+2·y³,x,2)
→ 30 x y − y sin(x)
2 导数(5·x³·y+y·sin(x)+2·y³,y,2)
→ 12 y
3 导数(导数(5·x³·y+y·sin(x)+2·y³),y)
→ cos(x)+15 x²
4 导数(5·x³·y+y·sin(x)+2·y³,x,3)
→ −y cos(x)+30 y

图 9-53

例 3　求解下列二重积分.

(1) $\iint\limits_D xy^2\mathrm{d}\sigma$，其中 D 是由圆周 $x^2+y^2=4$ 与 y 轴所围成的右半闭区域；

(2) $\iint\limits_D (x^2+y^2-x)\mathrm{d}\sigma$，其中 D 是由直线 $y=2$，$y=x$ 及 $y=2x$ 所围成的闭区域.

解　(1) 积分区域 D 如图 9-54，由于积分区域 D 关于 x 轴对称，被积函数 xy^2 关于 y 是偶函数，所以设 $D_1=\{(x,y)\mid 0\leqslant y\leqslant\sqrt{4-x^2},0\leqslant x\leqslant 2\}$.

输入：积分(积分(x*y^2,y,0,sqrt(4-x^2)),0,2)

显示：$\to\dfrac{32}{15}$

故：$\iint\limits_D xy^2\mathrm{d}\sigma=2\iint\limits_{D_1}xy^2\mathrm{d}\sigma=\dfrac{64}{15}$.

(2) 积分区域 D 如图 9-55 所示，$D=\{(x,y)\mid 0\leqslant y\leqslant 2,\dfrac{y}{2}\leqslant x\leqslant y\}$.

输入：积分(积分(x^2+y^2-x,y/2,y),y,0,2)

显示：$\to\dfrac{13}{6}$

故：$\iint_D(x^2+y^2-x)\mathrm{d}\sigma=\dfrac{13}{6}$.

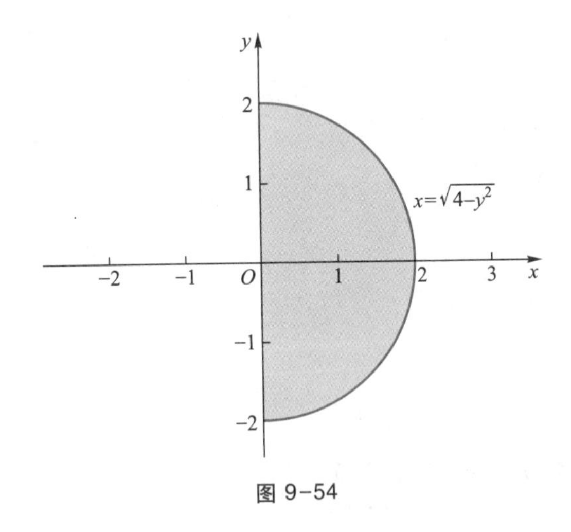

y
2
1
x=√(4−y²)
−2
−1
O
1
2
3
x
−1
−2

图 9-54

y
y=2
2
y=2x
1
y=x
O
1
2
x

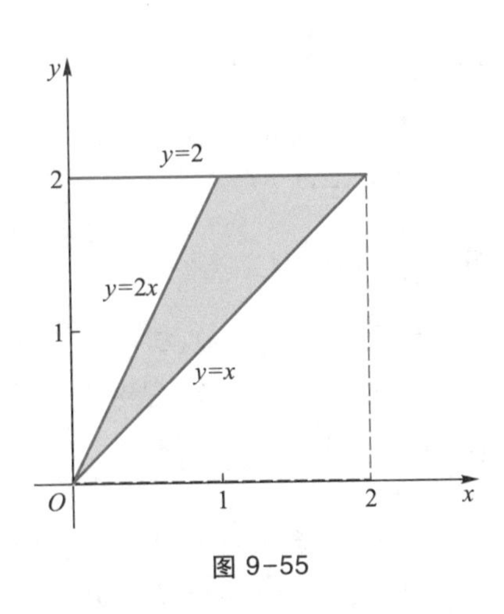

图 9-55

注　GeoGebra 中，“积分”命令只能用于一元函数的积分运算. 如要完成多重积分，则需化为累次积分的形式，将积分命令嵌套使用，并在每次使用时指明当前的积分变量及取值范围.

课堂练习 ▸▸▸

1. 使用“导数”命令求解偏导数时，需使用的参数包括：________________.

2. “积分”命令只能在________区求解二重积分.

3. 判断题.

(1) 求解混合偏导数，需嵌套使用“导数”命令.　(　　)

(2) 求解三阶偏导数，需嵌套使用“导数”命令.　(　　)

(3) 求解二重积分，需嵌套使用“积分”命令.　(　　)

习题 9-9

1. 利用 GeoGebra 求下列函数的偏导数.

(1) $z=\ln(x+\sqrt{x^2+y^2})$;　　(2) $u=xy^z$.

2. 利用 GeoGebra 求下列函数的所有二阶偏导数和$\frac{\partial^3 z}{\partial x^3}$.

(1) $z=\tan(xy)$;　　(2) $z=2xy^5+\ln\left(\frac{x}{y}\right)$.

3. 求解下列二重积分.

(1) $\iint\limits_D xy^2\mathrm{d}\sigma$，其中 D 是由 $x=-1$ 与 $y^2=-4x$ 所围成的闭区域；

(2) $\iint\limits_D \frac{y^2}{x^2}\mathrm{d}\sigma$，其中 D 是由直线 $x=2$，$y=x$ 与双曲线 $xy=1$ 所围成的闭区域.

第九章习题参考答案

参考文献

[1] 同济大学,天津大学,浙江大学,重庆大学.高等数学(上). 5 版.北京:高等教育出版社,2020.

[2] 同济大学数学系. 高等数学(上、下).7 版. 北京:高等教育出版社,2014.

[3] Howars Anton,Irl Bivens,Atephen Davis.微积分. 8 版. 郭镜明,改编. 北京:高等教育出版社,2008.

[4] 赵树嫄. 经济应用数学基础(一)微积分. 4 版. 北京:中国人民大学出版社,2016.

[5] 冯翠莲. 经济应用数学. 3 版. 北京:高等教育出版社,2019.

[6] 曾庆柏. 应用高等数学. 2 版. 北京:高等教育出版社,2014.

[7] 黄非难. 高等数学. 2 版. 北京:高等教育出版社,2020.

[8] 燕庆明. 信号与系统. 5 版. 北京:清华大学出版社. 2016.

[9] 王贵军. GeoGebra 与数学实验[M].北京:清华大学出版社.2018.